PRINCIPES ET PHILOSOPHIE

DE LA

CHIMIE MODERNE

PARIS. — IMP. SIMON RAÇON ET COMP., RUE D'ERFURTH, 1.

PRINCIPES ET PHILOSOPHIE

DE LA

CHIMIE MODERNE

FONDÉS

SUR LA DOCTRINE DES ÉQUIVALENTS

PAR

CHARLES FLANDIN

> Il y a trois mondes : le monde des corps ou de la matière, le monde des esprits auxquels appartient l'homme, et le monde de l'infini qui est DIEU.
>
> PASCAL.

PARIS
JACQUES LECOFFRE, LIBRAIRE-ÉDITEUR
29, RUE DU VIEUX-COLOMBIER

1864

A

MONSIEUR BERRYER

AVOCAT, DÉPUTÉ, L'UN DES QUARANTE DE L'ACADÉMIE FRANÇAISE

Monsieur,

Une ancienne et très-petite disgrâce me fait aujourd'hui une fortune incomparable. Elle me vaut l'insigne honneur d'écrire votre nom à la première page de ce livre. Votre nom, ici comme partout, c'est la force portant secours à la faiblesse.

Au Roi, lisait-on naguère en tête des ouvrages assez privilégiés pour recevoir un auguste patronage. A Berryer, n'est-ce pas dire : Au Roi, au roi de la parole et des vertus civiques, au roi qui, armé de la main de justice, l'étend sur tous pour la cause du droit et de la liberté?

« *Mon respect pour la parole la plus éloquente de France m'a fait oublier mon devoir*, » disait, après vous avoir entendu dans une défense courageuse, un procureur général, depuis ministre. Quel hommage, monsieur, et non suspect, parce qu'il était arraché par le sentiment public! On n'y saurait rien ajouter, sinon que l'éloquence est le son que rend une grande âme.

Je suis avec le plus profond respect,

Monsieur,

Votre très-humble et très-obéissant serviteur

Ch. FLANDIN.

AVANT-PROPOS

Parmi les sciences physiques et naturelles, la chimie est incontestablement la plus riche et la plus avancée. Et cependant, comme science mathématique fondée sur l'analyse et la synthèse, la chimie ne date pas encore d'un siècle. Nous ne la faisons pas remonter au delà de cette pléiade d'hommes illustres dont nous avons connu les derniers, Wenzel, Richter, Bergmann, Schéele, Priestley, Cavendish, Lavoisier, Dalton, Davy, Vauquelin, Dulong, Sérullas, Berzélius, Gay-Lussac, Thenard, Mitscherlich, pléiade aujourd'hui suivie d'une génération qui continue avec ardeur l'œuvre commencée.

Ce sera une grande entreprise que de rassembler tous les matériaux de cette science, pour les réunir en un corps de doctrine fixe et désormais peut-être invariable.

Dans le domaine des faits, les sciences touchent à l'infini. Elles sont une partie du verbe de Dieu, l'infini lui-même, selon l'expression de Pascal. A chaque époque sa tâche : de nos jours, il n'est encore permis que de marquer la place où l'on doit implanter la première et peut-être la seconde borne miliaire de cette immense voie dans laquelle l'humanité doit avancer toujours.

Quelle grande perspective et déjà quelle accumulation de travaux! Les ouvriers ne manquent point, c'est une haute promesse. Des déblais s'ouvrent, des terrassements se construisent. Mais, en raison des lenteurs nécessaires, que la confusion de langage, comme autrefois en une œuvre surhumaine, n'atteigne pas les travailleurs! Par trop d'impatience, qu'on ne se lance pas sur des rails mal affermis! L'abîme côtoie souvent la voie trop rapide. L'esprit des sciences n'est pas l'esprit de système, il ne tente point les hasards, il ne marche que dans la certitude. Ne sondez pas l'insondable, ainsi le veut la Sagesse.

A ces conditions, à ces conditions seulement, ouvriers et maîtres avanceront d'un pas sûr, et ils atteindront peut-être le but : ce but, Képler l'a dit, c'est la contemplation des œuvres de Dieu.

INTRODUCTION

Mens agitat molem, l'esprit agite la matière. Cette parole est d'un poëte, mais elle n'en renferme pas moins un sens profond. Concevez la matière inerte, la matière *impénétrable*, comme s'expriment les physiciens et les chimistes, quel spectable nous offrira-t-elle, et quelle sera la nature, quel sera le monde? Les poëtes encore, ces premiers organes de la pensée commune, nous l'ont dit :

Unus erat toto naturæ vultus in orbe,
Quem dixere chaos, rudis indigestaque moles....

De quelque tradition qu'on s'inspire, il faut donc ébranler cette masse, animer ce chaos pour rendre à la matière ce qui lui a été donné, un souffle, une âme, le mouvement, la vie. La *Genèse* débute ainsi : « Au commencement Dieu créa le ciel et la terre... Il dit : Que la lumière soit, et la lumière fut. » Est-il une parole et plus haute et plus sûre pour expliquer la naissance des mondes?

Le principe sera donc accordé, la matière est pénétrée, mue, animée par des forces, sinon elle serait le chaos, le chaos, c'est-à-dire une confusion, le désordre. Or, on le verra, notre tâche sera de le montrer, partout et toujours, dans les infiniment grands et dans les infiniment petits, la matière en puissance de mouvement, la matière en puissance de vie ou d'action, c'est l'ordre. Et l'ordre, c'est une harmonie, et toute harmonie veut derrière elle une intelligence qui l'a conçue.

Mais ces paroles, un souffle, une âme, le mouvement, la vie, sont des expressions trop poétiques, nous allions dire trop vagues, pour nous donner l'interprétation de phénomènes matériels et qui tombent sous nos sens. Un grand physicien, le plus grand de tous, Newton, dans une lueur de génie, découvrit l'*attraction universelle.* L'attraction universelle, c'est-à-dire le mouvement ordonné des masses, le mouvement ordonné des atomes, le principe en vertu duquel toute matière en attire une autre *en raison directe de la masse, en raison inverse du carré de la distance.* Car Newton ne se borna pas à découvrir l'attraction universelle ou à la nommer, il n'eût été que poëte; il la mesura et s'acquit ainsi les palmes de grand physicien et de grand géomètre. Et qui l'ignore? C'est de l'immortelle découverte de Newton que date l'ère véritable des sciences physiques; l'attraction fut pour elles un nouveau *fiat lux.*

Sur les traces de Newton, les chimistes ont vu partout en action dans la nature des forces propres, et la première entre toutes, l'*attraction moléculaire*. Cette attraction prend le nom de *cohésion*, quand elle s'exerce entre des molécules ou atomes semblables; celui d'*affinité*, quand elle rapproche et réunit des particules de nature différente. La *cohésion*, pour s'en faire une idée exacte, n'est pas purement la force empirique générale qui rassemble et retient unis des atomes matériels quelconques, c'est plutôt *la force d'agrégation* spéciale qui attache mécaniquement l'un à l'autre des atomes de même forme, de même poids et de dimension égale. Prenez un cristal : ce cristal a des faces, des arêtes, des angles; ces faces, ces arêtes, ces angles, ont des dimensions propres. Le cristal peut résulter d'agrégations faites selon des sens ou des axes divers ; les atomes, qu'on nous pardonne cette expression, peuvent être accrochés par des points ou des surfaces; ils peuvent être enchevêtrés, feutrés, en raison de leur forme ou de leur figure géométrique; et, de là, plus ou moins de cohésion, on pourrait dire d'adhérence, de dureté, de résistance à la désagrégation, à la dissolution, aux actions chimiques en général. La *cohésion*, pour le redire, n'est donc plus l'attraction physique pure et simple, l'attraction qui s'exerce en raison directe des masses, en raison inverse du carré de la distance; c'est encore cette attraction sans doute, mais modifiée ou pouvant l'être, suivant des conditions variables : la forme ou les dimensions des atomes, leur état solide, liquide, gazeux ; la chaleur, l'électricité, la lumière qui les pénètre; la pesanteur et la pression.

Il ne faut pas dire moins de l'*affinité*, ou de cette sorte d'attraction qui s'exerce avec choix. Pour parler comme les chimistes, l'*affinité* est modifiée par les quantités relatives des corps entre lesquels la combinaison peut avoir lieu; par les combinaisons dans lesquelles les corps peuvent déjà être engagés; par la *cohésion* même, et aussi par la chaleur, l'électricité, la lumière, la pesanteur spécifique et la pression. A cette place, il nous paraîtrait inutile d'insister sur ces points de doctrine. Avec les faits, ou dans les applications, ils s'établiront d'eux-mêmes.

L'*attraction moléculaire*, la *cohésion* et l'*affinité* ne sont pas les seules forces auxquelles les chimistes ont recours pour expliquer les mouvements ou les combinaisons des corps. Il y a nécessité pour eux de faire appel à des principes d'action d'un autre ordre. Qu'on mette en présence des matières de propriétés opposées, un acide et un alcali, par exemple; par le fait même de l'*antagonisme* de leur nature, ces matières s'attirent, et, en s'unissant ou se combinant, elles donnent lieu à une matière spéciale (nommons-la en passant, à un sel) qui n'a ni les propriétés de l'acide, ni les propriétés de l'alcali. L'acide rougissait la couleur bleue du tournesol, l'alcali verdissait la couleur bleue de la violette; le sel neutre ne change ni la couleur du tournesol, ni celle de la violette. De cet *antagonisme*, les chimistes ont fait une force qui n'agit pas moins impérieusement que la *cohésion* ou que l'*affinité*, et qui, on pourrait le dire, est une sorte d'affinité maitresse, une affinité portée à la plus haute puissance.

De même, qu'on soumette à l'action de l'électricité en mouvement, à l'action de la pile de Volta, des corps composés, solides, liquides, gazeux, soudain le courant en sens contraire les divise; l'un des éléments, si le corps n'en renferme que deux, est entraîné au pôle positif, l'autre au pôle négatif. Supposez le composé ternaire ou quaternaire, c'est-à-dire formé de trois ou de quatre éléments, la séparation ne sera pas moins forcée; mais, selon les cas, un ou deux éléments ensemble se porteront à l'un des pôles, et les éléments d'ordre contraire iront au pôle opposé.

A l'analyse substituez la synthèse : mettez en présence certains éléments que la *cohésion*, que l'*affinité* ne retiennent pas en des liens invincibles, à travers ces éléments superposés ou mêlés faites passer l'étincelle, le courant électrique; soudain la combinaison a lieu, les éléments, jusque-là séparés, ne forment plus qu'un même corps. Dans l'un comme dans l'autre cas, sous l'empire d'une puissance propre, l'électricité, c'est une force dite d'*antagonisme* qui sépare ou réunit des matières essentiellement hétérogènes.

A l'aide de l'électricité en mouvement, les analyses et synthèses chimiques ont pu être tellement généralisées, qu'un illustre chimiste de nos jours, Berzelius, avait un instant conçu a pensée que l'électricité était la cause unique et première de tous les mouvements de composition et de décomposition des corps sur le globe. Dans cette hypothèse, l'électricité, sorte d'éther composé de deux fluides, le fluide positif et le fluide négatif, aurait été répandue partout, adhérente à la surface des atomes et comblant, conjointement avec la chaleur et l'éther lui-même, le vide qui les sépare. Chaque atome aurait eu, ou ses deux fluides, ou son fluide propre, vitreux ou positif, résineux ou négatif. Or les fluides de même nom se repoussent et les fluides de nom contraire s'attirent. La combinaison eût été une attraction des fluides contraires ; la décomposition une séparation d'atomes électrisés ou venant à s'électriser similairement. Berzelius fit de longs efforts pour enchaîner ainsi tous les phénomènes chimiques dans les liens d'un système ou d'une doctrine, mais il n'y réussit pas complétement. Des faits sans nombre se dérobèrent à l'explication ou s'élevèrent même contre elle. Toutefois, des travaux du patient et savant investigateur, il est resté une table, une liste, où les corps simples sont rangés méthodiquement, les uns par rapport aux autres, dans l'ordre de leur antagonisme électrique. En tête, ou le premier, est placé l'oxygène, l'élément le plus essentiellement négatif, celui qui invariablement se rend au pôle positif. A la fin, ou le dernier, se trouve le potassium, l'élément le plus essentiellement positif, celui qui se rend invariablement au pôle négatif. Intermédiairement viennent les autres corps, négatifs relativement à ceux qui les suivent, positifs relativement à ceux qui les précèdent. Nous reproduisons ici cette liste, telle que l'a dressée Berzelius ; on aura souvent à la consulter.

Oxygène.	Sélénium.	Bore.
Soufre.	Phosphore.	Carbone.
Azote.	Arsenic.	Antimoine.
Fluor.	Chrôme.	Tellure.
Chlore.	Molybdène.	Tantale.
Brôme.	Tungstène.	Titane.
Iode.	Vanadium.	Silicium.

Hydrogène.	Bismuth.	Zirconium.
Or.	Étain.	Aluminium.
Osmium.	Plomb.	Yttrium.
Iridium.	Cadmium.	Glucinium.
Platine.	Cobalt.	Magnesium.
Rhodium.	Nickel.	Calcium.
Palladium.	Fer.	Strontium.
Mercure.	Zinc.	Baryum.
Argent.	Manganèse.	Lithium.
Cuivre.	Cérium.	Sodium.
Urane.	Thorium.	Potassium (*).

Deux forces doivent encore être nommées qui servent à l'interprétation de certains phénomènes chimiques : La *catalyse* ou *action de présence*, l'*endosmose* et l'*exosmose*.

La *catalyse* est la force en vertu de laquelle une matière interposée entre deux ou plusieurs corps détermine, ou, au contraire, suspend, arrête une action chimique.

Ayez en présence de l'eau et du sucre à la température ordinaire ou même à une température élevée, le sucre se dissout, mais nul changement ne se produit au delà : l'eau reste de l'eau, le sucre reste du sucre. Dans cette dissolution modérément chauffée introduisez, en quelque petite quantité que ce soit, un corps appelé *ferment*, de la levûre de bière, de l'orge germée, une matière albuminoïde, aussitôt un phénomène se manifeste, des gaz s'échappent. Les éléments de l'eau (hydrogène et oxygène) et ceux du sucre (oxygène, hydrogène et carbone) se sont séparés pour entrer dans des combinaisons nouvelles ; il s'est formé ; d'une part, de l'acide carbonique (oxygène et carbone) ; de l'autre, de l'alcool (oxygène, hydrogène et carbone). Quant au ferment, au terme de l'opération, il n'a subi aucun changement appréciable, il est après ce qu'il était avant la fermentation (on appelle ainsi le mouvement

(*) Bérzelius, *Traité de Chimie*, 1831, t. IV, p. 570. Pour rappeler à la mémoire, vers quel pôle doit se porter tel ou tel élément d'un corps composé, nous proposons un moyen mnémotechnique fort simple : se répéter les quatre lettres de l'alphabet M, N, O, P, et se dire Métal Négatif, Oxygène Positif.

moléculaire excité par le ferment), un agent, une matière propre à renouveler les mêmes actions chimiques.

Dans le liquide en pleine fermentation, faites tomber un acide fort, un alcali pur, de l'acide arsénieux ou arsénique, du sublimé corrosif, etc. ; à l'instant pour ainsi dire le mouvement commencé sera arrêté, le ferment aura perdu toute sa puissance.

A quelle cause rapporter le double phénomène ? A la *force catalytique;* à moins que, d'après d'ingénieuses explications données récemment par M. Pasteur, on n'admette que le ferment est un être organisé, qui vit, respire et opère des sélections toutes physiologiques, opinion trop nouvelle encore pour que nous ayons, à cette place, soit à l'adopter, soit à la combattre.

L'*endosmose* et l'*exosmose* est la force à double courant qui établit un mouvement et, par suite, un échange entre des liquides ou des gaz séparés mécaniquement par des enveloppes poreuses, par des tissus organiques particulièrement.

Enfermez, soit un liquide, soit un gaz dans une membrane mince, dans la vessie d'un animal, dans un petit ballon de caoutchouc, dans un vase quelconque à parois poreuses; abandonnez le récipient plein et clos soit dans l'air, soit au sein d'un liquide ou d'un gaz de nature autre que ceux du récipient; au bout d'un certain temps, un phénomène à la fois physique et chimique se sera produit. Le vase à parois poreuses aura échangé tout ou partie du gaz ou du liquide contenu, contre des quantités relativement équivalentes du liquide ou du gaz dans lequel il baignait. Par quelle intervention, ou sous quelle influence se sera fait l'échange? On pourra discuter sur ce point, invoquer les lois d'équilibre de température et de pression, la capillarité, cette force qui joue un si grand rôle en physique; mais, pour embrasser tous les faits, il faudra, nous le pensons du moins, voir en action dans le phénomène une force de nature spéciale, et c'est à cette force qu'un célèbre phytologiste, Dutrochet, a donné le nom d'endosmose (ἐντὸς ὠσμὸς, impulsion en dedans) et d'exosmose (ἐκτὸς ὠσμὸς, impulsion en dehors).

Mais ici nous devons renvoyer aux mémoires originaux de l'auteur; dans ces pages rapides il ne peut y avoir place que pour des indications sommaires.

II

Il sera si souvent, et dès les premières pages, question d'équivalents dans ce livre, qu'il importe de fixer immédiatement le sens attaché à ce mot, et de donner ainsi une première idée de la doctrine sur laquelle la chimie actuelle se fonde. Et d'abord, il convient d'établir, comme loi absolue, que les corps, quels qu'ils soient, ne se combinent qu'en proportions simples, toujours multiples les unes des autres; de telle sorte que si le corps A se combine en plusieurs proportions avec le corps B, la première combinaison sera $A + B$, la seconde $A + 2B$, la troisième $A + 3B$, et ainsi de suite. C'est la loi dite des *proportions multiples* à laquelle Dalton, son auteur, a donné la formule suivante : « *Lorsque deux corps se combinent en plusieurs proportions, l'un d'eux étant pris pour unité, les quantités de l'autre seront entre elles en rapports simples dans les divers composés.* »

En second lieu, et ce fait pourrait paraître un corollaire du précédent, dans les composés, les éléments se substituent les uns aux autres en nombres proportionnels : ces nombres proportionnels ont pris le nom d'*équivalents*.

Pour plus de clarté, rappelons des faits chimiques élémentaires.

Dans la dissolution d'un sel métallique, du sulfate d'argent, par exemple, si l'on vient à plonger une lame de cuivre, une action chimique se manifeste immédiatement; le cuivre s'oxyde se dissout, il prend la place de l'argent qui, atome pour atome, revient à l'état de métal... Dans la dissolution de sulfate de cuivre ainsi formée, si l'on introduit un fragment de cadmium, celui-ci à son tour s'oxyde, se dissout et se substitue au cuivre, qui reprend l'état métallique... Dans la dissolution de sulfate de cadmium, si l'on met du zinc, il se forme du sulfate de zinc et le cadmium se révivifie.

Au début de l'expérience, on avait une quantité déterminée de sulfate d'argent, disons 1953 parties, qui se décomposent ainsi :

Acide sulfurique (oxygène 300, soufre 200) =	500	1953
Oxyde d'argent (oxygène 100, argent 1353) =	1453	

Et successivement on a eu :

Sulfate de cuivre 996, qui se décompose en

Acide sulfurique.	500	996
Oxyde de cuivre (oxygène 100, cuivre 396) =	496	

Sulfate de cadmium 1297, qui se décompose en

Acide sulfurique	500	1297
Oxyde de cadmium (oxygène 100, cadmium 697) =	797	

Sulfate de zinc 1006, qui se décompose en

Acide sulfurique.	500	1006
Oxyde de zinc (oxygène 100, zinc 406). =	506	

Rapprochons les nombres qui représentent

L'argent.	1353
Le cuivre.	396
Le cadmium.	697
Le zinc.	406

Ces nombres se sont remplacés les uns les autres pour former des sels neutres, des sulfates ; ces nombres sont des *équivalents*. Ils expriment les quantités de métaux, argent, cuivre, cadmium et zinc, qui se substituent les unes aux autres dans les combinaisons chimiques quelles qu'elles soient.

D'un autre côté, demandons-nous et cherchons, à l'aide de la balance, quelles sont les quantités de bases alcalines, terreuses ou métalliques, nécessaires pour saturer des quantités d'acides déterminées, à savoir :

500 d'acide sulfurique,
275 d'acide carbonique,
675 d'acide azotique,
943 d'acide chlorique,
1143 d'acide perchlorique.

L'expérience répondra qu'il faut

589 de potasse qui se dédouble	en potassium	489, oxygène 100,
387 de soude.	en sodium	287, oxygène 100,
350 de chaux.	en calcium	250, oxygène 100,
958 de baryte.	en baryum	858, oxygène 100,
258 de magnésie.	en magnesium	158, oxygène 100,
1394 d'oxyde de plomb.	en plomb	1294, oxygène 100.

Les nombres

489 potassium,
287 sodium,
250 calcium,
858 baryum,
158 magnesium,
1294 plomb,

qui réciproquement, unis à 100 d'oxygène, peuvent se remplacer pour neutraliser

500 d'acide sulfurique,
275 d'acide carbonique,
675 d'acide azotique,
943 d'acide chlorique,
1143 d'acide perchlorique,

sont les *équivalents* de ces métaux.

Et, de même, les nombres

275 d'acide carbonique,
500 d'acide sulfurique,
675 d'acide azotique,
943 d'acide chlorique,
1143 d'acide perchlorique,

sont, les uns par rapport aux autres, des *équivalents*. Ces acides se remplacent réciproquement, dans les proportions indiquées, pour former des sels neutres avec les bases.

En présence des chiffres que nous venons de rapprocher une remarque peut être déjà faite. Dans les oxydes ci-dessus nommés, nous avons constamment trouvé un équivalent d'oxygène représenté par le nombre 100. Dans les acides, cet équivalent s'est vu doublé (acide carbonique), triplé (acide sulfurique), quintuplé (acide azotique et acide chlorique), septuplé (acide perchlorique). Ce fait se généralisant, l'expérience l'a montré, Berzelius en a déduit la loi suivante, qui porte le nom de l'illustre chimiste :

« *Dans les oxysels* (*) *il existe toujours un rapport simple entre l'oxygène de l'oxyde et l'oxygène de la base.*

Ce rapport,

pour les carbonates..........	est de 1 à 2,
pour les sulfates............	de 1 à 3,
pour les azotites............	de 1 à 3,
pour les azotates, les chlorates, les iodates, les bromates..........	de 1 à 5,
pour les perchlorates et les périodates..	de 1 à 7.

Quelle simplicité, quelle régularité dans les combinaisons ! Nous n'avons cité que celles formées par l'oxygène et des métaux; mais que l'on prenne le soufre, le chlore, le fluor... les mêmes lois enchaîneront des combinaisons analogues, bien que formées d'éléments très-divers.

(*) Sels dans lesquels l'acide est un oxacide, c'est-à-dire un corps binaire dont l'un des éléments est l'oxygène.

Ce n'est point ici le lieu de faire connaître les diverses méthodes auxquelles les chimistes ont recours pour établir les équivalents des différents corps; nous courrions le risque, et de n'être pas compris, et de fatiguer les esprits les mieux disposés à nous suivre. Toutefois nous nous croyons forcé d'indiquer, au moins par un exemple, l'opération mathématique générale à exécuter, pour rapporter à un type premier et de convention les équivalents de chaque corps. Nous ne pourrions nous répéter autant de fois qu'on aura à reprendre une opération variable dans les chiffres, mais en principe toujours la même.

Nous supposerons qu'on se propose de déterminer les nombres proportionnels des éléments de l'eau. On décomposera un poids donné, disons 100, de ce liquide. On se servira soit de la pile, soit d'une méthode qui consiste à faire passer l'eau en vapeur sur du cuivre ou du fer chauffé au rouge. On trouvera, par l'une comme par l'autre méthode, que pour 100 parties, l'eau est composée de 88,889 parties d'oxygène et de 11,111 parties d'hydrogène. Si l'on veut savoir la quantité d'hydrogène que contiendra l'eau pour 100 parties d'oxygène, on aura à établir l'équation :

$$88,889 : 11,111 :: 100 : H.$$

D'où $H = \frac{100 \times 11,111}{88,889}$, c'est-à-dire 12,499, ou mieux, 12,50. L'équivalent de l'oxygène étant 100, le nombre 12,50 représente, en effet, l'équivalent de l'hydrogène, et l'équivalent de l'eau est représenté par la somme des deux nombres, c'est-à-dire par 112,50.

Si l'on avait pris pour terme de comparaison et pour unité l'équivalent de l'hydrogène, on aurait dû établir la proportion

$$11,111 : 888,89 :: 1 : O.$$

D'où O, ou l'oxygène, serait $\frac{88,889}{11,111}$, c'est-à-dire 8.

Les chimistes ont arbitrairement pris pour type ou terme de comparaison des équivalents, les uns, l'oxygène représenté par 100; les autres, l'hydrogène représenté par 1. Mais pour déduire de l'un ou de l'autre type l'équivalent cherché, il suffira d'une opération d'arithmétique. Alors que l'équivalent aura été primitivement rapporté à l'oxygène 100, on le divisera par 12,50 pour le rapporter à l'hydrogène 1; et réciproquement on le multipliera par le même nombre, quand ayant été rapporté d'abord à l'hydrogène, on voudra l'établir comparativement à l'oxygène. (*Voir ci-après le tableau des équivalents.*)

III

Il n'existe pas de science qui n'ait ses signes, ses termes, sa langue en un mot, à laquelle il est essentiel de s'initier. La chimie ne fait pas exception. Elle embrasse un si grand nombre de corps simples et composés, qu'elle a dû se créer une nomenclature propre à les classer méthodiquement. Voici le système qu'on a suivi.

Les corps simples ont chacun leurs noms, et ces noms doivent être courts et sans signification préconçue. Les monosyllabes *fer*, *plomb*, *or*, qui désignent certains métaux, les premiers connus, remplissent le mieux, sous ce rapport, les conditions exigées. On se méprit lorsqu'on donna aux deux corps élémentaires qui forment l'eau, et qui sont de découverte nouvelle, les noms composés *oxygène* et *hydrogène*, qui signifient, le premier, générateur des acides, et le second, générateur de l'eau. On vit plus tard que l'hydrogène était générateur d'acides au même titre que l'oxygène, et l'oxygène est aussi bien générateur de l'eau que l'hydrogène, puisque l'eau est composée d'un équivalent d'oxygène et d'un équivalent d'hydrogène. Mais ici, comme en bien d'autres circonstances, la faute commise, l'usage a prévalu sur la logique, et chacun sait qu'il faut se soumettre à l'usage :

Si volet usus
Quem penes arbitrium est et jus et norma loquendi.

Les corps binaires qui sont composés d'oxygène et d'un métalloïde (les corps simples ont été divisés en métalloïdes et en métaux), et qui généralement jouissent de propriétés acides, sont nommés *oxacides;* les corps binaires et acides qui sont composés d'hydrogène et d'un métalloïde sont nommés *hydracides*.

Alors qu'avec le même métalloïde l'oxygène forme plusieurs combinaisons, chaque composé conserve son radical, mais il prend une désinence différente. Exemples : *acide sulfureux*, *acide sulfurique; acide phosphoreux*, *acide phosphorique; acide arsénieux*, *acide arsénique*. C'est le composé le moins oxygéné qui a la terminaison *eux*, et celui qui contient la plus forte proportion d'oxygène qui prend la terminaison *ique*. Quand le nombre des composés outre-passe deux, on se sert pour les désigner de prépositions adjuvantes. Ainsi on dit : *acide hypochloreux*, *acide chloreux ; acide hypochlorique*, *acide chlorique* et *acide perchlorique*. Le sens de ces particules additionnelles se comprend facilement.

Quant à l'hydrogène, il ne forme généralement avec les métalloïdes qu'une seule combinaison, et l'on dit indifféremment, des deux corps qui entrent en combinaison, *acide hydrochlorique* ou *acide chlorhydrique; acide hydrobromique* ou *acide bromhydrique; acide hydriodique* ou *acide iodhydrique*. Toutefois, aujourd'hui, on place généralement le premier le corps électro-négatif. (*V.* le tableau ci-dessus de Berzelius, page 5).

Quand l'oxygène se combine avec les métaux, le composé prend généralement le nom d'*oxyde*. Mais le même métal pouvant donner lieu avec l'oxygène à plusieurs oxydes, le premier degré d'oxydation s'appellera *protoxyde*, le second *deutoxyde* ou *bioxyde*, le troisième *tritoxyde*, le dernier *peroxyde*. Les oxydes les plus oxygénés contractant des propriétés acides, on les distingue par les terminaisons que nous avons vues caractériser les oxacides. Ainsi, on a le *protoxyde* et le *peroxyde de manganèse* et les *acides manganique* et *permanganique*; le *protoxyde* et le *deutoxyde d'étain* et l'*acide stannique*; l'*oxyde de chrome* et l'*acide chromique*. On trouvera quelquefois la syllabe *sesqui* placée avant le radical d'un oxyde ou d'un composé binaire quelconque, *sesquioxyde*, *sesquichlorure*, *sesquibromure*. *Sesqui* veut dire *un et demi*; il se prend pour la moitié en plus de l'unité indiquée par le radical auquel il est joint. *Sesquipedalia verba*, mots d'un pied et demi.

Les corps binaires, dans la composition desquels n'entre ni l'oxygène, ni l'hydrogène, et qui sont formés de deux métalloïdes, ou d'un métalloïde et d'un métal, ajoutent au premier nom ou radical métalloïde la terminaison *ure*. Ainsi l'on dit : *sulfure de carbone*, *sulfure de fer*, *chlorure d'azote*, *chlorure d'argent*. Alors que le métalloïde se combine en plusieurs proportions avec le métal, on place avant le corps pris pour radical les antisyllabes *proto*, *sesqui*, *bi* ou *deuto*, *trito*, *quadro*, *penta*, etc. Exemples : *protosulfure*, *sesquisulfure*, *deutosulfure*, *tritosulfure*, *quadrosulfure*, *pentasulfure de potassium*. Ces expressions indiquent que, pour un équivalent de métal, il y a dans chacun de ces composés 1, $1\frac{1}{2}$, 2, 3, 4, 5 équivalents de soufre. Les sulfures et chlorures jouissant de la propriété commune aux acides de se combiner avec les bases, on donne aux composés quaternaires ainsi formés le nom de *sulfosels* et de *chlorosels*.

Les composés quaternaires les plus nombreux, ceux qui résultent de l'union d'un oxacide ou d'un hydracide avec les oxydes ou les bases salifiables, c'est-à-dire les sels proprement dits, prennent des noms en rapport avec leur composition. Tous les acides ayant la terminaison *eux* donneront des sels dont le radical sera terminé en *ite*, et tous les acides de la terminaison *ique*, des sels dont le radical prendra la terminaison *ate*. Exemples : acide sulfureux, acide sulfurique : *sulfite de soude*, *sulfate de soude;* acide phosphoreux, acide phosphorique : *phosphite de soude*, *phosphate de soude*. Il y a des sels dits *acides* et des sels dits *basiques*. Alors que les sels sont avec excès de base, on les désigne souvent du nom de *sous-sels : sous-carbonate de soude*, *sous-acétate de plomb*. Quand, au contraire, leur composition emporte l'idée d'un excès d'acide, ils prennent des noms en rapport avec le nombre d'équivalents d'acide en excès. On dit *sesquisulfate*, *bisulfate*, *trisulfate*, *quadrisulfate*, etc. Et de même, en raison du nombre d'équivalents de base en excès relativement à l'acide, on dit aussi *sel sesquibasique*, *bibasique*, *tribasique*, etc.

En s'unissant entre eux, les métaux donnent lieu à des *alliages*, classe de corps que l'art peut multiplier pour ainsi dire à l'infini, les alliages n'étant pas, le plus souvent du moins, des combinaisons, mais des mélanges. Alors que le mercure fait partie de ces mélanges, l'alliage prend le nom d'*amalgame*.

Les chimistes ne se sont pas bornés à classer les corps méthodiquement, à les désigner par des noms d'une mnémonique facile ; ils ont songé, Berzelius le premier, à en représenter aux yeux la composition même par des formules simples, algébriques si l'on veut, mais d'une lecture facile quand on est familiarisé avec quelques signes d'un usage commun en mathématiques.

Et d'abord, chaque corps simple a pour formule ou symbole la première lettre de son nom, quelquefois unie à la seconde ou à la consonne de la seconde syllabe, quand les mêmes lettres pourraient amener une confusion entre des corps ayant la même initiale. L'oxygène est désigné par O, l'hydrogène par H, l'azote par Az, l'argent par Ag. Dans les combinaisons, l'oxygène est aussi quelquefois désigné par une barre ou par des points ; mais, de tels signes prêtant à une certaine confusion, nous nous abstiendrons de les employer dans ce livre. Pour nous, l'oxygène sera toujours désigné par O, avec un exposant à droite pour marquer le nombre d'équivalents.

Quand deux corps quelconques sont combinés en proportion simple, équivalent pour équivalent, les symboles de chacun des corps s'écrivent l'un près de l'autre : HO signifie hydrogène et oxygène, c'est-à-dire eau ; FeO signifie fer et oxygène, c'est-à-dire oxyde de fer.

Dans un composé binaire, si l'un des éléments est en plusieurs proportions relativement à l'autre, on indique par un chiffre placé à droite, comme un exposant, quel est le nombre des équivalents entrés en combinaison. Ainsi, pour l'acide sulfureux, composé de 1 équivalent de soufre et de 2 équivalents d'oxygène, on écrit SO^2, et pour l'acide sulfurique, composé de 1 équivalent de soufre et de 3 équivalents d'oxygène, on écrit SO^3. Quand on a à doubler ou à tripler le nombre d'équivalents d'un corps composé, on place le chiffre indicateur de ces équivalents à gauche de la formule. Trois équivalents d'oxyde de fer auront pour symbole 3FeO.

La formule d'un sel s'écrit en séparant par une virgule le symbole de l'acide d'avec le symbole de la base : sulfate de potasse, écrivez KO,SO^3 ; bisulfate de potasse, écrivez $KO,2SO^3$. Cependant on se dispense quelquefois d'écrire la virgule.

Si l'on a à représenter plusieurs équivalents d'un sel, on place indifféremment le signe numérique en avant de la formule, ou bien, en exposant, à la fin, la formule étant enfermée entre parenthèses. Les formules

$$2(KO,2SO^3) \text{ et } (KO,2SO^3)^2$$

représentent, l'une et l'autre, un composé contenant deux équivalents de bisulfate de potasse.

Alors qu'on veut indiquer la réaction de deux corps mis en présence, on les réunit par le signe + (plus). Cu + S indique un équivalent de cuivre en présence d'un équivalent de soufre. Cu + S = (égale) Cu S indique que les équivalents de cuivre et de soufre ont formé du sulfure de cuivre. Le signe — (moins) a partout le même emploi et la même valeur qu'en algèbre.

On a souvent à indiquer par des équations les résultats d'une réaction ou d'une combinaison. Il faut, dans ce cas, retrouver dans chaque terme de l'équation le même nombre d'équivalents.

1er *exemple* : On prépare l'hydrogène en faisant réagir l'acide sulfurique sur le zinc et l'eau. On a donc en présence :

Zinc.	Zn	
Acide sulfurique. .	SO^3, HO	L'acide sulfurique SO^3 ne peut pas exister sans un équivalent d'eau HO.
Eau.	HO	

ou $Zn + SO^3 HO + HO$.

Comment, ou par quelle réaction chimique l'hydrogène H se sépare-t-il de l'eau ?

La réaction sera expliquée plus loin (*voir p.* 26); elle s'exprime par cette équation :

$$Zn + SO^3HO + HO = ZnO, SO^3HO + H.$$

2e *exemple* : On prépare l'oxygène en faisant chauffer du chlorate de potasse KO, ClO^5. La chaleur sépare de cette combinaison tout l'oxygène et réduit le chlorate de potasse KO, ClO^5 en chlorure de potassium KCl. On représentera l'opération par cette équation :

$$KO, ClO^5 = KCl + 6O.$$

Les équivalents étant représentés tous par des nombres (*voir le tableau ci-après, p. 23*), on saura dans toute opération chimique, en agissant sur des poids déterminés, quelles seront les quantités relatives de chaque élément que l'on pourra, soit extraire d'un composé, soit faire entrer dans une combinaison nouvelle. La chimie est là tout entière, dans les nombres comme dans les cornues.

PRINCIPES ET PHILOSOPHIE

DE LA

CHIMIE MODERNE

I

PRÉLIMINAIRES. — TABLEAU DES ÉQUIVALENTS

Au début de leur science, les chimistes écartent toute question métaphysique et ils disent : la matière *est*. Puis ils nomment *matière* tout ce qui pour leurs sens prend un corps, tout ce qui pèse dans leur balance. La matière est donc essentiellement *pondérable*. Ce qui ne pèse pas, ou ne peut pas être mis dans la balance, est dit *impondérable*. C'est aux physiciens qu'appartient l'étude des *impondérables*, c'est-à-dire l'étude de la *chaleur*, de l'*électricité*, du *magnétisme* et de la *lumière*. Mais les chimistes reprennent eux-mêmes cette étude, les impondérables enveloppant la matière et intervenant, comme agents actifs ou comme *forces*, dans les phénomènes de composition ou de décomposition des corps.

Sous cette expression très-générale de *corps*, les chimistes entendent toute agrégation de matière ayant une forme et des dimensions quelconques. Les dernières particules, ou particules insécables et indivisibles des corps, prennent le nom de *molécules* (petites masses), ou d'*atomes* (parties inséparables). Les atomes sont *amorphes* ou *cristallisés*, et ces expressions portent avec elles leur signification. Ils sont *impénétrables*, c'est-à-dire qu'ils ne peuvent, à plusieurs, occuper en même temps le même espace.

Selon la quantité de chaleur qui les pénètre, les corps se présentent dans la nature sous trois états : l'état solide, l'état liquide, l'état gazeux. Ainsi, à la température dite de zéro et au-dessous, l'eau est solide : c'est la neige, la grêle ou la glace; entre zéro et cent degrés, l'eau est liquide; au-dessus de cent degrés, elle passe à l'état de vapeur ou de fluide aériforme.

Les corps sont *simples* ou *composés*. Ils sont réputés *simples*, quand ils ne renferment qu'une seule et même matière; ils sont *composés*, quand, à l'aide des forces dont dispose la chimie, on peut en séparer des éléments divers, ayant des propriétés distinctes.

Les chimistes comptent aujourd'hui soixante-six corps simples ou qu'ils n'ont pas su décomposer, et ce nombre peut augmenter, comme il pourrait diminuer par suite de nouvelles découvertes. On voit qu'il y a loin de la chimie actuelle à la chimie des anciens qui reconnaissaient seulement quatre éléments, l'eau, l'air, la terre et le feu, éléments que les progrès des sciences ont fait passer dans la classe des corps composés.

Les soixante-six corps simples, ou tenus pour tels, sont divisés en MÉTALLOÏDES et en MÉTAUX. En voici la liste avec les symboles ou signes abrégés par lesquels on les représente, ainsi que les nombres exprimant leur unité pondérable, ou leur poids atomique, ce que l'on nomme leurs *équivalents*. Le nombre pris pour terme de comparaison est conventionnellement l'hydrogène représenté par 1, ou l'oxygène représenté par 100. Nous donnons ce tableau à l'avance, parce qu'on aura sans cesse à le consulter.

NOMS DES CORPS SIMPLES.	LEUR SIGNE OU SYMBOLE.	LEUR ÉQUIVALENT L'HYDROGÈNE ÉTANT REPRÉSENTÉ PAR 1.	LEUR ÉQUIVALENT L'OXYGÈNE ÉTANT REPRÉSENTÉ PAR 100.
MÉTALLOÏDES			
1 Hydrogène. . .	H.	1	12,50
2. Oxygène. . . .	O.	8	100
3. Azote.	Az. ou N. (Nitrogène).	14	175
4. Carbone. . . .	C.	6	75
5. Soufre.	S.	16	200
6. Phosphore. . .	Ph.	31,92	399
7. Arsenic.	As.	74,97	937,15
8. Chlore.	Cl.	35,46	443,20
9. Iode.	I.	126,25	1578,20
10. Brôme.	Br.	80, »	1000
11. Phtore ou Fluor.	Pt. ou Fl.	19,20	240
12. Sélénium. . . .	Se.	39,02	487,81
13. Tellure.	Te.	64,56	806,50
14. Bore.	Bo.	10,88	136,15
15. Silicium. . . .	Si.	21,34	266,78
MÉTAUX			
16. Potassium. . . .	K. (Kallium).	39,09	488,71
17. Sodium.	Na. (Natrium).	22,97	287,22
18. Lithium. . . .	L.	6,43	80,37
19. Cæsium.	Cæ.	123,3	1541,25
20. Rubidium. . . .	R.	7	87,50
21. Thallium. . . .	Th.	204	2550
22. Indium.	»	»	»
23. Baryum. . . .	Ba.	68,68	858,59
24. Strontium. . . .	Sr.	43,80	548
25. Calcium. . . .	Ca.	20	250
26. Magnésium. . .	Mg.	12,68	158,62
27. Aluminium. . .	Al.	13,67	170,99
28. Glucinium. . . .	G.	7	87,50
29. Zirconium. . . .	Z.	33,50	418,80
30. Thorium. . . .	Th.	59,51	743,90
31. Yttrium.	Y.	»	»
32. Norium.	No.	»	»

NOMS DES CORPS SIMPLES.	LEUR SIGNE OU SYMBOLE.	LEUR ÉQUIVALENT L'HYDROGÈNE ÉTANT REPRÉSENTÉ PAR 1.	LEUR ÉQUIVALENT L'OXYGÈNE ÉTANT REPRÉSENTÉ PAR 100.
33. Erbium.	E.	»	»
34. Terbium. . . .	T.	»	»
35. Lanthane. . . .	La.	47	588
36. Didyme.. . . .	D.	48	600
37. Manganèse. . .	Mn.	27,57	344,68
38. Fer.	Fe.	27,13	339,23
39. Chrome.. . . .	Cr.	26,76	334,50
40. Cobalt.	Co.	29,52	369
41. Nickel.	Ni.	29,52	369
42. Zinc.	Zn.	32,52	406,60
43. Cadmium. . . .	Cd.	55,74	696,80
44. Uranium. . . .	U.	60, »	750
45. Vanadium.. . .	V.	68,40	855,10
46. Tungstène ou Wolfram. . .	Tu. ou W.	153,20	1916
47. Molybdène. . .	Mo.	46,23	583,98
48. Titane.	Ti.	24,19	302,41
49. Étain.	Sn.	58,90	736,28
50. Antimoine. . .	Sb.	120,6	1508,66
51. Tantale ou Colombium. . .	Ta.	68,5	856
52. Niobium. . . .	Nb.	»	»
53. Ilmenium ou Beryllium. . .	Be.	7	87,5
54. Pélopium. . . .	Pé.	»	»
55. Bismuth. . .	Bi.	106,50	1330,37
56. Cuivre.	Cu.	31,74	396,80
57. Plomb.	Pb.	103,55	1294,49
58. Mercure. . . .	Hg.	100	1250
59. Argent.	Ag.	108,25	1353,28
60. Or.	Au.	196,40	2455
61. Plâtine.	Pt.	100,14	1251,86
62. Palladium.. . .	Pd.	53,27	665,89
63. Osmium. . . .	Os.	99,60	1244,48
64. Iridium.. . . .	Ir.	98,68	1233,49
65. Rhodium. . . .	Rh.	52,10	651,38
66. Ruthénium. . .	Ru.	51,74	646,80

II

HYDROGÈNE H. 1 — 12,50

L'hydrogène est un gaz qu'on ne trouve pas à l'état libre dans la nature. On le retire de l'eau dont, avec l'oxygène, il est un des éléments constituants. Pour l'isoler on fait usage dans le laboratoire de divers procédés.

Dans le premier (*fig.* 1), on fait passer un courant de vapeur V à travers un tube de porcelaine *p p'* fortement chauffé, et

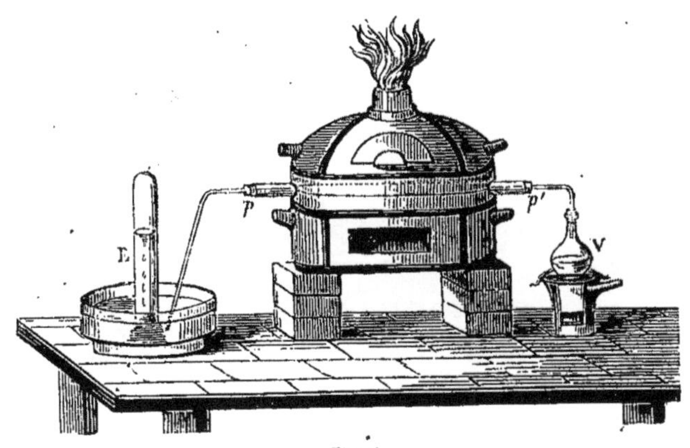

Fig. 1.

qui contient des fragments de fil de fer. Sous l'influence de la chaleur, le fer décompose l'eau, retient l'oxygène qu'il fixe (oxyde de fer), et laisse échapper l'hydrogène, qu'on peut recueillir sous le mercure ou sous l'eau, dans une éprouvette E. A la place du fer on peut employer le charbon qui, à la température rouge, décompose aussi l'eau.

Dans le second procédé (*fig.* 2), on met en présence, dans un flacon F, de l'eau, du zinc et de l'acide sulfurique. L'acide sulfurique attaque le zinc, qui lui-même, dans cette condition, décompose l'eau, fixe l'oxygène (oxyde de zinc), et laisse dégager l'hydrogène, qu'on peut recueillir, comme dans le cas précédent, ou faire brûler à l'extrémité du tube T.

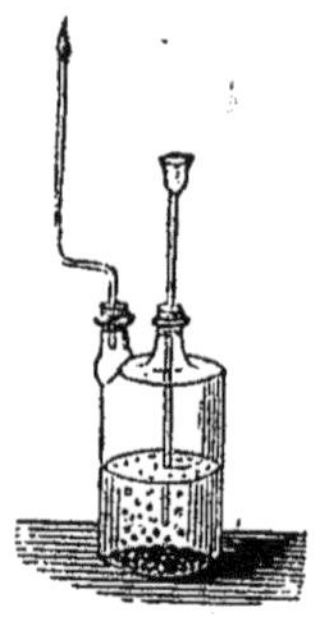

Fig. 2.

Dans le troisième procédé (*fig.* 3), on décompose l'eau au moyen de la pile électrique. L'oxygène se rend au pôle positif +, et l'hydrogène au pôle négatif —. On recueille à part chacun des deux gaz dans deux éprouvettes P et N, auxquelles aboutissent les fils conducteurs de la pile.

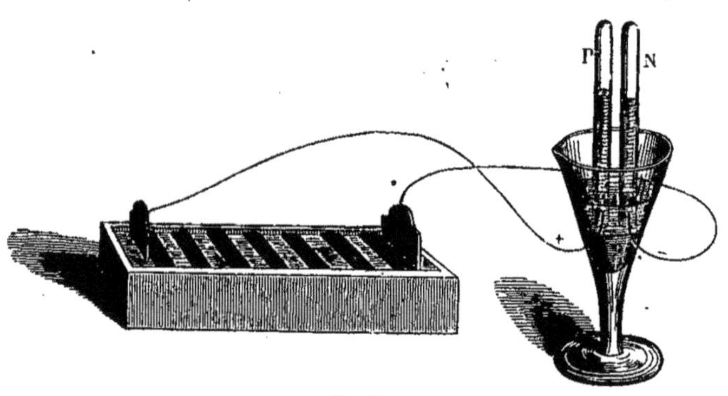

Fig. 3.

A l'état de pureté parfaite, le gaz hydrogène est incolore et sans odeur ; il se confond par l'aspect avec l'air atmosphérique. Mais une propriété dite *essentielle* sert à le faire distinguer de tous les autres corps et particulièrement des autres gaz. Si l'on approche de l'éprouvette qui le renferme, ou du tube dont il se dégage, un corps en ignition, une allumette enflammée, le gaz brûle et, en s'unissant à l'oxygène de l'air, il reproduit de l'eau. Pour le dire en passant, c'est là le phénomène de la combustion, phénomène si obscur et si inexpliqué pour les anciens, qui ne connaissaient ni l'hydrogène, corps éminemment *combustible*, ni l'oxygène, corps désigné sous le nom de *comburant*, parce qu'il brûle tous les autres.

L'hydrogène est le plus léger de tous les corps. Il est quatorze fois et demie environ plus léger que l'air atmosphérique. Sous la pression normale $0^{m},76$ et à la température de 0°, la densité de l'air étant prise pour unité, celle de l'hydrogène est 0,0693. Un centimètre cube d'eau au maximum de densité, c'est-à-dire à 4°,10 pesant un gramme, un litre d'hydrogène à 0° ne pèse que 0^{gr}, 0899. A raison de cette légèreté spécifique, c'est avec ce gaz que l'on remplit les aérostats et ces petits ballons en caoutchouc qui servent de jouets aux enfants. Il suffit que les sphères d'enveloppe aient un décimètre de diamètre pour qu'elles s'élèvent dans l'air à une assez grande hauteur. Des bulles de savon dans lesquelles on souffle de l'hydrogène sont emportées comme de légers nuages et, si l'on y met le feu, elles font explosion. En petit, il y a là une image de ce qui se passe dans l'atmosphère quand la foudre éclate. Voici, en effet, le phénomène assez complexe qui se produit : combustion de l'hydrogène et formation soudaine de vapeur d'eau; à la rencontre de l'air froid, condensation instantanée de cette vapeur; choc en retour du gaz refoulé, bruit, par conséquent, en rapport avec le refoulement d'air et le volume d'hydrogène embrasé de la bulle. La chaleur ici a remplacé l'électricité qui, dans l'air atmosphérique, rapproche ou combine les éléments de l'eau qu'elle a elle-même séparés.

L'hydrogène est la matière combustible par excellence. Un kilogramme de ce gaz produit en brûlant une quantité de chaleur capable de porter de 0 à 100 degrés 345 kilogrammes d'eau. Un kilogramme d'hydrogène ne fournit donc pas moins de 34500 *calories*, ce nom de *calorie* ayant été donné à l'unité de chaleur représentée par la quantité de calorique nécessaire pour élever de 0° à 100° un gramme d'eau distillée.

Mêlé en certaines proportions à l'oxygène (chalumeau aérhydrique), l'hydrogène est employé dans l'industrie pour produire les plus hautes températures auxquelles il soit possible d'atteindre. Dans le laboratoire, il sert d'agent réducteur, au même titre sinon plus sûrement encore que le charbon. L'extrême affinité de ce corps pour l'oxygène explique cet emploi.

La découverte de l'hydrogène ne date que de la fin du siècle dernier. Elle fut faite en 1776 par le physicien anglais Cavendish. Cependant on raconte que Polinière, qui professa devant Louis XIV, fit voir à ce prince la *lampe philosophique*, c'est-à-dire le petit appareil à dégagement d'hydrogène représenté *fig.* 2, et ainsi nommé sans doute parce qu'il ne jette qu'une très-faible clarté. Aurait-on donc connu l'hydrogène avant de l'avoir isolé et nommé? Très-certainement, et c'est le cas de répéter ici ce qui a été dit avec un sens profond par Fontenelle, que la vérité n'appartient qu'à celui qui la nomme.

De nos jours, une tentative d'un grand intérêt a été faite dans l'industrie. On a essayé de substituer à nos divers systèmes d'éclairage et de chauffage un système unique consistant dans l'emploi de l'hydrogène.

Une usine a été établie à Passy, où l'on a produit en grand de l'hydrogène pur par la décomposition de l'eau, au moyen du fer ou du charbon. Nous avons vu, en 1848, cette usine fonctionner et fournir assez de gaz pour éclairer et chauffer tout l'établissement, et donner même, pendant la nuit, un spécimen d'éclairage dans une grande avenue publique. Le gaz hydrogène est fort peu lumineux par lui-même, comme il vient d'être dit. Une flamme, quelle qu'en soit la température, ne prend d'éclat que si elle contient des corps solides en incandescence.

Pour donner à l'hydrogène le pouvoir éclairant des hydrures de carbone ou hydrogènes carbonés ordinaires, on était obligé d'introduire dans la flamme un corps inoxydable. On faisait usage d'un petit réseau ou panier en fils minces de platine.

Il est à regretter que, sous le rapport économique, l'usine de Passy n'ait pas pu entrer en lutte avec les usines qui fournissent le gaz de la capitale. Il en serait résulté un avantage : c'est que, l'hydrogène pur étant sans odeur, on aurait pu l'introduire jusque dans les appartements, et s'en servir non-seulement pour l'éclairage, mais pour le chauffage. On aurait eu, avec un tel combustible, des foyers sans fumée, aussi faciles à allumer qu'à éteindre, et dont on eût gradué à volonté la chaleur. Nous ajoutons que des couronnes ou des pyramides de gaz s'échappant d'appareils ou de vases élégants auraient rivalisé, sans infériorité aucune, avec nos charbons noirs ou nos bois poudreux.

Mais quels périls n'étaient pas à conjurer ! avec quelle pureté eût dû être préparé l'hydrogène ! Le charbon et le fer sont le plus souvent fort impurs ; ils contiennent du soufre, du phosphore, de l'arsenic qui, avec l'hydrogène, peuvent engendrer des gaz irrespirables et toxiques. L'industrie sans doute s'effraya de la responsabilité à encourir. Elle renonça à perfectionner son œuvre. Cependant la conquête reste acquise, et si, de par les statistiques, le combustible des houillères et des forêts vient à manquer à nos industries toujours en progrès, on peut se rassurer, l'eau y suppléera ; celle des fleuves et des rivières recèle des sources intarissables de chaleur et de lumière.

III

OXYGÈNE O. 8 — 100

De même que l'hydrogène, l'oxygène est un gaz qu'on ne rencontre pas à l'état libre dans la nature. Il entre, pour un cinquième environ, dans la composition de l'air, c'est-à-dire de l'atmosphère qui enveloppe la terre, et qui est la source où la vie des êtres organisés s'alimente. Il remplit, à cette place surtout, un rôle qui en fait un des éléments les plus importants de la création. Dans la joie de l'avoir isolé des corps auxquels il est uni, Lavoisier s'écriait : « L'air du feu, l'air déphlogistiqué (on lui donnait ces noms avant de le bien connaître), est un corps simple. C'est lui qui se combine avec les métaux que vous calcinez ; c'est lui qui transforme le soufre, le phosphore, le charbon, en acides ; c'est lui qui constitue la partie active de l'air ; il alimente la flamme qui nous éclaire, le foyer qui nous réchauffe ; c'est lui qui, dans la respiration des animaux, change leur sang veineux en sang artériel, en même temps qu'il développe la chaleur qui leur est propre ; il forme partie essentielle de la croûte du globe tout entière, de l'eau, des plantes et des animaux ; présent dans tous les phénomènes naturels, sans cesse en mouvement, il revêt mille formes, mais je ne le perds jamais de vue, et puis toujours le faire reparaître, à mon gré, quelque caché qu'il soit ; dans cet être éternel, impérissable, qui peut changer de place, mais qui ne peut rien gagner ni rien perdre, que ma balance poursuit et retrouve toujours le même, il faut voir l'image de la matière en général ; car toutes les espèces de matières partagent avec lui ces propriétés fondamentales et sont, comme lui, éternelles, impérissables; elles peuvent, comme lui, changer de place, mais non de poids, et ma balance les suit sans peine à travers toutes leurs modifications les plus surprenantes. »

La chimie moderne, la vraie chimie, était tout entière dans ces paroles. Priestley et Schéele avaient aussi découvert cet air du feu, Priestley, en calcinant le peroxyde de manganèse, Schéele, en traitant le même composé par l'acide sulfurique et l'eau, ou en calcinant divers oxydes, ceux d'argent, d'or et de mercure; mais Lavoisier, dont les travaux s'exécutaient à peu près en même temps que ceux de ses rivaux, Lavoisier, qui sépara l'oxygène de l'oxyde rouge de mercure, comprit le mieux et le premier, la place immense que ce corps occupait et le rôle capital qui lui était attribué dans l'univers. Il lui donna le nom d'oxygène, fondé sur une vue anticipée sans doute, à savoir, qu'il était le *générateur* des acides (ὀξύς, acide; γεννάω, j'engendre); mais, à ce moment, l'oxygène paraissait être le seul corps capable de former des acides. Plus tard on devait apprendre qu'il partageait ce pouvoir avec d'autres corps et particulièrement avec l'hydrogène, le générateur de l'eau.

Quand il est pur, l'oxygène est un gaz incolore, sans odeur ni saveur. A l'aspect, on ne saurait le distinguer de l'air, non plus que de l'hydrogène. Il a plus de densité toutefois, il est plus lourd que ces deux gaz. La densité de l'air étant représentée par 1, celle de l'hydrogène par 0,0693, la densité de l'oxygène est 1,1056. A 0° et sous la pression normale $0^{m},76$, un litre d'air pesant $1^{gr},2932$, un litre d'hydrogène $0^{gr},0896$, un litre d'oxygène pèse $1^{gr},4298$. Mais la propriété essentielle et caractéristique de ce gaz est celle qui lui a fait donner tout spécialement le nom de corps *comburant*. Que l'on plonge dans une cloche, ou dans une éprouvette remplie d'oxygène, un corps en ignition, une allumette, du charbon, du soufre, du phosphore, un métal même, aussitôt la matière prend feu avec un éclat des plus vifs, et subit une transformation complète, si la quantité de gaz suffit à la combustion, qu'on appelle aussi une oxydation. L'expérience, quand elle est faite assez en grand, est une des plus brillantes et des plus saisissantes de la chimie.

Avant de connaître l'oxygène, on attribuait la combustion à l'action d'une matière ou d'un fluide répandu partout et qu'on nommait *phlogistique* (φλογὸς, feu, chaleur). Un corps qui brûle perd quelque chose, disait-on ; ce quelque chose, c'est le phlogistique. En conséquence, les corps les plus combustibles étaient ceux qui contenaient le plus de phlogistique. Le charbon occupait le premier rang sous ce rapport. Quand on brûle un métal, du plomb, par exemple, que devient-il ? Il se calcine, il devient chaux ou terre; on disait qu'il perdait son phlogistique. Au contraire, si l'on chauffe une terre, un oxyde, celui de plomb, c'est-à-dire le minium ou la litharge, en présence du charbon, que devient cette terre, cet oxyde? Il redevient métal, il a repris au charbon le phlogistique perdu. Double erreur. Si, dans une expérience comparative, avant et après la combustion, on avait pesé, d'une part, le métal; de l'autre, la terre ou l'oxyde, on eût vu que le métal en devenant terre avait pris un poids plus fort, et que la terre, pour redevenir métal, avait perdu quelque chose du sien. Mais l'on expérimentait peu et l'on raisonnait davantage, ce qui n'était pas la meilleure méthode pour faire avancer les sciences. Cependant, dès le quinzième siècle, un physicien, Eck de Sulzbach, ayant fait chauffer un poids déterminé (six livres) d'un amalgame d'argent et de mercure, avait parfaitement reconnu qu'après une calcination prolongée durant huit jours le poids primitif avait très-manifestement et même singulièrement augmenté. A quoi tenait cette augmentation? s'était demandé l'expérimentateur, et il avait répondu : « Cette augmentation de poids vient de ce qu'un *esprit* s'unit au corps du métal, et ce qui le prouve, c'est que le cinabre artificiel (sulfure de mercure) soumis à la distillation dégage un esprit. » « On se demande, écrivait Jean Rey au dix-septième siècle, pourquoi l'estain et le plomb augmentent de poids quand on les calcine? A cette demande doncques, appuyé sur les fondemens jà posez, je responds et soutiens glorieusement que ce surcroist de poids vient de l'air qui, dans le vase, a été épessi, appesanti et rendu aucunement adhésif par véhémente et longuement continue chaleur du fourneau, lequel air se mesle avec la chaux et s'attache à ses plus menues parties. » Stahl lui-même, l'auteur de la théorie du phlogistisque, Stahl avait écrit : « La litharge, le minium, les cendres de plomb, pèsent plus que le plomb qui les fournit, et non-seulement par la réduction on voit disparaître ce poids surnuméraire, mais encore celui d'une portion de plomb. » Mais c'était là l'exception ; la règle était dans la théorie, dans la théorie à laquelle on croyait avec Stahl, comme on avait cru jusqu'à lui, et avec Aristote, aux théories si longtemps acceptées du chaud, du froid, du sec et de l'humide. D'erreur en erreur on devait en venir enfin à l'emploi de la balance, et, grâce à cet instrument, à la théorie des équivalents, qui a fondé la vraie chimie, la chimie expérimentale et mathématique.

Nous l'avons comme indiqué, on a divers procédés pour séparer l'oxygène des corps auxquels il est uni naturellement. On ne dispose pas néanmoins d'un moyen pour puiser ce gaz dans l'air, qui en serait la source intarissable. L'azote, le second élément de l'atmosphère, ne se combine directement avec aucun corps capable de l'entrainer ou de l'enlever facilement à l'oxygène. Mais, à l'aide de la chaleur seule, on peut séparer l'oxygène de divers oxydes, et particulièrement des oxydes d'or, d'argent, de mercure et de manganèse. C'est l'oxyde rouge de mercure, ou deutoxyde, qu'on emploie de préférence quand, pour l'étude, on n'a besoin que d'une petite quantité d'oxygène. Dans ce cas, il suffit du simple appareil représenté *fig.* 4.

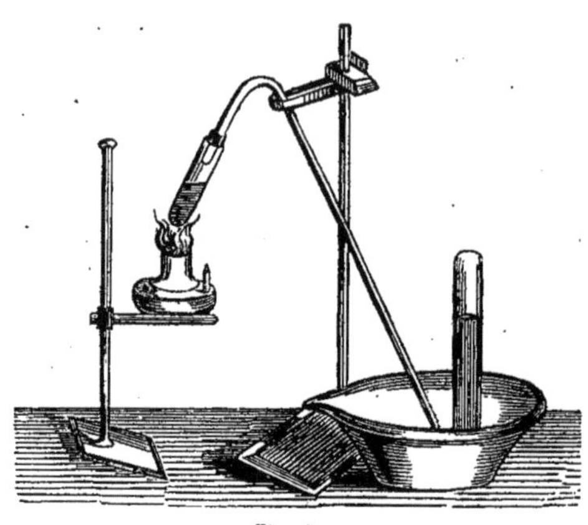

Fig. 4.

Pour se procurer une certaine quantité d'oxygène, il convient de remplacer le deutoxyde de mercure par le peroxyde de manganèse, ou mieux encore par le chlorate de potasse. On fait usage alors de cornues en grès ou en verre réfractaire, que l'on chauffe au foyer d'un fourneau à réverbère, *fig.* 5.

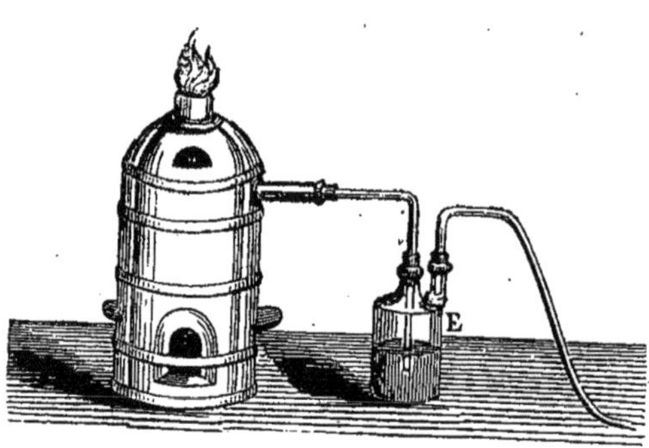

Fig. 5.

Quand on emploie le peroxyde de manganèse naturel, qui peut contenir des gangues ou terres carbonatées, il est bon d'ajouter à l'appareil le flacon laveur E, dans lequel on met de la potasse pour retenir l'acide carbonique.

MM. Henri Sainte-Claire-Deville et Debray ont proposé de préparer en grand l'oxygène, par la décomposition de l'acide sulfurique. Voici leur appareil (*fig.* 6).

Dans la cornue CC se trouvent des fragments de platine, de porcelaine ou de brique. Le tube à entonnoir E amène dans la cornue de l'acide sulfurique qui tombe graduellement et goutte à goutte d'un vase de Mariotte M. Décomposé par la chaleur, l'acide sulfurique est réduit en acide sulfureux et oxygène. En passant à travers le syphon S entouré d'eau froide, les vapeurs d'eau et d'acide sulfurique non décomposé sont arrêtées et condensées, elles tombent dans le récipient florentin D. L'acide sulfureux est dissous dans le grand flacon H, rempli de pierre ponce, entretenu humide au moyen d'une pomme d'arrosoir G et dont le trop plein s'écoule par l'orifice L. L'oxygène séparé et épuré encore dans le flacon I, qui contient une eau alcaline, est reçu par l'orifice o dans les gazomètres.

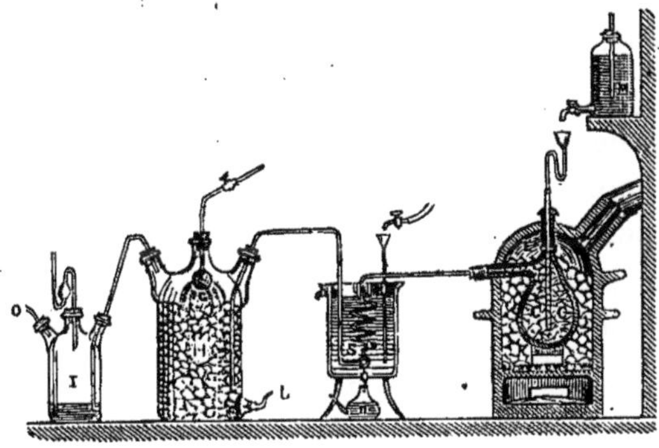

Fig. 6.

Nous avons déjà parlé d'équivalents et de théorie des équivalents. Il faut, dès à présent, nous familiariser avec ce langage de la chimie. Nous supposons que pour se procurer de l'oxygène on a employé 100 grammes d'oxyde rouge de mercure, quelle quantité d'oxygène pourra-t-on recueillir ?

L'oxyde rouge de mercure est représenté par la formule HgO, ce qui implique que ce corps est composé d'un équivalent de mercure et d'un équivalent d'oxygène.

L'équivalent de mercure est.	1250	1350
Celui de l'oxygène.	100	

Établissant la proportion : 1350 est à 100 grammes d'oxyde

de mercure, comme l'équivalent de l'oxygène 100 est à un quatrième terme x; c'est-à-dire, en écrivant

$$1350 : 100 :: 100 : x,$$

on a pour la valeur de x, $\frac{10000}{1350}$, d'où $x = 7^{gr.}, 40$.

7 grammes 40 centièmes, c'est, en poids, la quantité d'oxygène qu'on aura à retirer de 100 grammes d'oxyde rouge de mercure. Or, un litre d'oxygène pesant $1^{gr.}, 4298$, 7 grammes 40 centièmes équivaudront à 5 litres 17 centilitres.

Au lieu de 100 grammes de mercure, on a employé, supposerons-nous, 100 grammes de peroxyde de manganèse; quelle quantité d'oxygène aura-t-on pu recueillir? Sous l'influence de la chaleur, le peroxyde de manganèse ne se réduit pas totalement comme l'oxyde de mercure, il passe seulement à un degré d'oxydation moindre, à l'état de sesquioxyde, degré d'oxydation intermédiaire entre le peroxyde et le protoxyde. Il ne perd donc ainsi que le tiers de son oxygène. Or, la formule du peroxyde de manganèse est MnO^2, c'est-à-dire :

1 équivalent de manganèse Mn.	= 344,68	544,68
2 équivalents d'oxygène O^2.	= 200	

On dira donc ici : 544,68 est à 100 grammes de peroxyde de manganèse, comme le tiers de 200 ou 66,66 est à un quatrième nombre x. D'où $x = \frac{6666,66}{544,68}$, c'est-à-dire $12^{gr.}, 24$, équivalant à 8 litres 56 centilitres d'oxygène.

En calcinant le peroxyde de manganèse en présence de l'acide sulfurique, on lui enlève non plus seulement le tiers, mais la moitié de son oxygène. L'acide sulfurique ajoute ici son action à celle de la chaleur et fait passer le peroxyde, non plus à l'état de sesquioxyde, mais à l'état de protoxyde, avec lequel il a plus de tendance à se combiner pour former un sel fixe, le sulfate de protoxyde de manganèse. On représente, dans ce cas, l'opération par cette formule :

$$MnO^2 + SO^3HO \text{ (acide sulfurique)} = MnO,SO^3 + HO + O.$$

Si l'on a, de même, opéré sur 100 grammes de peroxyde de manganèse, on aura :

$$544,68 : 100 :: \frac{200}{2} \text{ ou } 100 : x.$$

D'où $x = \frac{10000}{544,68}$. x équivaut ici à 18gr., 21, ou 12lit., 73 d'oxygène.

Pour connaître la quantité d'oxygène qu'il est possible de retirer d'un poids déterminé de chlorate de potasse, il faut, comme chimiste, savoir deux choses : premièrement, que par la calcination le chlorate de potasse perd tout son oxygène ; secondement, que ce sel ou composé est représenté par la formule $KOClO^5$, c'est-à-dire qu'il renferme :

1 équivalent de potassium, K.	488,71	1531,91
1 équivalent d'oxygène uni au potassium. .	100	
1 équivalent de chlore, Cl.	443,20	
5 équivalents d'oxygène, O^5, unis au chlore.	500	

On a y (poids du chlorate de potasse) : 1532 :: 600 : x. Si le poids du chlorate de potasse est encore 100 grammes, on aura 1531,91 : 100 :: 600 : x.

x sera donc $\frac{60000}{1531,91}$, c'est-à-dire 39gr. 17, qui donneront 27lit. 395 d'oxygène. Dans ce cas, le chlorate de potasse ayant perdu tout son oxygène, ou, pour 100 grammes, 39gr., 17, il restera pour résidu dans la cornue 60,83 de chlorure de potassium KCl.

L'oxygène n'est employé seul à aucun usage. A titre de gaz éminemment respirable, on s'était flatté d'en tirer d'utiles secours en médecine, mais on a été déçu dans cette attente. Uni à l'hydrogène, dans les proportions propres à former l'eau, il constitue un mélange éminemment explosible et d'un pouvoir calorifique incomparable. C'est avec ce mélange qu'on alimente les chalumeaux dits *aérhydriques*, ou de Neumann et de M. Desbassins de Richemond. A l'aide de ces appareils, on peut souder, sans aucun intermédiaire, les métaux les plus difficiles à fondre, le cuivre, l'or et le platine. Aujourd'hui l'industrie semble vouloir s'emparer de ce mélange explosible comme d'une force motrice. L'homme tourne tout à son usage, même ce qui peut lui nuire. C'est la mission et le triomphe de son intelligence.

OZONE

Dans certaines circonstances, l'oxygène contracte des propriétés toutes spéciales et une odeur caractéristique. Ce fait vaguement aperçu, dès 1786, par van Marum, et attribué par lui à une action électrique, a attiré, de nos jours, l'attention d'un chimiste éminent, M. Schœnbein, l'auteur de la belle découverte du fulmi-coton. Tout d'abord, M. Schœnbein fut comme entraîné à prendre le principe odorant de l'oxygène pour un corps particulier, et il lui donna le nom d'*ozone* (de ὄζη odeur).

Cet élément agissait sur le papier amidonné imprégné d'iodure de potassium, et il transformait l'iodure de potassium dissous en iodate de potasse. En outre, à l'état humide, il oxydait les métaux ainsi que l'azote, transformait les acides azoteux et sulfureux en acides azotique et sulfurique, et l'ammoniaque en acide azotique. Il décomposait les matières organiques, perçait le caoutchouc et le rendait cassant.

Toutefois par aucune réaction on ne parvint à séparer le principe odorant, à le reconnaître comme corps simple. En vain essaya-t-on de suspendre des papiers amidonnés et iodurés dans l'air, à l'ombre, au soleil, dans les lieux réputés sains, dans les lieux réputés insalubres; il parut que les miasmes agissaient sur l'ozone, ou l'ozone sur les miasmes, mais l'on n'arriva point par ces épreuves à des résultats rigoureux, précis; en un mot, on ne mit point en évidence l'*ozone* comme matière séparable de l'oxygène.

Dès lors, on en vint à considérer l'oxygène ozoné comme de l'oxygène sous un état particulier, *allotropique*, ainsi qu'on s'exprime en chimie (ἄλλος, autre; τρόπος, manière), et l'on s'attacha surtout à le préparer par des méthodes sûres. M. Schœnbein l'obtint particulièrement en décomposant l'eau au moyen d'électrodes non oxydables, tels que le platine ou l'or, et de liquides bons conducteurs, tels que l'eau acidulée par les acides azotique, sulfurique, phosphorique, ou des dissolutions de sels acides. MM. Fremy et Becquerel l'obtinrent en faisant passer des étincelles électriques à travers l'oxygène tenu au-dessus du mercure (*fig.* 7), M. Houzeau le produisit en faisant réagir l'acide sulfurique sur le bioxyde de baryum à une température ne dépassant pas 70°. Aujourd'hui, M. Schœnbein le prépare en dissolvant du permanganate de potasse pur, finement pulvérisé, dans de l'acide sulfurique pur d'une densité de 1,85, et faisant réagir sur le permanganate dissous du peroxyde de baryum en poudre.

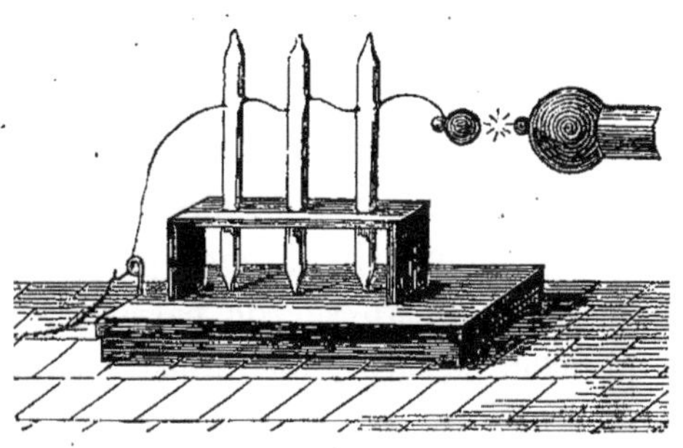

Fig. 7.

L'oxygène ozoné est très-facilement décomposé par la chaleur, par la vapeur d'eau, par le charbon en poudre, par le sulfate manganeux, par le bioxyde de manganèse, et particulièrement par l'eau oxygénée. Selon M. Schœnbein, le gaz mis en présence de l'eau oxygénée se transforme en oxygène non ozoné, en détruisant une quantité d'eau oxygénée en rapport avec le volume d'oxygène ozoné absorbé ou détruit.

De quelle manière expliquer ces réactions si remarquables et presque étranges? M. Schœnbein a eu recours à une théorie ingénieuse et qui pourrait être féconde; il a dit que l'oxygène pouvait exister sous trois états allotropiques: l'oxygène négatif ou l'ozone, l'oxygène positif ou l'antozone et l'oxygène neutre ordinaire. C'est, appliquée à l'oxygène et, nous le verrons ailleurs, à d'autres corps simples, la théorie des deux électricités négative et positive qui, en se neutralisant, deviennent de l'électricité dite naturelle. Les corps simples pourraient ainsi se faire antagonisme à eux-mêmes, selon qu'ils seraient négatifs ou positifs, actifs ou passifs, comme s'est aussi exprimé M. Schœnbein.

D'après ces vues, l'ozone ou oxygène négatif composerait les ozonides, parmi lesquels seraient rangés spécialement, dès aujourd'hui, le peroxyde de manganèse et les acides de ce métal; l'antozone formerait les antozonides, particulièrement l'eau oxygénée ou bioxyde d'hydrogène et le peroxyde de baryum. Pour M. Schœnbein, l'ozone préparé par M. Houzeau, en décomposant le peroxyde de baryum par l'acide sulfurique, est l'antozone. Ce corps, dit l'illustre chimiste de Bâle, n'exerce aucune action sur le sulfate de manganèse; et mieux, un papier imprégné de sulfate manganeux et bruni par l'ozone, est débruni par l'antozone.

M. Schœnbein invoque à l'appui de sa théorie les faits suivants : par un contact prolongé, l'ozone brunit d'une manière intense un papier imprégné de sous-acétate de plomb, il se forme alors du peroxyde de plomb; l'antozone non-seulement ne brunit pas le papier imprégné de sous-acétate de plomb, mais il ramène au blanc le papier bruni par l'ozone; de même, le bichromate de potasse et le permanganate de potasse, en solutions très-étendues, sont réduits par l'antozone, tandis que l'ozone n'a aucune action sur ces sels.

Les études sur l'ozone sont de date récente et on les poursuit avec ardeur. Les faits, soit plus tôt, soit plus tard, viendront donc ou infirmer la théorie, ou la confirmer et l'étendre.

IV

EAU HO. 9 — 112,50

L'eau, que pendant tant de siècles l'on a regardée comme un élément, est composée d'hydrogène et d'oxygène. L'analyse et la synthèse, à l'aide desquelles on décompose et on recompose si facilement ce corps, ne laissent aucun doute à cet égard. Que l'on prenne un poids déterminé d'eau, que l'on fasse passer à travers le liquide un courant galvanique, en adaptant à l'extrémité de chaque réophore une éprouvette graduée propre à recueillir les gaz (*voir p.* 26, *fig.* 5), au moment où le courant s'établit, on voit, d'un côté, l'hydrogène, de l'autre, l'oxygène se rendre aux pôles opposés de la pile. Si les deux éprouvettes ont le même calibre et ont été graduées parallèlement, on constate très-facilement à l'œil que le gaz hydrogène occupe une place approximativement double de l'oxygène; en d'autres termes, que, pour un volume d'oxygène, on a recueilli deux volumes d'hydrogène.

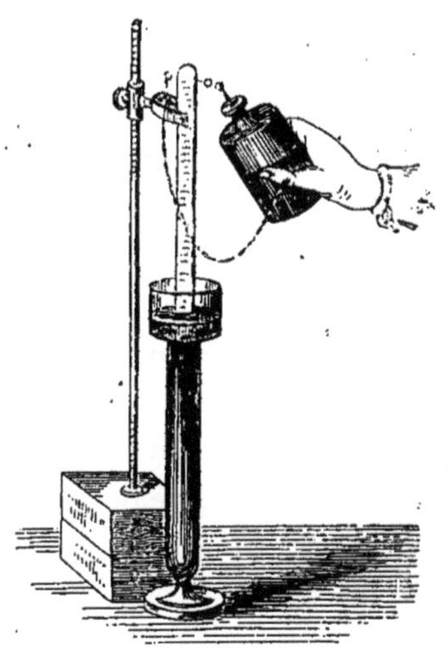
Fig 8.

C'est dans cette porportion, en effet, que les deux gaz se combinent pour former de l'eau. Que l'on reprenne les gaz recueillis, qu'on les transvase dans un appareil dit *eudiomètre* (*fig.* 8) armé d'un conducteur électrique, et que, les deux gaz mêlés, on transmette à l'armature un choc électrique à l'aide de l'électrophore ou de la bouteille de Leyde, au moment où l'étincelle de décharge brille, les gaz mélangés éprouvent une secousse, et, en se combinant, reproduisent exactement la quantité d'eau décomposée, ce dont on peut s'assurer soit dans l'eudiomètre même, soit au moyen de la balance. Nul doute n'est donc possible, l'eau est élémentairement formée des deux gaz hydrogène et oxygène, unis dans la proportion d'un atome ou d'un volume d'oxygène pour un atome ou deux volumes d'hydrogène.

On sera frappé de ce rapport simple de 1 à 2 volumes dans la combinaison des gaz oxygène et hydrogène pour former de l'eau; on retrouvera partout des rapports numériques non moins simples dans la combinaison non-seulement des gaz, mais encore de tous les autres corps entre eux. On en déduira même une des grandes lois de la chimie, loi que nous pouvons énoncer dès à présent, au moins en tant qu'elle s'applique à la composition des gaz. La voici : *Lorsque deux gaz élémentaires se combinent, leurs volumes ont entre eux des rapports numériques très-simples, et le volume des composés qui en résulte, considéré à l'état de gaz, présente aussi un rapport très-simple avec la somme des volumes des gaz qui sont entrés dans la combinaison.* Cette loi porte le nom de Gay-Lussac, qui l'a découverte et formulée.

L'eau se présente à nous dans la nature sous trois états, l'état liquide, l'état solide, l'état gazeux. A l'état liquide, l'eau est incolore, transparente, inodore, et à peu près insipide. En grande masse, selon l'angle d'incidence sous lequel les rayons lumineux l'éclairent, l'eau nous apparaît avec une teinte bleue ou verte très-prononcée; *cœruleum mare*, ont dit les poëtes; couleur *vert d'eau*, disent les peintres. Qui n'a vu des glaciers et les eaux de l'Océan ?

Par exception à la loi générale de dilatation des corps, qui augmentent de volume sous l'influence de la chaleur, ou en passant de l'état solide à l'état liquide, et de l'état liquide à l'état gazeux, l'eau ne présente pas son maximum de densité ou de contraction à zéro ou à l'état solide, mais à 4°,10 du thermomètre centigrade. Au-dessous comme au-dessus de ce point, l'eau se dilate ou augmente de volume, et elle a la même densité à 0 qu'à 8°. Il résulte de là divers phénomènes naturels qu'il importe de s'expliquer. Ainsi la glace flotte sur l'eau, parce qu'à volume égal elle est moins dense ou plus légère qu'elle. En hiver, sous l'influence de la gelée, certaines pierres se délitent ou se fendent, parce que, contenant de l'eau interposée dans leur masse, cette eau, en devenant solide ou en se dilatant, fait éclater les particules qui l'emprisonnent. *Geler à pierre fendre* est une expression rigoureusement exacte. De l'eau qui gèle dans un bassin en rompt les parois, fussent-elles de granit, comme elle brise le verre fragile qui la renferme. Des canons de fusil, des canons de guerre remplis d'eau et fermés par de fortes vis de pression, n'ont pu, étant enterrés dans la neige, résister à des froids intenses. Il est de précepte et d'usage, pour préserver contre la gelée les tuyaux de conduite de l'eau, de les enfoncer à une certaine profondeur dans le sol. Qui ne sait l'influence fatale du froid sur les plantes et sur les êtres vivants? Qu'une simple gelée blanche, comme on l'appelle, survienne au printemps, alors que les sucs nourriciers des plantes sont en mouvement, le froid en suspend le cours, les utricules qui les contiennent se brisent, et il en résulte des fermentations putrides qui amènent la mort du fruit dans son germe ou avant son entier développement. Il en est de même encore quand les fruits sont atteints eux-mêmes après la récolte, ils se tachent, puis pourrissent. Quand nos braves soldats revenaient de Russie, après la désastreuse campagne de 1812, ils perdaient un doigt, un membre, puis tombaient glacés dans la neige. Le froid est partout ennemi du mouvement et de la vie.

C'est à la densité de l'eau prise pour unité qu'on rapporte la densité de tous les corps liquides ou solides, comme on rapporte à la densité de l'air celle de tous les gaz. Un centimètre cube d'eau à son maximum de densité, c'est-à-dire à 4°,10, pèse un gramme; c'est là l'unité de poids dans notre système décimal.

L'eau, qui se dilate par la chaleur et le froid, se réduit-elle de volume sous l'influence de la pression ? en d'autres termes, l'eau est-elle compressible ? Tous les liquides le sont-ils comme elle ? Grande question et très-vivement agitée, alors surtout qu'on disputait sur le vide et le plein et qu'il s'agissait de savoir par quoi le vide de la matière était rempli ! Il paraît résulter des expériences de physiciens très-habiles (Canton, Parkins, Œrsted, Colladon, Sturm) que l'eau est réellement compressible, et que la contraction qu'elle subit, sous le poids de seize atmosphères, est de quarante-quatre à cinquante millionièmes. La matière elle-même, l'atome étant incompressible ou impénétrable, que devait, que pouvait perdre l'eau soumise à une grande pression ? De la chaleur, a-t-on dit, et l'on a cru constater que de l'eau vivement et brusquement comprimée dans une pompe devenait lumineuse. Mais si, comme il est tout rationnel de le penser, ce résultat n'était que l'effet d'une étincelle électrique dégagée par frottement, quelle conclusion rigoureuse et absolue en tirer ? Que tous les corps, solides, liquides, gazeux soient compressibles, on le comprend, ils sont la réunion d'atomes séparés par l'air, ou au moins par l'éther; mais l'atome proprement dit doit être incompressible comme il est impénétrable.

A l'état solide, l'eau prend le nom de glace, de neige et de grêle, trois dénominations pour désigner des groupements différents d'atomes dans le même corps. Dans la neige, la grêle et la glace, les cristaux élémentaires sont des cristaux réguliers à six faces, allongés, qui se groupent en étoiles autour d'un centre de manière à former constamment des angles de 60 et de 120 degrés (*fig.* 9). Ces cristaux appartiennent, en conséquence, au 6e système ou système rhomboédrique (*); ils jouissent de la double réfraction.

Fig. 9.

L'eau ne gèle pas invariablement à un degré fixe, au zéro du thermomètre. On a pu voir de l'eau se refroidir graduellement jusqu'à — 12° sans prendre l'état solide. Un mouvement imprimé au liquide, une vibration légère, a suffi pour le convertir en glace. On a dit, pour expliquer cette anomalie apparente, qu'un mouvement ou une force opposée à la force d'inertie était nécessaire pour aider aux atomes à prendre une position convenable à la cristallisation. L'explication peut avoir sa valeur, mais le fait surtout importe à cause des conséquences qu'il entraîne. Premièrement, le thermomètre descendant à — 12° dans l'eau limpide et remontant soudainement à 0° quand la glace se forme, il s'ensuit que, lors du passage de l'eau de l'état liquide à l'état solide, il se dégage de la chaleur. Secondement, ce n'est pas au moment où la glace se forme, mais à celui, au contraire, où la glace commence à fondre, qu'il faut prendre le 0° du thermomètre. A cet instant, en effet, et tant qu'il se prolonge, ou tant qu'il reste un atome de glace dans l'eau, la température demeure constante. Le phénomène tient à une loi physique générale, en vertu de laquelle tous les corps,

(*) Il y a six formes cristallines types : 1° le cube ; 2° le prisme droit à base carrée ; 3° le prisme droit à base rectangulaire ; 4° le prisme oblique à base rectangulaire ; 5° le prisme oblique à base de parallélogramme obliquangle ; 6° le rhomboèdre. Chacune de ces formes primitives a de nombreux dérivés, mais qu'il est toujours facile de ramener au système type. V. les traités spéciaux et, en particulier, le précis de cristallographie de Laurent, Paris, 1847.

en passant de l'état solide à l'état liquide, et de l'état liquide à l'état gazeux, absorbent une certaine quantité de chaleur, chaleur dite *latente*, nécessaire à la constitution des corps et, par conséquent, insensible au thermomètre. Pour fondre la glace, ou faire passer l'eau de l'état solide à l'état liquide, il ne faut pas moins de 79,25 unités de chaleur ou *calories*, c'est-à-dire qu'un kilogramme de neige, de grêle ou de glace ne fond en entier que si on le mélange à un kilogramme d'eau chauffée à 79°,25. Nous dirons plus loin, et en son lieu, la quantité de chaleur nécessaire pour faire passer l'eau de l'état liquide à l'état gazeux ; elle est bien plus considérable encore.

L'eau pure gèle plus vite que l'eau salée. Par une congélation partielle, les eaux salines séparent une partie de leurs sels, qu'elles abandonnent ainsi à l'eau-mère ou qui reste liquide. Dans l'industrie, on met à profit cette propriété pour concentrer certaines eaux et en retirer plus facilement les produits tenus en dissolution.

L'eau s'évapore dans l'air à toute température. Elle constitue ainsi les nuages et les brouillards. Mais plus la chaleur s'élève, plus l'évaporation augmente. Elle est au *maximum*, sous la pression normale $0^{m},76$, quand l'eau entre en ébullition. C'est ce point d'ébullition, ou du passage de l'eau de l'état liquide à l'état de vapeur, sous la pression $0^{m},76$, que l'on prend pour terme extrême du thermomètre centigrade, parce que, comme le point de fusion de la glace, il marque une température invariable. Mais, on l'a compris, en lui-même ce point d'ébullition de l'eau n'est rien moins qu'un point fixe. Il est subordonné à la pression. Dans le vide de la machine pneumatique, l'eau bout à 0°, ou sous une couche de glace. Dans la marmite de Papin, vase en fer à parois résistantes, sans autre issue qu'une soupape de sûreté, on peut, à l'aide de la vapeur comprimée ou surchauffée, amener l'eau à 200 ou 300 degrés sans la faire entrer en ébullition. Cette tension ou compression de la vapeur surchauffée dans un appareil convenable est le principe de la machine à vapeur. La marmite de Papin en fut le premier essai. Pour réduire l'eau en vapeur, il ne faut pas moins de cinq fois et demie autant de chaleur que pour élever l'eau de 0° à 100°. Si donc pour élever l'eau à 100° il faut 79,25 unités de chaleur, il faudra, à partir de 0°, pour transformer de l'eau en vapeur, non pas seulement 79,25 unités, mais 79,25 multipliées par 5,5, c'est-à-dire 4,358,75 calories. C'est une proportion considérable, et qui montre quelle doit être en combustible la dépense des plus petites comme des plus puissantes machines à vapeur. Une remarque importante à faire, c'est qu'à quelque degré et sous quelque pression que l'eau soit chauffée pour engendrer la vapeur, celle-ci absorbe toujours ou fait passer à l'état latent la même quantité de chaleur, de telle sorte que, pour évaporer un gramme d'eau à 0° sous la plus faible pression, ou bien, pour le porter de 0° à 100° et l'évaporer sous la pression de $0^{m},76$, ou bien encore, pour le porter de 0° à 150° et le réduire en vapeur sous une pression très-considérable, la dépense en combustible est toujours la même.

En passant de l'état liquide à l'état de vapeur, l'eau augmente de volume dans une proportion égale à dix-sept cents fois environ son volume. Or, dans des tubes de verre très-épais et fermés solidement à la lampe, le physicien Cogniard de la Tour a pu, en chauffant de l'eau au rouge sombre, en concentrer la vapeur dans un espace qui n'était pas quatre fois plus grand que le volume de l'eau. Qu'on juge de la tension énorme que l'on peut ainsi donner à la force élastique de la vapeur. Comme force mise entre les mains de l'homme, quelle autre, fût-ce celle de la poudre à canon ou du fulmi-coton, pourrait lui être comparée (*) ?

(*) Nous avons vu une machine à vapeur capable de lancer en un instant autant de projectiles et, par conséquent, de produire autant de désastre que plusieurs

La vapeur d'eau est incolore, transparente et sans odeur, comme l'eau elle-même. Sa densité, qui est le rapport du poids d'un certain volume de vapeur comparé au poids d'un égal volume d'air considéré à la même température et sous la même pression, est de 0,622 pour le terme de 150° et au-dessus, terme auquel cette densité devient approximativement constante. On comprend qu'au-dessous de ce *maximum* la densité de la vapeur d'eau doit varier avec la température.

Sous l'influence du froid, la vapeur d'eau se condense et reprend l'état liquide. Ainsi se forment la rosée, la gelée blanche, le givre ou la glace qui s'attache aux carreaux des fenêtres d'un appartement, quand l'air extérieur se refroidit jusqu'à 0°. Ainsi même se forment la pluie, la neige, la grêle, au sein des nuages dans l'atmosphère.

L'eau possède un pouvoir dissolvant connu de tous. Ce pouvoir, si ce n'est exceptionnellement, augmente avec la température. Dans la marmite de Papin, ou marmite autoclave, l'eau surchauffée est employée pour dissoudre les matières réfractaires, les os, par exemple, afin d'en extraire certaines matières alimentaires. Dans l'expérience citée plus haut du physicien Cogniard de la Tour, le verre dans lequel l'eau avait été surchauffée s'est trouvé attaqué et altéré très-profondément.

En général, l'eau intervient de deux manières dans la composition des corps. Ou bien elle est simplement interposée entre les atomes (eau d'interposition), ou bien elle est combinée avec eux (eau de combinaison). Nous aurons plus d'une fois à signaler ce double rôle ; ce n'est pas le lieu de nous y arrêter ici.

batteries d'artillerie, ou qu'un bataillon de cinq cents hommes. Cette machine avait été construite par le savant ingénieur M. Perrot, l'inventeur de la perrotine, à une époque où il était question de paix universelle. En 1848, le gouvernement provisoire, ou plutôt l'un de ses membres, l'illustre Arago, la fit disparaître. L'inventeur, nous tenons le fait de lui-même, ignore aujourd'hui ce que la terrible machine est devenue.

Dans la nature, l'eau n'est jamais pure. Elle retient toujours diverses matières, et spécialement des sels, soit en dissolution, soit en suspension. L'eau des pluies, qui est la moins impure, contient en dissolution ou en suspension les éléments de l'air (oxygène, azote, acide carbonique), les composés que ces éléments peuvent former en se combinant entre eux (acide azotique, ammoniaque, azotate et carbonate d'ammoniaque), et les différents corpuscules flottants dans l'atmosphère que sa chute peut entraîner. Aussi cette eau elle-même ne se conserve-t-elle pas sans donner lieu à des fermentations ou décompositions de matières organiques. Pour avoir des eaux propres aux usages chimiques, il faut prendre le soin de les distiller. On fait usage, dans les laboratoires, d'un des deux appareils représentés *fig.* 10 et 11 ; et en grand, dans l'industrie,

Fig. 10.

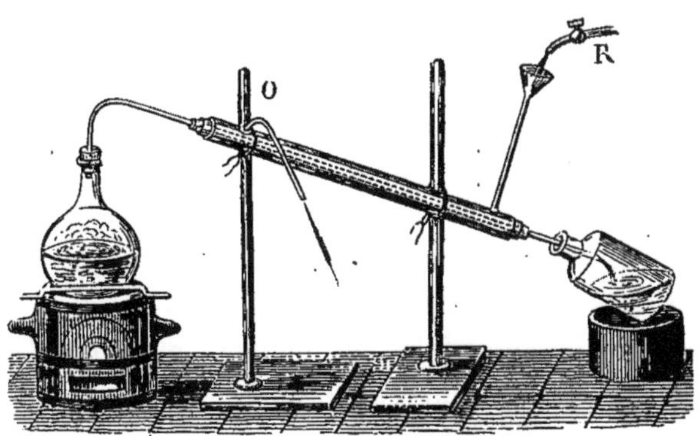

Fig. 11.

de l'alambic proprement dit, qui se compose de trois pièces principales, la chaudière A, le chapiteau B et le serpentin C (*fig.* 12). Dans les *figures* 11 et 12, les robinets R et R′ sont destinés à renouveler l'eau des réfrigérants à mesure qu'elle s'échauffe et s'écoule, d'ailleurs, par les ouvertures O et O′.

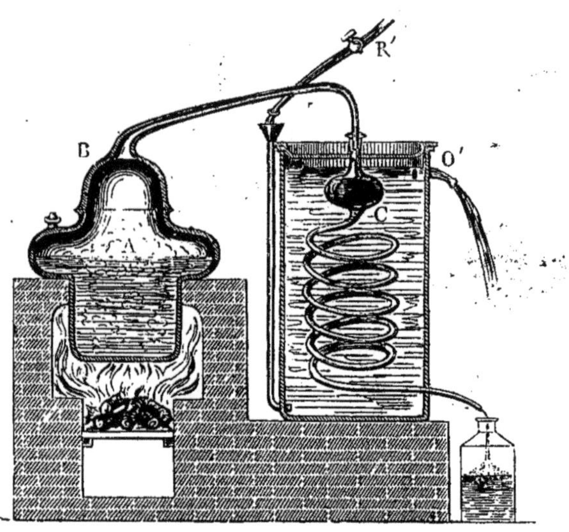

Fig. 12.

Dans le langage ordinaire, les eaux servant aux usages domestiques sont distinguées en eaux douces ou potables, et en eaux crues ou séléniteuses. Les eaux potables sont limpides, à peu près sans saveur; elles cuisent bien les légumes et dissolvent parfaitement le savon. L'ébullition ne leur fait pas perdre leur transparence. Les eaux crues ou séléniteuses présentent des caractères opposés; elles ont parfois une saveur âcre ou dure, elles cuisent mal les légumes et dissolvent imparfaitement le savon. Elles abandonnent, après une ébullition prolongée, un résidu de sulfate de chaux. Les eaux que l'on doit choisir pour boisson sont celles qui sont pénétrées d'air, d'une saveur fraîche et agréable, et qui tiennent certains sels en dissolution. L'eau distillée n'est nullement potable.

Les eaux de sources et de rivières laissent après l'évaporation du liquide un résidu solide qui, par litre, varie entre 2 et 3 décigrammes. Les matières les plus ordinaires qui composent ce résidu sont des carbonates de chaux et de magnésie, des sulfates de chaux, de soude et de magnésie, des chlorures de potassium et de sodium et de la silice. Il s'y joint des traces de matière organique provenant, soit de l'air rempli de myriades d'êtres invisibles, soit du sol essuyé et lavé par les nappes liquides. Voici la composition du résidu solide retiré, par évaporation, d'un litre d'eau de Seine puisée au-dessus de Paris, au pont d'Ivry :

	GRAMMES.
Carbonate de chaux.	0,132
— magnésie.	0,060
Sulfate de chaux.	0,020
— de soude. } — de magnésie. }	0,010
Chlorure de magnésium. } — de sodium. } — de calcium. }	0,010
Sels de potasse.	traces.
Silice, alumine, oxyde de fer.	0,008
Nitrate alcalin. } Matières organiques. }	traces.
Total.	0,240 (*)

L'eau dont fait emploi le chimiste dans le laboratoire est toujours de l'eau distillée. Elle ne doit donc point laisser de résidu, et, par conséquent, ne point se troubler : 1° par l'ébullition et par l'oxalate d'ammoniaque (carbonates calcaires), 2° par l'eau de baryte (sulfates), 3° par l'azotate d'argent (chlorures). Mais nous touchons déjà à des opérations d'analyse avancée et auxquelles le lecteur n'est point encore préparé. A cette place, bornons-nous à indiquer l'emploi pratique de deux réactifs propres à faire apprécier *approximativement* la qualité des eaux dites potables. Le premier de ces réactifs est une teinture al-

(*) Analyse de MM. Ossian Henri et Boutron Charlard.

coolique de bois de campêche : elle fait tourner au violet une eau qui contient des proportions notables de carbonates calcaires. Le second est une teinture alcoolique de savon ainsi composée :

Savon de Marseille.	10 grammes.
Alcool à 90°.	160 — .

Plusieurs gouttes de cette teinture ne produisent qu'un léger trouble dans une eau potable ; elles déterminent, au contraire, une certaine accumulation de grumeaux (stéarate de chaux) dans les eaux séléniteuses ou chargées en excès de substances calcaires.

Composition de l'eau; équivalents de l'hydrogène et de l'oxygène. — En décomposant l'eau par la pile nous l'avons trouvée formée de deux volumes d'hydrogène pour un volume d'oxygène. Nous savons, par l'étude de la physique, qu'à la même température et sous la même pression, les poids de deux volumes égaux de deux gaz sont dans le rapport de leurs densités. A 0° et sous la pression normale 0,76, la densité de l'air étant prise pour unité, la densité de l'hydrogène a été trouvée 0,06926, et celle de l'oxygène 1,1056.

Dans l'eau, le rapport en poids des deux gaz qui la composent sera donc le rapport de la densité doublée de l'hydrogène avec la densité de l'oxygène. En posant l'équation :

$$0,06926 \times 2 \text{ ou } 0,13852 : 1,1056 :: 1 : x$$

on a pour la valeur de x $\frac{1,1056}{0,13852}$, c'est-à-dire 7,98, ou très-approximativement 8.

D'autre part, si l'on fait passer de l'hydrogène sec sur de l'oxyde de cuivre porté au rouge, et si l'on compare la quantité d'eau formée avec la quantité d'oxygène cédée par le cuivre, on trouve que, pour 100 parties d'eau, il a fallu 88,888 d'oxygène ; d'où la différence, c'est-à-dire 11,112, représente la quantité d'hydrogène contenue dans 100 parties d'eau. Or $\frac{88,888}{11,112} = 8$, rapport concordant avec celui déjà trouvé par l'analyse.

En conséquence, l'équivalent de l'hydrogène étant pris pour unité, l'équivalent de l'oxygène sera 8, et l'équivalent de l'eau sera 9. Si, comme nous l'avons indiqué dans le tableau ci-dessus (p. 25), on prend pour unité de nombre l'équivalent de l'oxygène porté à 100, on aura pour l'équivalent de l'hydrogène $\frac{100}{8}$ ou 12,50, et par suite, pour l'équivalent de l'eau, 112,50.

V

AZOTE Az. 14 — 175

L'azote est un gaz élémentaire que, sur le globe, on ne rencontre pas à l'état libre, isolé de tout autre corps. Uni à l'oxygène, il constitue l'air atmosphérique, qu'il faut regarder non comme une combinaison, mais comme un simple mélange des deux gaz, dans la proportion de 79 parties 20 centièmes d'azote pour 20 parties 80 centièmes d'oxygène en volume. L'azote n'a été isolé et reconnu comme corps simple qu'en l'année 1772, à l'époque où l'on reconnut que l'air lui-même, non plus que l'eau, n'était pas un élément.

Tel qu'on l'obtient, et réputé pur, l'azote n'a que des caractères négatifs propres à le faire distinguer des autres gaz. Il est incolore, inodore et insipide comme l'hydrogène et l'oxygène, mais il ne brûle pas comme l'hydrogène et n'entretient pas la combustion comme l'oxygène. Il est irrespirable sans être délétère, comme le sont quelques-uns de ses composés, tels que le protoxyde d'azote (azote et oxygène) et l'ammoniaque (azote et hydrogène). Son nom même, formé de la particule α et de ζωὴ, vie, indique comme une sorte d'antagonisme entre les propriétés de ce corps et celles de l'oxygène, qu'on a appelé *air vital*. Dans quelques ouvrages de chimie, l'azote porte encore le nom de *nitrogène* (générateur du nitre), et l'on désigne aussi souvent ses composés sous les noms de *nitre*, *acide nitreux*, *acide nitrique*, etc., que sous les dénominations plus scientifiques d'*azotate de potasse*, d'*acide azoteux* et d'*acide azotique*.

L'azote est plus léger que l'air. Sa densité, comparativement à celle de ce corps prise pour unité, est de 0,9713. Son pouvoir réfringent est à celui de l'air comme 1,03408 est à 1,000, et sa chaleur spécifique, comparée à celle d'un pareil poids du même corps, comme 1,0247 est à 1,000. L'eau, qui dissout 0,046 d'oxygène, ne dissout que 0,016 d'azote, ce qui explique comment l'air extrait de l'eau, ou celui que respirent les poissons, est plus riche en oxygène que l'air atmosphérique.

On se procure de l'azote par un moyen fort simple. Il suffit, dans un vase approprié, de placer sur l'eau un liége, sur le liége une petite capsule en plâtre ou en porcelaine contenant un fragment de phosphore, et de recouvrir le tout d'une cloche en verre (*fig*. 13). Le phosphore brûle lentement en absorbant l'oxygène de l'air, et le gaz qui reste dans la cloche n'est plus que de l'azote, azote impur ou mêlé d'une petite proportion d'acide carbonique, de vapeurs d'eau et de vapeurs de phosphore. Mais, à l'aide de la potasse, du chlorure de calcium et de quelques bulles de chlore gazeux, il est facile d'absorber ou de de neutraliser ces matières diverses et, par conséquent, d'obtenir de l'azote à peu près pur.

Fig. 13.

Ainsi préparé, le gaz éteint les corps en combustion et il est impropre à entretenir la vie des êtres organisés, ce qui suffit pour le distinguer de l'air atmosphérique d'où on l'extrait.

Dans les laboratoires, on dispose de moyens plus rigoureusement exacts pour se procurer, et plus en grand au besoin, du gaz azote. L'un de ces procédés est celui-là même que l'on emploie pour faire l'analyse de l'air. Nous aurons à le faire connaître plus loin. Généralement, pour la préparation de l'azote, on fait usage d'un appareil dans lequel on décompose l'ammoniaque (azote et hydrogène) par le chlore. L'ammoniaque est représentée par la formule AzH^3, c'est-à-dire un équivalent d'azote 175, et trois équivalents d'hydrogène 37,50. En présence de l'ammoniaque, le chlore s'empare de l'hydrogène pour former de l'acide chlorhydrique (hydrogène et chlore); cet acide réagit lui-même sur un équivalent d'ammoniaque pour former du chlorhydrate d'ammoniaque, et l'azote libre se dégage (*fig.* 14).

Fig. 14.

$$4H^3Az + 3Cl = 3(H^3AzHCl) + Az$$

A est le ballon contenant du peroxyde de manganèse et de l'acide chlorhydrique, mélange propre à faire du chlore; B le flacon contenant une dissolution d'ammoniaque, et C l'éprouvette propre à recevoir le produit de la réaction du chlore sur l'ammoniaque, c'est-à-dire l'azote.

Il y a un danger à prévoir dans l'emploi de ce petit appareil : il faut se garantir contre la formation du chlorure d'azote,

Cl Az, composé fulminant des plus dangereux. On y parvient en maintenant dans le flacon B un excès d'ammoniaque relativement à la quantité de chlore qui peut se produire dans le ballon A. On est averti de la présence du chlorure d'azote par la formation de gouttelettes jaunes, huileuses, qui surnagent sur le liquide du flacon ou qui s'attachent à ses parois. En pareil cas, il faut se hâter de démonter l'appareil.

On peut prévenir tout danger et simplifier même l'opération en remplissant, dans les proportions des $\frac{19}{20}$ à peu près, un tube long d'un mètre, d'une dissolution de chlore, et surajoutant au liquide une dissolution d'ammoniaque. En fermant le tube avec le pouce et le renversant sur une cuve à eau, on voit, par suite de la réaction, des bulles d'azote se produire et monter rapidement à l'extrémité supérieure du tube.

On a d'autres moyens encore d'obtenir de l'azote pur. L'un d'eux consite à faire bouillir dans un ballon une dissolution concentrée d'azotite d'ammoniaque, AzH^3HO,AzO^3. Ce sel se décompose par la chaleur en eau et en azote. La formule AzH^3HO,AzO^3 renferme en effet 4 équivalents d'eau et 2 d'azote.

$$AzH^3,AzO^3,HO = 4HO + 2Az.$$

L'azote occupe une grande place dans la création. Comme élément de l'air, il participe avec l'oxygène aux phénomènes encore si pleins de mystère de la vie des animaux et des plantes. On prétend que ce n'est point à l'état de gaz et par la respiration qu'il pénètre dans les organismes vivants, mais qu'il s'y incorpore à l'état solide et par l'alimentation. Nous n'avons pas ici à discuter cette question ; mais combien de fois l'expérience ne nous a-t-elle pas fait revenir d'opinions trop absolues ou de systèmes exclusifs ! Ce qu'il y a de certain, c'est qu'il n'est pas pour ainsi dire de particule animale qui ne contienne de l'azote. Ce principe est l'élément essentiel qui distingue et fait l'animal. Aussi dit-on que l'aliment par excellence est l'aliment azoté. L'azote remplit de même un grand rôle dans le règne minéral. Uni à l'oxygène, il forme des composés qui sont des agents d'oxydation très-puissants; uni au chlore, au soufre, au carbone, à diverses bases, il forme les composés fulminants les plus terribles, le chlorure d'azote, la poudre, le nitre ou salpêtre, et le fulmi-coton. Nous le retrouverons sous ces combinaisons diverses.

ÉQUIVALENT. On déduit l'équivalent de l'azote de la composition de l'ammoniaque et aussi de la composition de l'azotate d'argent et de l'azotate de plomb. L'ammoniaque est formée par la combinaison de 3 volumes d'hydrogène avec 1 volume d'azote.

Or, la densité de l'hydrogène étant 0,0693 et celle de l'azote 0,9720, il en résulte que le gaz ammoniac doit contenir :

Hydrogène.	$0,0693 \times 3$ ou 0,2079
Azote.	0,9720

d'où l'on tire l'équation

$$0,2079 : 0,9720 :: 3 : x;$$

$x = \frac{0,9720 \times 3}{0,2079}$, c'est-à-dire 14.

L'équivalent de l'hydrogène étant 1, celui de l'azote est donc 14.

Pour rapporter l'équivalent de l'azote à celui de l'oxygène représenté par 100, on établira la proportion

$$100 : 14 :: 12,50 : x;$$

d'où $x = \frac{14 \times 12,50}{100}$, c'est-à-dire 175.

VI

AIR

L'air atmosphérique, l'un des éléments des anciens, est composé d'oxygène et d'azote, non à l'état de combinaison comme l'oxygène et l'hydrogène pour former l'eau, mais simplement à l'état de mélange. Tel qu'on le puise dans l'atmosphère, l'air contient en outre, mais en quelque sorte accidentellement et en petites proportions, de l'acide carbonique, de l'eau et diverses autres matières volatiles provenant des décompositions chimiques de toute nature qui s'accomplissent sur le globe.

Les premières analyses de l'air ne remontent pas au delà de la fin du siècle dernier ; elles sont dues à Schéele et à Lavoisier. Cependant, nous l'avons fait remarquer, dès le quinzième siècle, Eck de Sulzbach et, au dix-septième, Jean Rey et Mayow avaient porté atteinte aux doctrines de l'antiquité, en soutenant, contre l'opinion commune, que l'argent amalgamé, l'étain et le plomb, loin de perdre quelque chose en brûlant, augmentaient de poids, au contraire, et cela par suite de l'absorption *d'un esprit ou d'un air épessi et rendu adhésif par véhémente et continue chaleur*. Dans la seconde moitié du dix-huitième siècle, Bayen avait repris les expériences de ses devanciers, et, cette fois, en opérant sur le mercure seul et non amalgamé, il avait confirmé les résultats annoncés. La lumière devait se faire. Schéele et Lavoisier s'emparèrent, en chimistes, d'une idée désormais acquise ; et tous deux, à peu près en même temps, ils firent voir que cet air *épessi*, surajouté aux métaux par la calcination, était l'air lui-même, ou du moins une portion essentielle de cet air qui, en s'unissant aux métaux, prenait la forme solide.

Schéele, pour ses expériences, avait fait choix des sulfures alcalins, qui, à froid comme à chaud, ont la propriété d'absorber l'oxygène, mais qui ne le restituent pas aussi facilement et sans l'intervention d'un autre corps (le charbon). Lavoisier, comme Bayen, opéra sur le mercure ; il calcina le métal ou le fit passer à l'état d'oxyde dans un volume d'air déterminé, puis, par la chaleur encore, mais par la chaleur seule, il reprit l'oxygène à l'oxyde et le rendit à l'azote pour reconstituer l'air décomposé. Il fit ainsi une analyse et une synthèse, double opération qui, en chimie, établit la certitude. Mais l'expérience par laquelle Lavoisier fit reconnaître définitivement la nature composée de l'air est trop mémorable, et elle a été trop féconde en résultats pour que nous ne la rappelions pas ici, au moins succinctement.

Lavoisier prit un matras dont il détermina la capacité, il y introduisit une once de mercure très-pur, et, après en avoir recourbé le col, comme le montre la *figure* 15, il le mit en communication avec une cloche, de capacité aussi déterminée, et plongeant dans un bain de mercure. A l'aide d'un syphon, il retira une certaine quantité d'air de la cloche pour y faire monter le mercure jusqu'en un point LL', qu'il marqua soigneusement, dit-il, avec une bande de papier collé, et il observa exactement le baromètre et le thermomètre.

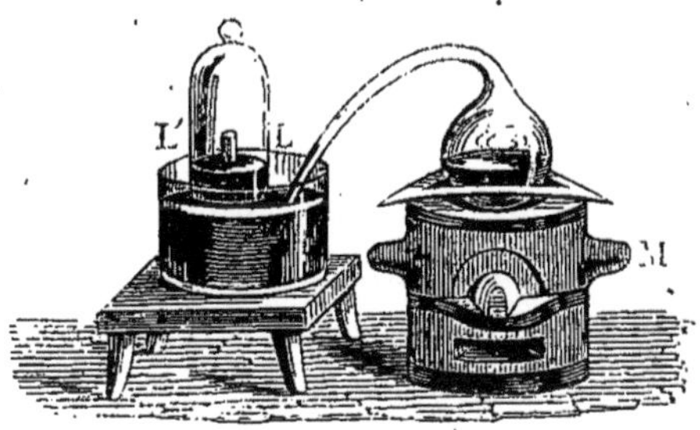

Fig. 15.

Le matras étant adapté sur le fourneau M, le chimiste alluma le feu et l'entretint presque sans interruption pendant douze jours, de manière à chauffer le mercure presque jusqu'à l'ébullition. « Durant le premier jour, il ne se passa rien de remarquable, dit Lavoisier ; mais, dès le second jour, on commença à voir nager sur la surface du mercure de petites parcelles rouges qui, pendant quatre ou cinq jours, augmentèrent en nombre et en volume. Au delà du cinquième jour et jusqu'au douzième, il parut que la calcination ou l'oxydation du mercure ne faisait aucun progrès, et, dès lors, l'opération était terminée. » Quel en était le résultat? Lavoisier constata que, dans la cloche placée au-dessus du mercure, l'espace occupé par l'air avait notablement diminué, d'un sixième environ ; il constata, de plus, que cet air éteignait une bougie allumée et qu'il était impropre à la respiration des animaux. C'était une mofette, disait, avec l'expression du temps, le savant illustre ; cette mofette porte aujourd'hui le nom d'*azote*. Qu'était devenue la portion d'air essentiellement respirable? Elle s'était unie au mercure pour en changer la couleur et en augmenter le poids; le chimiste n'en doutait pas, mais il restait à en donner la preuve, à reconstituer l'air décomposé, à faire une synthèse après avoir fait une analyse. Lavoisier détermina l'augmentation de poids du mercure, reprit avec soin les particules rouges et les soumit à la calcination dans un appareil propre à recevoir les produits liquides ou gazeux. Quelle lumière et quelle merveille! L'air *épessi*, qui s'était uni au mercure, s'en séparait nettement sous forme de gaz, ayant la propriété d'activer au plus haut degré la combustion, et propre à entretenir la respiration des animaux. Ce gaz, déjà presque entrevu, mais non encore isolé, était l'oxygène. Lavoisier le réunit à la mofette ou à l'azote, et, par le mélange, il reconstitua l'air atmosphérique primitivement décomposé. C'est dans la première et ineffable joie de sa découverte que le grand chimiste s'écria : « Le phlogistique n'existe pas, l'air du feu, l'air déphlogistiqué est un corps simple. »

Une première analyse de l'air ne pouvait être qu'une analyse *qualitative*, et non encore une analyse *quantitative*. Lavoisier le comprit et dit lui-même que la proportion de gaz respirable trouvée dans son expérience devait être un peu trop faible, tout le gaz ne se combinant pas avec le mercure. Il était vrai ; mais la science eut bientôt multiplié ses procédés d'investigation et perfectionné ses méthodes d'analyse. Aujourd'hui, l'on ne possède pas moins de trois méthodes principales, et toutes trois fort exactes, pour déterminer, avec une rigueur presque mathématique, la composition de l'air. Nous allons les faire connaître.

Analyse de l'air par le phosphore. — Nous avons donné une première indication de ce procédé d'analyse à propos de la préparation de l'azote (p. 54). Mais, nous en avons prévenu, en faisant brûler du phosphore sous une cloche au-dessus du mercure, on n'obtient qu'une séparation incomplète des éléments de l'air. Pour isoler, dans un état de pureté absolue, chacun des gaz qui le composent, les chimistes ont recours à des appareils

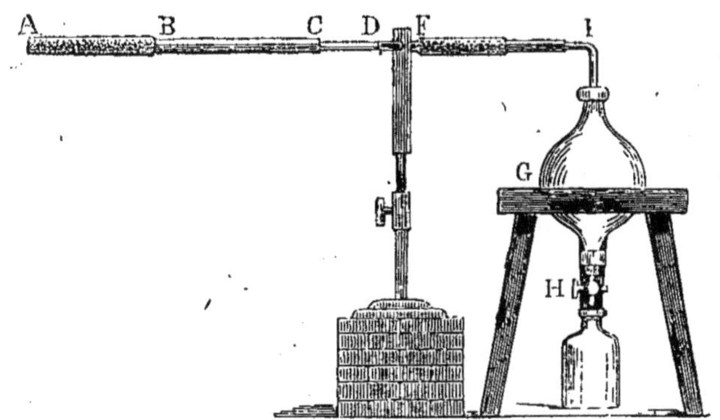

Fig. 16.

mieux combinés et plus sûrs. M. Brunner, le premier, s'est servi de l'appareil représenté *figure* 16. Dans un premier tube AB on a introduit de la chaux éteinte et de l'amiante imbibée d'acide sulfurique; dans un second tube CD uni au précédent, on a mis un fragment de phosphore du poids d'un gramme environ, et dans la partie F d'un autre tube du coton cardé. Le ballon G doit servir d'aspirateur; il est rempli d'huile.

L'appareil étant disposé comme le montre la figure, on chauffe très-modérément le phosphore et l'on ouvre le robinet H de l'aspirateur. L'air qui traverse le tube de A en I se dépouille de son acide carbonique et de son eau en passant sur la chaux éteinte et sur l'acide sulfurique; le phosphore sépare l'oxygène, à l'aide duquel il brûle, pour se transformer en acides phosphoreux et phosphorique, et l'azote se rend à la place de l'huile, dans le ballon G.

Le tube contenant le phosphore ayant été pesé avant et après l'opération, la différence de poids donne la proportion d'oxygène absorbé. L'azote peut être dosé, soit en poids, soit en volume, dans le ballon où il a été recueilli, ou dans un vase gradué, si, avec précaution, on l'y a fait passer ultérieurement.

Analyse de l'air par l'hydrogène. — On a vu, en faisant l'analyse et la synthèse de l'eau dans l'eudiomètre (p. 41), 1° que l'eau est composée de deux volumes d'hydrogène et d'un volume d'oxygène; 2° que, sous l'influence de l'étincelle électrique, ces trois volumes de gaz se condensent en un seul volume d'eau liquide. C'est sur ces résultats de l'expérience qu'est fondée l'analyse de l'air au moyen de l'hydrogène.

Que l'on introduise dans l'eudiomètre cent parties d'air et deux cents parties d'hydrogène, et qu'au moyen de l'électrophore ou de la bouteille de Leyde, on fasse passer une étincelle électrique dans le mélange, au même instant, les gaz s'unissent pour former de l'eau, et la quantité d'eau formée représente, en volume, exactement le tiers des gaz oxygène et hydrogène, et par conséquent, la quantité même, en volume, de l'oxygène entré en combinaison avec l'hydrogène, puisque, pour former de l'eau, les deux gaz se combinent dans la proportion de 1 d'oxygène pour 2 d'hydrogène. Cette analyse, si mathématiquement exacte en théorie, l'est un peu moins malheureusement quand on en vient à la pratique. Il est facile de le comprendre. Premièrement, c'est à l'aide des yeux, organes bien imparfaits, et dans des vases plus ou moins exactement gradués, qu'il faut faire la comparaison entre des volumes gazeux ou liquides toujours assez faibles relativement; secondement, aussitôt que l'on augmente la proportion des gaz sur lesquels on opère, on est exposé à des erreurs inséparables de l'expérience même. Ainsi les importantes recherches de Gay-Lussac et Humboldt sur l'eudiométrie ont montré que plus est grande, relativement à l'hydrogène, la proportion d'oxygène sur laquelle on opère, plus on est exposé à avoir dans l'eudiomètre un résidu d'hydrogène non brûlé. Et, dans l'air, l'azote lui-même, puis l'eau, puis l'acide carbonique, sont autant d'obstacles à la combinaison ou à la combustion des gaz oxygène et hydrogène. Gay-Lussac et Humboldt ont constaté que quelques centièmes de gaz étrangers, tels que les acides chlorhydrique, fluorhydrique, etc., empêchent la combustion d'un mélange explosif. Les deux savants ont vu encore que, sous l'influence de l'humidité ou d'une diminution sensible de pression, l'étincelle électrique ne provoque pas la combustion des gaz oxygène et hydrogène. C'est donc seulement sous diverses conditions, et dans certaines limites, que l'on peut faire, avec une rigueur suffisante, l'analyse de l'air au moyen de l'hydrogène.

Analyse de l'air par les métaux. — Le procédé le plus rigoureusement exact pour séparer les éléments de l'air, est celui dans lequel on fait usage de certains métaux, et particulièrement du cuivre, pour absorber l'oxygène et rendre l'azote libre. Dans ce cas, comme lorsqu'on emploie le phosphore, d'après la méthode de M. Brunner, on pèse les gaz au lieu de les mesurer, et c'est là, pour le chimiste, la plus haute garantie d'exactitude. Voici comment a été conçu et combiné l'appareil à l'aide duquel on a déterminé, à peu près définitivement, la composition élémentaire de l'air (*fig.* 17).

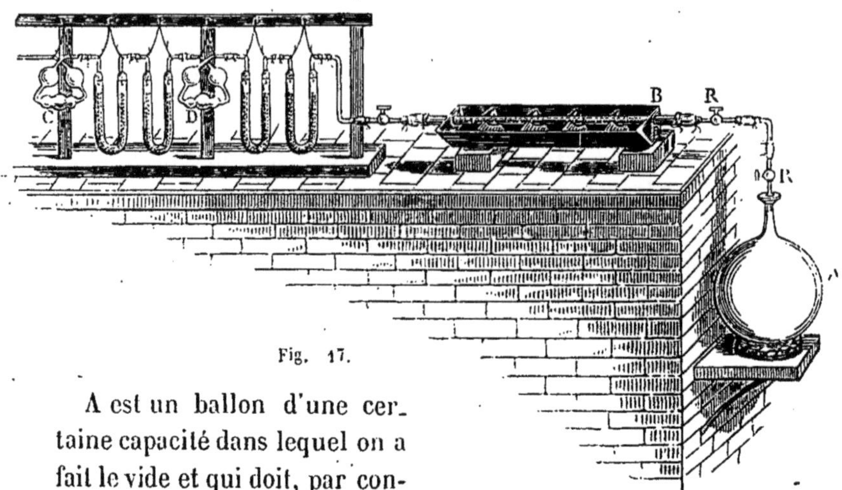

Fig. 17.

A est un ballon d'une certaine capacité dans lequel on a fait le vide et qui doit, par conséquent, servir d'aspirateur; B est un tube en verre dur, rempli de tournure de cuivre et dans lequel on a fait le vide comme dans le ballon A. L'un et l'autre sont munis de robinets RR et joints hermétiquement par de petits tubes en caoutchouc. Le tube B, enveloppé d'une feuille de clinquant, est placé dans une grille remplie de charbon. Au-devant de ce tube, dit eudiométrique, est placée une série de tubes destinés à dépouiller l'air de son acide carbonique et de sa vapeur d'eau, avant qu'il arrive en présence du cuivre dans le tube B. Le tube à boule ou de Liebig C (du nom du chimiste illustre qui l'a imaginé) est rempli d'une dissolution concentrée de potasse, et les tubes dits en U qui le suivent, de potasse en morceaux et de pierre ponce imbibée de la dissolution alcaline; le second tube à boule, D, contient de l'acide sulfurique concentré, et les tubes en U qui le suivent de la pierre ponce imbibée du même acide. Chaque pièce de l'appareil a été pesée séparément et le poids a été noté. Au moment de commencer l'opération, on chauffe, on fait presque rougir le tube B et l'on ouvre les robinets. L'air appelé par l'aspirateur A pénètre d'abord dans le tube de Liebig C, où, au contact de la potasse, il abandonne son acide carbonique; ensuite dans le tube à boules D, où, en présence de l'acide sulfurique, il perd toute son humidité, et il arrive sec et pur dans le tube d'analyse B. Là, en présence du cuivre, il cède son oxygène au métal chauffé, et l'azote libre se rend dans le ballon. L'opération est terminée quand le ballon est rempli de gaz équilibrant la pression atmosphérique et qu'il ne fait plus, par conséquent, l'office d'aspirateur. Alors on laisse refroidir l'appareil et l'on en reprend chaque pièce pour la peser isolément, comme on l'a fait avant l'opération. L'excédant de poids des tubes de Liebig C et D donne la quantité d'acide carbonique et d'eau, et les tubes en U, qui suivent chacun d'eux et qui ne doivent point avoir augmenté de poids, sont autant de témoins que l'opération a été bien conduite et que tout l'acide carbonique et toute l'eau ont été absorbés dans les tubes C et D, disposés à cet effet. L'excédant de poids du tube B donne la quantité d'oxygène absorbée par le cuivre, comme l'excédant de poids du ballon fait connaître la quantité relative d'azote. On comprend que, pour être acceptée comme exacte, l'analyse doit avoir été répétée un certain nombre de fois dans des conditions identiques de température et de pression atmosphérique, et avoir donné des résultats toujours essentiellement comparables. Or, en quelque lieu que l'on ait puisé l'air, sur de hautes montagnes ou dans les vallées, sous la ligne ou au voisinage du pôle, dans les ascensions aérostatiques mêmes, on lui a trouvé partout la même composition. Une seule exception a paru se présenter, et qui n'a point manqué d'explication. Un chimiste danois, Lewy, a cru avoir constaté que l'air recueilli sur la mer du Nord contenait un centième en moins d'oxygène que l'air du continent. Cela devait ou pouvait être, a-t-on dit : l'oxygène est plus soluble dans l'eau que l'azote et les animaux aquatiques ont besoin d'oxygène pour leur respiration; au fur et à mesure que ces animaux absorbent l'oxygène, la surface des eaux en reprend l'équivalent à l'atmosphère. Mais l'expérience ne devra-t-elle pas être reprise et contrôlée? La composition de l'atmosphère d'un pôle à l'autre ne doit guère varier, cet océan gazeux étant agité et comme balayé par des vents qui ne lui laissent aucun repos.

A l'aide des méthodes que nous venons de décrire, les chimistes de nos jours ont établi que l'air était composé,

Pour 100 parties, en poids :

D'oxygène.	23,01
D'azote.	76,99

Pour 100 parties, en volume :

D'oxygène.	20,80
D'azote.	79,20

On remarquera ces derniers nombres, 20, 80 et 79,20 ; ils ne sont point entre eux dans un rapport simple. Serait-ce là une infraction à la loi de Gay-Lussac, que nous avons fait connaître (p. 42)? En aucune manière. Dans l'air, l'oxygène et l'azote ne sont point à l'état de combinaison, mais à l'état de mélange. Diverses considérations vont le prouver, et en quelque sorte surabondamment. Premièrement, lorsqu'après avoir séparé les éléments de l'air, on les rapproche synthétiquement, comme l'a fait Lavoisier, on constate que les deux gaz se mêlent ou s'unissent sans augmentation ou retrait de volume, sans dégagement de chaleur ou d'électricité; or aucune combinaison chimique ne s'effectue sans l'un et l'autre de ces phénomènes. En second lieu, lorsque, dans un espace confiné, on met l'air en présence de l'eau, après un certain temps, l'air contenu dans l'eau est proportionnellement plus riche en oxygène que l'air libre. On en sait la raison, c'est que l'oxygène est plus soluble dans l'eau que l'azote. Mais, si l'air était une combinaison, la proportion des deux gaz dans l'air et dans l'eau serait toujours la même, au moins relativement l'un à l'autre. En troisième lieu enfin, il a été reconnu que le pouvoir réfringent des gaz composés est toujours autre, plus grand ou plus faible, que celui des gaz composants. Or, le pouvoir réfringent de l'air atmosphérique est absolument égal à la somme des pouvoirs réfringents de l'oxygène et de l'azote. Aucun doute ne peut donc s'élever à cet égard, l'air est un mélange et non une combinaison. C'est à cet état et comme constituant autour de la terre une atmosphère gazeuse dans laquelle s'accomplissent tous les phénomènes physiques et physiologiques du globe, que nous allons maintenant le considérer.

ATMOSPHÈRE

Les physiciens sont d'accord aujourd'hui pour donner des limites à l'atmosphère. Ils rejettent l'axiome de l'antiquité : *Non vacuum in rerum naturâ, la nature a horreur du vide.* On sait l'histoire tant de fois racontée des fontainiers de Florence. Surpris de ne pouvoir élever l'eau dans leurs pompes à plus de trente-deux pieds, ils allèrent trouver Galilée pour lui demander raison de ce démenti que se donnait la nature. Plutôt que de leur dire son secret, car le fait dut être pour lui une révélation, Galilée leur répondit, en se moquant, que si la nature avait horreur du vide, elle n'éprouvait apparemment cette horreur que jusqu'à 32 pieds. Les ouvriers remportèrent l'explication, et Galilée resta en possession d'une expérience qui devait donner à la physique une de ses grandes découvertes. L'illustre auteur des *Sciences nouvelles* ne la fit pourtant pas à lui seul, et c'est à son disciple Torricelli qu'en revient l'honneur. Torricelli remplit de mercure un tube de trois pieds de longueur, et, le fermant avec le doigt, le plongea verticalement par l'extrémité ainsi close dans un bain du même métal. L'ouverture laissée libre, le liquide s'abaissa tout à coup, oscilla quelques instants, puis resta à une hauteur fixe, mesurant 28 pouces environ au-dessus du niveau du bain de mercure. Le rapprochement était simple à faire. L'eau, dans les corps de pompes, s'élevait à 32 pieds ; le mercure, dans le tube de Torricelli, s'arrêtait à 28 pouces ; la différence devait être le rapport même du poids ou de la densité de l'eau avec le poids ou la densité du mercure. Or, les physiciens le savaient, la densité du mercure est à celle de l'eau comme 13,59 est à 1 ; en d'autres termes, le mercure pèse treize fois et demi environ plus que l'eau. Que l'on multiplie le chiffre 28 par 13,59, et que l'on divise la somme obtenue 380,52 par 12, on aura pour quotient 31,70, nombre qui exprime, en pieds et fraction de pied, la hauteur de l'eau dans les corps de pompe. Pascal répéta à Rouen, en 1646, les expériences faites à Florence. Il fit construire un tube de 46 pieds de long, le remplit de vin, et, à l'aide de cordes et de poulies, le faisant basculer dans un réservoir d'eau, s'assura qu'après diverses oscillations la colonne du liquide coloré se maintenait à 32 pieds environ au-dessus du niveau de l'eau. Le pénétrant géomètre ne s'en tint pas à cette épreuve. Il comprit que, si la pression ou le poids de l'atmosphère était la véritable cause de l'ascension des liquides dans les tubes vides, plus on s'élèverait au-dessus du sol, plus les colonnes de liquide devraient s'abaisser pour faire équilibre à une pression décroissante. Il tenta, en conséquence, une autre expérience au haut de la tour Saint-Jacques, cette tour nouvellement réparée, et qui doit peut-être sa restauration à cet intéressant souvenir ; la colonne de mercure s'abaissa, en effet, mais d'une quantité minime et peu appréciable. Alors Pascal chargea son beau-frère Périer, qui demeurait à Clermont, de faire l'expérience sur le puy de Dôme. Le résultat fut conforme aux prévisions et aux calculs, et, dès lors, la physique s'enrichit du précieux instrument qui sert aujourd'hui à mesurer les hauteurs et à faire connaître les variations de l'atmosphère, instrument qui a pris le nom de *baromètre*.

Avec les données expérimentales qui précèdent, rien de plus simple que de prendre le poids de l'atmosphère pour une surface donnée, ou même pour toute l'étendue de la terre. Pour un centimètre de base, toute surface de la terre est pressée par une colonne d'air équivalant à une colonne de mercure de 28 pouces, ou de $0^{m},76$ centimètres cubes. Or le poids de cette colonne est égal à son volume $0^{m},76$ centimètres cubes, multiplié par la densité du mercure 13,59. Le produit de ces nombres est 103284, c'est-à-dire, pour le poids d'une colonne d'air de 1 centimètre de base, 1 kilogramme 032 milligrammes. Pour avoir le poids de l'atmosphère sur le globe entier, il suffit de savoir que le rayon de la terre est 6,366,745 mètres, et que sa surface est d'environ 100,000 myriamètres. Le calcul fait, on trouve que le poids total de l'atmosphère est de 100,000 millions de tonnes. Pour un homme de moyenne taille, le poids de l'air n'est pas moindre de 32,000 kilogrammes. Mais on comprend que, de même qu'un vaisseau soulevé légèrement sur les flots peut, au gré des vents, s'avancer dans toutes les directions, de même le corps de l'homme, pénétré de liquides à peu près incompressibles et d'air faisant équilibre à la pression extérieure, n'a besoin, pour se mouvoir, que de l'action libre des muscles locomoteurs. Dans la mer, il y a des poissons qui vivent à des profondeurs de plusieurs milliers de pieds. Outre la pression normale de l'atmosphère, ces animaux ont donc à porter le poids d'une colonne d'eau quatre-vingts ou cent fois plus pesante encore. Mais, par un ordre providentiel, ces espèces aquatiques sont pourvues d'un organe spécial, d'une vessie dite natatoire, dans laquelle elles ont la faculté de sécréter un fluide aériforme essentiellement compressible et dilatable.

Pour la liberté de leurs mouvements, cette vessie se resserre ou se dilate, comme sous l'empire d'une volonté propre et sûre d'elle-même. Que s'il arrive que ces poissons soient pris dans des filets et amenés sur le sol, le fluide aériforme ne se trouvant plus en équilibre de pression avec l'air extérieur, soudain la vessie crève et fait apparaître ces animaux dans un état de turgescence singulier. Mis sur l'eau, ils y flottent alors à l'instar de ballons pleins d'air. Il leur arrive ce qu'il arrive d'une vessie close et non gonflée que l'on met sous le récipient de la machine pneumatique. A mesure que l'on fait le vide autour d'elle, la vessie enfle et, par suite de la dilatation de l'air qu'elle contient, elle finit par éclater.

L'espace étant pour nous comme s'il était illimité, l'atmosphère, dont la force d'élasticité peut se mesurer, est incapable de le combler ou de le remplir. Les astronomes ont conclu dans ce sens d'après l'observation des occultations et des éclipses, et les physiciens d'après l'étude des phénomènes de polarisation de la lumière. Les chimistes ont ajouté à ces démonstrations une expérience au moins très-brillante, si elle n'est aussi très-décisive. M. Faraday a introduit dans des tubes cylindriques d'une certaine profondeur diverses matières expansibles et volatiles, telles que l'acide sulfurique, l'ammoniaque, le mercure. Au-dessus du niveau liquide, et à différentes distances, il a exposé des réactifs heureusement combinés : pour l'acide sulfurique et l'ammoniaque, des papiers de couleur impressionnable ; pour le mercure, des feuilles d'or ; et il a vu, quelle que fût la durée de l'expérience, que les effets produits par l'évaporation ou l'expansion des gaz ou des liquides se limitaient, à une certaine hauteur, par une ligne mathématiquement horizontale. Il a vu de même que la force d'expansion était en rapport avec la température, de sorte que si à 0°, par exemple, elle était un, à 10, 20 et 30°, elle était dix, vingt, trente fois plus grande. Or c'est ce qui s'observe pour l'atmosphère, et, en général, pour tous les gaz. Dans l'atmosphère même, l'acide carbonique et l'eau n'atteignent pas à la même hauteur que l'air, ainsi qu'on le voit à tout instant par la place qu'occupent les nuages.

Tous les phénomènes que nous observons sur le globe, phénomènes physiques, chimiques et physiologiques, sont subordonnés à la pression de l'atmosphère, comme aussi sans doute à d'autres conditions relatives à la chaleur, à la lumière, au magnétisme, à l'électricité. On s'est préoccupé et l'on devait se préoccuper surtout de rechercher expérimentalement ce qu'il adviendrait si la pression atmosphérique était changée, si elle devenait double, triple, décuple, centuple de ce qu'elle est réellement. Pour le dire en passant, on a trouvé là des forces inattendues que l'on a su mettre à profit. Sous des pressions multiples de celle de l'atmosphère, on a pu liquéfier et solidifier des gaz, fondre ou dissoudre des solides infusibles, distiller des matières fixes et appliquer, en particulier, la vapeur à une infinité d'opérations industrielles. Mais ce n'est point de telles applications, quelque intéressantes qu'elles soient, que nous devons nous occuper, nous n'avons ici qu'à établir la loi même de la compressibilité de l'atmosphère, loi dont les conséquences se tireront d'elles-mêmes.

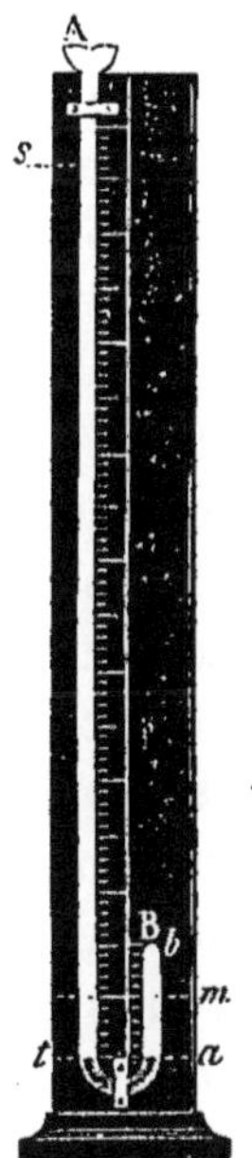

Fig. 18.

Lorsque, dans un tube dont nous donnons ici le dessin (*fig.* 18), on verse du mercure de la grande dans la petite branche, on voit qu'au fur et à mesure qu'on accumule le liquide dans la branche A, l'espace occupé par l'air dans la branche B diminue à vue d'œil, mais en suivant des proportions graduelles. Dans un premier temps, si, par certaines manœuvres, — l'inclinaison convenable du tube, par exemple, — on fait sortir quelques bulles d'air de la petite branche, il arrive que le mercure se trouve au même niveau dans les deux branches. Alors l'air renfermé dans l'espace *ab* fait équilibre à la pression atmosphérique normale, le mercure ne remplit que l'office de bouchon pour séparer l'espace *ab* de l'espace *ts*. Ce soin pris, si l'on verse du mercure dans la grande branche, on verra que, pour réduire l'espace libre de la petite branche à la moitié, il faudra 28 pouces de mercure, ou l'équivalent du poids d'une atmosphère, auquel cas l'espace *bm* sera comprimé : 1° par l'équivalent d'une atmosphère en mercure ; 2° par l'atmosphère elle-même. Pour réduire le même espace libre au tiers, puis au quart de son volume, etc., il faudra 2 et 3 fois 28 pouces de mercure, et ainsi de suite. D'où dérive la loi que *les volumes des gaz sont en raison inverse des pressions qu'ils supportent*, ou, en d'autres termes, que *les densités des gaz sont proportionnelles aux pressions*. Cette loi porte le nom de Mariotte, du nom du physicien qui, le premier, l'a fait connaître. Au moyen d'un appareil dressé dans une tour de l'ancien collége Henri IV, Arago et Dulong ont vérifié que, pour l'air atmosphérique, cette loi était applicable jusqu'à la pression de 27 atmosphères, et l'on présume même qu'on peut la considérer comme rigoureusement exacte jusqu'à la pression de cinquante atmosphères.

Une conséquence de la plus grave importance résulte pour les chimistes de la pesanteur de l'air, ou de la pression que l'atmosphère exerce partout sur le globe. A tout instant, on fait usage, dans les laboratoires, de vases ou d'appareils dans lesquels on décompose les corps, soit par la chaleur, soit par l'intervention d'acides, d'alcalis ou d'autres dissolvants. Ainsi, pour la préparation de l'azote au moyen de l'ammoniaque et du chlore, on a vu (p. 55) l'appareil dont il est nécessaire de faire usage. Le ballon A, d'où se dégage le gaz, le flacon B, où il s'épure en présence de l'eau, sont surmontés de tubes dits de sûreté ou de Welter, qui ont pour effet de prévenir l'absorpiton ou le retour du gaz dans le vase de dégagement. Supposez, en effet, que l'appareil soit tel que le montre la *figure* 19, si l'azote se dégage trop vite relativement aux ouvertures qui lui donnent issue, ou même si, à certains moments, il est arrêté par quelque obstacle, la pression exercée au fond de l'éprouvette E, sur l'orifice de dégagement *d*, peut être telle, qu'elle fasse refluer le gaz vers le ballon A et y entraîne par conséquent le liquide du flacon B. En ce cas, le ballon, plus ou moins échauffé, sera presque infailliblement brisé, tout à la fois par l'irruption du gaz et par le contact du liquide relativement froid. Mais, si les vases sont surmontés de tubes de sûreté, l'air atmosphérique rentrant dans le ballon A, à mesure que la pression s'y affaiblit, nulle absorption n'est possible. Donnons plus de développement à cette démonstration en représentant ici l'appareil dit de Woolf, si souvent employé en chimie, et qui sert particulièrement à la préparation du chlore. Dans le flacon A (*fig.* 20) se trouve le mélange propre à la production du chlore (acide chlorhydrique et peroxyde de manganèse) ; dans les flacons B, C, D, une certaine quantité d'eau pour laver le gaz d'abord, puis le condenser et le dissoudre. L'opération mise en activité, il est évident que, si les flacons B, C, D n'étaient point munis des tubes droits F, G, H, qui sont en communication avec l'atmosphère, le gaz, pour passer du flacon A jusque dans l'éprouvette E, aurait à vaincre non-seulement la pression atmosphérique qui s'exerce au niveau du liquide dans

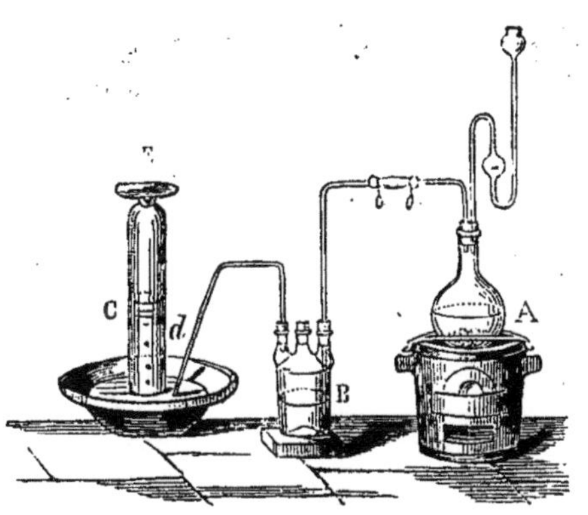

Fig. 19.

l'éprouvette au point n, mais, outre cette pression, toute la résistance offerte, et par la pression de l'atmosphère, et par les colonnes de liquide dans les trois flacons B, C, D. A supposer que

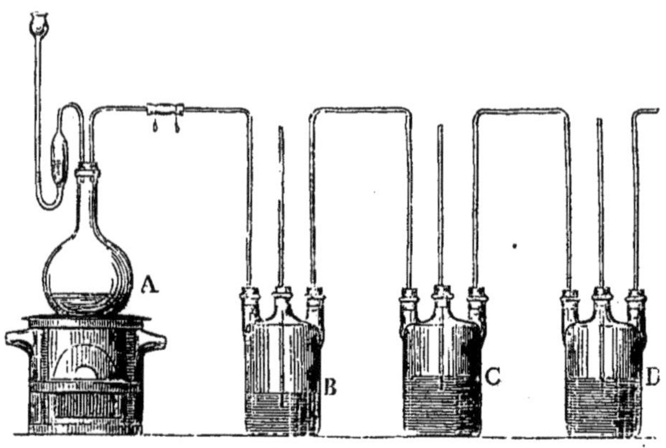

Fig. 20.

le dégagement du gaz dans le ballon A ne fût pas entretenu de manière à donner au gaz tout le ressort nécessaire pour s'échapper et vaincre la résistance opposée, une sorte de vide relatif s'opérerait dans le ballon A, et le gaz et le liquide des flacons B, C, D, y reflueraient plus ou moins rapidement et pourraient en déterminer la rupture avec explosion. Mais, si les précautions d'usage ont eté prises, si chacun des vases est surmonté de son tube de sûreté, il est évident que dans le flacon B la pression à vaincre n'est que celle de l'atmosphère et de la colonne d'eau qui dépasse l'extrémité *a* du tube de dégagement. Ainsi dans le flacon C, et de même encore dans le flacon D. En cas d'un retour possible du gaz, par suite d'un retard dans le dégagement, d'un refroidissement du ballon A, ou d'un obstacle quelconque dans les tubes de communication des vases, le gaz et les liquides s'échapperont d'abord par les tubes de sûreté H, G, F, et ils ne pourront même refluer jusque dans le ballon A, puisque celui-ci est muni de son tube de sûreté propre, qui nécessairement donnera accès à l'air, quand la pression intérieure ne fera plus équilibre à la pression extérieure. De la sorte, tout danger est donc conjuré, et l'opérateur ne suivrait-il pas l'opération, que celle-ci s'arrêterait d'elle-même sans que le succès en fût compromis. On le voit donc, en vue de la pratique, il faut se rendre compte de la théorie des opérations qu'on exécute. C'est parce qu'ils ne comprenaient pas leurs œuvres de hasard, que les alchimistes ou les empoisonneurs, tels que les Glazer ou les Sainte-Croix, se couvraient le visage de masques protecteurs. Ces masques les protégeaient mal ; un tube de Welter eût été d'un secours plus sûr.

C'est à la densité de l'air prise pour unité qu'on rapporte la densité des autres gaz. Quelques chimistes ont paru regretter qu'on n'ait pas pris ce type parmi les gaz réputés simples, qu'on n'ait pas fait choix, par exemple, de l'oxygène, qu'il est toujours facile d'obtenir parfaitement sec et pur. Mais l'on n'a pas vu jusqu'ici que la densité de l'air ait jamais varié, alors que chimiquement ce corps a été ramené à ses conditions normales. Sous des pressions plus ou moins considérables, on est parvenu à liquéfier, à solidifier même certains gaz, mais non pas l'air, non plus que l'oxygène, l'hydrogène et l'azote, qui sont réputés être des gaz *permanents*. La densité de l'air étant la 770ᵉ partie de la densité de l'eau, on a pensé que, pour liquéfier ce gaz, il ne faudrait pas moins de 770 atmosphères. Mais, a-t-on ajouté, si à une profondeur de 770 fois 32 pieds d'eau, ou environ 7000 mètres ou 2 lieues, il se trouvait de l'air atmosphérique, ce gaz devrait avoir pris l'état liquide. La conséquence pourra paraître logique, mais comment la vérifier? Les physiciens de l'antiquité croyaient aussi qu'au-dessus des régions de l'air il pouvait y avoir des voûtes de glace ou de cristal. Le champ des conjectures n'est plus celui de la science.

Les propriétés chimiques de l'air sont, à un degré affaibli, les propriétés de l'oxygène. L'air est donc un élément de combustion ou d'oxydation. Nous nous sommes suffisamment étendus sur ce point à propos de l'oxygène, pour n'avoir pas à y revenir. L'azote, comme élément de l'atmosphère, a-t-il un rôle actif? On ne le pense pas, on est plutôt porté à regarder ce gaz, par lui-même si indifférent aux combinaisons chimiques, comme un modérateur interposé pour ralentir ou régler, en quelque sorte, les affinités ou les actions trop vives de l'oxygène. Si l'atmosphère, en effet, n'était composée que d'oxygène, nulle combustion ne pourrait s'y éteindre, nul être animé ne pourrait, nous ne dirons pas s'y produire, mais s'y conserver ou s'y maintenir. Des savants n'ont pas craint d'avancer que cet *air vital*, si longtemps resté inconnu, était la source, l'agent, le principe même de la vie. Que l'on y prenne garde et, pour tout expliquer, que l'on n'assimile pas l'animal à une machine à vapeur qui consomme du charbon, absorbe de la chaleur, et exhale de l'eau. La respiration, il est vrai, produit de tels phénomènes, mais la respiration n'est pas la vie, elle n'est qu'une des fonctions qui l'entretient. On a trop peu douté de la matière et de son pouvoir dans les actes organiques ; elle y prend part sans doute, mais ne les explique pas. Comme l'atmosphère, elle occupe une grande place dans l'univers, mais elle ne le remplit pas. Les physiciens ne sont-ils pas obligés d'y placer un impondérable, l'*éther?*

VII

CARBONE C. 6 — 75

Le carbone est le principe élémentaire de toutes les matières que nous appelons charbons. Il constitue presque en entier le graphite et l'anthracite, il est tout à fait pur dans le diamant. Sous ces formes diverses, ce corps, réputé simple, offre des propriétés physiques variables. Le diamant est généralement incolore, brillant, translucide, d'une dureté extrême, il raye tous les corps et n'est rayé par aucun ; le graphique et l'anthracite sont opaques, gris ou noirs, plus ou moins durs, mais d'une texture grenue qui les rend communément assez friables. Le diamant n'est pas conducteur du calorique et de l'électricité, et il ne brûle que difficilement ; le graphite et l'anthracite sont mauvais conducteurs de l'électricité et du calorique, et ils brûlent dans un feu de forge ordinaire. Les charbons, qu'elle qu'en soit l'espèce, sont essentiellement noirs, d'une cohésion médiocre, plus ou moins poreux, cassants, faciles à pulvériser, éminemment combustibles, et si parfaits conducteurs de l'électricité, quand ils ont subi une calcination prolongée, qu'on les emploie pour garnir l'extrémité des paratonnerres et faciliter l'écoulement du fluide électrique dans le sol.

La densité du coke ou du charbon calciné varie de 1,50 à 2,00.

Celle du graphite et de l'anthracité varie de 2,00 à 2,50.

La densité du diamant est invariablement de 3,50.

Diamant ou charbon, le carbone est insoluble dans quelque liquide que ce soit, absolument infusible et fixe, ce qui a été jusqu'ici un obstacle insurmontable pour l'obtenir artificiellement à l'état cristallisé.

Sous le rapport chimique, le charbon, qu'elle qu'en soit l'origine ou la variété, la houille, le coke, l'anthracite, le graphite et le diamant, sont, ou, du moins, paraissent être un seul et même corps, une seule et même matière; ils ne donnent naissance en brûlant qu'à des produits identiques et de même nature, l'oxyde de carbone CO et l'acide carbonique CO^2. Il est vrai qu'avec l'oxyde de carbone, non plus qu'avec l'acide carbonique, on n'a régénéré encore ni le charbon, ni le diamant, et que, par conséquent, on manque ici d'un degré de certitude, la synthèse chimique, mais les interprètes de la science ont passé outre; à la manière d'Alexandre, ils ont tranché la difficulté, ne pouvant la résoudre. Nous aurons peut-être à nous en souvenir. Jusque-là, et pour que la question s'éclaire d'elle-même, il faut étudier d'abord, avec quelques détails, le carbone pur ou cristallisé et le carbone impur ou non cristallisable, c'est-à-dire le diamant et le charbon, ainsi que leurs nombreux intermédiaires.

Diamant. — Le diamant est une gemme naturelle que l'art a vainement tenté de reproduire. Il est l'objet de grandes exploitations, absolument comme un produit de mines. Les terrains diamantifères sont rares; on n'en a trouvé jusqu'ici que dans l'Inde, l'île de Bornéo et le Brésil. Ce sont des terrains d'alluvions anciens dont la composition ne donne absolument aucune indication sur l'origine des gemmes, sur leur mode de formation par voie aqueuse ou par voie ignée. Ces alluvions sont composées de roches quartzeuses ou arénacées, de sables agglutinés, d'oxydes de fer et de débris divers de matières végétales. Ces conglomérats, ces débris, sont accumulés dans de larges vallées, et on a remarqué que les diamants, comme matières plus lourdes, ont généralement été entraînés, avec les minerais de fer, dans les parties les plus déclives des régions inondées. Toutefois les anciens lits de torrents ou de rivières étant à ciel ouvert, ce n'est jamais à une grande profondeur que se trouvent les diamants. C'est au moyen de lavages sur des tables, des plate-formes ou des aires disposées à cet usage, que l'on procède aux recherches. Les ouvriers, d'ordinaire esclaves, sont distribués par escouades et surveillés par des inspecteurs. Ils travaillent nus, et, quand ils découvrent une gemme quelconque, ils sont tenus d'avertir en frappant des mains. L'inspecteur alors s'approche et recueille la pierre dans une sébile. Tout esclave qui a trouvé un diamant du poids de dix-huit carats (*) a droit a sa liberté. Mais la prime n'a pas toujours un tel attrait, qu'elle décide l'heureux possesseur à livrer sa trouvaille. Le plus souvent il la dérobe, même en l'avalant, et les plus beaux diamants sont ceux qui entrent dans la circulation par la contrebande. On calcule qu'un tiers environ des valeurs échappe ainsi aux compagnies commerciales propriétaires des mines.

Dans leur état brut ou naturel, les diamants sont, en général, noirs, rugueux, semblables à des cailloux roulés. On leur donne une première estimation d'après leur forme, leur aspect plus ou moins cristallin, et surtout leur poids. La valeur définitive ne saurait être fixée qu'après la taille, qui peut en user ou en emporter une portion considérable, le tiers, sinon la moitié. Les anciens n'ont pas connu l'art de tailler le diamant, ils n'ont su que le polir à l'aide de sa propre poussière. Les diamants de l'antiquité, qui n'ont qu'un poli naturel, portent le nom de *bruts ingénus ;* ceux qui offrent une cristallisation régulière sont dits *à pointes naïves*. On en rencontre dans les vieilles armures. C'est en frottant deux diamants l'un contre l'autre qu'un gentilhomme de Bruges, nommé Louis de Berquem, découvrit par hasard la taille du diamant. Il sut donner un assez grand développement à son invention, qui remonte à l'année 1476. Dans les diamants les plus anciennement taillés, les faces principales sont simplement *dressées* et les côtés *abattus* en biseaux. Ce sont les *pierres en tables* ou *pierres faibles*. Alors que l'une des faces a été taillée en prisme, la pierre prend le nom de *pierre épaisse*. L'art du lapidaire se perfec-

(*) Le carat pèse environ quatre grains ou deux cent cinq milligrammes. Ce mot était employé autrefois pour désigner le titre de l'or. De l'or à trente-six carats était de l'or pur ou à $\frac{1000}{1000}$. Bruce a donné l'origine de ce terme resté technique. Dans le pays des Shangallas, en Afrique, dit-il, il se fait un grand commerce d'or, et de temps immémorial les habitants se servent, pour le peser, de la graine d'une plante de la famille des légumineuses qu'ils nomment *kuara*. Ces graines, transportées dans l'Inde, ont servi à peser les diamants dès l'origine de l'exploitation de ces gemmes.

tionnant, on imagina, il y a environ deux siècles, la taille *en rose* et celle *en brillant*. Celle-ci fut exécutée pour la première fois sur les douze mazarins qui font partie de la couronne de France.

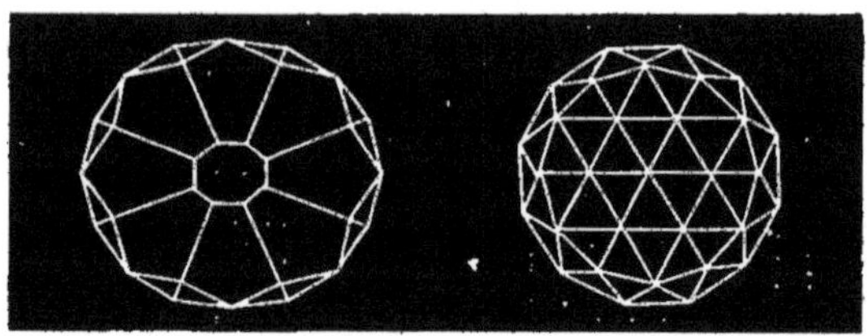

Fig. 21. — Taille en rose. Fig. 22. — Taille en brillant.

Dans la taille en rose (*fig*. 21), le dessous du diamant est plat, le dessus s'élève en dôme taillé à facettes, au nombre de vingt-quatre. On y remarque six triangles dont les sommets réunis forment la pointe de la pyramide, six autres triangles appliqués base à base aux précédents, et dont les sommets se terminent sur le contour de la table inférieure. Ces six derniers triangles laissent nécessairement entre eux six espaces qu'on subdivise chacun en deux facettes.

Dans la taille en brillant (*fig*. 22), le pourtour de la table offre huit pans partagés en facettes triangulaires ou losangées. Cette partie comprend le tiers du diamant. Le dessous, ou la *culasse* formée des deux autres tiers, se compose de facettes symétriques et correspondantes à celles de la partie supérieure.

Le diamant dit *brillant* est celui dont la taille produit les effets de lumière et de couleur les plus riches. Le diamant *rose* lance peut-être des éclairs plus vifs, mais il *joue* moins, selon l'expression consacrée.

Nulle matière n'est d'un prix plus élevé que le diamant. Ce prix, arbitraire en quelques cas, se règle pourtant par des tables de proportion. Ainsi, le diamant brut et impropre à la taille valant 1, par exemple, le diamant du même poids, d'une belle eau, et propre à la taille, vaut un prix au moins double. Au-dessus d'un poids pris pour type, le *carat*, la valeur augmente, non en proportion du poids même, mais en proportion du carré de ce poids. Le diamant d'un carat valant 1, le diamant de deux carats vaudra 2 × 2 ou 4, la pierre de 3 carats vaudra 3 × 3 ou 9, et ainsi de suite. On conçoit que, si le diamant est d'une belle eau, comme on dit, il aura, relativement à son poids, une valeur infiniment plus grande que s'il présente une macule quelconque, une coloration qui en altère la limpidité ou les pouvoirs réfringents. Telle pierre, à peine colorée, n'a qu'une valeur de 1; qui prendrait une valeur quintuple et décuple même, si son imperceptible teinte pouvait lui être enlevée. Aussi la simple décoloration des gemmes serait d'un immense intérêt commercial. Le problème reste livré à la sagacité des chimistes. Quant à la fabrication ou à la reproduction du diamant, ce serait une découverte qui vaudrait bien celle d'une étoile. On a beaucoup parlé des chercheurs d'or ou de la pierre philosophale, et l'on en a vu un, dans ces dernières années, affirmer sa découverte jusque devant l'Académie des sciences. Les recherches ayant pour objet la cristallisation du carbone paraîtraient moins irrationnelles, et l'on peut dire même qu'elles seraient tout à fait dans l'esprit de la chimie moderne. On a proclamé plus d'une fois des résultats d'expériences qui semblaient avoir mis sur la voie de la découverte. Un physicien, membre de l'Académie des sciences, un savant illustre par conséquent, s'est flatté qu'en brûlant du charbon avec une forte pile, il avait produit de la poudre de diamant; mais cette poudre était tout simplement un produit d'agrégation ou de vitrification des principes qui, dans le charbon, constituent les cendres, c'est-à-dire un silicate de fer. L'illusion du savant a dû s'évanouir. Tel autre a cru avoir fait du diamant en surchargeant la fonte de charbon et portant le mélange à une haute température; tel autre en faisant passer avec lenteur un courant d'électricité à travers le chlorure de carbone, etc. Mais ne comptons pas trop sur les grandes annonces. Celui qui fera du diamant, si jamais quelqu'un en fait, ne se pressera pas de publier sa découverte. Nicolas Flamel était parvenu à faire de l'or, disait-on de son temps. Non, Nicolas Flamel s'était enrichi à la manière des juifs, ses coreligionnaires ; il avait fait l'usure, il avait exploité la crédulité publique, dernière méthode bien perfectionnée, non par les chimistes, mais par certains financiers de nos jours.

L'exploitation des mines de diamant est si onéreuse, en raison des chances de toutes sortes qu'elle fait courir, qu'une gemme brute, du poids d'un *carat*, ne revient pas, à ses légitimes et heureux propriétaires, à moins de trente-huit francs. Qu'on juge du prix auquel on doit la livrer au commerce, et de la valeur que, par la circulation, le bijou doit acquérir. Voici les prix moyens des diamants ordinaires ou les plus petits :

POIDS DES DIAMANTS :	PRIX DES DIAMANTS :
$\frac{1}{10}$ de carat	100 à 125 fr.
$\frac{1}{2}$ id.	160 à 192
$\frac{3}{4}$ id.	200 à 261
1 id.	220 à 250
2 id.	650 à 800
3 id.	1,600 à 2,000
4 id.	2,400 à 3,000
5 id.	4,000 à 6,000

Les diamants les plus renommés sont :

1° Celui du Raja de Matun, à Bornéo ; il pèse 300 carats, c'est-à-dire 61 grammes et demi. C'est le plus gros des diamants connus ; il est sans prix.

2° Celui de l'empereur du Mogol ; il pèse 279 carats ou 58 grammes, et il a été estimé 11 millions.

3° Celui de l'empereur de Russie ; il pèse 193 carats ou 38 grammes et demi ; il a été payé 2,250,000 fr. et 100,000 fr. de pension viagère.

4° Celui de l'empereur d'Autriche; il pèse 139 carats ou 28 grammes et demi; il est estimé 2,600,000 fr.

5° Celui de la couronne de France; il pèse 136 carats ou 27 grammes et demi; il a été payé 2,500,000 fr., mais on assure qu'il vaut le double. Il pesait 410 carats avant d'être taillé et a coûté deux années de travail. Il fut acheté, sous la minorité de Louis XV, à un Anglais nommé Pitt, par le duc d'Orléans, alors régent, d'où le nom qu'il porte de *Pitt* ou du *Régent*.

Nommons encore l'Étoile du Sud et le Kohi-Noor. L'Étoile du Sud pèse 125 carats, et le Kohi-Noor 103 carats. Ils appartiennent, le premier à la Suède, le second à l'Angleterre.

Les diamants ne servent pas seulement à former des diadèmes en l'honneur des rois et des reines. Ils ont des usages plus modestes et non moins importants peut-être. Ils sont employés pour fendre et couper le verre; pour fabriquer, dans l'horlogerie, des pivots de pièces délicates qui deviennent ainsi inaltérables; pour faire des pointes aux outils servant à percer les rubis et à sculpter les camées; pour garnir les trous de filières dans lesquelles on étire l'or et le platine. Leur propre poussière sert à polir et même à tailler les diamants bruts. C'est à cet usage spécialement que sont employés les diamants dits *de nature*, sortes de gemmes d'une dureté telle qu'on ne peut ni les tailler ni les polir.

Graphite et Anthracite. — A côté du carbone pur ou diamant, les chimistes ont coutume de placer deux produits naturels qui ont entre eux une assez grande ressemblance. Ce sont le graphite, aussi nommé plombagine, ou mine de plomb, et l'anthracite. Ces deux corps offrent une cristallisation confuse et ne contiennent pas moins de 90 à 96 pour 100 de carbone. On avait d'abord regardé le graphite comme un carbure de fer, dans le genre de l'acier; mais on a rencontré des graphites absolument dépourvus de fer, et l'on a ainsi reconnu que ce métal ne faisait point partie intégrante de la matière carburée, et qu'il ne s'y trouvait mêlé qu'accidentellement. Les matières que l'analyse chimique a signalées comme unies invariablement au carbone dans le graphite et l'anthracite sont l'oxygène, l'hydrogène et l'azote, avec les éléments qui constituent les cendres (silice, chaux, soude et potasse), composition impliquant que l'anthracite et le graphite proviennent de végétaux carbonisés ou calcinés dans des conditions spéciales, absolument comme la houille et les différentes espèces de charbons dits minéraux ou charbons de terre. D'une combustion difficile, l'anthracite ne se brûle dans les fourneaux que mélangé à la houille. Le graphite est en usage pour faire des crayons.

Houilles. Charbons. Coke. Noirs de fumée. Charbons artificiels. — Ici encore la composition chimique est la même, les propriétés physiques seules varient. Les houilles sont dites grasses ou maigres; les charbons sont légers, poreux, denses, compactes, d'une dureté médiocre, plus ou moins conducteurs du calorique et de l'électricité, plus ou moins perméables aux liquides et aux gaz. Par cette diversité même de propriétés, ces produits naturels ou artificiels se prêtent à des usages extrêmement nombreux. Les charbons de bois tendres et légers sont propres à la fabrication de la poudre. Avec les bois dits fusains, on fait les crayons à dessiner qui portent ce nom. Les charbons de bois durs et compactes sont propres à la cémentation de l'acier et à la réduction des métaux. La houille sert à la distillation ou à la préparation de nos gaz d'éclairage. Les noirs de fumée sont employés dans la peinture et pour la composition des encres d'imprimerie. Le charbon dit animal ou provenant de la combustion des os est le meilleur pour la clarification des liquides et aussi pour l'absorption des gaz. C'est dans des tonneaux goudronés, ou revêtus à l'intérieur d'une couche de noir, que l'on conserve l'eau potable dans les voyages au long cours. En médecine, le charbon est employé comme antiseptique ou absorbant. Dans les pharmacies et sous la plume des médecins, il prend le nom de magnésie noire. Talisman des mots qui ajoute à la vertu des choses!

Exposés à l'air en grandes masses, les charbons se chargent d'humidité et se pénètrent d'azote et d'oxygène. Le principe comburant oxygène réagissant sur la matière combustible carbone, on a vu des incendies spontanés se manifester dans des meules et des bateaux d'approvisionnement de charbons. C'est là un accident redoutable dont on doit chercher à se garantir en ne laissant pas les charbons accumulés pendant trop longtemps, et en les remuant pour prévenir les effets d'une sorte de fermentation incendiaire.

Saturés d'humidité, les charbons perdent de leur qualité et de leur valeur. Aussi n'est-ce pas au poids, mais à la mesure que doit se faire le commerce de ce combustible. L'eau, par son interposition, est ici la cause d'une perte double : elle forme un excédant de poids, et elle exige pour son évaporation, dans l'acte de la combustion, une dépense de combustible qui se trouve ainsi détourné de son emploi. Alors que dans les chantiers de Paris on a substitué, pour le bois, le mode de vente au poids à celui de vente à la mesure, on ne s'est peut-être pas assez rendu compte que le bois aussi est essentiellement hygrométrique, et qu'il est divers procédés, *peu commerciaux*, de le sursaturer d'humidité.

Le coke est le résidu de la distillation des houilles. En moyenne, 100 parties de houille fournissent 50 à 60 parties de coke. Cette espèce de charbon, de couleur gris de fer, a presque l'aspect de la pierre ponce. Il ne brûle facilement qu'en grandes masses et quand la combustion est animée par un vif courant d'air. Il remplace le charbon de bois dans les usages domestiques, comme aussi pour la fabrication du fer et la fonte des métaux. C'est l'aliment des grands foyers industriels et de nos puissantes locomotives.

Les noirs de fumée sont des produits de la combustion incomplète de certaines substances organiques, riches en matières grasses ou résinoïdes. On les fabrique dans des chambres fermées ou dans les fours qui servent à préparer le coke. Ils ne contiennent pas plus de 80 pour 100 de carbone. Le poids excédant est formé de matières résineuses, bitumineuses, d'eau et de sels divers.

Les charbons dits artificiels sont composés avec des débris de houilles et de charbons et des produits bitumineux. Dans le charbon dit *de Paris*, on fait entrer, en assez forte proportion, de la tannée carbonisée en vases clos. Dans cette espèce de charbon, aujourd'hui d'un assez grand usage domestique, la quantité de cendres est relativement considérable, mais le charbon brûle plus lentement et plus également, et il en résulte certains avantages économiques.

Pour se procurer du carbone aussi pur que possible, les chimistes ont coutume d'user du moyen suivant : ils font cristalliser du sucre à plusieurs reprises, le calcinent et obtiennent ainsi un charbon à peu près dépouillé de matières étrangères et qui donne peu de cendres.

La propriété essentielle et caractéristique du carbone ou du charbon, quel qu'il soit, c'est sa combustibilité, et, par suite, sa transformation en oxyde de carbone ou en acide carbonique. Newton avait soupçonné et comme annoncé la combustibilité du diamant. Il avait fondé cette opinion sur la pénétration de ce corps par la lumière et sur sa puissance de réfraction. Au même titre, l'eau devait également contenir un corps éminemment combustible, ce que la chimie moderne a hautement confirmé. L'idée de Newton suggéra sans doute les expériences des académiciens *del Cimento* de Florence, Averani et Targioni qui, les premiers, en 1694, firent brûler du diamant au foyer d'une lentille de Tschinausen. François Étienne de Lorraine continua ces épreuves et réussit à consumer du diamant dans un ardent feu de forge. Depuis les découvertes de Lavoisier, sir Humphry Davy et, après lui, les chimistes français ont établi qu'en brûlant dans l'air, le diamant ne donnait, comme produit de combustion, que de l'oxyde de carbone et de l'acide carbonique. On est allé plus loin, et l'on a constaté qu'en brûlant dans l'oxygène, le diamant ou carbone pur ne faisait point varier le volume de ce gaz, d'où la conclusion qu'un volume de vapeur de carbone se condensait avec un volume d'oxygène pour former un volume d'acide carbonique.

D'après les expériences de MM. Favre et Silbermann, le charbon de bois, donne, en brûlant, 8 080 calories, le coke 6 800 à 7 900, les houilles 7 200 à 8 600, le diamant 7 770. La différence entre ces chiffres tient particulièrement à la plus ou moins grande quantité d'hydrogène que contiennent les différentes espèces de charbons. Nous avons vu (p. 27) qu'un kilogramme d'hydrogène donnait 34 500 calories.

Le carbone forme avec l'hydrogène diverses combinaisons qui, désignées sous les noms d'hydrogène protocarboné C^2H^4, et d'hydrogène deuto-carboné C^4H^4, sont d'un grand emploi comme gaz d'éclairage.

Avec l'oxygène, il forme trois composés principaux, l'oxyde de carbone CO, l'acide carbonique CO^2, et l'acide oxalique C^2O^3.

Malgré leur simplicité, ce n'est point encore ici le lieu de parler de ces combinaisons. Bornons-nous à saisir le rôle que remplit le carbone comme agent de combustion et de réduction. Ce rôle est immense. On sait la consommation que toutes les industries font de ce combustible si recherché et que la nature semble avoir accumulé partout, dans le sein de la terre, à l'état de diamant, de graphite, d'anthracite et de houille; dans l'atmosphère, à l'état d'acide carbonique ; dans les plantes et dans les animaux, sous mille formes diverses, ligneux, résines, huiles, goudrons, graisses et tissus organiques de toutes sortes. Quel élément plus propre à se prêter aux combinaisons!

Toute vie, tout mouvement, toute action moléculaire organique s'alimente de lui, se produit par lui. Et cependant, sous sa forme essentielle ou chimiquement pure, c'est-à-dire à l'état de diamant, cette matière nous paraît être et la plus précieuse et la plus rare. N'y a-t-il pas là de quoi confondre nos systèmes? Mais aussi pourquoi chercher à pénétrer ce qu'il ne nous est pas donné de connaître? Et surtout, dans quel but nous demander d'où viennent la lumière et la chaleur, et de *quelles matières* se compose l'astre qui nous les dispense sans fin ni mesure? Toutes les hypothèses nous sont accessibles, mais la vérité dans sa splendeur règne où les hypothèses ne peuvent atteindre.

Équivalent. — On déduit l'équivalent du carbone de la composition de l'acide carbonique. Établissons-le, comme par avance, d'après la densité de ce corps comparée à celle de l'oxygène. On a

pour la densité de l'acide carbonique.	1,5290
et pour celle de l'oxygène.	1,1056
dont la différence, ou.	0,4234

exprime la densité ou la demi-densité de la vapeur de carbone.

Or, d'après le principe déjà invoqué, que les poids des gaz sont en rapport des volumes, on dira, d'une part, pour avoir le poids relatif de l'oxygène dans l'acide carbonique,

$$1,5290 : 1,1056 :: 100 : x;$$

et de l'autre, pour avoir le poids relatif du carbone,

$$1,5290 : 0,4234 :: 100 : y,$$

d'où x, ou la quantité d'oxygène contenue dans 100 parties d'acide carbonique, $= \frac{1.1056 \times 100}{1,5290}$, c'est-à-dire 72,32, et y, ou la quantité de carbone contenue dans 100 parties d'acide carbonique, $= \frac{0,4234 \times 100}{1,5290}$, c'est-à-dire 27,68. Pour connaître l'équivalent du carbone par rapport à l'oxygène représenté par 100, il suffira donc de poser l'équation

$$72,32 : 27,68 :: 100 : x,$$

ce qui donne pour la valeur de x le nombre 38,24 qui, multiplié par 2 (l'acide carbonique CO^2 est formé de 2 volumes d'oxygène pour 1 volume de carbone) = 76,48.

Nous verrons, plus loin, à l'article de l'acide carbonique, que, par la combustion du diamant ou la transformation directe du carbone en acide carbonique, on a obtenu un nombre un peu plus faible, 75. Ce dernier nombre est aujourd'hui généralement adopté pour représenter l'équivalent du carbone.

VIII

SOUFRE S. 16 — 200

Le soufre est un corps simple, très-répandu dans la nature. On l'y trouve à l'état natif, c'est-à-dire pur, et combiné avec un grand nombre d'autres corps, spécialement avec les métaux. Certaines eaux minérales, quelques végétaux (les crucifères, par exemple) et les animaux, en contiennent des proportions assez notables. Dans le corps humain, dont le poids moyen en matière sèche est évalué à 11 kilogrammes, il n'y a pas moins de 1 k., 10 de soufre, c'est-à-dire 10 pour 100. Un des produits de la putréfaction est, comme on le sait, l'hydrogène sulfuré HS.

Pris dans ses gisements naturels, le soufre est amorphe ou cristallisé, couleur jaune-citron, à peu près inodore. Par le frottement, toutefois, il prend une odeur assez caractéristique. Il est si cassant, qu'il fait entendre un craquement quand on le manie, et qu'il se brise même quelquefois brusquement. Mauvais conducteur du calorique et de l'électricité, il se charge, par le frottement, de l'électricité résineuse ou négative. Sa densité est de 2,087.

Solide à la température ordinaire, le soufre, comme l'eau, change facilement d'état. Il se liquéfie à 111°, et se volatilise ou passe à l'état de vapeur à 440°. Quand le soufre fond, la partie solide reste au fond du liquide, parce qu'en passant de l'état solide à l'état liquide, ce corps se dilate ou augmente de volume. On a vu que le contraire avait lieu pour l'eau : la glace flotte sur le liquide, parce que l'eau se dilate en passant de l'état liquide à l'état solide.

Sous l'influence de la chaleur, entre la liquéfaction et l'état de vapeur, le soufre éprouve des variations ou modifications moléculaires très-dignes de remarque. Il ne change pas moins de couleur que de consistance, et même, si on le fait passer brusquement d'une température élevée à une température basse, si on le refroidit subitement, il contracte des propriétés particulières et toutes nouvelles. De compacte et cassant il devient mou, élastique, et peut s'étirer comme du caoutchouc. Ce qu'on nomme caoutchouc vulcanisé n'est autre chose qu'un mélange de caoutchouc et de soufre, qui a subi ce qu'on appelle l'opération de la trempe, c'est-à-dire qui, fortement chauffé, a été subitement plongé dans l'eau froide.

Le soufre mou possède une chaleur intime ou latente plus grande que le soufre dur. On peut s'en assurer par deux expériences. Premièrement, si l'on met dans une étuve chauffée à 98° un thermomètre enveloppé de soufre mou, on ne tarde pas à voir l'instrument marquer 110° ; cette température reste quelque temps stationnaire, après quoi elle retombe au chiffre 98. Secondement, si l'on plonge du soufre mou dans de l'eau dont la température est au-dessous de 100°, la chaleur devient bientôt assez grande pour faire entrer l'eau en ébullition. Le phénomène produit, l'eau revient graduellement à sa température première.

On a cherché par diverses explications à se rendre compte des changements d'état du soufre sous l'influence de la chaleur. On a cru d'abord à des actions latentes de l'oxygène ; mais, les mêmes phénomènes se répétant en d'autres corps (nous les retrouverons bientôt en faisant l'histoire du phosphore), on a fini par les attribuer à de simples modifications dans l'état d'agrégation des atomes, au passage entre l'état amorphe et l'état cristallin, ou réciproquement. En effet, lorsque le soufre cristallise, il devient dur, cassant et opaque; lorsque le refroidissement subit empêche la cristallisation, il reste mou, transparent, et se maintient tel jusqu'à ce qu'il reprenne l'état cristallin.

Les formes diverses sous lesquelles le soufre cristallise donnent plus de valeur encore à ces explications. En général, les corps cristallisent dans un seul système, et les formes appartenant à des systèmes différents sont essentiellement incompatibles. Par exception, le soufre cristallise sous des formes incompatibles ou de système différent. L'une de ces formes est le prisme oblique, l'autre est l'octaèdre. C'est là le phénomène appelé *dimorphisme* (forme double), dont la découverte, faite de nos jours, est due au savant Mitscherlich. Le soufre en a fourni le premier exemple ou la première observation. Si l'on fait fondre une certaine quantité de soufre dans un creuset, et qu'on abandonne le liquide à un refroidissement lent, voici ce qui arrive et ce qu'il est facile d'observer. Au contact de l'air, une croûte solide se forme à la surface du liquide, et, sous cette croûte, la cristallisation a lieu comme en un vase hermétiquement clos. Si, pour observer mieux les cristaux en voie de formation, on brise la croûte avec précaution, on remarque qu'en se solidifiant les particules du soufre forment des aiguilles qui, partant de l'une des parois du vase, vont s'attacher à l'autre en traversant le liquide. Les cristaux se superposent ainsi jusqu'à la solidification entière de la masse. Par l'examen et la mesure de ces cristaux, on s'assure que ce sont des prismes obliques à base rhombe, dans lesquels l'axe principal est incliné de 85° 54′ sur la base, et l'angle obtus de la base est de 90° 32′. Dans une expérience parallèle, si on fait dissoudre du soufre dans certains liquides volatils, et spécialement dans le sulfure de carbone, voici ce qui a lieu : abandonné à l'air, le liquide s'évapore, et le soufre, par suite de cette évaporation, reprend l'état solide, se dépose, et il en résulte des cristaux de forme octaédrique à base rhombe, essentiellement différents de ceux qui se sont formés dans le soufre en fusion, et qui appartiennent à un tout autre système.

Il arrive cependant que, si le soufre employé est du soufre récemment fondu, les cristaux formés sont tout à la fois des octaèdres et des prismes obliques. Le mélange se produit surtout quand on a abandonné les cristaux à eux-mêmes durant plusieurs jours. Les cristaux octaédriques restent transparents et conservent leur couleur propre, tandis que les cristaux en prismes obliques deviennent opaques, friables et de couleur paille. Pour s'expliquer ce mélange, on ne peut plus dire ici que c'est la différence de température ou celle du milieu qui a agi ; on se trouve obligé de recourir à une explication mixte, en s'avouant que la différence d'état du soufre, état qui comporte, comme nous l'avons dit, une capacité calorifique propre, a pu entraîner des cristallisations de formes différentes et incompatibles entre elles. Or il est reconnu aujourd'hui que, dans la nature même, le soufre peut exister sous deux états, l'état dur et l'état mou. A l'aide de l'eau régale, on a séparé du sulfure de cuivre un soufre mou de même couleur que le soufre dur ordinaire.

M. Sainte-Claire Deville a montré que, si l'on dissout dans le sulfure de carbone, le meilleur dissolvant du soufre, soit du soufre mou, soit du soufre qui a subi l'influence de la trempe, ou même du soufre obtenu par réaction chimique, ou au moyen de la pile, il reste un résidu insoluble. A ce soufre non dissous M. Sainte-Claire Deville a donné le nom de soufre *amorphe*, le distinguant ainsi du soufre en fleurs ou en canons. Sous le rapport de l'état moléculaire, le soufre pourrait donc prendre quatre formes différentes : le soufre mou, le soufre amorphe, le soufre prismatique et le soufre octaédrique.

Le soufre brûle dans l'air avec une flamme bleue, à une température assez peu élevée, à 150° ; c'est là une de ses propriétés caractéristiques. Il dégage dans cette combustion une odeur *sui generis*, et forme alors de l'acide sulfureux SO^2, qui se trouve mêlé d'une petite proportion d'acide sulfurique SO^3. Il est insoluble dans l'eau, à peine soluble dans l'alcool et l'éther, mais soluble dans certaines essences, et spécialement, comme il vient d'être dit, dans le sulfure de carbone. A la température de 500°, la densité de sa vapeur est de 6,654. A la température de 1000°, seulement de 2,227, c'est-à-dire assez approximativement le tiers de 6,654.

Le soufre a été trouvé dans tous les terrains, même dans les terrains primitifs, d'après de Humboldt. Mais c'est dans le voisinage des volcans encore en feu, ou des volcans éteints appelés *Solfatares*, qu'on le recueille plus particulièrement pour les besoins de l'industrie. La Sicile n'en fournit pas annuellement moins de 50 millions de kilogrammes. A Pouzzoles, près de Naples, on en fait aussi une assez importante exploitation. Le soufre est soumis sur les lieux mêmes d'extraction à une première opération, qui consiste à le fondre,

Fig. 23.

soit dans de grandes chaudières, soit dans des pots d'argile de vingt litres environ de capacité. Ce sont les matières les plus riches que l'on traite dans les chaudières; les plus pauvres, avec les résidus des opérations en grand, sont réservées pour la distillation dans les pots en terre, que l'on dispose sur deux rangs dans de grands fourneaux dits de galère (*fig.* 23).

Le soufre ainsi préparé contient encore 10 à 15 pour 100 de matières étrangères. On le livre au commerce sous le nom de soufre *brut*.

Pour purifier le soufre *brut*, on doit le soumettre à l'opération dite du *raffinage*. Cette opération s'exécute, soit sur les lieux mêmes d'exploitation, soit dans les grands centres commerciaux, tels que Marseille. Elle consiste en une distillation dans de vastes cornues communiquant avec une chambre où, suivant les phases de l'opération et à volonté, on peut recueillir

Fig. 21.

les produits, soit à l'état de *fleurs de soufre*, soit à l'état de soufre en fusion que l'on fait couler ensuite dans des tubes ou moules, d'où il sort sous le nom de *soufre en canons* (*fig.* 24).

A est la chaudière en forme de cornue contenant le soufre; B la chambre où il se volatilise sous forme de poussière fine (*fleur de soufre*); C un ouvreau par lequel on peut recueillir le soufre liquide ou fondu; D une chaudière accessoire, chauffée par la vapeur du soufre même, et qui, communiquant par un conduit E avec la cornue A, permet de la recharger à plusieurs reprises sans suspendre l'opération.

Sous la première République, alors que, par suite de la guerre, la Sicile était fermée à notre commerce, nos manufacturiers, inspirés par les découvertes récentes de la chimie, surent trouver, dans les pyrites ou sulfures de fer natifs, des mines assez riches pour remplacer les Solfatares. Ils établirent, d'Artigues l'un des premiers, des fabriques en grand, où les pyrites de fer Fe^2S^4, traitées par le feu dans des cylindres de terre réfractaire, cédaient par distillation une portion de leur soufre. Mais cette industrie n'était qu'un expédient de force majeure. En raison des dépenses qu'elle entraînait, elle ne devait pas survivre aux circonstances qui l'avaient fait naître. Toutefois, si les mêmes nécessités venaient à se reproduire, les procédés resteraient acquis, et l'on saurait les perfectionner peut-être. M. Pelouze a montré que le plâtre, ou sulfate de chaux, calciné avec du charbon, donne du sulfure de calcium; que le sulfure de calcium en dissolution dans l'eau peut être décomposé par l'acide carbonique en hydrogène sulfuré et carbonate de chaux, d'après l'équation :

$$CaS + CO^2 + HO = CaO, CO^2 + HS.$$

c'est-à dire :

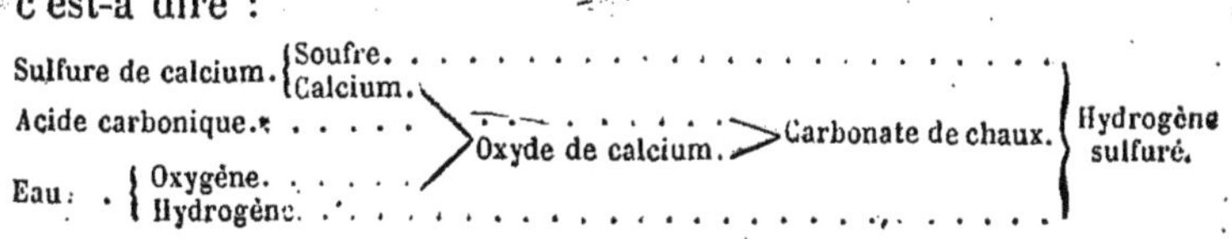

Sulfure de calcium. { Soufre. . . . .
{ Calcium. ⟩
Acide carbonique. . . . . . ⟩ Oxyde de calcium. ⟩ Carbonate de chaux. } Hydrogène sulfuré.
Eau. { Oxygène. . . . . . ⟩
{ Hydrogène. . . . .

Or, par une combustion incomplète, l'hydrogène sulfuré donne du soufre.

Le soufre brut est employé pour la fabrication des acides sulfureux et sulfurique, qui sont d'un si grand usage dans l'industrie. On s'en sert également quelquefois pour sceller le fer dans la pierre. Le soufre raffiné est, avec le nitrate de potasse ou salpêtre et le charbon, l'une des matières qui entrent dans la composition de la poudre et aussi dans la préparation des allumettes. La grande fluidité de ce corps à la température de 111 à 140°, le rend propre à prendre des empreintes et à mouler divers objets, tels que les médailles et les figurines. Mêlé à de la limaille de fer et à de l'ammoniaque, le soufre forme une pâte qui sert à luter les chaudières et les tuyaux en fonte. Uni au caoutchouc, dans la proportion de 5 pour 100, il constitue le caoutchouc vulcanisé, qui sert à fabriquer des tubes flexibles aujourd'hui très-employés dans diverses industries et particulièrement dans les laboratoires de chimie. On soufre les blés pour les garantir des insectes, la vigne pour la préserver de l'oïdium, la laine, la soie, l'ichthyocolle et d'autres substances encore pour les blanchir. Projeté en assez grande quantité dans un foyer dont on ferme l'ouverture avec un drap mouillé, il suffit, en absorbant l'oxygène de l'air et passant à l'état d'acide sulfureux, pour éteindre les feux de cheminée. La fleur de soufre est employée en médecine contre un assez grand nombre de maladies. Les eaux minérales sulfureuses sont une des ressources de la thérapeutique.

Le soufre étant une des matières premières de l'industrie, qui sert non-seulement à la fabrication de la poudre à canon, mais à la préparation de l'acide sulfurique, et, au moyen de cet acide, à celle de presque tous les acides du commerce, et même de la soude, base alcaline d'un si grand usage, est un des éléments propres à faire juger de la richesse manufacturière d'un peuple, et par conséquent aussi de la grandeur d'un État. Or la consommation du soufre en France n'a pas cessé d'aller en augmentant depuis la création de nos arts chimiques. Elle ne s'élève pas, de nos jours, à moins de 26 millions de kilogrammes par année, c'est-à-dire à plus de la moitié de la riche exploitation qui se fait en Sicile. Qu'en conclure, sinon que, sous le rapport de son industrie chimique, au moins, la France marche à la tête des nations civilisées?

ÉQUIVALENT. Nous déduirons plus tard, et très-rigoureusement, l'équivalent du soufre de la composition des acides sulfureux et sulfurique et des sulfates neutres. Mais, si nous le déterminions dès à présent, d'après la densité de la vapeur de soufre comparée à celle de l'oxygène, il nous serait donné par l'équation :

1,1056 (densité de l'oxygène) : 2,227, (densité de la vapeur de soufre à 1000°) :: 100 : x.

D'où $x = \frac{2,227 \times 100}{1,1056}$, c'est-à-dire 201,14, nombre très-rapproché de celui que nous avons inscrit en tête de cet article.

IX

PHOSPHORE Ph. 32 — 400

L'histoire de la découverte du phosphore ne paraîtra peut-être pas dénuée d'intérêt; rappelons-la succinctement. En 1669, Brandt, alchimiste de Hambourg, cherchait, suivant les idées de son temps, *à transformer les métaux vils en métaux parfaits*. Il eut la singulière pensée d'ajouter de l'urine aux matières qu'il traitait par le feu. Au lieu de la pierre philosophale, il obtint, à la fin de ses opérations, un corps qui brûlait dans l'air avec un éclat sans pareil : c'était le phosphore. Émerveillé de sa découverte, il en fit part à Kunkel, chimiste allemand, et lui envoya un échantillon du corps nouveau. Kunkel montra le précieux échantillon à Krafft, son ami, et tous deux formèrent le projet d'acheter à Brandt son secret. Krafft partit de Dresde dans ce dessein, et il paya la découverte de Brandt 200 dollars. De retour à Dresde, il méconnut la parole donnée à Kunkel, et garda pour lui seul le secret qu'il venait de payer. Kunkel irrité se mit à la recherche du corps trouvé par Brandt ; il savait que ce corps avait été extrait de l'urine, c'était assez pour un chimiste. Il perdit cinq années en essais infructueux, mais enfin son obstination triompha : il réussit, en l'année 1674, à retirer le phosphore de l'urine. Cette persévérance et la trahison de Krafft lui valurent d'être associé, que disons-nous? d'être substitué à Brandt dans la découverte du corps nouveau, car c'est plutôt au chimiste illustre qu'à l'alchimiste presque inconnu qu'on rapporte aujourd'hui la gloire d'avoir donné le phosphore à la chimie.

Durant plusieurs années, Brandt, Krafft et Kunkel furent les seuls possesseurs d'un secret envié par tous les chimistes. En 1680, Bayle présenta un échantillon de phosphore à la Société royale de Londres. D'où lui venait cet échantillon ? On crut, on répéta qu'il l'avait préparé lui-même ; mais l'opinion publique s'égarait. Stahl nous apprend que le secret de la préparation avait été confié à Bayle par Krafft. De Bayle, le procédé passa aux mains d'un Allemand, Golfreid Hankwitz, qui, propriétaire d'un grand laboratoire à Londres, conserva longtemps le privilége presque exclusif de vendre du phosphore aux savants de l'Europe.

Cependant, à la date même de la communication faite par Bayle à la Société royale, on se flatte déjà de posséder diverses recettes pour préparer le phosphore. A côté de celle de Bayle, de Krafft et de Kunkel, s'ajoutent successivement celles de Homberg, de Teichmeyer, de Hoofmann, de Neewenfuit, de Wedelius. En 1737, un étranger vient offrir à notre Académie des sciences de lui communiquer l'une de ces recettes. Quatre commissaires sont nommés pour en prendre connaissance: ce sont Hellot, Duffay, Geoffroy et Duhamel. Les expériences sont faites au Jardin du Roi, et il en est rendu compte par Hellot, au nom de la Commission. La recette consistait à faire évaporer l'urine, et à calciner le résidu de l'évaporation dans une cornue de grès, dont le col, par l'intermédiaire d'une allonge, se rendait dans l'eau.

On n'eut pas d'autre procédé pour préparer le phosphore, si ce n'est la modification qu'y apporta Margraft (addition d'un sel de plomb) jusqu'à l'année 1769. Mais cette année, juste un siècle après la découverte de Brandt, Gahn et Schécle montrèrent que la véritable source du phosphore était dans les os, et ils indiquèrent le mode de préparation qui, sauf de légères modifications, est le procédé adopté aujourd'hui dans l'industrie, pour fournir au commerce cette matière dont on fait une si grande consommation.

Le phosphore est un corps solide, mou, d'un aspect corné. Il peut être rayé par l'ongle. Sa densité est de 1,84; celle de sa vapeur de 4,326. A la température de zéro, il prend de la dureté et devient cassant. Il fond à 44°,2 et entre en ébullition à 290. A l'air, ou en brûlant, il dégage une odeur légèrement alliacée qu'il ne faut pas confondre avec celle de l'arsenic, laquelle est plus prononcée. Il ne cristallise pas par fusion, comme le soufre, parce qu'il passe graduellement de l'état liquide à l'état solide; mais, si on le fait dissoudre sous l'eau, dans du soufre, ou bien dans des huiles essentielles, ou mieux encore dans le sulfure de carbone, il peut, par suite de l'évaporation des liquides, se solidifier sous forme de cristaux réguliers qui sont des dodécaèdres rhomboïdaux. Agité vivement sous l'eau chaude, il s'y divise en gouttelettes qui, par le refroidissement, deviennent de la poudre de phosphore.

A l'air libre, le phosphore, s'il est pur, brûle sans laisser de résidu. Il est lumineux dans l'obscurité. D'après Berzélius, le phénomène de la phosphorescence n'est pas dû à l'oxydation du phosphore ; c'est un phénomène *sui generis* et jusqu'ici sans explication. Dans l'azote, dans l'hydrogène, dans le vide, en effet, le phosphore ne brille pas moins que dans l'air. M. Graham a fait l'observation intéressante que, même à 100°, le phosphore ne s'enflamme pas dans un mélange à volumes égaux d'air et d'hydrogène carboné. A la température ordinaire, une assez faible proportion d'hydrogène carboné mêlé à l'air suffit pour éteindre toute phosphorescence.

Sous l'influence de la chaleur, le phosphore, de même que le soufre, éprouve des modifications moléculaires qui en changent très-singulièrement l'aspect et les propriétés. Lorsqu'on le chauffe jusqu'à 70° et qu'on le refroidit subitement, il devient noir. Exposé à la radiation solaire, soit dans le vide, soit dans les gaz qui ne peuvent l'altérer chimiquement, tels que l'hydrogène et l'azote, il se colore en rouge. Anomalie plus digne de remarque encore, si, dans une atmosphère non comburante, on porte le phosphore à la température de 240° et qu'on le plonge subitement dans l'eau froide, il perd la propriété de s'enflammer à l'air et d'être pour les animaux un corps toxique. Nous dirons plus loin quelle application a été faite dans l'industrie de ce fait chimique important, dont la découverte est due à M. Schrœtter.

En brûlant dans l'atmosphère, le phosphore donne lieu à des vapeurs ou fumées blanches, qui sont de l'acide phosphoreux ou phosphorique, ou bien un mélange de l'un et de l'autre. Quand le phosphore brûle très-lentement, en effet, il ne donne lieu qu'à de l'acide phosphoreux PhO^3 ; mais, quand la combustion est plus active ou plus rapide, le composé formé est de l'acide phosphorique PhO^5. Le phosphore brûle plus facilement dans l'air ou dans une atmosphère raréfiée que dans l'oxygène. Cela tient à ce que l'oxygène ne se combine avec le phosphore que si le gaz est dilaté, ou n'a qu'une faible densité, c'est-à-dire, en d'autres termes, que si le gaz offre une cohésion moindre ou qui se prête mieux aux actions de conctact ou à la combinaison.

On extrait le phosphore des matières animales, et spécialement des os, qui le contiennent à l'état de phosphate de chaux. On calcine d'abord les matières animales ; on fait avec les cendres qui résultent de cette calcination, et qui sont un mélange de phosphate et de carbonate de chaux, une pâte homogène, en y ajoutant de l'eau, puis de l'acide sulfurique. A froid, l'acide sulfurique décompose le carbonate de chaux, qu'il transforme en sulfate, et il décompose, en partie également, le phosphate basique ou insoluble, qu'il transforme en phosphate acide soluble. On sépare les deux sels au moyen de l'eau, qui n'entraîne que le phosphate acide, on évapore jusqu'à consistance d'extrait, on ajoute du charbon, et l'on calcine de nouveau dans une cornue dont le col se rend dans un récipient à moitié rempli d'eau. Le charbon réduit le phosphore qu'on obtient ainsi par distillation. Pour se procurer ce corps dans un état très-pur, il faut distiller le phosphore du commerce dans une cornue de verre munie d'un large tube en U, au fond duquel on a mis de l'eau. Cette eau a pour objet d'intercepter la communication avec l'air extérieur.

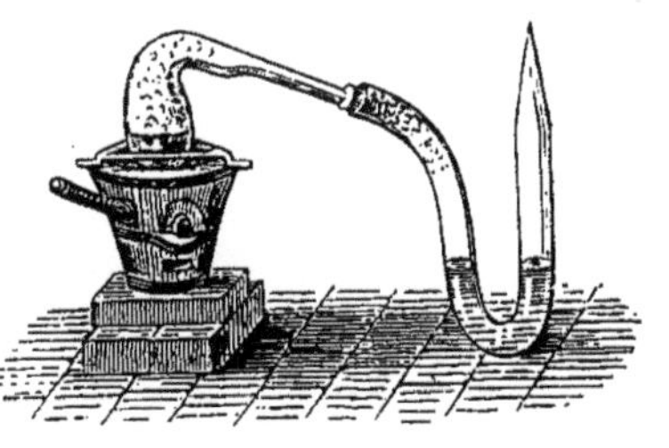

Fig. 25.

Le danger d'absorption, par suite d'un arrêt dans l'opération, est prévenu par la disposition même de l'appareil, la branche du tube en U, qui tient à la cornue, devant être assez grande pour retenir l'eau, et laisser, par conséquent, l'air pénétrer par bulle dans la cornue.

Le tube en U fait à la fois l'office de récipient et de tube de sûreté (*fig.* 25).

Le phosphore sert à la fabrication des allumettes chimiques. Les pâtes phosphorées sont composées, d'une manière générale, de gélatine ou de colle de peau, de soufre et de phosphore pulvérisés, d'azotate ou de chlorate de potasse, de minium, de cinabre ou de bleu de Prusse, et de verre pilé ou de sable fin. On trempe à diverses reprises les allumettes dans ce mélange et on les met sécher dans une étuve. On les conserve ensuite à l'abri de l'humidité. L'allumette s'enflamme par simple frottement, parce que de l'azotate ou du chlorate de potasse il se dégage assez d'oxygène pour embraser le phosphore, lequel communique au soufre la combustion.

Depuis la découverte de M. Schrœtter, on fabrique avec le phosphore rouge ou amorphe des allumettes dites *hygiéniques*, qui ont sur les allumettes chimiques ordinaires le double avantage de ne point s'enflammer spontanément et de ne pouvoir causer d'accidents toxiques. Les agents de combustion sont ici séparés. L'allumette ne porte à son extrémité que du soufre et du chlorate de potasse enfermés dans une pâte inerte de mucilage, de minium, de cinabre ou de bleu de Prusse. Le phosphore amorphe, mêlé à du verre pilé, à du bioxyde de manganèse et à de la colle forte, est appliqué, à l'état de division extrême, sur le carton même de la boîte qui renferme les allumettes. Pour obtenir la combustion il faut frotter l'extrémité soufrée de l'allumette sur la couche rugueuse de phosphore. Contre tout autre corps le frottement n'entraînerait pas l'ignition du soufre et du chlorate de potasse. Le gouvernement prendra une sage mesure le jour où il interdira la fabrication et l'usage des allumettes chimiques ordinaires, et n'autorisera que la vente ou l'emploi des allumettes dites hygiéniques. Déjà deux grandes administrations, celle de la police et celle de la guerre, ont donné l'exemple; elles n'admettent chez elles que les allumettes fabriquées avec le phosphore rouge.

Les allumettes *hygiéniques* s'exploitent encore par privilége. Le procédé industriel consiste à chauffer à 240°, et pendant plusieurs jours, le phosphore dans des vases en fonte hermétiquement fermés. Pour le passage des gaz, un tube muni d'un robinet s'ouvre sous le mercure. L'opération terminée, le produit doit être bien lavé avec le sulfure de carbone, ou une dissolution de soude caustique, pour séparer le phosphore ordinaire non transformé par la chaleur. Celui-ci est dissous par ces agents chimiques auxquels résiste le phosphore rouge.

Les brûlures faites avec le phosphore sont très-dangereuses, parce que la combustion de ce corps laisse dans la plaie de l'acide phosphorique, qui est lui-même un caustique ou un corrosif énergique. Il est utile d'en neutraliser l'action par l'eau de chaux. Dans les laboratoires, on a soin de conserver le phosphore sous l'eau ; il faut ne manier ce corps qu'à l'état humide. On remarque que par un séjour prolongé dans l'eau, et sous l'influence de la lumière, les bâtons de phosphore changent de couleur et de consistance. C'est là tout à la fois un changement d'agrégation moléculaire, une oxydation ou une hydratation partielle. Pour prévenir de telles altérations, il faut enfermer le flacon de verre qui contient le phosphore dans un étui de fer-blanc, de bois ou de carton.

Équivalent. L'équivalent du phosphore se déduit particulièrement de la composition de l'acide phosphorique ou de la composition du chlorure de phosphore. Mais, si nous l'établissons, dès à présent, d'après la densité de sa vapeur comparée à la densité de l'oxygène, il nous sera donné par l'équation $1{,}1056 : 4{,}326 :: 100 : x$; d'où l'on tire $x = \frac{4{,}326 \times 100}{1{,}1056}$, c'est-à dire 391,28, nombre qui n'est pas très-éloigné de celui que nous trouverons plus tard par l'analyse des divers composés du phosphore, à savoir, 399.

X

ARSENIC As. 74,97 — 937,15

Dans le langage précis des chimistes, l'arsenic est un corps simple. Dans le langage ordinaire, on donne le même nom à l'acide arsénieux (As^2O^3), combinaison d'arsenic et d'oxygène, qui est un poison redoutable. Ce n'est que vers le milieu du dix-septième siècle qu'on a su extraire le radical de ses combinaisons, et ce n'est que depuis la découverte de l'oxygène, à la fin du dix-huitième, que l'analyse et la synthèse des composés arsénieux sont devenues des opérations d'une exécution simple et d'une exactitude mathématique.

Très-répandu comme corps minéralisateur, ou formant des combinaisons fixes avec les autres métalloïdes et les métaux, l'arsenic se trouve dans les mines à l'état natif ou pur, à l'état d'oxyde ou d'acide, uni au soufre, aux métaux et aux terres. Les minéralogistes ont distingué trois variétés d'arsenic natif : l'arsenic bacillaire, en baguettes prismatiques rectangulaires simples ou réunies en faisceaux divergents ; l'arsenic testacé, en masses à surface mamelonnée, composées de couches parallèles courbes ; l'arsenic granulaire, à grains plus ou moins fins.

L'arsenic est solide, d'un gris d'acier, brillant, inodore, sans saveur, très-cassant, très-facile à réduire en poudre. Frotté entre les doigts, il acquiert une légère odeur alliacée. Récemment préparé, il offre une texture cristalline, tantôt grenue, tantôt lamelleuse ; sa densité est de 5,63 ; celle de sa vapeur, est de 10,37.

Exposé à l'air, surtout à l'air humide, il perd promptement son éclat métallique et se recouvre d'une couche noire pulvérulente (oxyde d'arsenic). Cette oxydation, toutefois, ne se produit pas si l'arsenic est absolument pur. Berzélius dit avoir conservé durant trois ans quelques fragments de ce métalloïde dans un flacon ouvert, sans qu'il ait augmenté de poids et sans qu'il ait rien perdu de son éclat.

Chauffé jusqu'au rouge sombre dans un tube fermé à l'une de ses extrémités, l'arsenic se sublime sans se fondre. Cela tient à ce que, pour ce corps, le point de fusion est très-rapproché du point d'ébullition. Les corps volatils émettant des vapeurs à toute température, on conçoit que, si le degré de chaleur auquel ils passent à l'état de gaz n'est pas très-supérieur à celui qui marque leur point de fusion, ils peuvent, en partant de l'état solide, se volatiliser complétement, sans passer par l'état intermédiaire ou l'état liquide. Mais l'évaporation est subordonnée à la pression. *Le point d'ébullition d'un corps est la température à laquelle la tension de sa vapeur fait équilibre à la pression qui s'exerce sur lui.* Pour fondre l'arsenic, il faut le chauffer dans un tube de verre épais hermétiquement fermé. M. Cloëz a indiqué une manière aussi ingénieuse que facile de préparer, dans le laboratoire, des tubes assez résistants pour servir à cette opération et à d'autres du même genre. On introduit dans un fragment de canon de fusil un tube de verre à analyse ordinaire, on ferme ce tube à ses extrémités au moyen de la lampe à émailleur, et l'on chauffe ensuite le fer jusqu'au point de fusion du verre. L'air intérieur, se dilatant sous l'influence de la chaleur, fait adhérer le verre au fer, et l'on obtient ainsi un cylindre métallique doublé de verre qui a plus de résistance que la porcelaine et la remplace avec avantage.

Quand on projette l'arsenic sur des charbons ardents ou qu'on le brûle à l'air libre, il se résout en vapeurs épaisses (acide arsénieux) qu'il serait dangereux de respirer et qui exhalent une odeur d'ail très-caractéristique. Si la combustion a lieu avec flamme, cette flamme prend une teinte violette ou bleue livide aussi très-propre à caractériser le métalloïde. On s'est demandé si c'était le corps simple, son oxyde ou son acide, qui dégageait l'odeur d'ail. Aucun de ces corps n'ayant d'odeur par lui-même, on a dit que l'odeur produite dans la combustion était le résultat d'une action électro-chimique, ou d'un changement d'état du corps élémentaire ou de ses composés; mais il paraît plus simple de penser que l'odeur est propre à la vapeur d'arsenic, qu'elle soit pure, unie ou mêlée à un gaz (oxygène, hydrogène, etc.) qui l'entraîne sous forme de fluide aériforme.

Dans les mines, la combustion des composés arsenicaux ou pyrites arsenicales prend le nom de grillage. C'est par cette combustion que l'on prépare l'acide arsénieux du commerce. On obtient en grand l'arsenic pur ou métallique en décomposant, à l'aide de la chaleur, le mispikel, combinaison d'arsenic, de soufre et de fer assez abondante dans certains gîtes métallifères. On met la matière dans de longs tuyaux en terre réfractaire, en y mêlant des fragments de fonte ou de vieux fer; on enveloppe les premiers tuyaux de tuyaux plus longs et plus larges, et l'on chauffe dans un feu assez vif la portion centrale contenant le minerai. La chaleur décompose le mispikel; le soufre se porte sur les fragments de fer auxquels il s'unit, et l'arsenic volatilisé se dépose dans la partie la moins chauffée des tuyaux. Pour le purifier, on le soumet à une nouvelle sublimation en présence du charbon.

Dans les laboratoires, on prépare ordinairement l'arsenic au moyen de l'acide arsénieux et du charbon, ou du flux noir (tartrate acide de potasse carbonisé). On met le mélange dans une cornue de terre et l'on chauffe. L'oxygène de l'acide arsénieux s'unit au charbon pour former de l'oxyde de carbone et de l'acide carbonique qui se dissipent dans l'air, et l'arsenic séparé se dépose dans le col de la cornue. On le détache avec une lame d'acier ou en brisant le vase.

L'arsenic fournit à l'industrie et aux arts des couleurs assez riches, et à la médecine des médicaments utiles. Dans ses divers composés, c'est un poison violent et trop à la portée des mains criminelles, mais c'est aussi celui que la chimie sait le mieux retrouver dans les restes de la victime, quel que soit le temps écoulé depuis la mort. Nous avons publié sur ce point des études spéciales auxquelles nous prenons la liberté de renvoyer le lecteur (*).

ÉQUIVALENT. L'équivalent de l'arsenic se déduit de la composition de l'acide arsénieux. Si nous le déterminions d'après la densité de sa vapeur, nous l'obtiendrions par la proportion suivante :

1,1056 (densité de l'oxygène) : 10,37 (densité de la vapeur d'arsenic) :: 100 : x.

D'où l'on tirerait, pour la valeur de x, $x = \frac{10,37 \times 100}{1,1056}$, c'est-à-dire 937,95, nombre très-rapproché de celui que nous obtiendrons directement en faisant l'analyse de l'acide arsénieux.

XI

CHLORE Cl. 35,46 — 443,20.

Le chlore ne se trouve point à l'état élémentaire dans la nature ; il y est toujours uni à d'autres corps, particulièrement à l'hydrogène et à divers métaux. Il a été isolé pour la première fois par Schéele, en l'année 1774. L'illustre et laborieux chimiste traitait un minerai de fer, de baryte et de manganèse par

(*) *De l'Arsenic*, avec une instruction pour servir de guide aux Experts dans les cas d'empoisonnements, par Danger et Flandin. Paris, 1841. — *Traité des poisons* ou *Toxicologie* appliquée à la médecine légale, à la physiologie et à la thérapeutique, par Ch. Flandin. Paris, 1856; Mallet-Bachelier.

l'acide muriatique, acide marin, acide du sel, qui a pris, depuis, le nom d'acide chlorhydrique. Dans la même opération, il découvrit et sépara trois corps nouveaux, le chlore, le baryum et le manganèse, dernier métal qu'on ne distinguait pas encore du fer. Il ne reconnut pas le chlore pour un corps simple. En raison de son origine et de l'analogie qu'il offrait avec l'acide du sel, dont il était, en effet, un des éléments, il lui donna le nom d'*acide marin déphlogistiqué*, se persuadant, d'après les idées du temps, que l'acide, en changeant d'état, avait perdu quelque chose, du phlogistique qui, dans ce cas particulier, aurait été de l'hydrogène. Après la découverte de l'oxygène, Lavoisier, à qui il tardait de faire disparaître les dernières traces de la théorie du phlogistique, s'imagina, non sans erreur à son tour, que l'acide marin déphlogistiqué de Schéele était une combinaison d'oxygène et d'acide muriatique, et il le nomma *acide muriatique oxygéné*. Mais les recherches poursuivies ultérieurement par Davy en Angleterre, par Gay-Lussac et Thenard en France, montrèrent que le corps gazeux découvert par Schéele était essentiellement distinct de l'acide muriatique, et qu'il ne renfermait pas d'oxygène. On le rangea alors dans la catégorie des corps simples, et Ampère, en sa qualité de philosophe éminent, lui donna le nom de *chlore*, dérivé de χλωρὸς, jaune, qui le caractérise parfaitement.

Le chlore, en effet, est un gaz d'une belle teinte jaune tirant sur le vert, que sa couleur seule fait reconnaître. Il est extrêmement caustique, d'une odeur suffocante et, par conséquent, irrespirable. Il est presque deux fois et demie plus lourd que l'air, le chiffre de sa densité étant 2,44. Il est impropre à la combustion : une bougie allumée qu'on plonge dans une éprouvette remplie de chlore s'y éteint immédiatement. Mais, à l'égard de certains corps, il remplit, comme l'oxygène, le rôle de corps comburant ; de la limaille de fer, des poudres d'étain, d'antimoine, d'arsenic, que l'on projette dans un flacon plein de chlore, y brûlent instantanément en passant à l'état de chlorures métalliques.

Le chlore est très-soluble dans l'eau. Un litre d'eau à 8° absorbe $3^{lit.},04$ de ce gaz. Au-dessus comme au-dessous de cette température, le pouvoir dissolvant du liquide diminue et décroît même assez rapidement. A zéro, l'eau ne dissout plus qu'une fois et demie son volume de gaz, et, à 50°, moins encore. Aussi, pour préparer les dissolutions de chlore, dans les établissements industriels particulièrement, est-il de précepte de se placer, autant que possible, dans des conditions de température qui ne s'éloignent pas trop du chiffre de la plus haute saturation de l'eau par le gaz.

A l'état gazeux, comme en dissolution, le chlore, sous l'influence de l'air et de la lumière, subit des transformations assez promptes ; il passe à l'état d'acide chlorhydrique HCl, en absorbant de l'hydrogène; et à l'état d'acide perchlorique ClO^8, en absorbant de l'oxygène. Pour prévenir ces altérations, il est d'usage d'enfermer les dissolutions de chlore dans des vases enveloppés de papier noir, ou dans des flacons en verre noir, bleu, jaune ou rouge ; car il est à remarquer que ce sont les rayons violets seulement qui opèrent ou facilitent les nouvelles combinaisons.

Quand on fait passer un courant de chlore humide dans un récipient enveloppé de glace, on obtient des flocons à demi solides de matière jaune, que l'on considère comme une combinaison de chlore et d'eau, et que l'on désigne sous le nom d'hydrate de chlore. M. Faraday a fait voir que cet hydrate contenait 28 parties d'eau pour 72 de chlore.

Fig. 26.

Si, dans un tube *abc* (*fig.* 26) fermé en *a*, on introduit des flocons d'hydrate de chlore en tenant la branche *ab* enveloppée de glace, et si l'on ferme ensuite, à l'aide du chalumeau, l'extrémité *c*, il suffit de plonger l'extrémité *a* dans un bain-marie à 35 degrés, pour voir l'hydrate solide se décomposer en deux couches liquides superposées et de densité différente. La plus lourde, ou l'inférieure, d'un jaune foncé, est du chlore liquéfié; la plus légère, ou la supérieure, d'une nuance plus claire, est une dissolution de chlore liquide. Pour séparer le chlore liquéfié, qui est extrêmement volatil, il suffit d'entourer de glace la branche *bc* du tube : le chlore liquide entre en ébullition, et vient se condenser dans la partie refroidie, se séparant ainsi de la dissolution aqueuse. Sous cette forme liquide, le chlore est d'un jaune intense, très-limpide. Sa densité, relativement à celle de l'eau, est de 1,33. Il bout à + 37°, et la tension de sa vapeur, à + 15°, est égale à quatre atmosphères.

La propriété que possède le chlore de prendre l'état liquide l'a fait ranger dans la classe des gaz *non permanents*, en opposition à ceux que nous avons étudiés jusqu'ici (hydrogène, oxygène, azote), et qui sont réputés *gaz permanents*, parce que, sous les plus hautes pressions et aux plus basses températures, on n'est jamais parvenu à les faire changer d'état. Le chlore, toutefois, à quelque degré de froid qu'on l'ait soumis, n'a pu, jusqu'ici, être amené à l'état solide, comme cela a été fait pour l'acide carbonique, qui se congèle à — 70°.

Exposé durant un certain temps au rayonnement solaire, le chlore contracte certaines propriétés signalées par M. Draper :

1° Il devient capable de se combiner avec l'hydrogène, même dans l'obscurité ; 2° en présence de la potasse, il donne lieu, non plus comme le chlore ordinaire, à la réaction KOClO (hypochlorite de potasse), mais à la réaction $KOClO^5$ (chlorate de potasse) ; 3° il dégage, en se combinant avec les alcalis, plus de chaleur que le chlore ordinaire. D'après ces différences, on a dit du chlore comme de l'oxygène, du soufre et du phosphore, qu'il pouvait se présenter sous diverses formes ou états allotropiques, le chlore ordinaire et le chlore *insolé*.

On tire le chlore du sel marin, chlorure de sodium ou hydrochlorate de soude, composé dans lequel, selon les théories, le chlore se trouve uni au sodium directement, ou combiné à l'hydrogène pour donner de l'acide chlorhydrique, acide qui lui-même, uni à l'oxyde de sodium ou à la soude, constitue le sèl ordinaire, NaCl ou NaOHCl. On mêle et l'on triture ensemble quatre parties en poids de sel marin et une partie de peroxyde de manganèse, on y ajoute deux parties d'acide sulfurique, et dans un appareil approprié (*fig.* 27), on soumet le mélange à l'action de la chaleur. En présence de l'acide sulfurique, le chlorure de sodium ou hydrochlorate de soude est décomposé, l'acide sulfurique se porte sur la soude, et le chlore ou l'acide chlorhydrique se trouve en présence du peroxyde de manganèse. Le manganèse s'empare d'une portion de chlore, ou décompose l'acide chlorhydrique pour former du chlorure de manganèse, et une certaine quantité de chlore, à l'état libre, se dégage dans le flacon F, où on le recueille, soit sous forme gazeuse, soit en dissolution dans l'eau. On peut représenter ainsi l'opération :

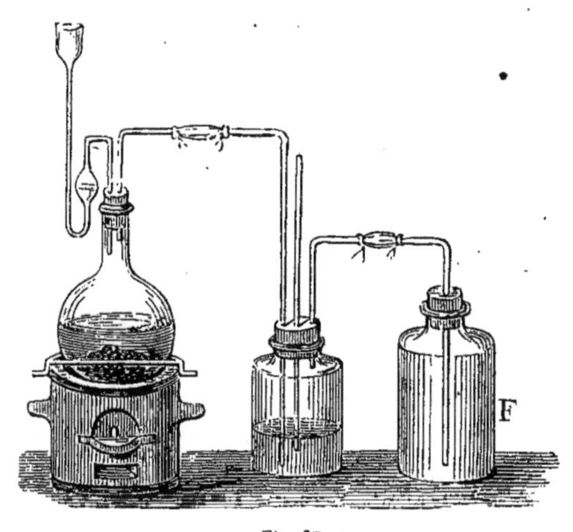

Fig. 27.

Chlorure de sodium. . .	Chlore.		Libre.
	Sodium. . .	Soude. . . .	
Peroxyde de manganèse. .	Oxygène. . .		
	Oxygène. . .	Protoxyde de manganèse.	Sulfate de soude et de manganèse.
	Manganèse. . .		
Acide sulfurique.			

ou par abréviation :

$$NaCl + MnO^2 + 2SO^3 = NaOSO^3 + MnOSO^3 + Cl.$$

Si, pour préparer le chlore, l'on n'avait employé, comme cela se fait quelquefois, que l'acide chlorhydrique et le peroxyde de manganèse, on aurait :

Peroxyde de manganèse.	Manganèse.		Protochlorure de manganèse.
	Oxygène.	Eau.	
Acide chlorydrique.	Hydrogène.		
	Chlore.	Chlore.	
		Chlore	Libre.

$$MnO + 2\,HCl = MnCl + 2\,HO + Cl.$$

Le chlore est un agent de blanchiment, de décoloration et de désinfection extrêmement précieux. Les matières organiques sont composées d'oxygène, d'hydrogène, de carbone et d'azote. Pour expliquer l'action du chlore sur ces matières, on admet qu'il peut agir de trois manières différentes : premièrement, en s'emparant de l'hydrogène, pour lequel il a la plus grande affinité ; secondement, en se substituant à ce corps, qu'il remplace facilement dans les combinaisons ; troisièmement, en décomposant l'eau, s'appropriant l'hydrogène et laissant à l'oxygène d'autant plus d'action que ce corps agit alors moléculairement ou *à l'état naissant*, comme on s'exprime en chimie. Le résultat final est toujours une modification, une altération profonde de la matière organique. Portée à l'extrême, l'action du chlore est toujours une action comburante. Aussi, dans le blanchiment du linge et des étoffes, ne faut-il l'employer qu'avec précaution et certains ménagements. C'est à Berthollet qu'on doit l'application en grand du chlore au blanchiment ; à Guyton de Morveau, l'idée première des fumigations chlorées pour la destruction des miasmes putrides ; à Labarraque, l'emploi vulgarisé des chlorures ou hypochlorites alcalins, tout à la fois pour le blanchiment des matières textiles et la destruction des principes miasmatiques.

Équivalent. La densité du chlore étant 2,44, on a déterminé l'équivalent de ce gaz par l'équation :

$$1,1056 \text{ (densité de l'oxygène)} : 2,44 \text{ (densité du chlore)} :: 100 : x.$$

D'où $x = \frac{2,44 \times 100}{1,1056}$ ou 220,69. Mais, par rapport à l'oxygène, l'équivalent du chlore doit être doublé, la formule générale des oxydes étant RO, tandis que celle des chlorures est RCl^2. Au lieu de 220,69, on aura donc ici pour l'équivalent du chlore, 441,38. Il sera dit plus loin comment, par suite de l'analyse du chlorate de potasse et du chlorure d'argent, ce chiffre a été porté à 443,20.

XII

IODE I. 126,25 — 1578,20

L'iode fut aperçu, pour la première fois, en 1811, dans les soudes de varechs, par un salpêtrier de Paris, nommé Courtois. Il fut aussitôt étudié avec curiosité par divers chimistes, Humphry Davy, Vauquelin, Clément, et particulièrement par Gay-Lussac, qui, le premier, en a fait une histoire complète. (*Annales de chimie*, t. XCI, p. 7.)

Ce corps n'existe pas à l'état élémentaire dans la nature. Il est uni au sodium et au potassium dans les eaux de la mer, dans diverses plantes marines, telles que les fucus et les varechs, dans les éponges, dans les viscères de certains poissons, dans les eaux de certaines sources. On l'a signalé dans quelques mines à l'état d'iodure de plomb et d'argent, ainsi que dans quelques houillères, celles de Commentry et de Silésie. De nos jours, on en a constaté la présence dans l'atmosphère.

A l'état pur, l'iode est solide, d'un gris foncé avec éclat métallique. Sa densité est de 4,75. Son odeur rappelle celle du chlore, dont pourtant on peut la distinguer ainsi que de l'odeur du brome. Agité dans un vase tel qu'un ballon à long col, l'iode solide se résout en vapeurs violettes intenses et caractéristiques. De là même lui vient son nom, tiré du mot ἰώδης, violet. Ce corps colore la peau en jaune, et agit, en général, sur les matières organiques à la manière du chlore, mais non avec la même énergie. Ainsi, les taches faites à la peau disparaissent d'elles-mêmes avec le temps, et on les enlève facilement soit avec l'alcool, soit avec une eau alcaline. En contact avec l'amidon, l'iode donne lieu à une couleur bleue caractéristique (iodure d'amidon). Cette couleur disparaît sous l'influence d'une température élevée (80° environ), pour reparaître avec le refroidissement. On a dit, pour expliquer ce fait, que dans l'iodure d'amidon l'iode existe sous deux états, à l'état de liberté et à l'état de combinaison. Ce serait l'iode libre qui colorerait en bleu l'iodure d'amidon par lui-même incolore. Sous l'influence de la chaleur, l'iode libre déplacé et en partie volatilisé, laisserait voir la combinaison d'iodure d'amidon telle qu'elle est c'est-à-dire incolore ; par le refroidissement, la vapeur d'iode en se condensant, bleuirait à nouveau l'iodure blanc. Un excès de chaleur, en effet, volatilisant tout l'iode, enlève sans retour à l'iodure amidonné la faculté de reprendre la couleur bleue.

A la température de 105°, l'iode entre en fusion, et, de 175 à 180°, il passe entièrement à l'état de gaz ou de vapeur. La densité de cette vapeur est considérable, elle a été évaluée par M. Dumas à 8,716.

L'eau ne dissout qu'une petite quantité d'iode $\frac{1}{7000}$ environ (eau iodée) ; l'alcool, au contraire, le dissout facilement (alcool iodé, teinture d'iode), et l'eau le précipite de cette dissolution.

On extrait l'iode des cendres de varechs, ou plutôt des eaux-mères ou concentrées qui proviennent du lavage de ces cendres. Lorsqu'on brûle certaines plantes marines, telles que fucus, varechs, ulves, etc., les résidus ou cendres contiennent beaucoup de sel marin, de carbonate de soude, des sulfates de soude et de potasse, du chlorure de potassium, des nitrates et sulfures alcalins, et enfin une certaine quantité d'*iodure* de potassium et de sodium. Par le lavage, ces cendres fournissent une dissolution qui renferme tous ces sels ou composés divers. Les iodures étant les composés relativement les plus solubles, par des concentrations du liquide et des cristallisations successives, on parvient à se débarrasser de la plupart des sels et à ne conserver, dans le liquide ou les eaux-mères finales, que les iodures, avec des quantités relativement moindres des matières étrangères. Il suffit, en dernier lieu, de traiter ces eaux-mères par l'acide sulfurique concentré dans un appareil distillatoire (*fig.* 28). Dès l'instant du mélange, l'iode apparaît sous forme de vapeurs violettes, et, si on élève la température, il finit par se condenser, dans le col de la cornue B, dans l'allonge C et dans le ballon D, sous forme de paillettes cristallines. On le purifie par un lavage à l'eau, et, au besoin, par une nouvelle sublimation.

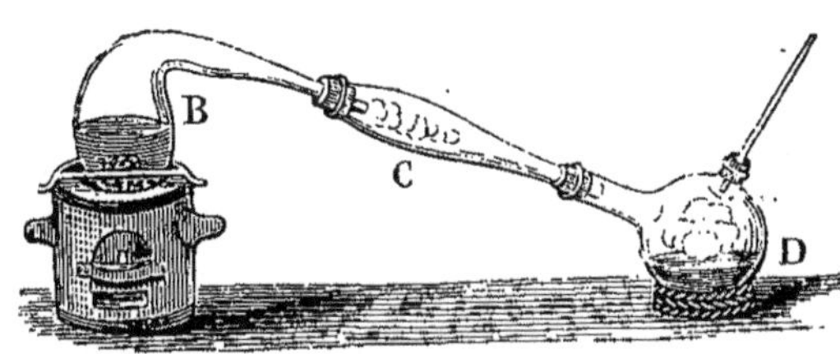

Fig. 28.

Dans le laboratoire, on se procure ordinairement l'iode, en traitant l'iodure de potassium par l'acide sulfurique et le peroxyde de manganèse. Les réactions sont les mêmes que pour la préparation du chlore. On a :

$$\text{KI (iodure de potassium)} + MnO^2 + 2\,SO^3, HO$$
$$= KO, SO^3 + MnO, SO^3 + 2\,HO + I.$$

On peut aussi se procurer l'iode en faisant passer un courant de chlore dans une dissolution d'iodure de potassium. Le chlore, dans ce cas, se substitue à l'iode pour former du chlorure de potassium, et l'iode se précipite. Mais, dans cette opération, il y a une précaution à prendre, c'est d'arrêter le dégagement de chlore au moment où le potassium est saturé et où l'iode cesse de se précipiter, sinon le chlore transformerait l'iode lui-même en chlorure iodique soluble.

L'iode n'est plus aujourd'hui, comme au temps où Gay-Lussac le fit connaître, une rareté chimique. C'est un produit commercial et qui est d'un grand emploi dans les arts photographiques et en médecine. Antérieurement à 1811, on faisait usage, en médecine, contre les affections dites strumeuses, et en particulier, contre le goître, de poudres dites de Sency, dont l'intérêt privé avait fait un remède secret légalement autorisé. Ces poudres n'étaient autre chose, quant à leurs parties actives du moins, que des cendres alcalines de varechs. Un habile médecin de Genève, Coindet, eut l'idée de rechercher à quel principe actif était due l'efficacité de ces poudres, et il découvrit qu'elles contenaient de l'iode. Il essaya dès lors l'action de ce corps simple comme médicament. Des succès marqués, et aussi quelques accidents, signalèrent le début de cette médication. Mais, avec le temps, on apprit à ne point faire abus du nouveau médicament et, aujourd'hui, sous la forme d'iodure de potassium ou de teinture alcoolique, on peut dire que l'iode est un des agents précieux de la thérapeutique. Il n'est pas jusqu'à l'art du dentiste qui n'ait profité de cette conquête; la teinture d'iode est peut-être un odontalgique sans rival.

Équivalent. L'équivalent de l'iode déduit de la densité de sa vapeur 8,716 s'obtient par l'équation suivante :

1,1056 (densité de l'oxygène) : 8,716 (densité de la vapeur d'iode) :: 100 : x ; d'où $x = \frac{8,716 \times 100}{1,1056}$, c'est-à-dire 788,35.

En doublant ce nombre, comme on a doublé l'équivalent du chlore obtenu par une opération analogue, on a 1576,70 qui se rapproche beaucoup de 1778,20, déduit de l'analyse de plusieurs composés d'iode, ainsi qu'on le verra ultérieurement.

XIII

BROME Br. 80 — 1000.

Le brome a été découvert en 1826 par M. Balard, qui l'a extrait des eaux des marais salants de la Méditerranée. C'est un liquide d'un rouge brun, très-volatil, d'une odeur pénétrante et fétide, qui lui a fait donner son nom, Βρῶμος puanteur, fétidité. Sa densité est de 2,966 ; celle de sa vapeur de 5,3933. Il bout à 63° et cristallise à — 7°,5. Une goutte de ce liquide, versée dans un ballon d'un certain volume, le remplit immédiatement d'une vapeur épaisse de couleur jaune orange. Avec l'odeur fétide, c'est là le caractère propre à faire connaître ce corps simple. Il est peu soluble dans l'eau, soluble dans l'alcool et plus encore dans l'éther. Il agit sur les matières organiques à la manière du chlore et de l'iode ; il les détruit en les colorant en jaune. On prépare le brome absolument comme le chlore et l'iode, en traitant le bromure de potassium par l'acide sulfurique et le peroxyde de manganèse :

$$KBr + MnO^2 + 2SO^3,HO = KO,SO^3 + MnO,SO^3 + 2HO + Br.$$

Le brome, comme l'iode, est employé par la photographie. On a cherché à l'utiliser en médecine, mais sans en tirer le même avantage que de l'iode.

Équivalent. — Le brome étant isomorphe avec le chlore et la densité de sa vapeur étant 5,3933, pour obtenir l'équivalent de ce corps on posera l'équation :

$$1,1056 \text{ (densité de l'oxygène)} : 5,3933 :: 100 : x,$$

d'où $x = \frac{5,3933 \times 100}{1,1036}$, c'est-à-dire 487,81, nombre qui doublé donne 975,62, très-approché de celui qu'on a obtenu par l'analyse des bromures.

XIV

PTHORE ou FLUOR Fl. 19,20 — 240

Le *phtore* ou *fluor* est le radical assez peu connu encore d'un acide qui joue un rôle d'une certaine importance en chimie, de l'acide fluorhydrique, employé dans la gravure sur verre. Telle est l'action corrosive du radical, qu'on ne connaît qu'une sorte de vases, les vases en spath fluor, dans lesquels on puisse le réduire. C'est là la cause principale de la difficulté qu'on éprouve à l'isoler. On n'en admet pas moins théoriment l'existence, et quelques chimistes se sont flattés de l'avoir vu, de l'avoir étudié et d'avoir constaté qu'il a les plus grandes analogies avec le chlore, le brome et l'iode, à côté desquels on doit le placer dans la classification des corps simples.

Équivalent. — L'équivalent du fluor a été déduit de la composition du fluorure de calcium. Nous renvoyons jusque-là pour le déterminer.

XV

SÉLÉNIUM S. 39,02 — 487,81

Le sélénium a été aperçu pour la première fois, en 1817, par Berzélius, dans les résidus d'une fabrique d'acide sulfurique exploitée à Falhun, en Suède. Ce corps provenait de pyrites ou sulfures de fer, de cuivre et d'étain employés pour la fabrication. Alors que Berzélius fit le départ de tous les corps simples métalliques contenus dans les résidus de la fabrication, il y trouva du fer, du cuivre, de l'étain, du mercure, du plomb, du zinc, de l'arsenic et le corps nouveau, qu'il nomma sélénium (Σελήνη, la lune), le rapprochant ainsi du tellure (*tellus*, la terre), avec lequel il a certains traits de ressemblance.

Le sélénium est solide, d'un brun rougeâtre, avec un certain éclat métallique. Sa cassure est d'un gris de plomb, sa densité est représentée par le nombre 4,38. Il est cassant comme le verre et facile à réduire en poudre. Il fond à 217° s'il est amorphe, à une température plus élevée s'il est cristallisé. M. H. Sainte-Claire Deville et Troost ont trouvé pour la densité de sa vapeur.

7,67 à 860°
6,37 à 1040°
5,.7 à 1420°

Dans le commerce, on vend ce métalloïde, assez rare d'ailleurs, sous forme de petits cylindres, ou en médaillons représentant la figure de l'illustre chimiste qui l'a découvert.

On prépare le sélénium en traitant d'abord le sélénio-sulfure de plomb, d'étain, etc. (minerai naturel), par l'acide chlorhydrique, reprenant le résidu par l'azotate de soude et décomposant, par petites portions, le mélange dans un creuset chauffé au rouge. Les métaux, plomb, étain, etc., s'oxydent, le sélénium se change en acide sélénique et se combine avec la soude pour former du séléniate de soude. En séparant ce sel par l'eau et le purifiant par des cristallisations répétées, on finit par l'obtenir assez pur pour pouvoir le décomposer au moyen du chlorhydrate d'ammoniaque et recueillir ainsi du sélénium en poudre. On rassemble cette poudre et on la fait fondre, hors dû contact de l'air, pour la mouler en cylindre ou la réunir en petites masses d'aspect métallique.

Équivalent. — L'équivalent du sélénium se déduit de la composition de son chlorure. Pour 100 parties de sélénium on trouve que ce chlorure renferme 181,71 de chlore. Or l'eau décompose le chlorure de sélénium en acide chlorhydrique et acide sélénieux SeO^2. Pour avoir l'équivalent du sélénium, on dira donc

$$181{,}71 : 443{,}20 \text{ (équivalent du chlore)} \times 2 :: 100 : x.$$

D'où $x = \frac{886{,}40 \times 100}{181{,}71}$ ou 487,81.

XVI

TELLURE T. 64,56 — 806,50

Le tellure a été découvert, en 1782, par Muller de Reichenstein, dans des minerais aurifères de Transylvanie. Klaproth en fit ensuite l'étude. C'est un corps d'un blanc d'argent, qui a l'aspect d'un métal, mais qui, par ses propriétés chimiques, se rapproche du sélénium et du soufre. Il est cassant et facile à réduire en poudre ; sa densité est de 6,20 ; celle de sa vapeur, entre 1390 et 1400°, est de 9,08 à 9. Il fond à 400° et se volatilise au rouge. Pour le préparer, il faut, après avoir débarrassé de leurs gangues les minerais qui le renferment, les mêler à un poids égal de carbonate de potasse et de charbon, et les chauffer au rouge. On fait ainsi passer le tellure de l'alliage à l'état de tellure de potassium soluble dans l'eau. Après évaporation du liquide, il suffit de soumettre le composé solide à la distillation, dans un courant de gaz hydrogène, pour obtenir le tellure sous forme de cristaux et, par conséquent, parfaitement pur. Par l'analyse des oxydes tellureux et tellurique, on a obtenu pour l'équivalent de ce corps le nombre 806,50. Si on le déterminait d'après le chiffre de sa densité de vapeur 9, on aurait

$$1{,}1056 : 9 :: 100 : x.$$

D'où pour la valeur de x 814.

XVII

BORE B. 10,83 — 136,15

C'est en décomposant l'acide borique, produit artificiel provenant du borax ou tincàl, sel tiré de certains lacs de l'Inde ou des lagoni de Toscane, que Davy, en Angleterre, Gay-Lussac et Thenard, en France, ont extrait le corps simple auquel on a laissé le nom de bore.

Plus tard, MM. Wölher et Henri Sainte-Claire Deville ont étendu les recherches des trois illustres chimistes, et sont parvenus à préparer ce corps sous trois états divers comparables à ceux que prend le charbon : l'état *amorphe*, l'état *graphitoïde* et l'état *adamantin*. On prépare le bore amorphe en faisant fondre, dans un creuset de fonte porté au rouge, un mélange de 100 parties d'acide borique et de 60 parties de sodium, que l'on recouvre de 50 parties de chlorure de sodium. Il se forme de la soude aux dépens de l'oxygène de l'acide borique, du borate de soude avec une partie d'acide borique non décomposé et le bore reste isolé dans la masse. On coule la matière en fusion dans l'eau acidulée par l'acide chlorhydrique, puis on la reprend sur un filtre et l'on achève la séparation du bore par des lavages. Ce corps est pulvérulent, verdâtre, plus pesant que l'eau, complétement fixe, sans odeur ni saveur propre.

On obtient le bore graphitoïde en décomposant le fluorure

de bore et de potassium par l'aluminium; on ajoute, comme dans le cas précédent, du chlorure de sodium pour faciliter la fusion. Le fluorure de bore est réduit par l'aluminium; il se forme, d'une part, du fluorure d'aluminium, et de l'autre, un mélange de bore et d'aluminium que l'on traite par l'acide chlorhydrique. Le bore se sépare sous forme de paillettes hexagonales très-caractéristiques.

Pour obtenir le bore adamantin, on fait un mélange de 100 parties d'acide borique fondu et concassé avec 80 parties d'aluminium. On met ce mélange dans un creuset de charbon, et celui-ci dans un creuset de plombagine ou de graphite en remplissant tous les vides avec du charbon pulvérisé. On chauffe dans un bon fourneau à vent, avec du charbon de cornue, pendant 5 à 6 heures; on laisse refroidir le creuset, puis on le brise avec précaution pour en avoir le fond, qui contient un culot comme hérissé de cristaux. On lave ce culot à la température de l'ébullition, dans une dissolution sodique, pour entraîner l'aluminium, l'acide borique et l'alumine. On le traite ensuite par l'acide chlorhydrique pour enlever le fer, et enfin par un mélange d'acide fluorhydrique et d'acide azotique qui, sans altérer le bore, en séparent le silicium. Ainsi isolé, le bore extrêmement brillant et qui a des reflets très-vifs, contient une certaine proportion de charbon. On croit que dans ce mélange intime et d'une cristallisation si remarquable, le charbon se trouve à l'état de diamant.

Le bore adamantin a presque l'éclat, la dureté et la réfrangibilité du diamant. Ses cristaux affectent la forme octaédrique, et ils présentent quelquefois des arêtes courbes comme celles de la gemme précieuse. Ils ont pour densité 2,68 et sont très-réfractaires.

La propriété essentielle et qui caractérise le bore est de pouvoir se combiner directement avec l'azote. Il l'absorbe à une chaleur élevée et donne une azoture BoAz blanc, infusible. En présence de l'air, à la température du rouge sombre, le bore s'empare à la fois de l'oxygène pour former de l'acide borique et de l'azote pour former de l'azoture de bore.

Le bore cristallisé se boursoufle, comme le diamant, au moment d'entrer en combustion. Il n'est attaqué par aucun acide ou mélange d'acides. Il ne brûle que dans l'oxygène, et dans le chlore, et, avec l'intervention de la chaleur, qu'en présence des alcalis et des sels alcalins.

Équivalent. — 100 parties d'acide borique contenant 68,78 d'oxygène pour 31,22 de bore, et l'acide borique ayant pour formule BoO^3, on déduit l'équivalent du bore par l'équation :

$$68,78 : 31,22 :: 300 : x$$

D'où l'on tire $x = \frac{31,22 \times 300 \text{ ou } 9366}{68,78}$, c'est-à-dire 136,17.

XVIII

SILICIUM Si. 21,34 — 266,78

Le silicium est le radical de la silice, corps très-répandu dans la nature et qui forme la masse des pierres dites siliceuses ou des silex. On obtient ce corps par un procédé qui a été employé pour la première fois par Berzelius, et qui consiste à calciner un mélange de potassium et de fluorure double de silicium et de potassium. Le fluorure de silicium contenu dans le fluorure double est décomposé par le potassium, il se forme du silicate de potasse soluble et le silicium reste isolé.

M. Henri Sainte-Claire Deville a obtenu le silicium, comme le bore, à l'état graphitoïde et à l'état cristallisé. Pour préparer le silicium graphitoïde, on fond ensemble, dans un creuset ordinaire, de l'aluminium avec 20 ou 30 fois son poids de fluorure double de potassium et de silicium. Il se forme, d'une part, du fluorure double d'aluminium et de potassium fusible, et de l'autre, un culot renfermant du silicium uni à de l'aluminium. On traite l'alliage par l'acide chlorhydrique qui dissout l'aluminium et donne pour dépôt, dans le liquide, des lamelles hexagonales de silicium.

On obtient le silicium cristallisé en projetant, dans un creuset de terre bien rougi, un mélange de 3 parties d'hydrofluosilicate de potasse bien sec, de 1 partie de zinc en lamelles et de 1 partie de sodium coupé en morceaux. On recouvre la matière d'un peu d'hydrofluosilicate de potasse et l'on active le feu. Pendant la réaction, on secoue le mélange avec une tige de fer jusqu'au moment où commence la volatilisation du zinc. L'opération alors est terminée ; on laisse refroidir, on casse le creuset pour recueillir le culot de zinc qui est imprégné de beaux cristaux de silicium, et l'on en sépare le zinc au moyen de l'acide chlorhydrique.

Le silicium amorphe est en poudre brune ; le silicium graphitoïde ressemble au graphite, et le silicium cristallisé est ordinairement formé par des chapelets d'octaèdres réguliers qui jettent un vif éclat. La densité de ces cristaux est égale à 2,49.

Le silicium amorphe est très-combustible, attaquable seulement par l'acide fluorhydrique. Le silicium granitoïde et le silicium cristallisé ne sont attaquables que par un mélange d'acide fluorhydrique et d'acide azotique. Ils ne brûlent que très-difficilement dans l'oxygène, mais sont transformés par le chlore et l'acide chlorhydrique gazeux en chlorure de silicium $SiCl^3$, ou en sous-chlorure combiné à l'acide chlorhydrique $Si^2Cl^3\ 2HCl$.

Équivalent. C'est de l'analyse du chlorure de silicium, ou de la formule tout arbitraire SiO^3 donnée à l'acide silicique, qu'on déduit l'équivalent du silicium. On trouve ainsi l'acide silicique composé de :

Silicium.	47,07	100
Oxygène.	52,93	

D'où l'on tire :

$$52,93 : 47,07 :: 300 : x$$

$x = \frac{47,07 \times 300}{52,93}$, c'est-à-dire 266,78.

Alors que, d'après des considérations dans le développement desquelles il nous paraît inutile de nous engager ici, on adopte pour la formule de l'acide silicique, soit SiO^2, soit SiO, l'équivalent du silicium se trouve donné par les équations :

$$52,93 : 47,07 :: 200 : x$$

ou

$$52,93 : 47\ 07 :: 100 : x$$

Dans le premier de ces cas, $x = 177,85$,
Dans le second, $x = 88,89$.

XIX

Au point où nous sommes arrivé de ces études, une question se présente : Continuerons-nous l'histoire des corps simples jusqu'au dernier, ou, nous arrêtant aux métalloïdes, reprendrons-nous, une à une ou par groupes, les combinaisons que ces corps peuvent former entre eux, afin d'épuiser tout d'abord ce qui les concerne ? L'une et l'autre méthode nous conduirait au but, mais une considération nous frappe : en s'unissant entre eux, la plupart des métalloïdes forment des composés binaires (acides) qui, se combinant eux-mêmes avec d'autres composés binaires de l'ordre des métaux (oxydes), constituent toute une série de corps quaternaires (sels), qui sont les combinaisons dernières ou les plus complexes de la chimie minérale. Par l'étude préliminaire et sans interruption des métalloïdes et de leurs composés, nous acquérons la première moitié en quelque sorte des connaissances qui nous sont nécessaires pour arriver à la seconde et la bien comprendre. En second lieu, nous rompons la monotonie d'études qui se lient imparfaitement entre elles, puisqu'elles portent sur des corps simples ou essentiellement distincts les uns des autres.

COMBINAISONS DE L'HYDROGÈNE AVEC L'OXYGÈNE

D'après les lois de la méthode, c'était ici qu'eût dû être placée l'étude de l'eau. Mais quelle règle est inflexible et ne souffre pas d'exception ? Telle est l'importance de l'eau, et aussi celle de l'air en chimie, que nous n'avons pu trop tôt commencer l'étude de ces deux corps. Ici vient naturellement se placer l'histoire du second composé d'hydrogène et d'oxygène, appelé *eau oxygénée* ou *bioxyde d'hydrogène*.

EAU OXYGÉNÉE HO^2

Nous avons établi en principe que les corps se combinent en proportions fixes, toujours multiples les unes des autres, que 1 atome du corps A s'unit avec 1, 2, 3, 4 atomes des corps B, C, D, etc. ; de telle sorte que, si le premier nombre est un entier, tous les autres de la même série seront des multiples simples et sans fraction de ce nombre type. C'est la loi que nous avons appelée *loi des proportions multiples* ou *loi de Dalton*, du nom de l'illustre chimiste qui l'a fait connaître. Dès nos premiers pas dans l'histoire des corps composés, nous allons rencontrer une manifestation des plus saisissantes de cette grande loi. L'hydrogène et l'oxygène, nous l'avons vu, se combinent pour former de l'eau, composé des plus fixes qui existent, et, dans ce composé, deux volumes d'hydrogène, sont unis à un volume d'oxygène, ou, en parlant la langue des chimistes, un équivalent d'hydrogène 1 ou 12, 50 est uni à un équivalent d'oxygène 8 ou 100.

Si l'hydrogène et l'oxygène peuvent former un second composé, ce nouveau corps devra être formé ou d'un équivalent d'oxygène O avec deux équivalents d'hydrogène H^2, ou d'un équivalent d'hydrogène H avec deux équivalents d'oxygène O^2. C'est cette dernière combinaison que la chimie a obtenue. Thenard, en 1818, a découvert, ou plutôt composé l'eau dite oxygénée, que les chimistes appellent aussi bioxyde d'hydrogène, l'eau prenant, d'après les règles de la nomenclature, le nom trop scientifique de protoxyde d'hydrogène.

Au point de vue des théories chimiques actuelles, nul corps n'offre plus d'intérêt que ce singulier composé, *eau oxygénée* ou *bioxyde d'hydrogène*. La science, pour l'obtenir, a dû contraindre en quelque sorte la nature. Et comment le maître, car on ne peut pas dire ici le rival, s'est-il laissé vaincre ou surprendre? Thenard s'est fait sans doute ce raisonnement : Un grand nombre de corps simples forment avec l'oxygène des combinaisons multiples en s'unissant avec 1, 2, 3, ou un plus grand nombre d'équivalents de ces corps. Ces composés portent les noms de protoxyde, deutoxyde, tritoxyde ou peroxyde du corps simple, métalloïde ou métal. Quand on prend tel ou tel de ces oxydes, au premier, deuxième ou troisième degré, on peut, avec le secours de la chaleur ou l'intervention d'un autre agent chimique, soit réduire le radical, soit ramener l'oxyde à un état d'oxydation moindre. Pour se procurer de l'oxygène, nous l'avons vu, on peut, à volonté, ou chauffer simplement l'oxyde de mercure, ou chauffer le peroxyde de manganèse en présence de l'acide sulfurique. Rappelons la théorie la plus complexe de ces opérations : En présence de l'acide sulfurique et sous l'influence de la chaleur, le peroxyde ou tritoxyde de manganèse est décomposé, il passe à l'état de protoxyde, qui, étant une base ou un oxyde très-fixe, se combine avec un acide aussi très-fixe, l'acide sulfurique SO^3. Dans ce cas particulier, l'oxygène, séparé du manganèse, s'échappe, et on peut le recueillir dans des récipients disposés à cet effet.

Mais les chimistes, et Thenard le premier, ont trouvé des deutoxydes ou peroxydes qui, comme celui de manganèse, pouvaient perdre un ou deux de leurs équivalents d'oxygène, non pour le laisser se dégager en toute liberté dans l'atmosphère, mais pour le céder ou l'abandonner à l'eau, qui ainsi doublait son équivalent d'oxygène, et de protoxyde HO devenait bioxyde HO^2. Essence double, dirait-on dans l'art du distillateur.

Allons au delà de la théorie, et faisons connaître comment, dans la pratique, on prépare l'eau oxygénée, ce liquide précieux qui tient une certaine place en chimie, et qui, nous le dirons, rend un éminent service à l'industrie et aux arts. Le procédé est peut-être un peu compliqué, mais nous avons maintenant les données nécessaires pour nous en rendre parfaitement compte. On prend du bioxyde de baryum, que l'on broie avec un peu d'eau dans un mortier de porcelaine, de manière à en faire une pâte liquide ; on ajoute, par petites portions, à cette pâte un mélange de 1 partie en poids d'acide chlorhydrique et de 3 parties d'eau, et l'on agite vivement au moyen d'une baguette en verre. Insensiblement le peroxyde de baryum se trouve dissous sans qu'il se soit fait aucun dégagement de gaz, et il s'est ainsi formé du chlorure de baryum, qui se trouve en dissolution dans l'eau, aussi bien que l'équivalent d'oxygène enlevé au deutoxyde ou peroxyde de cette base. Voici l'équation chimique :

$$BaO^2 + HCl = BaCl + HO^2,$$

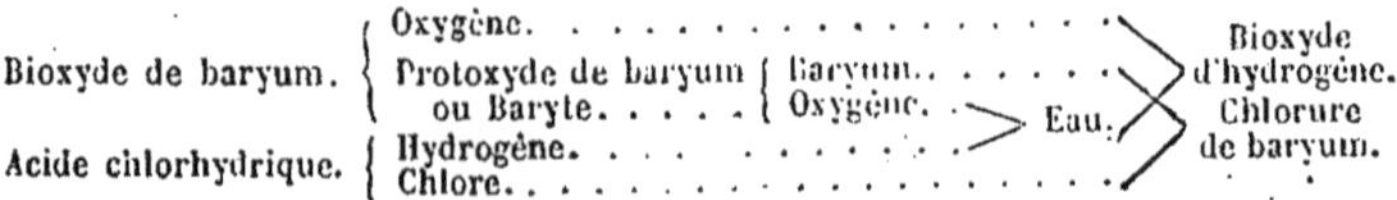

D'où l'on voit que des deux équivalents de l'oxygène du bioxyde de baryum, l'un se réunit à l'hydrogène de l'acide chlorhydrique pour former de l'eau, tandis que l'autre se dissout dans cette eau formée, alors que le baryum se porte sur le chlore pour former un composé éminemment soluble, le chlorure de baryum. Mais le chlorure de baryum est ici uni à notre eau oxygénée; comment l'en séparer? Très-simplement, au moyen de l'acide sulfurique, qui en régénérant l'acide chlorhydrique et la baryte, forme avec celle-ci un sulfate de baryte insoluble et laisse à son tour l'acide chlorhydrique dans la liqueur :

$$BaCl + HO + SO^3 = BaOSO^3 + HCl.$$

Chlorure de baryum. . { Chlore. . . . . ; Baryum. . . . . . . > Baryte.
Eau. . . . . { Oxygène . . . . . . ; Hydrogène. . . . .
Acide sulfurique. . . . .
> Acide chlorhydrique. ; > Sulfate de baryte.

On comprend que, pour n'avoir pas d'acide sulfurique en excès, il faut l'ajouter goutte par goutte dans la liqueur.

Mais l'opération n'est pas terminée, puisque dans l'eau chargée d'oxygène il reste encore un acide, l'acide chlorhydrique. On possède un moyen fort simple d'enlever cet acide. On s'est à l'avance, bien entendu, débarrassé du sulfate de baryte par la filtration, et l'on n'a plus qu'un liquide contenant l'eau oxygénée et l'acide chlorhydrique. Il faut verser dans ce liquide un corps propre à saturer l'acide chlorhydrique, en formant un composé insoluble dont la filtration aura aussi raison. Ce corps, c'est le sulfate d'argent, qui transforme l'acide chlorhydrique en chlorure d'argent insoluble; mais, en échange, laisse encore de l'acide sulfurique dans la liqueur :

$$AgOSO^3 + HCl = AgCl + SO^3 + HO.$$

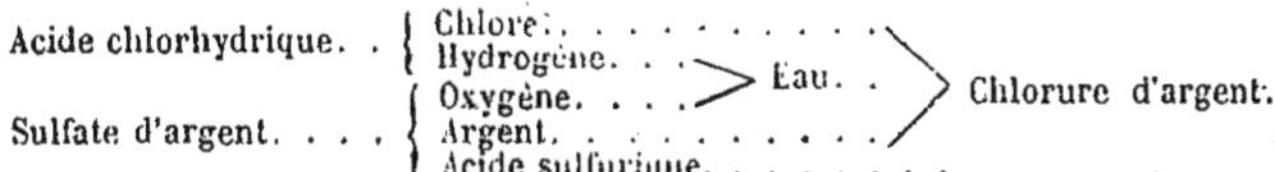

On neutralise finalement l'acide sulfurique par une dissolution de baryte qu'on verse avec précaution, afin de n'en mettre que la quantité suffisante. Par une filtration dernière, on obtient l'eau oxygénée, qu'il ne reste plus qu'à soumettre à l'évaporation sous le récipient de la machine pneumatique, en présence de l'acide sulfurique, afin de l'obtenir concentrée et pure.

On concevra, et presque sans qu'il soit besoin de le dire, que pour élever une plus grande quantité d'eau au degré de suroxydation HO^2, il ne faudra pas se borner à un premier et simple mélange des matières propres à la réaction. Après la première saturation de la baryte par l'acide sulfurique et la séparation du sulfate de baryte par le filtre, on devra, une, deux, et trois fois même, au besoin, remettre dans le liquide du bioxyde de baryum, pour être d'autant plus certain d'oxygéner toute l'eau employée ou formée pendant les réactions.

Pour simplifier le manuel opératoire et s'épargner des filtrations, on procède d'ordinaire comme il suit : Quand on a saturé une première fois la première dissolution d'acide chlorhydrique avec le bioxyde de baryum, on surajoute alternativement une même quantité d'acide chlorhydrique et une seconde dose de bioxyde de baryum, afin de doubler de la sorte la proportion d'eau oxygénée, comme aussi celle du chlorure de baryum. En entourant la liqueur d'un mélange réfrigérant (glace et sel marin), une partie du chlorure de baryum cristallise, et on le sépare par décantation. On renouvelle l'opération en remettant en présence du bioxyde de baryum et de l'acide chlorhydrique, et, par des cristallisations successives, on parvient à composer une liqueur chargée d'eau oxygénée et qui contient d'autant moins de chlorure de baryum que l'on a plus de fois répété les dissolutions et opéré à une température plus basse. Pour enlever, en dernier lieu, le chlorure de baryum restant dans le liquide, on se sert du sulfate d'argent versé goutte à goutte et avec précaution. Il se forme ainsi tout à la fois du sulfate de baryte et du chlorure d'argent insolubles, et la liqueur, une fois filtrée, n'est plus qu'une dissolution d'eau oxygénée. Pour la concentrer, on la fait évaporer à une basse température sous le récipient de la machine pneumatique.

M. Pelouze a proposé de préparer l'eau oxygénée en traitant du bioxyde de baryum par de l'acide fluorhydrique étendu et entouré de glace : il se forme du fluorure de baryum, qui est insoluble, et de l'eau oxygénée :

$$HFl + BaO^2 = BaFl + HO^2.$$

Le procédé est peut-être plus expéditif, mais, de l'aveu même de son auteur, il ne donne pas une eau oxygénée aussi pure que celle obtenue par le procédé de Thenard.

Au maximum de concentration, l'eau oxygénée est un liquide incolore, dense, doué d'une odeur et d'une saveur particulières. Sa densité est de 1,455. Elle décolore le papier de tournesol et celui de curcuma. Elle blanchit l'épiderme, mais sans altérer profondément la peau. Le froid le plus intense ne la congèle pas. Très-peu stable, elle se décompose à une température peu élevée, entre 15 et 20 degrés. Aussi, pour la conserver pure, faut-il l'entourer de glace. En dissolution dans l'eau, elle est plus stable; mais, si on la chauffe, elle se décompose rapidement, et quelquefois même avec explosion.

D'une composition fort instable, l'eau oxygénée devait donner lieu à des réactions chimiques variées, et, par conséquent, d'un grand intérêt. Thenard, qui l'avait pressenti, s'empressa de mettre son bioxyde d'hydrogène en présence de la plupart des corps simples et composés.

L'or, l'argent, le platine, le plomb, le bismuth, le charbon, les hydrates alcalins, la fibrine, etc., décomposent l'eau oxygénée sans éprouver eux-mêmes aucune altération. La réaction est opérée par la force que nous avons appelée *catalyse* ou *action de présence*.

Certains corps décomposent l'eau oxygénée si rapidement qu'il en résulte une vive explosion. Tels sont le potassium, l'osmium, l'argent, l'oxyde de ce métal, le bioxyde de manganèse, l'acide plombique, etc. Une condition toutefois est nécessaire pour assurer le succès de l'expérience : il faut opérer les réactions en quelque sorte moléculairement, en faisant tomber l'eau oxygénée goutte à goutte sur les corps réduits en poudre.

Certains oxydes, tels que ceux d'argent, d'or, de platine, de mercure et de plomb, sont décomposés par l'eau oxygénée. Dans ce cas, il y a tout à la fois départ de l'oxygène du bioxyde d'hydrogène et de l'oxygène des oxydes. On explique cette double décomposition par la chaleur qui se produit au moment de la décomposition de l'eau oxygénée, chaleur qui suffit pour réduire des oxydes eux-mêmes assez peu stables.

Le bioxyde d'hydrogène étant nécessairement un oxydant énergique, Thenard a pu s'en servir pour obtenir de nouveaux oxydes. Ainsi ont été produits les bioxydes de calcium, de strontium et de zinc, les peroxydes de cuivre et de nickel.

Le bioxyde d'hydrogène oxyde rapidement divers corps simples, l'arsenic, le sélénium, le molybdène, le tungstène ; il fait passer de même certains sulfures à l'état de sulfates : ainsi les sulfures de cuivre, d'antimoine et de plomb. Les acides qui sont décomposés par les corps oxydants, tels que les acides iodhydrique, sulfhydrique et sulfureux, sont immédiatement détruits par l'eau oxygénée.

On peut faire l'analyse du bioxyde d'hydrogène par la pile, ou, plus simplenent encore, en faisant bouillir une quantité déterminée de ce liquide étendu d'eau et recueillant le gaz dans un tube gradué (*fig*. 29).

A est un petit flacon de verre contenant le liquide d'analyse ; *abc* le tube abducteur qui doit conduire le gaz dans le récipient R rempli de mercure ; T le tube gradué dans lequel le gaz doit être mesuré. Avant de procéder à l'opération, on affleure le mercure dans le récipient et le tube, on bouche le petit flacon A, et l'on fait agir la chaleur.

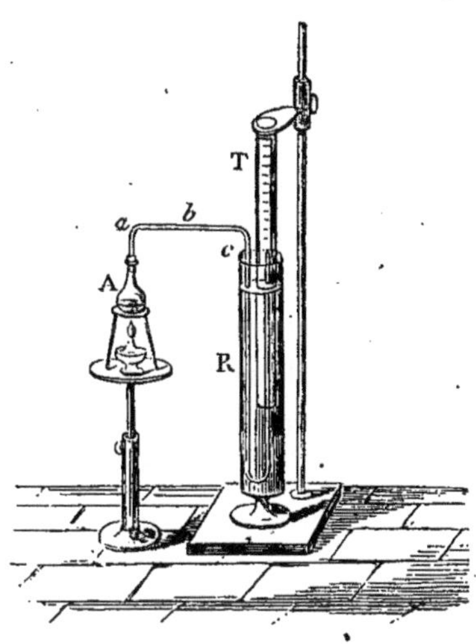

Fig. 29.

Par l'un comme par l'autre procédé, on a établi que l'eau oxygénée est composée d'un équivalent ou de deux volumes d'hydrogène, et de deux équivalents ou deux volumes d'oxygène. Nous répétons que l'eau simple ne contient qu'un équivalent ou deux volumes d'hydrogène et un seul volume ou un équivalent d'oxygène. Aussi écrit-on l'eau HO, et l'eau oxygénée HO^2.

Il est un moyen fort simple de s'assurer du degré de concentration d'une dissolution d'eau oxygénée : il suffit de remplir de mercure une éprouvette graduée renversée sur la cuve à mercure, de faire arriver au sommet, au moyen d'une pipette, une certaine quantité de la dissolution, et de noter le nombre de divisions qu'occupe le liquide. En introduisant ensuite dans l'éprouvette du peroxyde de manganèse enveloppé dans du papier joseph, on voit, au moment du contact, l'oxygène se dégager. L'espace qu'occupe le gaz, ou son volume relativement à celui qu'occupait le liquide d'épreuve, donne la quantité relative de gaz contenu dans la dissolution, qui, de la sorte, se trouve titrée.

L'eau oxygénée est un des précieux liquides dont font usage les restaurateurs de tableaux. Certaines taches sont un résultat de la transformation, sous l'influence du temps, de la céruse ou blanc de plomb en sulfure noir de ce métal. L'eau oxygénée faisant passer certains sulfures à l'état de sulfates, ainsi que nous l'avons vu, fait disparaître les taches noires et ravive ainsi les plus vieilles toiles. Rien de plus simple que de composer l'eau oxygénée dont se servent, assez mystérieusement quelquefois, les encoleurs ou restaurateurs de tableaux. Il suffit de dissoudre du bioxyde de baryum dans de l'acide chlorhydrique étendu d'eau ; le chlorure de baryum reste ainsi dans la dissolution avec l'eau oxygénée ; mais le chlorure, étant incolore, n'attaque en aucune façon la peinture, et ne met point obstacle à l'action oxydante ou de blanchiment produite par l'eau oxygénée. Avis aux amateurs, qui payent souvent fort cher des restaurations qu'ils pourraient facilement et à peu de frais faire eux-mêmes.

XX

COMBINAISONS DE L'HYDROGÈNE AVEC LE CARBONE

GAZ D'ÉCLAIRAGE

L'hydrogène forme avec le carbone un grand nombre de composés. Les uns peuvent être produits directement dans le laboratoire : ce sont l'hydrogène protocarboné C^2H^4, et l'hydrogène deutocarboné C^4H^4, gaz qui servent aujourd'hui à l'éclairage; les autres, plus nombreux, sont des produits immédiats de la végétation : on les connaît sous les noms d'huile de pétrole, de rose, de naphte, naphtaline, huile douce de vin, essence de térébentine, etc.; leur histoire appartient à la chimie organique. Il ne sera question ici que des hydrogènes carbonés ou carbures d'hydrogène dont la chimie peut faire l'analyse et la synthèse.

HYDROGÈNE PROTOCARBONÉ ou GAZ DES MARAIS. C^2H^4

Produit par la décomposition des matières végétales, l'hydrogène protocarboné se dégage naturellement de la fange des marais. On peut le recueillir en agitant cette fange, et disposant, au-dessus des bulles gazeuses qui s'échappent dans l'air, un flacon plein d'eau, muni d'un assez large entonnoir (*fig.* 30).

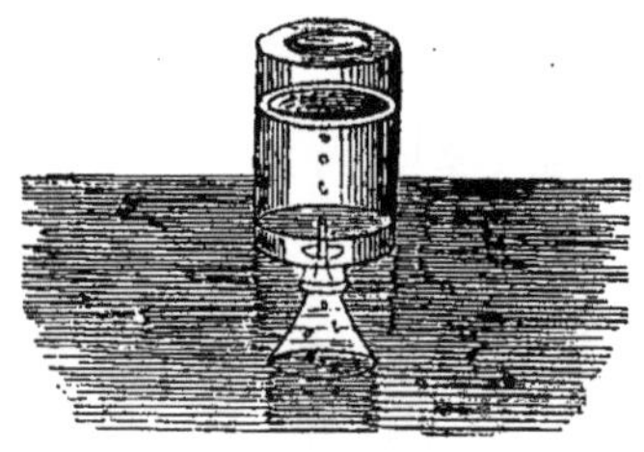

Fig. 30.

Ce gaz sort du sol avec une certaine continuité, ou d'une manière intermittente, dans diverses localités : à Velleja, à Pietramala, à Barigazzo, en Italie; à Saint-Barthélemy, département de l'Isère, en France; près de Lancastre et de Bosely, en Angleterre; en Perse, au Mexique et dans d'autres contrées encore. On donne à ces sources gazeuses le nom de volcans boueux ou de *salzes*, parce que les gaz se dégagent avec des matières boueuses et imprégnées de sel; mais le nom de volcans ne convient nullement à ces sortes d'effluves ou d'exhalaisons souterraines, car, dans les mines de houille, il se produit souvent de ces échappées ou fuites de gaz, que les ouvriers appellent *feux terrous* ou *grisous*, et qui sont quelquefois la cause d'accidents terribles. Mêlés à l'air, les gaz hydrogènes carbonés forment, en effet, des mélanges détonants que la lampe des mineurs, une étincelle, la lumière diffuse elle-même, ou certaines affinités chimiques naturelles, peuvent enflammer et faire éclater soudainement. De là des précautions à prendre quand on descend dans les mines, et l'emploi à faire, par les ouvriers, de la lampe dite de sûreté ou de Davy, perfectionnée d'abord par M. Boussingault, ensuite par M. Combes (*fig.* 31) (*).

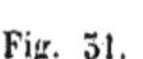

Fig. 31.

L'hydrogène protocarboné est un gaz incolore et sans odeur. Sa densité, moindre que celle de l'air, est de 0,5590. Il est à peine soluble dans l'eau. Il brûle avec une flamme bleuâtre, et les produits de sa combustion sont de l'eau et de l'acide carbonique.

$$C^2H^4 + O^6 = 4HO + CO^2$$

Cette équation nous fait déjà comprendre la composition de l'hydrogène protocarboné, mais il nous faut l'établir par une analyse quantitative au moyen de l'eudiomètre. Si l'on introduit dans cet instrument (*voy.* p. 41, *fig.* 8), d'une part, 100 parties d'hydrogène protocarboné, et, de l'autre, 300 parties ou volumes d'oxygène, après le passage de l'étincelle électrique à travers le mélange, le volume total des gaz sera réduit à 200. Il s'est formé tout à la fois de l'eau et de l'acide carbonique. Si, pour faire disparaître l'acide car-

(*) La lampe de sûreté ou de Davy a la forme de certaines de nos petites lampes à usages domestiques. Mais la flamme éclairante n'est pas en communication libre avec l'air. Elle est renfermée dans une toile ou gaze métallique à mailles très-serrées. La chaleur développée par la combustion ne suffit pas à chauffer l'enveloppe métallique au degré nécessaire pour enflammer les mélanges détonnants, et la flamme elle-même ne peut s'insinuer et s'échapper à travers un réseau métallique à mailles presque imperceptibles. Alors que l'air qui alimente la flamme intérieure de la lampe se charge d'hydrogène protocarboné en certaines proportions, la lumière prend divers aspects qui sont pour le mineur des avertissements auxquels il doit se rendre. La flamme venant à s'éteindre par le souffle du gaz, le mineur doit bien se garder de la rallumer. Dans l'intérieur de la lampe est un fil de platine qui, si la flamme s'est éteinte, conserve encore assez d'éclat, chauffé par la combustion du feu grisou, pour guider l'ouvrier dans ses ténèbres. Il est à remarquer que, pour constituer des mélanges explosibles, il faut que le gaz explosif des mines se trouve uni à l'air dans la proportion de sept fois au moins son volume, ce qui implique des infiltrations assez fortes et sans aérage.

bonique, l'on introduit dans l'eudiomètre un fragment de potasse humide, insensiblement l'acide carbonique absorbé disparaît et le volume du gaz se réduit à 100. Ce résidu est de l'oxygène. Pour brûler 100 parties d'hydrogène protocarboné, il a donc été employé 200 d'oxygène. Mais 100 parties d'acide carbonique renferment 50 parties de vapeur de carbone et 100 parties d'oxygène. Dans la combustion effectuée, 100 parties d'oxygène ont donc été employées à former de l'eau avec l'hydrogène contenu dans nos 100 parties d'hydrogène protocarboné. Ce gaz composé renfermait donc 200 d'hydrogène, puisque pour former de l'eau il faut 200 d'hydrogène pour 100 d'oxygène. Et, d'autre part, puisque dans 100 parties d'acide carbonique il entre 50 parties de vapeur de carbone l'hydrogène protocarboné est donc composé de

200 hydrogène,

et de

50 vapeurs de carbone.

Cette composition obtenue par l'expérience directe se trouve confirmée à l'aide du calcul . En effet :

0,4145 densité de la vapeur de carbone,
+ 0,1382 densité doublée de l'hydrogène,
= 0,5527 densité de l'hydrogène protocaboné.

Ce nombre 0,5527 diffère trop peu du nombre 0,5590, densité de l'hydrogène protocarboné, tel que le donne l'expérience, pour ne pas admettre que l'expérience et le calcul donnent des résultats concordants.

Si, pour réduire ces nombres en centièmes, on établit les proportions :

$$0,5527 : 0,1382 :: 100 : x$$
$$0,5527 : 0,4145 :: 100 : y$$

on trouvera pour la valeur de x ou de l'hydrogène :

$\frac{0,1382 \times 100}{0,5527}$ c'est-à-dire. 25

et pour la valeur de y ou du carbone :

$\frac{0,4145 \times 100}{0,5527}$ c'est-à-dire. 75

Total. 100

Or 25 ou $12,50 \times 2$ représentent deux équivalents d'hydrogène, et 75 est le nombre représentant l'équivalent du carbone. L'hydrogène protocarboné est donc formé d'un équivalent de carbone et de deux équivalents d'hydrogène. En tenant compte de la proportion réelle de carbone (50 ou un demi-volume) qui se combine avec l'hydrogène, la formule de ce composé doit s'écrire C^2H^4.

La préparation de l'hydrogène protocarboné dans les laboratoires ne se fait pas, comme dans les usines à gaz, au moyen de la houille. On obtient le gaz plus pur en décomposant par la chaleur, dans une cornue de verre, l'acétate de soude cristallisé, en présence de la baryte caustique. Les proportions à employer sont 10 grammes du sel pour 30 à 40 grammes de l'alcali. A la baryte on peut substituer la potasse et la chaux et composer ainsi le mélange : acétate de soude, 10 parties; potasse, 40; chaux vive, 60. La chaux a pour objet d'envelopper la matière et d'empêcher la potasse de couler et d'attaquer le verre. Voici la théorie de l'opération :

L'acétate de soude a pour formule $NaOC^4H^3O^3,HO$.

En d'autres termes :

Soude. . . . . NaO,
Acide acétique. . . . . $C^4H^4O^4$.

Or, dans l'acide acétique, il y a tout à la fois les éléments de l'acide carbonique $2CO^2$, et ceux de l'hydrogène protocarboné C^2H^4 :

$$2CO^2 + C^2H^4 = C^4H^4O^4.$$

La baryte ou la potasse n'intervient, avec l'aide de la chaleur, que pour séparer les éléments du corps composé et leur donner une constitution nouvelle. On a intégralement :

$$NaOC^4H^3O^3,HO + BaO = NaOCO^2 + BaOCO^2 + C^2H^4.$$

HYDROGÈNE DEUTOCARBONÉ ou GAZ OLÉFIANT. C^4H^4

L'hydrogène deutocarboné est un gaz incolore, peu soluble dans l'eau, très-soluble dans l'acide sulfurique monohydraté, et qui brûle avec une flamme plus brillante que l'hydrogène protocarboné. Sa densité est de 0,9784. L'excès de densité et le pouvoir plus éclairant de ce gaz s'expliquent par la double proportion de carbone qu'il contient relativement à l'hydrogène protocarboné.

On détermine la composition de ce gaz en le faisant brûler dans l'eudiomètre avec un excès d'oxygène. On devra prendre, pour 100 parties d'hydrogène bicarboné, 400 parties d'oxygène. Mais ici il faudra opérer avec précaution et par fractions, pour ne pas s'exposer à briser le vase. Ainsi, le gaz bicarboné étant introduit dans l'appareil, on y fera passer successivement le quart, le tiers ou la moitié de l'oxygène, et on fera traverser chaque fois le mélange par l'étincelle électrique. Après la combustion complète du gaz C^4H^4, on fera absorber par la potasse l'acide carbonique formé, et l'on aura, en définitive, pour résidu, 100 d'oxygène. D'où l'on voit que 100 d'hydrogène bicarboné auront exigé pour leur combustion 300 d'oxygène, à savoir, 200 pour transformer le carbone en acide carbonique, et 100 pour brûler l'hydrogène et former de l'eau. 100 parties d'hydrogène bicarboné renferment donc :

200 hydrogène,
100 de vapeur de carbone.

Or, d'après ce qu'on a vu plus haut,

Deux volumes d'hydrogène pèsent.	0,1382
et un volume de vapeur de carbone pèse.	0,8290
Total.	0,9672

nombre assez rapproché du chiffre de la densité de l'hydrogène bicarboné 0,9784, pour qu'on admette encore ici la concordance des résultats de l'expérience et du calcul.

Quand on mélange, à volumes égaux, l'hydrogène bicarboné et le chlore et qu'on abandonne le mélange à lui-même dans un flacon fermé, il se forme, par la combinaison des gaz, un composé huileux auquel on a donné le nom de liqueur des Hollandais. De là le nom de gaz oléfiant (*oleum faciens*) donné à l'hydrogène bicarboné. La réaction qui s'opère dans la transformation de l'hydrogène deutocarboné en liqueur des Hollandais peut être représentée de la manière suivante :

$$C^4H^4 + Cl = C^4H^3,HCl$$

ou bien

$$C^4H^4 + Cl^2 = C^4H^4Cl^2.$$

Si, dans une éprouvette graduée, on introduit un mélange de 2 volumes de chlore et de 1 volume d'hydrogène bicarboné et qu'on enflamme les gaz, le chlore se combine avec l'hydrogène pour former de l'acide chlorhydrique et le charbon non brûlé reste en dépôt sur les parois de la cloche,

$$C^4H^4 + 2Cl = 4HCl + C^4.$$

Cette expérience est une de celles qu'on invoque pour démontrer que la combustion n'est pas seulement une oxydation, mais le résultat de la combinaison d'un corps comburant quelconque avec un corps combustible.

Dans le laboratoire, on prépare le gaz hydrogène bicarboné en chauffant, dans une cornue, un mélange de quatre parties d'acide sulfurique monohydraté avec une partie d'alcool. Sous l'influence de la chaleur, l'acide sulfurique, très-avide d'eau, décompose l'alcool $C^4H^6O^2$ et le réduit en hydrogène bicarboné C^4H^4, et en eau 2HO. La réaction est représentée par l'équation suivante :

$C^4H^6O^2$	$+ SO^3HO$	$= SO^3 3HO$	$+ C^4H^4$
(Alcool.)	(Acide sulfurique monohydrate.)	(Acide sulfurique trihydraté.)	(Hydrogène bicarboné.)

M. Faraday a fait connaître un troisième composé d'hydrogène et de carbone qu'il a désigné sous le nom de bicarbure d'hydrogène et auquel il a assigné la formule C^8H^8. Ce serait comme un hydrogène bicarboné deux fois plus condensé que le composé de ce nom. Il exige, en effet, pour brûler, six volumes d'oxygène au lieu de trois. Il possède un pouvoir éclairant plus grand que les deux gaz précédents et il se liquéfie à un froid de — 18°. Sa densité est de 1,9264. On l'obtient dans la décomposition des corps gras par la chaleur, et, sans doute, dans la combustion des huiles de nos meilleures lampes d'éclairage.

C'est à l'ingénieur français Lebon qu'on doit la première idée de l'éclairage au gaz. En 1776, ce savant distillait le bois en vases clos pour en retirer de l'acide acétique ou vinaigre. Avec l'acide, il obtint de ses opérations des gaz doués d'un pouvoir éclairant manifeste, et qu'il fit, en conséquence, servir à l'éclairage. Il tenta des essais sur la houille et reconnut facilement qu'elle donnait en abondance, et dans de meilleures conditions peut-être, les mêmes gaz, sinon des gaz plus propres encore à l'éclairage. Mais l'on ne donna pas suite à ces expériences, et ce n'est que dans les premières années de ce siècle que, tout à coup, l'on vit en Angleterre des usines à gaz. Elles furent établies par un industriel nommé Murdoch. Les premiers ateliers qui furent éclairés au gaz furent ceux de la fameuse maison Watt, Bulton et Ce, près de Soho, et ceux de la filature de MM. Philips et Lée de Manchester. Le succès grandissant de jour en jour, Londres et Paris, puis toutes les grandes villes d'Angleterre et de France, ne tardèrent pas à profiter de la découverte. On sait où en est venue aujourd'hui cette grande industrie. Nous n'avons pas à la faire connaître dans ses immenses détails. Une visite dans une usine en apprendrait plus à nos lecteurs que nos descriptions et les dessins que nous pourrions y joindre. Il faut nous borner à des instructions toutes théoriques. Dans la combustion, en vases clos, du bois, du charbon, de la houille, des matières grasses, ou de toute matière organique en général, il se produit un assez grand nombre de composés volatils ou gazeux, plus ou moins combustibles, plus ou moins doués de pouvoirs éclairants quand on les enflamme. Parmi ces composés, nous en connaissons déjà un certain nombre et nous apprendrons plus tard à connaître tous les autres. Pour ne faire encore que désigner ces derniers, ce sont les gaz oxyde de carbone, acide carbonique, hydrogène sulfuré ou acide sulfhydrique, hydrogène arsénié, acide cyanhydrique ou prussique. On voit que nous nommons spécialement des corps réputés asphyxiants ou toxiques. Oui, tous ces corps se dégagent, avec les gaz d'éclairage, des distillations, en vases clos, du bois, du charbon, de la houille et des matières organiques en général. Il est de toute évidence qu'il ne faut pas laisser dégager ou brûler incomplétement ces produits asphyxiants ou toxiques dans les lieux que l'on éclaire au gaz, et où l'on doit puiser l'aliment de la respiration, c'est-à-dire un air pur. Aussi que de précautions pour fournir à l'éclairage public et particulier des gaz qui ne contiennent aucun élément nuisible!

On sait quelles odeurs repoussantes dégagent quelquefois les produits d'une fabrication imparfaite. La purification des gaz d'éclairage, voilà l'une des conditions capitales à remplir dans les grandes usines. Bien des moyens ont été proposés pour atteindre ce but. On ne peut pas dire encore qu'ils nous aient donné la perfection. Avant d'envoyer le gaz dans les grands réservoirs ou gazomètres, on l'épure à la chaux et avec les résidus de la fabrication en grand du chlore, c'est-à-dire avec les chlorures de manganèse et l'acide chlorhydrique. Darcet avait proposé l'acide sulfurique affaibli, le sulfate de fer, le plâtre. Un autre chimiste avait indiqué le sulfate de plomb. On conçoit combien en grand il est difficile d'atteindre à des résultats de laboratoire.

On emploie généralement aujourd'hui un mélange de sesquioxyde de fer, de plâtre et de sciure de bois. Les produits ammoniacaux volatils sont transformés en sulfates fixes par le sulfate de chaux (plâtre), et l'acide sulfhydrique ou hydrogène sulfuré est décomposé pour le sesquioxyde de fer. On fait servir à plusieurs reprises les mêmes agents, parce qu'on sépare le sulfate d'ammoniaque par des lavages et qu'on revivifie à l'air le sulfure de fer, qui revient à l'état de sesquioxyde.

On n'est pas parvenu toutefois à préparer du gaz assez pur pour l'introduire dans les appartements. Le gaz des usines actuels dégage encore trop souvent des vapeurs ammoniacales ou sulfureuses. Ne bleuit-il pas presque toujours le papier de tournesol rougi par un acide; ne noircit-il pas de même le papier recouvert de blanc de plomb?

Aussi, en faisant l'histoire de l'hydrogène, disions-nous qu'il y aurait un grand intérêt, un immense avantage à s'éclairer et même à se chauffer avec les gaz de l'eau. La science nous montre le but, c'est à l'industrie de le poursuivre. Le gouvernement a proposé un prix de cinquante mille francs pour celui qui ferait servir l'électricité à une grande découverte industrielle. Qu'on donne un million pour celle-là, elle ne sera jamais payée. Mais le plus souvent comment récompense-t-on de modestes inventeurs? Demandez aux cendres de tant d'hommes morts à la peine et qui ont doté le monde : celui-ci, Salomon de Caus, de la puissance locomotrice de la vapeur; celui-là, Leblanc, de la fabrication en grand de la soude; et, pour ne pas sortir de notre sujet, ce dernier enfin, Lebon, de l'éclairage au gaz et de la fabrication en grand de l'acide acétique. Mais que disons-nous? Il y a aujourd'hui des prix *de vertu* à l'Académie française, et des prix *d'honneur* au Jardin d'acclimatation; soyons de notre époque.

XXI

COMBINAISONS DE L'HYDROGÈNE AVEC LE SOUFRE

L'hydrogène forme avec le soufre deux combinaisons : l'une gazeuse, qui prend le nom d'hydrogène sulfuré ou d'acide sulfhydrique HS; l'autre liquide, désignée sous le nom de bisulfure d'hydrogène HS^2.

HYDROGÈNE SULFURÉ ou ACIDE SULFHYDRIQUE HS.

L'hydrogène sulfuré est un des produits normaux de la décomposition des matières organiques, particulièrement des matières animales ; il se trouve, soit à l'état libre, soit à l'état de combinaison, dans les eaux minérales dites sulfureuses. L'odeur qu'exhalent les œufs *gâtés* ou *pourris* est due au dégagement de ce gaz. Aussi, est-ce à cette odeur si repoussante qu'on reconnaît tout d'abord l'acide sulfhydrique. Ce gaz est incolore, il brûle dans l'air avec une flamme bleue, et donne, comme produits de combustion, de l'acide sulfureux, de l'eau et du soufre :

$$HS + O^3 = SO^2 + HO + S.$$

Sa densité est de 1,1912.

Dans le laboratoire, on prépare habituellement l'hydrogène sulfuré en faisant réagir l'acide sulfurique SO^3HO, ou l'acide chlorhydrique HCl, sur le sulfure de fer FeS. On a ainsi, dans le premier cas :

$$FeS + SO^3HO = FeOSO^3 + HS,$$

et dans le second :

$$FeS + HCl = FeCl + HS.$$

Mais, le sulfure de fer des laboratoires, que l'on prépare lui-même en faisant chauffer au rouge du soufre avec de la limaille, n'étant pas pur, et retenant des parcelles de fer métallique, il arrive qu'au contact de l'acide sulfurique ou de l'acide chlorhydrique, ce fer métallique donne lieu à la production d'une certaine quantité d'hydrogène qui se mêle à l'acide sulfhydrique. Pour les réactions les plus ordinaires de l'hydrogène sulfuré, la présence de l'hydrogène est sans inconvénient ; mais, quand on veut avoir de l'hydrogène sulfuré pur, il faut préparer ce gaz au moyen du sulfure d'antimoine, produit naturel assez pur, et, dans ce cas, faire usage de l'appareil représenté *fig.* 32.

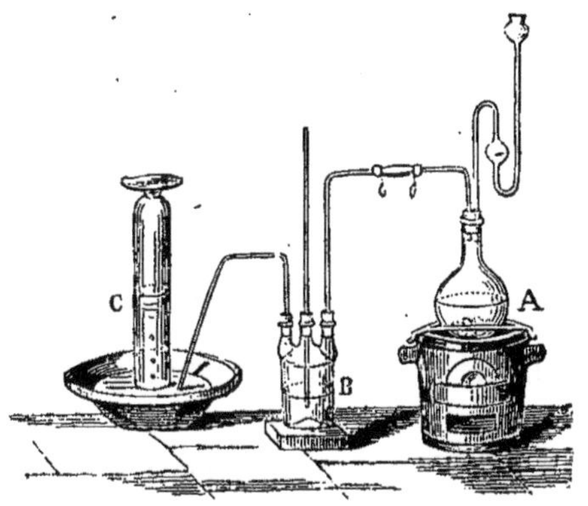

Fig. 32.

A est le flacon dans lequel est introduit le sulfure en poudre et l'acide, B un flacon laveur, C une éprouvette dans laquelle on recueille le gaz, T un tube dit en S, ou de sûreté, au moyen duquel, durant l'opération même et pour l'entretenir, on peut verser de l'acide dans le flacon A.

Pour les besoins du laboratoire, on recueille et l'on conserve quelquefois le gaz acide sulfhydrique en dissolution dans l'eau. Ce liquide en dissout deux fois et demie à trois fois son volume. On a le soin alors de faire emploi d'eau qui a bouilli et que l'on a ainsi purgée d'air, parce que, en présence de l'oxygène, l'acide sulfhydrique se décompose assez facilement. Il se forme de l'eau et il se dépose du soufre :

$$HS + O = HO + S.$$

La précaution à prendre pour préserver les dissolutions d'hydrogène sulfuré de l'action de l'air, est de les tenir dans des flacons bien bouchés et renversés sens dessus dessous : on leur fait ainsi une fermeture hydraulique.

La chaleur décompose aussi très-facilement l'hydrogène sulfuré. Sous l'influence d'une haute température, il y a formation d'eau et d'acide sulfureux :

$$HS + O^3 = SO^2 + HO.$$

Au contact des corps poreux, entre 40 et 50 degrés, il se produit de l'eau et de l'acide sulfurique. A la température ordinaire, il y a formation d'eau et dépôt de soufre. Cette facilité de décomposition sous l'influence de la chaleur et aussi des corps poreux, explique comment, en présence des bases, il se forme des sulfates partout où il se dégage de l'hydrogène sulfuré. Nous retrouverons ailleurs ce fait chimique important.

Le gaz acide sulfhydrique est un de ceux qu'on a pu liquéfier et même faire passer à l'état solide. Pour l'amener à l'état liquide, il suffit d'enfermer le bisulfure d'hydrogène dans un tube d'une certaine résistance. Ce corps se décomposant spontanément en soufre et en acide sulfhydrique, la pression du gaz seule suffit pour le faire passer lui-même à l'état liquide. Sous une haute pression et sous l'influence du froid, l'hydrogène sulfuré liquide prend la forme d'une masse blanche qui a l'aspect du camphre.

La composition de l'hydrogène sulfuré s'établit par l'expérience suivante : dans un tube recourbé (*fig.* 33), contenant le gaz, on fait arriver un fragment d'étain que l'on chauffe à la lampe. L'étain absorbe le soufre pour passer à l'état de sulfure, et il reste dans le tube un volume d'hydrogène invariable. On s'assure que tout le gaz a été décomposé en introduisant dans le tube un fragment de potasse qui, sans action sur l'hydrogène, absorberait rapidement, au contraire, l'acide sulfhydrique. Or le volume restant du gaz simple H est absolument égal au volume primitif du gaz composé HS. Il faut en conclure qu'un volume de gaz acide sulfhydrique renferme un volume d'hydrogène.

Fig. 33.

Si de la densité du gaz acide sulfhydrique 1,1912, on retranche la densité de l'hydrogène 0,0692, il restera 1,1220, qui représente à très-peu près le sixième de la densité de la vapeur de soufre. La densité de cette vapeur étant 6,6546, le sixième de ce nombre est 1,109, qui diffère assez peu de 1,122. Comme l'équivalent de l'hydrogène est représenté par deux volumes, et celui du soufre par un tiers de volume, on aura pour la composition du gaz hydrogène sulfuré absolument un équivalent de soufre pour un équivalent d'hydrogène, c'est-à-dire que la composition de l'acide sulfhydrique sera représentée par la formule HS. Le poids de l'acide sulfhydrique étant 1,1912, celui de l'hydrogène 0,0692, et celui du soufre 1,1220, si, pour réduire à 100 le poids de l'acide sulfhydrique, on établit les proportions :

$$1,1912 : 0,0692 :: 100 : x,$$
$$1,1912 : 1,1220 :: 100 : y,$$

on aura pour la valeur de x ou de l'hydrogène. . 5,81 } 100.
et pour la valeur de y ou du soufre. . . . . 94,19 }

L'équivalent de l'hydrogène étant donné 12,50, il faudra, pour obtenir l'équivalent du soufre, établir la proportion :

$$5{,}81 : 12{,}50 :: 94{,}19 : x;$$

d'où $x = 202$ ou 200, nombre acquis, en effet, pour l'équivalent de ce métalloïde.

L'hydrogène sulfuré est un gaz irrespirable et toxique. D'après les expériences de Thenard et Dupuytren, un verdier meurt dans une atmosphère chargée de $\frac{1}{1500}$ en volume d'hydrogène sulfuré, un chien dans une atmosphère en contenant $\frac{1}{800}$, et un cheval dans une atmosphère en contenant $\frac{1}{200}$. Or, les ouvriers chargés du curage des fosses et des égouts sont chaque jour exposés aux dangereuses émanations de ce gaz, qu'ils appellent *moffette*. Dupuytren et Thenard se sont demandé quel pourrait être l'*antidote* à opposer à cette sorte d'asphyxie toxique, et ils ont fixé leur choix sur le chlore, qui décompose l'hydrogène sulfuré,

$$HS + Cl = HCl + S.$$

Il est vrai, mais l'acide chlorhydrique HCl qui résulte de la réaction est lui-même pour les voies respiratoires un agent très-délétère. On ne devra donc user du remède qu'en connaissance de cause, c'est-à-dire avec mesure et précaution. Il serait tout aussi rationnel de recommander l'acide sulfureux SO^2,

$$HS + SO^2 = HO + 2S;$$

mais, en présence de l'air ou de l'oxygène O, l'acide sulfureux SO^2 se transforme aussi en acide sulfurique SO^3. Le moyen le plus simple et le plus sûr est peut-être encore le traitement ordinaire et général des asphyxies, à savoir, les inspirations d'air pur et les frictions à la peau pour y rappeler la vitalité et exciter les fonctions des vaisseaux capillaires.

Dans le laboratoire, l'hydrogène sulfuré est un réactif précieux et souvent employé pour reconnaître les bases métalliques des dissolutions salines. En ces réactions, le soufre forme avec les métaux qui remplissent le rôle de bases, des sulfures solides que la diversité de couleur sert à caractériser. Ainsi, les dissolutions salines à base de plomb précipitent en noir foncé ; celles à base de cuivre, en brun ; celles à base d'étain, en jaune orangé, etc. Nous retrouverons ces actions chimiques d'un caractère invariable et sûr.

Dans les eaux minérales dites sulfureuses, l'hydrogène sulfuré existe soit à l'état libre, soit à l'état de combinaison avec les bases. On possède un moyen aussi ingénieux que précis pour découvrir, en quelques instants et sans analyse immédiate, la proportion de ce composé que contient une eau minérale naturelle ou factice. Ce moyen est fondé sur la réaction qui se produit quand on met l'iode en présence de l'hydrogène sulfuré,

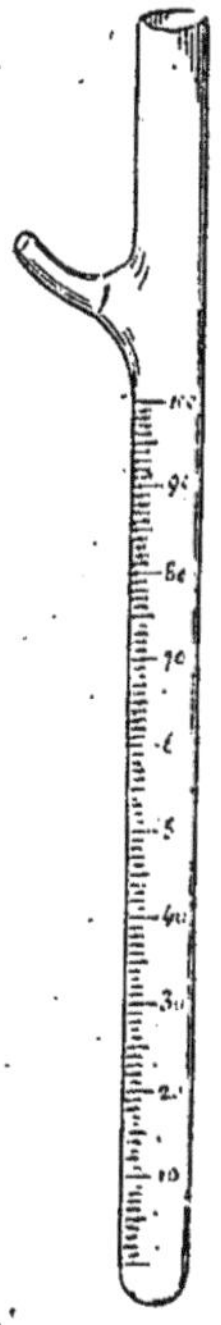

$$HS + I = HI + S ;$$

il y a formation d'acide hydriodique et dépôt de soufre. Supposez que l'on ait une dissolution d'iode *titrée*, c'est-à-dire dans laquelle entre une proportion d'iode déterminée. On introduit le liquide (c'est une dissolution d'iode dans l'alcool, dite teinture d'iode) dans une burette graduée (*fig.* 34) de laquelle on la fait couler, goutte par goutte, dans une quantité mesurée de l'eau sulfureuse à essayer. On a eu préalablement le soin de délayer dans cette eau une petite quantité d'amidon. Tant que l'iode de la dissolution alcoolique trouve dans le liquide d'essai de l'hydrogène sulfuré, il se transforme en acide hydriodique HI, qui n'a par lui-même aucune action sur l'amidon ;

Fig. 34.

mais, aussitôt que cet hydrogène sulfuré est en entier décomposé, l'excès d'iode, qui rencontre l'amidon, forme avec lui ce beau composé de couleur bleue (iodure d'amidon) que nous avons vu être une réaction caractéristique. A l'apparition de la couleur bleue, l'opérateur doit s'arrêter. La burette étant graduée, rien de plus simple que de déterminer la quantité de teinture iodée employée, et par conséquent, à l'aide de tables calculées à l'avance, la quantité d'hydrogène sulfuré contenue dans l'eau d'épreuve. Ce procédé d'analyse extemporanée a pris le nom de *sulfhydrométrie*, et il est dû à un chimiste dont la science ne peut oublier le nom, à Dupasquier, mort, il y a quelques années, doyen de la Faculté des sciences de Lyon.

HYDROGÈNE BISULFURÉ ou BISULFURE D'HYDROGÈNE HS^2

Le bisulfure d'hydrogène est un liquide oléagineux jaunâtre, qu'on obtient en versant une dissolution de polysulfure de potassium ou de calcium dans l'acide chlorhydrique. Le liquide se trouble et devient laiteux; on le déverse dans un entonnoir dont on tient la petite ouverture bouchée. Avec le temps, il se dépose un liquide plus dense et jaune que l'on fait couler dans un vase séparé, en ouvrant avec précaution le bout fermé de l'entonnoir. Ce liquide se décompose facilement à l'air, et l'on ne peut le conserver qu'en présence de l'acide chlorhydrique. Il n'a d'autre usage, par suite de sa décomposition prompte et de sa transformation en hydrogène sulfuré et en soufre, que de servir, ainsi que nous l'avons dit plus haut, à faire passer l'hydrogène sulfuré successivement de l'état gazeux à l'état liquide et à l'état solide. Ce défaut de stabilité du composé a empêché jusqu'ici qu'on en fît l'analyse. Mais, à raison de son analogie avec des composés de même ordre, on admet qu'il est formé de deux équivalents de soufre pour un équivalent d'hydrogène, ainsi que l'indique la formule HS^2.

XXII

COMBINAISONS DE L'HYDROGÈNE AVEC LE PHOSPHORE

L'hydrogène forme avec le phosphore trois combinaisons, désignées sous les noms d'hydrogène phosphoré gazeux PhH^3, d'hydrogène phosphoré liquide PhH^2, et d'hydrogène phosphoré solide Ph^2H.

Des lieux marécageux il se dégage quelquefois de petites bulles, ou flocons vaporeux, qui prennent feu dans l'air en faisant entendre une détonation. Ces flocons gazeux sont de l'hydrogène phosphoré. Que l'on introduise dans un matras (*fig.* 35) de petits fragments de phosphore mêlés à une dissolution concentrée de potasse, et que l'on chauffe légèrement, on verra du vase s'échapper des flocons blancs vaporeux qui, en se dilatant à l'air, s'y enflammeront et feront entendre une détonation en rapport avec leur volume. Que l'on se garde de boucher le flacon immédiatement; en présence de l'air contenu dans le flacon, une explosion aurait lieu qui ferait voler le verre en éclats. Mais, quand l'air du matras s'est échappé et qu'il est remplacé par le gaz hydrogène phosphoré lui-même, que l'on fasse arriver ce gaz sous l'eau, au moyen du petit appareil ici représenté, d'instant en instant, on verra s'élever, à travers le liquide, des bulles annulaires, quelquefois d'une régularité parfaite, qui, en s'élargissant au fur et à mesure de

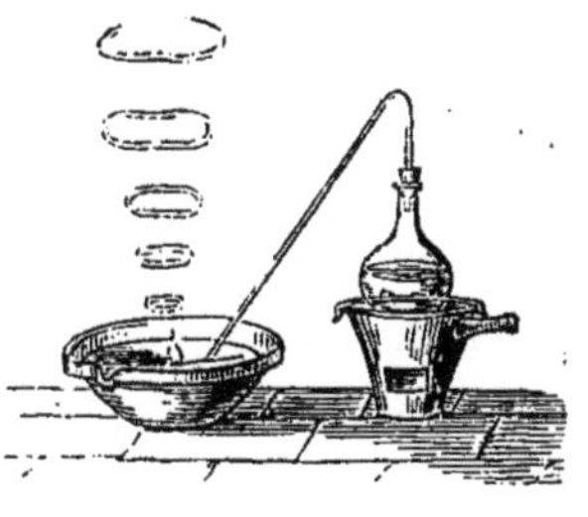

Fig. 35.

leur ascension dans l'air, y éclateront soudainement, comme le feraient des bulles de savon pleines d'hydrogène auxquelles on mettrait le feu. C'est ce gaz *spontanément inflammable* qui prend le nom d'hydrogène phosphoré.

Nous avons dit *spontanément inflammable* pour parler le langage ordinaire, mais il peut arriver que le gaz ait perdu la propriété de s'enflammer, car il ne la possède pas lui-même, ou quand il est absolument pur. Il va être établi tout à l'heure que, pour l'hydrogène phosphoré gazeux, cette propriété de prendre feu spontanément dans l'air tient à la présence, sous forme de vapeurs, d'une certaine quantité d'hydrogène phosphoré liquide PhH^2, qui se forme en même temps que l'hydrogène phosphoré gazeux et se mêle à lui. Alors, en effet, que l'on prépare le gaz hydrogène phosphoré PhH^3 dans les conditions où il ne peut se produire d'hydrogène phosphoré liquide PhH^2, le gaz ne possède point la propriété de s'enflammer spontanément. Mais revenons, pour l'expliquer, sur la production des deux hydrogènes phosphorés gazeux et liquide.

Le phosphore seul ne décompose pas l'eau, comme nous verrons que le font certains corps simples de l'ordre des métaux, le potassium et le sodium, par exemple ; mais, si à l'eau se trouve ajoutée de la potasse, l'affinité de l'acide phosphoreux ou phosphorique pour cette base alcaline est telle, que l'eau cède, d'une part, son oxygène à une certaine portion du phosphore pour former l'un de ces acides qui s'unit à la potasse, et, de l'autre, cède aussi de l'hydrogène à une autre portion de phosphore pour former tout à la fois de l'hydrogène phosphoré gazeux PhH^3, et de l'hydrogène phosphoré liquide PhH^2 dont la volatilité est telle, qu'à la température où se produit le gaz phosphoré PhH^3, il se mêle infailliblement à ce gaz dans lequel il se dissout. On voit ici le pouvoir ou l'action des affinités. Sans insister autant sur le phénomène, nous l'avons déjà vu se produire, alors que nous avons préparé l'hydrogène en faisant agir l'acide sulfurique sur le zinc en présence de l'eau. Ni le zinc, ni l'acide sulfurique isolément, ne peuvent décomposer l'eau ; mais, en raison de la tendance qu'a l'acide sulfurique à se combiner avec l'oxyde de zinc, cet oxyde se forme aux dépens de l'oxygène de l'eau décomposée, et l'hydrogène est ainsi mis en liberté. Tel ou semblable est le fait de la décomposition de l'eau en présence du phosphore et de la potasse.

On peut remplacer la potasse par la chaux hydratée, ou toute autre base analogue. Dans les laboratoires, pour préparer l'hydrogène phosphoré spontanément inflammable, on fait ordinairement usage de petites boules de chaux éteinte, dans le centre desquelles on met un petit fragment de phosphore. On chauffe modérément, le phosphore fond et la réaction indiquée se produit. On peut également se servir de phosphure de chaux. On prépare ce phosphure en faisant avec de la chaux hydratée de petites boulettes que l'on calcine. On introduit ces boulettes dans un tube de verre fermé par un bout, au fond duquel on a placé de petits fragments de phosphore. On chauffe au rouge la chaux d'abord, puis, à l'aide d'une flamme de lampe ou de quelques charbons, on fait fondre le phosphore, dont la vapeur pénètre la chaux et forme ainsi un phosphure de chaux plus ou moins mêlé de phosphate. Quand on veut opérer plus en grand, on agglomère les boulettes de chaux dans un creuset en terre, percé au fond d'un petit trou pour recevoir le col d'un petit ballon. On dispose le creuset dans un fourneau et on l'entoure de charbon. Sous la grille se trouve le petit ballon contenant des fragments de phosphore (*fig.* 36). On chauffe jusqu'au rouge le creuset, et l'on allume ensuite quelques charbons sous le petit ballon. Les vapeurs de phosphore, en traversant la chaux, la satu-

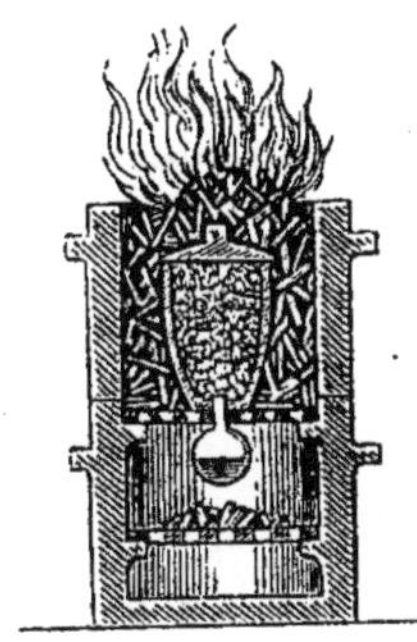

Fig. 36.

rent et la font passer à l'état de phosphure de chaux mêlé de phosphate. Il suffit de jeter dans l'eau (*fig.* 37) des fragments de phosphure de chaux ainsi préparé, pour donner lieu à un dégagement d'hydrogène phosphoré spontanément inflammable.

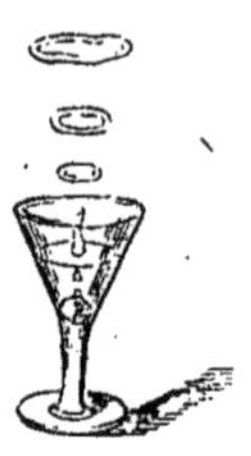
Fig. 37.

Ce gaz est incolore, fétide, et non moins irrespirable et toxique que l'hydrogène sulfuré. Sa densité est de 1,185. L'eau en dissout une faible proportion. Alors que le gaz est resté quelque temps sous une éprouvette, en présence du mercure, il se dépose sur les parois de l'éprouvette une matière brune, qui est du phosphore hydrogéné solide Ph^2H, et, dès lors, le gaz restant dans l'éprouvette, à peu près en égal volume, a perdu la propriété de s'enflammer spontanément à l'air.

On prépare directement le gaz non spontanément inflammable en décomposant le phosphure de chaux, non par l'eau, mais par l'acide chlorhydrique. On peut l'obtenir de même en chauffant les acides phosphoreux et hypophosphoreux. Ces acides contiennent de l'eau, et, sous l'influence de la chaleur, ils se décomposent; une partie du phosphore s'unit à l'oxygène de l'eau pour passer à l'état d'acide phosphorique, et l'autre s'empare de l'hydrogène pour former de l'hydrogène phosphoré.

D'après des recherches assez récentes, dues à M. Paul Thenard, la différence entre le gaz hydrogène phosphoré spontanément inflammable et celui qui ne l'est pas, tient à l'interposition ou à la présence de l'hydrogène phosphoré liquide, composé qui s'enflamme au seul contact de l'air. Et, en effet, si l'on fait passer le gaz spontanément inflammable dans un tube en U enveloppé de glace, ou d'un mélange réfrigérant, on voit s'y condenser tout à la fois de l'eau et un liquide excessivement volatil, que l'on en sépare à un faible degré de chaleur, celle de la main.

Cet hydrogène phosphoré liquide ne se congèle pas à une température de —20°, et il se décompose à +30°. Divers corps, tels que l'alcool, l'essence de térébenthine, l'acide chlorhydrique, le décomposent par simple action de présence, et il en résulte de vives détonations. Ajouté, fût-ce en proportion très-faible, à un gaz combustible, à l'hydrogène, à l'oxyde de carbone, aux hydrogènes carbonés, etc., il en détermine la combustion instantanément avec détonation. La chaleur produite par l'inflammation spontanée du gaz est assez forte pour entraîner celle des autres composés gazeux. Aussi ne faut-il manier le gaz PhH^3 et le liquide PhH^2 qu'avec une extrême prudence.

L'hydrogène phosphoré solide s'obtient, comme on l'a vu, en décomposant l'hydrogène phosphoré gazeux en présence du mercure, et aussi de l'acide chlorhydrique ou du chlore. Ce corps est d'un beau jaune ; il a l'odeur du phosphore, mais il ne luit pas dans l'obscurité, ne prend feu qu'à une température très-élevée, 160°, et, à l'abri de l'oxygène, ne se décompose même qu'à 175°. Dans l'eau et exposé à la radiation solaire, il se dissout insensiblement en dégageant de l'hydrogène et se transformant en acide phosphorique.

La théorie de sa préparation s'explique par l'équation suivante :

$$5PhH^2 = Ph^2H + 3PhH^3.$$

C'est-à-dire 5 atomes ou équivalents de phosphore, unis à 2 atomes ou équivalents d'hydrogène, et formant l'hydrogène phosphoré liquide, produisent en se dédoublant, d'une part : 2 atomes ou équivalents de phosphore, unis à 1 atome ou équivalent d'hydrogène ou de l'hydrogène phosphoré solide ; et de l'autre : 3 atomes ou équivalents de phosphore, unis à 3 atomes ou équivalents d'hydrogène, ou de l'hydrogène phosphoré gazeux.

On a déterminé la composition des hydrogènes phosphorés au moyen de l'opération que nous allons décrire (*fig.* 38). A est un tube de verre rempli de cuivre métallique pur, B un autre tube semblable rempli d'oxyde de cuivre, C un tube en

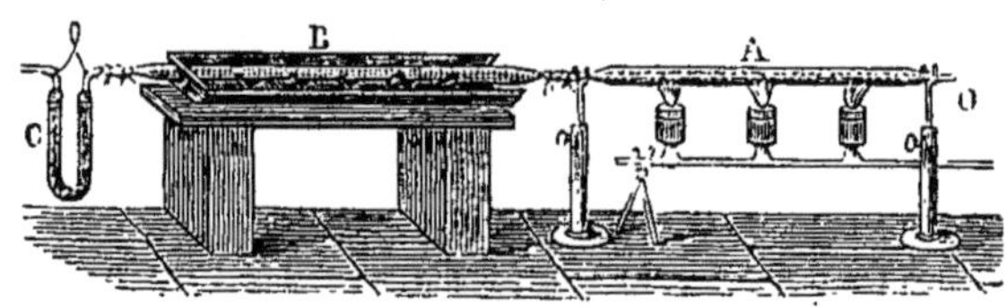

Fig. 38.

U rempli de ponce humectée d'acide sulfurique. Si par l'orifice O, après avoir purgé d'air les deux tubes, on fait passer un courant d'hydrogène phosphoré, d'abord sur le cuivre, ensuite sur l'oxyde de cuivre, l'un et l'autre chauffés au rouge, le gaz se décompose totalement dans son trajet. En premier lieu, le phosphore se combine au cuivre pour former du phosphure de cuivre; en second lieu, l'hydrogène se brûle au contact de l'oxyde de cuivre pour former de l'eau qui est absorbée par la ponce sulfurique. Si, après comme avant l'opération, on a pesé les tubes A, B, C, la différence en poids de chacun d'eux donnera ou ce qui a été acquis, ou ce qui a été perdu.

Or, le tube A s'est augmenté du poids du phosphore fixé sur le cuivre; le tube B a diminué d'une quantité de poids égale à la quantité d'oxygène cédée, et le poids du tube en U (C) s'est accru de la quantité d'eau formée et retenue par la ponce sulfurique. Pour 100 parties en poids de gaz hydrogène phosphoré, on obtient :

En hydogène.	8,57
En phosphore	91,43
Total.	100,00

composition qui correspond à celle-ci en volumes :

$1\frac{1}{2}$ volume d'hydrogène.	0,1038
$\frac{1}{4}$ de volume de phosphore.	1,0815
Total.	1,1853

Or, la densité du gaz hydrogène phosphoré est, en effet, 1,185.

L'équivalent du phosphore étant représenté par le nombre 400, pour connaître, en équivalents, la composition du gaz hydrogène phosphoré, on établira la proportion :

$$91,43 : 8,57 :: 400 : x.$$

D'où x, ou $\frac{8,57 \times 400}{91,43} = 37,50.$

Ce nombre 37,50 étant le multiple par 3 de 12,50 ou de l'équivalent de l'hydrogène, la formule du gaz hydrogène phosphoré sera PhH^3. En analysant de même l'hydrogène phosphoré liquide et l'hydrogène phosphoré solide, on a trouvé que leur composition devait être représentée par les formules que nous avons données, c'est-à-dire PhH^2 et Ph^2H.

XXIII

COMBINAISONS DE L'HYDROGÈNE AVEC L'ARSENIC

L'hydrogène forme avec l'arsenic deux combinaisons, l'hydrogène arsénié AsH^3 et l'hydrure d'arsenic, dont la composition est encore à déterminer.

L'hydrogène arsénié, dont on doit la découverte à Schéele, s'obtient au moyen de l'appareil qui sert à préparer l'hydrogène (V. p. 26. *fig.* 2). Il suffit d'ajouter dans le flacon récepteur qui contient l'eau, le zinc et l'acide sulfurique, un composé soluble d'arsenic, les acides arsénieux, arsénique, ou le chlorure arsenical. Sous l'influence de l'action que l'acide sulfurique exerce sur le zinc, l'eau et le composé arsénieux soluble sont décomposés simultanément, et, au lieu d'hydrogène simple, il se dégage de l'hydrogène arsénié, gaz incolore, d'une fétidité extrême, avertissant en quelque sorte du danger qu'il y a de le respirer. Le chimiste allemand Gelhen et un jeune chimiste de

Dublin ont péri victimes de ce poison redoutable. Ce gaz se décompose à la température rouge, et, à plus forte raison, lorsqu'on l'enflamme dans l'air. C'est sur cette propriété qu'est fondé le procédé de recherche aujourd'hui employé par la médecine légale pour retrouver les plus faibles quantités d'arsenic. On parvient ainsi à saisir ce poison dans une dissolution qui n'en contient proportionnellement qu'un millionième de son poids, c'est-à-dire qui dans 100 grammes de liquide ne contient qu'un dix-millième de gramme, ou un cinq-cent-cinquante-cinquième de grain d'arsenic.

Cette pondération infinitésimale de l'arsenic sous forme de vapeur est un résultat incontestable de l'expérience. L'un des appareils à l'aide duquel on arrive à une telle constatation porte le nom d'appareil de Marsh, modifié par l'Académie des sciences ; l'autre est désigné sous le nom d'appareil Flandin et Danger.

Fig. 39.

Il suffit de représenter ici ces deux appareils pour en faire comprendre l'usage. Dans le premier (*fig.* 39), l'hydrogène arsénié, qui se dégage à travers le tube T, est décomposé par la chaleur au point *b;* l'hydrogène seul suit sa route comme gaz, et l'arsenic se dépose sous forme d'anneau de *b* en *c*. Dans le cas d'une décomposition imparfaite de l'hydrogène arsénié par la chaleur, on pourrait recueillir le métalloïde, sous forme de taches, sur une soucoupe en porcelaine, en prenant soin d'allumer le gaz à l'extrémité effilée du tube T.

Dans le second appareil (*fig.* 40), l'hydrogène arsénié est complétement brûlé dans le petit tube recourbé D, et il est ainsi transformé en acide arsénieux et en eau. L'acide arsénieux, à l'état solide, se dépose dans le tube D, ou bien, entraîné avec l'eau formée par la combustion, il reste en dissolution dans ce liquide qui, condensé au moyen du réfrigérant R, vient tomber dans la petite capsule P.

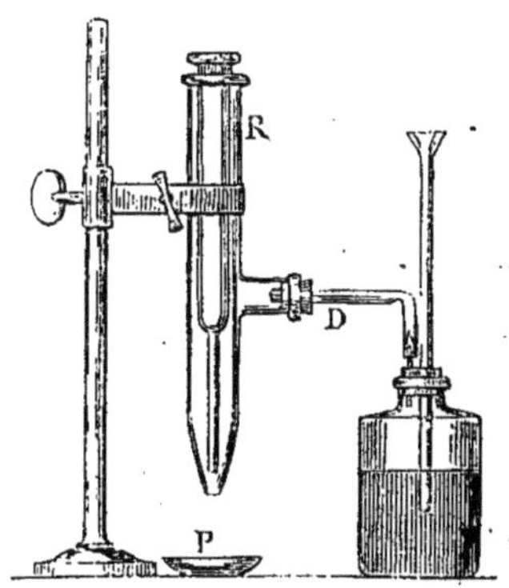

Fig. 40.

Ainsi obtenu à l'état miroitant ou métallique dans le premier appareil, à l'état d'acide arsénieux absolument pur dans le second, on conçoit combien il reste facile de vérifier, par des réactions chimiques décisives, quelle est la nature du corps si parfaitement isolé. On apprendra plus tard à connaître ces réactions ; disons ici, par anticipation, qu'il suffit de 300 à 400 grammes de certains organes de la victime d'un empoisonnement par l'arsenic, pour qu'il soit facile à des chimistes exercés de retrouver le corps de délit et de fournir ainsi la preuve matérielle de l'empoisonnement. Un pareil résultat, aujourd'hui bien acquis à la médecine légale, doit être compté parmi les conquêtes de la chimie moderne.

On détermine la composition du gaz hydrogène arsénié absolument comme celle de l'hydrogène phosphoré, et l'on trouve ainsi que le composé renferme :

$1\frac{1}{2}$ volume d'hydrogène.	0,1032
$\frac{1}{2}$ volume d'arsenic.	2,5910
Total.	2,6942

En équivalents, la formule sera donc AsH^3.

Le second composé d'hydrogène et d'arsenic, ou l'hydrure

d'arsenic, se forme, d'après Berzélius, lorsque, pour la décomposition de l'eau, on emploie comme électrodes l'arsenic. Il se produit également par suite de la décomposition lente de l'hydrogène arsénié, lorsqu'on décompose ce gaz à une température peu élevée. Mais, la composition de ce corps étant encore indéterminée, nous n'avons pas à insister pour le faire connaître.

XXIV

COMBINAISONS DE L'HYDROGÈNE AVEC LE CHLORE, L'IODE, LE BROME, LE FLUOR, LE SÉLÉNIUM ET LE TELLURE

L'hydrogène forme avec un certain nombre de métalloïdes, avec le chlore, l'iode, le brôme, le fluor, le sélénium et le tellure, des composés auxquels il communique une propriété commune, l'*acidité*, et qui, pour cette raison, ont été désignés sous un même nom, celui d'*hydracides*. On a divisé ces composés en deux groupes. Le premier comprend :

Les acides chlorhydrique, HCl,
— iodhydrique, HI,
— bromhydrique, HBr,
— fluorhydrique, HCl.

Le second comprend :

Les acides sélénhydrique, HSe,
— tellurhydrique, HTe,

auxquels il faudrait peut-être ajouter l'acide sulfhydrique que nous avons étudié plus haut sous le nom d'hydrogène sulfuré.

Les hydracides du premier groupe sont formés de volumes égaux d'hydrogène et des métalloïdes unis sans condensation, leur équivalent est représenté par quatre volumes ; l'équivalent des acides du second groupe est représenté seulement par deux volumes.

ACIDE CHLORHYDRIQUE HCl

Si dans deux récipients d'égale capacité, le ballon A et le flacon B, dont les ouvertures ont été rodées l'une sur l'autre de manière à pouvoir se fermer hermétiquement, on a introduit dans le ballon A du chlore et dans le flacon B de l'hydrogène, il suffit de superposer alternativement les vases sens dessus dessous, comme le montrent les *figures* 41 *et* 41 *bis*, en les tenant à l'abri d'une trop vive lumière, pour voir le chlore se décolorer insensiblement et les deux gaz hydrogène H et chlore Cl former, en se combinant, de l'acide chlorhydrique HCl. L'hydrogène et le chlore se sont combinés volume à volume, et il n'est resté aucun vide dans l'appareil, comme on peut s'en assurer en ouvrant, ou séparant les vases, sous le mercure ou sous l'eau. Dans le premier cas, le mercure ne pénètre dans aucun des récipients; dans le second, l'eau s'y précipite et les remplit en entier. Cela tient, d'une part, à ce que le gaz composé ou acide chlorhydrique n'a aucune action sur le mercure; de l'autre, à ce que cet acide est extrêmement soluble dans l'eau.

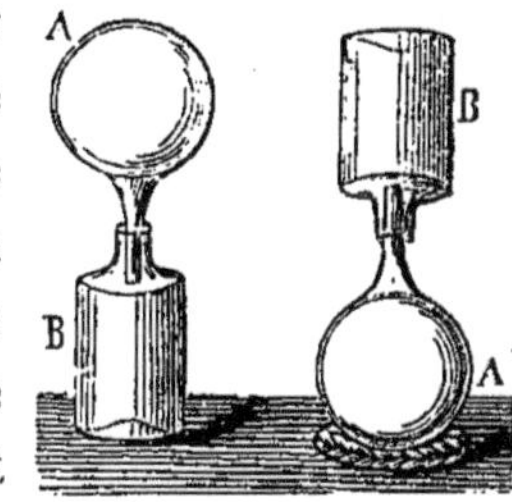

Fig. 41. Fig. 41 *bis*.

Si, au lieu de placer l'appareil à l'ombre, on l'eût exposé au soleil, la combinaison eût été immédiate, et il en serait résulté une explosion qui eût brisé les vases. L'expérience exige donc certaines précautions.

Ce n'est pas là, on le pense bien, le procédé usuel pour préparer l'acide chlorhydrique. Dans le laboratoire, on obtient cet acide en faisant agir l'acide sulfurique sur le sel marin ou chlorure de sodium, NaCl.

$$NaCl + SO^3HO = NaOSO^3 + HCl.$$

C'est-à-dire :

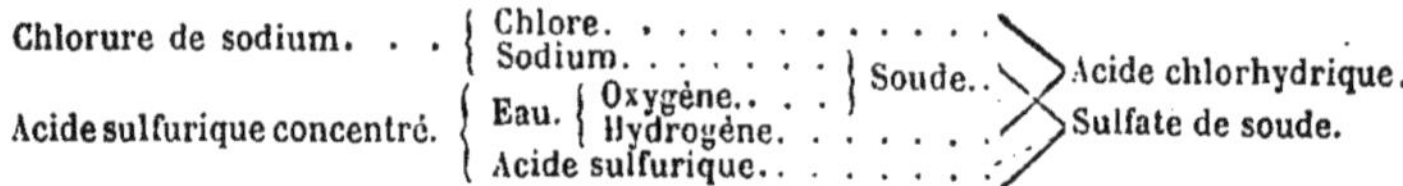

Si l'on se proposait d'obtenir le gaz pur et sec, il faudrait le recueillir dans une cloche au-dessus du mercure. Mais ordinairement c'est en dissolution dans l'eau qu'on recueille l'acide chlorhydrique. Alors on fait usage de l'appareil ici représenté (*fig.* 42), et que l'on désigne sous le nom d'appareil de Woolf.

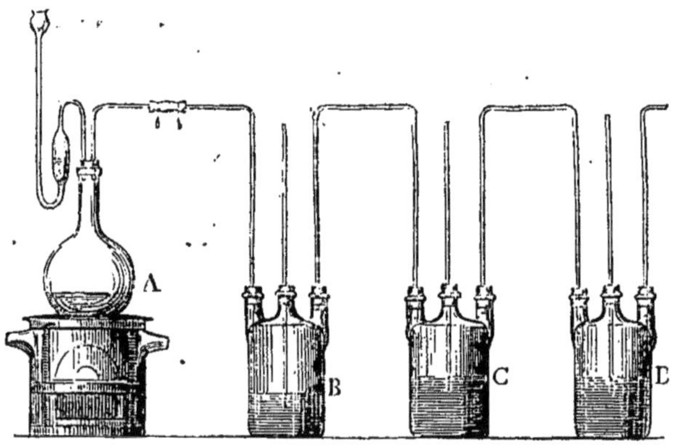

Fig. 42.

Dans le flacon A se trouve le mélange de sel et d'acide sulfurique (parties égales de l'un et de l'autre avec addition d'un tiers d'eau). Le premier flacon B est un flacon dit *laveur*, destiné à arrêter l'acide sulfurique qui pourrait être entraîné, et les flacons C et D, aux trois quarts remplis d'eau, sont destinés à recueillir le gaz qui entre en dissolution en présence du liquide. On a le soin de ne faire, en quelque sorte, qu'effleurer le liquide par les tubes adducteurs, afin que le courant soit toujours égal. Les dissolutions devenant plus denses à mesure qu'elles se concentrent, les couches liquides supérieures restent les dernières à se saturer, et sont, par conséquent, les plus propres à dissoudre le gaz.

En grand, pour les besoins du commerce, on prépare l'acide chlorhydrique dans de gros cylindres en fonte placés horizontalement dans des fourneaux et communiquant, par des tuyaux en plomb, avec des récipients ou bonbonnes en grès.

C'est au commerce que les chimistes empruntent le plus souvent l'acide chlorhydrique, mais alors ils doivent prendre le soin de le purifier; car, d'ordinaire, l'acide livré par le commerce est extrêmement impur. Étant préparé avec des sels qui n'entrent en franchise que s'ils sont mélangés de matières goudronneuses et de charbon, on conçoit que l'acide fabriqué en grand soit souillé tout à la fois des matières déjà en nature dans l'acide sulfurique et de celles qui peuvent se former par l'action de ce composé sur les goudrons et le charbon. Généralement l'acide chlorhydrique du commerce contient du fer, de l'arsenic et de l'acide sulfureux. C'est par la distillation qu'on parvient à le purifier. On commence par transformer l'acide sulfureux en acide sulfurique au moyen du chlore,

$$SO^2 + HO + Cl = HCl + SO^3;$$

on précipite l'acide sulfurique formé au moyen du chlorure de baryum,

$$BaCl + HO + SO^3 = BaOSO^3 + HCl,$$

et l'on distille ensuite avec ménagement en plaçant la cornue sur un bain de sable. L'acide chlorhydrique qui passe à la distillation doit être parfaitement limpide et incolore. Pour retenir à l'état gazeux l'acide que la chaleur pourrait séparer et entraîner, il est utile de disposer au delà du ballon récipient un flacon renfermant un peu d'eau (*fig.* 43). Le récipient A doit être refroidi par un courant d'eau froide.

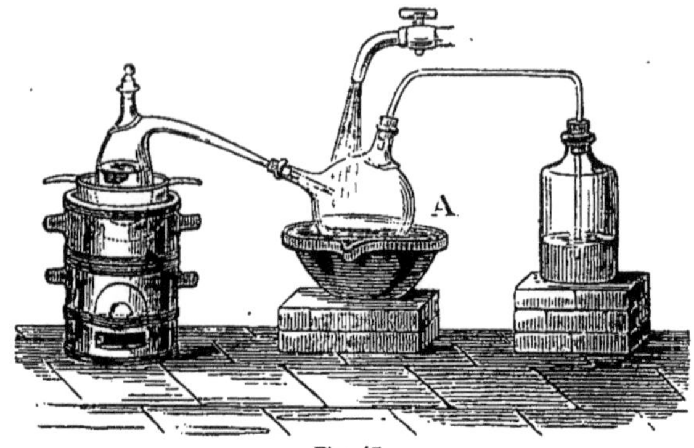

Fig. 43.

L'acide chlorhydrique pur, à l'état de gaz, est incolore, caustique, d'une odeur suffocante. A l'air libre, il répand des fumées épaisses, ce qui tient à l'eau qu'il absorbe et qu'il précipite sous forme de vapeurs. La tension de ces vapeurs acides étant plus faible que celle de l'eau seule, elles s'agglomèrent et restent indissoutes dans l'air. Dans une atmosphère complétement sèche, le phénomène ne se produirait pas. Relativement à celle de l'air prise pour unité, la densité de l'acide chlorhydrique est 1,24. Ce gaz ne doit pas être rangé dans la classe des gaz permanents. On l'a liquéfié soit en le comprimant à 40 atmosphères, soit en le soumettant au froid intense que l'on produit en plaçant sous la machine pneumatique un mélange d'acide carbonique solide et d'éther. Le liquide ainsi obtenu a pour densité 1,27 ; on n'a pas pu le congeler, ou lui faire prendre l'état solide.

La dissolution de l'acide chlorhydrique dans l'eau donne lieu à trois hydrates, qui sont représentés par les formules,

$$HCl6HO,$$
$$HCl12HO,$$
$$HCl16HO.$$

La densité du premier hydrate à 0° est de 1,24; celle du second de 1,12, et celle du troisième de 1,09. Abandonné à l'air, le premier hydrate HCl6HO répand des fumées blanches et perd une partie de son acide pour passer insensiblement à l'état de deuxième hydrate HCl12HO. Sous la pression normale, ce deuxième hydrate entre en ébullition à 106 degrés. Quand on le distille, il perd aussi une portion de son acide et passe au troisième degré d'hydratation HCl16HO. Ce dernier composé ne bout qu'à 110 degrés, sous la pression normale 0,76.

On mesure l'état d'hydratation des acides chlorhydriques du commerce au moyen de l'aéromètre ou pèse-acides, et l'on a dressé des tables indiquant les quantités relatives d'eau et d'acide que peuvent contenir les dissolutions plus ou moins concentrées d'acide chlorhydrique mises en circulation par le commerce.

Nous apprendrons par la suite quel fréquent emploi l'on fait dans le laboratoire de l'acide chlorhydrique comme réactif. Disons seulement, à l'avance, qu'il sert à dissoudre les métaux et les oxydes; à caractériser certains sels, ceux d'argent, par exemple; à décomposer les carbonates et les sulfures; à reconnaître et doser l'ammoniaque. Mêlé en certaines proportions à l'acide azotique, il constitue l'eau régale, ainsi nommée parce qu'elle attaque l'or, le roi des métaux pour les anciens.

Pour achever l'histoire de l'acide chlorhydrique, il nous reste à en fixer la composition. C'est en avoir fait la synthèse qu'avoir mis en présence, pour le former, des volumes égaux de chlore et d'hydrogène. L'analyse n'est pas moins simple à faire. On devra prendre un volume mesuré du gaz composé que l'on introduira, sous le mercure, dans une cloche recourbée (*fig.* 44). A l'aide d'une pince ou d'une petite baguette en fer, on fera parvenir au fond de la cloche un fragment de potassium. En chauffant légèrement, ce corps s'emparera du chlore, et l'hydrogène seul restera dans la cloche. On en mesurera le volume dans le vase gradué même qui aura servi à prendre le volume de l'acide chlorhydrique, et l'on verra qu'il occupera précisément la moitié de l'espace occupé par le gaz composé.

Fig. 44.

Or, si de la densité du gaz acide chlorhydrique. . . .	1,24
on retranche la demi-densité de l'hydrogène.	0,03
on aura.	1,21

qui est précisément le nombre de la demi-densité du chlore (2,42); d'où la conséquence qu'un volume de gaz acide chlorhydrique est formé d'un demi-volume de chlore et d'un demi-volume d'hydrogène unis sans condensation, ou, pour s'exprimer comme le fait la chimie dans le système des équivalents, que quatre volumes d'acide chlorhydrique sont composés de deux volumes d'hydrogène et de deux volumes de chlore.

Pour établir la composition en poids de 100 parties d'acide chlorhydrique, on posera les équations suivantes :

$$1,24 : 0,03 :: 100 : x,$$
$$1,24 : 1,21 :: 100 : y.$$

D'où l'on aura pour x, ou l'hydrogène. . . .	2,74	100
et pour y, ou le chlore.	97,26	

En rapportant cette composition pondérale à l'équivalent établi de l'hydrogène 12,50, on aura à chercher le quatrième terme de la proportion

$$2,74 : 12,50 :: 97,26 : x.$$

Or ce quatrième terme est 443,20.

L'acide chlorhydrique est donc composé :

d'un équivalent d'hydrogène pesant.	12,50
et d'un équivalent de chlore pesant.	443,20
son équivalent est ainsi.	455,70

ACIDE IODHYDRIQUE HI

Malgré les analogies qui ont fait rapprocher ces composés, on n'obtient pas les acides iodhydrique et bromhydrique, comme on obtient l'acide chlorhydrique, en mettant en présence leurs éléments ; il faut recourir à des corps intermédiaires, ou faire agir des affinités plus énergiques. Ainsi, pour préparer les acides iodhydrique et bromhydrique, est-on obligé de combiner d'abord l'iode et le brôme au phosphore, et de décomposer ensuite les iodure et bromure de phosphore par l'eau. Voici comment on procède à la double opération :

Pour la préparation de l'acide iodhydrique, on introduit dans un récipient de verre assez épais (*fig.* 45) des couches alternatives d'iode, de verre pilé et de phosphore humide; on adapte au récipient un tube adducteur, et l'on chauffe très-légèrement. Sous l'influence de la chaleur, la vapeur d'iode se combine à celle du phosphore, il en résulte un iodure de phosphore IPh^3 qui, se décomposant en présence de l'eau HO, donne, d'une part, de l'acide phosphoreux PhO^3, qui reste en dissolution dans le liquide, et, de l'autre, du gaz acide iodhydrique HI, que l'on peut recueillir, à la manière du chlore, dans un vase bien sec et à petite ouverture. Ce gaz ne peut être recueilli ni sous l'eau, ni sous le mercure, attendu qu'il est très-soluble dans le liquide et qu'il attaque le métal.

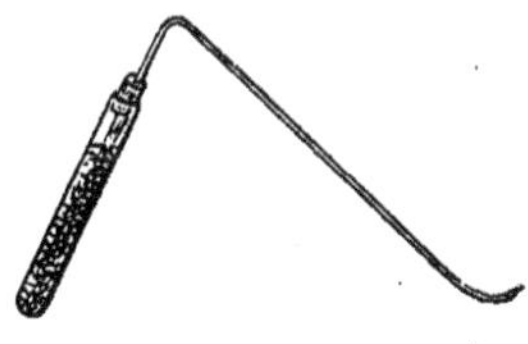

Fig. 45.

Quand il est pur, le gaz iodhydrique est incolore ; il fume à l'air, parce qu'il en absorbe les vapeurs aqueuses qu'il condense. Mais si, sous ce double rapport, il a de la ressemblance avec le gaz chlorhydrique, il n'a ni les pouvoirs de dissolution ni les réactions chimiques de ce gaz. Extrêmement soluble dans l'eau, il s'y montre peu stable ; il se décompose même à l'air libre, et l'iode, qui se sépare, se dissout dans l'acide iodhydrique non décomposé. Un atome de chlore ou de brôme décompose également l'acide iodhydrique, en raison de la plus forte affinité du chlore et du brôme pour l'hydrogène que pour l'iode. La densité de ce gaz est considérable, elle est de 4,443. C'est de cette densité que se déduit la composition chimique de l'acide iodhydrique.

Si, à la densité de l'hydrogène.	0,0692
on ajoute celle de la vapeur d'iode que nous avons vue être.	8,7160
on a.	8,7852

dont la moitié 4,3926 se rapproche beaucoup du chiffre 4,443, trouvé par l'expérience, comme représentant la densité de l'acide iodhydrique. Ainsi que l'acide chlorhydrique, l'acide iodhydrique est donc formé de volumes égaux d'hydrogène et d'iode.

Pour connaître la quantité d'hydrogène contenue dans 100 parties d'acide iodhydrique et déterminer, en conséquence, l'équivalent de l'iode et celui de l'acide iodhydrique, on établira la proportion suivante :

4,3926 (densité de l'acide iodhydrique) est à 0,347 (moitié de la densité de l'hydrogène) comme 100 est à x.

D'où $x = 0,78$.

En 100 parties d'acide iodhydrique il y a donc 0,78 d'hydrogène et, par conséquent, 99,22 d'iode. L'équivalent de l'hydrogène étant 12,50, pour avoir l'équivalent de l'iode on établira la proportion :

$$0,78 : 12,50 :: 99,22 : x.$$

D'où $x = 1590$. Dès lors l'équivalent de l'acide iodhydrique est $1590 + 12,50$ ou $1602,50$.

ACIDE BROMHYDRIQUE HBr.

M. Balard, qui a découvert le brôme, a obtenu l'acide bromhydrique en faisant passer de l'hydrogène et des vapeurs de brôme à travers un tube de porcelaine chauffé au rouge. Mais il est plus simple peut-être de préparer cet acide comme l'acide iodhydrique, en faisant agir la vapeur de brôme sur le phosphore et décomposant le bromure de phosphore par l'eau. L'appareil à employer est un tube à plusieurs courbures tel que le montre la *figure* 46. Dans la courbure *a*, on introduit de petits morceaux de phosphore que l'on recouvre de fragments de verre mouillés. En *b* l'on met une petite quantité de brôme, et, après avoir fermé l'ouverture A, on adapte à l'extrémité B un tube adducteur V. Cette fois, l'on peut recueillir le gaz composé sous le mercure, attendu que l'acide bromhydrique n'attaque pas ce métal. Pour déterminer la réaction, il suffit de chauffer légèrement la portion du tube renfermant le brôme. La vapeur de ce corps, en passant sur le phosphore, forme du bromure de phosphore, qui se trouvera décomposé en arrivant au contact de l'eau dont sont imprégnés les fragments de verre. Il se forme ainsi de l'acide phosphoreux ou phosphorique qui reste en dissolution dans le liquide, et l'acide bromhydrique libre se dégage. On représente la réaction par l'équation suivante :

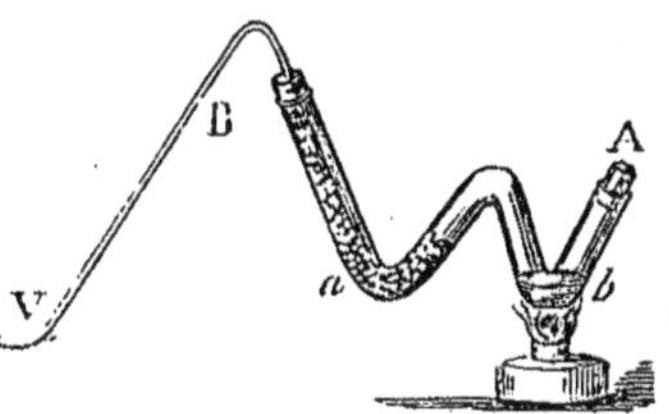

Fig. 46.

$$PhBr^3 + 3HO = PhO^3 + 3HBr.$$

L'acide bromhydrique est un gaz incolore d'une odeur piquante. Il fume à l'air, comme les acides iodhydrique et chlorhydrique, et par la même cause. On le distingue facilement de ces deux gaz au moyen du chlore. Un atome de chlore gazeux, ou une goutte de chlore liquide, décompose l'acide bromhydrique en formant de l'acide chlorhydrique, et précipitant le brôme à l'état de vapeurs rutilantes. L'acide bromhydrique est extrêmement soluble dans l'eau, mais la dissolution ne se conserve pas. Il a pour densité 2,731.

On peut établir la composition de l'acide bromhydrique par une analyse directe. Dans la cloche graduée qui a servi pour déterminer la composition de l'acide chlorhydrique, si l'on recueille une quantité déterminée de gaz, et qu'on la décompose au moyen du potassium, on trouve, absolument comme pour l'acide chlorhydrique, que l'acide bromhydrique est formé de volumes égaux d'hydrogène et de vapeurs de brôme, unis sans condensation.

D'autre part, si de la densité de l'acide bromhydrique.	2,7310
on retranche la demi-densité de l'hydrogène	0,0344
on a.	2,6966

qui représente la demi-densité de la vapeur de brôme.

D'où l'on dira, pour fixer le poids relatif des deux corps élémentaires :

$$2,696 : 0,344 :: 100 : x$$

x ou l'hydrogène étant ainsi	1,26	100
le brôme sera.	98,74	

L'équivalent de l'hydrogène étant 12,50, on aura pour l'équivalent du brôme :

$$1,26 : 12,50 :: 98,74 : x.$$

D'où x ou l'équivalent du brôme = 979. En conséquence, l'équivalent de l'acide bromhydrique est 979 + 12,50 ou 991,50.

ACIDE FLUORHYDRIQUE HFL.

La composition de l'acide fluorhydrique n'est pas rigoureusement déterminée. On a vu que le phtore ou fluor n'avait pas été nettement isolé, et que c'était en raisonnant par analogie qu'on en admettait l'existence. Toutefois, par le calcul, si ce n'est par l'expérience directe, nous arriverons à fixer tout à la fois et la composition de l'acide fluorhydrique et l'équivalent du fluor. Étudions d'abord le corps composé. On l'obtient en faisant réagir l'acide sulfurique sur le minerai naturel désigné sous le nom de spath-fluor. Mais on ne peut ici opérer dans les appareils ordinaires. L'acide fluorhydrique attaque le verre, la porcelaine et la plupart des métaux. Il y a nécessité de se servir de vases spéciaux en platine ou en plomb. L'appareil en usage dans les laboratoires est une cornue en plomb se divisant en deux parties A et B (*fig.* 47) qui se vissent l'une sur l'autre, A le fond ou la panse dans laquelle se place le mélange de spath-fluor et d'acide sulfurique, B le dôme de la cornue, qui doit s'adapter à un récipient ou tuyau en plomb C assez épais. En *d* est une ouverture pour le passage de l'air et du gaz. L'appareil disposé et luté, on enveloppe de glace ou d'un mélange réfrigérant le récipient C, et l'on chauffe graduellement et avec mesure le fond de la cornue. Pour la préserver d'un coup de feu trop vif, il est bon de chauffer la cornue dans un bain de sable. Par suite de la réaction de l'acide sulfurique sur le spath-fluor, il y a décomposition de ce corps, forma-

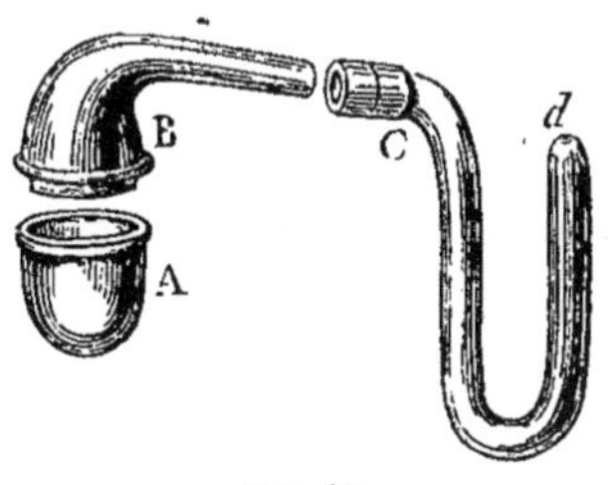

Fig. 47.

tion de sulfate de chaux et dégagement d'acide fluorhydrique en vapeurs que le froid condense dans le récipient C.

$$CaFl + SO^3HO = CaOSO^3 = HFl.$$

A la fin de l'opération, on verse, par l'ouverture *d*, le liquide du récipient dans un vase en platine, en argent ou en plomb, qui doit fermer hermétiquement au moyen d'un bouchon de même métal et bien rodé.

L'acide fluorhydrique ainsi recueilli, alors surtout qu'il est anhydre, est l'agent le plus corrosif que l'on connaisse. Il est incolore, il fume à l'air comme les acides précédemment étudiés, et il a pour densité 1,06. Il bout à 30 degrés et ne se congèle pas, alors même qu'on le soumet aux froids les plus intenses. Projeté dans l'eau, il fait entendre un bruissement pareil à celui d'un fer rouge qu'on éteint dans ce liquide.

Telle est l'action corrosive de ce corps, qu'il attaque la plupart des métaux et la silice même, corps réfractaire aux acides les plus forts de la chimie. On a utilisé cette propriété pour la gravure sur verre. Il suffit de recouvrir le cristal que l'on veut entailler d'une couche assez légère de cire, de graver au burin sur la cire jusqu'à la surface du verre, et d'exposer la pièce ainsi préparée à la vapeur de l'acide fluorhydrique. L'acide attaque toutes les parties de verre qu'il peut atteindre, et laisse intactes celles qui sont préservées par la cire. Il en résulte un véritable spécimen de la gravure faite sur la cire. Dans l'opération, le graveur doit se préserver lui-même de l'action de l'acide fluorhydrique et de celle de ses vapeurs. Le contact de cet acide sur la peau la corrode profondément.

Pour connaître la composition de l'acide fluorhydrique on a fait les opérations suivantes. On a pesé dans un creuset de platine 10 grammes de spath-fluor qu'on a traités par un excès d'acide sulfurique ; on a ainsi obtenu 17 gr., 345 de sulfate de chaux.

D'autre part, et parallèlement en quelque sorte, on a pesé 10 grammes de chaux pure, qu'on a traités de même par un excès d'acide sulfurique, et l'on a obtenu 24 gr., 261 de sulfate de chaux.

Connaissant les proportions relatives de chaux et d'acide sulfurique qui composent le sulfate de chaux $CaOSO^3$, pour avoir les quantités relatives en poids de chaux et d'acide sulfurique que contiennent 100 grammes de sulfate de chaux, on a établi la proportion :

24,261 : 10 : : 14,261 (différence entre 10 et 24,261) est à un quatrième nombre représenté par x.

$$\text{D'où } x = \frac{14{,}261 \times 10}{24{,}261} \text{ ou } 58{,}78.$$

58,78 représentant l'acide sulfurique contenu dans 100 parties de sulfate de chaux, la différence ou 41,22 se trouve représenter la chaux contenue de même dans 100 grammes de sulfate.

Or, dans l'acide sulfurique SO^3, il y a trois équivalents d'oxygène (100) ou 300, et dans la chaux CaO un seul équivalent d'oxygène ou 100. Pour trouver la quantité de calcium contenue dans 41,22 de chaux, il y aura à établir la proportion suivante :

500 (équivalent de l'acide sulfurique, S = 200, O = 300) est à 58,78 comme 3 est à x.

$$\text{D'où } x = \frac{58{,}78 \times 3}{500} \text{ ou } 35{,}278,$$

dont le tiers ou 11,756 représente la quantité d'oxygène contenue dans 41,220 de chaux. Si de 41,220 on retranche 11,756, on a pour la quantité de calcium 29,464.

Pour ramener à 100 parties les 41,220 parties de chaux du sulfate de cette base, on établira la proportion :

41,220 : 11.756 : : 100 : x.

D'où x qui représente l'oxygène.	=	28,52
tandis que la différence (100 — 28,52). . . .	=	71,48
		100,00

Pour déduire l'équivalent du calcium, l'équivalent de l'oxygène étant 100, on dira

$$28{,}521 : 100 :: 71{,}48 : x.$$

D'où x ou l'équivalent du calcium sera 250,60.

L'équivalent du calcium étant établi, pour avoir l'équivalent du fluor, il suffit de nous rappeler que 10 grammes de spath-fluor ont donné avec l'acide sulfurique 17,345 de sulfate de chaux, et que, dans 100 de sulfate de chaux, nous avons 41,22 de chaux pour 58,78 d'acide sulfurique.

Établissant la proportion :

100 : 29,464 (différence entre 41,22 et 11,756) : : 17,345 : x.

Nous trouvons pour x 5,140.

Dans nos 10 grammes de spath-fluor nous avions donc 5,140 de calcium. Dans 100 grammes nous en aurions 51,40 ; le fluor sera la différence ou 48,60.

Or, si avec tous les chimistes nous disons que le spath-fluor est un fluorure de calcium CaFl, et qu'il est formé d'un équivalent de calcium 250,60 et d'un équivalent de fluor x, pour trouver cet équivalent inconnu il nous faudra établir la proportion :

$$51{,}10 : 48{,}60 :: 250{,}60 : x.$$

$$\text{D'où } x = \frac{48{,}60 \times 250{,}60}{51{,}10} \text{ ou } 240{,}00.$$

Si l'acide fluorhydrique est formé d'un équivalent d'hydrogène et d'un équivalent de fluor, et tout porte à le penser d'après les analogies de cet acide avec les acides chlorhydrique, iodhydrique, bromhydrique, cet acide renfermera :

1 équivalent de fluor.	240,00
1 équivalent d'hydrogène.	12,50
Et son équivalent sera.	252,50

On voit, par cet exemple, que, lorsqu'on ne peut directement, ou par l'expérience, fixer l'équivalent d'un corps, il est possible de l'établir par le calcul. Les opérations mathématiques sont ici non moins sûres que les opérations de laboratoire. Il n'y a d'hypothétique que la donnée première des analogies sur lesquelles le calcul se fonde.

ACIDES SÉLENHYDRIQUE HSe ET TELLURHYDRIQUE HTe.

Ces acides n'ont d'autre intérêt pour les chimistes que de montrer, par un plus grand nombre d'exemples, la propriété que possède l'hydrogène de former avec les métalloïdes des combinaisons définies. Il a été établi de nos jours que ces acides sont formés d'un volume de vapeur de sélénium, ou de tellure, uni à deux volumes ou un équivalent d'hydrogène. Leurs formules HSe et HTe expriment cette composition.

On les prépare l'un et l'autre en mettant en présence l'acide chlorhydrique et le séléniure ou tellurure de potassium :

$$KSe + HCl = KCl{,}HSe\ ;$$
$$KTe + HCl = KCl{,}HTe.$$

L'un et l'autre sont gazeux, incolores, combustibles et solubles dans l'eau. Ils ont une odeur qui les rapproche et qui rappelle celle des œufs gâtés ou de l'acide sulfhydrique. L'acide sélenhydrique a, ou, du moins, est réputé avoir la propriété toute spéciale de paralyser l'odorat. S'il en est ainsi, nous indiquerons une expérience à faire aux physiologistes. On a soutenu (contre notre opinion personnelle) que l'acide prussique foudroyait les animaux par suite de son action sur le système nerveux. Nous pensons, quant à nous, que l'acide prussique agit, à la manière des autres gaz, par la respiration et sur le sang. Une expérience pourrait clore le débat. Que l'on paralyse d'abord l'odorat ou les nerfs olfactifs d'un animal, en lui faisant sentir de l'acide sélenhydrique et, cette paralysie bien constatée, qu'on lui fasse flairer ou respirer de l'acide prussique : nous en sommes convaincu, quant à nous, l'animal périra. Si l'expérience nous dément, si, en pareil cas, l'acide prussique est sans effet, c'est que bien réellement ce poison violent n'exercera pas une action chimique sur le sang, et qu'il faudra, *pour lui seul*, réserver l'une de ces actions vitales ou nerveuses auxquelles on est forcé d'avoir recours, quand on ne peut ni expliquer ni comprendre un fait physiologique.

Les acides sulfhydrique, sélenhydrique et tellurhydrique, qui peuvent se confondre par l'aspect et par l'odeur, se reconnaissent facilement à l'aide d'une réaction commune. Sous l'influence de l'air humide, l'acide sulfhydrique, en se décomposant, donne un dépôt *blanc jaunâtre* de soufre ; l'acide sélenhydrique donne un dépôt *rouge* de sélénium, et l'acide tellurhydrique un dépôt *brun* métallique de tellure.

XXV

COMBINAISONS DE L'OXYGÈNE AVEC LES MÉTALLOIDES

L'agent principal des combustions, l'oxygène, forme avec les métalloïdes un grand nombre de combinaisons. En général, avec chacun de ces corps, il donne lieu à une série de composés dans lesquels il se trouve en proportions toujours multiples les unes des autres (loi de Dalton). Ces composés binaires sont appelés *oxydes* ou *acides : oxydes* ou *corps brûlés*, lorsqu'ils sont indifférents ou peu propres à de nouvelles combinaisons ; *acides* ou *oxacides* lorsque, au contraire, ils exercent certaines actions communes et ont toute tendance à s'allier aux oxydes et spécialement aux oxydes alcalins. Du principe acide, comme du principe alcalin, les chimistes ont fait deux forces antagonistes, qui, l'une envers l'autre, exercent l'action d'affinités très-énergiques.

COMBINAISONS DE L'OXYGÈNE AVEC L'AZOTE

Dès nos premiers pas, nous sommes ici en présence d'une des manifestations les plus saisissantes de la loi de Dalton. L'oxygène, en effet, forme avec l'azote cinq combinaisons dans lesquelles, relativement à un volume ou à un équivalent d'azote, les quantités pondérales ou les volumes gazeux de l'oxygène peuvent être représentés par les nombres 1, 2, 3, 4, 5.

Voici la série de ces composés :

1. Protoxyde d'azote, AzO, qui, pour 175 d'azote, contient 100 d'oxygène;
2. Deutoxyde d'azote, AzO^2, qui, pour 175 d'azote, contient 200 d'oxygène;
3. Acide azoteux, AzO^3, qui, pour 175 d'azote, contient 300 d'oxygène;
4. Acide hypoazotique, AzO^4, qui, pour 175 d'azote, contient 400 d'oxygène;
5. Acide azotique, AzO^5, qui, pour 175 d'azote, contient 500 d'oxygène.

Dans ces combinaisons, les volumes de gaz sont entre eux dans des rapports non moins simples que leurs quantités pondérales. Ainsi, l'expérience a montré que

2 volumes d'azote, plus 1 volume d'oxygène, égalent 2 volumes de protoxyde d'azote;

2 volumes d'azote, plus 2 volumes d'oxygène, égalent 4 volumes de deutoxyde d'azote;

2 volumes d'azote, plus 3 volumes d'oxygène, égalent 4 volumes d'acide azoteux;

2 volumes d'azote, plus 4 volumes d'oxygène, égalent 4 volumes d'acide hypoazotique.

L'acide azotique n'ayant jamais été obtenu à l'état anhydre, on n'a pas pu déterminer quelle est la condensation de ses éléments. Quant à l'acide azoteux, dont on a bien déterminé la composition, on ne connaît pas non plus sa condensation, attendu que ce corps n'a pas pu être isolé, et que l'existence ne nous en est révélée que sous l'état de combinaison avec les bases (azotites).

Règle générale, dans les combinaisons gazeuses ou par volumes, il y a condensation quand les combinaisons ont lieu à volumes inégaux ; et il n'y a point condensation, au contraire, quand la combinaison s'effectue volumes à volumes. La contraction est de $\frac{1}{3}$ du volume total quand la combinaison se produit dans le rapport de 1 à 2 volumes (protoxyde d'azote, acide hypoazotique, eau) ; elle est de $\frac{1}{2}$ si ce rapport est de 1 à 3 (gaz ammoniac).

PROTOXYDE D'AZOTE AzO.

Le protoxyde d'azote s'obtient en décomposant par la chaleur un sel désigné sous le nom d'azotate ou nitrate d'ammoniaque, et dont la composition est AzH^3HO,AzO^5. La réaction est donnée par l'équation suivante, qui indique un dédoublement du sel :

$$AzH^3,HO,AzO^5 = 4HO + 2AzO.$$

L'opération doit être conduite avec soin et très-régulièrement, afin d'avoir un simple dédoublement de l'azotate d'ammoniaque, et non les divers composés d'azote dont le sel contient les éléments.

Décomposé en présence de la mousse de platine, l'azotate d'ammoniaque se résout, vers 160°, en acide azotique, en eau et en azote.

Le protoxyde d'azote a été découvert en 1772 par Priestley.

On lui donna alors le nom de *gaz hilariant*, à cause de la propriété qu'il possède d'exciter une sorte d'ivresse ou d'asphyxie, dont les effets se manifestent par une hilarité qui toucherait bientôt au délire. Sous ce rapport, ce gaz composé ne serait pas sans analogie avec les anesthésiques nouvellement mis en œuvre dans la chirurgie, l'éther, le chloroforme, l'éther chlorhydrique chloré.

Le protoxyde d'azote est un gaz incolore et sans odeur, propre à entretenir la combustion : il tient une sorte de milieu, sous ce rapport, entre l'air atmosphérique et l'oxygène. Dans l'air, il n'y a qu'un cinquième d'oxygène relativement à l'azote, et les deux gaz ne sont qu'à l'état de mélange. Dans le protoxyde d'azote, l'oxygène est uni à l'azote volume à volume, et les deux gaz constituent une combinaison. Pour rompre cette combinaison, il faut une action intermédiaire d'une certaine puissance, un excès de chaleur, par exemple. Mais, une fois la combinaison rompue, tout l'oyygène, à l'état libre, exerce son action propre de corps comburant. Sous l'influence de la chaleur, et hors de la présence ou du contact d'un corps combustible, le protoxyde d'azote se décompose en acide hypoazotique et en azote :

$$4AzO = AzO^4 + 3Az.$$

A 0° et sous la pression de trente atmosphères, le protoxyde d'azote se liquéfie. Il en est de même si, à l'aide d'une pompe foulante, dans un appareil résistant, on comprime le gaz enveloppé d'un mélange réfrigérant. La liquéfaction produite, on peut, en diminuant la pression et faisant repasser à l'état de gaz une partie du liquide, obtenir un froid assez intense pour qu'une partie du liquide passe à l'état solide. Le protoxyde d'azote prend alors la forme de flocons d'un blanc très-pur et semblables à de la neige. Dans le vide de la machine pneumatique, on peut conserver ce corps quelque temps sous forme d'une masse blanche solide d'une limpidité parfaite.

Si l'on mélange volume à volume l'hydrogène au protoxyde d'azote, et qu'on fasse passer à travers les deux gaz une étincelle électrique, il y a formation d'eau et production d'azote.

$$AzO + H = HO + Az.$$

Alors qu'on fait absorber l'oxygène du protoxyde d'azote par du potassium, il reste de l'azote pur, volume pour volume. De même si, du poids d'un volume de ce gaz

ou de sa densité.	1,527
on retranche le poids d'un volume d'azote ou la densité de ce gaz.	0,972
il reste.	0,555

qui représente, à très-peu près, la demi-densité de l'oxygène, ou $\frac{1,1056}{2}$, c'est-à-dire 0,5528. Le protoxyde d'azote est donc formé

d'un volume d'azote.	0,972
et d'un volume d'oxygène.	0,552
Total.	1,524

Et si l'on pose la proportion :

1,524 (densité du protoxyde d'azote) : 0,972 (densité de l'azote) :: 100 : x,

on aura pour le poids de cent parties de protoxyde d'azote :

x ou oxygène.	36,22	100
Azote.	63,78	

d'où, pour obtenir l'équivalent de l'azote, il faudra dire :

$$36,22 : 63,78 :: 100 : x.$$

x, ou l'équivalent de l'azote, sera 175.

En aison de l'action de l'hydrogène sur le protoxyde d'azote, on peut, de même, faire l'analyse de ce gaz dans l'eudiomètre. On constate ainsi que le protoxyde d'azote est formé d'un volume d'azote pour un demi-volume d'oxygène.

DEUTOXYDE D'AZOTE AzO^2

On obtient le deutoxyde d'azote en dissolvant à froid certains métaux, et particulièrement le cuivre, dans l'acide azotique étendu, marquant 17° à l'aréomètre de Baumé. On se sert tout simplement du flacon à double tubulure avec lequel on prépare l'hydrogène. Le gaz se recueille sous l'eau ou le mercure.

Le deutoxyde d'azote est incolore, mais à tel point instable que, s'il se trouve en présence de l'air, il absorbe de l'oxygène et passe à l'état d'acide hypoazotique en prenant une couleur rutilante. C'est là un caractère qui le fait immédiatement distinguer d'avec tous les autres gaz. Un papier bleu de tournesol ne change pas de couleur dans le gaz deutoxyde d'azote, mais il rougit immédiatement si l'on fait intervenir une bulle d'air ou d'oxygène. Une allumette en ignition ne s'enflamme pas dans ce gaz composé, mais un charbon fortement incandescent y brûle avec éclat. Cela tient à ce que la chaleur aide à la décomposition du gaz. De même le phosphore ne brûle dans ce gaz que s'il a été préalablement enflammé.

En dissolution dans l'acide azotique, le deutoxyde d'azote présente des colorations très-différentes, selon le degré de concentration de l'acide. Cela tient à la décomposition réciproque des deux corps composés et à la plus ou moins grande quantité relative d'acide hypoazotique, qui se forme aux dépens de l'acide azotique. Si l'on fait passer du deutoxyde d'azote dans une série de flacons à trois tubulures (appareil de Woolf) dans lesquels on a mis de l'acide azotique à divers degrés de concentration, on ne tarde pas à voir chaque flacon prendre des couleurs de nuances différentes, jusqu'au dernier, qui reste incolore.

Un moyen de séparer le protoxyde d'azote du deutoxyde est

de mettre les gaz en présence d'une dissolution de sulfate de peroxyde de fer. La dissolution absorbe le gaz deutoxyde d'azote sans atteindre le protoxyde, et, par suite, elle se colore en bleu très-foncé. Le deutoxyde d'azote n'a pas été liquéfié.

La composition de ce gaz se détermine absolument comme celle du protoxyde, au moyen du potassium. On trouve de là sorte qu'un volume de deutoxyde d'azote renferme un demi-volume d'azote. Et, en effet, si

de la densité du deutoxyde d'azote.	1,039
on retranche la demi-densité de l'azote $\frac{0,972}{2}$ ou. .	0,486
il reste.	0,553

qui, très-approximativement, se trouve égal à $\frac{1,1056}{2}$, c'est-à-dire à la demi-densité de l'oxygène.

Pour avoir la composition du gaz en centièmes, on devra établir les proportions :

$$1,039 : 0,486 : : 100 : x.$$
$$1,039 : 0,553 : : 100 : y.$$

d'où x, ou azote = ...	46,66	100
et y, ou oxygène.	53,34	

ACIDE AZOTEUX AzO^3.

L'acide azoteux, plus altérable et plus instable encore que le deutoxyde d'azote, paraît se produire lorsqu'on fait passer du deutoxyde d'azote dans de l'acide hypoazotique refroidi. Le liquide se sépare en deux couches, l'une supérieure, de couleur verte, qui paraît être une dissolution d'acide azoteux dans l'eau ; l'autre inférieure, de couleur bleue, que l'on regarde comme de l'acide azoteux. Ce dernier liquide est extrêmement volatil ; il bout vers 0°, et se décompose facilement. Toutefois on peut le condenser dans un récipient entouré d'un mélange réfrigérant. On obtient également l'acide azoteux en faisant passer dans un tube en U, plongé dans un mélange réfrigérant, un courant bien réglé de quatre volumes de deutoxyde d'azote et de un volume d'oxygène. Ici le mélange réfrigérant doit être préparé avec de la glace et du chlorure de calcium, qui produit un froid de —40°. Le liquide qui se condense dans le tube est de couleur bleue, très-volatil et très-instable.

Avec les bases, l'acide azoteux forme des azotites très-stables que les acides décomposent en donnant lieu à des vapeurs rutilantes.

On détermine la composition de l'acide azoteux par l'analyse de l'azotite d'argent $AgOAzO^3$. On a trouvé ainsi que 100 d'acide azoteux contiennent :

Azote.	36,84	100
Oxygène.	63,16	

ce qui donne un volume d'azote.	0,9713
et un volume et demi d'oxygène.	1,6584
Total.	2,6297

Reprenant ces nombres et établissant la proportion

$$2,6297 : 0,9713 :: 100 : x,$$

on trouve pour la valeur de x, ou la proportion d'azote renfermée dans les 100 d'acide azoteux, 36,93, qui diffère fort peu du chiffre 36,84 donné par l'expérience directe.

ACIDE HYPOAZOTIQUE AzO^4.

On prépare dans les laboratoires l'acide hypoazotique, en décomposant par la chaleur l'azotate de plomb préalablement séché ou dépouillé d'eau. On a ainsi

$$PbO,AzO^5 = AzO^4 + PbO + O.$$

On reçoit le produit de la décomposition dans un récipient

entouré d'un mélange réfrigérant. Par cette méthode, toutefois, on n'obtient jamais l'acide hypoazotique qu'à l'état liquide ou mêlé d'eau. Pour se procurer l'acide anhydre et en cristaux, il faut faire arriver dans un récipient convenablement refroidi (— 9°), d'une part, de l'oxygène, et, de l'autre, du deutoxyde d'azote parfaitement desséché.

Tel qu'on l'obtient par la décomposition de l'azotate de plomb, l'acide hypoazotique est un liquide orangé qui répand à l'air des vapeurs rutilantes et rougit fortement le tournesol. Sa densité est de 1,42. Sa vapeur est d'un rouge intense et elle a pour densité 1,72.

Cet acide est un oxydant énergique. Comme il ne donne pas de sels avec les bases, on peut le considérer comme une combinaison d'acide azotique et d'acide azoteux, ou comme de l'acide monohydraté dans lequel l'acide azoteux remplace l'équivalent d'eau. On peut dire, en effet, que $2AzO^4 = AzO^5 + AzO^3$. L'eau ne décompose-t-elle pas l'acide hypoazotique, qui devient de l'acide azotique hydraté, plus de l'acide azoteux,

$$2AzO^4 + HO = AzO^5HO + AzO^3.$$

On voit, d'autre part, l'acide azoteux jouer le rôle de base vis-à-vis des acides forts. Ainsi cet acide se combine avec l'acide sulfurique et donne lieu aux cristaux dits *des chambres de plomb* ou à la combinaison $AzO^3 2SO^3$ que nous apprendrons à connaître en étudiant la fabrication en grand de l'acide sulfurique.

Pour déterminer la composition de l'acide hypoazotique, il faut faire passer un courant de ce gaz sur du cuivre chauffé au rouge. L'oxygène reste uni au cuivre et l'azote se dégage. On trouve ainsi que 100 parties d'acide hypoazotique se composent

de.	30,44	parties d'azote,
et de.	69,56	d'oxygène.
	100,00	

Si, pour établir la composition de l'acide hypoazotique,

on ajoute à la densité de l'oxygène.	1,105
la demi-densité de l'azote.	0,486
on obtient le chiffre.	1,591

qui est, assez approximativement, celui de la densité de ce composé donné par l'expérience. D'où il faut établir qu'un volume d'acide hypoazotique résulte de la combinaison d'un volume d'oxygène pour un demi-volume d'azote, ou de quatre volumes d'oxygène pour deux volumes d'azote condensés ensemble en quatre volumes, comme l'indique la formule AzO^4.

ACIDE AZOTIQUE AzO^5

L'acide azotique, l'agent oxydant et dissolvant par excellence des chimistes, a été découvert par Albert le Grand (treizième siècle). Cet auteur lui donna le nom d'*eau prime*, qui a été changé plus tard contre le nom d'*eau forte*, qu'il conserve encore aujourd'hui dans le langage populaire. « Prenez, dit Albert le Grand, deux parties de vitriol romain, deux parties de nitre et une partie d'alun calciné ; soumettez ces matières bien pulvérisées et mélangées à la distillation dans une cornue de verre. Il faut avoir soin de fermer exactement toutes les jointures, afin que les esprits (les gaz) ne s'échappent pas. On commence par chauffer d'abord lentement, puis de plus fort en plus fort. Le liquide ainsi obtenu dissout l'argent, sépare l'or de l'argent, transforme le mercure et le fer en chaux (oxydes). »

Voilà bien, en effet, les indications les plus précises sur la préparation de l'acide azotique ou eau-forte. On va reconnaître toutefois que l'alun calciné était une addition tout à fait inutile. Pour préparer l'acide azotique, en effet, il n'est besoin que d'acide sulfurique (vitriol romain) et d'azotate de potasse (nitre ou salpêtre (*), et l'on comprend la réaction qui doit avoir lieu. L'acide sulfurique, acide plus énergique et moins volatil que l'acide azotique, se substitue à lui dans la combinaison saline (nitre ou azotate de potasse), et l'acide azotique, rendu libre, peut être recueilli dans un appareil approprié (*fig.* 48). En grand, l'opération s'exécute dans des cylindres en fonte, mis en communication avec une série de tourilles en terre, destinées à recevoir et condenser le liquide. Les proportions d'acide et de sel à employer sont approximativement :

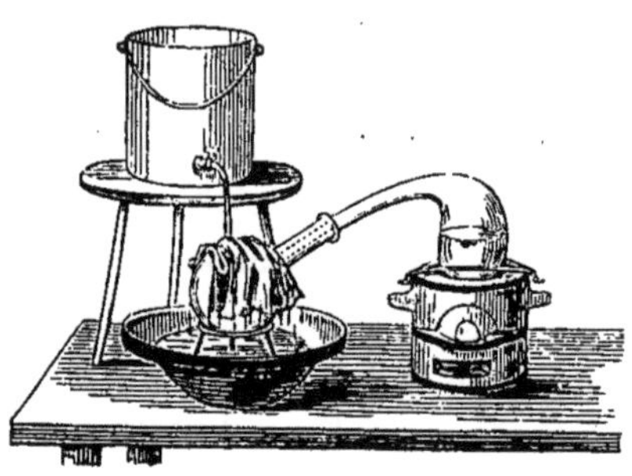

Fig. 48.

Acide sulfurique.	2 parties
Azotate de potasse.	3 parties.

La chaleur doit être ménagée, faible d'abord, pour être ensuite élevée graduellement ou de plus fort en plus fort, selon l'expression d'Albert le Grand.

Au commencement de l'opération, il se dégage des vapeurs rutilantes, c'est-à-dire des vapeurs d'acide hypoazotique. Cela tient à ce que l'acide sulfurique, se trouvant en excès relativement à l'acide azotique, le décompose au moment même où il l'arrache à la combinaison saline.

$$SO^3,HO + AzO^5,HO = SO^3 2HO + O + AzO^4.$$

De même, dans le cours de l'opération, si la température devient trop élevée, on court le risque de donner lieu encore à

(*) Salpêtre, *sal petræ*, sel qui provient de la pierre, ou qui se produit sur les vieux murs.

des vapeurs rutilantes, c'est-à-dire à une nouvelle décomposition de l'acide azotique rendu libre. Cela tient, dans ce cas, à ce qu'il s'est formé dans la cornue, au lieu de sulfate simple ou neutre anhydre $KOSO^3$, du bisulfate de potasse $\begin{pmatrix} KO\ SO^3 \\ HO\ SO^3 \end{pmatrix}$ qui renferme, ainsi qu'on le voit par la formule, deux équivalents d'acide sulfurique pour un équivalent d'eau et un équivalent de potasse. Ce sel, en se dédoublant, en redevenant un sel anhydre $KO\ SO^3$, donne lieu, par suite de la température à laquelle la réaction se produit, à une nouvelle décomposition de l'acide azotique libre. On voit donc combien il est important ici de régler convenablement la température, comme aussi de mettre en présence des proportions bien déterminées d'acide sulfurique et d'azotate de potasse. Voici les chiffres que la théorie et la pratique indiquent comme donnant les meilleurs résultats :

Azotate de potasse.	100 parties.
Acide sulfurique.	96,8 parties.

On obtiendra ainsi 62,29 d'acide azotique monohydraté AzO^5HO.

Ce n'est pas ordinairement à l'état d'acide monohydraté qu'on obtient l'acide azotique en grand dans l'industrie. Par suite d'irrégularités dans la conduite de l'opération, l'acide recueilli offre des densités diverses ; il est plus ou moins étendu d'eau. Il existe d'ailleurs plusieurs combinaisons fixes, ou à proportions définies, d'acide azotique et d'eau. On a particulièrement :

1° L'acide monohydraté ou fumant, AzO^5HO, dont la densité est 1,522, et qui bout à 86° ;

2° L'acide azotique à 4 équivalents d'eau, $AzO^5 4HO$, dont la densité est 1,513, et qui bout à 123°.

Thenard a donné le tableau suivant de la densité des divers acides azotiques, selon les quantités relatives d'eau et d'acide qu'ils contiennent :

DENSITÉ.	PROPORTION D'ACIDE POUR 100.
1,513	85,7
1,498	84,2
1,470	72,9
1,434	62,9
1,422	61,9
1,376	51,9

L'acide azotique monohydraté pur est un liquide incolore, transparent et limpide, mais il s'altère facilement sous l'influence de l'air, de la lumière et de la chaleur. Il prend vite une coloration jaune, résultat d'une décomposition partielle de l'acide en oxygène et en acide hypoazotique, qui se dissout dans l'acide monohydraté. La tension de sa vapeur est plus considérable que celle de l'acide $AzO^5 4HO$. Aussi fume-t-il à l'air, c'est-à-dire que ses vapeurs, rencontrant de l'eau dans l'atmosphère, se précipitent à un état d'hydratation inférieure. De là le nom d'acide azotique *fumant* qu'on lui donne dans le langage ordinaire.

L'acide azotique à quatre équivalents d'eau $AzO^5 4HO$ est stable comparativement au précédent. La lumière ne le décompose pas, et on peut le distiller à diverses reprises sans en changer la composition. Mais, si on le distille en présence de l'acide phosphorique ou de l'acide sulfurique concentré, on lui fait perdre trois équivalents d'eau, et on l'amène ainsi à l'état d'acide monohydraté. En pareil cas, il faut prendre garde de ne pas employer trop d'acide sulfurique, on décomposerait une partie de l'acide azotique.

Plus ou moins hydraté, l'acide azotique est le corps oxydant le plus souvent employé par la chimie. Il agit sur un certain nombre de métalloïdes, le phosphore, le soufre, l'iode, l'arsenic, etc., qu'il fait passer à l'état d'acides phosphorique, sulfurique, iodique, arsénique, etc. Nous verrons qu'il est surtout le dissolvant des métaux, qui, par lui, sont transformés en azotates solubles. Avec l'acide chlorydrique, il forme l'eau régale ou acide chloroazotique, qui dissout les métaux non solubles dans l'acide azotique seul, particulièrement l'or et le platine.

Les caractères les plus propres à faire reconnaître de petites quantités d'acide azotique sont les suivants :

1° Il décolore la dissolution sulfurique d'indigo, et tache ou colore en jaune les matières organiques, particulièrement la soie et les plumes ;

2° Chauffé en présence du cuivre, il donne lieu à des vapeurs rutilantes (acide hypoazotique) ;

3° Uni à l'acide chlorhydrique, il forme de l'eau régale qui attaque l'or et le platine ;

4° Étant donnée une dissolution de sulfate de fer à laquelle on a ajouté, par proportions égales, de l'acide sulfurique et de l'eau, il fait prendre à ce mélange une coloration rouge brun caractéristique, qui disparaît sous l'influence de la chaleur.

La composition de l'acide azotique se détermine en faisant brûler un poids déterminé d'azotate de plomb, sel anhydre, en présence du cuivre. Tout l'oxygène est retenu par le métal, et le gaz azote peut être recueilli, mesuré ou pesé. On trouve ainsi que 100 parties d'acide azotique sont composées

d'azote.	25,93	100
et d'oxygène.	74,07	

En établissant la proportion :

$$74{,}07 : 25{,}93 :: 500 : x,$$

on trouve pour la valeur de x, ou l'équivalent de l'azote, le nombre 175.

L'azote et l'oxygène peuvent se combiner directement sous l'influence de l'étincelle électrique. On le démontre par l'expérience suivante (*fig.* 49) : On dispose dans des vases séparés A et B, remplis de mercure, un tube recourbé R, qui plonge, par ses extrémités ouvertes, dans le métal, et en est rempli, excepté à la partie moyenne *m*, dans laquelle on a fait parvenir de l'oxygène et de l'azote mis en présence d'une petite quantité de dissolution potassique. Après avoir mis en communication une des extrémités *e* du tube avec le plateau d'une machine électrique et fait communiquer l'autre, au moyen d'une chaîne, avec le sol, si l'on fait passer une succession de décharges à travers les deux gaz, on trouve, au bout d'un certain temps, dans le tube, de l'azotate de potasse, preuve que les deux gaz, en s'unissant, ont produit de l'acide azotique.

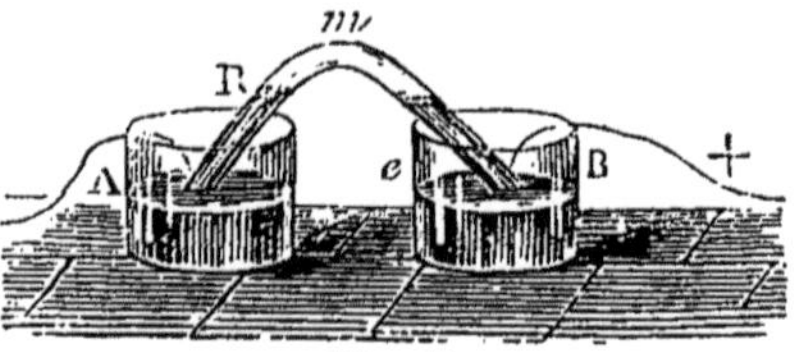

Fig. 49.

On s'est demandé si c'était ainsi que se formait l'acide azotique dans les pluies d'orage, où l'on a pu en constater la présence. On l'a pensé, mais on a reconnu aussi que c'était généralement à l'état d'azotate d'ammoniaque que l'on trouvait de l'acide azotique dans les eaux pluviales. Dès lors, pour expliquer ce fait chimique, on s'est vu forcé d'admettre que c'était sans doute aussi par suite de l'oxydation des principes élémentaires de l'ammoniaque (composé dont il existe des traces manifestes dans l'atmosphère), que pouvaient avoir lieu et la formation de l'acide azotique et celle de l'azotate d'ammoniaque dans les eaux venant du ciel. Plusieurs expériences pourraient être invoquées à l'appui de ces idées. Ainsi, on obtient de l'acide azotique :

1° En faisant passer un mélange d'ammoniaque et d'air ou d'oxygène sur de la mousse de platine :

$$AzH^3 + O^8 = AzO^5 + 3HO\,;$$

2° En décomposant l'ammoniaque en présence de l'acide sulfurique et du peroxyde de manganèse :

$$AzH^3 + 4SO^3HO + 3MnO^2 = AzO^5 + 4MnOSO^3HO.$$

Les chimistes ont vérifié, en outre, que l'ammoniaque peut être décomposée par des oxydants énergiques, et réciproquement, que l'hydrogène naissant peut, en présence des composés oxygénés de l'azote, former de l'eau et de l'ammoniaque. Il y a donc là des forces diverses qui peuvent agir sur les éléments mêmes de l'atmosphère.

L'acide azotique est employé à un grand nombre d'usages fondés sur la propriété qu'il possède d'abandonner facilement son oxygène. Ainsi, il sert à l'oxydation des métalloïdes et des métaux; il entre dans la composition de l'eau régale; il intervient dans la fabrication de l'acide sulfurique; il sert à transformer l'amidon en acide oxalique, les matières ligneuses en pyroxiline; les huiles, le camphre, l'indigo, en acides. Dans les arts, on l'emploie pour graver sur le cuivre; et, dans l'industrie, pour teindre certaines étoffes, décaper les métaux simples et les alliages.

XXVI

COMBINAISONS DE L'OXYGÈNE AVEC LE CARBONE

On compte aujourd'hui sept composés à proportions définies d'oxygène et de carbone :

1. L'oxyde de carbone. . . . . CO;
2. L'acide carbonique. . . . . CO^2;
3. L'acide oxalique. . . . . $C^2O^3,3HO$;
4. L'acide mésoxalique. . . . . C^3O^5,HO;
5. L'acide mellitique. . . . . C^4O^3,HO;
6. L'acide croconique. . . . . C^5O^4,HO;
7. L'acide rhodizonique. . . . . $C^7O^7,3HO$.

Mais on remarquera que les deux premiers seulement contiennent exclusivement de l'oxygène et du carbone. Les quatre autres renferment une ou plusieurs proportions d'eau, ce qui les fait rentrer dans le domaine de la chimie organique. Ici nous n'étudierons que l'oxyde de carbone et l'acide carbonique.

OXYDE DE CARBONE CO

Quand on brûle dans l'air du charbon, ou bien, en général, une matière végétale combustible, il se forme, comme produit de la combustion, de l'oxyde de carbone CO, de l'acide carbonique CO^2, et de la vapeur d'eau HO. Pour isoler l'oxyde de carbone, il suffit de faire passer les gaz et la vapeur d'eau dans un flacon laveur contenant une dissolution de potasse. La vapeur d'eau se condense dans le liquide plus froid, et la potasse arrête l'acide carbonique avec lequel elle forme du carbonate de potasse fixe. Le gaz oxyde de carbone, se dégageant seul, peut être recueilli, soit sous l'eau, soit sous le mercure. Mais tel n'est pas le procédé des laboratoires pour obtenir l'oxyde de carbone. On se procure ordinairement ce gaz en décomposant l'acide carbonique ou le carbonate de chaux par le charbon, ou plus simplement encore en traitant l'acide oxalique par l'acide sulfurique. En présence du charbon, l'acide carbonique cède un équivalent d'oxygène et devient oxyde de carbone,

$$CO^2 + C = 2CO.$$

De même, l'acide oxalique, dont la composition est $C^2O^3,3HO$, cède, tout d'abord, sous l'influence de l'acide sulfurique, deux de ses équivalents d'eau pour devenir de l'acide mésoxalique C^2O^3,HO; et, si l'on fait intervenir la chaleur, l'acide C^2O^3,HO se décompose lui-même et donne tout à la fois de l'acide carbonique et de l'oxyde de carbone. En effet,

$$C^2O^3 = CO^2 + CO.$$

Dans un ballon A (*fig.* 50) on met cinq à six parties d'acide sulfurique pour une partie d'acide oxalique. On monte l'appareil comme le montre la figure indiquée, et l'on fait agir la chaleur. Dans le flacon laveur B se trouve une dissolution de potasse pour absorber l'acide carbonique. Sous la cloche C arrive le gaz oxyde de carbone, qu'il est assez facile, au moyen de la potasse, de débarrasser des petites proportions d'acide carbonique que le courant gazeux peut entraîner mécaniquement.

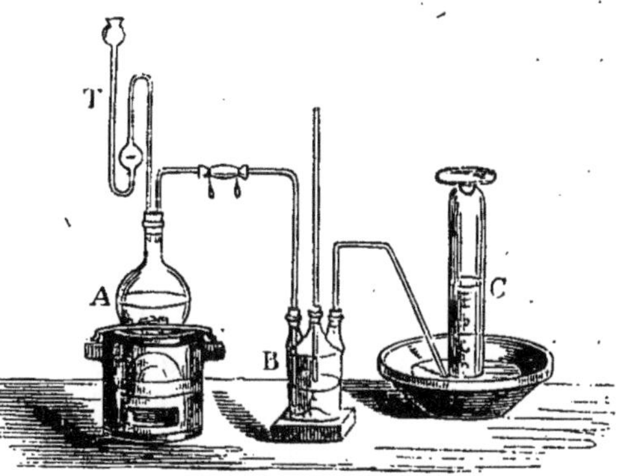

Fig. 50.

L'oxyde de carbone est un gaz incolore, sans odeur, ayant pour densité 0,9674. Il brûle dans l'air avec une flamme bleue très-caractéristique et passe alors à l'état d'acide carbonique

$$CO + O = CO^2.$$

Il ne se liquéfie sous aucune pression, et doit être rangé dans la classe des gaz permanents. Il est à peine soluble dans l'eau et sans action sur la teinture du tournesol. Il ne se combine ni avec les acides, ni avec les bases, et, sous ce rapport, il se place, comme corps indifférent, à côté de l'azote.

Cependant c'est un gaz irrespirable et même essentiellement toxique. Des expériences dignes de toute confiance, faites par M. Leblanc, ont montré qu'un oiseau ne peut vivre dans une atmosphère ordinaire à laquelle on a ajouté seulement un centième d'oxyde de carbone. On pense généralement aujourd'hui que, dans les asphyxies par le charbon, ce gaz, produit d'une combustion incomplète, exerce une action plus délétère que l'acide carbonique. Il faut, en effet, pour vicier un air respirable, une plus forte proportion d'acide carbonique que d'oxyde de carbone. Les animaux respirent sans danger dans des atmosphères qui contiennent plusieurs centièmes d'acide carbonique. Nous avons vu que l'atmosphère normale en contient jusqu'à 3 ou 4 millièmes, tandis qu'on n'y constate pas la présence de l'oxyde de carbone.

On détermine la composition de l'oxyde de carbone par une analyse eudiométrique. On introduit dans le tube gradué, d'une part, 100 parties en volume de gaz oxyde de carbone; de l'autre, 75 parties en volume d'oxygène, et l'on fait passer une étincelle électrique à travers le mélange. Après l'explosion, les 175 parties en volume se sont réduites à 125, et sur ce nombre 125, il y a 100 parties en volume d'acide carbonique et 25 d'oxygène. L'oxyde de carbone a donc été transformé en acide carbonique, et 100 parties en volume ont exigé pour cette transformation 50 parties en volume d'oxygène, ou la moitié en volume de l'oxyde de carbone. L'oxyde de carbone est donc formé proportionnellement de 50 de carbone et de 50 d'oxygène, c'est-à-dire d'un volume de l'un et l'autre gaz, d'où sa formule CO.

Si de la densité de l'oxyde de carbone.	0,9674	
on retranche la demi-densité de l'oxygène.	0,5528	
on a comme différence.	0,4146	
Cette différence.	0,4146	est la quantité qui
se trouve combinée à.	0,5528	d'oxygène pour
former.	0,9674	d'oxyde de carbone.

Dès lors, pour savoir combien 100 parties d'oxyde de carbone devront contenir d'oxygène et de carbone, il faudra poser les équations :

$$9674 : 5528 :: 100 : x,$$
$$9674 : 4146 :: 100 : y;$$

$$\left.\begin{array}{l}\text{d'où } x \text{ ou l'oxygène} = \dfrac{5528 \times 100}{9674} \text{ c'est-à-dire } 57,14 \\ \text{et } y \text{ ou le carbone} = \dfrac{4146 \times 100}{9674} \text{ c'est-à-dire } 42,86\end{array}\right\} 100$$

Et si l'on a pris le nombre 100 pour l'équivalent de l'oxygène, on dira :

$$57,14 : 100 :: 42,86 : z,$$

d'où z, ou l'équivalent du carbone, est $\frac{100 \times 42,86}{57,14}$, c'est-à-dire 75.

On aura donc pour la composition de l'oxyde de carbone :

1 équivalent d'oxygène.	100
1 équivalent de carbone.	75
et pour l'équivalent de l'oxyde de carbone.	175

ACIDE CARBONIQUE CO^2

L'acide carbonique est le premier gaz que les chimistes aient appris à distinguer de l'air atmosphérique. Ils le nommèrent d'abord acide *crayeux*, parce que ce fut de la craie, ou des calcaires, qu'on le sépara pour la première fois. On ne tarda pas à reconnaître l'identité de ce gaz avec celui qui se produisait pendant la fermentation et les combustions, comme aussi avec celui qui se dégageait de certaines eaux minérales et des failles, déchirures ou cavernes d'origine volcanique (grotte du *Chien*, près de Pouzzoles, dans les environs de Naples).

Priestley découvrit que ce gaz existait dans l'air, et Lavoisier, le premier, en fit l'analyse et la synthèse, démontrant qu'il était composé de carbone et d'oxygène, dont il indiqua même les proportions relatives, à savoir, pour 100 parties :

Carbone.	28	100
Oxygène.	72	

Nous verrons qu'en perfectionnant les méthodes d'analyse, on a un peu modifié ces nombres, et qu'il est admis aujourd'hui que l'acide carbonique est formé de :

Carbone.	27,27	100
Oxygène.	72,73	

Dans le laboratoire, on prépare l'acide carbonique en faisant agir un acide fort, tel que l'acide sulfurique ou l'acide chlorhydrique, sur la craie ou sur le marbre (carbonate de chaux amorphe ou cristallisé). On introduit par petits fragments le marbre dans un flacon à deux tubulures A (*fig.* 51), on ajoute de l'eau, et, après avoir adapté à la tubulure *a* le tube adducteur *b*, on verse, au moyen d'un tube terminé en entonnoir, et qui plonge jusqu'au fond du flacon, l'acide destiné à attaquer et décomposer le carbonate calcaire. L'action a lieu sans l'intervention de la chaleur. On laisse dégager une certaine quantité de gaz pour chasser l'air atmosphérique de l'appareil, et l'on dispose sur l'ouverture du tube adducteur une éprouvette ou des cylindres remplis d'eau destinés à recueillir l'acide carbonique. On reconnaît que le gaz dégagé est pur, lorsqu'il est totalement absorbé par une dissolution de potasse. Il est à peine besoin de dire que, dans le flacon A, l'acide fort doit être versé par petites fractions, afin de déterminer un dégagement régulier. Il est préférable, dans le laboratoire, d'employer l'acide chlorhydrique, parce que cet acide forme, avec la chaux provenant du carbonate décomposé, un chlorure soluble, tandis que l'acide sulfurique donne un sulfate insoluble qui, en enveloppant la craie ou le marbre, finirait par mettre obstacle à l'action chimique.

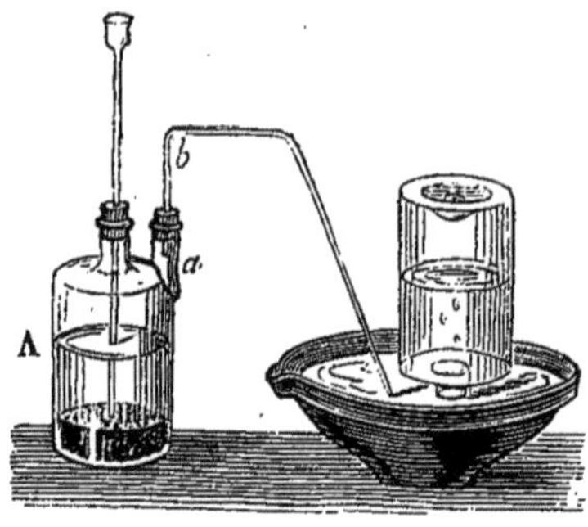

Fig. 51.

L'acide carbonique est un gaz incolore, d'une odeur et d'une saveur piquante assez caractéristique. Il éteint les corps en combustion. Sa densité, relativement à celle de l'air prise pour unité, est de 1,529. Il est donc plus lourd que le gaz atmosphérique. On peut rendre le fait sensible aux yeux par une expérience concluante. On prend une éprouvette A (*fig.* 52) remplie d'acide carbonique, et, pour y démontrer la présence du gaz, on y plonge une allumette en ignition: la flamme s'éteint. Dans une autre éprouvette B, qui ne contient que de l'air, on fait la même épreuve, et l'on constate que l'allumette y reste allumée. On transvase le gaz de l'éprouvette A dans l'éprouvette B, comme l'on ferait d'un liquide, et l'on répète l'épreuve de l'allumette en ignition. Celle-ci brûle dans l'éprouvette A, et s'éteint, au contraire, dans l'éprouvette B.

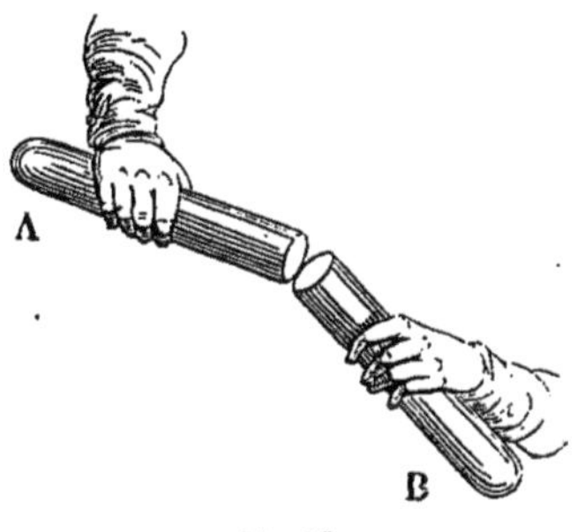

Fig. 52.

Dans cette expérience, pour le dire en passant, se trouve l'explication du phénomène bien connu de la grotte du *Chien*. L'acide carbonique forme sur le sol de cette caverne d'origine volcanique une couche d'environ soixante-dix centimètres de hauteur, assez visible à raison de la densité du gaz. Tout animal de basse stature, tel qu'un chien, qui vient respirer dans cette atmosphère méphitique, y tombe bientôt frappé d'asphyxie. L'homme, au contraire, peut séjourner debout dans la grotte sans danger. Sa respiration s'y alimente d'un air pur comme au dehors.

Le gaz acide carbonique est soluble dans l'eau, qui, sous la pression ordinaire, en absorbe une fois environ son volume. Caractère essentiel et propre à le distinguer de tout autre gaz, l'acide carbonique blanchit l'eau de chaux, en formant avec la base alcaline un sel calcaire insoluble, le carbonate de chaux. Ici toutefois il est une précaution à prendre pour ne pas voir manquer la réaction, il faut employer l'eau de chaux en excès, sinon, au lieu de carbonate, il pourrait se former du bicarbonate, composé incolore et très-soluble.

L'eau, sous la pression ordinaire, dissolvant son volume d'acide carbonique, et la densité des gaz, ou le rapport des poids aux volumes, étant proportionnel à la pression, il est de toute évidence que, pour augmenter le pouvoir dissolvant de l'eau, relativement à l'acide carbonique, il faudra augmenter proportionnellement la pression. C'est sur ce principe qu'est fondée la fabrication de l'eau de Seltz artificielle, qui se prépare par des méthodes différentes en petit et en grand. Quand on veut préparer l'eau gazeuse en petite quantité chez soi, on fait usage d'appareils que leurs auteurs ont fait breveter, et qui sont construits, en général, d'après le type que nous allons décrire (*fig.* 53). A est un vase sphérique en cristal épais, d'un

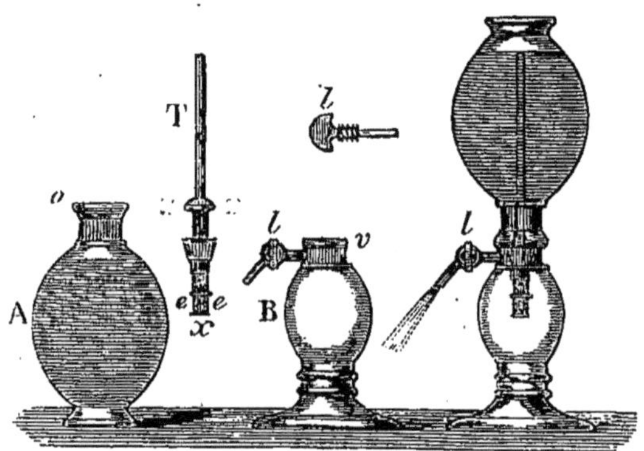

Fig. 53. Fig. 53 *bis*.

litre de capacité environ, qui doit servir de récipient à l'eau. B est une autre sphère plus petite, aussi en cristal épais, destinée à recevoir les poudres dites d'eau de Seltz, et qui sont du bicarbonate de soude et de l'acide citrique. T est un tube en plomb de vingt centimètres de longueur environ, foré de petits trous *e e* sur ses parois latérales, vers l'une de ses extrémités *x*. Pour monter l'appareil, on introduit le tube T par son extrémité *x* dans l'ouverture de la petite sphère, à laquelle il s'ajuste par frottement. On visse la petite sphère sur la grande (elles portent l'une et l'autre aux cols *o* et *v* un pas de vis en métal), et des deux pièces séparées on fait ainsi un même vase hermétiquement fermé. Par un mouvement de bascule, on renverse l'appareil dans la position que représente la figure 53 *bis*, et alors la réaction chimique commence. De la sphère A, quand on l'a renversée sur la sphère B, il est tombé, par l'intermédiaire du tube T, une certaine quantité ou un trop plein d'eau qui, en mouillant les poudres, a donné lieu au dégagement du gaz acide carbonique. Ce gaz s'élève dans la sphère A, en passant à travers les petits trous *e e* du tube en plomb, augmente à chaque moment la pression sur le liquide, et détermine ainsi proportionnellement la dissolution d'une plus grande quantité d'acide carbonique. La réaction terminée, on soutire l'eau gazeuse au moyen d'un robinet *l*.

En grand, pour les besoins du commerce, on prépare l'eau gazeuse artificielle au moyen d'un appareil imaginé par Vernaux et Barruel, et perfectionné par M. Savaresse. Cet appareil, que nous ne pourrions représenter ici, consiste en un vase générateur en cuivre, deux vases laveurs et un cylindre saturateur. On mesure la pression obtenue au moyen d'un manomètre ; il est facile de la régler, et l'on charge l'eau ordinairement à dix atmosphères. L'appareil permet de fabriquer mille bouteilles et plus d'eau de Seltz en un jour.

L'acide carbonique est un des gaz que, sous sa propre pression, on est parvenu à liquéfier et à solidifier. Ce résultat d'un haut intérêt est dû aux recherches de M. Faraday. En décomposant dans un tube de verre fermé aux deux bouts un carbonate par l'acide sulfurique, ce savant vit que, sous la pression d'environ trente-six atmosphères, l'acide carbonique gazeux passait à l'état liquide. Plus tard, M. Tillorier construisit un appareil qui permit non-seulement de liquéfier, mais de solidifier l'acide carbonique. Cet appareil consiste en un cylindre en fonte, ou mieux, en bronze ou en fer forgé, garni de cercles de fer. Ce cylindre est suspendu et retenu mobile sur deux supports. On le remplit de bicarbonate de soude, d'acide sulfurique et d'eau. Après qu'il a été fermé avec les précautions exigées, on le met en oscillation très-modérément pour produire une action graduée de l'acide sur le sel. Au moyen d'un tube en cuivre, ce premier cylindre est mis en communication avec un autre qu'on entoure d'un mélange réfrigérant. Alors que, par suite de la pression qu'il supporte, le gaz a passé à l'état liquide dans le premier cylindre, on le met en communication avec le second au moyen d'un robinet. L'acide carbonique liquide distillé passe dans le second récipient, où, sous l'influence du froid, il prend l'état solide. Il suffit d'une différence de quelques degrés de chaleur entre les deux récipients pour que la distillation soit rapide.

L'acide carbonique liquide est incolore; il ne se mêle pas à l'eau et se dissout, au contraire, dans l'alcool, l'éther et les huiles essentielles. Sa tension à 0° est de trente-six atmosphères, à 15° de cinquante, et à 30° de soixante-treize et demie.

L'acide carbonique solide a l'aspect de la neige. Sous cet état, il se conserve quelque temps à l'air libre, et produirait, si on le touchait, les effets d'un charbon ardent. On n'ignore pas que les effets du froid sur les corps organisés et vivants sont les mêmes que ceux d'une chaleur extrême, un arrêt de la circulation, la coagulation du sang, d'où naît une réaction inflammatoire violente, alors que la vie n'a été atteinte que localement.

Au moyen de l'éther et de l'acide carbonique solide, on produit des froids artificiels capables de liquéfier et de solidifier un grand nombre de gaz, le chlore, le cyanogène, l'ammoniaque, l'hydrogène bicarboné, les acides iodhydrique, bromhydrique, sulfureux, sulfhydrique, et d'autres encore.

Composition de l'acide carbonique. — Lorsqu'on brûle du charbon ou du carbone dans un volume déterminé d'oxygène, on obtient, nous l'avons déjà dit, un volume d'acide carbonique qui ne change pas, ou qui est très-sensiblement le même que le volume donné de l'oxygène. On en tire la conséquence que le gaz acide carbonique renferme un volume d'oxygène égal au sien et que, dans la combinaison, les deux volumes sont condensés en un seul.

Or un même volume d'acide carbonique et d'oxygène pèse, relativement à l'air pris pour unité :

L'acide carbonique.	1,5290
L'oxygène.	1,1056
Différence.	0,4234

Le poids 1,5290 se compose donc d'un poids d'oxygène 1,1056 et d'un poids 0,4234 de carbone. Réduisant les nombres en centièmes, on aura pour le carbone :

$$1{,}5290 : 0{,}4234 :: 100 : x,$$

et pour l'oxygène :

$$1{,}5290 : 1{,}1056 :: 100 : y.$$

D'où x ou le carbone = 27,68 } 100.
y ou l'oxygène = 72,32 }

Mais on ne s'est pas contenté de cette détermination approxi-

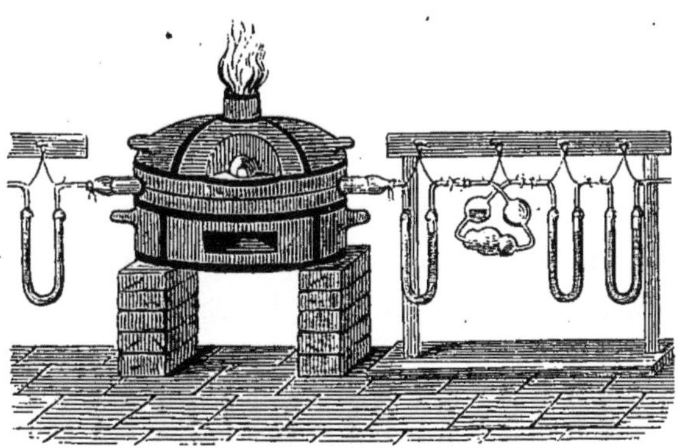

Fig. 54.

mative pour établir la composition de l'acide carbonique. En vue de fixer le poids atomique ou l'équivalent du carbone, MM. Dumas et Stass ont voulu recourir à des méthodes plus exactes et plus sûres. Dans un appareil de combustion (*fig.* 54) où l'on pouvait recueillir et peser avec la dernière exactitude tous les produits obtenus, ils ont fait brûler du graphite épuré, puis du diamant, et ils ont trouvé, pour les poids relatifs du carbone et de l'oxygène, dans 100 parties d'acide carbonique :

Carbone.	27,27
Oxygène.	72,73

D'où l'on a dit, pour obtenir l'équivalent du carbone, celui de l'oxygène étant 100 :

$$72,73 : 27,27 :: 100 : x;$$

D'où $x = 37,49$ qui, multiplié par $2 = 74,99$. MM. Dumas et Stass ont dit en nombre rond 75.

XXVII

COMBINAISONS DE L'OXYGÈNE AVEC LE SOUFRE

On compte aujourd'hui sept composés bien déterminés d'oxygène et de soufre. Deux, très-anciennement connus, portent le nom d'acide sulfureux SO^2 et d'acide sulfurique SO^3. Deux autres, découverts postérieurement à l'adoption de la nomenclature chimique actuelle, furent nommés, le premier, acide hyposulfureux S^2O^2, parce qu'il contient relativement moins d'oxygène que l'acide sulfureux ; le second, acide hyposulfurique, parce que la proportion d'oxygène qui sert à le former est plus considérable que celle de l'acide sulfureux et moindre que celle de l'acide sulfurique ; il a pour formule S^2O^5. Mais, depuis la découverte de ce dernier acide, on est parvenu à former des sels neutres avec trois nouveaux composés acides du soufre et de l'oxygène, et l'on a cherché à les désigner sans s'éloigner des règles de la nomenclature adoptée.

En raison de leur composition, l'acide hyposulfurique, découvert en 1819 par Gay-Lussac et Welter, étant S^2O^5, on a nommé les trois nouveaux acides, qui diffèrent les uns des autres par une proportion toujours croissante de soufre relativement à l'oxygène, *acide hyposulfurique monosulfuré* S^3O^5, *acide hyposulfurique bisulfuré* S^4O^5, *acide hyposulfurique trisulfuré* S^5O^5.

Mais, ces noms pouvant prêter à une sorte de confusion, on a proposé de former une série spéciale des acides dits hyposulfuriques et qui contiennent tous 5 équivalents d'oxygène pour 2, 3, 4, 5 équivalents de soufre; on l'a nommée série *thionique* (du mot θεῖον, soufre) et l'on a eu ainsi :

L'acide dithionique (hyposulfurique de Gay-Lussac et Welter).	S^2O^5
L'acide trithionique.	S^3O^5
L'acide tétrathionique.	S^4O^5
L'acide pentathionique.	S^5O^5

Ici nous ferons seulement l'histoire des acides sulfureux et sulfurique ; quelques mots suffiront ensuite pour classer à leur rang les acides de la série thionique, ainsi que les sels auxquels ils peuvent donner naissance.

ACIDE SULFUREUX SO^2

L'acide sulfureux est le gaz ou la vapeur blanche qui se produit quand on fait brûler du soufre, quand on enflamme une allumette soufrée ordinaire. Ce gaz est suffisamment caractérisé par son odeur ; il provoque la toux et serait très-dangereux à respirer. Sa densité est considérable, elle s'élève à 2,247.

L'acide sulfureux n'est point inflammable et il éteint les corps en combustion. En présence de l'oxygène, il l'absorbe et passe à l'état d'acide sulfurique. C'est à cette propriété qu'il doit de pouvoir être utilisé pour éteindre les feux de cheminée. Si l'on ferme hermétiquement l'ouverture inférieure d'une cheminée dans laquelle le feu a pris, et que l'on projette dans le foyer non éteint du soufre en poudre, le gaz sulfureux formé qui s'engoufre dans la cheminée agira, tout à la fois mécaniquement et chimiquement, pour étouffer la flamme : mécaniquement, il remplit et obstrue le conduit qui donne passage à l'air; chimiquement, il absorbe l'oxygène et, par conséquent, met ainsi obstacle à la combustion. Mais, l'ouverture inférieure de la cheminée fermée, il ne faut l'ouvrir que si le feu est entièrement éteint, et l'on doit se garder, contre un usage mal entendu, de tamponner l'ouverture supérieure de la cheminée, une issue étant nécessaire aux gaz qui, en s'accumulant, pourraient déterminer une explosion plus grave que l'incendie lui-même.

Le gaz acide sulfureux est très-soluble dans l'eau, et c'est sous cet état qu'on en fait ordinairement usage comme réactif dans le laboratoire. Il faut prendre le soin de le recueillir dans de l'eau qui a bouilli ou qui a été purgée d'air, sinon l'oxygène dissous dans le liquide ferait passer une portion du gaz à l'état d'acide sulfurique. Avec le temps, l'acide sulfureux même décompose l'eau, et se transforme tout à la fois en acide sulfurique en absorbant de l'oxygène, et en acide sulfhydrique en absorbant de l'hydrogène

$$2SO^2 + 2HO = SO^3 + HS + HO.$$

A 20°, et sous la pression 0^m,76, l'eau dissout 27 fois son volume d'acide sulfureux.

Ce gaz est un agent de désoxydation et de décoloration, comme le chlore. Dans l'industrie, on le fait servir particulièrement au blanchiment de la soie et de la laine, que le chlore jaunit et altère. Il est employé pour enlever les taches de fruits et de vin, mais il faut prendre le soin de laver l'étoffe après que la tache a disparu, sinon l'acide sulfureux, se convertissant, au contact de l'air, en acide sulfurique, attaquerait et brûlerait profondément le tissu. L'opération dite du *méchage* des tonneaux ou du *soufrage* des vins a pour but de prévenir l'acétification. L'acide sulfureux agit alors comme désoxydant. Les fumigations et les lotions avec l'acide sulfureux sont d'un grand usage en médecine contre les maladies de la peau.

On prépare le gaz acide sulfureux de diverses manières :

1° En brûlant dans une cornue du soufre en présence du peroxyde de manganèse,

$$2MnO^2S = 2MnO + SO^2;$$

2° En faisant réagir à chaud l'acide sulfurique sur certains métaux ou sur le charbon :

$$SO^3 + M = MO + SO^2$$
$$SO^3 + C = CO + SO^2$$

L'appareil à employer est identiquement le même que celui qui sert à préparer le chlore (*Voy.* p. 111, *fig.* 27).

L'acide sulfureux n'est point un gaz permanent. Il est un de ceux qu'on peut le plus facilement faire passer à l'état liquide et aussi, mais avec plus de difficulté pourtant, à l'état solide. Pour l'obtenir à l'état liquide, il suffit de le faire arriver à l'état sec (*fig.* 55) dans une ampoule A, que l'on enveloppe d'un mélange réfrigérant (glace et sel, ou chlorure de calcium et glace, ou bien acide chlorhydrique et chlorure de calcium). On le conserve sous cet état en fermant le tube aux points *a* et *b* avec la flamme d'un éolipile. A —10°, en effet, le gaz se convertit en un liquide incolore, très-mobile et dont la densité est de 1,42. On le conserve dans des tubes fermés à la lampe. En se volatilisant, ce liquide détermine un froid si vif, qu'il congèle la boule d'un thermomètre à mercure et qu'il fait descendre le liquide d'un thermomètre à alcool à —68°. Dans les cours de

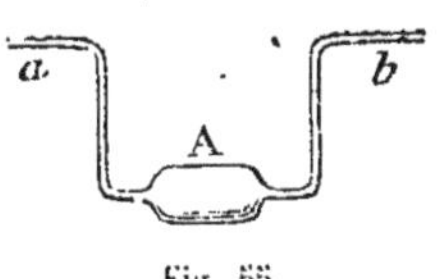

Fig. 55.

chimie on rend ordinairement les auditeurs témoins d'une expérience qui est bien propre à leur causer une vive surprise. On fait chauffer dans un fourneau à moufle une capsule de platine jusqu'au rouge blanc, on projette dans la capsule une goutte d'acide sulfureux liquide, qui aussitôt se globulise et reste un certain temps sans se volatiliser, conservant sa température propre de — 10°. Si, pendant qu'elle se maintient à cet état, on l'arrose de quelques gouttes d'eau froide, l'eau, au contact de l'acide sulfureux liquide, se congèle immédiatement, et l'on assiste ainsi à une formation extemporanée de glace dans une capsule de métal chauffée au rouge. Il est à peine nécessaire d'expliquer ce phénomène physique. Pour se volatiliser ou pour passer à l'état de vapeur, l'acide sulfureux liquide a besoin d'absorber une chaleur considérable ; il l'emprunte aux corps les plus proches, à l'eau, qui perdant ainsi sa chaleur dite latente, passe à l'état de glace.

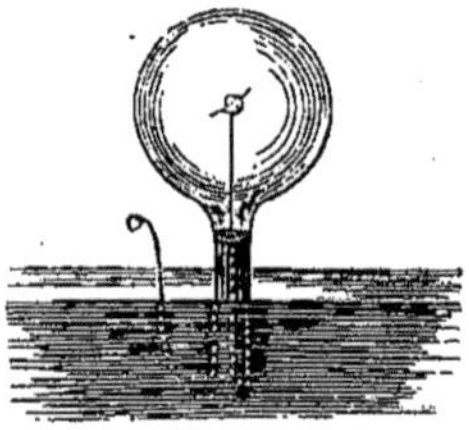

Fig. 56.

Composition de l'acide sulfureux. — On détermine la composition de l'acide sulfureux en faisant brûler un fragment de soufre dans un ballon plein d'oxygène (*fig.* 56). On allume le soufre au moyen d'une lentille ou d'un miroir ardent. En brûlant, la vapeur de soufre absorbe un volume d'oxygène égal au sien.

Si de la densité de l'acide sulfureux	2,247
On retranche la densité de l'oxygène	1,106
Il reste	1,141

nombre qui représente d'une manière assez rapprochée le $\frac{1}{6}$ de la densité de la vapeur du soufre.

La densité de vapeur du soufre s'abaissant dans un rapport simple avec la température, on a pris pour équivalent du soufre, relativement à l'oxygène 100, le tiers en volume du poids de cette vapeur. Dans un volume d'acide sulfureux, le poids rélatif du soufre se trouvant pour 2,247, soit 1,141, soit plus approximativement 1,109, sixième de la vapeur de soufre (6,654), il faut doubler cette quantité ou le volume de soufre pour satisfaire à la donnée expérimentale de la composition de l'acide sulfureux. Aussi écrit-on la formule de cet acide SO^2, comme on aurait pu l'écrire S^2O.

ACIDE SULFURIQUE SO^3

A l'acide sulfureux SO^2 si l'on ajoute une nouvelle proportion d'oxygène, on obtient l'acide sulfurique SO^3.

La transformation a lieu en diverses circonstances : quand l'acide sulfureux est en dissolution dans l'eau ; quand il est mis en présence de l'eau oxygénée ; quand on fait passer un double courant de gaz sulfureux et d'oxygène à travers l'éponge de platine. Dans ce dernier cas, l'éponge de platine agit par action de présence ou catalyse (κατὰ, auprès, contre ; λύω, je délie).

Selon les quantités d'eau qu'il renferme ou avec lesquelles il se combine, l'acide sulfurique prend des noms différents. Ainsi, l'on a

L'acide sulfurique anhydre.	SO^3
L'acide de Nordhausen.	$(SO^3)^2$, HO
L'acide sulfurique monohydraté. . .	SO^3, HO
L'acide sulfurique bihydraté. . . .	SO^3, 2HO
L'acide sulfurique trihydraté.	SO^3, 3HO

Alors que l'acide contient de plus fortes proportions d'eau, il n'y a plus combinaison fixe, mais dissolution ou mélange de SO^3 avec HO.

En grand, on fabrique l'acide sulfurique en mettant en présence, dans de vastes chambres en plomb, de l'acide sulfureux, de l'acide azotique et de la vapeur d'eau. Nous allons faire comprendre, par le jeu d'un appareil de laboratoire, la théorie et la pratique de l'opération industrielle.

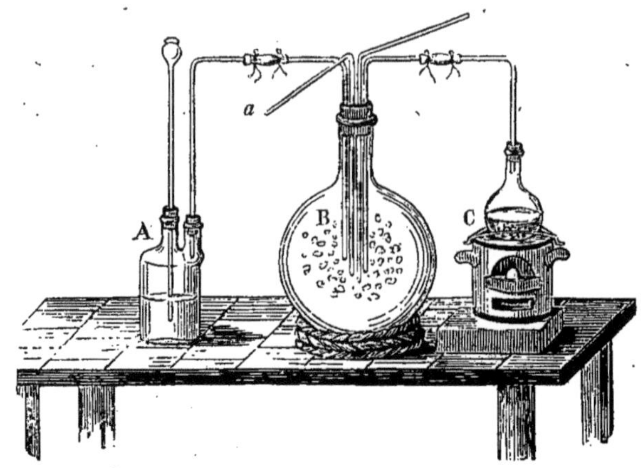

Fig. 57.

Soit l'appareil représenté *figure* 57. Du flacon A se dégage, par l'action de l'acide sulfurique sur le cuivre, du gaz acide sulfureux SO^2 qui se rend dans le ballon B; et, de même, du flacon C, par la réaction de l'acide azotique sur le cuivre, arrive, dans le même ballon B, du gaz deutoxyde d'azote AzO^2. Au moyen des tubes *a* et *b*, le ballon reçoit d'une part de l'air, de l'autre de la vapeur d'eau. On a donc ainsi en présence de l'acide sulfureux SO^2, du gaz deutoxyde d'azote AzO^2, de l'eau HO et de l'air O + Az, c'est-à-dire :

$$SO^2 + AzO^2 + HO + O + Az.$$

Mais en présence de l'air qui arrive librement dans le ballon, le gaz deutoxyde d'azote se change immédiatement (*V.* p. 181) en acide hypoazotique,

$$AzO^2 + 2O = AzO^4$$

et l'acide hypoazotique lui-même, AzO^4, en présence de l'eau, se convertit en acide azotique hydraté,

$$AzO^4 + 2HO = AzO^5HO.$$

L'acide azotique AzO^5 convertit l'acide sulfureux SO^2 en acide sulfurique SO^3, et il reste de l'acide hypoazotique AzO^4,

$$AzO^5HO + SO^2 = SO^3HO + AzO^4.$$

Mais le nouvel acide hypoazotique se trouve toujours en présence de l'air et de l'eau, il repasse à l'état d'acide azotique, qui agit à son tour sur l'acide sulfureux et ainsi de suite. De telle sorte que si l'on peut avoir dans le flacon une source intarissable d'air et d'eau en vapeur, on convertira tout le deutoxyde d'azote et l'acide sulfureux arrivant dans le ballon B en acide sulfurique.

Telles sont les conditions à réaliser pour la fabrique en grand de l'acide sulfurique. Cependant une remarque doit être faite : il importe que dans la conduite de l'opération la vapeur d'eau ne fasse point défaut aux réactions, sinon l'acide sulfureux, en présence de l'acide hypoazotique, forme avec lui un composé spécial désigné sous le nom de *cristaux des chambres de plomb* et qui paraît avoir pour formule S^2AzO^9. Ce composé est considéré aujourd'hui comme résultant de l'union de 2 équivalents d'acide sulfurique anhydre avec 1 équivalent d'acide azoteux. En effet,

$$S^2 AzO^9 = 2SO^3 AzO^3.$$

Dans l'industrie, on produit l'acide sulfureux économiquement par la combustion du soufre, et l'acide azotique par la décomposition de l'azotate de soude.

A Nordhausen on prépare l'acide sulfurique en décomposant directement par la chaleur le sulfate de protoxyde de fer (vitriol vert). On commence par dessécher le sel, on l'introduit dans des cornues en terre et l'on chauffe à 320° environ. L'acide sulfurique se sépare et il est reçu par distillation dans des récipients refroidis, où il se condense. Si le sulfate de fer était lui-même complétement privé d'eau, il devrait donner de l'acide sulfurique anhydre; mais, comme il n'en est pas ainsi, l'acide sulfurique qu'on obtient à Nordhausen a pour formule, ainsi que nous l'avons dit,

$$(SO^3)^2HO,$$

c'est-à-dire que, pour deux équivalents d'acide sulfurique, il contient un équivalent d'eau.

On peut, en distillant cet acide, obtenir l'acide anhydre SO^3; mais c'est plutôt l'acide sulfurique monohydraté ordinaire, acide de moindre valeur, qu'on emploie dans ce but, et alors on distille ce composé en présence de l'acide phosphorique ou du perchlorure de phosphore, corps très-avides d'eau. L'opération exige certaines précautions et particulièrement, pour éviter les soubresauts du liquide, l'emploi de grilles qui permettent de chauffer la cornue, non par le fond, mais latéralement et vers sa surface supérieure.

L'acide sulfurique anhydre est solide à la température de 0 à 10°; il a alors l'apparence de glaçons ou de houppes soyeuses d'amiante. Il fond à 25° et se volatilise à 30. Ce peu de distance des points de fusion et de volatilisation fait qu'en s'échauffant, il peut se réduire promptement en vapeurs et donner lieu à des détonations. La densité du corps fondu est de 1,97 et celle des vapeurs 2,76. Alors il répand des fumées blanches et il est si avide d'eau, qu'en s'hydratant, il fait entendre un bruit semblable à celui d'un fer rouge qu'on plonge dans l'eau. On peut toucher l'acide solide ou liquide sans être brûlé immédiatement; mais, avec le temps, ce corps attaque toutes les matières organiques, les décompose et les dissout en les noircissant, d'où vient la couleur brune et foncée qu'il ne tarde pas à prendre lorsqu'il n'est pas parfaitement préservé du contact de l'air. C'est sur cette propriété que possède essentiellement l'acide sulfurique de décomposer les matières organiques, que nous avons fondé, en collaboration avec feu Danger, le procédé méthodique de carbonisation ou de destruction des matières animales pour la recherche des poisons, dans les cas d'expertises médico-légales.

L'acide monohydraté est liquide, incolore, s'il est pur, et très-lourd. Sa densité relativement à l'eau est de 1,84.

Sa consistance oléagineuse lui a fait donner, dans le commerce, le nom d'huile de vitriol. A —34° il cristallise, et bout à 310°. Une plus haute chaleur le décompose en acide sulfureux et en oxygène.

L'acide bihydraté $SO^3 2HO$ est liquide comme le précédent, mais sa densité est un peu moindre. A 15°, elle est de 1,78. Chauffé à 200°, cet acide perd un équivalent d'eau et revient à l'état d'acide monohydraté.

L'acide trihydraté s'obtient quand on mêle un équivalent d'acide monohydraté à 2 équivalents d'eau. Une forte chaleur se manifeste, et l'on a constaté que c'était dans ces proportions que l'acide et l'eau éprouvaient le maximum de contraction; d'où la conséquence que ce nouveau degré d'hydratation est bien encore une combinaison et non pas un mélange.

Les acides sulfuriques du commerce ne sont pas purs. Ils contiennent le plus souvent des composés nitreux, de l'arsenic et du plomb.

On reconnaît la présence d'un composé nitreux :

1° Au moyen du protoxyde de fer, qui, en se suroxydant, prend une coloration rougeâtre;

2° Au moyen de l'indigo, qui se décolore;

3° Au moyen du cuivre, qui donne lieu à des vapeurs rutilantes d'acide hypoazotique;

4° Au moyen de la morphine et de la narcotine, qui prennent des colorations rouges.

L'arsenic se reconnaît au moyen de l'appareil de Marsh, et le plomb au moyen de l'acide sulfhydrique.

Pour enlever les matières étrangères et purifier complétement l'acide sulfurique, il faut non-seulement distiller une ou plusieurs fois l'acide suspect, mais le traiter par le sulfure de baryum pour faire passer les composés d'arsenic à l'état de sulfure jaune insoluble, et par le sulfate d'ammoniaque pour éliminer toute espèce de composés nitreux.

$$AzO^3 + SO^3HO + AzH^3SO^3HO = Az^2 + SO^35HO.$$

On peut déterminer la composition de l'acide sulfurique par synthèse et par analyse : par synthèse, en décomposant le sulfate de plomb ; par analyse, en décomposant directement l'acide sulfurique au moyen de la chaleur et recueillant les gaz produits. On a trouvé, par l'une et par l'autre méthode, des résultats identiques et qui donnent pour la composition de l'acide sulfurique anhydre, sur 100 parties :

Soufre.	40
Oxygène.	60

d'où l'on a dit, pour obtenir l'équivalent du soufre, l'acide sulfurique contenant 3 équivalents d'oxygène :

$$60 : 40 :: 300 : x;$$

x ou l'équivalent du soufre devient donc ainsi $\frac{40 \times 300}{60}$, c'est-à-dire 200.

En transformant une quantité quelconque et pesée d'acide sulfurique en un sulfate anhydre, on détermine rigoureusement les quantités d'eau contenues dans les acides mono, bi et trihydratés. Cette quantité pour l'acide monohydraté est pour 100 parties :

Eau.	18,3	100.
Acide pur.	81,7	

Si, pour rapporter la quantité d'eau à l'équivalent de l'acide sulfurique 500, on établit la proportion

$$81,7 : 18,3 :: 500 : x,$$

on trouve très-approximativement, pour la valeur de x ou de l'eau, le nombre 112,50, qui représente 1 équivalent d'eau :

Oxygène.	100	112,50,
Hydrogène.	12,50	

résultat qui donne pour l'équivalent de l'acide sulfurique monohydraté :

Acide sulfurique SO^3.	500	612,50.
Eau.	112,50	

L'acide sulfurique est, avec les acides azotique et chlorhydrique, un des réactifs les plus précieux de la chimie. Il sert, dans l'industrie, à préparer ces deux acides, et c'est l'agent chimique dont on fait, dans les arts, la plus grande consommation. En France, on n'en fabrique pas moins de 70 millions de kilogrammes par année, et en Angleterre peut-être davantage encore. Une seule fabrique dans les environs de Glascow en produit 42,000 kilogrammes par jour.

ACIDE HYPOSULFUREUX S^2O^2

L'acide hyposulfureux n'a point été isolé; il n'existe qu'en combinaison avec les bases. Les hyposulfites se forment par l'évaporation à l'air des polysulfures alcalins, ou en faisant bouillir des sulfites neutres avec du soufre. On a dans le premier cas :

$$MS^2 + 3O = MO + S^2O^2,$$

et dans le second :

$$MOSO^2 + S = MO + S^2O^2.$$

Les hyposulfites sont employés dans les arts nouveaux de la galvanoplastie et de la photographie. L'hyposulfite de soude sert à dissoudre les parties de chlorure d'argent déjà attaquées par la lumière.

SÉRIE THIONIQUE

L'acide dithionique ou hyposulfurique de Gay-Lussac et Welter S^2O^5HO n'existe qu'à l'état d'hydrate. On le prépare en versant goutte par goutte de l'acide sulfurique dans une dissolution d'hyposulfate de baryte, et faisant concentrer le liquide à une douce chaleur sous le récipient de la machine pneumatique.

L'acide trithionique S^3O^5 prend naissance quand on fait digérer, pendant un temps assez long, de la fleur de soufre dans une dissolution concentrée de bisulfite de potasse, à une température qui n'excède pas 80°.

L'acide tétrathionique S^4O^5 s'obtient en saturant d'iode une dissolution d'hyposulfite de soude, et l'acide pentathionique S^5O^5 en faisant passer un courant d'acide sulfhydrique dans une dissolution saturée d'acide sulfureux, ou en décomposant le chlorure de soufre par l'eau. Ces acides n'ont reçu jusqu'ici aucune application, et ils ne se recommandent à l'étude des chimistes que par un intérêt de pure doctrine.

XXVIII

COMBINAISONS DE L'OXYGÈNE AVEC LE PHOSPHORE

Sous l'eau dans laquelle on le conserve, le phosphore prend insensiblement, à sa surface, une teinte blanche opaline, jaune ou rouge, plus ou moins foncée. Ces modifications sont tout à la fois, soit un changement dans l'agrégation moléculaire, soit un phénomène d'oxydation ou d'hydratation.

Si l'on fait bouillir du phosphore dans une eau alcalinisée, telle qu'une dissolution de potasse ou un lait de chaux, par suite des affinités mises en jeu, l'eau est décomposée; il se forme et de l'hydrogène phosphoré PhH^3, et un acide dit hypophosphoreux (oxygène et phosphore) qui se combine avec la base alcaline pour former un sel fixe.

A l'air, lorsqu'on brûle le phosphore dans un courant suffisamment renouvelé, il se forme, selon les quantités d'oxygène absorbées, deux combinaisons suroxygénées, qui prennent les noms d'acide phosphoreux et d'acide phosphorique.

Il y a donc, au moins, quatre composés d'oxygène et de phosphore, à savoir :

Un oxyde indifférent. . . . . Ph^2O

et trois acides,

L'acide hypophosphoreux. . . . . PhO,
L'acide phosphoreux. . . . . PhO^3,
L'acide phosphorique. . . . . PhO^5.

OXYDE DE PHOSPHORE Ph^2O

Il se distingue du phosphore par sa couleur, et ne luit pas dans l'obscurité ; il absorbe facilement l'oxygène pour se transformer en acide phosphorique. Si on le chauffe à l'abri de l'air, il se transforme en acide phosphorique et en phosphore. L'équation suivante rend compte de la réaction :

$$5Ph^2O = PhO^5 + Ph^9.$$

D'après l'analyse qu'on a faite de ce corps, il contient deux équivalents de phosphore pour un équivalent d'oxygène.

ACIDE HYPOPHOSPHOREUX PhO

Nous venons d'indiquer le mode de préparation des hypophosphites alcalins. C'est de l'hypophosphite de baryte que l'on sépare l'acide hypophosphoreux en précipitant la baryte au moyen de l'acide sulfurique. L'acide hypophosphoreux libre est très-avide d'oxygène, il réduit un grand nombre d'oxydes métalliques. Il forme avec les bases des sels fixes et bien définis. On les obtient généralement en décomposant l'hypophosphite de baryte par les hypophosphites solubles.

D'après l'analyse des hypophosphites, on a trouvé l'acide hypophosphoreux composé

De 1 équivalent de phosphore. . . . . . 400 } 500.
Pour 1 équivalent d'oxygène. . . . . . 100 }

Pour 100 parties de cet acide on aurait donc :

Phosphore. . . . . 80 } 100.
Oxygène. . . . . 20 }

Mais il faut remarquer que dans cette analyse des hypophosphites, il n'est pas tenu compte de l'eau qui pourrait jouer un rôle essentiel dans la composition de ces sels.

ACIDE PHOSPHOREUX PhO^3

Il a été dit plus haut que lorsque le phosphore brûle dans un courant d'air suffisamment renouvelé, il se forme de l'acide phosphoreux ou de l'acide phosphorique. Pour obtenir l'acide phosphoreux on se sert, dans le laboratoire, de l'appareil représenté *fig.* 58.

Sous une cloche en verre qui repose sur un plateau, on place un flacon contenant une certaine quantité d'eau. Dans le col du flacon plonge un entonnoir dans lequel sont rangés de petits tubes ouverts aux deux bouts et renfermant des bâtons de phosphore. Il est nécessaire que les bâtons de phosphore soient ainsi isolés les uns des autres, afin d'éviter un excès de chaleur résultant d'une combustion trop vive. Dans l'atmosphère limitée de la cloche, le phosphore brûle avec lenteur, et l'acide phosphoreux, plus lourd que l'air, retombe par l'ouverture inférieure dans l'eau du flacon qui les dissout. On concentre le liquide par évaporation et

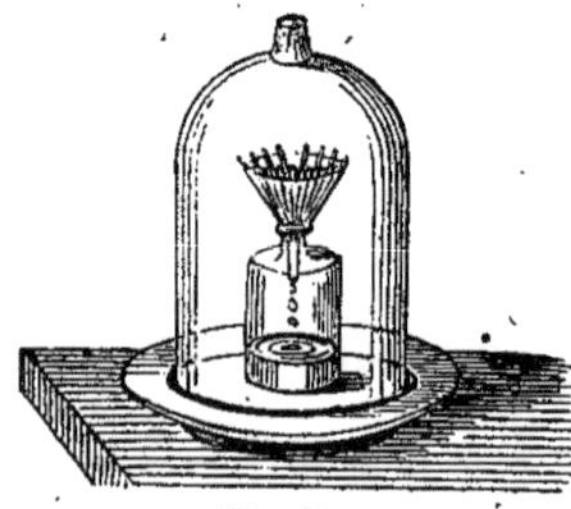
Fig. 58.

l'on obtient ainsi de l'acide phosphoreux, mais encore mêlé d'une certaine quantité d'acide phosphorique.

Pour éviter ce mélange, il est plus sûr de préparer l'acide phosphoreux en faisant arriver sur le phosphore placé sous l'eau un courant de chlore. On emploie l'appareil représenté *fig.* 59.

Dans le ballon A se trouve le mélange nécessaire pour la préparation du chlore. Le gaz, en traversant le flacon laveur B, arrive jusque dans l'éprouvette C, où se trouve le phosphore. Pour activer le succès de l'opération, l'éprouvette est placée dans un bain-marie. L'eau dans laquelle se trouve le phosphore a besoin d'être chauffée à une certaine température pour décider la réaction du chlore sur le phosphore. Il se forme ainsi du chlorure de phosphore $PhCl^3$ qui se décompose en présence de l'eau, ainsi que le montre l'équation suivante :

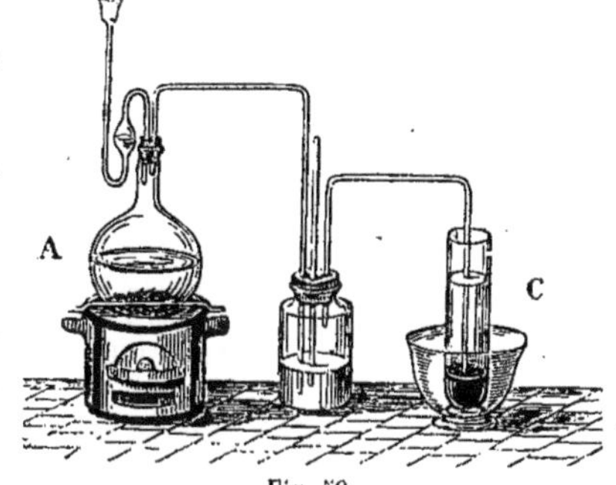

Fig. 59.

$$PhCl^3 + 3HO = 3HCl + PhO^3.$$

Par l'évaporation, on se débarrasse de l'acide chlorhydrique HCl, et l'on parvient à obtenir l'acide phosphoreux concentré PhO^3.

La composition de l'acide phosphoreux PhO^3 se déduit de la composition du protochlorure de phosphore $PhCl^3$. On peut remarquer, en effet, d'après la formule de ces deux composés, qu'ils sont formés, le premier, d'un équivalent de phosphore et de trois équivalents d'oxygène, et le second, d'un équivalent de phosphore pour trois équivalents de chlore. Après qu'on a vérifié la composition élémentaire du protochlorure du phosphore, rien de plus facile donc que de substituer dans le calcul l'équivalent de l'oxygène à celui du chlore. Or, on détermine la composition du protochlorure de phosphore en prenant 10 grammes de ce corps, qu'on décompose en les agitant avec de l'eau distillée dans un flacon bouché à l'émeri. On précipite le chlore à l'état de chlorure d'argent au moyen de l'azotate de cette base, et l'on pèse le chlorure d'argent obtenu. On trouve ainsi pour les 10 grammes employés, 31$^{gr.}$,085 de chlorure d'argent qui renferment eux-mêmes 7$^{gr.}$,686 de chlore. 10 grammes de protochlorure de phosphore renfermant 7,686 de chlore, la quantité complémentaire représentant le phosphore sera 2$^{gr.}$,314. D'où l'on dira, pour connaître la composition de 100 grammes de protochlorure de phosphore :

$$10 : 7,686 :: 100 : x$$
$$10 : 2,314 :: 100 : y,$$

D'où x ou le chlore = 76,86 }
Et y ou le phosphore = 23,14 } 100.

1 équivalent de phosphore.	399
3 équivalents de chlore (443,20 × 3).	1329,6
1 équivalent de protochlorure de phosphore. =	1728,6

Substituant l'oxygène au chlore, on aura pour la composition de l'acide phosphoreux :

1 équivalent de phosphore.	399
3 équivalents d'oxygène.	300
1 équivalent d'acide phosphoreux.	699

Ou bien, en centièmes, d'après les équations :

$$699 : 399 :: 100 : x,$$
$$699 : 300 :: 100 : y,$$

Pour la valeur de x ou du phosphore. . . 57,08 }
Pour la valeur de y ou de l'oxygène. . . . 42,92 } 100.

ACIDE PHOSPHORIQUE PhO^5

Si, sous une cloche (*fig.* 60), où l'on a préalablement pris le soin de dessécher l'air au moyen de la chaux vive, on fait brûler un fragment de phosphore, on voit, par suite de la combustion, se déposer sur les parois de la cloche, des houppes soyeuses et blanches qui sont de l'acide phosphorique anhydre. Ce corps est extrêmement avide d'eau, et, pour le conserver pur, il faut le détacher vivement avec une spatule de platine et l'enfermer dans un flacon bien sec et bouchant à l'émeri.

Fig. 60.

Quand on veut de cette manière recueillir une certaine quantité d'acide phosphorique, on a recours à l'appareil ci-contre

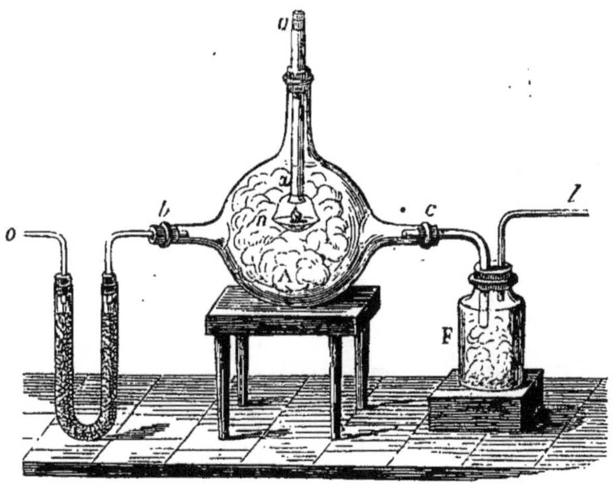

Fig. 61.

(*fig.* 61). A est un grand ballon à trois tubules a, b, c. Dans la première *a*, est adapté un tube qui porte à son extrémité *x* une nacelle *n*, dans laquelle on introduit du phosphore qu'on peut enflammer au moyen d'une tige de fer chauffée ; dans la seconde *b* est adapté un tube recourbé, qui communique avec un tube en U rempli de ponce humectée d'acide sulfurique, et qui communique lui-même avec l'atmosphère par le tube ouvert *o*. A la tubulure C, est adapté un tube qui se rend dans un flacon F en communication également avec l'atmosphère par l'intermédiaire du tube *l*. Que l'on produise une aspiration d'air en chauffant le tube *l*, ou en le mettant en communication avec un réservoir d'eau ouvert à son extrémité, on attirera dans le ballon A un courant d'air qui se desséchera en passant sur la ponce sulfurique du tube en U. De la sorte, on pourra entretenir une combustion continue dans le ballon et produire ainsi une certaine quantité d'acide phosphorique, que le courant d'air entraînera jusque dans le flacon F. Cet acide sera tout à fait anhydre. Mis en présence de l'eau, il l'absorbera avec un bruit semblable à celui que produit un fer rouge plongé dans ce liquide, ce qui montre la grande quantité de chaleur dégagée dans la combinaison.

On se procure plus immédiatement et plus facilement l'acide phosphorique, mais cette fois en dissolution dans l'eau, en traitant le phosphore par l'acide azotique. La *fig*. 62 représente l'appareil à employer. Dans la cornue se trouve le mélange propre à l'opération et qui doit être fait dans des conditions bien déterminées, 1 partie de phosphore pour 15 parties d'acide azotique étendu d'eau marquant à l'aréomètre 1,20. On chauffe avec précaution ; il se forme d'abord des vapeurs ruti-

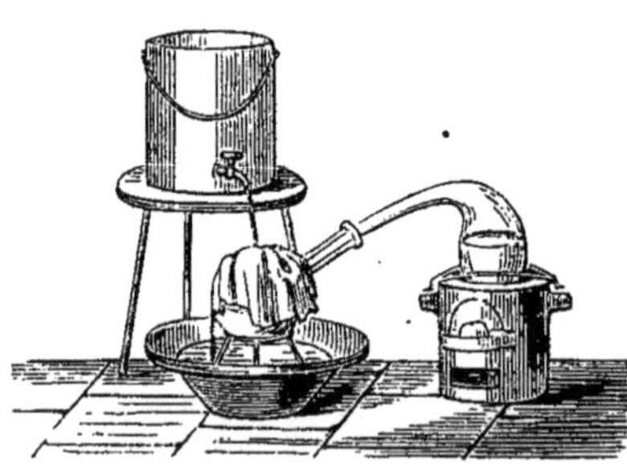

Fig. 62.

lantes et le phosphore se dissout. On distille, et le liquide (acide azotique et acide phosphorique étendus) vient se condenser dans le récipient. On reprend à plusieurs fois le liquide recueilli pour le soumettre à des distillations nouvelles, le *cohober*, comme on s'exprime en chimie, et obtenir ainsi l'acide phosphorique à un certain degré de concentration.

Lorsque le liquide a acquis une certaine consistance sirupeuse, il faut achever l'évaporation dans une capsule de platine, car, à une haute température, l'acide phosphorique attaque le verre. A son degré extrême de concentration, l'acide phosphorique, ainsi préparé, contient encore 11,2 pour 100 d'eau, ce qui correspond à un équivalent d'eau pour un équivalent d'acide. D'où la formule de cet hydrate, $PhO^5 + HO$.

Mais qu'on ajoute à ce premier hydrate des quantités d'eau une ou deux fois égales à celle qu'il contient, on obtient deux nouveaux hydrates dont les formules sont : $PhO^5 + 2HO$ et $PhO^5 + 3HO$.

Ces équivalents d'eau, en plus ou en moins dans l'acide phosphorique, jouent un très-grand rôle dans la composition des sels qui ont cet acide pour élément électro-positif. Ils peuvent être remplacés par les bases, de sorte que nous rencontrerons à l'article des sels de phosphore ou des phosphates :

1° des phosphates monobasiques. . . . . . RO,PhO^5,
2° des phosphates bibasiques. . . . . . $2RO,PhO^5$,
3° des phosphates tribasiques. . . . . . $3RO,PhO^5$,

RO représentant l'oxyde ou la base substituée à l'eau de l'acide phosphorique.

Les trois acides, ou plutôt les trois hydrates, se distinguent par des propriétés spéciales. Ainsi l'acide monohydraté ou métaphosphorique coagule l'albumine, et donne avec le chlorure de baryum un précipité blanc de phosphate de baryte. Les acides bihydraté et trihydraté dissolvent l'albumine coagulée, et, saturés par des bases et formant des sels solubles, ils donnent : l'acide bihydraté ou pyrophosphorique, un précipité blanc avec l'azotate d'argent; l'acide trihydraté ou phosphorique ordinaire, un précipité jaune.

COMPOSITION. — Pour déterminer la composition de l'acide phosphorique, on devra traiter 10 grammes de phosphore par l'acide azotique, et précipiter l'acide phosphorique ainsi obtenu par un excès d'oxyde de plomb pur. En calcinant le phosphate de plomb, on aura pour résidu un poids P qui, diminué de la quantité d'oxyde de plomb employé, représentera la quantité d'acide phosphorique formé, et par suite la quantité d'oxygène surajoutée au phosphore. Si du chiffre total on retranche le nombre 10 représentant le phosphore employé, on trouvera que 10 grammes de phosphore donnent 22 gr., 30 d'acide phosphorique, et que par conséquent la quantité d'oxygène nécessaire pour transformer 10 grammes de phosphore en acide phosphorique PhO^5 $=22,30 - 10$ ou 12,30. Pour avoir la composition de l'acide phosphorique en centièmes, on posera donc les équations suivantes :

$$22,30 : 10 :: 100 : x,$$
$$22,30 : 12,30 :: 100 : y,$$

D'où x ou le phosphore = 44,40 } 100.
et y ou l'oxygène = 55,60 }

Mais, dans l'acide phosphorique, il y a cinq équivalents d'oxygène pour un équivalent de phosphore. Pour connaître, d'après la composition de l'acide phosphorique PhO^5, quel est l'équivalent du phosphore relativement à l'équivalent de l'oxygène 100, il n'y aura plus qu'à poser l'équation :

$$55,60 : 44,40 :: 500 : x,$$

d'où x ou l'équivalent du phosphore $= \frac{44,40 \times 500}{55,60}$, c'est-à-dire 399; quelques chimistes ont dit en nombre rond 400.

En brûlant du phosphore rouge dans un courant d'oxygène,

M. Schrœtter a trouvé que 31 parties de phosphore absorbaient 40 d'oxygène pour donner 71 d'acide phosphorique. D'où, pour avoir la composition de cet acide en centièmes, on a :

$$71 : 31 :: 100 : x,$$
$$71 : 40 :: 100 : y.$$

Ce qui donne pour la valeur de x ou du phosphore.	43,66	100.
Et pour celle de y ou de l'oxygène.	56,34	

Or, d'après l'équation :

$$56{,}34 : 43{,}66 :: 500 : x,$$

on ne trouve pour l'équivalent du phosphore que le nombre 387,46.

XXIX

COMBINAISONS DE L'OXYGÈNE AVEC L'ARSENIC

Avec le phosphore, l'oxygène nous a donné :

L'oxyde de phosphore. . . .	PhO,
L'acide phosphoreux.	PhO^3,
L'acide phosphorique. . . .	PhO^5.

Avec l'arsenic, l'oxygène nous donnera de même :

L'oxyde d'arsenic	AsO,
L'acide arsénieux	AsO^3,
L'acide arsénique.	AsO^5.

L'oxyde d'arsenic se forme, comme l'oxyde de phosphore, par une combustion lente de l'arsenic en présence de l'air ou de l'oxygène. Alors qu'on volatilise de petites proportions d'arsenic dans un tube étroit et ouvert, on voit d'ordinaire se former deux auréoles, l'une terne ou brune, c'est de l'oxyde d'arsenic; l'autre parfaitement blanche, c'est de l'acide arsénieux.

L'oxyde d'arsenic est appelé vulgairement *poudre aux mouches*, à cause de l'emploi qu'on en fait pour détruire ces incommodes diptères.

ACIDE ARSÉNIEUX AsO^3.

L'acide arsénieux a reçu le nom de *mort aux rats* et aussi celui d'*arsenic* ou d'*arsenic blanc*. Cet acide est une matière blanche qui, lorsqu'elle est réduite en poudre très-fine, ressemble, à s'y méprendre, à de la gomme, à du sucre, à de la fécule, à de la farine, dernier trait de ressemblance qui lui a fait donner par les Allemands le nom de *giftmehl* (farine-poison).

L'acide arsénieux, aussi appelé par les chimistes deutoxyde d'arsenic, se forme toutes les fois que l'on grille ou que l'on brûle les minerais arsénifères. Pour l'obtenir pur, il suffit de le volatiliser ou sublimer, en présence de l'air, dans un tube ouvert. Si on le chauffe dans un tube fermé, il se résout, sous sa propre pression, en un liquide incolore et transparent. Selon que la sublimation a lieu à une température plus ou moins élevée, et dans les conditions d'une aération libre ou limitée, les vapeurs d'acide arsénieux se condensent ou cristallisent sous des formes différentes (dimorphisme); elles prennent ce que l'on a appelé l'état *vitreux* ou l'état *opaque*.

Sous ces deux états physiques distincts, l'acide arsénieux présente certaines propriétés chimiques communes et d'autres dissemblables. Ainsi, l'une et l'autre modification rougit la teinture de tournesol, mais avec plus ou moins de vivacité ou de lenteur dans l'action produite. L'acide vitreux est trois fois plus soluble dans l'eau que l'acide opaque; mais, par la pulvérisation, l'acide vitreux lui-même, sans doute parce qu'alors il passe, en partie, à l'état opaque, perd plus ou moins de sa solubilité première. Dans l'eau, par suite d'une ébullition prolongée, l'acide opaque se transforme en acide vitreux; et, de même, sous l'influence du refroidissement, l'acide vitreux redevient opaque. Une dissolution d'acide vitreux finit, au bout d'un certain temps, par s'abaisser au point de saturation qui appartient à l'acide opaque. La chaleur fait passer l'acide opaque à l'état d'acide vitreux, et le froid produit le phénomène inverse. Alors que l'acide arsénieux est récemment préparé, il affecte d'ordinaire l'état vitreux; mais, avec le temps, la transformation a lieu, et il est facile de constater qu'elle s'opère graduellement de l'extérieur à l'intérieur. Un fragment d'acide arsénieux opaque à sa surface offre quelquefois intérieurement un aspect vitreux.

Le savant chimiste allemand H. Rose a fait l'observation curieuse que l'acide arsénieux vitreux, dissous dans l'acide chlorhydrique étendu d'eau et bouillant, cristallise, par suite du refroidissement, en octaèdres réguliers et qu'en se formant, chaque cristal donne lieu à une émission, à un éclair de lumière (phosphorescence). Si l'on agite, dit H. Rose, le vase dans lequel la cristallisation se produit, l'émission de lumière est plus vive, elle est en rapport avec la quantité le cristaux qui se déposent. Lorsque le refroidissement est graduel et lent, l'expérimentateur a constaté que ces petits éclairs le lumière pouvaient se prolonger pendant deux jours. L'acide opaque dissous dans l'acide chlorhydrique ne produit, en cristallisant, aucun effet de ce genre.

Cette double observation montre que c'est dans le passage de l'état vitreux à l'état opaque que la phosphorescence a lieu. Le phénomène paraît donc se lier à un changement d'agrégation moléculaire; il serait digne de fixer l'attention des physiciens.

L'acide arsénieux est inodore et à peu près sans saveur. On a dit le contraire, mais on peut expliquer les contradictions qui ont eu cours sur ce point. Quand on projette l'acide arsénieux sur des charbons ardents, il se dégage une vapeur exhalant une odeur d'ail très-prononcée. Telle est, a-t-on dit, l'odeur du composé arsenical. Non; que l'on projette de la poudre arsénieuse sur une brique rougie au feu, les vapeurs qui s'élèvent n'ont absolument aucune odeur, parce qu'il n'y a pas réduction du métalloïde. Au contraire, quand l'acide arsénieux, corps si facilement réductible, est en contact avec un charbon ardent, il passe, en partie du moins, à l'état d'arsenic, et c'est la vapeur d'arsenic et non celle d'acide arsénieux qui exhale une odeur d'ail ou de phosphore. De même, en ce qui concerne la saveur de l'acide arsénieux, on s'est appuyé, pour affirmer que ce corps avait un goût *âpre*, *styptique*, *métallique*, sur des dépositions articulées en cours d'assises. Mais dans ces dépositions, que de témoignages sans valeur! Voici ce qu'une expérience personnelle nous a appris : à très-petites doses (1 milligramme), l'acide arsénieux est absolument sans saveur; à doses plus fortes, alors que le poison est dégusté seul, sans mélange de matière alimentaire, il détermine une saveur *acide*, *âcre* ou *styptique*, qui excite une prompte expuition. Mais si l'acide arsénieux est mélangé à des aliments salés, épicés, ou à des boissons de haut goût, il peut se trouver tellement enveloppé qu'il soit ingéré sans aucune sensation particulière. Dans l'estomac et dans les intestins, il peut, à certaines doses, provoquer un sentiment de chaleur et de brûlure même; mais, disons-le sans crainte d'être démenti, une quantité suffisante pour produire la mort peut avoir été prise sans qu'il s'ensuive aucun symptôme d'irritation, et sans qu'il reste sur le cadavre une trace visible locale de l'ingestion de la matière toxique. Qu'on ne se préoccupe pas de cette absence de lésions anatomiques, les investigations chimiques n'en auront pas moins un résultat assuré : le poison est dans les tissus organiques. Pas d'empoisonnement sans absorption, avons-nous dit ailleurs, et toute absorption implique la présence du poison alors que le poison a donné la mort.

ACIDE ARSÉNIQUE AsO^5

L'acide arsénique se prépare en traitant l'acide arsénieux par l'acide azotique et, mieux encore, par l'acide chloro-azotique ou l'eau régale. On rendra l'opération sûre en traitant 4 parties d'acide arsénieux par 1 partie d'acide chlorhydrique et 12 parties d'acide azotique. Après l'évaporation des acides et la reprise par l'eau, on obtiendra, par le refroidissement, des cristaux d'acide arsénique hydraté éminemment solubles, et présentant la réaction acide à un bien plus haut degré que l'acide arsénieux.

Il existe trois acides arséniques hydratés, de composition analogue aux trois acides phosphoriques :

L'acide arsénique monohydraté. . . . $AsO^5\,HO$,
L'acide arsénique bihydraté. . . . . $AsO^5\,2HO$,
Et l'acide arsénique trihydraté. . . . $AsO^5\,3HO$.

L'acide le plus hydraté est essentiellement déliquescent; l'acide à deux équivalents d'eau, encore très-soluble, cristallise en prismes droits assez fermes; l'acide monohydraté cristallise en paillettes nacrées plus dures et très-brillantes.

Le caractère *essentiel* des acides arsénieux et arsénique, comme, en général, de tous les composés arsenicaux, est leur réduction facile au moyen du charbon ou du flux noir (tartrate acide de potasse carbonisé). Il suffit, pour l'opérer, de chauffer à la lampe d'émailleur des laboratoires, dans un petit tube (*fig.* 63), un mélange fait, en proportions égales, avec le composé arsenical et du charbon en poudre ou du flux noir. On voit, à la chaleur rouge sombre, l'arsenic réduit se volatiliser et apparaître plus loin, dans la partie non chauffée du tube, sous forme d'anneau

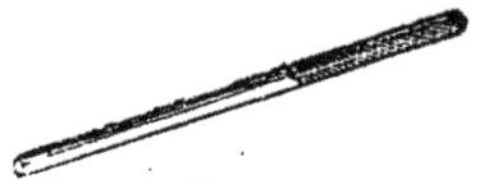

Fig. 63.

d'une couleur noire ou brune caractéristique. Si l'on chauffe de nouveau cet arsenic réduit dans un courant d'air, on le transforme en acide arsénieux.

En dissolution dans l'eau, l'acide arsénieux et l'acide arsénique donnent avec l'acide sulfhydrique ou hydrogène sulfuré un sulfure jaune d'arsenic. Avec l'azotate d'argent, l'acide arsénieux donne un précipité *jaune* d'arsénite d'argent, et l'acide arsénique un précipité *rouge brique* d'arséniate d'argent. Ces caractères différentiels suffisent à faire distinguer l'un de l'autre ces deux acides.

Composition des acides arsénieux et arsénique; équivalent de l'arsenic. — On détermine la composition de l'acide arsénieux en transformant, dans un courant d'air, ou mieux d'oxygène, un poids connu d'arsenic pur en acide arsénieux, ou bien, en décomposant par l'eau le chlorure d'arsenic, qui se dédouble ainsi en acide arsénieux et en acide chlorhydrique. Ces analyses ont montré que, dans 100 parties d'acide arsénieux, il y a :

Oxygène.	75,75
Arsenic	24,25

D'où, pour avoir l'équivalent de l'arsenic, l'acide arsénieux ayant pour formule AsO^3, on a dit :

$$24,25 : 75,75 :: 100 \times 3 : x.$$

Par conséquent $x = \frac{75,75 \times 300}{24,25}$, c'est-à-dire 937,19.

L'acide arsénique contient pour 100 parties :

Oxygène..	65,21
Arsenic.	34,79.

D'où l'on tire :

$$34,79 : 65,21 :: 100 \times 5 : x.$$

$x = \frac{65,21 \times 500}{34,79}$, c'est-à-dire 937,10.

En moyenne, on a donc pour l'équivalent de l'arsenic, 937,15.

XXX

COMBINAISONS DE L'OXYGÈNE AVEC LE CHLORE

On compte cinq combinaisons principales du chlore avec l'oxygène, à savoir :

L'acide hypochloreux.	ClO
L'acide chloreux.	ClO^3
L'acide hypochlorique. . . .	ClO^4
L'acide chlorique.	ClO^5
L'acide perchlorique.	ClO^7.

ACIDE HYPOCHLOREUX ClO

Lorsqu'on fait passer un courant de chlore dans les dissolutions alcalines et particulièrement dans ce qu'on nomme *un lait de chaux*, on obtient des composés qui jouissent au plus haut degré de la propriété de détruire les matières colorantes. On appelle généralement ces composés des chlorures décolorants, mais, en réalité, ce sont des hypochlorites, ou combinaisons d'acide hypochloreux avec la potasse, la soude, la chaux, etc.

Pour préparer l'acide hypochloreux, on peut décomposer les hypochlorites alcalins par un acide fort, l'acide sulfurique ou l'acide chlorhydrique; on recueille le gaz qui se dégage soit dans l'eau, soit dans des récipients bien desséchés. Alors qu'on veut obtenir le gaz acide hypochloreux pur et sec, il faut prendre le soin de le faire passer à travers un flacon laveur et un tube rempli de chlorure de calcium.

Mais on peut se procurer autrement l'acide hypochloreux. Il suffit d'introduire dans un flacon rempli de chlore gazeux de l'oxyde rouge de mercure broyé et délayé dans l'eau, de fermer le flacon et de l'agiter vivement. Une réaction se produit ; il se forme à la fois de l'oxychlorure de mercure insoluble, et de l'acide hypochloreux qui reste en dissolution dans l'eau, d'après l'équation :

$$2Cl + HgO = HgCl + ClO.$$

Quand on veut obtenir le gaz à l'état sec, il suffit de faire passer le chlore préalablement lavé, puis desséché, à travers un tube contenant de l'oxyde rouge de mercure. On le recueille dans un flacon, ou on le fait liquéfier dans un tube entouré de glace ou d'un mélange réfrigérant (*fig.* 64).

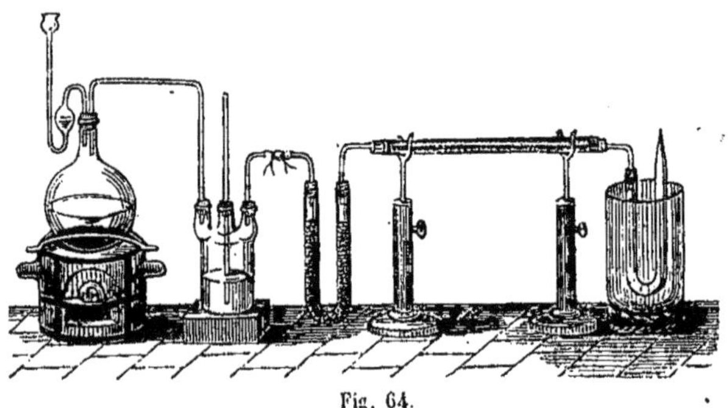

Fig. 64.

A l'état gazeux, l'acide hypochloreux a l'aspect du chlore, dont il partage les propriétés. A l'état liquide, il est d'un rouge de sang, et son odeur rappelle à la fois l'odeur du chlore et celle de l'iode. Il bout à 20° et dégage alors d'épaisses vapeurs d'un jaune orange, dont la densité est de 2,977. L'eau ne dissout pas moins de 200 fois son volume de gaz acide hypochloreux, et ce liquide jouit d'un pouvoir de décoloration extrême. Gay-Lussac a fait voir qu'en transformant un volume donné de chlore (un litre) par l'oxyde de mercure, on obtenait un demi-volume (un demi-litre) d'acide hypochloreux, qui avait absolument le même pouvoir décolorant qu'un volume ou un litre de chlore. Or, comme il est certain, d'après la réaction

$$2Cl + HgO = HgCl + ClO,$$

que la moitié du chlore est absorbée par l'oxyde de mercure, il s'ensuit, d'une part, qu'à volumes égaux, le gaz acide hypochloreux possède un pouvoir décolorant double de celui du chlore; de l'autre, que, dans l'acide hypochloreux, le chlore et l'oxygène ont chacun un pouvoir décolorant égal.

Il y a ici plus d'un rapprochement à faire entre ce gaz et l'eau oxygénée. L'un et l'autre jouissent de la propriété de transformer les sulfures en sulfates, de blanchir, par conséquent, les peintures altérées ou noircies par le temps (sulfuration du blanc de céruse); l'un et l'autre sont décomposés instantanément, quelquefois par conséquent avec détonation, par la seule action de présence de certains corps, tels que l'hydrogène, le phosphore, l'arsenic, l'antimoine, le charbon, le chlorure d'argent, etc. (V. *Eau oxygénée*, p. 131); l'un et l'autre enfin sont des agents oxydants de la plus grande énergie.

En décomposant l'acide hypochloreux par la chaleur ou par l'acide chlorhydrique, on démontre que ce gaz composé est formé d'un volume de chlore pour un demi-volume d'oxygène, ou en poids :

De 1 équivalent de chlore. . . .	443,20
Et de 1 équivalent d'oxygène. . .	100
1 équivalent d'acide hypochloreux =	543,20

D'où la composition en centièmes de l'acide hypochloreux sera donnée par les équations :

$$543,20 : 443,2 :: 100 : x,$$
$$543,20 : 100 :: 100 : y.$$

$$\left.\begin{array}{l} x \text{ ou le chlore} = 81,59 \\ y \text{ ou l'oxygène} = 18,41 \end{array}\right\} 100.$$

ACIDE CHLOREUX ClO^3

On obtient l'acide chloreux par la décomposition de l'acide chlorique au moyen du deutoxyde d'azote :

$$3ClO^5 + 2AzO^2 = 3ClO^3 + 2AzO^5.$$

Le résultat serait le même en remplaçant l'acide chlorique par le chlorate de potasse.

Mais on obtient aussi l'acide chloreux en faisant réagir l'acide arsénieux sur le chlorate de potasse en présence de l'acide azotique. On emploie 3 parties d'acide arsénieux, 4 de chlorate de potasse, 12 d'acide azotique et 4 d'eau. On broie ensemble l'acide arsénieux et le chlorate de potasse, on en fait une pâte en les délayant dans l'eau et l'on ajoute l'acide. On opère dans un ballon à peu près plein jusqu'au col et que l'on chauffe au bain-marie ou au bain de sable, non au delà de 50°, car à 57° l'acide chloreux se décompose avec détonation en chlore et en oxygène.

L'acide chloreux est un gaz d'un jaune verdâtre ; le froid ne le liquéfie pas; l'eau en dissout 5 à 6 fois son volume en prenant une belle coloration jaune.

L'acide chloreux forme quelques sels fixes ; c'est au moyen du chlorate de plomb qu'on en fait l'analyse. On trouve ainsi que l'acide chloreux est formé de :

1 équivalent de chlore.	443,20
Et de 3 équivalents d'oxygène.. . . .	300
D'où 1 équivalent d'acide chloreux =	743,20.

Pour réduire les nombres en centièmes, on dira :

$$743 : 443,20 :: 100 : x,$$
$$743 : 300 :: 100 : y.$$

$$\left.\begin{array}{l}\text{D'où } x \text{ ou le chlore} = 59,63\\ \text{Et } y \text{ ou l'oxygène} = 40,37\end{array}\right\} 100.$$

ACIDE HYPOCHLORIQUE ClO^4

L'acide hypochlorique est-il un composé particulier, ou n'est il qu'une combinaison ou un mélange d'acide chlorique et d'acide chloreux

$$2ClO^4 = ClO^5 + ClO^3,$$

comme nous avons eu occasion de dire que l'acide hypoazotique AzO^4 pouvait résulter de la réunion de l'acide azoteux et de l'acide azotique,

$$2AzO^4 = AzO^3 + AzO^5 ?$$

Il est certain que l'acide hypochlorique ne forme point de sels avec les bases, et que si on essaye de l'y combiner, il donne un mélange de chlorite et de chlorate :

$$2ClO^4 + 2MO = MOClO^5 + MOClO^3.$$

Quoi qu'il en soit, alors que l'on fait agir l'acide sulfurique sur le chlorate de potasse, on donne lieu au dégagement d'un gaz très-peu stable, très-explosible, mais que l'on peut liquéfier en le recevant dans un tube entouré d'un mélange réfrigérant. Sous forme liquide, ce composé est d'un rouge de sang et son odeur rappelle celle du chlore. Sa densité est de 2,315 et il bout à + 20°. M. Faraday l'a solidifié en le soumettant à un froid intense. Il faut prendre de grandes précautions pour préparer ce corps. On peut faire agir d'abord l'acide sulfurique sur le chlorate de potasse dans un mélange réfrigérant ; alors que la liqueur a pris une coloration rouge de sang, on l'introduit dans un tube ou dans un ballon bien sec, et l'on chauffe au bain-marie sans dépasser 25 à 30°. Le gaz peut être recueilli sous l'eau et condensé par le froid.

En décomposant l'acide hypochlorique par la chaleur, on le trouve composé d'un volume de chlore pour deux volumes d'oxygène, autrement

De 1 équivalent de chlore.	443,20
Et de 4 équivalents d'oxygène.. . .	400
	843,20

Ou, pour 100 parties, de.. .	52,56 chlore,
Et de.	47,44 oxygène.

ACIDE CHLORIQUE ClO^5

L'acide chlorique a été séparé pour la première fois du chlorate de potasse par Gay-Lussac. Dans une dissolution de ce sel, on verse un excès d'acide hydrofluosilicique, qui précipite la potasse à l'état d'hydrofluosilicate insoluble. Il reste ainsi dans la liqueur un mélange d'acide chlorique et d'acide hydrofluosilicique. On sature ces deux acides par l'eau de baryte et l'on obtient ainsi un chlorate de baryte soluble et un hydrofluosilicate de même base tout à fait insoluble. On sépare l'un de l'autre au moyen du filtre, et l'on traite le chlorate de baryte soluble par l'acide sulfurique, qui précipite la baryte à l'état de sulfate insoluble et laisse l'acide chlorique dans la liqueur. On concentre celle-ci à une chaleur qui ne doit pas dépasser 40°, afin d'éviter la décomposition de l'acide chlorique.

Cet acide est liquide, incolore, sans odeur; il rougit vivement la teinture de tournesol et la détruit. C'est un oxydant énergique. Du papier qu'on mouille avec cet acide et que l'on fait sécher ensuite, se réduit en poudre ou en cendre. L'alcool s'enflamme en présence de cet acide. La chaleur le décompose et le transforme en acide chloreux et en oxygène, ou en chlore, oxygène et acide perchlorique,

$$ClO^5 = ClO^3 + O^2$$
$$2ClO^5 = Cl + O + ClO^7.$$

Les acides sulfureux et phosphoreux sont changés par lui en acides sulfurique et phosphorique.

L'acide chlorique, et mieux encore l'acide perchlorique, sont employés pour reconnaître et doser la potasse, avec laquelle ils forment l'un et l'autre des sels presque insolubles.

La composition de l'acide chlorique se déduit de celle du chlorate de potasse, qui est un sel anhydre. 100 parties de chlorate de potasse donnent par la calcination 60,84 de chlorure de potassium. La différence entre 100 et 60,84 ou 39,16 représente donc l'oxygène enlevé par la chaleur. Or, relativement à la composition connue du chlorure de potassium, cette quantité est dans le rapport de 5 à 1. Le chlorate de potasse $KO\ ClO^5$ est donc composé de :

1 équivalent de chlore.	443,20
Pour 5 équivalents d'oxygène. .	500,00
Total. . . .	943,20

qui représentent un équivalent d'acide chlorique anhydre. C'est, en effet, cette quantité relative 943,20 qui sature un équivalent de base MO pour former un chlorate neutre.

ACIDE PERCHLORIQUE ClO^7

On utilise, dans les laboratoires, les résidus qui ont servi à la préparation de l'oxygène pour obtenir tout à la fois le chlorure de potassium et le perchlorate de potasse. C'est de ce dernier sel qu'on retire l'acide perchlorique, soit au moyen de l'acide hydrofluosilicique, comme il a été dit à propos de la séparation de l'acide chlorique, soit en recourant à la distillation d'un mélange d'une partie de perchlorate de potasse, et de deux parties d'acide sulfurique contenant un dixième d'eau. Alors que la température est fixe, à 200°, il distille un acide dont la densité est invariable (1,65) ; c'est de l'acide perchlorique. On peut d'ailleurs concentrer les parties qui passent les premières à la distillation, et qui ne sont pas de l'acide perchlorique pur.

Cet acide est plus stable que l'acide chlorique. Il n'enflamme pas l'alcool, il ne brûle pas le papier, il ne transforme pas les acides sulfureux et phosphoreux en acides plus oxygénés.

Sa composition est	1 équivalent de chlore. . .	443,20	1143,20
	et 7 équivalents d'oxygène.	700	

Cette quantité 1143,20 est la quantité qui sature les bases MO et forme avec elles des sels neutres.

Il existe, d'après M. Millon, deux autres combinaisons de chlore et d'oxygène, l'acide chlorochlorique et l'acide chloroperchlorique, qui peuvent être considérés, le premier, comme une combinaison d'acide chlorique et d'acide chloreux, et le second, comme une combinaison d'acide chloreux et d'acide perchlorique. On a donné, en effet, à ces acides les formules $2ClO^5$, ClO^5 et $2ClO^7$, ClO^5.

M. Roscoë a préparé un acide chlorique anhydre ClO^7 en cohobant par distillation l'acide perchlorique ClO^7HO en présence de l'acide sulfurique, ou en traitant directement une partie de chlorate de potasse par 4 parties d'acide sulfurique concentré. Cet acide, très-facilement décomposable, détone au contact du papier, du bois et du charbon. Il ne faut donc le préparer qu'en très-petites quantités à la fois. Très-avide d'humidité, il produit, quand on le mêle à l'eau, le bruit d'un fer rouge plongé dans ce liquide. A 15°,5 sa densité est de 1,782 et se rapproche de celle de l'acide sulfurique. C'est un liquide incolore extrêmement mobile et qui se décompose très-promptement, même dans l'obscurité.

XXXI

COMBINAISONS DE L'OXYGÈNE AVEC L'IODE

On est porté à penser que l'oxygène forme avec l'iode des combinaisons analogues à celles qu'il forme avec le chlore. On devrait donc avoir

un acide hypoiodeux. . IO,
un acide iodeux . . . . IO^3,
un acide hypoiodique.. IO^4,
un acide iodique. . . . IO^5,
un acide hyperiodique. IO^7.

Mais, sur ces cinq composés, on n'en a encore isolé ou reconnu que trois, l'acide hypoiodique IO^4, l'acide iodique IO^5 et l'acide hyperiodique IO^7. Nous n'avons qu'un mot à dire de l'acide hypoiodique. Il paraît prendre naissance quand on calcine certains iodates, particulièrement l'iodate de baryte, et quand on décompose par la chaleur, comme nous le dirons plus loin, la combinaison de l'acide hyperiodique avec l'acide sulfurique.

ACIDE IODIQUE IO^5

Le chimiste dispose de plusieurs procédés pour préparer l'acide iodique :

1° Quand on traite à chaud 1 partie d'iode pour 5 parties d'acide azotique concentré et fumant, on obtient 5 parties 1/2 d'acide iodique. Les cristaux se déposent dans la liqueur refroidie.

2° Alors qu'on fait passer un courant de chlore dans 8 parties d'eau tenant en dissolution ou en suspension 1 partie d'iode, on transforme tout l'iode en acide iodique. On a

$$5Cl + 5HO + I = 5HCl + IO^5.$$

Pour séparer les acides chlorhydrique et iodique qui se trouvent l'un et l'autre en dissolution dans l'eau, il faut les saturer par le carbonate de soude et précipiter ensuite par le chlorure de baryum. Il se forme ainsi de l'iodate de baryte à peine soluble et qui cristallise. On reprend les cristaux, qu'on fait bouillir avec de l'acide sulfurique étendu ; on précipite ainsi le baryte et on n'a plus dans la liqueur que de l'acide iodique qu'on concentre par la chaleur et qu'on obtient en cristaux volumineux. Pour 9 parties d'iodate de baryte sec, on aura dû employer 2 parties d'acide sulfurique concentré et 10 à 12 parties d'eau.

3° En saturant d'iode une dissolution de potasse que l'on porte à l'ébullition, on obtient dans la liqueur un mélange d'iodure de potassium et d'iodate de potasse. L'iodate de potasse peu soluble se sépare de la liqueur par refroidissement. En le reprenant par l'eau bouillante et précipitant par le chlorure de baryum, on obtient un iodate de baryte qu'on lave et que l'on décompose ensuite par l'acide sulfurique étendu. On obtient ainsi du sulfate de baryte insoluble, et de l'acide iodique étendu d'eau, que l'on concentre par la chaleur et qui cristallise ensuite.

4° Si l'on traite parties égales d'iode et de chlorate de potasse par 5 parties en poids d'eau aiguisée de quelques gouttes d'acide azotique, on peut convertir tout le chlorate de potasse en iodate de la même base, et, par suite, obtenir une proportion d'acide iodique en rapport avec la quantité d'iode employée. C'est le chlorate de potasse qui fournit à l'iode tout l'oxygène nécessaire à sa conversion en acide iodique. Voici la théorie de l'opération. Sous l'influence de la chaleur, l'acide azotique attaque le chlorate de potasse ; il se forme une petite proportion d'azotate de potasse, et de l'acide chlorique est rendu libre. Cet acide cède son oxygène à l'iode pour le faire passer à l'état d'acide iodique, et une proportion équivalente de chlore se dégage. L'acide iodique libre décompose à son tour, comme l'acide azotique qui a commencé l'opération, une certaine quantité de chlorate de potasse; de l'acide chlorique est rendu libre qui réoxyde une nouvelle quantité d'iode, et ainsi de suite, tant qu'il reste de l'iode à convertir en acide iodique. Finalement, on a donc de l'iodate de potasse qu'on transforme en iodate de baryte et en acide iodique par la méthode déjà indiquée.

L'acide iodique cristallisé renferme un équivalent d'eau. On l'obtient à l'état anhydre en desséchant les cristaux à 170°.

L'acide iodique peut se combiner avec divers acides, et particulièrement avec l'acide sulfurique. M. Millon croit avoir constaté que lorsqu'on soumet cette combinaison des deux acides à l'action de la chaleur, il se dégage de l'oxygène et qu'il se forme ainsi de l'acide hypoiodique IO^4. L'habile chimiste a même cru que l'on pouvait obtenir de la sorte un acide double particulier, composé d'acide hypoiodique et d'acide iodeux, ayant par conséquent pour formule $4IO^4, IO^3$.

L'acide iodique est sans usages. C'est un oxydant très-énergique. Il est décomposé par les acides avides d'oxygène, tels que les acides sulfureux et sulfhydrique, qui en précipitent l'iode. On met à profit cette propriété pour reconnaître les plus petites traces d'acide sulfureux et d'acide sulfhydrique. En présence d'un composé iodique amidonné, les gaz réduisent leur équivalent d'iode, qui, rencontrant l'amidon, donne de l'iodure d'amidon caractérisé par sa belle couleur bleue.

La composition de l'acide iodique se déduit de l'analyse de l'iodate de potasse, et l'analyse de l'iodate de potasse se fait absolument comme celle du chlorate de potasse. (*V.* page 235.)

On a ainsi trouvé que l'acide iodique était formé

De 1 équivalent d'iode.	1578,20
Et de 5 équivalents d'oxygène.	500,00
	2078,20

et conséquemment en centièmes, d'après les équations :

$$2078{,}20 : 1578{,}20 :: 100 \cdot x,$$
$$2078{,}20 : 500{,}00 :: 100 : y,$$

Pour la valeur de x ou de l'iode. . .	75,94	100.
Pour la valeur de y ou de l'oxygène. .	24,06	

ACIDE HYPERIODIQUE ou HEPTAIODIQUE IO^7

On suroxyde l'acide iodique en faisant passer un courant de chlore à travers un mélange d'iodate et de carbonate de soude. On a la réaction :

$$NaOIO^5 + 3NaOCO^2 + 2Cl$$
$$= 2NaCl + (NaO)^2, IO^7 + CO^2.$$

Par le refroidissement de la liqueur, il se dépose, sous forme de houppes soyeuses, de l'hyperiodate de soude. On reprend l'hyperiodate par l'acide azotique pour le dissoudre, et on verse dans la liqueur de l'azotate d'argent. Il se forme de l'hyperiodate d'argent peu soluble, que l'eau décompose et transforme en hyperiodate d'argent basique insoluble, et en acide hyperiodique ou heptaiodique qui reste dissous ; on concentre l'acide par la chaleur. Les cristaux obtenus fondent à 130°, et, à une plus haute température, l'acide se décompose.

La composition de l'acide heptaiodique correspond à celle de l'acide perchlorique, à savoir :

1 équivalent d'iode	1578,20
7 équivalents d'oxygène. . .	700,00
	2278,20

c'est-à-dire en centièmes, d'après les équations

$$2278{,}20 : 1578{,}20 :: 100 : x,$$
$$2278{,}20 : 700 :: 100 : y.$$

Pour la valeur de x ou de l'iode. . .	$\frac{1578{,}20 \times 100}{2278{,}20}$ c'est-à-dire	69,27
Pour la valeur de y ou de l'oxygène.	$\frac{700 \times 100}{2278{,}20}$ c'est-à-dire	30,73
		100,00

XXXII

COMBINAISONS DE L'OXYGÈNE AVEC LE BROME

On ne connait qu'une combinaison d'oxygène avec le brôme : c'est l'acide bromique BrO^5. Pour l'obtenir, on prépare d'abord du bromate de potasse dans une dissolution de bromure de potassium. A cet effet, on dissout du brôme dans le bromure jusqu'à saturation. On chauffe, et par le refroidissement, il se se dépose des cristaux qui sont du bromate de potasse. On reprend ce bromate par de l'eau bouillante, puis par l'acide hydrofluosilicique, qui laisse dans la liqueur de l'acide bromique avec de l'acide hydrofluosilicique libre. On sépare les deux acides par de la baryte, qui, avec l'acide hydrofluosilicique, donne un sel insoluble, et, avec l'acide bromique, un sel soluble. On décompose le bromate de baryte soluble par l'acide sulfurique, et l'on obtient finalement l'acide bromique libre. On le concentre par évaporation.

On peut aussi obtenir l'acide bromique par la décomposition du chlorure de brôme au moyen de l'eau. On a de la sorte :

$$BrCl^5 + 5HO = 5HCl + BrO^5.$$

Pour séparer l'acide bromique de l'acide chlorhydrique, on forme un bromate de baryte que l'on décompose ensuite par l'acide sulfurique.

L'acide bromique présente la plus grande analogie avec l'acide chlorique. Il en partage toutes les propriétés, et il a la même composition. On l'analyse en calcinant le bromate de potasse, déterminant la quantité d'oxygène qui se dégage et le poids du bromure de potassium obtenu comme résidu. On trouve ainsi l'acide bromique, formé de

1 équivalent de brome.	1000	} 1500.
Et de 5 équivalents d'oxygène. .	500	

D'où, pour avoir la proportion relative en centièmes, on dira

$$1500 : 1000 :: 100 : x,$$
$$1500 : 500 :: 100 : y,$$

Ce qui donnera pour x ou le brome.	66,66	} 100.
Et pour y ou l'oxygène	33,34	

XXXIII

COMBINAISONS DE L'OXYGÈNE AVEC LE SÉLÉNIUM

Le sélénium donne avec l'oxygène deux composés,

L'acide sélénieux. . . SeO^2,
L'acide sélénique. . . SeO^3.

L'acide sélénieux s'obtient, soit en traitant le sélénium par l'acide azotique ou l'eau régale, soit en faisant brûler le sélénium dans un courant d'oxygène.

Ce corps a une forte odeur de rave et une saveur acide. Il est très-soluble dans l'eau et facilement réductible par les corps avides d'oxygène.

L'acide sélénieux, qu'il est facile d'analyser, soit en en réduisant un poids connu, soit en déterminant l'augmentation de poids d'une quantité de sélénium qu'on oxyde, est formé

De 1 équivalent de sélénium. . . .	491	} 691
Et de 2 équivalents d'oxygène. . .	200	

et d'après les proportions

$$691 : 491 :: 100 : x,$$
$$691 : 200 :: 100 ; y,$$

en centièmes, de. . . 71,06 de sélénium,
et de. . . 28,94 d'oxygène.

ACIDE SÉLÉNIQUE SeO^3

Pour préparer l'acide sélénique, il faut traiter à chaud le sélénium par l'azotate de potasse, précipiter le séléniate de potasse par l'azotate de plomb et reprendre le précipité de séléniate de plomb bien lavé, pour le mettre en présence d'un courant d'acide sulfhydrique. Il se forme un sulfure de plomb noir, et l'acide sélénique reste libre et en dissolution dans l'eau. En effet,

$$PbOSeO^3 + HS = PbS + SeO^3,HO.$$

On peut concentrer la dissolution d'acide sélénique en chauffant jusqu'à 290°. Au delà, le corps se décompose.

Les acides qui décomposent l'acide sélénieux sont sans action sur l'acide sélénique. Ce composé, à en juger par la haute température à laquelle il reste fixe, est non moins stable en quelque sorte que l'acide sulfurique.

On en détermine la composition en analysant le séléniate de plomb. On prend un poids p de ce séléniate, on le jette dans l'eau et l'on fait passer dans le liquide un courant d'acide sulfhydrique. On obtient un sulfure de plomb qu'on lave, que l'on dessèche et que l'on calcine. Ce sulfure de plomb calciné est transformé ensuite en sulfate au moyen de l'acide azotique et de l'acide sulfurique, et calciné à nouveau pour obtenir du sulfate. On connaît les proportions d'acide sulfurique contenues dans les sulfates, et l'on déduit de là par le calcul la quantité d'oxyde de plomb p' recueillie qui existait dans le poids p de séléniate. La quantité d'acide sera évidemment la différence entre le poids p et le poids p'.

Pour avoir ce poids cherché $p - p'$ de l'acide sélénique, on fera concentrer par évaporation les liqueurs recueillies et mises à part alors qu'on a séparé le sulfure de plomb, et on les fera bouillir avec de l'acide chlorhydrique. L'acide sélénique sera ainsi transformé en acide sélénieux, qui sera décomposé lui-même par l'acide sulfureux, et finalement on obtiendra un poids p'' de sélénium. De la sorte, on aura par différence le poids de l'oxygène combiné au sélénium pour former l'acide sélénique, et ce poids sera la quantité $p-p'-p''$.

D'après l'analyse ainsi faite, l'acide sélénique renferme :

Sélénium.	62,07	100.
Oxygène.	37,93	

XXXIV

COMBINAISONS DE L'OXYGÈNE AVEC LE TELLURE

L'oxygène forme avec le tellure, comme avec le sélénium, deux combinaisons,

L'acide tellureux. . . .	TeO^2,
L'acide tellurique. . . .	$Te O^3$.

ACIDE TELLUREUX TeO^2

On prépare l'acide tellureux, soit en chauffant le tellure à l'air libre ou dans un courant d'oxygène, soit en le traitant par l'acide azotique, ou en décomposant par l'eau un chlorure tellurique.

L'acide tellureux, moins volatil que le tellure, est facilement réduit par le charbon et l'hydrogène.

ACIDE TELLURIQUE TeO^3

On suroxyde l'acide tellureux en faisant passer un courant de chlore dans une dissolution de tellurite de potasse, qui contient un excès d'alcali. Pour séparer l'acide ainsi formé, on le combine avec la baryte, et l'on précipite ensuite celle-ci au moyen de l'acide sulfurique.

L'acide tellurique, alors qu'on le concentre, cristallise en gros prismes hexagonaux qui retiennent 3 équivalents d'eau. Cet acide donne, avec les bases, des tellurates que la chaleur transforme en tellurites.

La composition des acides tellureux et tellurique s'établit comme celle des acides sélénieux et sélénique, avec lesquels ils ont de si grandes analogies.

XXXV

COMBINAISONS DE L'OXYGÈNE AVEC LE BORE

On ne connaît qu'un seul composé de bore et d'oxygène, l'acide borique BoO^3.

Cet acide se recueille en grand dans certaines contrées volcaniques et particulièrement dans les *Maremmes de Toscane*. Là s'échappent du sol, par des failles ou fissures, des jets de gaz et de vapeurs auxquels on donne le nom de *soffioni*. Pour recueillir ces gaz et condenser ces vapeurs, l'industrie a établi à l'entour des *soffioni* de petits lacs ou sortes de cratères artificiels dans lesquels les matières volatiles viennent se condenser et se dissoudre. On a échelonné ces bassins, et on les a mis en communication avec des espèces de fourneaux creusés dans le sol et qui sont chauffés par les *soffioni* eux-mêmes. Les eaux s'évaporent d'une manière continue; elles se condensent de bassins en bassins, et parvenues au dernier, où elles sont volatilisées par la chaleur d'un *soffione*, elles finissent par déposer des cristaux volumineux que l'on recueille. Ces cristaux sont de l'acide borique, mais impur et ne contenant pas moins de 20 à

25 pour 100 de matières étrangères. On purifie cet acide par des cristallisations successives, et en le combinant à une base, la soude (borate de soude, borax), dont il est ensuite facile de le séparer au moyen de l'acide sulfurique et de la baryte, ou même de l'acide chlorhydrique, car l'acide borique peu soluble finit par cristalliser dans une dissolution acide de chlorhydrate de soude.

L'acide borique est une matière blanche, solide, amorphe ou cristallisée, et qui renferme 43,5 pour 100 d'eau de cristallisation. Il a la réaction acide, mais seulement au degré des acides réputés faibles. Chauffé, il fond d'abord dans son eau de cristallisation, se dessèche et prend une apparence vitreuse. L'eau froide en dissout 2 parties, et l'eau bouillante 8 ; d'où l'on voit que, par l'ébullition, on peut en précipiter les trois quarts.

Bien qu'appartenant à la classe des acides faibles, l'acide borique, en raison de sa fixité et de son point élevé d'ébullition, déplace les acides les plus forts, l'acide sulfurique, et l'acide silicique même que nous étudierons tout à l'heure. On a très-ingénieusement fait application de cette propriété pour fondre dans l'acide borique les corps les plus réfractaires et spécialement les oxydes terreux et métalliques. On est parvenu ainsi à produire artificiellement des pierres dures et naturelles d'un certain prix, le spinelle, la cynophane cristallisée et divers aluminates brillamment colorés par des oxydes métalliques. Au degré où s'opère la fusion de ces oxydes ou acides éminemment fixes, l'acide borique, agent de la fusion, se volatilise sans laisser la moindre trace.

On a déterminé la composition de l'acide borique en brûlant dans l'oxygène un poids donné de bore. On a ainsi trouvé l'acide formé :

De bore.	31,22	100.
Et d'oxygène	68,78	

Comme on ne connaît que cette seule combinaison d'oxygène et de bore, on s'est vu forcé de fixer arbitrairement la formule de ce composé, au lieu de la déduire expérimentalement de la comparaison de composés de même ordre. Aussi les chimistes ont-ils adopté tantôt la formule BoO^3, tantôt la formule BoO^6. Dans le premier cas, l'équivalent du bore se tire de l'équation :

$$68,78 : 31,22 :: 300 : x.$$

Et dans le second cas, de l'équation :

$$68,78 : 31,22 :: 600 : x.$$

D'où x ou l'équivalent du bore est.	272,30
Ou la moitié de ce nombre.	136,15

XXXVI

COMBINAISONS DE L'OXYGÈNE AVEC LE SILICIUM

Comme avec le bore, l'oxygène ne forme avec le silicium qu'un seul composé, l'acide silicique ou silice, SiO^3.

L'acide silicique ou la silice est une des matières les plus communes qu'on rencontre sur le globe. En général, on peut dire que toutes les pierres qui ne sont pas calcaires sont siliceuses. Ainsi la silice constitue les quartz, les silex, les granites, les grès, les pierres meulières, etc. Le quartz hyalin ou le cristal de roche cristallisé est de la silice pure.

Ce corps est pour ainsi dire inattaquable par le feu et par les acides. Il n'y a qu'une exception à faire sous ce rapport : d'une part, on peut fondre la silice et l'étirer en fils au moyen du chalumeau aérhydrique ; de l'autre, on attaque et on dissout ce composé à l'aide de l'acide fluorhydrique, acide employé, comme nous l'avons dit, pour la gravure sur verre.

C'est à l'aide des alcalis, de la potasse et de la soude, qu'on rend la silice soluble et qu'il est ainsi permis d'en faire l'étude. Alors qu'on fond ce composé dans un creuset de platine en présence de 4 parties de carbonate de soude ou de potasse, on obtient un sel parfaitement soluble, le silicate de soude ou de potasse (*liqueur de cailloux* des anciens). Décomposé par l'acide chlorhydrique, le silicate de soude donne du chlorhydrate de soude soluble, et un précipité floconneux qui n'est autre que l'acide silicique. Cet acide s'hydrate facilement, et quand on le calcine pour lui enlever son eau d'hydratation, il redevient insoluble. Cependant, à l'état naissant, autrement dit de formation atomique, il se dissout dans l'eau, comme l'attestent les dépôts siliceux que forment certaines eaux en s'évaporant dans l'atmosphère. D'après de récentes expériences, la silice formerait avec l'eau divers hydrates à propriétés distinctes. Ebelmen a obtenu un de ces hydrates qui possède toutes les propriétés de la pierre naturelle nommée hydrophane, pierre qui, comme le dit son nom, est opaque dans l'air et transparente quand elle est pénétrée d'eau. A l'aide d'une préparation dite éther silicique, on s'est flatté de l'espoir de préparer artificiellement certains gemmes naturelles dont la matière première ou capitale est la silice, entre autres la topaze, l'améthyste, l'aventurine, la saphirine, la chrysoprase; mais jusqu'ici, l'industrie ne s'est pas encore emparée de ces produits artificiels pour leur donner une valeur vénale. Ce que les trafiquants vendent comme pierres fausses et sous des noms divers n'est qu'un strass, c'est-à-dire un verre diversement coloré par des oxydes métalliques.

C'est par l'analyse du chlorure de silicium qu'on a déterminé la composition de la silice. En se disant que dans ce chlorure, le chlore représente l'oxygène de l'acide silicique, on a trouvé que, sur 100 parties, cet acide était formé de :

Silicium.	47,07	100.
Oxygène.	52,93	

Et comme le chlorure de silicium contient 3 équivalents de chlore pour 1 équivalent de ce métalloïde, on a admis pour formule de l'acide silicique SiO^3. Mais quelques chimistes écrivent SiO^6 ou Si^2O^3. Le résultat est le même. Seulement, selon la formule, l'équivalent du silicium est un poids atomique une, deux ou trois fois plus grand;

MM. Dumas adopte la formule. . SiO,
Gaudin la formule. . . . . . SiO^2,
Berzelius la formule. . . . . SiO^3;

On a aussi proposé la formule Si^2O^3.

M. Dumas fonde son opinion sur le chiffre de la densité de la vapeur du chlorure de silicium; M. Gaudin s'appuie sur la constitution du feldspath et des fluorures doubles de silicium et de potassium; Berzelius sur la capacité de saturation de l'acide silicique, qui, dans les silicates, paraît, comme l'acide sulfurique, renfermer trois fois plus d'oxygène que la base. Sans nous porter juge dans le débat, nous avons dû suivre l'opinion générale et aujourd'hui la plus accréditée. Or, en partant des chiffres ci-dessus donnés par l'analyse du chlorure de silicium, et de la formule de l'acide silicique SiO^3, on trouvera l'équivalent du silicium par l'équation

$$52,93 : 47,07 :: 300 : x.$$

D'où $x = \frac{47,07 \times 300}{52,93}$, c'est-à-dire 266,78.

XXXVII

COMBINAISONS DE L'AZOTE AVEC LES MÉTALLOÏDES

L'azote, que nous avons appelé corps indifférent, c'est-à-dire rebelle aux combinaisons, donne lieu cependant, avec les métalloïdes, à plusieurs composés d'un haut intérêt. Déjà nous avons vu les composés d'oxygène et d'azote, au nombre desquels se trouve l'acide azotique. Nous allons rencontrer à présent :

1° Un composé d'hydrogène et d'azote connu fort anciennement sous le nom d'*ammoniaque;*

2° Une combinaison d'azote et de carbone, de découverte récente, désignée sous le nom de *cyanogène;*

3° Enfin des azotures de chlore, de soufre et d'iode, plus euphoniquement nommés chlorure, sulfure et iodure d'azote.

Ces composés, de propriétés singulières, méritent une attention spéciale.

COMBINAISONS DE L'AZOTE AVEC L'HYDROGÈNE. — AMMONIAQUE AzH^3

L'ammoniaque se dégage naturellement à l'état gazeux lors de la décomposition des matières animales. Elle se forme dans l'atmosphère, mais en très-petites proportions, par suite de la décomposition de l'eau sous l'influence de l'étincelle électrique dans les temps d'orage. Elle se produit atomiquement en quelque sorte dans certaines oxydations, celle du fer par exemple. Qu'un métal oxydable, que le fer soit abandonné dans l'air humide, on sait le phénomène qui se produit : de l'oxygène se porte sur ce corps pour le transformer en oxyde. L'oxyde formé constituant avec le métal lui-même les deux éléments d'une pile voltaïque, l'eau de l'atmosphère est décomposée par le courant galvanique, et il en résulte de l'hydrogène qui, à l'état naissant, rencontrant de l'azote, ne fût-ce que celui qui se trouve dissous dans l'eau, forme avec ce corps de l'ammoniaque, c'est-à-dire la combinaison définie AzH^3.

Dans le laboratoire, on se procure l'ammoniaque soit à l'état gazeux, soit en dissolution dans l'eau, en décomposant un sel d'ammoniaque par la chaux vive ou par la chaux hydratée :

$$AzH^3HCl + CaO = Az,H^3 + CaCl + HO,$$

c'est-à-dire :

Chlorhydrate d'ammoniaque	Ammoniaque		
	Acide chlorhydrique	Hydrogène	Eau.
		Chlore	
Chaux	Oxygène		Chlorure de calcium.
	Calcium		

Le gaz sec doit être recueilli sous le mercure. La dissolution gazeuse se prépare au moyen de l'appareil de Woolf (*Voir* p. 75).

L'ammoniaque est un gaz incolore, d'une odeur forte et pénétrante, tout à fait caractéristique. Elle provoque le larmoiement, la toux, et devient bien vite irrespirable et toxique. Sa densité est de 0,597. Elle jouit de toutes les propriétés alcalines de la soude et de la potasse, et prend, à ce titre, le nom d'*alcali volatil*. Elle verdit donc le sirop de violette, ramène au bleu la teinture de tournesol rougie par un acide, neutralise les acides les plus forts, et précipite de leurs dissolutions un grand nombre d'oxydes métalliques. Elle est souvent employée comme réactif. Le gaz ammoniac est tellement soluble dans l'eau (l'eau en dissout 500 fois son volume) que si, le tenant renfermé dans une éprouvette, on vient à le mettre en présence du liquide, celui-ci fait irruption dans le vase et peut le briser violemment. L'expérience ne doit donc être faite qu'avec certaines précautions, en enveloppant, par exemple, l'éprouvette de linges fort épais.

On a liquéfié le gaz ammoniac en le soumettant à un froid de —40°, ou en le comprimant sous une pression de 6 atmosphères $\frac{1}{2}$, à une température de 10°. Un moyen fort simple d'arriver à cette liquéfaction est de saturer de ce gaz du chlorure d'argent qu'on enferme ensuite dans un tube *ab* (*fig.* 65). Le tube fermé au moyen de la lampe, on fait chauffer le chlorure d'argent : le gaz s'en sépare, et, par la pression qu'il exerce sur lui-même, une partie passe à l'état

Fig. 65.

liquide ou de vapeur très-mobile qui, par le froid, revient à l'état de gaz et est absorbé de nouveau par le chlorure d'argent. Le même appareil peut servir indéfiniment à la même démonstration.

L'analyse du gaz ammoniac se fait dans l'eudiomètre.

1° Si l'on fait passer une succession d'étincelles électriques à travers un volume donné du gaz, on reconnaît, au bout d'un certain temps, que ce volume a doublé, le gaz s'étant décomposé en deux volumes, l'un d'hydrogène et l'autre d'azote.

2° Si, en présence de 100 parties de gaz ammoniac, on introduit dans l'eudiomètre 50 parties d'oxygène, et que l'on fasse passer l'étincelle électrique à travers le mélange, on reconnaît que le volume gazeux total 150 s'est réduit à 37,50.

Il en est donc disparu 150—37,50 ou 112,50. Mais dans ces 112,50 parties converties en eau, il y a eu relativement 2 parties d'hydrogène pour 1 partie d'oxygène, c'est-à-dire, dans ce cas particulier, 75 d'hydrogène contre 37,50 d'oxygène. Si donc, dans 100 parties de gaz ammoniac, il y avait 75 d'hydrogène, il n'y avait que 25 d'azote. En poids, telle est, en effet, la composition du gaz.

Or, le poids de 1 volume $\frac{1}{2}$ d'hydrogène étant. 0,1038 (la densité de l'hydrogène est 0,0692)
et le poids de $\frac{1}{2}$ volume d'azote. . . . . . . 0,4856 (la densité de l'azote est 0,9713)

le poids d'un volume d'ammoniaque = 0,5894

L'expérience directe donne 0,596, nombre très-rapproché.

Si l'on veut avoir la composition de l'ammoniaque pour 100 parties, on posera les équations

$$0,5894 : 0,1038 :: 100 : x,$$
$$0,5894 : 0,4856 :: 100 : y.$$

D'où l'on aura pour x ou l'hydrogène. . . 17,61 }
Et pour y ou l'azote. . . . . 82,39 } 100.

Rapportant la composition à l'équivalent de l'azote 175, on aura

$$82{,}39 : 17{,}61 :: 175 : x,$$

d'où x ou la valeur de l'hydrogène sera 37,50.

De la sorte on aura, pour la composition de l'ammoniaque, en équivalents :

Azote.	175
Hydrogène.	37,50.

Mais 37,50 est trois fois le nombre 12,50 que nous avons pris pour l'équivalent de l'hydrogène. Pour un équivalent d'azote, il y aura donc dans l'ammoniaque trois équivalents d'hydrogène ; d'où la formule AzH^3.

XXXVIII

COMBINAISONS DE L'AZOTE AVEC LE CARBONE

CYANOGÈNE C^2Az. ou Cy.

Le cyanogène a été découvert par Gay-Lussac en 1814. C'est le radical des acides cyanique et cyanhydrique ou prussique, et aussi d'un grand nombre de composés, *cyanures*, *cyanates* ou *prussiates*, qui étaient connus empiriquement avant qu'on se fût rendu compte de leur composition. Cyanogène veut dire qui engendre le bleu (Κύανος, bleu, γείνομαι, j'engendre). Le *bleu* de Prusse (cyanure de fer et de potassium) est un des corps les plus remarquables de cette grande série de composés qui a pour radical le cyanogène.

Nous appelons le cyanogène un radical, bien que ce soit un corps composé. La raison à en donner, c'est que dans toutes les combinaisons qu'il forme, ce corps composé joue réellement le rôle de corps simple, que ses éléments se suivent sans jamais se désunir. Ainsi, avec l'hydrogène, il forme l'acide cyanhydrique, autrefois acide prussique; avec l'oxygène, il forme les acides cyanique, cyanurique, fulminique; avec les métalloïdes et les métaux, en général, il forme des cyanures, cyanates, cyanurates, fulminates, absolument comme s'il était un radical absolu, un corps simple analogue au chlore, au brôme, à l'iode, avec lesquels, en effet, il présente de grandes analogies. C'est le premier, c'est encore le seul exemple, en chimie minérale, d'un corps composé donnant lieu à toute la série de combinaisons des corps simples proprement dits. Voilà pourquoi il a été, de la part des chimistes, l'objet d'une étude si particulière.

Ce corps composé, ou mieux ce radical, prend naissance dans un assez grand nombre de circonstances :

1° Quand on calcine les matières animales en présence des carbonates alcalins, particulièrement du carbonate de soude (préparation en grand, dans les arts, du cyanure de potassium);

2° Lorsqu'on fait passer un courant d'air ou d'azote sur un mélange de charbon et de carbonate de potasse;

3° Lorsqu'on chauffe des matières azotées en présence du potassium, ou qu'on fait passer de l'ammoniaque sur du charbon.

Mais, pour extraire le cyanogène de ses combinaisons, il faut l'emprunter aux cyanures les moins fixes. On choisit le cyanure de mercure. On prépare le cyanure de mercure lui-même en versant dans une dissolution chaude et concentrée de cyanure de potassium une dissolution chaude d'azotate de mercure. Il y a double décomposition, et le cyanure de mercure formé cristallise par refroidissement dans le liquide. On prend ces cristaux, alors qu'ils sont bien purs, et on les traite par la chaleur dans une cornue (*fig*. 66). L'appareil est disposé pour recueillir le gaz sous le mercure, attendu que ce corps est excessivement soluble dans l'eau.

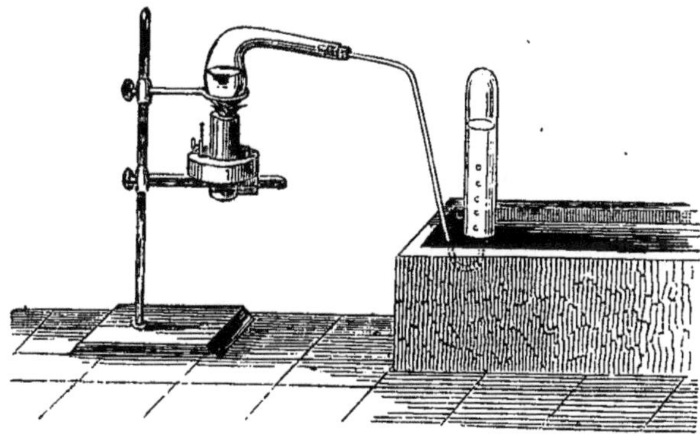

Fig. 66.

Le cyanogène est incolore, d'une odeur vive et pénétrante, celle du kirsch ou de l'eau distillée de laurier-cerise. Sa densité est de 1,806. Il brûle avec une flamme pourpre, et les produits de la combustion sont de l'azote et de l'acide carbonique. Ce gaz a été liquéfié sous une pression de 4 à 5 atmosphères, et même congelé à une température très-basse, celle produite par un mélange d'acide carbonique liquide et d'éther. Mais pour obtenir le cyanogène liquide, il suffit d'enfermer du cyanure de mercure dans un tube recourbé *ab* (*fig.* 67), que l'on ferme ensuite à la lampe. En chauffant l'extrémité *a* où se trouve le cyanure, et plongeant l'extrémité *b* dans un mélange réfrigérant (sel et glace), on obtient le gaz qui, faisant pression sur lui-même, passe, en se refroidissant, à l'état liquide. Il en est de même ici que pour l'ammoniaque (p. 251).

Fig. 67.

L'eau dissout 4 à 5 fois son volume de cyanogène, mais cette dissolution ne se conserve pas. Sous l'influence de la lumière, il se dépose dans le liquide un corps solide noir que l'on a appelé paracyanogène, parce qu'il paraît avoir la composition même du cyanogène. Dans le liquide, par suite de la décomposition d'une partie du cyanogène, il peut se former du carbonate et du chlorhydrate d'ammoniaque, et même un produit animal qui prend le nom d'*urée*.

L'analyse du cyanogène se fait dans l'eudiomètre, ou dans un tube à combustion, en présence de l'oxyde de cuivre. On a trouvé de la sorte que le gaz était formé d'un volume d'azote et d'un équivalent de carbone, par hypothèse, deux volumes de vapeur de carbone, d'où la formule C^2Az, ou, comme corps radical, Cy.

Le cyanogène forme avec l'hydrogène un composé, l'acide cyanhydrique HCy, aussi appelé acide hydrocyanique ou prussique. On prépare cet acide en traitant le cyanure de mercure par l'acide sulfhydrique

$$HgCy + HS = HgS + HCy.$$

On sépare l'excès d'acide sulfhydrique au moyen du carbonate de plomb, qui forme avec cet acide un sulfure de plomb insoluble. Il reste ainsi une certaine quantité d'eau mêlée à l'acide cyanhydrique. Pour obtenir l'acide anhydre, on emploie, au lieu d'acide sulfhydrique, l'acide chlorhydrique fumant. On a alors

$$HgCy + HCl = HCy + HgCl.$$

L'acide cyanhydrique est un liquide incolore d'une odeur pénétrante d'amandes amères. Il bout à 26° et se solidifie à —30°. Il subit une décomposition prompte sous l'influence de l'air et de la lumière. Il est formé d'un $\frac{1}{2}$ volume de cyanogène et d'un $\frac{1}{2}$ volume d'hydrogène.

Avec l'oxygène, le cyanogène donne les trois composés suivants :

Acide cyanique. . . .	CyOHO,
Acide fulminique. . .	Cy^2O^22HO,
Acide cyanique. . . .	Cy^3O^33HO,

qui, avec les bases, donnent lieu à des cyanates MOCyO, fulminates $(MO)^2Cy^2O^2$, et des cyanurates $(MO)^3Cy^3O^3$. Nous retrouverons plus loin ces composés, ainsi que les cyanures de chlore CyCl, Cy^2Cl^3, Cy^3Cl^3 ; le cyanure de brôme Cy^2Br, et le cyanure d'iode CyI, corps qu'il suffit, du reste, de connaître par théorie, sans s'exposer à les préparer et à les manier, car le cyanogène et ses dérivés sont des poisons extrêmement violents.

XXXIX

COMBINAISONS DE L'AZOTE AVEC LE SOUFRE

SULFURE D'AZOTE AzS^3

On ne combine l'azote avec le soufre que si l'on fait passer un courant de gaz ammoniac à travers une dissolution de perchlorure de soufre, préparé lui-même par l'action directe du chlore sur la vapeur de soufre. On obtient, en premier lieu, une poudre brune floconneuse qui est un composé d'ammoniaque, de soufre et de chlore,

$$AzH^3SCl^2.$$

Mais, en prolongeant l'opération, la poudre brune passe au jaune, et l'on a alors le produit

$$2AzH^3SCl^2.$$

C'est ce corps qui, décomposé par l'eau, donne, d'une part, du soufre, et de l'autre, du sulfure d'azote. On sépare ou l'on purifie le sulfure en entraînant le soufre par des lavages avec l'éther.

La poudre de couleur jaune, sans odeur, qui est le sulfure d'azote AzS^3, ne détone que si on la chauffe à une température élevée, mais la déflagration est alors brusque et violente.

On a fait l'analyse du sulfure d'azote en brûlant le soufre au contact du cuivre et recueillant l'azote. On l'a ainsi trouvé formé de 1 équivalent d'azote pour 3 équivalents de soufre; d'où la formule AzS^3, servant à confirmer celles que nous donnerons au chlorure d'azote $AzCl^3$ et à l'iodure d'azote AzI^3.

XL

COMBINAISONS DE L'AZOTE AVEC LE PHOSPHORE

PHOSPHURE D'AZOTE Az^2Ph.

Si l'on fait passer du gaz ammoniac à travers une dissolution de protochlorure de phosphore, on obtient un corps cristallisé qui est un composé d'ammoniaque et de chlorure de phosphore,

$$PhCl^3, 4AzH^3.$$

Au contact de l'eau, ce corps se décompose en se transformant en phosphite et en chlorhydrate d'ammoniaque :

$$PhCl^3 + 4AzH^3 + 4HO = 3(HClAzH^3) + PhO^3 (AzH^3HO).$$

Sous l'influence de la chaleur, le sel double se décompose lui-même et donne finalement du phosphure d'azote, corps insoluble dans l'eau et dans la plupart des acides. Mais ce corps ne détone pas; il est très-fixe, au contraire, et par l'analyse on l'a trouvé formé de deux équivalents d'azote pour un équivalent de phosphore; d'où la formule Az^2Ph.

XLI

COMBINAISONS DE L'AZOTE AVEC LE CHLORE

AZOTURE DE CHLORE ou CHLORURE D'AZOTE $AzCl^3$

La découverte de ce composé ne remonte qu'à 1812. Elle a été faite par Dulong à qui elle faillit coûter la vie.

Lorsqu'on fait passer un courant de chlore dans une dissolution de sel ammoniac (V. *Préparation de l'azote*, p. 55), il y a réaction du chlore sur un des éléments de l'ammoniaque AzH^3 et, par suite, formation tout à la fois d'acide chlorhydrique HCl et de chlorure d'azote $AzCl^3$. Voici la réaction dans son expression mathématique :

$$AzH^3HCl \text{ (sel ammoniac)} + Cl^6 = 4HCl + AzCl^3.$$

Rien de plus dangereux que cette opération, avons-nous dit ; le chlorure d'azote a si peu de fixité, qu'il se décompose en présence de l'air, et même, s'il est en assez grande quantité, dans les liquides. Pour le préparer avec sécurité, on prendra les précautions suivantes : Dans un entonnoir dont l'extrémité plonge dans une capsule pleine de mercure (*fig.* 68), on introduit d'abord une dissolution saturée de sel marin, et par-dessus le liquide on verse avec précaution une dissolution de sel ammoniac. Dans cette dissolution, qui surnage la première, on fait arriver avec précaution et lenteur un courant de chlore. Peu à peu on voit se former des gouttelettes jaunes oléagineuses, que leur pesanteur spécifique entraîne au fond de l'entonnoir entre la couche de mercure et celle de la dissolution de sel marin. Ce sont ces gouttes oléagineuses qui constituent le chlorure d'azote. On les recueille avec précaution et toujours par petites quantités, en faisant écouler le mercure d'abord, puis les recevant dans une petite capsule, ou mieux, par simples goutelettes sur du papier ou sur un carreau de porcelaine. Dans l'air, en se desséchant, elles ne tardent pas à faire explosion. Le contact d'un corps quelconque, d'une barbe de plume, précipite cette détonation. Dans certaines opérations chimiques, il faut se tenir en garde contre la formation de ce composé ; la première apparition des

Fig. 68.

gouttelettes jaunes oléagineuses est un avertissement à ne pas négliger.

XLII

COMBINAISONS DE L'AZOTE AVEC L'IODE

IODURE D'AZOTE AzI^3

L'iodure d'azote est un composé non moins fulminant que le chlorure. On le prépare en mettant en présence l'iode et l'azote, et plus simplement encore, en broyant de l'iode en poudre fine et l'arrosant d'ammoniaque liquide. Au bout de quelques instants, la réaction s'est produite, et en projetant le mélange sur le filtre, lavant le résidu solide, on obtient une matière noire qui est l'iodure détonant. Il est de la plus simple prudence de ne préparer ce corps qu'en proportions très-minimes.

On est partagé d'opinion sur la composition de ce corps; M. Bunsen lui donne pour formule $Az^2I^3H^3$, et M. Bineau AzH^2I.

XLIII

COMBINAISONS DU SOUFRE AVEC LES MÉTALLOÏDES

SULFURE DE CARBONE CS^2

Le sulfure de carbone CS^2 correspond par sa composition à l'acide carbonique CO^2, et prend, à cause de cela, dans certains cas de combinaison avec les sulfures métalliques, le nom d'acide *sulfocarbonique*.

Ce composé ne se forme pas quand on brûle ensemble, sous la pression ordinaire, du soufre avec du charbon. La volatilité du soufre est trop grande et le corps se sublime avant que la température ait atteint le degré nécessaire à la combinaison. Pour obtenir le sulfure de carbone il faut recourir au procédé suivant (*fig.* 69).

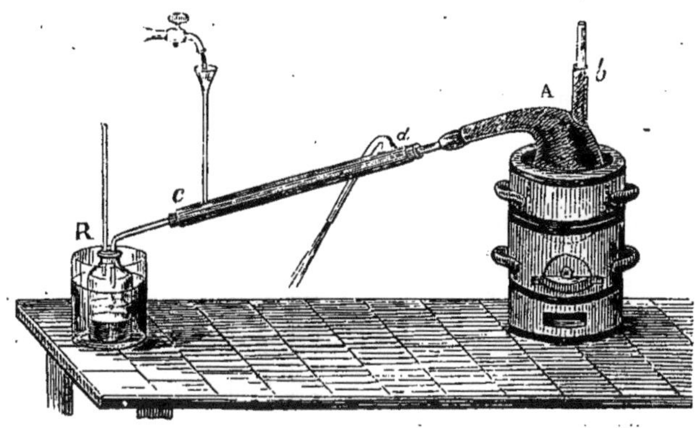

Fig. 69.

Dans une cornue tubulée A il faut introduire de petits fragments de charbon, et à la tubulure *b* adapter un tube d'une certaine épaisseur. Le col de la cornue est mis en communication avec un récipient R à demi rempli d'eau, et pour que les vapeurs condensables n'échauffent pas trop le tube adducteur *c d*, on peut l'entourer d'un manchon dans l'intérieur duquel on fait circuler un courant d'eau froide.

On chauffe la cornue jusqu'à l'ignition du charbon et, par l'intermédiaire du tube *b*, on y projette de temps en temps de petits fragments de soufre. On tient le tube fermé par un bouchon pendant la réaction. La vapeur de soufre, en présence du charbon enflammé, se convertit en sulfure de carbone qui distille et va se rendre dans le récipient R, où, sans se mêler à l'eau, il se condense au fond du vase. Une certaine quantité de soufre étant toujours entraînée mécaniquement par la vapeur, il faut soumettre le liquide obtenu à une nouvelle distillation pour l'avoir pur.

Le sulfure de carbone est un liquide incolore, d'une limpidité parfaite et d'un grand éclat ; on le nommait autrefois *alcool de soufre*. Son odeur est caractéristique, plus fétide et plus repoussante peut-être encore que celle de l'acide sulfhydrique. Sa densité est de 1,263. Il ne se mêle pas à l'eau, mais se dissout en toutes proportions dans l'alcool et l'éther. C'est un corps très-inflammable ; il brûle avec une flamme bleue et donne en brûlant de l'acide carbonique et de l'acide sulfureux. Il bout à 45°. Une petite quantité de ce liquide dans un flacon d'oxygène s'y réduit en vapeur et, si l'on y met le feu, il en résulte une détonation violente. Par évaporation dans le vide, il peut produire un froid intense allant jusqu'à — 60°. Comme il ne se solidifie pas sous l'influence du froid, on l'emploie quelquefois dans la construction des thermomètres.

Nous avons vu à l'article du soufre et du phosphore qu'il dissout ces corps ; il dissout de même le caoutchouc et est ainsi devenu d'un grand emploi dans l'industrie.

On détermine la composition du sulfure de carbone en en brûlant une certaine quantité par l'oxyde de cuivre dans un appareil à analyse organique. On transforme successivement, et dans deux opérations distinctes, le carbone en acide carbonique et le soufre en acide sulfurique. D'analyses ainsi faites on a déduit que le sulfure de carbone est composé

De 1 équivalent de carbone. . .	75	475
Et de 2 équivalents de soufre. .	400	

en centièmes de	71,06 de carbone,
et de	28,94 d'oxygène.

La densité de vapeurs du sulfure de carbone a été trouvée 2,645.

Or, si l'on prend le $\frac{1}{3}$ de la densité de la vapeur du soufre. . . .	2,2190
Et la moitié de la densité de la vapeur du carbone.	0,4145
On a pour somme.	2,6335

qui se rapproche infiniment du nombre 2,645.

SULFURES DE PHOSPHORE

Le soufre forme avec le phosphore des combinaisons définies dont la composition offre une correspondance frappante avec les diverses combinaisons du soufre et de l'oxygène. Ces combinaisons sont :

Le sous-sulfure de phosphore.	Ph^2S	correspondant à l'oxyde. . . .	Ph^2O,
Le protosulfure.	PhS	. . à l'acide hypophosphoreux.	PhO,
Le trisulfure.	PhS^3	. . à l'acide phosphoreux. . .	PhO^3,
Le pentasulfure	PhS^5	. . à l'acide phosphorique. . .	PhO^5,
Le persulfure.	PhS^{12}.		

On prépare ces différents composés en mettant en présence, sous l'eau et à une température inférieure à 100°, les diverses proportions de soufre et de phosphore indiquées par les formules précédentes. Il faut opérer avec les plus grandes précautions, car toutes les combinaisons de soufre et de phosphore sont éminemment inflammables.

SULFURES D'ARSENIC.

On compte cinq combinaisons définies de soufre et d'arsenic. On leur a assigné les formules As^6S — As^2S — AsS^3 — AsS^5 — AsS^{19}. Deux de ces sulfures, AsS^2, AsS^3, sont très-répandus dans la nature, et ils sont désignés, dans l'industrie et dans les arts, sous les noms de *réalgar* et d'*orpiment*.

Le réalgar se prépare artificiellement en chauffant un équivalent d'arsenic et deux équivalents de soufre, ou deux équivalents d'acide arsénieux et cinq équivalents de soufre.

L'orpiment s'obtient de même artificiellement, soit en distillant un mélange d'arsenic ou d'acide arsénieux avec du soufre, soit en faisant passer un courant de gaz hydrogène sulfuré dans une dissolution arsenicale.

Le réalgar est d'un beau rouge, à cassure vitreuse; l'orpiment d'un beau jaune, pulvérulent. Ces deux composés sont insolubles dans l'eau, volatils et fusibles à une assez basse température. Alors qu'on les brûle sur des charbons ardents, ils donnent lieu à un dégagement d'acide sulfureux et de vapeurs d'arsenic métallique d'une odeur caractéristique.

Tous les sulfures d'arsenic sont vénéneux au même titre que les acides arsénieux et arsénique. En raison de leur insolubilité, ils ont une action moins vive et moins prompte ; mais ils sont assez facilement décomposés par les acides de l'estomac ou ce qu'on a appelé les sucs gastriques.

L'orpiment et le réalgar sont employés comme matières colorantes d'une grande fixité dans l'industrie et dans les arts. Les Orientaux en font des poudres épilatoires, et les Chinois des pagodes et des vases servant à faire infuser des liquides végétaux qui contractent ainsi certaines vertus médicatrices.

XLIV

COMBINAISONS DU CHLORE AVEC LES MÉTALLOÏDES

CHLORURES DE CARBONE

Le chlore donne avec le carbone trois composés principaux :

Le sous-chlorure de carbone. .	C^4Cl^2,
Le protochlorure.	C^4Cl^4,
Le sesquichlorure.	C^4Cl^6.

Les deux premiers s'obtenant par la décomposition du troisième, c'est celui-ci qu'il faut d'abord faire connaitre.

Quand on fait passer, jusqu'à saturation, un courant de chlore dans le gaz hydrogène bicarboné C^4H^4, on obtient, par substitution du chlore à l'hydrogène, le composé C^4Cl^6 ou le sesquichlorure de carbone. Le résultat est le même quand, sous l'influence de la lumière ou des rayons solaires, on fait agir le chlore sur les éthers sulfurique ou chlorhydrique. A 300°, l'éther perchloré se dédouble de la manière suivante :

$$2C^4Cl^5O = C^4Cl^6 + C^4Cl^4O^2.$$

ÉTHER PERCHLORÉ.	SESQUICHLORURE DE CARBONE.	ALDÉHYDE CHLORÉE.

Le sesquichlorure de carbone est un corps solide, blanc, cristallisé, dont l'odeur rappelle celle du camphre. Il fond à 160° et bout à 185. Sa densité propre est de 2 environ, et celle de sa vapeur de 8,157.

Il est peu soluble dans l'eau, et très-soluble, au contraire, dans l'alcool, l'éther, les huiles fixes ou volatiles. Chauffé modérément, il distille et peut être obtenu en beaux cristaux dendritiques, lamelleux ou prismatiques. A une température très-élevée, il se décompose en chlore et protochlorure de carbone, C^4Cl^4. Et c'est ainsi que se prépare ce protochlorure obtenu pour la première fois par M. Faraday, en faisant passer le sesquichlorure en vapeur à travers un tube rempli de fragments de verre et chauffé jusqu'au rouge.

Le protochlorure de carbone est liquide, incolore; sa densité est de 1,5. Il bout à 120° et la densité de sa vapeur est de 5,724. Un froid de — 18° ne l'a pas solidifié.

De même que le sesquichlorure, le protochlorure est insoluble dans l'eau, soluble dans l'alcool, l'éther, les huiles fixes et volatiles. Sous l'influence de la chaleur, de l'hydrogène et de divers métaux, il peut être décomposé en chlore et en sous-chlorure de carbone C^4Cl^2.

Ce sous-chlorure, que l'on obtient aussi par la décomposition du sesquichlorure, se présente sous forme de houppes blanches soyeuses, insolubles dans l'eau, mais solubles dans l'éther. Une chaleur portée au *blanc* finit par le décomposer en chlore et en charbon.

CHLORURES DE SOUFRE

Le chlore forme avec le soufre deux composés à proportions définies :

Le protochlorure. . . . S^2Cl,
Le bichlorure. . . . . . SCl.

On les obtient l'un et l'autre en faisant passer un courant de chlore sec sur des vapeurs de soufre. Alors que le soufre est en excès sur le chlore, on obtient le composé S^2Cl, liquide jaune, fumant, d'une odeur fétide, qui bout à 139°, et qui, à cette température, distille sans s'altérer. Dans le cas contraire, ou lorsque c'est le chlore qui devient prédominant sur le soufre, on obtient la combinaison SCl. Ce bichlorure a une couleur rouge grenat, une odeur vive et pénétrante et une saveur très-forte. Il est liquide à la température ordinaire, mais se solidifie par le froid. La chaleur le décompose.

CHLORURES DE PHOSPHORE

Le chlore forme avec le phosphore deux combinaisons qui correspondent aux acides phosphoreux PhO^3 et phosphorique PhO^5. Ils ont pour composition $PhCl^3$ et $PhCl^5$, et prennent les noms de protochlorure et de perchlorure. Ils s'obtiennent, comme les chlorures de soufre, en faisant passer du chlore sec sur des vapeurs de phosphore. Le premier de ces composés est un liquide incolore très-limpide, qui bout à 78° et qui a pour densité 1,45. La densité de sa vapeur est 4,742.

Le second est une matière blanche cristalline, qui entre en fusion et bout vers 148°, et passe, pour ainsi dire immédiatement, à cause de cela, de l'état solide à l'état gazeux.

L'eau décompose ces chlorures et les transforme en acides phosphoreux ou phosphorique et en acide chlorhydrique

$$PhCl^3 + 3HO = PhO^3 + 3HCl$$
$$PhCl^5 + 5HO = PhO^5 + 5HCl.$$

CHLORURE D'ARSENIC $AsCl^3$

Ce corps correspond à l'acide arsénieux AsO^3. On le prépare en faisant passer un courant de chlore sur de l'arsenic, ou en projetant de l'arsenic en poudre dans un flacon rempli de chlore sec. Dans ce dernier cas, il se produit une ignition assez vive. Les vapeurs blanches formées retiennent en se condensant une certaine proportion de chlore qui donne au chlorure une teinte jaunâtre. Mais, par la distillation, on élimine facilement le chlore.

Le chlorure d'arsenic bout à 132°. L'eau le décompose en acide arsénieux et acide chlorhydrique d'après l'équation

$$AsCl^3 + 3HO = AsO^3 + 3HCl.$$

C'est un corps extrêmement vénéneux.

CHLORURES D'IODE

Le chlore se combine avec l'iode en deux proportions définies :

Le protochlorure d'iode. . ICl,
Et le perchlorure. . . . . . ICl^3.

On prépare ces composés en faisant réagir directement le chlore sur l'iode. Le protochlorure est liquide et de couleur rougeâtre ; il est soluble dans l'eau, l'alcool et l'éther. Le perchlorure est solide et de couleur jaune. Il répand à l'air des fumées blanches exhalant l'odeur du chlore et de l'iode.

CHLORURE DE BORE $BoCl^6$

Le chlorure de bore peut être obtenu soit par l'action directe du chlore sur le bore, soit par la double réaction qui se produit quand on met en présence de l'acide borique, du charbon et du bore. En vertu des affinités du chlore pour le bore et de l'oxygène pour le charbon, il y a décomposition de l'acide borique, qui ne serait pas attaqué par le chlore seul. Le chlorure de bore est gazeux, il fume à l'air et l'eau le décompose,

$$BoCl^6 + 3HO = BoO^3 + 3HCl.$$

CHLORURE DE SILICIUM $SiCl^3$

Le chlorure de silicium correspond à l'acide silicique SiO^3. On le prépare, soit en faisant agir le chlore sec sur le silicium, soit en attaquant la silice par le chlore en présence du charbon. Dans ce dernier cas, il faut prendre de la sicilice obtenue par précipitation, bien lavée et desséchée, la mêler à du noir de fumée (les 3/4 de son poids), et, au moyen d'huile, en faire de petites boulettes que l'on roule dans de la poussière de charbon pour les rendre plus maniables et les empêcher d'adhérer les unes aux autres. On calcine ces boulettes jusqu'à cessation de toute vapeur inflammable.

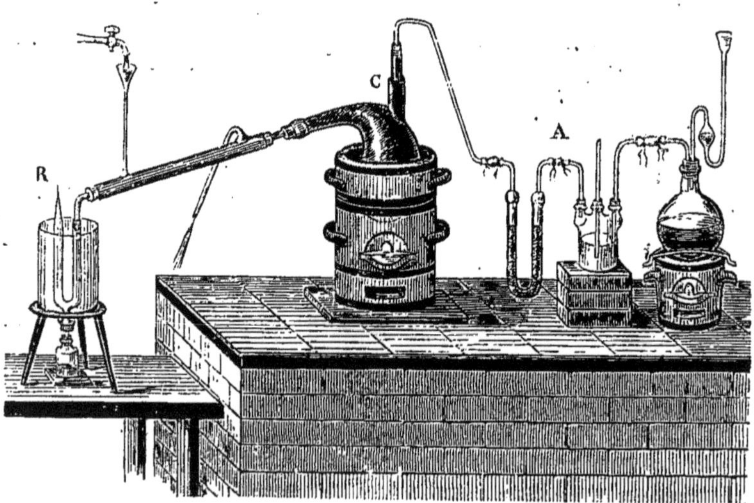

Fig. 70.

Ces préliminaires accomplis, on dispose (*fig.* 70), soit une cornue bitubulée C, soit un tube de porcelaine dans lequel on met les boulettes. On adapte au tube ou à la cornue, d'une part, un appareil A propre à fournir du chlore sec ; de l'autre, un récipient R pour recevoir le chlorure, qui, condensé au milieu d'un mélange réfrigérant, s'écoule, sous forme liquide, dans un vase pouvant fermer hermétiquement.

Le chlorure de silicium est un liquide incolore, ayant pour densité 1,52. Il bout à 59°, et la densité de sa vapeur est 5,939. L'eau le décompose comme les chlorures de bore et d'arsenic, et le transforme en acide silicique et en acide chlorhydrique :

$$SiCl^3 + 3HO = SiO^3 + 3HCl.$$

Le chlorure silicique offre quelque intérêt depuis que M. Ebelmen l'a employé pour préparer la silice hydratée et l'éther silicique.

XLV

COMBINAISONS DU FLUOR AVEC LES MÉTALLOÏDES

FLUORURE DE BORE $BoFl^3$

En se combinant avec le bore, le fluor donne un fluorure $BoFl^3$ qui correspond à l'acide borique BoO^3. Le fluor, ici, a pris la place de l'oxygène.

On obtient ce composé en calcinant, dans un canon de fusil ou dans une petite cornue de porcelaine, un mélange de 2 parties de spath fluor et de 1 partie d'acide borique fondu ; ou bien en chauffant, dans un petit ballon de verre, un mélange de 1 partie d'acide borique fondu, 2 parties de fluorure de calcium, et 12 parties d'acide sulfurique monohydraté.

Dans le premier cas, on a la réaction

$$2BoO^3 + 3CaFl = BoFl^3 + BoO^3\,3CaO,$$

et, dans le second,

$$BoO^3 + 3CaFl + 3SO^3HO = 3CaOSO^3 + 3HO + BoFl^3.$$

Le fluorure de bore est un gaz incolore, fumant à l'air, d'une odeur suffocante et d'une saveur fortement acide. Sa densité est de 2,27. C'est le corps le plus avide d'eau que l'on connaisse. Une éprouvette remplie de ce gaz, ouverte au-dessus d'une cuve à eau, est indubitablement brisée par le choc du liquide qui s'y précipite. Au contact de ce gaz, les matières organiques sont charbonnées par suite de la formation d'eau aux dépens de l'oxygène et de l'hydrogène. C'est en conséquence de cette avidité pour l'eau que le fluorure de bore est employé quelquefois pour reconnaître si un gaz est bien complétement desséché. Pour peu qu'un gaz retienne d'humidité, elle se manifeste, en présence du fluorure de bore, par un dégagement de vapeurs blanches. L'eau ne dissout pas moins de 700 à 800 fois son volume de ce gaz. Pour obtenir cette dissolution, on fond ensemble parties égales de spath fluor et de borax, on pulvérise la matière, et on la fait chauffer dans une cornue en présence de l'acide sulfurique. On obtient ainsi, par distillation, un liquide acide qui est une dissolution concentrée de fluorure de bore. Si l'on verse dans ce liquide une nouvelle quantité d'eau, on donne lieu à une décomposition du fluorure. Il se forme de l'acide borique et un autre acide nommé *hydrofluoborique*, et que l'on a considéré comme une combinaison d'acide fluorhydrique et de fluorure de bore $HFl^2 BoFl^3$.

FLUORURE DE SILICIUM $SiFl^3$

Le fluorure de silicium correspond à l'acide silicique SiO^3. On le prépare en chauffant dans un ballon de verre un mélange intime de 1 partie de sable et de 1 partie de spath fluor avec 6 parties d'acide sulfurique. On doit recueillir le gaz sous le mercure, l'eau le décomposant extemporanément. L'équation suivante rend compte de la réaction :

$$SiO^3 + 3CaFl + 3SO^3HO = 3CaOSO^3 + 3HO + SiFl^3.$$

Le fluorure de silicium est un gaz incolore, lourd, fumant à l'air, d'une odeur suffocante. Il a pour densité 1,57.

Dans la décomposition de ce gaz par l'eau, il se dépose de la silice et il y a formation d'un composé nouveau appelé acide hydrofluosilicique. Cet acide, qui a pour formule 3HFl, 2SiFl, est le résultat de la réaction suivante :

$$3SiFl^3 + 3HO = 3HFl,2SiFl + SiO^3.$$

Lorsqu'on sature l'acide hydrofluosilicique par une base, on obtient des sels doubles de silicium et du radical. Celui-ci se substitue, équivalent pour équivalent, à l'hydrogène de l'acide. L'hydrofluosilicate de potasse, par exemple, devient ainsi un fluorure de potassium et de silicium ayant pour formule

$$3KFl,\ 2SiFl^3.$$

Quand, pour préparer l'acide hydrofluosilicique, on fait arriver le fluorure de silicium dans l'eau, il est une précaution à prendre ; il faut, avant de l'amener dans le liquide, faire traverser au gaz une couche de mercure d'une certaine épaisseur. On prévient ainsi le dépôt de silice gélatineuse dans les tubes, et, par conséquent, la rupture des appareils. On doit faire usage de l'appareil ici représenté (*fig.* 71).

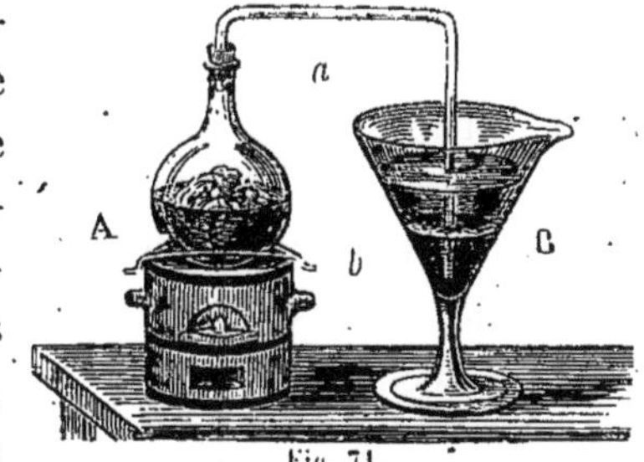

Fig. 71.

A est le ballon dans lequel on chauffe le mélange de spath fluor, de verre pilé et d'acide sulfurique propre à donner le fluorure de silicium ; *a* le tube adducteur, B le vase récipient, *b* la couche de mercure que le gaz doit traverser avant d'arriver jusque dans l'eau, où, la réaction s'opérant, l'acide hydrofluosilicique reste en dissolution en présence de la silice précipitée à l'état gélatineux.

Pour recueillir l'acide, on séparera le liquide par filtration, et on le concentrera au moyen d'une douce chaleur; si l'on évaporait jusqu'à siccité, on déciderait la décomposition de l'acide, et l'on donnerait lieu à une réaction inverse à celle qui avait décomposé le fluorure : on le reconstituerait. On avait eu

$$3SiFl^3 + 3HO = 3HFl\,2SiFl + SiO^3\,;$$

on aurait

$$3HFl\,2SiFl + SiO^3 = 3SiFl^3 + 3HO.$$

Pour la préparation de l'acide hydrofluosilicique, on se ser souvent, dans le laboratoire, de l'appareil représenté *fig.* 72.

Fig. 72.

A est une cornue dans laquelle est introduit le mélange propre à préparer le gaz fluorure de silicium; B un ballon récipient contenant une certaine quantité d'eau. Le col de la cornue entrant à affleurement dans le ballon, on peut, durant l'opération, faire tourner celui-ci sur lui-même de manière à prévenir toute obstruction du col de la cornue par un dépôt de silice. On sépare, d'ailleurs, par la filtration, comme il vient d'être dit, la partie liquide d'avec le dépôt solide.

MÉTAUX

On compte aujourd'hui 51 corps réputés simples appartenant à la catégorie des métaux. Ils ont été distribués par les chimistes en six classes ou sections, d'après leur plus ou moins d'affinité pour l'oxygène, l'action que la chaleur exerce sur leurs oxydes, et le pouvoir qu'ils ont de décomposer l'eau à des températures plus ou moins élevées. Nous allons les nommer dans cet ordre.

PREMIÈRE SECTION

Métaux qui s'oxydent à toutes les températures, dont les oxydes sont irréductibles par la chaleur seule, et qui décomposent l'eau à toutes les températures :

Potassium,	Thallium,
Sodium,	Indium (?)
Lithium,	Baryum,
Cæsium,	Strontium,
Rubidium,	Calcium ;

DEUXIÈME SECTION

Métaux qui s'oxydent à une température élevée, dont les oxydes sont irréductibles par la chaleur seule, et qui décomposent l'eau à 50° et au-dessus :

Magnésium,	Thorium,
Aluminium,	Cerium,
Glucinium,	Lanthane,
Zirconium,	Didyme,
Norium,	Erbium,
Yttrium,	Terbium ;

TROISIÈME SECTION

Métaux qui s'oxydent à la chaleur rouge, dont les oxydes sont irréductibles par la chaleur seule, et qui ne décomposent l'eau qu'à des températures supérieures à 100°, mais inférieures à la chaleur rouge : en présence des acides, ces métaux décomposent l'eau à la température ordinaire :

Manganèse,	Vanadium,
Fer,	Zinc,
Nickel,	Cadmium,
Cobalt,	Uranium ;
Chrôme,	

QUATRIÈME SECTION

Métaux qui s'oxydent à la chaleur rouge, dont les oxydes sont irréductibles par la chaleur seule, et qui décomposent la vapeur d'eau à la température rouge : en présence des acides, les métaux de cette classe ne décomposent pas l'eau, parce que leurs oxydes sont, en général, des bases faibles ; mais, en présence des alcalis, plusieurs opèrent cette décomposition, parce que, avec l'oxygène, ils peuvent former des acides énergiques :

Tungstène,	Étain,
Molybdène,	Antimoine,
Tantale,	Niobium,
Titane,	Pélopium ;

CINQUIÈME SECTION

Métaux qui s'oxydent à la température rouge, dont les oxydes ne sont pas réductibles par la chaleur, et qui ne décomposent l'eau qu'à une température très-élevée, et même encore très-faiblement : en présence des acides ou des alcalis, ces métaux ne décomposent pas l'eau :

Cuivre,	Bismuth ;
Plomb,	

SIXIÈME SECTION

Métaux qui ne s'oxydent qu'à des températures très-élevées, dont les oxydes sont réductibles par la chaleur, et qui ne décomposent l'eau dans aucune circonstance :

Mercure,	Osmium,
Argent,	Iridium,
Or,	Rhodium,
Platine,	Ruthenium.
Palladium,	

XLVI

POTASSIUM K. (KALLIUM). 39,09 — 488,71

Le potassium n'est connu que depuis le commencement de ce siècle. Humphry Davy, essayant l'action de la pile sur les oxydes jusqu'alors indécomposés, la potasse, la soude, la lithine, etc., parvint à isoler non-seulement le potassium, mais le sodium, le lithium, le baryum, le strontium et le calcium. Le procédé, tel que l'a employé l'illustre chimiste, consistait à faire passer le courant voltaïque à travers les dissolutions alcalines ou terreuses superposées à une couche de mercure, et enfermées dans un vase de platine. Le pôle positif plongeait dans la dissolution, tandis que le pôle négatif était mis en rapport avec la capsule de platine. L'eau et l'alcali étaient décomposés simultanément; l'oxygène se rendait au pôle positif, l'hydrogène et le potassium au pôle négatif. Au contact du mercure, le potassium formait un amalgame dont on pouvait le séparer au moyen d'une distillation ultérieure. Mais, de la sorte, on ne parvenait à obtenir que de petits globules des nouveaux métaux qu'il était si intéressant d'étudier plus en grand.

Gay-Lussac et Thenard eurent l'idée d'opérer la décomposition des alcalis et des terres en les calcinant à une haute température, en présence de métaux oxydables, tels que le fer. Voici leur procédé en ce qui concerne la préparation du potassium :

Ils prirent un canon de fusil qu'ils firent reforger en lui donnant la forme ci-contre (*fig.* 73). Dans la portion *ab* préalablement entourée d'un lut formé d'argile et de sable pour le rendre réfractaire à la chaleur, ils mirent de petits faisceaux de fil de fer bien décapés, et dans la portion *cd*, de la potasse en petits fragments. Le tube disposé dans un fourneau à réverbère, comme le montre la *figure* 74, sous la portion *cd* ils placèrent

Fig. 73.

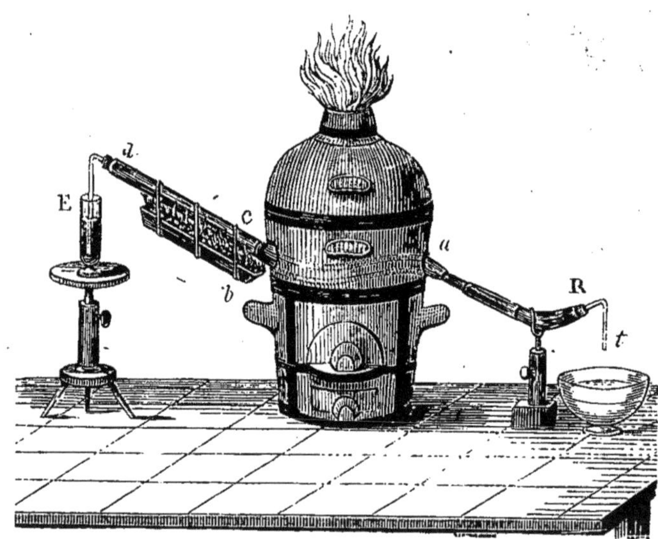

Fig. 74.

une grille pleine de charbon pour opérer la fusion de la potasse, et à l'extrémité de la portion *ab* ils appliquèrent un récipient R (*fig.* 74) terminé par un tube *t* pour le passage des gza. Dans le récipient coudé R était de l'huile de naphte pour recevoir le potassium. A l'extrémité E était également un tube plongeant dans une éprouvette à demi remplie de mercure pour servir de moniteur aux opérateurs dans le cas où le canon de fusil venant à s'obstruer, les gaz dégagés, au lieu de s'échapper en *t*, viendraient à être refoulés en E et à traverser le mercure. Mais, par ce procédé de laboratoire, la préparation du potassium était encore trop restreinte.

Aujourd'hui, sur les indications données par M. H. Sainte-Claire-Deville, précédé dans cette voie par des essais de MM. Brunner, Curandeau, Donny et Mareska, on prépare le potassium industriellement en décomposant le carbonate de potasse au moyen du charbon. On opère dans des fourneaux où l'on peut obtenir un maximum très-élevé de température, et le charbon qu'on emploie est celui qui provient soit de la distillation des houilles ou charbon de cornue, soit de la calcination de certains sels à bases organiques (tartrates) et qui porte le nom de flux noir. On y ajoute de la craie pour diviser les matières et empêcher la masse de fondre rop rapidement. Les vases dans lesquels on place le mélange, charbon, craie et potasse, sont en fer forgé, et on peut leur donner une certaine capacité (*Voir plus loin*, Préparation du sodium).

Le potassium pur, et il n'est tel que quand il a été redistillé après la préparation, offre un certain éclat métallique, mais qu'il conserve peu de temps à raison de son extrême altérabilité en présence de l'air. Sa densité à 15° est de 0,865, moindre par conséquent que celle de l'eau représentée par l'unité. Il décompose l'eau même à froid, et s'y brûle en projetant de vifs éclairs, et exécutant un mouvement giratoire expliqué par la production de gaz hydrogène et de vapeurs d'eau qui le soulèvent et l'entraînent çà et là.

Au terme de la combustion, l'eau est devenue alcaline par suite de la dissolution de la potasse formée.

Le potassium est, après le mercure, le plus fusible des métaux. Il fond à 62°,5, et se volatilise au rouge. L'affinité de ce corps pour les corps comburants, l'oxygène et le chlore, est telle, qu'il a été employé pour isoler un grand nombre de corps simples, le silicium, le bore, l'aluminium, etc., de leurs oxydes ou de leurs chlorures.

Pour conserver le potassium, il faut l'enfermer dans des flacons remplis d'huile de napthe et bouchant très-hermétiquement.

COMBINAISONS DU POTASSIUM AVEC LES MÉTALLOÏDES

COMPOSÉS BINAIRES

OXYDES DE POTASSIUM

L'oxygène forme avec le potassium trois oxydes :

Le sousoxyde. . . . . K^2O,
Le protoxyde. . . . . KO,
Et le peroxyde. . . . . KO^3;

Le protoxyde hydraté est désigné sous le nom de potasse : c'est la base alcaline la plus énergique que l'on connaisse. Le sous-oxyde et le peroxyde, au contraire, sont des composés très-instables et qui ne donnent lieu à la formation d'aucun sel.

Alors qu'on brûle du potassium dans l'eau, on obtient, comme nous l'avons vu, une eau alcalinisée, c'est-à-dire qui contient de la potasse en dissolution. On pourrait ainsi, par simple évaporation du liquide, se procurer de la potasse. Mais tel n'est point, même dans le laboratoire, on le comprend d'avance, le mode de préparation en usage. On prend généralement le produit désigné sous le nom de potasse du commerce, et qui est un carbonate de cette base. Ce produit est extrait lui-même par dissolution des cendres de certains végétaux. On fait d'abord dissoudre le carbonate de potasse dans 10 à

12 parties d'eau; on porte le liquide à l'ébullition dans un vase de fer, et l'on ajoute peu à peu un hydrate ou *lait de chaux*. Une double décomposition s'opère, les sels en dissolution pouvant donner lieu à un sel soluble et à un sel insoluble (loi de Berthollet); il se forme du carbonate de chaux qui se dépose, et la potasse seule reste en dissolution dans le liquide. On décante et l'on évapore rapidement, afin que la potasse ne se carbonate pas de nouveau, ou se carbonate le moins possible en présence de l'acide carbonique de l'air. On obtient ainsi ce qu'on appelle la *potasse à la chaux*, produit d'une alcalinité variable, qui retient toujours des traces de carbonate.

Pour purifier cette potasse, on la fait fondre; on y ajoute un tiers environ de son poids d'alcool à 33°, et, après quelques instants d'ébullition, on introduit la dissolution dans un flacon bouchant à l'émeri. Par le refroidissement, il se forme trois couches superposées dans la liqueur. Dans la couche inférieure se trouve la chaux à l'état anhydre; dans la couche intermédiaire, le carbonate de potasse; et, dans la couche supérieure, la potasse seule en dissolution dans l'alcool. On décante avec soin cette dissolution plus légère, on la distille pour en retirer les $\frac{2}{3}$ d'alcool, et l'on fait ensuite évaporer le reste rapidement dans une capsule d'argent. Nous disons une capsule d'argent, parce que c'est le métal qui résiste le mieux à l'action de la potasse chauffée. Ainsi préparée, la potasse prend le nom de *potasse à l'alcool*. Elle ne doit pas faire effervescence, c'est-à-dire donner lieu à un dégagement d'acide carbonique, quand on l'essaye avec l'acide chlorhydrique. Si elle retenait des traces de carbonate, on pourrait les lui enlever en la faisant dissoudre de nouveau dans l'eau et bouillir avec une petite quantité de lait de chaux. Par la décantation, on obtiendrait une dissolution de potasse retenant un peu de chaux, qu'on pourrait même enlever en la précipitant par du carbonate de potasse.

M. Wöhler a proposé, pour préparer la potasse, un procédé

plus expéditif. Il conseille de chauffer au rouge naissant, dans un creuset de cuivre, 1 partie d'azotate de potasse et 3 parties de cuivre en rognures ou grenailles. On obtient ainsi un mélange d'oxyde de cuivre et de potasse pure, que l'on sépare ensuite par décantation.

La potasse pure est solide, blanche, grasse au toucher et très-caustique. Essentiellement alcaline, elle bleuit la teinture de tournesol rougie par un acide et verdit le sirop de violette. Sa densité est de 2,1 environ. Elle fond au-dessous de la température rouge, et se volatilise ensuite sous forme de vapeurs blanches. En se carbonatant, elle attire l'humidité de l'air et tombe ainsi en déliquescence. Dans ce passage de l'état solide à l'état liquide, elle attaque les vases de verre dans lesquels on la renferme; aussi est-il convenable de la conserver dans les verres les plus durs, ceux de couleur verte, et qui surtout ne contiennent pas d'oxydes métalliques. Aucune matière organique ne résiste à l'action de la potasse, et, avec les corps gras, elle forme les composés connus généralement sous le nom de *savons*. Quand on la dissout dans l'eau, la potasse donne lieu à un certain dégagement de chaleur; il se forme alors un second hydrate $KO5HO$. Cet hydrate cristallise dans le vide; en perdant une certaine quantité d'eau, il peut devenir $(KO)^2 3HO$.

Les potasses du commerce renfermant toujours de l'eau en excès, il importe de pouvoir en déterminer rigoureusement les proportions. Par la calcination, on peut arriver à des évaluations approximatives; mais, pour avoir des résultats mathématiques, il faut transformer la potasse en sels anhydres au moyen des acides sulfurique, borique ou silicique. L'hydrate de potasse pur résultant de la combinaison d'un équivalent d'eau avec un équivalent de protoxyde de potassium, on a trouvé que sur 100 parties cet hydrate contient :

Eau.	16,01	100.
Protoxyde de potassium.	83,99	

D'après ce point de départ, voici, en raison de la densité des dissolutions potassiques, les quantités relatives d'alcali que ces dissolutions renferment :

DENSITÉ OU POIDS SPÉCIFIQUE.	POTASSE.	DENSITÉ OU POIDS SPÉCIFIQUE.	POTASSE.	DENSITÉ OU POIDS SPÉCIFIQUE.	POTASSE.
1,68	0,512	1,44	0,544	1,23	0,195
1,60	0,467	1,39	0,324	1,19	0,162
1,52	0,429	1,36	0,294	1,15	0,130
1,48	0,396	1,33	0,263	1,11	0,098
1,47	0,368	1,28	0,234	1,06	0,047

La potasse joue un grand rôle dans la nature; elle fait partie des roches feldspathiques et de la plus grande partie des terres arables. Elle entre, à l'état de sels, dans la composition des matières organiques. C'est de là qu'on l'extrait en lavant les cendres des végétaux.

Dans le laboratoire, c'est un de nos précieux réactifs; elle sert particulièrement à précipiter les oxydes métalliques. Dans l'industrie, elle est, avec la soude, la base des savons; elle sert à fabriquer les savons mous. En médecine, on l'emploie comme caustique; elle y prend le nom de *pierre à cautère*.

SULFURES DE POTASSIUM

L'hydrogène et l'azote ne forment aucun composé avec le potassium. Le soufre, au contraire, se combine avec ce corps en proportions multiples :

1° Le monosulfure de potassium. . . . . KS,
2° Le bisulfure. . . . . KS^2,
3° Le trisulfure. . . . . KS^3,
4° Le quadrisulfure. . . . . KS^4,
5° Le pentasulfure. . . . . KS^5.

On obtient le monosulfure de potassium en saturant un poids déterminé de potasse KOHO par l'hydrogène sulfuré HS : il se forme ainsi un hydrosulfate de monosulfure de potassium KSHS. En ajoutant à ce sulfosel une quantité de potasse KO,HO égale à celle qui a servi à le produire, on obtient la réaction

$$KSHS + KOHO = 2KS + 2HO,$$

c'est-à-dire 2 équivalents de monosulfure 2KS en dissolution dans 2 équivalents d'eau 2HO.

Par évaporation de l'eau, le monosulfure cristallise en une masse incolore. Ce sel en dissolution est d'un usage fréquent dans le laboratoire : il sert à précipiter et à reconnaître, par la couleur des précipités formés (sulfures), la plupart des métaux.

On peut préparer le monosulfure de potassium en décomposant, à l'aide de la chaleur, le sulfate de potasse $KOSO^3$ par le charbon. On a ainsi :

$$KO,SO^3 + 4C = KS + 4CO.$$

Alors qu'on mélange le sulfate de potasse avec un excès de charbon en poudre ténue, tel que le noir de fumée, on obtient un sulfure très-divisé interposé entre les particules charbonneuses. Ce sulfure, que l'on regarde comme un mélange de charbon, de potasse anhydre et d'une combinaison indéterminée de soufre et de potassium, prend feu à l'air et brûle avec un vif éclat. On le nomme *pyrophore de Gay-Lussac*, du nom du chimiste qui l'a obtenu le premier. Ce pyrophore, comme on pourrait le croire, ne contient pas de potassium libre. En le brûlant sur l'eau, en effet, il ne donne pas lieu à un dégagement d'hydrogène. On peut le considérer comme un polysulfure de potassium mêlé de potasse anhydre qui, par affinité pour l'oxygène, détermine assez de chaleur pour entraîner la combustion du charbon. Il est un autre pyrophore désigné sous le nom de *pyrophore de Humberg*, que l'on prépare en calcinant l'alun (sulfate d'alumine et de potasse) en présence du charbon, ou d'une matière organique qui en contient des proportions suffisantes, telles que le sucre, la gomme, l'amidon. Ce pyrophore n'a pas absolument la composition du précédent; aussi ne brûle-t-il pas avec la même vivacité. Il contient, sans nul doute, un polysulfure, de la potasse anhydre et du charbon, mais il renferme de l'alumine, matière incombustible. En brûlant, ce composé dégage de l'acide carbonique et de l'acide sulfureux, l'alumine étant une base qui, sous l'influence d'une haute température, ne s'unit ni à l'acide sulfureux ni à l'acide carbonique.

Le monosulfure de potassium sert à préparer les composés plus sulfurés. Selon qu'on ajoute à ce composé 1, 2, 3, 4 équivalents de soufre, en soumettant le mélange à l'action de la chaleur, on obtient les bisulfure, trisulfure, quadrisulfure et pentasulfure. Si le soufre est en excès, on obtiendra le pentasulfure en ayant soin d'élever la chaleur jusqu'au degré de la volatilisation du soufre. En dépassant ce degré, en allant jusqu'au rouge, on décomposerait le pentasulfure et on le ferait revenir à l'état de trisulfure. C'est ici une précaution toute de pratique. Le pentasulfure est désigné en médecine sous le nom de *foie de soufre*. Il est employé à la préparation des bains dits sulfureux, et entre dans la composition d'onguents ou de pommades propres à combattre diverses affections cutanées.

CHLORURE DE POTASSIUM KCl

Si l'on fait passer du chlore dans une dissolution de potasse, le chlore se substitue à l'oxygène, et il se forme du chlorure de potassium.

On peut de même obtenir ce composé en traitant la potasse par l'acide chlorhydrique

$$KOHO + HCl = KCl2HO.$$

Dans l'industrie, on extrait le chlorure de potassium du produit brut qu'on appelle soude de varechs. Ce produit lui-même provient de l'incinération des varechs, plantes qui croissent sur les bords de la mer. On lessive, ou on dissout à chaud le *salin* des varechs, et l'on en retire par cristallisation le chlorure de potassium. Les soudes dites de varechs n'en contiennent pas moins de 30 pour 100. Commercialement, le chlorure de potassium se retire aussi du raffinage des potasses fournies par le lessivage des cendres, et des eaux-mères provenant du raffinage du salpêtre. Ce sel est d'une grande utilité pour la fabrication des aluns, et la transformation, par double décomposition, des azotates terreux des nitrières en azotate de potasse.

En se dissolvant dans l'eau, le chlorure de potassium produit un abaissement de température, que Gay-Lussac a fait servir pour analyser commercialement les mélanges de chlorure de potassium et de sodium.

La formule dont on doit se servir est celle-ci, *d* représentant l'abaissement de la température : $\frac{100 \times d - 190}{9,5} = KCl$.

On prend 50 grammes de la matière à analyser, on la dissous dans 200 grammes d'eau et l'on observe au thermomètre l'abaissement de température produit. Supposons que le thermomètre ait baissé de 5°, on dira : $\frac{100 \times 5 - 190}{9,5} = KCl$. Ce qui revient à dire 500 — 190 ou 310 : 9,5 = 32,6. D'où la conclusion que, dans l'exemple, la quantité de chlorure de potassium serait 32,6 pour 100, et la différence 100 — 32,6 ou 67,4 représenterait le chlorure de sodium.

IODURE ET BROMURE DE POTASSIUM KI—KB

Lorsqu'on sature d'iode ou de brome une solution de potasse, on obtient, dans le liquide, de l'iodure ou du bromure de potassium, avec une certaine quantité d'iodate ou de bromate de potasse. Mais par l'évaporation et secondairement par la calcination, on décompose l'iodate et le bromate ainsi formés, et finalement, en reprenant la matière solide par l'eau, on n'obtient, par une nouvelle dissolution, que de l'iodure ou du bromure de potassium. Ces composés sont incolores; ils cristallisent en cubes et sont très-solubles dans l'eau. On en fait aujourd'hui un assez fréquent usage en médecine. Nous avons eu l'occasion de montrer (*Traité des poisons*) que l'iodure de potassium particulièrement traversait l'économie avec une extrême rapidité, ce qui peut contribuer à rendre son action spécifique extrêmement efficace.

FLUORURE DE POTASSIUM KFl

Le fluorure de potassium s'obtient en saturant le carbonate de potasse par l'acide fluorhydrique. C'est un sel blanc, déliquescent, à réaction alcaline et très-caustique. On ne peut le conserver dans des vases en verre ou en porcelaine; il est sans usages.

CYANURE DE POTASSIUM KCy.

On prépare le cyanure de potassium par divers procédés : 1° par l'union directe, sous l'influence de la chaleur, du cyanogène avec le potassium ; 2° par l'action de l'acide cyanhydrique sur la potasse; 3° en calcinant les matières organiques azotées au contact du carbonate de potasse ; 4° en chauffant au rouge le cyanure de fer et de potassium ; 5° enfin en faisant arriver un courant d'air sur un mélange de carbonate de potasse et de charbon.

Le sel ainsi obtenu est blanc et il cristallise en cubes anhydres. Il est très-soluble dans l'eau, à peu près insoluble dans l'alcool à 90°.

La dissolution aqueuse se décompose lentement en acide cyanhydrique et en carbonate de potasse. A chaud, cette dissolution peut être transformée en ammoniaque et formiate de potasse.

Par la voie sèche, le cyanure de potassium peut être employé comme corps essentiellement réducteur. Il dissout facilement un grand nombre d'oxydes et de cyanures métalliques. C'est à raison de cette propriété qu'il est employé pour préparer les dissolutions argentifères, aurifères, etc., qui servent aux applications des métaux les uns sur les autres par les procédés galvanoplastiques ou de Ruolz et Elkington.

On emploie en médecine le cyanure de potassium comme l'acide cyanhydrique ou prussique; mais, presque à l'égal de cet acide, il est un poison redoutable, qu'il ne faut administrer qu'avec une extrême prudence.

COMPOSÉS QUATERNAIRES

—

CARBONATES DE POTASSE

Il y a trois combinaisons définies d'acide carbonique et de potasse : le carbonate de potasse neutre $KOCO^2$, le sesquicarbonate de potasse $KO^2 3CO^2$ et le bicarbonate de potasse $KO2CO^2$.

CARBONATE NEUTRE DE POTASSE $KOCO^2$

Ce sel est extrait par lévigation des cendres des végétaux. La potasse se trouve dans les végétaux unie à différents acides de nature organique, les acides acétique, malique, oxalique, tartrique. Par la combustion, on détruit tous ces acides et l'on a, comme résidus, des carbonates de potasse mêlés à d'autres sels, à des chlorures, sulfates, silicates, aluminates. En reprenant ces cendres par l'eau, on sépare les sels solubles des sels insolubles, c'est-à-dire les carbonates, chlorures et sulfates d'avec les silicates et aluminates. Mais les sels solubles le sont eux-mêmes à des degrés divers, et l'on profite de ces propriétés pour séparer le sel le plus soluble, le carbonate de potasse, d'avec les chlorures et les sulfates.

On traite, dans ce but, ce qu'on appelle dans le commerce *les salins*, par l'eau froide, poids pour poids; on laisse en digestion pendant plusieurs jours, en ayant soin d'agiter de temps en temps ; les sels les moins solubles, les chlorures et les sulfates, en grande partie du moins, restent indissous. On décante et l'on soumet le liquide à une évaporation rapide jusqu'à formation de petits cristaux ; on laisse refroidir ensuite en agitant la matière pour qu'il ne se forme que de petits cristaux. On filtre à travers une chausse qui retient ces cristaux de carbonate de potasse, qu'on lave finalement avec une dissolution de carbonate de potasse pure.

Pour obtenir le carbonate neutre de potasse très-pur, il faut recourir à l'un des procédés suivants :

1° Calciner dans un creuset de platine soit du bicarbonate de potasse, soit de l'oxalate ou du bitartrate de potasse ;

2° Brûler dans une chaudière de fonte chauffée au rouge, par petites portions à la fois, un mélange de 1 partie de bitartrate de potasse et de 2 parties d'azotate de potasse. L'acide azotique brûle le carbone de l'acide tartrique, et l'on a pour résidu une matière blanche nommée *flux blanc*, presque entièrement composée de carbonate de potasse. Si la proportion d'azotate n'était pas suffisante pour brûler tout le carbone de l'acide tartrique, on aurait, pour résidu de la combustion, du carbonate de potasse mêlé de charbon, ou ce qu'on appelle du *flux noir*. Le flux noir et le flux blanc sont employés comme fondants, mais le flux noir, en raison du charbon qu'il retient, agit aussi comme corps réducteur.

Le carbonate neutre de potasse est âcre et caustique. Il a une réaction alcaline. Déliquescent à l'air, il est très-soluble dans l'eau et insoluble dans l'alcool. Il fond à la température rouge, mais est indécomposable par la chaleur seule. Toutefois, par l'action de la vapeur d'eau, il se décompose et se transforme en hydrate de potasse. La chaux lui enlève également son acide carbonique. En présence du charbon ou du fer, à une haute température, il est décomposé, ainsi que nous l'avons vu, et transformé en potassium.

Le carbonate neutre de potasse est un réactif souvent employé en chimie. Dans l'industrie, il sert à fabriquer les savons, le cristal, le bleu de Prusse, à transformer en azotate de potasse les azotates de chaux et de magnésie des matières employées pour préparer le salpêtre.

SESQUICARBONATE DE POTASSE $KO^2 3CO^2$.

On prépare le sesquicarbonate de potasse en dissolvant, dans l'eau bouillante, 131 parties de bicarbonate et 100 parties de carbonate neutre. Par le refroidissement, il se dépose des cristaux qui ont la composition indiquée ci-dessus.

BICARBONATE DE POTASSE KO^2CO^2.

Le bicarbonate de potasse s'obtient en faisant passer, jusqu'à saturation, de l'acide carbonique dans une dissolution de carbonate neutre. Ce sel est beaucoup moins soluble que le carbonate, et, lorsqu'on le fait bouillir, il se transforme successivement en sesquicarbonate et en carbonate neutre. Il se trouve en assez fortes proportions dans certaines eaux minérales, les eaux de Vichy, par exemple, et, comme dissolvant, on le croit propre à combattre ou détruire certaines affections morbides, telles que les dyspepsies, les rhumatismes, la goutte, la gravelle et le diabète.

AZOTATE DE POTASSE $KOAzO^5$.

L'azotate ou nitrate de potasse, aussi appelé *nitre*, *sel de nitre*, *salpêtre*, est un produit que l'on trouve tout formé dans la nature et que l'on prépare facilement, soit en mettant en présence l'acide azotique et la potasse, soit en décomposant le carbonate de potasse par l'acide azotique. Les cristaux ainsi formés sont des prismes à six pans, le plus souvent cannelés, se terminant par des pyramides hexaèdres. Sous cette forme, ils ressemblent assez à ceux de l'aragonite (carbonate de chaux). Mais l'azotate de potasse peut cristalliser en rhomboëdres, et, dans ce cas, se rapprocher du spath calcaire. Un caractère facile à saisir fera distinguer ces cristaux. Ceux de l'azotate de potasse se brisent par la seule chaleur de la main en faisant entendre une légère décrépitation. Sur le charbon la décrépitation est extrêmement vive.

L'azotate de potasse pur est un sel blanc, d'une saveur fraîche et piquante d'abord, mais qui devient âcre et amère; peu altérable dans un air sec, il est déliquescent dans un air chargé d'humidité. Il fond à 300°, et par le refroidissement se prend en masse vitreuse qui se nomme *cristal minéral.* A la température rouge, deux équivalents d'oxygène se dégagent, et l'azotate $KOAzO^5$ devient de l'azotite $KOAzO^3$. A une température plus élevée encore, les derniers équivalents d'oxygène échappent et le sel devient de la potasse anhydre, mêlée parfois de peroxyde de potassium. Mais on ne peut recourir à ce moyen pour préparer la potasse caustique, attendu qu'à une haute température, la potasse attaque tous les vases dans lesquels on la renferme.

Très-soluble dans l'eau, surtout à chaud, l'azotate de potasse est insoluble dans l'alcool absolu.

En présence du charbon, à chaud, l'azotate de potasse est décomposé. L'oxygène de l'acide azotique brûle le charbon et le transforme ainsi en acide carbonique, lequel se combine avec la potasse ou se dégage avec l'azote. L'équation suivante fera comprendre la réaction :

$$2KOAzO^5 + 5C = 2KOCO^2 + 2Az + 3CO^2.$$

La réaction avec le soufre est analogue. L'oxygène de l'azotate brûle le soufre et le fait passer à l'état d'acide sulfureux, dont une partie se combine avec la potasse et l'autre se dégage avec l'azote :

$$KOAzO^5 + 2S = KOSO^2 + SO^2 + Az.$$

Si l'azotate est en excès, le soufre peut être transformé en acide sulfurique, qui reste combiné avec la potasse :

$$3KOAzO^5 + S = 3KOSO^3 + AzO^2.$$

Ces réactions nous donnent l'explication des effets produits par les différentes espèces de poudres qui sont un mélange, en proportions diverses, de charbon, de soufre et de salpêtre. C'est à la production spontanée des gaz qu'est due la force d'expansion qui met en mouvement les projectiles.

Il n'est pas de notre sujet de donner les détails de la fabrication de la poudre; il suffira de faire connaître la composition de ce produit. Les procédés de l'industrie veulent être étudiés dans les établissements industriels mêmes.

COMPOSITION DES DIVERSES ESPÈCES DE POUDRES FABRIQUÉES PAR L'ÉTAT.

POUDRE DE GUERRE DITE POUDRE A CANON :

Salpêtre	75	100
Soufre	12,50	
Charbon	12,50	

POUDRE DE CHASSE :

Salpêtre	76,90	100
Soufre	9,60	
Charbon	13,50	

POUDRE DE MINES :

Salpêtre	62	100.
Soufre	20	
Charbon	18	

L'azotate de potasse est un réactif précieux en chimie. Il sert à décomposer, à brûler les sulfures. Mêlé à 1 partie de soufre et 1 partie de sciure de bois, il constitue le fondant dit de Baumé, qui sert pour la fusion de différents métaux.

Nitrification.—Nitrières.—Le nitre ou salpêtre (*sals petræ*, sel de pierre) se produit naturellement sur les vieux murs, dans les souterrains ou dans les caves, là où se rencontrent des conditions d'humidité et d'aération jointes à la présence de sels à base de chaux et de potasse. On a eu recours à diverses théories pour se rendre compte du phénomène. On a dit que la nitrification était une oxydation des matières organiques, une transformation de l'ammoniaque en acide azotique sous l'influence de l'oxygène

$$AzH^3 + 8O = AzO^5 3HO,$$

et d'après ces idées, on a construit des nitrières dans lesquelles on a accumulé ou mélangé avec des terres meubles certains débris de matières organiques, tels que fumiers et liquides animaux. Mais l'aération, non moins que l'humidité, nous parait une condition essentielle de la production du nitre, et, on le sait, ce n'est qu'avec le secours du temps que se produit cette matière. Il nous paraît donc naturel d'en attribuer la formation à l'oxydation de l'azote de l'air et, par suite, sous l'influence de l'humidité, à une réaction de l'acide azotique sur une base alcaline, la potasse. Quelques expériences pratiques tentées dans cette voie nous ont pleinement confirmé dans nos idées. Sans intervention de matières organiques, à l'aide de l'humidité seule et de l'aération, nous avons pu, dans un caveau bien disposé à cet effet, recueillir en quelques jours des efflorescences assez abondantes de sel de nitre.

AZOTITE DE POTASSE $KOAzO^3$.

L'azotite de potasse, qui se produit, comme nous venons de le voir, quand on fait calciner de l'azotate de potasse, peut être préparé également, soit en dissolvant de l'acide hypoazotique dans une dissolution de potasse, soit en faisant passer dans de la potasse les gaz qui s'échappent lorsqu'on brûle une matière organique, du sucre, de l'amidon, etc., en présence de l'acide azotique. Ce sel est déliquescent et cristallise difficilement. Il est sans usages.

CHLORATE $KOClO^5$, PERCHLORATE $KOClO^7$, HYPOCHLORITE KOClO, ET CHLORITE $KOClO^3$ DE POTASSE

Le chlorate de potasse se prépare, dans les laboratoires, en faisant passer un courant de chlore dans une dissolution d'hydrate ou de carbonate de potasse. Mais, dans l'industrie, on prépare ce sel plus économiquement de la manière suivante : On sature de chlore un lait de chaux pour obtenir un hypochlorite de chaux soluble ; on traite la dissolution par un sel de potasse, le chlorure de préférence. Il se fait un échange des bases par application de la loi dite de Bertholet, à savoir : que si deux dissolutions salines en présence peuvent donner lieu à un sel soluble et à un sel insoluble, l'échange des bases est forcé. Or, le chlorate de potasse est insoluble relativement au chlorure de calcium qui est très-soluble. Dans la réaction, il se forme donc du chlorate de potasse insoluble et du chlorure de calcium soluble.

Le chlorate de potasse est un sel incolore, qui cristallise en aiguilles ou en lames hexagonales. Il est à peine soluble dans l'eau, comme nous venons de le dire. Voici le tableau qui représente cette solubilité en rapport avec la température :

A 0° 100 parties d'eau dissolvent. . .	3,33 de chlore
A 15°, 37	6,03
A 24°	8,44
A 35°, 02	12,05
A 49°, 06	18,98
A 74°, 89	35,40
A 104°, 78	60,24.

Ce sel est aussi à peu près insoluble dans l'alcool.

Projeté sur des charbons allumés, il éprouve une fusion vive, comme l'azotate de potasse. A une chaleur élevée (400° environ), il se décompose et abandonne son oxygène pour passer à l'état de chlorure de potassium. Cette propriété en fait un oxydant énergique auquel on a recours, non moins qu'à l'azotate de potasse, pour agir sur les métaux et les composés les plus réfractaires. Avec la plupart des corps combustibles, il forme des mélanges explosifs qu'il ne faut manier qu'avec prudence. Uni au soufre et au charbon, il constitue des poudres fulminantes ou brisantes dont on a abandonné l'usage. Pendant un temps, on a préparé des allumettes avec une pâte formée de gomme, de soufre et de chlorate de potasse. Au contact de l'acide sulfurique, le chlorate de potasse décomposé donnait lieu à l'inflammation du soufre et, par suite, à celle du bois lui-même. Aujourd'hui, les allumettes dites phosphoriques, ou qui sont préparées avec le phosphore amorphe, ont remplacé avec avantage les anciens briquets dits sulfuriques et qui portaient aussi le nom de *Fumade*.

Le perchlorate de potasse s'obtient en calcinant ou décomposant par la chaleur le chlorate de potasse. Il se forme ainsi du chlorure et du perchlorate que l'on dissout dans l'eau bouillante. Par le refroidissement, le perchlorate cristallise et le chlorure reste dans les eaux-mères. On peut de même obtenir le perchlorate en faisant agir directement l'acide perchlorique sur un sel de potasse, ou en traitant le chlorate par l'acide sulfurique. On a, dans ce dernier cas,

$$3KOClO^5 + 2SO^3HO = KOClO^7 + 2KOSO^3 + 2HO + 2ClO^4.$$

L'hypochlorite de potasse KOClO se prépare en faisant passer un courant de chlore dans une dissolution étendue de potasse. C'est l'eau de Javelle du commerce, liquide décolorant employé pour le blanchissement

$$2KO + 2Cl = KCl + KOClO.$$

Le chlorite de potasse $KOClO^3$ est obtenu en combinant directement l'acide chloreux à la potasse. C'est un sel déliquescent, peu stable et sans usages.

SULFATE ET SULFITE DE POTASSE $KOSO^3$ ET $KOSO^2$.

L'acide sulfurique forme avec la potasse deux combinaisons bien définies, le sulfate neutre $KOSO^3HO$ et le bisulfate de potasse $KO(SO^3)^2HO$. Le sel neutre se prépare par l'action directe de l'acide sulfurique sur la potasse ou sur un sel de potasse tel que l'azotate; le bisulfate s'obtient en chauffant le sulfate neutre avec un excès d'acide sulfurique. Le sulfate neutre est sans réaction sur le tournesol; le bisulfate, au contraire, rougit très-vivement cette teinture. Le bisulfate est plus soluble dans l'eau que le sulfate. Le sulfate neutre est absolument insoluble dans l'alcool. Le sulfate de potasse existe tout formé et en assez fortes proportions, ainsi que nous l'avons dit, dans les cendres de varechs. Il est employé en médecine comme purgatif. Le bisulfate peut servir à décomposer des matières minérales inattaquables par l'acide sulfurique, ou par le sulfate de potasse neutre. En effet, c'est à 310° que se décompose l'acide sulfurique du sulfate neutre, tandis que ce n'est que vers 600° que le bisulfate se décompose en abandonnant son oxygène.

Le sulfite de potasse $KOSO^2$ s'obtient en faisant passer un courant d'acide sulfureux dans la potasse libre ou carbonatée. C'est un sel incolore très-soluble dans l'eau. Alors que la base KO s'unit à deux équivalents d'acide SO^2, le sel prend le nom de bisulfite et il a pour formule $KO2SO^2$. Ces sels sont sans usages; l'oxygène de l'air peut les transformer en sulfates.

ARSÉNITE ET ARSÉNIATES DE POTASSE KO^2As^5 ET KO^2As^5.

L'arsénite et les arséniates de potasse se rencontrent dans la nature; on peut les préparer en mettant en présence l'acide arsénieux et l'acide arsénique avec la potasse hydratée.

L'arsénite de potasse KO^2As^5 est un sel blanc déliquescent, qui cristallise difficilement; il a une réaction alcaline.

L'arséniate neutre de potasse KO^2As^5 est, comme l'arsénite, déliquescent et incristallisable; mais le biarséniate $KOAsO^5 2HO$, qu'on obtient en ajoutant un équivalent d'acide arsénique à l'arséniate neutre, cristallise facilement et ses cristaux sont inaltérables à l'air. L'arséniate basique $(KO)^3AsO^5$ peut cristalliser; mais ses cristaux, sous l'influence de l'humidité, éprouvent une *certaine déliquescence.*

SILICATE DE POTASSE $KOSiO^3$.

Quand on calcine de la silice avec de la potasse ou un sel de cette base, on obtient une combinaison qui prend le nom de silicate de potasse et à laquelle on donne la formule $KOSiO^3$. Mais la composition de ce sel n'a pas été rigoureusement déterminée. Ce composé étant soluble, les anciens lui ont donné le nom de *liqueur de cailloux*. On l'a nommé aussi *verre soluble*, et il est employé dans la fabrication du cristal et des verres de Bohême.

Nous passons sous silence quelques autres composés à base de potasse, les iodate, bromate, phosphate, cyanate; l'étude spéciale de ces composés nous entraînerait dans des répétitions dont l'aridité ne serait compensée par aucune sorte d'intérêt.

Caractères des composés de potassium. — Dosage et équivalent du métal. — Les sels de potasse sont généralement solubles. En dissolution dans l'alcool, ils brûlent avec une flamme violette.

Ils ne précipitent pas par les carbonates alcalins non plus que par les sulfures et le cyanoferrure de potassium, caractères qui les distinguent de tous les sels qui n'appartiennent pas à la première section.

Avec le sulfate d'alumine, ils donnent un sel double, sulfate d'alumine et de potasse, ou alun, qui cristallise en octaèdres réguliers ; avec l'acide chlorique et perchlorique, un précipité blanc de chlorate ou de perchlorate ; avec l'acide tartrique, un précipité blanc de bitartrate de potasse peu soluble ; avec l'acide hydrofluosilicique, un précipité blanc gélatineux de fluorure double de potassium et de silicium ; avec le perchlorure de platine, enfin, un précipité jaune de chlorure double de platine et de potassium tout à fait caractéristique.

Pour doser la potasse et déduire de la composition de ce corps l'équivalent du potassium, il faut d'abord déterminer la quantité d'eau que contient l'hydrate de potasse. On y parvient en transformant cet hydrate en sulfate anhydre et neutre, et pesant les matières avant et après l'évaporation. On transforme ensuite, au moyen du chlorure de baryum, le sulfate de potasse en sultate de baryte et chlorure de potassium. On pèse à part le sulfate de baryte et, au moyen de l'azotate d'argent, on transforme le chlorure de potassium soluble en chlorure d'argent insoluble et azotate de potasse soluble. Il suffit de connaître la composition du sulfate de baryte ou celle du chlorure d'argent, pour en déduire, par le calcul, les quantités d'eau, de potasse ou de potassium contenues dans le poids d'hydrate de potasse soumis à l'analyse.

Or, dans 100 parties d'hydrate de potasse KOHO, on a trouvé :

Eau.	16,01
Protoxyde de potassium ou potasse.	83,99

Et 100 parties de chlorure de potassium ont donné 192,4 parties de chlorure d'argent.

D'où l'on a dit :

192,4 de chlorure d'argent est à 1793, poids du chlorure d'argent (443,20 poids du chlore, 1350 poids de l'argent), comme 100 de chlorure de potassium est à un quatrième terme x qui sera l'équivalent du chlorure de potassium.

$$x = \text{donc } \frac{1793 \times 100}{192,4} \text{ c'est-à-dire } 931,91.$$

Or, 931,91 — 443,20 (poids du chlore) = 488,71, poids ou équivalent du potassium.

XLVII

SODIUM Na (NATRIUM) 22,97 — 287,22

Le sodium se rapproche du potassium par ses propriétés physiques et chimiques, et il n'y a pas moins d'analogie entre les composés des deux corps qu'entre les radicaux eux-mêmes. Dans l'étude qui va suivre, nous aurons donc plutôt à faire ressortir des différences qu'à établir ou rappeler des points de contact. Nous abrégerons ainsi notre tâche et ménagerons l'attention du lecteur.

Le sodium a été isolé pour la première fois par Humphry Davy en même temps que le potassium, et les moyens de se le procurer sont absolument les mêmes. Il faut calciner à une haute température la soude hydratée, ou le carbonate de cette base, en présence du fer ou du charbon. Aujourd'hui on prépare ce métal industriellement (*fig.* 75).

A est une bouteille en fer ou en tôle épaisse dans laquelle on a introduit le mélange suivant :

Carbonate de soude sec.	20 parties,
Houille.	9,
Craie.	3.

B est un récipient en tôle, composé de deux parties pour la facilité du nettoyage, et qui communique à la bouteille A par

Fig. 75.

un tube en fer. Deux ouvertures O et O' sont ménagées, l'une O pour le passage des gaz, l'autre O' pour l'écoulement du métal fondu qui tombe dans une marmite M, contenant de l'huile de schiste. 350 grammes de matières premières donnent 100 grammes de sodium. On fait fondre le métal dans l'huile de schiste, on le coule dans des lingotières, et on le conserve imprégné d'huile dans des vases hermétiquement fermés.

Le sodium a le même aspect que le potassium. Comme lui, il est cassant à une température basse et, comme lui, devient mou entre 15 et 20°. Toutefois il est plus volatil et distille à 90°, tandis que le potassium doit être chauffé jusqu'au rouge. Dans l'air, il s'oxyde non moins vite que le potassium, et, comme lui, doit être conservé sous l'huile de naphte. A la température ordinaire, sa densité, un peu plus grande que celle du potassium, est environ 0,97.

Au contact de l'eau et à froid, le sodium s'oxyde, mais sans que l'hydrogène séparé s'enflamme et brûle. Cela tient à ce qu'il y a moins de chaleur dégagée que lors de la décomposition du potassium. Cependant, si l'on empêche le globule métallique de courir sur l'eau, la chaleur produite suffit à déterminer l'ignition du gaz combustible. Le même effet est obtenu, si l'on a pris le soin d'épaissir l'eau en y faisant dissoudre de la gomme ou de l'amidon. Le sodium ainsi transformé en oxyde de sodium ou soude hydratée fait prendre à l'eau des qualités alcalines.

COMBINAISONS DU SODIUM AVEC LES MÉTALLOÏDES

COMPOSÉS BINAIRES

OXYDES DE SODIUM

L'oxygène, en se combinant avec le sodium, donne lieu à trois composés correspondants à ceux du potassium, le sous-oxyde Na^2O, le protoxyde NaO et le peroxyde NaO^3. La soude est un hydrate de protoxyde NaOHO.

SOUDE NaOHO.

La soude se prépare comme la potasse en décomposant le carbonate de cette base par l'eau de chaux. Il se forme ainsi du carbonate de chaux insoluble et de l'hydrate de soude soluble. On décante, on évapore la dissolution, et, quand on a fait fondre au feu la matière alcaline, on la coule sur des plaques de cuivre. On a ainsi la *soude à la chaux*, que l'on transforme en soude à l'alcool, en la dissolvant dans ce liquide. L'alcool ne dissolvant pas les carbonates, la soude se trouve ainsi purifiée de ceux qu'elle pouvait contenir. D'après M. Vöhler, on peut préparer la soude comme on prépare la potasse, en calcinant dans un vase de cuivre de l'azotate de soude en présence du bioxyde de manganèse : on reprend par l'eau et l'on décante le liquide clair, qui est une dissolution sodique pure.

La soude ou protoxyde de sodium hydraté ressemble par l'aspect à l'hydrate de potasse; elle en diffère toutefois parce que, au lieu de se conserver à l'état solide, au contact de l'air elle se liquéfie ou tombe promptement en déliquium. Elle est donc essentiellement déliquescente. Toutefois, il faut se défier de ce caractère : la soude, sous l'influence de l'acide carbonique de l'air, pouvant passer à l'état de carbonate, s'effleurit (se couvre de pellicules blanches et sèches), tandis que la potasse, subissant une altération analogue, devient un sel déliquescent. La soude caustique, très-hygrométrique, prend l'état liquide, le carbonate de soude reste solide; la potasse caustique, au contraire, est assez peu hygrométrique, et le carbonate de potasse est très-déliquescent. Mais on reconnaîtra la potasse et la soude à leurs caractères chimiques, déjà indiqués à l'article de la potasse.

SULFURES DE SODIUM

Les sulfures de sodium correspondent aux sulfures de potassium. Ils se préparent de même, soit en chauffant des mélanges de sulfate de soude et de charbon, soit en faisant passer, à saturation, de l'acide sulfhydrique dans une dissolution sodique. Le monosulfure peut être obtenu en cristaux, en dissolution, il est employé comme réactif, au même titre que le monosulfure de potassium.

CHLORURE DE SODIUM NaCl.

Le chlorure de sodium est le sel marin ordinaire, sel gemme, sel de cuisine, dont on fait un emploi si commun. Ce composé se trouve tout formé dans la nature. Il constitue de véritables mines qui portent le nom de *Salines*. Ces mines se rencontrent dans diverses espèces de terrains depuis les terrains ignés jusqu'aux terrains tertiaires. Les plus riches sont celles de Vic et de Dieuze. Mais c'est aussi de l'eau de la mer ou des marais dits *salants* que l'on extrait le chlorure de sodium. Il faut se rappeler quelle est la composition normale des eaux de mer. Elles contiennent, en moyenne, pour 100 parties :

Eau	96,470	100.
Chlorure de sodium	2,700	
Chlorure de potassium	0,070	
Chlorure de magnésium	0,360	
Sulfate de magnésie	0,230	
Sulfate de chaux	0,140	
Carbonate de chaux	0,003	
Bromure de magnésium	0,002	
Perte	0,025	

Or, c'est une grande industrie que celle de l'extraction et de l'épuration, non-seulement du sel marin, mais des autres produits contenus dans les eaux de mer ou les marais salants. Elle mérite une attention spéciale, et nous en dirons quelques mots.

Alors que l'eau de mer est soumise à l'évaporation dans l'air, le premier dépôt salin qui se sépare est du carbonate de chaux. Ce dépôt est éliminé dès les premiers trajets que l'on fait faire à l'eau pour l'amener dans les bassins de cristallisation. Alors que l'eau marque 5 à 6° à l'aéromètre, les conferves et les infusoires microscopiques cessent de s'y produire et d'y vivre. De 20 à 25° de l'aéromètre, le sulfate de chaux se dépose à son tour et très-complétement. Cela tient à ce que ce sel, bien que très-soluble dans l'eau pure, ne peut plus être retenu en dissolution quand l'eau est saturée de sulfate de magnésie. C'est ce qui advient quand l'eau de mer a subi une certaine évaporation. De 25 à 30° aérométriques, le sel marin ou chlorure de sodium se dépose à son tour. Moins soluble relativement que les chlorures de magnésium et de potassium, le chlorure de sodium doit, le premier, se séparer du liquide. Or, à mesure que relativement à l'eau la proportion des chlorures de magnésium et de potassium augmente, le chlorure de sodium doit se déposer plus vite, et c'est en effet ce que l'expérience constate. Toutefois, quand l'eau a acquis 30° à l'aéromètre, on renonce à en retirer les dernières traces de sel marin, parce qu'alors le produit cesserait d'être pur.

A ce terme, il reste dans les eaux des quantités variables de sels à base de soude, de magnésie et de potasse. Que faire de ces résidus ? Durant longtemps on les a abandonnés et rendus à la mer ; mais, depuis un certain nombre d'années, on a cherché à en extraire des produits utiles et commerciaux.

On savait, par une observation de Schéele, qui remonte à 1785, que lorsqu'on abandonne à elle-même une dissolution mixte de sulfate de magnésie et de sel marin (chlorure de sodium), avec le secours du froid particulièrement, il y a double décomposition de ces sels, et production, par conséquent, de sulfate de soude et de chlorure de magnésium. Cette observation avait été vérifiée par les Sauniers ou Fabricants de sels. Plus d'une fois on avait constaté industriellement que, durant l'été, les eaux-mères des marais salants abandonnaient du sulfate de magnésie, tandis que, pendant l'hiver, elles laissaient déposer un autre sel désigné sous le nom de sel de Glauber et qui est du sulfate de soude. L'explication de ce fait ne pouvait pas échapper aux chimistes. Le sulfate de magnésie est infiniment plus soluble à chaud qu'à froid, tandis que relativement le sulfate de soude est presque aussi soluble à froid qu'à chaud.

Dans les salins, le sulfate de soude se déposant pendant l'hiver, le sulfate de magnésie devait se déposer ultérieurement durant l'été.

On a songé, M. Balard le premier, à mettre à profit ces propriétés. Sous les auspices de ce savant, il a été pris, particulièrement dans les salins de la Méditerranée, des dispositions pour concentrer jusqu'à 33, 34 et 35° les eaux-mères que naguère on laissait écouler à 30°. Par suite de cette concentration, il se dépose un mélange de sulfate de magnésie et de chlorure de sodium. Mais, la solubilité du sel marin n'étant guère modifiée par les variations de température, contrairement à ce qui a lieu pour le sulfate de magnésie, pendant le jour il se dépose relativement plus de chlorure de sodium et, pendant la nuit, des proportions plus fortes de sulfate de magnésie. On fait un mélange de ces sels de manière à en saturer l'eau en proportions convenables, et on abandonne le liquide, pendant l'hiver, dans les cristallisoirs de la saline. Il y a échange des bases ; il se dépose du sulfate de soude, et le chlorure de magnésium s'écoule avec les eaux-mères. Le sel marin diminuant la solubilité du sulfate de soude, on a tiré parti de cette propriété pour extraire des eaux de mer celui qu'elle renferme. Ce sulfate de soude sert aujourd'hui à préparer la soude artificielle.

Après la séparation de la soude à l'état de sulfate, il reste encore dans les eaux de mer de la potasse à l'état de chlorure de potassium. Laissera-t-on perdre ce produit assez précieux et que la France emprunte à d'autres pays? On a commencé des exploitations fructueuses. Les eaux-mères qui, après l'extraction des sels de soude (chlorure et sulfate), contiennent encore du sulfate de magnésie et du chlorure de potassium sont évaporées à nouveau. Avec le temps, elles abandonnent un dépôt qui est un sulfate double de potasse et de magnésie $KOSO^3 MgOSO^3, 6HO$. Ce sel peut être employé pour fabriquer l'alun ou même le carbonate de potasse et, par conséquent, la potasse caustique.

Du dernier résidu encore, du *caput mortuum* que l'on rejette aujourd'hui et qui contient des bromure et chlorure double de potassium et de magnésium, il ne serait pas impossible peut-être de tirer d'utiles produits. Par une évaporation à chaud, on pourrait transformer le chlorure double en chlorure de potassium cristallisable et chlorure de magnésie plus soluble. Ou si, par suite de la fabrication de la soude sans faire emploi du sel marin qui est un produit si commercial, on venait à relever la valeur de l'acide chlorhydrique, il ne serait nullement difficile de préparer cet acide avec le chlorure de magnésium aujourd'hui sans emploi. Il suffirait de traiter ce sel par la vapeur pour le transformer d'abord en chlorhydrate de magnésie, et ensuite par la chaleur, pour en extraire l'acide. Le brôme, en outre, si l'on poussait jusque là le traitement des eaux de mer, pourrait être recueilli avec profit, en traitant le bromure de potassium par l'acide sulfurique en présence du peroxyde de manganèse (*V.* page 117). L'industrie la mieux dirigée et la plus riche est celle qui utilise sans perte toutes les matières sur lesquelles elle travaille.

Tout le monde connaît le sel marin ou sel gemme. On distingue communément le sel gris et le sel blanc, mais le sel gris n'est qu'un sel impur relativement au sel blanc. Il contient d'ordinaire des traces d'une matière bitumineuse.

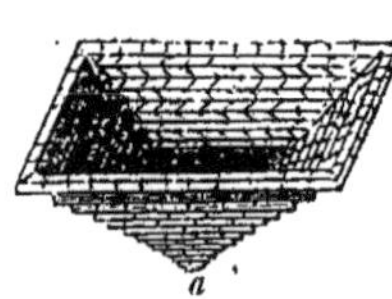

Fig. 76.

Le chlorure de sodium cristallise en cubes. Ces cubes affectent quelquefois la forme de gradins ou de *trémies*, comme on les nomme (*fig.* 76). Cette disposition tient à ce que, par suite de l'évaporation, les cristaux se surajoutent les uns aux autres de haut en bas, et à ce qu'ils s'enfoncent dans le liquide au fur et à mesure de leur plus grand développement.

Le premier formé *a* reste isolé; les autres, au contraire, s'encadrent par chacun de leurs côtés. L'eau, plus chaude au fond qu'à la surface, ne contient pas, en effet, une proportion plus forte de sel, puisque l'eau à 15° dissout 35,81 du sel, tandis que l'eau bouillante ou à 100° n'en dissout que 40,38. Généralement les cristaux sont anhydres, mais ils peuvent contenir de l'eau interposée quand ils se sont agglomérés rapidement. Sous l'influence de l'humidité, le sel se mouille, il est hygrométrique; mais, l'air redevenant sec, le sel perd l'eau qu'il lui avait empruntée.

Projeté sur les charbons, le chlorure de sodium en poudre fuse, et le sel en cristaux décrépite. Il faut donc attribuer la décrépitation au départ de l'eau qui brise ou détache les cristaux agglomérés. Le caractère chimique essentiel du sel marin est, avec sa saveur, la propriété qu'il possède de donner, avec l'azotate d'argent, un précipité lourd, caillebotté, de chlorure d'argent insoluble dans les acides et soluble dans l'ammoniaque.

Outre les usages domestiques et bien connus du sel marin, ce composé sert à préparer la soude, les chlorures décolorants et l'acide chlorhydrique. Dans l'art du potier, on l'emploie pour le vernissage des poteries; décomposé en présence de l'alumine et de la silice chauffées au rouge, il forme, au contact de ces matières, une sorte de verre transparent que l'on nomme un vernis.

Il n'est besoin que de mentionner les autres combinaisons du sodium avec les métalloïdes, les iodure, bromure, fluorure et cyanure. Ces composés se préparent absolument comme les iodure, bromure, fluorure et cyanure de potassium; ils ont les mêmes propriétés et les mêmes usages. Ils ne s'en distinguent physiquement que par certains caractères empruntés à la cristallisation, et chimiquement par les réactions différentielles de la potasse et de la soude.

COMPOSÉS QUATERNAIRES

—

CARBONATE DE SOUDE $NaOCO^2$

En s'unissant à la soude, l'acide carbonique donne lieu à trois sels distincts :

Le carbonate neutre	$NaOCO^2$,
Le bicarbonate.	$NaO\,(CO^2)^2$,
Le sesquicarbonate.	$NaO^2\,(CO^2)^3$.

On préparait naguère le carbonate de soude par le lessivage des cendres de varechs, et en raison de l'énorme consommation qui se fait de ce produit, la France était tributaire des pays étrangers pour cette matière première. Les nécessités de l'industrie ont amené un manufacturier-chimiste, du nom de Leblanc, à extraire la soude du sel marin, ou du sulfate de soude dont la production, en France, grâce à l'exploitation de nos salines et de nos marais salants, peut devenir en quelque sorte illimitée.

Le procédé de Leblanc, qui a été perfectionné par Darcet et Anfrye, consiste à transformer d'abord le chlorure de sodium en sulfate de soude au moyen de l'acide sulfurique, et à décomposer ensuite le sulfate de soude au moyen de la chaleur, en présence de la craie ou carbonate de chaux et du charbon. On opère en grand dans des fours dont les soles sont solidement construites en briques réfractaires. Les réactions qui se produisent peuvent être conçues différemment, mais voici peut-être la manière la plus simple de s'en rendre compte. On a :

$$NaOSO^3\text{, auquel on ajoute } CaO + 2C.$$

En présence du carbone C, l'acide sulfurique du sulfate de soude SO^3 est décomposé ainsi que la chaux CaO. L'oxygène de ces composés, rendu libre, se combine avec le charbon et se transforme en acide carbonique. Cet acide se combine avec la soude séparée de l'acide sulfurique, et le calcium Ca se combinant avec le soufre S et aussi sans doute avec une certaine portion d'oxygène, donne lieu à un oxysulfure de calcium. Mais le carbonate de soude est essentiellement soluble et l'oxysulfure de calcium tout à fait insoluble. Au moyen de l'eau, il est donc facile de séparer ces deux produits.

Ainsi se conduit l'opération :

Après la calcination, on reprend la matière sèche par l'eau et, le liquide étant décanté, on le fait évaporer pour recueillir le carbonate de soude brut ou cristallisé. On vend aujourd'hui dans le commerce, à très-bas prix, le carbonate de soude sous forme de beaux cristaux blancs, nommés cristaux de soude. Avec ces cristaux, il est facile de préparer la soude caustique et toute la série des sels de cette base.

Le carbonate de soude contient toujours une certaine proportion d'eau. Celui que livre le commerce en contient 10 équivalents ; il a pour formule $NaOCO^2,10HO$. Il est facile de lui enlever ces 10 équivalents par la calcination, mais le sel anhydre s'hydrate à nouveau, et il peut reprendre 1,5, 8 ou 10 équivalents de ce liquide.

Le carbonate de soude s'effleurit à l'air, et c'est là un des caractères qui, avec l'alcalinéité, le fait immédiatement reconnaître. Il est non moins soluble que le carbonate de potasse. Dans l'alcool, il brûle avec une flamme jaune, et, caractère négatif, il ne donne pas de précipité avec le chlorure de platine. Il sert à la fabrication du verre et à celle des savons. A ce double titre, on en fait une consommation considérable.

BICARBONATE DE SOUDE $NaO(CO^2)^2,HO$

Pour obtenir le bicarbonate de soude, il faut faire passer dans une dissolution de carbonate un excès de gaz acide carbonique.

Ce sel se trouve tout formé dans certaines eaux minérales, particulièrement dans les eaux de Vichy; on l'en extrait par évaporation pour former des pastilles dites de Darcet ou de Vichy, que l'on administre contre certaines affections d'estomac et particulièrement contre les dyspepsies (difficultés de digérer). Le bicarbonate de soude est un sel blanc qui cristallise en prismes rectangulaires. Sa saveur est alcaline et salée. Il est inaltérable dans un air sec; mais dans une atmosphère chargée d'humidité il se transforme en carbonate neutre hydraté $NaOCO^2,5HO$. A froid, il est soluble dans l'eau à peu près au même degré que le carbonate neutre, mais relativement plus soluble à chaud. On distingue chimiquement le bicarbonate de soude d'avec le carbonate et le sesquicarbonate, parce que sa dissolution ne précipite pas la dissolution des sels de magnésie. Toutefois, il faut employer pour l'expérience un sel de magnésie qui ne contienne pas d'acide libre, sinon le carbonate neutre céderait une portion de sa base à cet acide et passerait ainsi lui-même à l'état de bicarbonate non précipitable par les sels de magnésie.

SESQUICARBONATE DE SOUDE $NaO^2(CO^2)^3$

Le sesquicarbonate de soude $NaO^2(CO^2)^3$ pourrait être considéré comme une combinaison de carbonate neutre et de bicarbonate,

$$2NaO\,(CO^2)^3 = NaOCO^2 + NaO\,(CO^2)^2.$$

Ce sel se rencontre tout formé dans la nature sous le nom de *natron*. Il se produit quand on abandonne au refroidissement une dissolution concentrée de bicarbonate de soude. Le sel se dédouble en quelque sorte, il reste dans la liqueur du carbonate neutre, tandis que le sesquicarbonate se précipite.

AZOTATE DE SOUDE $NaOAzO^5$

L'azotate de soude existe dans la nature. On en a trouvé une couche d'une grande épaisseur au Pérou, ce qui a fait considérablement abaisser le prix de ce produit. Dans le laboratoire, on le prépare en traitant le carbonate de soude par l'acide azotique. Ce sel, désigné sous le nom de *nitre cubique* ou *quadrangulaire*, cristallise en rhomboèdres qui diffèrent peu du cube. L'azotate de potasse cristallise en prismes à six pans terminés par des pyramides hexaèdres.

L'azotate de soude est facilement décomposé par la chaleur ; il se transforme ainsi en azotite, puis en soude anhydre et caustique. Il est extrêmement soluble. A raison de son bas prix, on l'emploie pour la fabrication de l'acide azotique. On a tenté de le substituer à l'azotate de potasse, ou nitre, pour la fabrication de la poudre ; mais il rend la poudre hygrométrique et, par conséquent, moins inflammable. On l'utilise pour transformer, par double décomposition, le carbonate de potasse en azotate, et le chlorure de potassium en chlorure de soude. A l'aide de ce sel, on transforme aussi les composés à base de potasse des matériaux salpêtrés en azotate de potasse.

SULFATE DE SOUDE $NaOSO^3HO$

Le sulfate de soude portait autrefois le nom de sel de Glauber. Il se trouve tout formé dans les eaux de la mer, et nous avons dit (page 303) comment on l'en retire. On le prépare aussi par l'action directe de l'acide sulfurique sur le chlorure de sodium, le carbonate ou l'azotate de soude. Ce sel cristallise en grands prismes à quatre pans terminés par des sommets dièdres. Il renferme 10 équivalents d'eau qu'on peut lui enlever par la chaleur. Il est efflorescent à l'air, et ses cristaux tombent en poudre. Toutefois, lorsqu'on a préparé le sel par cristallisation à basse température, entre 20 et 30°, on obtient un sulfate de soude moins hydraté dont les cristaux n'éprouvent à l'air aucune altération.

Nous avons déjà indiqué que la solubilité du sulfate de soude augmente de 0 à 33°, mais qu'à partir de ce point, elle diminue sensiblement. On met à profit cette propriété pour la récolte du sulfate de soude extrait des eaux de mer (*V.* page 303). Le sulfate de soude a une saveur fraîche et amère; il est employé en médecine comme purgatif. Il sert dans l'industrie à la fabrication de la soude.

BISULFATE DE SOUDE $NaO2SO^3+3HO$ OU $NaOSO^3+HOSO^3+2HO$

Le bisulfate de soude $NaO2SO^3 + 3HO$ ou $NaOSO^3 + HOSO^3 + 2HO$ se prépare en ajoutant à une dissolution de sulfate de soude un second équivalent d'acide sulfurique, faisant évaporer et abandonnant la liqueur concentrée à la cristallisation. En faisant chauffer les cristaux ainsi préparés, on peut obtenir du bisulfate anhydre qui, chauffé lui-même, peut abandonner un équivalent d'acide sulfurique pour reprendre l'état de sulfate simple. C'est ainsi qu'on obtient l'acide sulfurique dit anhydre ou fumant.

SULFITE DE SOUDE $NaOSO^2$

Le sulfite de soude $NaOSO^2$ s'obtient en faisant passer un courant d'acide sulfureux dans une dissolution de carbonate de soude. C'est un sel blanc qui cristallise en prismes obliques et qui, comme le sulfate de soude ordinaire, contient 10 équivalents d'eau. Il existe aussi un bisulfite de soude $NaO2SO^2$ qui a une réaction acide comme le bisulfate, et dont les cristaux sont irréguliers et opaques. Il décrépite sur les charbons et fond en se décomposant. Le sulfite de soude a pris une certaine importance industrielle : on l'emploie pour enlever à la pâte de papier l'odeur de chlore, pour détruire les germes de fermentation dans la préparation du sucre de betterave. L'hyposulfite de soude $NaOS^2O^2 + 5HO$, qu'on obtient en saturant de soufre, à l'aide de l'ébullition, une dissolution de sulfite neutre, sert à la préparation des images daguerriennes. Il dissout l'oxyde de mercure et le chlorure d'argent, et forme avec les oxydes d'or et d'argent des hyposulfites doubles d'un grand secours dans l'art de la photographie.

PHOSPHATES DE SOUDE

En étudiant l'acide phosphorique, nous avons vu (p. 221) que cet acide, qui ne peut exister sans un équivalent d'eau, pouvait se constituer sous trois états :

L'acide phosphorique ordinaire. . $PhO^5,3HO$,
L'acide pyrophosphorique. . . . $PhO^5,2HO$.
L'acide métaphosphorique. . . . PhO^5,HO.

Chacun de ces acides, en se combinant avec les bases et, en particulier, avec la soude, donne lieu à trois séries de sels, à savoir

L'acide phosphorique ordinaire, à des phosphates tribasiques

$3NaO,PhO^5$,
$2NaO, HO,PhO^5$,
$NaO, 2HO,PhO^5$;

L'acide pyrophosphorique, à des phosphates bibasiques

$2NaO,PhO^5$,
NaO,HO,PhO^5;

Et l'acide métaphosphorique, à un phosphate monobasique NaO,PhO^5.

Dans ces combinaisons, on le voit, un équivalent d'eau se substitue à un équivalent de base et en remplit la place. Montrons comment les sels en reçoivent des caractères qui les distinguent.

PHOSPHATES TRIBASIQUES

Le phosphate de soude préparé par précipitation en versant une dissolution de carbonate de soude dans le phosphate acide de chaux résultant de l'action de l'acide sulfurique sur les cendres d'os (*V.* page 110), prend la formule $2NaO,PhO^5 + aq.$, ou mieux $2NaO,HO,PhO^5 + aq.$ (*). C'est donc un phosphate tribasique, mais dans lequel un équivalent d'eau HO remplace un équivalent de soude NaO. Ce sel a une réaction alcaline prononcée. Si, par la chaleur, on lui fait perdre son eau de cristallisation, on peut l'obtenir sous la formule

$$2NaOHOPhO^5.$$

Redissous dans l'eau, le composé $2NaOHOPhO^5$ peut reprendre sa constitution ou sa formule primitive $2NaOHOPhO^5 + aq.$ Mais si, par la fusion ignée, on fait perdre à $2NaOHOPhO^5$ son dernier équivalent d'eau, ce sel devient $2NaOPhO^5$, qui a des propriétés autres que le sel primitif. En effet, le nouveau composé ne peut plus reprendre à l'eau les équivalents qu'il a perdus, il reste *pyrophosphate de soude*, fort distinct du phosphate de soude basique ou tribasique $2NaOHOPhO^5 + aq.$ Pour s'en convaincre, que l'on verse dans la dissolution de phosphate de soude ordinaire à réaction alcaline une dissolution neutre d'azotate d'argent, on obtiendra un précipité jaune de phosphate d'argent ayant pour formule $3AgOPhO^5$, et, après la précipitation, la liqueur aura pris le caractère acide. Voici la réaction qui se sera produite :

$$2NaOHOPhO^5 + 3AgOAzO^5 = 3AgOPhO^5 + 2NaOAzO^5 + HOAzO^5.$$

Cet $HOAzO^5$ donne à la liqueur une réaction acide.

Au phosphate de soude ordinaire $2NaOHOPhO^5 + aq.$, que

(*) Le signe aq. (*aqua*) indique ou représente l'eau contenue dans le sel.

l'on ajoute un excès de carbonate de soude, on obtiendra un sel à réaction plus alcaline encore et qui aura pour formule $3NaOPhO^5 + aq$. Ce sel peut perdre par la chaleur son eau de cristallisation et se réduire à $3NaOPhO^5$. Mais $3NaOPhO^5$, en subissant la fusion ignée, ne reçoit aucune modification, il reste indécomposé, et, si on le reprend par l'eau, il peut recouvrer sa constitution primitive $3NaOPhO^5 + aq$. Avec l'azotate d'argent neutre, ce sel donne le précipité jaune de phosphate d'argent $3AgOPhO^5$ que nous connaissons; mais, après cette réaction, la liqueur reste alcaline, elle n'est pas acide comme dans le cas précédent. En effet,

$$3NaOPhO^5 + 3AgOAzO^5 = 3AgOPhO^5 + 3NaOAzO^5.$$

Au lieu de carbonate de soude, que l'on ajoute au phosphate de soude $2NaOHOPhO^5 + aq$. un excès d'acide phosphorique, on obtiendra un sel à réaction acide ainsi composé :

$$NaO2HOPhO^5 + aq.$$

Dans ce sel, l'acide phosphorique est encore saturé par 3 équivalents de base, mais pour 1 équivalent de soude, il y a 2 équivalents d'eau. Que l'on chauffe ce sel pour lui faire perdre son eau de cristallisation, il restera $NaO2HOPhO^5$ qui, en présence de l'eau, pourra reprendre sa constitution primitive $NaO + 2HOPhO^5 + aq$. Mais qu'on augmente la chaleur, on pourra successivement faire perdre à $NaO2HOPhO^5$, 1 ou même 2 équivalents d'eau, et, de la sorte, l'amener à être $NaOHOPhO^5$ ou $NaOPhO^5$. Dans le premier cas, le sel est devenu un phosphate bibasique; dans le second cas, un phosphate monobasique. Redissous dans l'eau, ces deux sels conservent leur constitution propre, ils ne peuvent plus reformer le sel d'où ils dérivent $NaO2HOPhO^5 + aq$.

Une dissolution neutre d'azotate d'argent versée dans la dissolution du phosphate tribasique $NaO2HOPhO^5 + aq$. donne le précipité jaune de phosphate d'argent déjà indiqué; mais, après la réaction, la liqueur reste acide. Et, en effet,

$$NaO2HOPhO^5 + 3AgOAzO^5 = 3AgOPhO^5 + NaOAzO^5 + 2HOAzO^5.$$

La réaction acide est manifestée par l'hydrate acide $2HOAzO^5$.

PHOSPHATES BIBASIQUES

Le phosphate tribasique $2NaOHOPhO^5 + aq$, traité par la chaleur, se réduit, ainsi que nous l'avons dit, à un sel qui a pour formule $2NaOPhO^5$. Si l'on fait redissoudre ce sel anhydre, ce pyrophosphate, on obtient un composé ayant pour formule $2NaOPhO^5 + aq$. Ce sel n'est pas efflorescent à l'air, comme le phosphate tribasique $2NaOHOPhO^5 + aq$. Si on le soumet à l'épreuve de l'azotate d'argent, on n'obtient pas un précipité jaune, mais un précipité blanc d'un phosphate d'argent dont la formule est $2AgOPhO^5$, au lieu d'être $3AgOPhO^5$. Après la précipitation, la liqueur sera neutre; car, en effet,

$$2NaOPhO^5 + 2AgOAzO^5 = 2AgOPhO^5 + 2NaOAzO^5.$$

Mais si au sel $2NaOPhO^5 + aq$. on a ajouté un excès d'acide phosphorique, on pourra donner naissance à un sel ainsi composé $NaO + HOPhO^5 + aq.$, c'est-à-dire à un second phosphate bibasique. Ce sel aura une forte réaction acide. Si on ne le chauffe qu'au degré nécessaire pour volatiliser l'eau de cristallisation, ce sel ne se modifie pas, et on peut le régénérer en lui rendant de l'eau; mais, si on lui enlève son eau de constitution ou qui remplit le rôle de base, il passe à l'état de sel monobasique.

Avec l'azotate d'argent le phosphate de soude bibasique $NaOHOPhO^5$ donne un précipité blanc $2AgOPhO^5$, et, après la réaction, la liqueur conserve le caractère acide. On a, en effet :

$$NaOHOPhO^5 + 2AgOAzO^5 = 2AgOPhO^5 + NaOAzO^5 + HOAzO^5.$$

$HO + AzO^5$ donne à la liqueur le caractère acide.

On obtient de même le phosphate bibasique $NaO + HOPhO^5$ quand on calcine le phosphate tribasique $NaO + 2HOPhO^5 + aq.$ jusqu'à lui faire perdre un de ses équivalents d'eau basique.

PHOSPHATE MONOBASIQUE

Quand on calcine le phosphate tribasique $NaO2HOPhO^5 + aq.$, ou le phosphate bibasique $NaO + HOPhO^5 + aq.$, de manière à leur enlever à la fois et leur eau de cristallisation et leur eau de constitution, on obtient un composé distinct des sels dont il dérive. Ce nouveau sel est déliquescent, et il ne cristallise pas lorsqu'on le fait dissoudre dans l'eau. Avec l'azotate d'argent neutre il donne un précipité blanc $AgOPhO^5$, qui diffère des précédents, car il n'a pas la même formule. Ici, en effet, l'on a

$$NaOPhO^5 + AgOAzO^5 = AgOPhO^5 + NaOAzO^5.$$

La liqueur doit être neutre après la précipitation, car elle ne contient pas d'excès d'acide.

BORATE DE SOUDE

Le borate de soude est désigné dans le commerce sous le nom de *tinkal*. Il se retire par évaporation de certains lacs, en Perse, dans l'Inde et en Chine. Aujourd'hui, pour la consommation française, on le prépare plus spécialement avec l'acide borique provenant des soffioni de Toscane (*Voir* page 245) et la soude artificielle. En grand, on opère dans de vastes appareils; on fait dissoudre le carbonate de soude dans une grande chaudière munie d'un couvercle, on tient le liquide à 100° au moyen d'un courant de vapeur, et l'on ajoute successivement et par petites portions l'acide borique, afin d'éviter une trop vive effervescence. Il se précipite des matières insolubles, carbonate de chaux, etc., et l'on soutire la liqueur dans des cristallisoirs. On obtient ainsi un borax ou tinkal impur qu'on ne met dans le commerce qu'après l'avoir soumis à une seconde cristallisation.

Le commerce livre à la consommation deux sortes de borax, l'un dit borax ordinaire, l'autre borax octaédrique. Le premier de ces sels a pour formule $NaO2BoO^3 + 10HO$; le second est représenté par $NaO2BoO^3 + 5HO$. Le borax octaédrique contient donc proportionnellement moitié moins d'eau que le borax ordinaire. Il est plus approprié par cela même à certains usages, il se boursoufle moins au feu.

Le borax s'effleurit à l'air, il se dissout dans 12 parties d'eau froide et 2 parties d'eau bouillante. C'est un fondant précieux qui prend à chaud la transparence du verre et qui s'étire en fils comme lui. Il dissout un grand nombre d'oxydes et l'on s'en sert pour les reconnaître, parce qu'à une haute température, dans la flamme du chalumeau (flamme oxydante ou réductrice à volonté) il forme avec eux des perles ou verres diversement colorés. Ainsi, par exemple, l'oxyde de cobalt donne une belle coloration bleue, l'oxyde de chrôme une coloration verte, l'oxyde de manganèse une coloration violette, etc. On emploie également le borax pour la soudure des métaux précieux ; il agit alors en dissolvant les oxydes formés, nettoyant et épurant en quelque sorte les surfaces métalliques qu'il s'agit de mettre en rapport. Pour la soudure des métaux communs, la résine et le sel ammoniac dont se servent les ouvriers fondeurs n'agissent pas autrement, ils réduisent les oxydes formés par la chaleur.

Outre le borate de soude $NaO2BoO^3$, il en existe deux autres, qui doivent s'écrire $NaO2Bo^6$ et $NaO3BoO^6$; mais ces sels sont sans usages, et nous ne les mentionnons qu'afin de montrer partout l'application des lois chimiques qui président à la combinaison des corps.

SILICATE DE SOUDE

Quand on met en présence 3 parties de silice et une partie de carbonate de soude et que l'on calcine le mélange, on obtient une combinaison de soude et de silice qui a pour formule $(NaO)^3 2SiO^3$. Ce sel, très-soluble, forme avec d'autres silicates des silicates doubles, et il entre dans la composition du verre.

ALCALIMÉTRIE. — ESSAIS DU BORAX

On a besoin, et à tout instant, dans les transactions commerciales, de connaître le titre des soudes et des potasses. Il importe donc de pouvoir le déterminer par un procédé simple et expéditif. On a présent le caractère essentiel des alcalis : ils bleuissent la teinture de tournesol, et cette coloration bleue passe au rouge en présence des acides. Mais l'acide carbonique (acide faible) ne rougit que très-faiblement la teinture de tournesol, il ne lui donne qu'une coloration dite *vineuse;* tandis que les plus petites quantités d'un acide *fort* tel que l'acide sulfurique, par exemple, le font passer à l'état de rouge intense ou rouge dit *pelure d'oignon.* Tout l'artifice du procédé de dosage des carbonates de soude et de potasse est fondé sur la simultanéité de cette réaction si facilement saisissable.

On sait, on a vu que l'équivalent de l'acide sulfurique monohydraté SO^3HO est représenté par le nombre 612,50 (soufre 200, oxygène 300, eau 12,50). La soude et la potasse sont de même représentées : la potasse pure et anhydre par l'équivalent 588,71 (potassium 488,71, oxygène 100) ; la soude pure et anhydre par l'équivalent 387,22 (sodium 287,22, oxygène 100). Un équivalent d'acide sulfurique 612,50 sature un équivalent de potasse 588,71, et de même, un équivalent de soude 387,22. Pour savoir combien un nombre déterminé, 5 grammes par exemple, d'acide sulfurique neutraliseront de potasse ou de soude, on n'aura donc qu'à établir les équations :

$$612{,}50 : 588{,}71 :: 5 : x,$$
$$613{,}50 : 387{,}22 :: 5 : y,$$

D'où $x = 4{,}80$ et $y = 3{,}16$. 5 grammes d'acide sulfurique monohydraté pur neutraliseront donc, d'une part, 4 gr., 80 de potasse ; de l'autre, 3 gr., 16 de soude.

Ces données bien saisies, voici le manuel opératoire d'une analyse alcalimétrique. On prend çà et là, dans le tonneau qui contient la masse à essayer, des fragments que l'on pèse pour obtenir le poids exact 4 gr., 80 de potasse ou 3 gr., 16 de soude. On broie ces matières dans un mortier, on y ajoute de l'eau peu à peu, et l'on verse, au fur et à mesure, la dissolution clarifiée dans une éprouvette à pied (*fig.* 77). On prend le soin, en répétant les lavages des matières qui restent solides, d'atteindre avec le liquide un point de repère qui mesure un demi-litre.

Fig. 77.

D'autre part, on prépare la liqueur dite normale, ou la dissolution d'acide sulfurique, dans un vase de la capacité d'un litre (*fig.* 78). A cet effet, on le remplit à moitié d'eau et l'on ajoute, peu à peu et en agitant, 100 grammes d'acide SO^3HO. Quand la liqueur est refroidie, on surajoute de l'eau jusqu'au trait de repère qui mesure 1,000 grammes ou un litre. 50 centimètres cubes de cette liqueur contiennent, par conséquent, 5 grammes d'acide sulfurique.

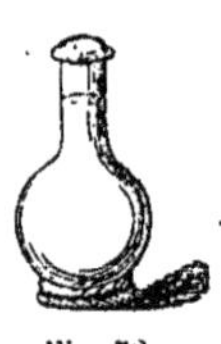

Fig. 78.

Dans un vase cylindrique dit vase à précipité (*fig.* 79) posé sur une feuille de papier blanc, on introduit, au moyen d'une pipette graduée (*fig.* 80), 50 centimètres cubes de la liqueur à essayer, et l'on y ajoute une certaine quantité de teinture de tournesol qui donne à la dissolution une belle couleur bleue.

Fig. 79.

Dans la burette graduée (*fig.* 81), on prend 50 centimètres cubes de la liqueur acide, que l'on verse goutte par goutte dans le vase à précipité, jusqu'à ce que, et tout à coup, la teinture de tournesol passe du rouge vineux, produit d'abord par le dégagement d'acide carbonique, au rouge *pelure d'oignon*, indice que la saturation est dépassée. On lit sur la burette la quantité de liqueur acide dépensée, et, en défalquant une demi-goutte excédante, on procède aux calculs.

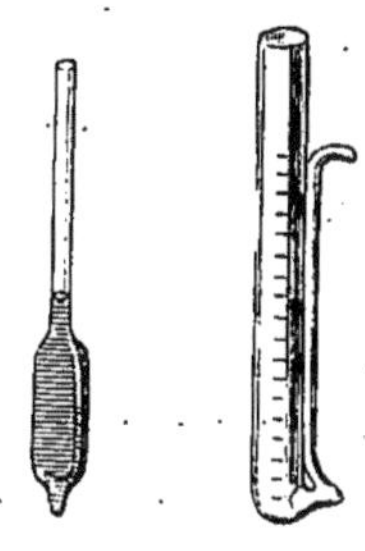

Fig. 80. Fig. 81.

Supposons que, pour neutraliser 50 centimètres cubes de la dissolution alcaline, il ait fallu employer 50 centimètres cubes de la liqueur acide, on en conclura que la matière d'essai était anhydre et pure. S'il n'a été employé de la liqueur que 25^{cc}, la matière d'essai ne contenait que 50 pour 100 d'alcali, et ainsi proportionnellement.

L'essai du borax est fondé sur les mêmes principes et les mêmes données expérimentales. L'acide borique, comme l'acide carbonique, ne produit sur la teinture de tournesol que le rouge vineux ; mais cet acide et le sulfate de soude, retenus en dissolution dans le liquide d'essai, masquent quelque peu la réaction de l'acide sulfurique sur la teinture bleue. Il faut un excès d'acide pour vaincre cette inertie, et l'on a évalué, en moyenne, cet excès à une demi-division de la burette, ou à un demi-centimètre cube de la liqueur dite *normale*. On en tiendra compte dans les calculs. 5 grammes d'acide sulfurique SO^3HO neutralisant 10 gr., 282 de borax, c'est cette quantité de matière d'essai qu'il faut prendre pour la dissoudre dans 50 centimètres cubes d'eau, et opérer comme il vient d'être dit pour les carbonates de soude et de potasse.

Caractères des composés de sodium. — Équivalent du métal. — Dans l'alcool, les composés de sodium ou de soude brûlent avec une flamme jaune caractéristique.

En dissolution, les sels sodiques n'ont en quelque sorte que des caractères négatifs, mais qui, par cela même, deviennent significatifs. Ainsi, comme les sels de potasse, ils ne précipitent pas par les carbonate, sulfure et cyanoferrure alcalins. Ils ne précipitent même pas par le bichlorure de platine, et c'est là la réaction qui les distingue des composés de potasse et d'ammoniaque. Mais, avec l'antimoniate de potasse *grenu*, comme avec le periodate de potasse basique, ils donnent des précipités blancs assez peu solubles pour devenir des caractères positifs et assez tranchés.

On obtient l'équivalent du sodium comme celui du potassium, en transformant son chlorure en chlorure d'argent. 100 parties de chlorure de sodium donnent 245,50 parties de chlorure d'argent. En établissant la proportion

245,50 : 1793,20 (équivalent du chlorure d'argent composé de 1350 argent + 443,20 chlore) :: 100 : x,

On a pour la valeur de x ou l'équivalent du chlorure de sodium $\frac{1793,20 \times 100}{245,50}$, c'est-à-dire 730,40.

D'où, en retranchant 443,20 (équivalent du chlore), on a 287,20 pour l'équivalent du sodium.

XLVIII.

LITHIUM L. 6,43 — 80,37

Le lithium a les plus grandes analogies avec le sodium et le potassium. Il est très-avide d'oxygène et décompose l'eau à la température ordinaire ; on ne peut le conserver que dans l'huile de naphte. Jusqu'à ce jour, il n'a été séparé de la lithine ou du chlorure de lithium qu'au moyen de la pile ; mais il n'est pas douteux qu'on ne puisse l'obtenir par les procédés indiqués pour isoler le sodium et le potassium. C'est le plus léger des corps solides et liquides connus. Il flotte sur l'huile de naphte; sa densité est 0,59. Il fond à 180°.

La lithine (λίθος, pierre) n'est connue que depuis 1817. Elle a été découverte par le chimiste suédois Arfwedson. Il la retira de l'élément minéral qu'on nomme lépidolithe et qui fait partie des granites. Ce minéral n'en renferme que de très-petites proportions, 3 à 4 centièmes : la lithine et par conséquent le lithium sont donc des corps extrêmement rares et sans usages.

Voici le moyen de préparer l'oxyde de lithium ou la lithine et les sels de cette base. La lépidolithe contient de la potasse, de la soude, de la lithine, de l'alumine, de la silice, du fluor, de l'oxyde de fer. On pulvérise le minerai, on y ajoute le double en poids de chaux et l'on calcine au feu de forge. Les matières se désagrégent et il est facile de les réduire en poudre. On les reprend par l'eau bouillante et la chaux éteinte. Il se forme des carbonates solubles et insolubles. On décante, et l'on sature la liqueur à réaction alcaline, au moyen de l'acide chlorhydrique. On transforme ainsi les carbonates solubles en chlorures. On évapore, et, par le refroidissement, il se dépose une certaine quantité de chlorure de potassium. Séparant de nouveau la liqueur, puis y versant du carbonate d'ammoniaque en excès, on précipite les bases alumine et chaux qui se trouvaient dissoutes par l'acide. On reprend le liquide qu'on évapore à sec et que l'on calcine pour chasser les sels ammoniacaux formés, et l'on n'a plus que des chlorures de potassium, de sodium et de lithium. On sépare ce dernier au moyen de l'alcool.

Le chlorure de lithium est déliquescent. En le faisant bouillir avec l'acide sulfurique concentré, on le transforme en sulfate. Précipitant l'acide sulfurique par l'acétate de baryte, on obtient un acétate de lithine, et, en faisant calciner cet acétate, on obtient un carbonate. C'est du carbonate en dissolution que l'on sépare la lithine au moyen de l'eau de chaux. Il se forme ainsi un hydrate de lithine qui a pour formule LOHO. Cet hydrate à réaction alcaline est peu soluble et n'attire pas l'humidité de l'air. Il est indécomposable par la chaleur seule et il attaque même les vases de platine. De là une difficulté de plus pour préparer le lithium.

Les sels de lithine ont pour caractère de ne pas précipiter par les carbonates alcalins. Ils se distinguent ainsi de tous les sels métalliques, à l'exception des sels de soude et de potasse. Toutefois, le carbonate de lithine étant peu soluble, si les dissolutions salines de lithine étaient très-concentrées, elles pourraient, avec les carbonates alcalins, donner un précipité.

Ce défaut de solubilité serait propre à faire distinguer les carbonates de lithine d'avec les carbonates de soude et de potasse. Mais, en outre, le chlorure de lithium est déliquescent; ceux de potassium et de sodium ne sont altérables que dans un air chargé d'humidité; le chlorure de lithium est soluble dans l'alcool, ceux de potassium et de sodium y sont insolubles. Le phosphate de lithine est peu soluble, ceux de soude et de potasse sont très-solubles : un phosphate alcalin précipiterait donc les sels de lithine. En outre, ces sels colorent en rouge la flamme de l'alcool, tandis que ceux de potasse la colorent en violet et ceux de soude en jaune.

ÉQUIVALENT. — La lithine contient pour 100 parties :

Lithium.	44,56
Oxygène	55,44

D'où, pour établir l'équivalent du lithium, l'équation : 55,44 : 44,56 :: 100 : x. Ce qui donne pour la valeur de x ou l'équivalent du lithium $\frac{44,56 \times 100}{55,44}$, c'est-à-dire 80,37.

XLIX

COMPOSÉS AMMONIACAUX

En étudiant les composés que forment entre eux les métalloïdes, nous avons rencontré un composé binaire AzH^3 qui porte le nom d'ammoniaque. Ce corps, de nature gazeuse, mais qui s'unit irrésistiblement à l'eau, jouit de toutes les propriétés des bases alcalines (soude, potasse, lithine), et il a reçu aussi, à cause de cela, le nom d'*alcali volatil*. En se combinant avec les acides, ce quatrième alcali donne lieu à des composés quaternaires, ou à des sels ayant les plus grandes analogies de composition avec les sels de potasse, de soude et de lithine. Il est donc convenable d'en placer ici l'étude.

Le composé d'hydrogène et d'azote, qu'on nomme ammoniaque, ne forme pas de combinaisons avec les métalloïdes. Tout au contraire, il est décomposé par l'oxygène, par le chlore, par l'iode, etc., et nous avons déjà indiqué les réactions qui se produisent en telles circonstances. Nous nous sommes même servi du chlore pour séparer les éléments de l'ammoniaque et préparer l'azote (p. 55).

Avec les oxacides et avec les hydracides, l'ammoniaque forme des sels aussi fixes, aussi peu décomposables par la chaleur que les sels de soude et de potasse, et dont plusieurs même sont neutres aux réactifs colorés. On a cherché quelle pouvait être la constitution de ces sels, et voyant qu'ils n'étaient décomposés par la chaleur qu'en perdant un équivalent d'eau, on s'est demandé quel rôle remplissait cet équivalent et, par conséquent, si dans le composé AzH^3HO, l'oxygène étant le corps comburant, la formule ne pouvait pas être écrite AzH^4O, c'est-à-dire que AzH^4 aurait été un radical et AzH^4O un oxyde. Au radical, on aurait donné le nom d'*ammonium*, et cet ammonium, non encore isolé pourtant, aurait été l'analogue du potassium, du sodium et du lithium. On n'a pas manqué de raisons pour appuyer cette hypothèse séduisante. Et d'abord on a dit : Il existe déjà un corps composé, le cyanogène, qui remplit le rôle d'un radical, et on a soumis l'ammoniaque à l'action de la pile. On a fait avec le chlorhydrate d'ammoniaque humide de petites coupelles dans lesquelles on a versé un globule de mercure. La coupelle placée sur une lame de platine, on a mis les électrodes de la pile en rapport, le pôle négatif avec le globule de mercure, le pôle positif avec la lame de platine. Or, on a ainsi obtenu un amalgame métallique, non sans analogie avec les amalgames de potassium et de sodium, et que l'on a regardé comme un composé d'ammonium et de mercure. Mais ce composé est extrêmement instable, et il se pourrait que ce fût un hydrure ammoniacal de mercure, car on le trouve composé d'hydrogène, de mercure et d'ammoniaque. On a de même tenté de décomposer l'ammoniaque par le potassium, en plaçant dans la coupelle de chlorhydrate d'ammoniaque une dissolution de ce sel et un amalgame de mercure et de potassium. Le potassium, dans ce cas, s'est uni au chlore pour former du chlorure de potassium, et l'on a obtenu encore un amalgame que l'on a supposé avoir pour formule AzH^4Hg ; mais cet amalgame retient toujours du potassium, et l'analyse qu'on a pu en faire a toujours donné de l'hydrogène et du gaz ammoniac. En un mot, on n'a pas encore isolé le corps supposé simple ou l'ammonium.

L'expérience directe n'ayant pas décidé la question, on a cru pouvoir l'éclairer par voie d'induction, et l'on a dit :

Avec les acides, l'ammoniaque donne lieu à trois sortes de sels :

1° Les sels formés d'un oxacide hydraté et de la base AzH^3HO, et qui contiennent, par conséquent, au moins un équivalent d'eau ;

2° Les sels formés par un oxacide anhydre et par l'ammoniaque anhydre, AzH^3SO^3 par exemple;

3° Les sels formés par un hydracide, ClH par exemple, et la base AzH^3, et qui peuvent se constituer sans eau.

Or, selon qu'ils contiennent ou ne contiennent pas d'eau de constitution, les sels ammoniacaux ont des propriétés différentes. Exemples: le sulfate d'ammoniaque ordinaire ou hydraté précipite par l'eau de baryte, et le sulfate d'ammoniaque anhydre n'est pas précipité par ce réactif; le chlorhydrate d'ammoniaque hydraté AzH^3HOHCl précipite par l'azotate d'argent, et le chlorure d'ammonium AzH^3HCl n'est pas précipité par ce sel. Alors qu'on fait bouillir quelque temps un sel d'ammoniaque anhydre avec l'eau, le sulfate AzH^3SO^3 par exemple, on lui fait prendre un équivalent d'eau, et alors tout son acide est précipité par la baryte.

Quelle est la cause de ces différences, de ces anomalies, pourrait-on dire? L'ammoniaque est un composé binaire remplissant le rôle d'un oxyde; comment ne se combine-t-elle pas toujours, sans intervention de l'eau, avec les oxacides? Comment et pourquoi, quand elle se combine directement avec les oxacides anhydres, les sels formés n'ont-ils plus les caractères des sels ammoniacaux proprement dits? Puis enfin, comment les hydracides peuvent-ils constituer avec l'ammoniaque AzH^3 des composés anhydres?

Pour se rendre compte de ces faits, on a eu recours à une théorie et l'on a fait le raisonnement suivant : Par lui-même le corps AzH^3 est indifférent, il ne constitue pas une base. Pour acquérir cette qualité, il lui faut, au moins, un équivalent d'eau. Or, qu'ajoute l'eau à un corps qui a pour constitution AzH^3? Il lui ajoute, d'une part, de l'hydrogène ; de l'autre, de l'oxygène. Comment chacun des deux éléments s'unit-il aux principes constituants AzH^3? Sans nul doute, ils peuvent s'y unir sans se dissocier et en formant le composé AzH^3HO. Mais ils peuvent s'y adjoindre aussi en se séparant et en formant le composé AzH^4O. Or, AzH^4O peut être un oxyde, l'oxyde d'un radical composé (la chimie en compte aujourd'hui un certain nombre), d'un radical composé AzH^4. Appelons AzH^4 de l'ammonium, AzH^4O sera son oxyde, et cet oxyde sera une base qui, en se combinant avec les oxacides anhydres ou les oxacides hydratés, donnera des composés essentiellement différents : d'une part, AzH^4SO^3; de l'autre, AzH^3HOSO^3. Le premier sera du *sulfamide*, ne précipitant pas par le baryte ; le second, du sulfate d'ammoniaque précipitant, au contraire, par cette base. Et, d'autre part, en se combinant avec les hydracides, AzH^4O pourra donner, soit un sel haloïde proprement dit, chlorure, iodure, bromure, etc., AzH^4Cl, AzH^4I, AzH^4Br, etc., ou bien un hydrochlorate, un hydriodate, un hydrobromate, etc., et alors la formule des sels sera essentiellement différente : ceux de la première catégorie seront anhydres, ceux de la seconde seront hydratés ; ces derniers seuls seront des sels alcalins, les autres prendront une autre dénomination et ils auront un autre caractère.

La théorie réunira ainsi des composés doués de propriétés communes, et elle séparera des corps qui, bien que formés d'éléments semblables, n'ont plus la même constitution atomique.

Toutefois, il est plus d'une objection à faire à ces vues systématiques. Non-seulement l'ammonium n'a point été isolé, mais il est un grand nombre de bases alcalines organiques qui n'entrent en combinaison avec les oxacides que si l'eau est partie intégrante dans leur constitution. Faudrait-il admettre pour ces alcalis des radicaux analogues à l'ammonium ? En outre, comment l'hydrogène des hydracides se sépare-t-il des éléments métalloïdes auxquels il est uni pour se porter sur l'ammonium AzH^4 ? Aurait-il donc plus d'affinité pour ce corps que pour tous les autres ? C'est encore là une supposition pleinement arbitraire.

Quoi qu'il en soit des théories, de ces moyens artificiels que l'esprit se crée pour expliquer l'inconnu, rentrons dans l'étude des faits simples, dans l'histoire des composés qui ont pour base l'ammoniaque.

CARBONATES D'AMMONIAQUE

L'acide carbonique se combine en diverses proportions avec l'ammoniaque et donne ainsi naissance à des composés distincts.

Alors qu'on fait arriver du gaz acide carbonique sur du gaz ammoniac sec, il se forme un carbonate d'ammoniaque anhydre AzH^3CO^2 qui est composé de 2 volumes de gaz ammoniac pour un volume d'acide carbonique. Ce carbonate se dissout facilement dans l'eau, qui lui cède un équivalent et se transforme en carbonate d'ammoniaque neutre AzH^3HOCO^2. Dans l'air ou dans l'eau, le carbonate neutre peut se décomposer, et se transformer en un mélange d'ammoniaque libre et de bicarbonate d'ammoniaque.

Le bicarbonate prend divers états d'hydratation. Il se prépare en faisant passer un courant de gaz acide carbonique en excès dans une dissolution concentrée d'ammoniaque ou de sesquicarbonate d'ammoniaque du commerce. Ce sesquicarbonate étant, ou pouvant être considéré comme une combinaison de bicarbonate et de carbonate neutre, on peut séparer ces deux combinaisons au moyen de l'alcool à 90°, qui dissout le carbonate neutre et ne dissout pas le bicarbonate.

Le sesquicarbonate (sel volatil d'Angleterre) s'obtient en chauffant, dans un appareil distillatoire, un mélange d'une partie de carbonate de chaux et de deux parties de sulfate ou de chlorhydrate d'ammoniaque. Ces deux sels se décomposent réciproquement, et il en résulte du sesquicarbonate d'ammoniaque $(AzH^3)^2 2HO(CO^2)^3$. Nous venons de dire que le sesquicarbonate était ou pouvait être un mélange de carbonate neutre et de bicarbonate; en effet,

$$(AzH^3)^2 2HO(CO^2)^3 = AzH^3HOCO^2 + AzH^3HO(CO^2)^2.$$

Le sesquicarbonate d'ammoniaque, ou sel volatil d'Angleterre, a une odeur piquante, une saveur caustique. Il peut prendre plus ou moins d'équivalents d'eau et cristalliser sous des formes différentes. Il est employé, enfermé dans des flacons bien bouchés, comme un excitant énergique du système nerveux. Les carbonates d'ammoniaque servent à diverses réactions dans le laboratoire.

SULFATES D'AMMONIAQUE

Il y a deux sulfates d'ammoniaque : le sulfate neutre $AzH^3 HOSO^3$ et le bisulfate $AzH^3HO(SO^3)^2 HO$. On obtient le sulfate neutre en saturant une dissolution ammoniacale par l'acide sulfurique, et le bisulfate en ajoutant au sulfate neutre une quantité d'acide sulfurique égale à celle qu'il contient déjà. Dans l'industrie, on prépare le sulfate neutre en faisant passer les sels volatils d'ammoniaque, particulièrement les carbonates résultant de la décomposition des matières animales, à travers une couche de sulfate de chaux ; il y a double décomposition, il se forme du carbonate de chaux insoluble et du sulfate d'ammoniaque soluble ; on reprend par l'eau et l'on fait cristalliser. Le sulfate d'ammoniaque est isomorphe avec le sulfate de potasse; il est très-soluble et sert à la fabrication des aluns dits ammoniacaux. Le bisulfate est déliquescent, soluble dans l'alcool, et forme avec les alcalis des sels doubles qui cristallisent facilement.

SULFHYDRATES D'AMMONIAQUE

On obtient des sulfhydrates d'ammoniaque à différents degrés de saturation en faisant passer des courants d'acide sulfhydrique dans l'ammoniaque. Le composé le plus ordinaire qu'on obtient est le bisulfhydrate $AzH^3 2HS$. Mais on peut cependant obtenir le sulfhydrate simple AzH^3HS en prenant le soin de mettre en présence l'acide et l'alcali à une très-basse température.

Le sulfhydrate d'ammoniaque préparé à base température avec un excès d'ammoniaque cristallise en belles lames blanches. Il est très-volatil. Au contact de l'air, il prend de l'oxygène, se colore en jaune, et passe successivement à l'état de sulfhydrate sulfuré d'ammoniaque (polysulfure), d'hyposulfite, de sulfite et de sulfate. Il est donc assez difficile de conserver ce sulfhydrate comme réactif. Il faut le préparer instantanément, ce qui se fait en traitant par double décomposition le carbonate d'ammoniaque et le monosulfure de baryum.

En se sulfurant à divers degrés, le sulfhydrate d'ammoniaque prend le nom de sulfhydrate monosulfuré, bisulfuré, trisulfuré, quadrisulfuré, sextisulfuré. Avec les sulfures électronégatifs, tels que les sulfures de carbone, d'arsenic, d'antimoine, de tungstène, etc., il forme des sulfosels qui ont les formules suivantes :

$$(AzH^3HS)CS^2 — (AzH^3HS)As^3 — (AzH^3HS)Sb^2S^3 — (AzH^3HS)WS^3, \text{ etc.}$$

AZOTATE D'AMMONIAQUE

L'azotate d'ammoniaque se prépare en saturant l'ammoniaque ou le carbonate d'ammoniaque par l'acide azotique ; on concentre la dissolution et on l'abandonne au refroidissement ; le sel cristallise. Ces cristaux fondent à une température peu élevée ; puis, entre 240 et 250°, ils se décomposent en eau et en protoxyde d'azote,

$$AzH^3HO,AzO^5 = 4HO,2AzO.$$

Nous avons vu (p. 178) que c'est par cette réaction qu'on

prépare le protoxyde d'azote. La même décomposition a lieu en présence de l'acide sulfurique concentré. Sur les charbons ardents, ce sel brûle avec une flamme rougeâtre. Le sel est décomposé et l'oxygène de l'acide azotique brûle l'hydrogène de l'ammoniaque. De là le nom de *nitrum flammans* donné à ce composé.

CHLORHYDRATE D'AMMONIAQUE

Les deux gaz ammoniac et acide chlorhydrique se combinent au simple contact, avons-nous dit plus haut. Il en est de même de leurs dissolutions. Dans l'un comme dans l'autre cas, le composé qui se forme a pour formule AzH^3HCl. Autrefois, le chlorhydrate d'ammoniaque ou *sel ammoniac* nous arrivait des contrées lointaines et particulièrement de l'Égypte. En ce pays où le combustible est rare, on brûle la fiente des chameaux. Le produit de cette combustion est une suie mêlée de divers composés ammoniacaux. On vendait cette suie aux marchands qui la livraient aux fabricants européens. Ceux-ci calcinaient ces matières impures, et par sublimation dans des vases en verre à longs cols (*fig.* 82) en tiraient le produit commercial désigné sous le nom de *sel ammoniac*. Aujourd'hui, l'on prépare le chlorhydrate d'ammoniaque dans diverses fabriques, particulièrement dans les usines à gaz, et dans les maisons de produits chimiques où l'on calcine les matières animales pour en tirer des prussiates. La distillation ou la calcination des matières animales donne des produits gazeux (carbonate, sulfhydrate d'ammoniaque), que l'on condense dans des récipients ou tonneaux pleins d'eau. On évacue ces liquides, appelés *eaux vannes*, et on les reçoit dans des réservoirs, où ils déposent. On traite les dépôts, ou les eaux elles-mêmes, par l'acide chlor-

Fig. 82.

hydrique pour transformer les composés ammoniacaux en chlorures; on purifie par sublimation.

Dans quelques fabriques, on traite les eaux vannes de vidanges par la distillation. On obtient ainsi du carbonate d'ammoniaque que l'on sature par l'acide chlorhydrique. Dans quelques cas, on traite les sulfhydrates ou carbonates d'ammoniaque par double décomposition, c'est-à-dire qu'on fait passer les eaux vannes ou les produits d'une première distillation à travers des couches de plâtre (sulfate de chaux); il se forme ainsi du carbonate de chaux insoluble et du sulfate d'ammoniaque soluble. On sépare les produits par l'eau, on concentre le liquide par évaporation et on le traite par le chlorure de sodium ou sel marin. Il se forme alors du sulfate de soude et du chlorhydrate d'ammoniaque. On sépare ces sels par sublimation. On peut de même, sans évaporer à sec, faire cristalliser les liquides concentrés. La solubilité du chlorhydrate d'ammoniaque croît avec la température, tandis que celle du sulfate de soude ne croît que de 0 à 33° pour s'affaiblir de 33 à 100°. La liqueur étant portée à l'ébullition, le chlorhydrate d'ammoniaque cristallise le premier par suite du refroidissement jusqu'à 33°; après quoi, de 33° à une température plus basse, on peut recueillir des cristaux de sulfate de soude.

Le chlorhydrate d'ammoniaque prend une forme cristalline qui le fait aisément reconnaître. Les cristaux se groupent entre eux comme les barbes d'une plume; à la loupe, on distingue de petits octaèdres accolés par leurs angles. Ce sel a une saveur piquante, caractéristique, mais pas d'odeur bien sensible. Il se sublime sans s'altérer à une température assez peu élevée; chauffé en présence de la chaux, il donne immédiatement du gaz ammoniac. A 18°, 100 parties d'eau dissolvent 36 parties de sel ammoniac; à 100°, la même quantité d'eau en dissout 89 parties. L'alcool le dissout également, les acides forts le décomposent.

Le chlorhydrate d'ammoniaque sert à préparer les autres sels de cette base. Il a divers emplois dans l'industrie : ainsi l'on s'en sert pour le décapage des métaux, pour les soudures. Dans ce cas, il agit comme corps réducteur. Avec la limaille et le soufre, le sel ammoniac forme un lut qui sert à sceller le fer dans la pierre.

CARACTÈRES GÉNÉRAUX DES SELS D'AMMONIAQUE

Les sels d'ammoniaque ont des caractères tranchés et qui permettent de les distinguer facilement.

Ils sont tous incolores et très-solubles. Ils ne précipitent pas par les carbonates alcalins, ce qui les distingue déjà de tous les sels métalliques, à l'exception de ceux de la première section.

Chauffés avec un hydrate alcalin, avec la chaux particulièrement, ils dégagent de l'ammoniaque facile à reconnaître à son odeur pénétrante. N'eût-on que de très-faibles quantités d'un sel ammoniacal dont on voulût reconnaître la nature, en le chauffant ainsi en présence de la chaux et recevant le gaz dégagé sur une baguette de verre trempée dans l'acide chlorhydrique, aux vapeurs épaisses de chlorhydrate d'ammoniaque formées, on reconnaîtrait sûrement le composé ammoniacal.

En outre, les dissolutions ammoniacales donnent avec le chlorure de platine un précipité jaune, qui est un sel double de platine et d'ammoniaque AzH^3PtCl. La potasse, il est vrai, donne un précipité analogue ou semblable. Mais le précipité qui contient de l'ammoniaque, donne de l'ammoniaque gazeuse caractéristique quand on le chauffe en présence de la chaux. Alors même qu'on calcine simplement le sel double de platine et d'ammoniaque, sans y avoir ajouté de la chaux, on obtient un résidu qui se distingue de celui qui résulte de la calcination du sel double de platine et de potasse. Dans le premier cas, en effet, celui de la calcination du sel double ammoniacal, on n'obtient que du platine métallique, le chlorure ammoniacal se dissipant en vapeur sous l'influence de la chaleur; dans le second, la calcination du sel double de platine et de potasse, on obtient à la fois, comme résidu, du platine et du chlorure de potassium que l'eau redissout, et qu'il est facile de reconnaître au caractère du précipité qu'il forme avec l'azotate d'argent.

Comme les autres sels alcalins, les sels ammoniacaux précipitent par les acides chlorique et perchlorique, par l'acide hydrofluosilicique et l'acide tartrique, mais les précipités ainsi obtenus se décomposent par la chaleur en présence de la chaux et donnent de l'ammoniaque gazeuse.

C'est à l'état de chlorure double de platine et d'ammoniaque qu'on analyse généralement les sels d'ammoniaque. On doit alors laver les précipités avec un mélange d'alcool et d'éther pour en séparer l'excès de bichlorure de platine qui a pu être employé, et l'on pèse finalement les précipités après les avoir bien desséchés. Un gramme de chlorure double de platine et d'ammoniaque renfermant 0,0771 d'ammoniaque, il est facile, par une simple règle de proportion, de connaître la quantité d'ammoniaque renfermée dans un poids donné du sel.

On peut aussi, par le procédé que nous avons fait connaître (p. 184 et 189), doser l'azote contenue dans le sel et, par le calcul, arriver à la proportion d'ammoniaque. L'opération n'est pas moins sûre, mais elle est peut-être un peu plus compliquée. Pour les cas qui exigeraient une très-grande précision, l'une des opérations pourrait servir de contrôle à l'autre.

L

CÆSIUM, RUBIDIUM, THALLIUM, INDIUM

A la suite des métaux dont les oxydes ont des propriétés essentiellement alcalines, nous croyons avoir à placer les quatre métaux nouvellement découverts au moyen de l'analyse spectrale, à savoir : le cæsium, le rubidium, le thallium et l'indium. L'histoire entière de ces métaux n'est pas faite encore, mais nous avons à indiquer quel est sur chacun d'eux l'état présent de nos connaissances.

Le cæsium et le rubidium ont été aperçus, ou plutôt devinés, pour la première fois, au moyen de l'analyse spectrale, dans les boues et résidus de certaines eaux minérales. A la nature diverse des raies colorées que faisaient naître, en traversant le prisme, certains mélanges de matières brûlées dans l'alcool, MM. Kirschhoff et Bunsen ont saisi des indications qu'ils n'ont pas tardé à faire servir pour caractériser des corps non encore aperçus par les chimistes. Alors qu'on examine à travers un prisme une flamme colorée par la combustion d'une matière alcaline, la potasse, la soude, la lithine, on constate qu'elle se compose de rayons diversement réfringents, qui se séparent en traversant le prisme, et donnent sur un écran un spectre particulier composé d'une série de bandes brillantes toujours les mêmes et qui caractérisent ainsi le corps en combustion. Ainsi le potassium est caractérisé par une raie rouge et une raie violette ; le sodium par une double raie jaune, et le lithium par une raie rouge et une raie brune. Les trois matières mélangées donnent des spectres qui présentent les trois séries de couleur se rapportant à chacune d'elles. Dans les résidus d'eaux minérales examinées, MM. Kirschhoff et Bunsen ayant aperçu des bandes autres que celles qui sont propres à la potasse, à la soude ou à la lithine, en conclurent que les matières d'épreuve contenaient des corps qu'ils cherchèrent à isoler. Ils y parvinrent pour l'un d'eux, pour le rubidium, que M. Bunsen a obtenu par un procédé identique à celui dont on fait usage pour isoler le potassium ou le sodium, c'est-à-dire en traitant par le charbon le carbonate de rubidium rendu moins fusible par l'addition d'une petite quantité de chaux.

Le rubidium ainsi obtenu a la plus grande ressemblance avec le potassium; il est d'un blanc d'argent, et sa densité est de 1,516. Il fond vers 38°, et se volatilise à la température rouge. Ses combinaisons présentent, mais avec plus d'énergie, la réaction des composés potassiques. Il a pour équivalent les nombres 7 ou 87,50.

Le cæsium n'a pas été isolé. Les réactions de ses composés sont analogues à celles du corps précédent, mais elles s'en distinguent par les bandes obtenues au moyen du prisme. Son équivalent est 123,3 ou 1541,25.

Le thallium, signalé par M. Crookes dans des minerais sélénifères et dans des pyrites employées à la fabrication de l'acide sulfurique, a été isolé, puis étudié dans ses divers composés par M. Lamy.

Récemment préparé (par le traitement au moyen des acides des boues des chambres de plomb et la précipitation des dissolutions salines au moyen du zinc), le thallium est d'un blanc gris bleuâtre, qui le fait ressembler surtout à l'aluminium et au plomb. Il est mou, malléable, et peut être rayé par l'ongle. Sa densité est de 11,9; il fond à 290°, et se volatilise au rouge.

Au contact de l'air, ce métal se ternit ou s'oxyde. L'oxyde formé a l'odeur et la saveur de la potasse; il est soluble dans l'eau et manifestement alcalin.

Attaqué par le chlore, surtout à chaud, le thallium donne

naissance à plusieurs chlorures. Le plus stable de ces composés est le prochlorure ThCl; il est blanc et présente certaines analogies avec le chlorure d'argent. Toutefois, il est un peu soluble dans l'eau, ainsi que dans l'ammoniaque.

Le thallium se combine avec les métalloïdes et forme des iodure, bromure, sulfure et phosphure. Avec les acides, son oxyde forme des sels cristallisables. Les dissolutions salines sont décomposées par le zinc qui en précipite le thallium; elles sont aussi décomposées par la pile, et c'est par l'un et l'autre procédé qu'on obtient le thallium métallique.

Tous les composés de ce corps sont éminemment toxiques; M. Lamy l'a montré récemment et a fait voir en même temps qu'il était facile de retrouver le thallium dans les restes de l'animal empoisonné.

L'équivalent du thallium a été déduit de la composition du protoxyde ThO et exprimé par le nombre 204. Mais si, partant de la loi de Dulong et Petit, on déduit cet équivalent de la chaleur spécifique du corps simple déterminée par M. Regnault et qui est 0,03335, on trouve qu'il faut changer la formule du protoxyde du thallium comme, au reste, on a proposé de changer la formule de la potasse, de la soude et de la lithine, et représenter le nouveau composé par Th^2O, auquel cas l'équivalent du thallium devient $\frac{204}{2}$ ou 102.

Tout récemment, MM. Reich et Richter ont annoncé la découverte d'un métal qui serait caractérisé dans le spectre par une raie *bleue*. Ils proposent de lui donner le nom d'*indium* à cause du rapport que présente la raie *bleue* spectrale avec la couleur de l'indigo. C'était à un même rapport de couleur qu'on avait emprunté le nom du *thallium* (θαλλὸς, rameau vert ou rameau d'olivier), et celui du *rubidium* (*rubeus*, rouge, couleur de rubis).

LI

BARYUM Ba. 68,68 — 858,59

Le baryum a été isolé, en 1807, par Davy, en même temps que les autres métaux de la première section. Davy versa du mercure dans une capsule de platine et le mit en communication avec le pôle négatif d'une forte pile ; par-dessus il disposa une dissolution de baryte avec de petits fragments de baryte hydratée et plongea dans la dissolution le pôle positif. Le courant établi, il y eut tout à la fois décomposition de l'eau et décomposition de la baryte ; le mercure devint pâteux, il se forma un amalgame de baryum. On reprit cet amalgame et on le chauffa dans une cornue où passait un courant d'azote; le mercure se volatilisa et il resta dans la cornue un métal blanc, argentin, doué d'une certaine malléabilité : c'était le baryum.

Aujourd'hui on prépare le baryum en décomposant la baryte par le potassium. Dans un canon de fusil ouvert par les deux bouts on place, vers le milieu, une petite nacelle de platine contenant de la baryte, et, près d'une des extrémités du canon, de petits fragments de potassium. On fait traverser le tube par un courant continu d'hydrogène ou d'azote. On chauffe la baryte d'abord, puis le potassium. La vapeur du métal passe sur la baryte et la désoxyde. Il se forme ainsi de l'oxyde de potassium et du baryum. On laisse refroidir l'appareil sans discontinuer le dégagement du gaz azote ou hydrogène, et l'on reprend le baryum par le mercure. L'amalgame formé, on le distille, comme il vient d'être dit, dans une cornue traversée encore par un courant de gaz indifférent, tel que l'azote ou l'hydrogène. — M. Bunsen a pu préparer récemment le baryum en décomposant le chlorure de ce métal par la pile.

Le baryum a l'éclat de l'argent. Il est très-lourd et de là

même lui vient son nom (βάρος, poids). Il fond à la chaleur rouge et ne se volatilise point comme le potassium et le sodium. Il faut, en le préparant, éviter de chauffer jusqu'à la température de la fusion du verre. Il est éminemment oxydable et décompose l'eau à froid. On ne peut donc le conserver que sous une couche d'huile de naphte.

COMBINAISONS DU BARYUM AVEC LES MÉTALLOÏDES

COMPOSÉS BINAIRES

Avec l'oxygène, le baryum forme deux composés définis et stables : le protoxyde BaO et le bioxyde BaO^2.

PROTOXYDE DE BARYUM OU BARYTE BaO.

On prépare la baryte en calcinant, en présence du charbon, soit le carbonate, soit le sulfate de cette base. On trouve ces deux composés, qui sont vulgairement désignés sous le nom de *spath pesant*, en assez grande abondance dans la nature. La proportion de charbon à ajouter est de 8 pour 100 quand on emploie le carbonate, de 12 pour 100 quand on emploie le sulfate. Dans la calcination du carbonate, l'acide carbonique est décomposé par le charbon ; il se forme du gaz oxyde de carbone qui se dégage, et il reste de la baryte mêlée à de la poussière de charbon. La baryte étant éminemment soluble, on la sépare par l'eau et on peut ensuite l'obtenir cristallisée. Alors qu'on a fait emploi du sulfate, l'acide sulfurique est aussi décomposé par le charbon, mais on a pour résidu du sulfure de baryum. En reprenant ce sulfure par l'eau aiguisée d'acide azotique, on le transforme en azotate, avec dégagement d'acide sulfhydrique.

$$BaS + AzO^5HO = BaOAzO^5 + HS.$$

Après évaporation, on calcine de nouveau l'azotate, qui

donne une masse terreuse, brune, percée de trous par le passage des gaz et qui est de la baryte à peu près pure. Nous disons à peu près pure, car si l'on a opéré dans des cornues ou creusets en terre ou en porcelaine, la baryte peut en avoir attaqué l'intérieur et retenir ainsi des traces d'alumine ou de silice. Mais on pare à cet inconvénient en calcinant le sel barytique dans un creuset brasqué avec le sulfate de baryte même, c'est-à-dire dans lequel on a tassé du sulfate de baryte finement pulvérisé et agglutiné.

La baryte est d'une couleur gris de cendre et poreuse. Elle est caustique et très-soluble dans l'eau. Sa dissolution ramène au bleu le papier de tournesol rougi, et verdit le sirop de violette. Avec l'eau, elle forme un hydrate qui a pour formule BaO,10HO. Mais, par le feu, on peut enlever à cet hydrate 9 équivalents d'eau et le transformer en un hydrate BaO,HO indécomposable par la chaleur. La baryte est une base puissante comme la soude et la potasse.

BIOXYDE DE BARYUM BaO^2

Le bioxyde de baryum se prépare en faisant passer un courant d'oxygène sur la baryte chauffée au rouge dans un tube de porcelaine; ou bien, en dissolvant à l'air le protoxyde de baryum dans l'eau oxygénée. Cet oxyde de baryum est moins stable que le précédent; il revient à l'état de baryte hydratée par la seule action de l'eau bouillante. Nous avons indiqué que tel était le moyen de préparer l'eau oxygénée (*V.* page 128).

M. Boussingault a fait aussi servir le bioxyde de baryum à la préparation de l'oxygène. On fait passer un courant d'air sur de la baryte chauffée au rouge sombre qui se transforme ainsi en bioxyde de baryum. En surélevant la température de ce bioxyde, on le décompose en oxygène et baryte; on recharge à nouveau la baryte pour la décomposer aussi à nouveau, et cela jusqu'à dix, quinze et même dix-sept fois, comme a pu le faire

M. Boussingault. La surélévation et l'abaissement de la température est tout l'artifice de l'opération.

CHLORURE DE BARYUM BaCl.

Dans le laboratoire, le chlorure de baryum se prépare en mettant en présence l'acide chlorhydrique et le carbonate de baryte ou le sulfure de baryum. Le sel qui se forme a pour formule BaCl + 2HO. La chaleur peut enlever ces deux équivalents d'eau et faire passer le sel à l'état anhydre. Dans l'industrie, on prépare le chlorure de baryum en calcinant le sulfate de baryte avec la moitié de son poids de chlorure de calcium. Sous l'influence de la chaleur, il y a double décomposition ; il se forme du sulfate de chaux et du chlorure de baryum. En reprenant par l'eau la matière finement pulvérisée, on obtient dans le liquide le corps le plus soluble, le chlorure de baryum et, à l'état solide, le sulfate de chaux. Mais il est utile d'opérer rapidement et à une basse température, car, dans le liquide et avec le temps, il y aurait réaction entre le sulfate de chaux et le chlorure de baryum, et il se reformerait du sulfate de baryte et du chlorure de calcium, le sulfate de baryte étant plus insoluble que le sulfate de chaux et ayant, à cause de cela, plus de tendance à se former et, dans le liquide, à se séparer d'un sel plus soluble.

Le chlorure de baryum est un sel neutre qui cristallise en longues aiguilles. Il est très-soluble et par cela même fréquemment employé comme réactif.

SULFURE DE BARYUM BaS.

Ainsi que nous l'avons dit à propos de la préparation de la baryte, on obtient le sulfure de baryum en calcinant le sulfate de baryte en présence du charbon. En reprenant le produit de cette calcination par l'eau bouillante, on obtient une liqueur colorée en jaune qui, en refroidissant, abandonne des cristaux lamelleux et incolores de monosulfure de baryum. La coloration du liquide provenait de ce qu'il renfermait une certaine proportion d'un polysulfure. En faisant bouillir une dissolution du monosulfure de baryum, on obtient, en effet, un pentasulfure coloré BaS^5. Ce pentasulfure peut être obtenu directement en chauffant au rouge la baryte avec du soufre. Le monosulfure de baryum, exposé quelque temps aux radiations solaires, devient phosphorescent. On lui a donné le nom de *phosphore de Bologne.*

PHOSPHURE DE BARYUM BaPh.

En faisant passer de la vapeur de phosphore sur de la baryte chauffée au rouge dans un tube de porcelaine, on obtient un phosphure de baryum d'un brun rougeâtre, à reflets métalliques. Ce composé est soluble dans l'eau, qui le décompose et le transforme en hypophosphate de baryte, et en un mélange d'hydrogène et de phosphure d'hydrogène gazeux et liquide. Le sulfure de baryum est ainsi lui-même décomposé par l'eau, qui le transforme en sulfhydrate de sulfure de baryum, en baryte et en oxysulfure de baryum.

COMPOSÉS QUATERNAIRES

CARBONATE DE BARYTE BaO,CO^2.

Ce sel se trouve dans la nature, ainsi que nous l'avons dit; les minéralogistes lui donnent le nom de *withérite*. On l'obtient artificiellement par double décomposition, en versant une dissolution de carbonate de potasse ou de soude dans le chlorure de baryum ou l'azotate de baryte. Le carbonate de baryte est insoluble. Un excès d'acide carbonique toutefois peut le rendre soluble, en le transformant en bicarbonate.

AZOTATE DE BARYTE BaO,AzO^5.

Ce sel se prépare en dissolvant le carbonate de baryte dans une dissolution concentrée d'acide azotique. Il cristallise en octaèdres réguliers. Il est extrêmement soluble.

SULFATE DE BARYTE BaO,SO^3.

Le sulfate de baryte, assez abondant dans la nature, est appelé par les minéralogistes *baritine* ou *spath pesant*. C'est, en effet, l'un des minerais les plus lourds qui existent. Il est insoluble, et c'est pourquoi l'on peut le préparer en traitant une dissolution barytique quelconque par un sulfate soluble ou l'acide sulfurique.

Assez souvent c'est à l'état de sulfate de baryte que l'on dose soit la baryte, soit l'acide sulfurique des sels. Il est donc important de connaître la composition de ce sulfate. Il est formé :

D'un équivalent de baryte.	958,0	1458,0.
Et d'un équivalent d'acide sulfurique. . . .	500,0	

La valeur en centièmes sera :

Pour la baryte.	1458 : 958 :: 100 : x ou 65,71	100.
Pour l'acide sulfurique.	1458 : 500 :: 100 : y ou 34,29	

Le sulfate de baryte est employé dans les fonderies comme fondant, et dans les verreries pour donner plus de poids aux cristaux. On l'ajoute quelquefois à la céruse pour l'épaissir et la faire couvrir davantage. Dans les laboratoires, le spath pesant sert à préparer la baryte et tous ses composés.

Caractères des composés de baryum. — Composition de la baryte. — Équivalent du baryum. — Les sels ou composés de baryte se reconnaissent aux caractères suivants :

1° Dans l'alcool, ils brûlent avec une flamme verte;

2° En dissolution, ils précipitent en blanc (carbonate de baryte insoluble) par les carbonates alcalins ;

3° Ils ne donnent aucun précipité par l'hydrate d'ammoniaque (si l'hydrate ne contient pas de carbonate), non plus que par le sulfhydrate de cette base;

4° Ils précipitent en blanc (sulfate de baryte) par l'acide sulfurique ou les sulfates solubles, et le précipité très-lourd est insoluble dans l'acide azotique (caractère essentiel).

En outre, les dissolutions de baryte pure sont alcalines; elles bleuissent le papier de tournesol rougi par un acide, et verdissent le sirop de violette.

On déduit la composition de la baryte de l'analyse du chlorure de baryum anhydre. Dans 10 grammes de ce chlorure on a trouvé :

Chlore..............	$5^{gr},406$	10,000.
Baryum..............	6, 594	

Connaissant l'équivalent du chlore 443,20, pour avoir la quantité d'oxygène équivalente qui entre dans la composition de la baryte, on établira l'équation suivante :

$$443{,}20 : 100 :: 3{,}406 : x,$$

D'où $x = \frac{3{,}406 \times 100}{443{,}20}$, c'est-à-dire 0,768.

0,768 étant la quantité d'oxygène qui se combine à 6,594 pour former de la baryte, on aura la quantité de baryum correspondant à 100 d'oxygène en établissant la proportion :

$$0{,}768 : 6{,}594 :: 100 : x.$$

D'où x ou l'équivalent du baryum sera $\frac{6{,}594 \times 100}{0{,}768}$, c'est-à-dire 858,59.

LII

STRONTIUM Sr. 43,84 — 548

Nous avons trouvé des analogies frappantes entre le sodium et le potassium, et entre leurs composés. Les ressemblances sont plus absolues encore, s'il est possible, entre le strontium et le baryum, comme entre les composés qu'ils servent à former.

La strontiane a été trouvée pour la première fois au cap Strontian, en Écosse. Cette origine lui a valu son nom. C'est en 1793 que Klaproth et Hobe reconnurent la *Strontianite* ou le carbonate de strontiane comme un composé contenant un nouvel alcali, la strontiane, et c'est en 1807 que Davy sépara de la strontiane le strontium au moyen de la pile voltaïque. Le procédé à suivre pour opérer cette réduction est celui qui a été indiqué pour séparer le baryum de la baryte ; mais, de nos jours, MM. Bunsen et Mathiessen ont préparé le strontium en décomposant par la pile le chlorure de strontium fondu.

Le strontium est un métal jaune ; il est malléable et peut prendre un certain poli. Sa densité est 2,54.

De même que le baryum, il forme avec l'oxygène deux composés : un protoxyde SrO et un bioxyde SrO^2.

Le protoxyde se prépare en calcinant le carbonate, le sulfate, ou mieux encore, l'azotate de strontiane en présence du charbon. On obtient ainsi un corps poreux, d'un blanc gris, qui ressemble à la baryte.

Le bioxyde s'obtient en faisant passer de l'oxygène sur la strontiane chauffée au rouge, ou en traitant une dissolution d'hydrate de strontiane par l'eau oxygénée. L'hydrate de strontiane est le protoxyde dissous dans l'eau et qui a retenu 10 équivalents de ce liquide, $SrO + 10HO$. Cet hydrate peut perdre 9 équivalents d'eau, mais il retient toujours le dernier que la plus haute chaleur de nos fourneaux ne peut lui enlever.

Le strontium forme, avec le soufre, la même série de sulfures que le baryum. On prépare ces sulfures par calcination du sulfate, comme il a été dit à propos des sulfures de baryum (p. 338 et 340).

Le chlorure de strontium s'obtient en traitant par l'acide

chlorhydrique, soit le carbonate naturel de strontiane, soit le sulfure déjà obtenu par la calcination du sulfate. Ce chlorure se distingue du chlorure de baryum par deux propriétés : il est déliquescent à l'air ; il est soluble dans l'alcool. On peut donc se servir de l'alcool pour séparer et distinguer les deux composés.

Le carbonate de strontiane existe dans la nature ; on le prépare artificiellement par double décomposition, en versant un carbonate alcalin dans une dissolution d'azotate de strontiane.

Le sulfate est aussi un produit naturel. On le trouve mêlé au sulfate de chaux dans les carrières de Montmartre. On peut aussi le préparer par double décomposition, ou par réaction d'un sulfate alcalin sur une dissolution d'azotate de strontiane.

L'azotate de strontiane se prépare en décomposant le carbonate par l'acide azotique. On peut l'obtenir soit anhydre sous forme d'octaèdres réguliers $SrOAzO^5$, soit uni à 5 équivalents d'eau et sous une autre forme cristalline $SrOAzO^5 + 5HO$. L'azotate anhydre est le sel employé par les artificiers pour produire les feux rouges dits de *Bengale*.

La poudre alors usitée est ainsi composée :

Azotate de strontiane.	40
Fleurs de soufre.	13
Chlorate de potasse.	10
Oxysulfure d'antimoine. . .	4

CARACTÈRES DISTINCTIFS DES COMPOSÉS DE STRONTIUM. — DOSAGE ET ÉQUIVALENT. — Tous les composés de strontiane donnent en brûlant dans l'alcool une flamme pourpre. C'est là le caractère essentiel auquel on peut reconnaître les plus faibles proportions de cette base alcaline.

Quant aux dissolutions salines :

1° Elles ne précipitent pas par l'ammoniaque pure ;

2° Elles précipitent en blanc (carbonate de strontiane) par les carbonates alcalins ;

3° Elles précipitent en blanc (sulfate de strontiane) par l'acide sulfurique et les sulfates alcalins; le précipité est analogue au sulfate de baryte, mais il est moins lourd;

4° Elles ne précipitent pas par le chromate de potasse, ce qui les distingue des sels de baryte qui, avec ce réactif, donnent un précipité jaune de chromate de baryte;

5° Enfin, elles ne précipitent pas par l'acide hydrofluosilicique, qui précipite les sels de baryte.

Équivalent. — L'équivalent du strontium se tire de la composition de son chlorure SrCl. 100 parties de ce chlorure donnant 180,95 de chlorure d'argent, pour obtenir l'équivalent du chlorure de strontium on établira la proportion

180,95 : 1796,48 (équivalent du chlorure d'argent) : : 100 : x.

D'où $x = \frac{1796,48 \times 100}{180,95}$, c'est-à-dire 992.

De 992, si l'on retranche l'équivalent du chlore 443 20 on aura pour l'équivalent du strontium 548 80.

LIII

CALCIUM Ca. 20 — 250

Le radical de la chaux, le calcium, a été isolé, comme les autres métaux de la première section, au moyen de la pile. On a fait (Davy le premier, en 1807) avec la chaux hydratée une petite coupelle à laquelle on a donné pour support une lame de platine, et l'on a mis dans la coupelle du mercure. Le pôle négatif d'une forte pile plongeant dans le mercure, et le pôle positif étant en communication avec le platine, la chaux a été décomposée; il s'est fait un amalgame de calcium et de mercure. Distillé à la température de la sublimation du mercure, l'amalgame s'est réduit à du calcium pur, métal d'un jaune clair, ayant pour densité 1,58, très-oxydable, qui décompose l'eau, et que l'on ne peut conserver qu'à l'abri de l'air sous une couche d'huile de naphte.

Récemment MM. Bunsen et Mathiessen ont obtenu le calcium en décomposant son chlorure par la pile ; et, depuis même, on l'a obtenu en fondant dans un tube de fer bien fermé un mélange d'iodure de calcium et de sodium. Par l'action d'une forte chaleur, il se produit de l'iodure de sodium et du calcium.

COMBINAISONS DU CALCIUM AVEC LES MÉTALLOÏDES

COMPOSÉS BINAIRES

En s'unissant à l'oxygène, le calcium donne lieu à deux combinaisons : le protoxyde de calcium ou la chaux CaO, et le bioxyde CaO^2.

PROTOXYDE DE CALCIUM, CHAUX CaO.

Les carbonates de chaux sont très-abondants dans la nature. C'est en décomposant ces carbonates ou *pierres à chaux* par la chaleur que l'on prépare la chaux *vive* ou anhydre. Alors que les carbonates ont subi la calcination, ils se réduisent à une matière friable pulvérulente, essentiellement hygrométrique et qui, en reprenant de l'acide carbonique à l'air, tend à revenir à l'état plus stable de carbonate de chaux.

Au moyen de l'eau on *éteint* la chaux, on la transforme en hydrate CaOHO. Dans ce passage ou cette transformation, il se développe une chaleur très-intense, capable de volatiliser l'eau et d'embraser la poudre. La chaux éteinte sert à fabriquer les mortiers à bâtir; on l'emploie dans les laboratoires, quand elle est pure, pour préparer l'eau de chaux, réactif dont on fait un assez fréquent usage. A cet effet, on lave avec soin la chaux préalablement décarbonatée par le feu, et on l'introduit dans un flacon. On verse par-dessus de l'eau distillée et on abandonne le flacon au repos. Avec le temps, l'eau se sature de chaux, et quand on l'a recueillie pour en faire usage, on la remplace par une nouvelle quantité de liquide, sans avoir à craindre d'épuiser de longtemps l'excès de chaux contenu dans le flacon.

En effet, le protoxyde de calcium CaO est très-peu soluble dans l'eau ; à la température ordinaire, 100 parties n'en dissolvent que $\frac{1}{778}$ et à 100°, moins encore, $\frac{1}{1270}$, la chaux, contrairement à la plupart des corps, étant plus soluble à froid qu'à une température élevée.

On croit généralement que le sucre aide à cette dissolution, mais c'est qu'alors il se forme un composé de sucre et de chaux, saccharate de chaux, qui est plus soluble que la chaux elle-même.

C'est en se transformant en carbonate et silicate que la chaux, employée dans les mortiers, prend, avec le temps, une certaine dureté. Cette propriété rend la chaux propre à une infinité d'usages.

Le bioxyde de calcium CaO^2 se prépare comme les bioxydes alcalins précédemment étudiés, en traitant le protoxyde hydraté par l'eau oxygénée. Ce composé est peu stable ; il perd dans l'eau son deuxième équivalent d'oxygène et revient à l'état de protoxyde.

SULFURE DE CALCIUM CaS.

Quand on calcine le sulfate de chaux (plâtre) en présence du charbon, on obtient un monosulfure de calcium CaS, corps amorphe, blanc, doué d'une réaction alcaline. Ce sulfure est peu soluble, et l'eau bouillante le décompose en sulfhydrate de sulfure de calcium et en protoxyde de calcium

$$2CaS + HO = CaSHS + CaO.$$

Le monosulfure de calcium est phosphorescent, ce qui lui a valu le nom de *phosphore de Canton.*

En faisant bouillir une dissolution de chaux hydratée avec du soufre, on obtient un bisulfure $CaS^2 3HO$ et un pentasulfure CaS^5, qui sont peu stables, et correspondent aux polysulfures de sodium et de potassium précédemment étudiés.

CHLORURE DE CALCIUM CaCl.

On ne connaît qu'une combinaison de chlore et de calcium. On l'obtient en traitant la chaux hydratée ou le carbonate de chaux par l'acide chlorhydrique ; mais ce composé se prépare en grand dans la fabrication de l'ammoniaque. Nous avons vu que pour préparer l'ammoniaque on décompose le chlorhydrate d'ammoniaque par la chaux. Dans cette réaction, du chlorure de calcium reste mêlé à la chaux. On a, en effet,

$$AzH^3HCl + 2CaO = AzH^3 + CaCl + CaO + HO.$$

Le chlorure de calcium étant très-soluble relativement à la chaux, on le sépare par l'eau froide ; on fait ensuite bouillir le liquide, et, par refroidissement, il se dépose des cristaux de chlorure de calcium hydraté qui ont pour formule $CaCl + 6HO$. Ces cristaux sont très-déliquescents. Desséchés dans le vide, ils perdent 4 équivalents d'eau et deviennent $CaCl + 2HO$.

Le chlorure de calcium, desséché à une haute température, est le corps le plus avide d'eau que l'on connaisse ; aussi l'emploie-t-on pour dessécher les gaz et pour enlever l'eau qui se trouve mêlée à des liquides de nature organique. En se dissolvant au contact de la glace, il en absorbe la chaleur latente et peut faire descendre le thermomètre à 45° au-dessous de zéro, terme auquel le mercure se congèle ou devient solide. En se dissolvant dans l'eau, il produit, au contraire, une élévation de température, parce que la chaleur dégagée par la combinaison l'emporte sur celle qui devient latente par le fait de la dissolution du chlorure hydraté. Avec l'alcool, il forme une combinaison désignée sous le nom d'alcoolat de chlorure de calcium. Fondu, puis porté à la lumière et ensuite dans l'ombre, il devient phosphorescent et prend le nom de *phosphore de Homberg.*

Il est à noter que le chlorure de calcium ne peut servir à dessécher l'ammoniaque, parce qu'il l'absorbe et forme avec elle une combinaison fixe qui a pour formule $CaCl4AzH^3$.

Dans les résidus de fabrication de l'ammoniaque, on trouve quelquefois un composé de chlorure de calcium et de chaux qui a pour formule $CaCl\,(CaO)^3 + 15HO$. C'est cet oxychlorure qui donne au chlorure de calcium calciné la réaction alcaline. On prépare cet oxychlorure directement en faisant bouillir, pendant quelque temps, de la chaux dans une dissolution concentrée de chlorure de calcium.

FLUORURE DE CALCIUM CaFl.

Le fluorure de calcium est le spath fluor des minéralogistes. On n'a pas à le préparer pour l'étude. Cependant on pourrait l'obtenir par double décomposition, en traitant un fluorure soluble (ceux de potassium ou de sodium) par un sel de chaux. Dans le laboratoire, on décompose plutôt le spath fluor pour en tirer l'acide fluorhydrique. Dans ce cas, il faut attaquer le minerai par le carbonate de potasse ou de soude; les hydrates alcalins ne le décomposeraient pas. Nous avons indiqué le procédé à suivre pour cette préparation à l'article de l'acide fluorhydrique (p. 171).

Le spath fluor ou fluorure de calcium est rarement incolore, et il offre quelquefois de belles teintes jaunes ou violettes. On le recherche alors pour fabriquer certains objets d'art, tels que coupes ou vases de modèles divers. La pierre désignée sous le nom de *chlorophane* par les minéralogistes est une variété de spath fluor. Quand on calcine le fluorure de calcium pulvérisé, on le voit jeter des éclairs de lumière avant de devenir rouge. Ces teintes phosphorescentes sont jaunes ou violettes, selon les échantillons de minerai. L'émail des dents et les os eux-mêmes contiennent de petites proportions de ce composé essentiellement réfractaire.

COMPOSÉS QUATERNAIRES

—

CARBONATE DE CHAUX CaOCO².

Le carbonate de chaux est une matière partout répandue sur le globe. La variété de formes et d'aspects qu'elle présente lui la fait donner des noms différents. Le spath d'Islande, l'aragonite, les calcaires, les marbres, les pierres à bâtir, la craie, l'albâtre, sont du carbonate de chaux. Dans le spath d'Islande et l'aragonite, le carbonate de chaux est quelquefois parfaitement cristallisé et, remarque importante, dans ces matières de composition identique, les cristaux affectent des formes distinctes, dites incompatibles. Le spath d'Islande cristallise en rhomboèdres (6ᵉ système); l'aragonite en prismes rectangulaires (3ᵉ système). Artificiellement on peut obtenir à volonté l'une ou l'autre des deux formes cristallines. Alors qu'on précipite à froid la dissolution d'un sel de chaux par un carbonate alcalin, on obtient un précipité volumineux qui, après un certain temps, devient grenu et que l'on trouve composé de petits rhomboèdres. Au contraire, si l'on traite à chaud une dissolution de carbonate d'ammoniaque par une dissolution d'un sel de chaux, on obtient un précipité dont les grains pulvérulents, vus au microscope, présentent la forme prismatique des cristaux d'aragonite. Le carbonate de chaux offre donc un exemple très-frappant de dimorphisme.

Le carbonate de chaux neutre est à peine soluble dans l'eau;

il ne devient soluble qu'à l'aide d'un excès d'acide carbonique en passant à l'état de bicarbonate. Ce passage, toujours assez facile, explique plusieurs phénomènes naturels dont on est chaque jour témoin. Ainsi certaines eaux, minérales ou autres, déposent à l'air des matières solides qui ne sont autres que du carbonate de chaux. Telles sont particulièrement les fontaines de Saint-Allyre, en Auvergne, celles de San Filippo, en Toscane, et le Sprudel de Carlsbad. A travers les roches calcaires, dans les montagnes, il se fait parfois des infiltrations qui abandonnent, soit à la voûte des failles, soit sur le sol où l'eau tombe, des incrustations pierreuses qui ont reçu le nom de *stalactites* et de *stalagmites*. C'est un phénomène de cet ordre qui attire la visite des curieux dans les grottes d'Arcy, sur les bords de la Cure, dans le département de l'Yonne, non loin de notre résidence d'été. Les portions suspendues à la voûte de la grotte (*fig.* 83) sont des stalactites, les portions fixées au sol sont des stalagmites. Quand, par suite de l'infiltration longtemps continuée des eaux, les stalactites et les stalagmites viennent à se réunir, comme on le voit au milieu de notre dessin, il se forme de vraies colonnes qui ont l'air de soutenir les voûtes et qui semblent taillées de mains d'hommes; mais ce sont là de simples apparences, et ce que les anciens ont appelé des jeux de la nature.

Fig. 83.

Chauffé à une haute température, le carbonate de chaux se décompose avant de fondre. De là le procédé propre à préparer la chaux anhydre ou hydratée (p. 347). Mais, si l'on enferme hermétiquement le carbonate de chaux dans un canon de fusil, comme l'a fait Hall le premier, et qu'on chauffe jusqu'au degré de fusion, sous la pression produite par le gaz acide carbonique la chaux fond et le carbonate amorphe est transformé en une matière cristalline, qui a les apparences et les propriétés du marbre. On a tenté de fabriquer ainsi industriellement diverses espèces de marbres. On ajoutait au carbonate de chaux des oxydes métalliques pour le veiner, soit en rouge, soit en jaune, soit en noir; mais les résultats n'ont pas répondu aux espérances que l'on avait conçues. On n'a pas obtenu des marbres ayant la cohésion ou la dureté des marbres naturels. Le temps est pour la cristallisation un élément auquel l'art le plus habile ne supplée pas.

Le carbonate de chaux sert à de nombreux usages. Il est employé pour faire la chaux et, avec celle-ci, les mortiers, les ciments factices. Le spath d'Islande fournit pour l'optique des prismes précieux et qui jouissent de la double réfraction. L'albâtre est recherché pour certains objets d'art, les coupes et les socles de pendules, etc. On sait quelle est la valeur du marbre, et l'emploi journalier qu'on fait des calcaires grossiers ou autres dans l'art des constructions. Le carbonate de chaux entre dans la composition des os avec le phosphate de la même base. Il forme également le test des animaux à coquilles, et l'on a montré de nos jours que les terrains crétacés ne sont en quelque sorte que des amas antédiluviens d'animaux coquilliers de toute espèce. Les perles et le corail sont aussi du carbonate de chaux.

AZOTATE DE CHAUX $CaO,AzO^5 4HO$.

L'azotate de chaux se rencontre souvent dans les résidus provenant de la fabrication du salpêtre. On le prépare en dissolvant le carbonate de chaux dans l'acide azotique. C'est un sel éminemment soluble et même déliquescent. Il cristallise en prismes hexagones qui retiennent quatre équivalents d'eau. La chaleur le décompose facilement et le transforme en chaux anhydre.

SULFATE DE CHAUX $CaOSO^3$.

De même que le carbonate, le sulfate de chaux se trouve en assez grande abondance dans la nature. Les minéralogistes le nomment *anhydrite* ou *karsténite* quand il est anhydre, $CaOSO^3$; *gypse* ou *pierre à plâtre* quand il est hydraté, $CaOSO^3 2HO$. Le sulfate anhydre est non moins dur que le marbre et, comme lui, insoluble. Quand on le chauffe à une température assez élevée pour le fondre, il prend par le refroidissement une texture cristalline qui permet d'en faire le clivage. On voit alors que ses cristaux sont des prismes rectangulaires droits appartenant au 4e système.

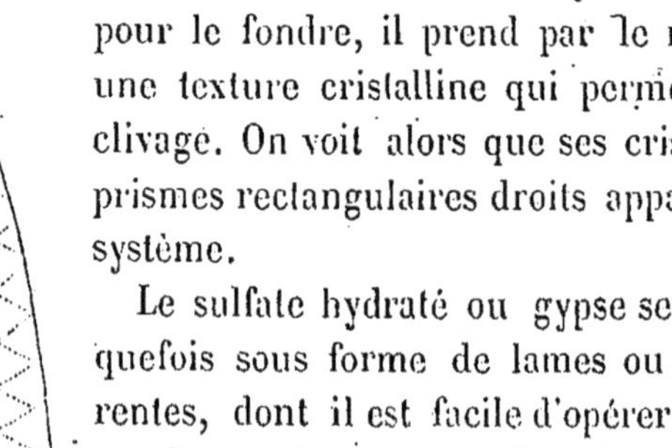

Fig. 84.

Le sulfate hydraté ou gypse se présente quelquefois sous forme de lames ou tables transparentes, dont il est facile d'opérer le clivage. En pareil cas, les groupes de cristaux sont dits *en fer de lance;* ils affectent la forme représentée ci-contre (*fig*. 84).

Le sulfate hydraté est aussi à peine soluble ; il n'est pas décomposé par la chaleur. L'acide sulfurique le transforme en bisufate, $CaO(SO^3)^2 HO$, que l'eau seule décompose. On a fait l'observation que le sulfate déposé dans les chaudières des machines à vapeur, ou qui provient d'eaux dites séléniteuses, est d'une composition différente de celle du sulfate anhydre et du sulfate hydraté : il a pour formule $2(CaOSO^3)+HO$.

Le gypse cristallisé et qui se trouve coloré par de l'oxyde de fer prend le nom d'albâtre, de même que le carbonate de chaux nuancé par divers oxydes.

Le sulfate de chaux hydraté jouit d'une propriété qui le rend d'une grande utilité. A la température de 125° environ, il perd son eau de composition et avec elle toute cohésion. Mais, sous cet état, si on le mêle à l'eau, si on le *gâche*, comme dit l'ouvrier, il reprend en séchant sa composition et sa dureté première. Toutefois, il ne faut pas alors qu'il ait été chauffé à une température trop élevée, 160° par exemple; il aurait subi alors une sorte de *fritte* et ne reprendrait plus l'eau que lentement, incomplétement. Le plâtre *cuit* doit même être conservé à l'abri de l'humidité, sinon, selon l'expression vulgaire, il *s'évente*, c'est-à-dire qu'il prend une agrégation moléculaire qui le rend impropre à tout usage. On juge de la bonne qualité du plâtre par la chaleur qu'il dégage en se combinant à l'eau, et par la facilité avec laquelle il *fait prise*, comme on s'exprime dans la pratique. Le plâtre qui, dans l'opération du gâchage, dégage de l'hydrogène sulfuré, contient du sulfure de calcium, produit d'une calcination trop prolongée au contact du charbon ou de gaz carburés. La présence des matières organiques suffit pour décomposer le sulfate de chaux; ces matières, en s'oxydant ou brûlant lentement, mettent à nu du carbone qui, en s'emparant d'une partie de l'oxygène du sulfate, réduit le sel en sulfure. En présence de l'eau, les sulfures décomposés donnent lieu à la production de l'acide sulfhydrique ou hydrogène sulfuré. Ainsi se sulfurent certaines eaux qui coulent à travers ou sur des lits de gypse naturel.

Le sulfate de chaux ou plâtre se prête merveilleusement aux opérations dites du *moulage*. Comme il augmente de volume en absorbant l'eau et qu'il devient pour ainsi dire liquide, il pénètre facilement toutes les anfractuosités d'une empreinte, et en reproduit nettement les contours quand il repasse à l'état solide.

En gâchant le plâtre avec de la gélatine ou colle forte, on fait des *stucs* qui ont plus de brillant et non moins de solidité que le plâtre seul. En cuisant le sulfate de chaux avec l'alun, on a composé des plâtres alunés qui, bien employés, ont presque l'éclat et la dureté du marbre. L'art ici fait plus que la matière.

SULFITE ET HYPOSULFITE DE CHAUX $CaOSO^2,2HO$; $CaOS^2O^2,6HO$.

Alors qu'on fait passer de l'acide sulfureux sur de la chaux en poudre, ou sur du sulfure de calcium préparé en faisant bouillir de l'eau de chaux et du soufre, on obtient : dans le premier cas, du sulfite de chaux $CaOSO^22HO$; dans le second, de l'hyposulfite $CaOS^2O^26HO$. Ces composés peuvent être employés comme corps décolorants.

PHOSPHATES DE CHAUX

En étudiant l'acide phosphorique (p. 221), nous avons vu l'eau remplir le rôle de base en se combinant avec lui. Nous allons retrouver le même fait dans les phosphates. Ainsi, nous aurons un phosphate de chaux basique $(CaO)^3PhO^52HO$, un phosphate de chaux neutre $(CaO)^2HOPhO^53HO$, et un phosphate acide de chaux $CaO(HO)^2PhO^5$.

Le phosphate de chaux basique s'obtient en versant une dissolution de chlorure de calcium dans une dissolution de phosphate de soude anhydre. Ce phosphate est blanc, insoluble, gélatineux. On le trouve dans la nature combiné soit avec le chlorure, soit avec le fluorure de calcium. Les minéralogistes le nomment *apatite*.

Le phosphate de chaux neutre s'obtient en versant goutte à goutte une dissolution de phosphate de soude hydraté dans le chlorure de calcium. Ce sel est insoluble comme le précédent, mais il cristallise et il devient soluble dans l'eau aiguisée d'un acide, l'acide carbonique même. On le trouve dans certaines eaux minérales.

Le phosphate acide de chaux est celui que l'on obtient en

traitant les os par l'acide sulfurique (*V.* page 101). Il se produit du sulfate de chaux insoluble et un phosphate acide soluble qui cristallise par concentration du liquide. C'est par la calcination de ce sel en présence du charbon que l'on obtient le phosphore. Alors qu'on lui a fait subir la fusion ignée, il devient insoluble. Il s'est transformé en métaphosphate en perdant son eau de composition; il est devenu $CaOPhO^5$.

CHLORATE ET HYPOCHLORITE DE CHAUX

Lorsqu'on fait passer du chlore dans un lait de chaux ou dissolution d'hydrate de chaux, on obtient d'abord et tout à la fois du chlorure de calcium $CaCl$, et de l'hypochlorite de chaux $CaOClO$; cette matière est connue sous le nom de *chlorure décolorant, eau de Javelle.* Si le dégagement de chlore est porté jusqu'à saturation de la chaux et s'il vient à prédominer, la réaction change, et brusquement, au lieu d'hypochlorite de chaux, il se forme du chlorate de cette base, $CaOClO^5$.

Dans l'industrie, quand on prépare le chlorure de chaux décolorant, ou mélange de chlorure et d'hypochlorite, on a le soin d'éviter la formation du chlorate, mais alors il y a un certain médium à saisir pour utiliser la chaux sans dépasser le point de saturation. Voici le procédé tel qu'on le suit ordinairement.

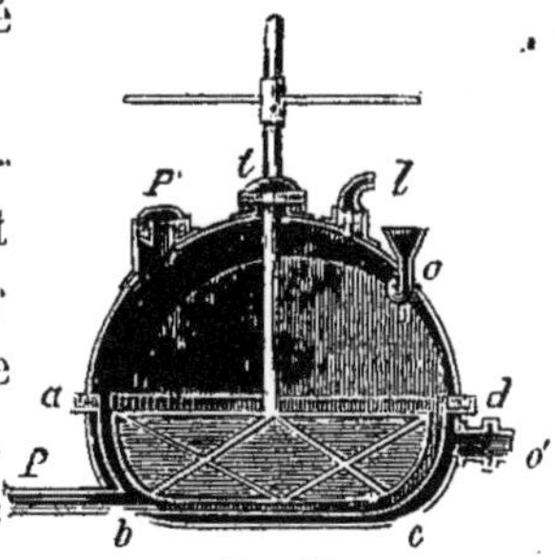

On prépare le chlore dans l'appareil représenté *fig.* 85. *a*, *b*, *c*, *d* est la cuve en plomb propre à recevoir les matières premières (peroxyde de manganèse et acide chlorhydrique). Cette cuve plonge dans une autre de même modèle mais en tôle, et entre elles deux arrive, par le conduit *o'*, un jet de vapeur destiné à entretenir une chaleur constante de 55 à 60°. Par la tubulure

Fig. 85.

o', qui est munie d'un tube de sûreté, est introduit, en plusieurs fois, l'acide chlorhydrique; le tourniquet t est destiné à agiter de temps en temps les matières; le gaz s'échappe par la tubulure l, et les deux conduits P' et P sont ménagés, le premier, pour introduire les matières solides dans la cuve a, b, c, d, et le second, pour les retirer quand elles sont impropres à servir.

On fait arriver le chlore dans des chambres où l'on a étalé, sur des claies, sur des gradins, ou sur le sol même, l'hydrate de chaux en couches de 3 à 4 centimètres d'épaisseur. Dans le cours de l'opération, on retourne ou l'on remue, au besoin, cet hydrate pour qu'il se pénètre partout de gaz. Au point voisin de la saturation, on recueille les produits manufacturés à l'état solide dans des tonneaux fermant bien ; ou, si l'on veut obtenir les chlorures décolorants à l'état liquide, on traite par l'eau, on décante ou l'on filtre, et l'on conserve dans des tourilles en grès.

Pour l'acheteur comme pour le vendeur, il importe de connaître à quel titre sont les matières marchandes. On s'en assure par un procédé qui a les plus grandes analogies avec celui qui a pour but de donner le titre des soudes et des potasses du commerce (*V.* page 317, *Essais alcalimétriques*). On a une liqueur dite *normale*, composée en faisant dissoudre 4 gr.,439 d'acide arsénieux pur dans 3 décilitres d'acide chlorhydrique étendu de son volume d'eau, et auquel on a ajouté ensuite une quantité d'eau suffisante pour former un litre. On prend dans la masse de chlorure à essayer 10 grammes que l'on dissout par l'agitation dans un vase v (*fig.* 86), recueillant le liquide sur un filtre, et, après divers lavages, ayant le soin que la quantité de liquide obtenue égale un litre.

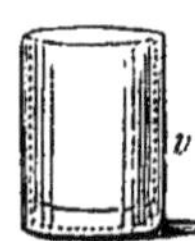

Fig. 86.

On introduit alors dans le vase à précipité (*fig.* 87) 10 centimètres cubes de la liqueur arsénieuse dite normale, que l'on coloré par l'indigo, et l'on verse goutte par goutte, au moyen de la burette graduée B (*fig*. 88), la liqueur obtenue par la dissolution du chlorure. La quantité de cette dissolution propre à décolorer l'indigo indique la richesse relative de la matière décolorante. Voici la théorie de l'opération :

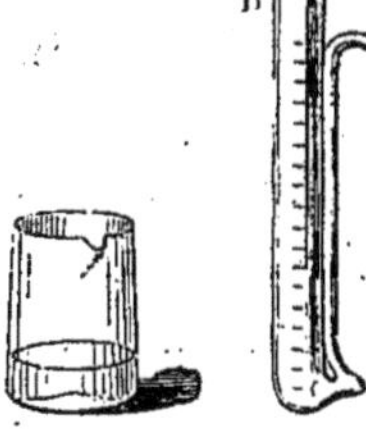

Fig. 87. Fig. 88.

Le chlore est une matière essentiellement comburante ou oxydante; en présence de l'eau, il s'empare de l'hydrogène pour former de l'acide chlorhydrique et met en liberté l'oxygène. L'expérience a appris qu'un litre de chlore sec pesant 3 gr.,17, transforme en acide arsénique, en présence de l'eau, 4 gr.,439 d'acide arsénieux. Dans l'essai chlorométrique tel que nous venons de l'indiquer, il a été mis en présence du chlore, en quantité indéterminée, de l'acide arsénieux en quantité connue, de l'eau et une matière colorante, l'indigo. Tant que le chlore a été employé à la suroxydation de l'acide arsénieux

$$AsO^3 + 2HO + 2Cl = AsO^5 + 2HCl,$$

il n'y a point eu réaction sur l'indigo; mais, l'acide arsénieux devenu acide arsénique, immédiatement l'indigo a été attaqué et décoloré. Cette décoloration a donc indiqué, par la quantité d'acide arsénieux transformé en acide arsénique, la quantité de chlore employée, et par conséquent la richesse de la matière d'essai. Le calcul est des plus simples à exécuter; il sera fondé sur cette équation : 100 de liqueur normale saturant exactement 100 de chlorure de chaux à 100 degrés, combien une quantité donnée de liqueur normale saturera-t-elle de la dissolution décolorante? Ce n'est qu'une règle de proportion à faire ou une équation à résoudre.

Est-il besoin de rappeler comment agit le chlore sur les matières colorantes et comment il les transforme en composés incolores? Le chlore agit à la manière de l'eau oxygénée (*Voy.*

page 131). En oxydant, par suite de la décomposition de l'eau, les matières organiques, il les acidifie sans doute et leur fait changer d'état. Il les rend ainsi d'autant plus attaquables par les alcalis qui sont, en dernier lieu, dans la pratique, les agents de lessivage ou de blanchiment.

CARACTÈRES GÉNÉRAUX DES SELS DE CHAUX ; ÉQUIVALENT DU CALCIUM. — 1° Les sels de chaux brûlent dans l'alcool avec une flamme d'un jaune rougeâtre ;

2° Ils donnent un précipité blanc (carbonate de chaux) avec les carbonates alcalins, ce qui les distingue des sels alcalins eux-mêmes ;

3° Ils ne sont pas précipités par l'ammoniaque, ce qui les distingue des métaux terreux et des métaux de la seconde section ;

4° Ils ne précipitent pas, à moins d'être en dissolution très-concentrée, par l'acide sulfurique ou les sulfates solubles, ce qui les différencie essentiellement des sels de baryte et de strontiane, avec lesquels ils ont certains caractères communs;

5° Enfin, ils donnent, avec l'acide oxalique ou les oxalates solubles, un précipité blanc, grenu (oxalate de chaux), qui ne se dissout pas, ou du moins très-peu, dans un excès d'acide.

L'équivalent du calcium, comme celui du baryum et du strontium, se déduit de la composition de son chlorure. Or, 100 parties de chlorure de calcium donnent 258,65 parties de chlorure d'argent. Pour obtenir l'équivalent du chlorure de calcium on posera donc l'équation :

258,65 : 1796,20 (équiv. du chlorure d'argent) :: 100 : x;
d'où $x = \frac{1796,20 \times 100}{258,65} = 694,45$, équivalent du chlorure de calcium. Retranchant de ce nombre 694,45, l'équivalent du chlore. . . . . 443,20, il reste pour l'équivalent du calcium. . . . . . . 251,25; on a dit 250,00.

LIV

DEUXIÈME SECTION

Métaux qui s'oxydent à une température élevée, dont les oxydes sont irréductibles par la chaleur seule, et qui décomposent l'eau à 50° et au-dessus.

MAGNÉSIUM, Mg. 12,64 — 158

A côté des calcaires il existe dans la nature des pierres magnésiennes (dolomies) et autres, dont la chimie est parvenue, de nos jours, à séparer des métaux qui ont les plus grandes analogies avec les métaux précédemment étudiés. Ce n'est pas de la magnésie proprement dite, oxyde qui jusqu'ici s'est montré irréductible, mais du chlorure de magnésium qu'on a extrait le radical des terres magnésiennes. Le chlorure de magnésium se trouve en assez grande abondance dans les eaux de la mer avec les chlorures de sodium et de potassium; mais ce n'est pas de ce chlorure hydraté qu'on a séparé le magnésium. Il a fallu opérer sur le chlorure anhydre. Ce chlorure se prépare en traitant la magnésie par l'acide chlorhydrique, et mêlant le chlorure ainsi obtenu à du chlorhydrate d'ammoniaque. Il se forme de la sorte un sel double assez stable pour qu'on puisse, par évaporation, en éliminer l'eau sans le décomposer. Par la chaleur, on sépare ensuite le chlorhydrate d'ammoniaque, qui est un composé volatil, et l'on obtient définitivement le chlorure de magnésium anhydre, à l'état d'une matière fondue qui prend l'aspect cristallin en refroidissant.

C'est de ce chlorure ainsi préparé qu'on peut extraire le magnésium. On met d'abord au fond d'un creuset de platine quelques globules de potassium ou de sodium, et l'on ajoute par-dessus le chlorure de magnésium. On attache solidement le couvercle du creuset au moyen de fils de fer, et l'on chauffe dans un feu de forge ou à la flamme d'une lampe à alcool à double courant. De vives déflagrations se produisent et le chlorure de magnésium est décomposé; il se forme du chlorure de sodium ou de potassium, et le magnésium est réduit. On sépare le chlorure alcalin au moyen de l'eau froide, et l'on obtient le magnésium sous forme de petits globules ou même de culot.

Ce métal a l'aspect et l'éclat de l'argent; il s'aplatit sous le marteau. Sa densité est 1,75. Il ne s'altère pas aussi rapidement à l'air que les métaux de la section précédente. Il ne décompose l'eau qu'à 50° et au-dessus. Il fond à 500° et se volatilise à une température un peu plus élevée. Il brûle dans l'oxygène et dans le chlore. Il faut le conserver dans des flacons bien bouchés ou dans l'huile de naphte.

COMBINAISONS DU MAGNÉSIUM AVEC LES MÉTALLOÏDES

COMPOSÉS BINAIRES

OXYDE DE MAGNÉSIUM OU MAGNÉSIE MgO.

On prépare ordinairement la magnésie par voie sèche en calcinant le carbonate ou l'azotate. On pourrait de même le préparer par voie humide, en précipitant un des sels solubles de cette base par le carbonate de soude ou de potasse.

La magnésie calcinée ou pure est une poudre blanche extrêmement légère, sans odeur ni saveur. Elle est à peine soluble dans l'eau, et, comme la chaux, un peu plus soluble à froid qu'à chaud. A la température ordinaire, l'eau n'en dissout que $\frac{1}{5242}$, et à 100° que $\frac{1}{36000}$. La dissolution jouit d'une faible réaction alcaline et verdit le sirop de violette. A l'air, la magnésie absorbe assez rapidement l'acide carbonique; dans l'eau, elle s'hydrate, bien qu'avec lenteur. La formule de l'hydrate est $MgO + HO$.

La magnésie anhydre et pure neutralise facilement les acides. A raison de cette propriété, on l'emploie en médecine pour saturer ce qu'on nomme les aigreurs ou saburres de l'estomac. Elle n'est pas moins efficace comme contre-poison des acides en général, et des acides arsénieux et arsénique en particulier. Mais il faut se souvenir qu'elle ne peut avoir d'action qu'autant que le poison est encore dans les voies digestives. Elle est impuissante contre les effets secondaires ou consécutifs à l'absorption de la matière toxique.

On déduit la composition de la magnésie de l'analyse ou de la synthèse du sulfate de magnésie. Dans le premier cas, on précipite un poids donné de sulfate de magnésie par le chlorure de baryum, et l'on pèse le sulfate de baryte obtenu. Dans le second, on détermine quel est le poids d'acide sulfurique nécessaire pour saturer une quantité déterminée de magnésie pure, ne faisant pas effervescence avec les acides.

SULFURE DE MAGNÉSIUM MgS.

On n'obtient pas le sulfure de magnésium, comme les sulfures de la première section, en faisant bouillir l'oxyde métallique avec du soufre; il faut chauffer au rouge la magnésie dans un courant de vapeur de sulfure de carbone. Ce sulfure se décompose par l'eau en magnésie et acide sulfhydrique.

CHLORURE DE MAGNÉSIUM $MgCl$.

Alors qu'on traite la magnésie par l'acide chlorhydrique, on produit bien un chlorure de magnésium; mais ce chlorure hydraté $MgCl + 5HO$ se décompose à une chaleur assez peu élevée. Pour obtenir le chlorure anhydre qui sert à préparer le magnésium, il faut, ainsi qu'il a été dit (p. 361), combiner le chlorure de magnésium au chlorhydrate d'ammoniaque. Le sel double ainsi formé possède assez de stabilité pour que l'eau puisse en être chassée par la chaleur, sans réaction sur le chlorure de magnésium.

COMPOSÉS QUATERNAIRES

CARBONATE DE MAGNÉSIE $MgOCO^2$.

Le carbonate de magnésie se trouve dans la nature à l'état pur, amorphe ou cristallisé, et à l'état de mélange avec la chaux sous le nom de *dolomie*. On le prépare par double décomposition en versant un carbonate alcalin dans la dissolution d'un sel de magnésie. On obtient ainsi un hydrocarbonate de magnésie, c'est-à-dire une combinaison de carbonate et d'hydrate de magnésie.

Ce produit, parfaitement desséché, devient du carbonate. Dans les pharmacies, où on le trouve en petites briquettes carrées, il prend le nom de *magnésie blanche*. Il sert à préparer et la magnésie pure ou calcinée, et les différents sels de cette base.

AZOTATE DE MAGNÉSIE $MgOAzO^3$.

L'azotate de magnésie se prépare en faisant agir l'acide azotique sur la magnésie ou le carbonate de magnésie. C'est un sel déliquescent auquel on a recours quelquefois pour obtenir de la magnésie pure. Il se décompose, en effet, au-dessous du rouge sombre, perd son acide azotique et devient oxyde de magnésium très-pur.

SULFATE DE MAGNÉSIE $MgOSO^3$.

Le sulfate de magnésie existe naturellement dans certaines eaux de source, celles d'Epsom, de Sedlitz et de Pullna ; d'où son nom ancien de *sel d'Epsom* et aussi de *sel de Sedlitz*. On s'explique la présence de ce sel dans ces sources, en supposant que l'eau d'abord saturée de sulfate de chaux décompose, à l'aide de ce sel, les dolomies, qui sont des mélanges de carbonates calcaires et de carbonates magnésiens. Le sulfate de chaux et le carbonate de magnésie en présence dans une dissolution doivent, en effet, donner lieu à une double décomposition, d'où résultent du sulfate de magnésie soluble et du carbonate de chaux insoluble (loi de Bertholet).

$$CaOSO^3 + MgOCO^2 = MgOSO^3 + CaOCO^2.$$

En grand, on obtient le sulfate de magnésie en faisant agir l'acide sulfurique sur les dolomies. Il se forme ainsi, d'une part, du sulfate de chaux peu soluble et, de l'autre, du sulfate de magnésie très-soluble. Ce dernier sel cristallise par évaporation et refroidissement.

Le sulfate de magnésie est employé en médecine comme purgatif, à la dose de 45 à 60 grammes pour un adulte.

PHOSPHATE DE MAGNÉSIE $MgOPhO^5$.

Le phosphate de magnésie se rencontre dans les os, à côté du phosphate de chaux, et dans certaines graines de céréales. On le prépare soit en décomposant l'hydrocarbonate de magnésie par l'acide phosphorique, soit en mêlant des dissolutions chaudes et concentrées de phosphate de soude et de sulfate de magnésie. Ce sel est peu soluble dans l'eau, très-soluble, au contraire, dans les acides faibles. Uni au phosphate d'ammoniaque, il forme un sel double dit ammoniaco-magnésien, que l'on trouve dans certaines concrétions animales, et particulièrement dans les calculs rénaux et biliaires.

ARSÉNITATES, BORATES ET SILICATES DE MAGNÉSIE

Les acides arsénieux, arsénique, borique et silicique forment aussi des sels avec la magnésie. Il existe un borate de magnésie naturel appelé par les minéralogistes *boracite*. Il a pour formule $(MgO)^3,(Ba^6)^2$. La stéatite, l'écume de mer ou magnésite, le talc, le péridot et la serpentine sont des silicates de magnésie. Le pyroxène et l'amphibole sont des silicates doubles de chaux et de magnésie. Voici les formules de ces divers composés :

Stéatite.	$(MgOSiO^3)^3\ 2HO$,
Magnésite ou écume de mer.	$MgOSiO^3\ 2HO$,
Talc.	$MgOSiO^3$,
Péridot.	$(MgO)^3\ SiO^3$,
Serpentine.	$2(MgO)^3\ (SiO^3)^2\ (MgO\ 2HO)$,
Pyroxène.	$(CaO)^3\ (SiO^3)^2\ (MgO)^3\ (SiO^3)^2$,
Amphibole.	$CaOSiO^3\ (MgO)^2\ (SiO^3)^2$.

Caractères généraux de la magnésie et de ses composés, dosage de la magnésie, équivalent du magnésium. — Chauffés au chalumeau, dans un bain boracique, en présence de l'azotate de cobalt, la magnésie et ses composés, à l'état sec, donnent une belle couleur rose.

Avec les carbonates alcalins, les dissolutions salines de magnésie donnent un précipité blanc gélatineux de carbonate de magnésie. Ce caractère les distingue d'avec les dissolutions salines de soude et de potasse.

Elles ne précipitent ni par l'acide sulfurique ou les sulfates ni par l'acide oxalique, ce qui les distingue des dissolutions salines de baryte, de strontiane et de chaux.

Avec l'ammoniaque pure, elles donnent un précipité blanc (magnésie), mais qui disparaît dans un excès de sel ammoniacal formé. Il n'y a pas de précipité si le sel de magnésie est acide, parce qu'alors il se forme un sel double ammoniaco-magnésique sur lequel l'ammoniaque n'a pas d'action.

L'eau de chaux précipite les sels de magnésie.

On dose la magnésie soit à l'état de sulfate, comme il a été dit plus haut, soit en la précipitant d'un sel soluble par le carbonate de potasse ou par le phosphate de soude ammoniacal, lavant et calcinant le précipité obtenu. On a trouvé dans le phosphate de magnésie 36,30 pour 100 de magnésie; d'où, pour avoir l'équivalent du magnésium, on a dit :

36,30 : 63,70 :: 889 (équivalent de l'acide phosphorique) : x.

Ce qui donne pour la valeur de x ou pour l'équivalent du magnésium $\frac{889 \times 63,70}{36,35}$, c'est-à-dire 158.

LV

GLUCINIUM Gl. 7 — 87,50

Le glucinium est le radical de la glucine, terre qui fut découverte par Vauquelin en 1797 et qui se trouve dans quelques minéraux rares : l'émeraude, le béryl, l'aigue-marine, l'euclase, la cymophane ou chrysobéryl, etc. C'est M. Vœhler qui isola le premier le métal en calcinant le chlorure de glucinium anhydre en présence du potassium, et par la méthode qui lui avait déjà donné le magnésium et l'aluminium. Le glucinium est d'un gris d'acier, malléable et ductible. Sa densité est 2,1. Il ne décompose l'eau qu'à la température de l'ébullition, et passe à l'état d'oxyde de glucinium ou de glucine quand on le chauffe à l'air libre. Il se dissout dans les acides et dans les alcalis.

COMPOSÉS BINAIRES DU GLUCINIUM

OXYDE DE GLUCINIUM OU GLUCINE Gl^2O^3.

C'est dans l'émeraude dite de Limoges, sorte de minerai à l'état demi-cristallin, que Vauquelin découvrit la glucine. Voici le procédé propre à l'extraire. On réduit l'émeraude pierreuse en poudre fine et on la calcine dans un creuset de platine avec trois fois son poids de potasse. On reprend le produit calciné par l'acide chlorhydrique, on étend d'eau et on filtre. On sépare ainsi la silice. Dans la liqueur, on verse un excès de carbonate d'ammoniaque et l'on précipite ainsi la chaux, l'alumine, les oxydes de chrôme et de fer. La glucine seule reste dans la liqueur. On l'obtient ultérieurement, par évaporation et calcination, le carbonate d'ammoniaque s'évaporant à une chaleur peu élevée.

La glucine est une matière blanche, opaque, douce au toucher, insoluble dans l'eau et tout à fait infusible à la chaleur de nos fourneaux; sa densité est 2,9. Elle se dissout dans les alcalis, dont on peut la séparer ensuite par l'eau portée à l'ébullition.

On a déduit la composition de la glucine de l'analyse du chlorure de glucinium. Dans dix grammes de ce composé on trouve 8,842 de chlore et, par conséquent, 1,158 de glucinium. Mais quelle formule donner à la glucine? Faut-il admettre qu'elle résulte de la combinaison d'un équivalent d'oxygène et d'un équivalent de glucinium, comme les oxydes de la formule RO (potasse, soude, chaux, baryte, etc.); ou bien, au contraire, qu'elle est formée, comme nous trouverons qu'est formée l'alumine, de 3 équivalents d'oxygène et de 2 équivalents de métal? On n'a point ici, pour se décider, de rapprochement à faire entre des composés isomorphes de glucine et d'une autre terre; il est donc tout aussi rationnel de donner à la glucine la formule GlO que la formule Gl^2O^3. Dans le premier cas, on aura l'équivalent du glucinium par l'équation :

$$8,842 : 1,158 :: 443,20 \text{ (équivalent du chlore)} : x,$$
$$\text{d'où } x = 58;$$

Et dans le second, par l'équation :

$$8,842 : 1,158 :: 443,20 \times 3 : 2x, \text{ d'où } x = 87.$$

CHLORURE DE GLUCINIUM Gl^2Cl^3.

Le chlorure de glucinium se prépare par voie humide ou par voie sèche. Alors qu'on attaque la glucine par l'acide chlorhydrique, on a le chlorure hydraté $Gl^2Cl^3 + 12HO$; et, quand on fait passer le chlore sec sur un mélange de glucine et de charbon, on obtient le chlorure anhydre Gl^2Cl^3. C'est avec ce chlorure, qui cristallise sous forme de petites paillettes blanches, qu'on obtient le glucinium.

COMPOSÉS QUATERNAIRES

La glucine se combine facilement avec les acides; elle absorbe même l'acide carbonique de l'air. On peut préparer par précipitation un carbonate de glucine, qui a pour formule $Gl^2O^3CO^2,5HO$. On a obtenu un sulfate neutre bien cristallisé qui a pour formule $Gl^2O^3SO^3 12HO$.

L'émeraude est un silicate double de glucine et d'alumine $Gl^2O^3SiO^3 + Al^2O^3SiO^3$. Mais l'analyse des émeraudes donne, en outre, des traces de chaux, de fer et de chrôme. La couleur verte de ces gemmes tient, sans nul doute, à l'oxyde vert de chrome.

Caractères des composés de glucine; équivalent du glucinium. — Au chalumeau, dans le bain boracique, la glucine et ses composés ne se décolorent pas en présence de l'azotate de cobalt.

Avec la soude, la potasse et leurs carbonates, les dissolutions salines de glucine donnent un précipité blanc (glucine hydratée); mais le précipité se redissout dans un excès de réactif. Il y a exception toutefois pour le précipité produit par l'ammoniaque; il ne se redissout pas en présence d'un sel ammoniacal, ce qui distinguera la glucine d'avec la magnésie.

Avec le sulfate de potasse, les sels de glucine ne donnent pas, comme les sels d'alumine, de cristaux octaédriques d'alun.

En adoptant, pour la composition de la glucine, la formule Gl^2O^3, nous avons vu qu'on a trouvé pour l'équivalent du glucinium, relativement à l'oxygène 100, le nombre 87.

LVI

ZIRCONIUM Zr. 33,50 — 418,80

Il existe dans la nature un minéral nommé *zircon*, qui est un silicate de zircone $2Zr^2O^3,SiO^3$, mêlé d'oxyde de fer. C'est de ce minerai que Klaproth a séparé la zircone en 1789, et c'est de la terre appelée zircone, après l'avoir dissoute dans l'acide fluorhydrique, que Berzélius est parvenu, de nos jours, à extraire le zirconium.

Le procédé opératoire est celui que nous avons indiqué à propos du magnésium et du silicium. Le zirconium obtenu sous forme d'une poudre noirâtre prend l'éclat métallique sous le brunissoir ; il s'oxyde dans l'air à une chaleur peu élevée, et se transforme ainsi en oxyde de zirconium ou en zircone.

ZIRCONE Zr^2O^3.

La zircone est blanche, insoluble dans l'eau et infusible. Lorsqu'elle a été fortement chauffée, elle est très-dure et peut rayer le verre. On la prépare par la calcination des zircons ou des hyacinthes. On peut se servir de divers procédés. Celui qui a été indiqué par M. Wœlher est le plus simple et le plus expéditif. Il consiste à mêler à du sucre la poudre de zircon réduite à une grande ténuité, à carboniser le mélange et à le soumettre, dans un creuset de porcelaine chauffé au rouge, à l'action du chlore sec ; on produit ainsi du chlorure de silicium volatil et du chlorure de zirconium qui reste dans la partie du tube la moins chauffée. On reprend ce chlorure par l'eau et l'on précipite la zircone par l'ammoniaque.

Caractères des composés de zircone. — Équivalent du zirconium. —Les composés de zircone se distinguent particulièrement par les deux réactions suivantes : 1° Leurs dissolutions salines sont précipitées en blanc (zircone) par la soude, la potasse et l'ammoniaque, et le précipité ne se redissout pas ou ne se redissout qu'en partie dans un excès de réactif; 2° avec le sulfate de potasse, elles donnent un précipité blanc cristallin qui se sépare facilement, surtout quand on a agi sur des dissolutions concentrées et chaudes.

L'équivalent du zirconium se déduit de la composition du sulfate de zircone. Pour 100 parties d'acide sulfurique, ce sel renferme 75,84 de zircone. La composition de l'acide sulfurique étant connue, pour connaître la quantité de cet acide correspondant à 3 atomes d'oxygène contenus dans la zircone Zr^2O^3, on dira :

$$100 : 1500 :: 75,84 : x,$$

D'où $= \frac{75,84 \times 1500}{100}$ ou 1137,60.

Mais, dans la zircone, il y a 2 équivalents de zirconium pour 3 d'oxygène; l'équivalent du zirconium sera donc :

$$\frac{1137,60 - 300}{2} \text{ ou } 418,80.$$

LVII

THORIUM Th.

M. Berzélius a extrait la thorine, puis le thorium d'un minerai composé appelé *thorite*, et qui, d'après les analyses de l'illustre chimiste, contient, sur 100 parties, 57 de thorine, et 43 de silice, de chaux et de magnésie, avec des traces d'oxyde de fer, de manganèse, d'uranium, de plomb et d'étain.

Pour préparer la thorine, on profite de la propriété que possède le sulfate de cette base d'être moins soluble à chaud qu'à froid. En faisant bouillir une dissolution de ce sel, on le voit peu à peu se précipiter en poussière blanche et terne, qui finit par s'accumuler au fond du vase. En rassemblant cette poudre et la faisant calciner, on obtient la thorine pure, matière blanche, insoluble dans l'eau, d'une densité considérable, 9,402.

Le thorium s'obtient en décomposant par le potassium, soit le chlorure de thorium, soit le fluorure double de thorium et de potassium.

Caractères des composés de thorine. — Au chalumeau dans un bain de borax, la thorine et ses composés donnent une perle incolore qui devient laiteuse par le refroidissement.

Les dissolutions salines précipitent en blanc (thorine) par les carbonates alcalins. Le précipité se redissout dans un excès de réactif.

Avec le sulfate de potasse, elles donnent un précipité blanc (sel double de thorine et de potasse).

Avec le cyanoferrure de potassium, elles donnent un précipité blanc. Les sels de zircone ne sont pas précipités par ce réactif.

Les derniers métaux de la deuxième section, l'yttrium, le norium, l'erbium, le terbium, le cérium, le lanthane et le didyme, ont à peine été entrevus par les chimistes, et leur histoire est encore à faire. On a si peu d'occasions de les rencontrer et ils existent en si petites quantités dans les minéraux dont ils ont été séparés par Berzélius, MM. Hissinger et Mosander, que pendant longtemps encore peut-être, la chimie n'aura à les inscrire dans ses tables ou catalogues qu'à titre d'individualités propres à piquer la curiosité et à provoquer de nouvelles recherches.

LVIII

TROISIÈME SECTION

Métaux qui s'oxydent à la chaleur rouge, dont les oxydes sont irréductibles par la chaleur seule, et qui ne décomposent l'eau qu'à des températures supérieures à 100°, mais inférieures à la température rouge. En présence des acides, ces métaux décomposent l'eau à la température ordinaire.

MANGANÈSE Mn. 27,57 — 344,68

On rencontre dans la nature le manganèse uni à l'oxygène, au soufre, à l'acide carbonique et à la silice. Le minéral désigné sous le nom de *hausmanite* est un oxyde rouge de manganèse; la *manganite*, la *braunite*, sont des sesquioxydes; la *pyrolosite* est un peroxyde. Dans le fer spathique, le carbonate de manganèse est souvent uni au carbonate de fer; les silicates de chaux, de fer et autres bases contiennent aussi des silicates de manganèse. On obtient ce métal en calcinant d'abord le carbonate, puis le protoxyde qui en résulte, avec du charbon et du borax. Pour dix parties de protoxyde de manganèse, on prendra une partie de charbon en poudre et une partie de borax fondu, on tassera le mélange dans un creuset brasqué et l'on placera ce creuset dans un autre en l'enveloppant de charbon (*fig.* 89). La calcination se fera au feu de forge ou dans un fourneau à vent. Il ne faudra pas moins de deux heures pour assurer le succès de l'opération. Le borax a pour objet de saisir les gouttelettes de métal fondu et, par un effet de leur pesanteur spécifique, de les réunir en culot au fond du vase. Toutefois, des parcelles de charbon pourront souiller le métal et lui donner l'apparence d'une fonte carburée. On le purifiera par une seconde calcination en présence du carbonate de magnésie et du borax seulement.

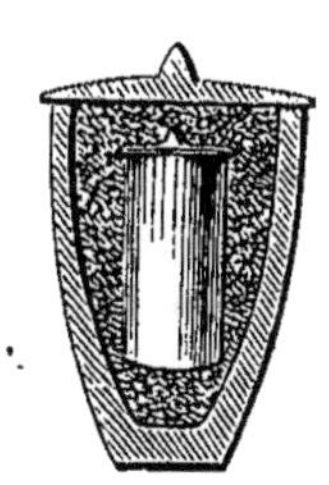
Fig. 89.

M. H. Sainte-Claire-Deville a adopté une autre disposition pour préparer le manganèse dans une seule opération. Il enferme dans un double creuset de chaux un mélange de bioxyde de manganèse préalablement calciné et de charbon de sucre bien réduit en poudre. Il place les deux creusets dans un manchon de terre réfractaire, et celui-ci au-dessus d'une forge portative munie d'un bon soufflet. Après une heure de chauffe, la fusion est opérée et l'on obtient un culot métallique recouvert d'une scorie rougeâtre (manganate de chaux). Le charbon a rempli l'office de corps réducteur, et la chaux a transformé en manganate tout l'excès d'oxyde manganique.

Le manganèse ainsi préparé est d'un gris de fer ou presque blanc. Sa densité est 7,2. Il s'oxyde promptement à l'air; il décompose l'eau avec lenteur à la température ordinaire, mais très-rapidement à la température de 100 degrés. Il est indispensable, en conséquence, pour le mettre à l'abri de toute oxydation, de le conserver sous l'huile de naphte, ou dans un tube de verre fermé à la lampe.

COMBINAISONS DU MANGANÈSE AVEC LES MÉTALLOÏDES

COMPOSÉS BINAIRES

Le manganèse forme avec l'oxygène plusieurs composés :

Le protoxyde. . . . . MnO,
L'oxyde rouge. . . . . Mn^3O^4,
Le sesquioxyde. . . . . Mn^2O^3,
Le bioxyde ou peroxyde. . . . . $Mn\,O^2$,
L'acide manganique. . . . . . . $Mn\,O^3$,
Et l'acide permanganique. . . . Mn^2O^7.

PROTOXYDE DE MANGANÈSE MnO

On prépare le protoxyde de manganèse par divers procédés :

1° En calcinant le carbonate, l'oxalate, ou même un des oxydes ou suroxydes de ce métal;

2° En réduisant un des suroxydes par l'hydrogène;

3° En chauffant un mélange de chlorure de manganèse et de carbonate de soude avec un peu de chlorhydrate d'ammoniaque.

Ce dernier sel a pour objet de réduire les traces d'oxyde rouge qui pourraient se former durant la réaction :

$$MnCl + NaOCO^2 = CO^2 + NaCl + MnO.$$

On obtient le protoxyde de manganèse hydraté en précipitant un sel de manganèse par une dissolution sodique ou potassique,

$$MnOSO^3 + KOHO = MnOHO + KOSO^3.$$

Le protoxyde de manganèse hydraté est blanc, mais il se suroxyde et, par conséquent, brunit rapidement à l'air; il passe ainsi à l'état de sesquioxyde. Le chlore le fait passer à l'état de peroxyde noir.

Le protoxyde anhydre est verdâtre, mais il brunit aussi rapidement en se suroxydant à l'air. Alors toutefois qu'il a été fortement calciné, il se conserve quelque temps sans absorber d'oxygène. M. H. Sainte-Claire-Deville l'a obtenu en beaux cristaux octaédriques en le soumettant, à la température rouge, à l'action d'un faible courant d'acide chlorhydrique. De tous les oxydes de manganèse c'est celui qui forme avec les acides les combinaisons les plus stables; en d'autres termes, c'est une base énergique.

OXYDE ROUGE DE MANGANÈSE Mn^3O^4.

L'oxyde rouge de manganèse est l'*hausmanite* des minéralogistes. On peut le considérer comme une combinaison de protoxyde et de sesquioxyde,

$$Mn^3O^4 = MnO + Mn^2O^3,$$

Ou comme la combinaison de deux équivalents de protoxyde et d'un équivalent de peroxyde :

$$Mn^3O^4 = (MnO)^2 + MnO^2.$$

C'est l'oxyde de manganèse le plus fixe. Il ne forme point de sels avec les acides.

SESQUIOXYDE DE MANGANÈSE Mn^2O^3.

Le sesquioxyde de manganèse se trouve dans la nature à l'état anhydre ou hydraté; c'est la *braunite* et la *manganite* des minéralogistes. On peut le préparer par la suroxydation du protoxyde à l'air, ou par la calcination ménagée de l'azotate de protoxyde de manganèse :

$$2MnO,AzO^5 = Mn^2O^3 + 2AzO^4 + O;$$

ou bien encore en faisant agir le chlore sur du protoxyde ou du carbonate de manganèse en excès; on a :

$$4MnO + Cl = MnCl + MnO + Mn^2O^3,$$
$$4MnOCO^2 + Cl = MnCl + MnO + Mn^2O^3 + CO^2.$$

En reprenant par l'acide sulfurique faible, on dissout le protoxyde sans attaquer le sesquioxyde qui reste dans le liquide. On le sépare par décantation et on lave. Cet oxyde, d'un brun noirâtre, ne s'altère pas à l'air, il se dissout dans quelques acides et forme ainsi de véritables sels.

BIOXYDE OU PEROXYDE DE MANGANÈSE MnO^2.

Le peroxyde de manganèse se trouve en abondance dans la nature; on n'a donc pas besoin de le préparer dans le laboratoire. Toutefois on l'obtiendrait :

1° En précipitant les manganates et hypermanganates alcalins par des acides étendus;

2° En traitant l'oxyde rouge par l'acide azotique, et les autres oxydes par le chlorate de potasse;

3° L'hydrate ou le carbonate de protoxyde par un excès de chlore.

Le peroxyde de manganèse est noir, facilement décomposable par la chaleur et par les acides. Nous avons vu qu'on pouvait obtenir l'oxygène en décomposant cet oxyde, soit par la chaleur, soit par l'acide sulfurique;

$$3MnO^2 = Mn^3,O^4 + O^2,$$
$$MnO^3 + SO^3,HO = MnOSO^3 + HO + O.$$

Cet oxyde est aussi employé à la préparation du chlore,

$$MnO^2 + 2HCl = 2HO + MnCl + Cl.$$

Dans les verreries, on en fait usage pour précipiter les oxydes de fer qui souillent les matières premières du verre, comme aussi pour colorer le verre ou le cristal en violet (verres de Bohême).

ESSAIS DES OXYDES DE MANGANÈSE

Le chimiste, tout aussi bien que l'industriel, peut avoir à déterminer quelle est la valeur d'un oxyde ou peroxyde de manganèse qui lui est livré par le commerce. Cette valeur des oxydes de manganèse est en rapport avec les quantités d'oxygène et aussi de chlore qu'ils peuvent fournir, quand on les décompose par l'acide sulfurique ou par l'acide chlorhydrique. En principe, il faut se rappeler que les oxydes de manganèse donnent d'autant plus d'oxygène avec l'acide sulfurique, ou de chlore avec l'acide chlorhydrique, qu'ils sont eux-mêmes à un degré d'oxydation plus élevé. Ainsi le protoxyde ne donne avec l'acide chlorhydrique que du chlorure de manganèse d'après l'équation,

$$MnO + HCl = HO + MnCl;$$

l'oxyde rouge $MnO^{1\frac{1}{3}}$, avec un équivalent d'acide chlorhydrique $HCl^{1\frac{1}{3}}$, donnera $HO^{1\frac{1}{3}} + MnCl + Cl^{\frac{1}{3}}$; le sesquioxyde $MnO^{1\frac{1}{2}}$, avec $HCl^{1\frac{1}{2}}$, donnera de même $HO^{1\frac{1}{2}} + MnCl + Cl^{\frac{1}{2}}$, et le peroxyde MnO^2, avec HCl^2, donnera $HO^2 + MnCl + Cl$.

Partant de ces résultats et l'expérience ayant montré que 3 gr., 98 de peroxyde de manganèse pur donnent exactement, sous la pression normale 0,76 et à la température de 0°, un litre de chlore, on n'a plus qu'à se demander combien donnerait de chlore un poids 3 gr., 98 d'un oxyde de manganèse quelconque. Pour apprécier la quantité de chlore dégagée, on fait arriver le gaz dans une dissolution de potasse ou de soude qui l'absorbe, en produisant ainsi un hypochlorite décolorant dont on détermine le titre par le procédé que nous avons indiqué, p. 358.

Mais on peut aussi apprécier la valeur des oxydes de manganèse par la quantité d'oxygène qu'ils fournissent. On se rappellera, dans ce cas, qu'avec l'acide sulfurique, ces oxydes peuvent donner tout l'oxygène qu'ils contiennent en plus que le protoxyde, d'après les formules :

$$MnO + SO^3HO = HO + MnOSO^3,$$
$$MnO^{1\frac{1}{3}} + SO^3HO = HO + MnOSO^3 + O^{\frac{1}{3}},$$
$$MnO^{1\frac{1}{2}} + SO^3HO = HO + MnOSO^3 + O^{\frac{1}{2}},$$
$$MnO^2 + SO^3HO = HO + MnOSO^3 + O.$$

Pour déterminer la quantité d'oxygène recueillie, ou bien on mesurera le gaz directement, ou bien on l'emploiera pour faire passer un poids donné de cuivre à l'état d'oxyde.

M. Levol a proposé d'essayer les oxydes de manganèse en les traitant par l'acide chlorhydrique en présence d'une quantité déterminée de protochlorure de fer. Le chlore dégagé fait passer le protochlorure à l'état de deutochlorure, et, ayant été déterminée la quantité de protochlorure de fer qui, avec 3 gr., 98 de peroxyde de manganèse pur passe à l'état de perchlorure, il est facile, en faisant porter l'essai sur cette quantité 3 gr., 98, d'achever la transformation au moyen d'une addition de chlore, ou mieux encore d'une dissolution titrée de chlorate de potasse qu'on fait agir à la température de l'ébullition des liquides. On introduit dans les liqueurs d'essai un papier coloré avec du sulfate d'indigo, ou avec de la teinture de tournesol, et le moment où le papier perd sa couleur est l'indice de la transformation accomplie. Par exemple, si pour perchlorurer le protochlorure de fer il a fallu 35 centilitres de la dissolution normale, c'est que les 5 gr., 98 de peroxyde de manganèse à essayer étaient capables de fournir une quantité de chlore égale à 100 — 35, c'est-à-dire à 65. La richesse ordinaire des peroxydes de manganèse du commerce varie entre 65 et 70 0/0.

ACIDES MANGANIQUE MnO^3, ET HYPERMANGANIQUE Mn^2O^7.

L'empirisme avait appris qu'en faisant chauffer du peroxyde de manganèse avec de la potasse, on donnait lieu à une matière qui, dissoute dans l'eau, faisait prendre au liquide une coloration verte passant successivement au violet et au rouge, à mesure qu'on ajoutait une nouvelle quantité d'eau dans la dissolution. Cette matière, de composition indéterminée, était appelée *caméléon minéral*. Les chimistes ont eu à se rendre compte du phénomène, et ils n'ont pas tardé à le pénétrer. Par suite des affinités mises en jeu quand la potasse est en présence du peroxyde de manganèse, il se forme, par addition d'un équivalent d'oxygène au peroxyde MnO^2, un acide MnO^3, dit acide manganique, qui, en se combinant à la potasse, forme un sel coloré en vert, le manganate de potasse $KOMnO^3$. Par addition d'une nouvelle quantité d'oxygène fournie par l'eau, l'acide manganique MnO^3 devient acide hypermanganique Mn^2O^7, et l'hypermanganate de potasse est un sel de couleur rouge intense. Alors que les deux sels manganate et hypermanganate sont en présence dans le même liquide, on conçoit que les couleurs verte et rouge donnent lieu à des nuances intermédiaires, le violet pâle ou le violet foncé. Le caméléon minéral est donc successivement un manganate, un manganate mêlé d'hypermanganate, et enfin un hypermanganate de potasse. Mitscherlich a déterminé le rapport d'oxygène de l'acide à la base dans chacun de ces sels, et, pour le manganate, il a trouvé ce rapport de 1 à 3, pour l'hypermanganate de 1 à 7. De là les formules données à ces composés. Le manganate est isomorphe avec les sels de la formule $ROAO^3$, tels que le sulfate, le séléniate, le chromate de potasse; tandis que l'hypermanganate est isomorphe avec les sels de la formule $ROAO^7$, tels que les perchlorates et les periodates de potasse.

L'acide manganique n'a pas été obtenu séparé de la potasse. C'est un acide si peu stable, qu'il se décompose aussitôt qu'il n'est plus en présence d'une base :

$$2KOMnO^3 + 2KOMn^2O^3 + O^3.$$

L'acide hypermanganique, plus stable, a pu être séparé en beaux cristaux rutilants par double décomposition, au moyen de l'azotate d'argent, qui donne lieu à de l'hypermanganate d'argent, qu'on décompose lui-même par l'acide chlorhydrique. Mais l'acide hypermanganique ne résiste pas à une faible chaleur.

Les acides manganique et hypermanganique forment des sels colorés avec les différentes bases alcalines et même avec quelques oxydes métalliques.

CHLORURE DE MANGANÈSE MnCl.

Le chlore forme avec le manganèse un composé MnCl6HO de couleur rosée, très-soluble, qu'on peut obtenir privé d'eau par la calcination. C'est le sel haloïde qui se forme, alors qu'on produit le chlore par la réaction de l'acide chlorhydrique sur le peroxyde de manganèse (*V.* p. 111). Ce sel est employé pour purifier le gaz d'éclairage. Les sels ammoniacaux, en effet, sulhydrate et carbonate, sont facilement décomposés par ce corps. En teinture, le chlorure de manganèse est employé pour préparer les couleurs de teinte violette dites *solitaires*. On a cherché, dans l'intérêt de l'industrie, à *revivifier*, à faire repasser à l'état de bioxyde de manganèse le chlorure de ce métal, *caput mortuum* si abondant des préparations d'hypochlorite de chaux ; mais, par la calcination ou en présence de l'oxygène, le chlorure de manganèse ne revient qu'à l'état de sesquioxyde qui, au lieu d'enlever à l'acide chlorhydrique la moitié de son chlore, ne lui en prend que le tiers. Avec le carbone, le soufre, le phosphore, l'arsenic, le silicium, le manganèse peut former diverses combinaisons, mais qui n'ont pas d'intérêt et qui n'ont reçu aucune application.

COMPOSÉS QUATERNAIRES

Il n'y a que le protoxyde et le sesquioxyde de manganèse qui puissent former des sels avec les acides.

CARBONATE DE MANGANÈSE MnO,CO^2.

Le carbonate de manganèse se trouve dans la nature. Il est d'ordinaire associé au carbonate de chaux et au carbonate de fer (fer spathique), composés isomorphes et qui cristallisent sous la forme de rhomboèdres.

On le prépare par voie humide en versant dans la dissolution d'un sel de manganèse du carbonate de soude ou de potasse. Le précipité formé est d'un blanc gris ou rosé, on le recueille sur un filtre et on le lave pour le conserver. Ce sel est insoluble dans l'eau, mais légèrement soluble dans un excès d'acide carbonique (bicarbonate). La chaleur le décompose facilement en acide carbonique, qui se dégage, et en protoxyde qui, en présence de l'air, se convertit en oxyde rouge

$$3MnO + O = Mn^3O^4.$$

Le carbonate de manganèse sert à préparer les autres sels de ce métal.

SULFATE DE PROTOXYDE DE MANGANÈSE $MnOSO^3$.

Le sulfate de protoxyde de manganèse se prépare en chauffant le peroxyde de manganèse naturel avec l'acide sulfurique. Il se dégage un équivalent d'oxygène, et le peroxyde converti en protoxyde se combine avec l'acide. Cette action chimique se produit sous l'influence des forces d'affinité ou d'antagonisme qui mettent en présence un oxyde et un acide capables de donner naissance à un sel fixe. Le sulfate ainsi formé retient, selon la température à laquelle on laisse déposer les cristaux, de 4 à 7 équivalents d'eau. Alors qu'il renferme 7 équivalents d'eau, il est isomorphe avec le sulfate de protoxyde de fer $FeOSO^37HO$; quand il n'en renferme que 4, il est isomorphe avec un autre sulfate de fer $FeOSO^3 + 4HO$ qu'on a aussi obtenu cristallisé ; quand il en renferme 5, il se présente avec les formes cristallines du sulfate de cuivre $CuOSO^3 + 4HO$. Ces différences de composition expliquent comment le sulfate de manganèse peut former des sels doubles avec d'autres sulfates isomorphes, tels que les sulfates de potasse, d'ammoniaque et d'alumine. On trouve dans la nature un alun de manganèse qui a la formule :

$$Al^2O^3(SO^3)^3(MnOSO^3)24HO.$$

Le sulfate de manganèse se décompose à la chaleur rouge en acide sulfureux, acide sulfurique et oxyde rouge de manganèse :

$$3MnO,SO^3 = SO^2 + 2SO^3 + Mn^3O^4.$$

SULFATE DE SESQUIOXYDE DE MANGANÈSE

Lorsqu'on met en présence l'acide sulfurique et le sesquioxyde de manganèse Mn^2O^3, on obtient un sel représenté par la formule $Mn^2O^33SO^3$.

La dissolution de ce sel est d'un beau rouge. Les corps

avides d'oxygène, tels que les acides sulfureux et azoteux, le décolorent en faisant passer le sel de sesquioxyde à l'état de sel de protoxyde. Aussi la dissolution de ce sel est-elle quelquefois employée pour s'assurer si cet oxyde est au maximum d'oxygénation et si, par exemple, l'acide sulfurique n'est pas mêlé d'acide sulfureux, et l'acide azotique mêlé d'acide azoteux. Le sel de magnésie de la formule $Mn^2O^3\,3SO^3$ forme, avec les sulfates de potasse, d'ammoniaque et d'alumine, des sels doubles cristallisés, qui ont de l'analogie avec les aluns. Ils ont pour formules :

$$(KOSO^3), (MnOSO^3), 6HO;$$
$$(AzH^3HOSO^3), (MnOSO^3), 6HO;$$
$$Al^2O^3(SO^3)^3\,MnOSO^3\,24HO.$$

Le dernier se trouve dans la nature. On en a découvert un gisement considérable à Algoa-Bay, dans l'Afrique méridionale.

Caractères des composés de manganèse, dosage et équivalent du métal. — Chauffés au chalumeau dans un bain de borax, le manganèse et ses composés donnent dans la flamme d'oxydation une couleur violette qui disparaît dans la flamme de réduction.

Chauffés avec l'azotate de potasse et la potasse, ils donnent du manganate de potasse qui fait prendre à l'eau une couleur rouge ou rose, laquelle disparaît en présence des acides sulfureux, azoteux, ou même des matières organiques, du papier, du sucre, de la gomme, etc.

On reconnaît les plus faibles proportions de manganèse dans une liqueur en la chauffant avec un mélange d'acide plombique et d'acide azotique étendu. La liqueur prend une teinte rouge par suite de la formation de l'acide permanganique.

Avec la soude et la potasse, les dissolutions salines de manganèse donnent un précipité blanc (hydrate de protoxyde) qui brunit promptement à l'air, surtout si, par l'agitation, on active l'absorption de l'oxygène.

Avec l'ammoniaque, il se produit une action toute semblable à ce qui a été indiqué à propos de la magnésie. Si la liqueur est acide, l'ammoniaque est employée à la saturation avant d'agir sur le composé salin; il se forme, en conséquence, un sel ammoniacal qui, se combinant avec le sel de manganèse, arrête toute action de l'ammoniaque. Si la liqueur est neutre, il y a tout à la fois, dans le premier moment, décomposition du sel manganique, précipité, par conséquent, et formation du sel ammoniacal. Celui-ci formant avec la partie du sel manganique non décomposé un sel double qui résiste à l'action de l'ammoniaque, il n'y a pas augmentation de précipité et il peut y avoir même dissolution du protoxyde hydraté premièrement formé, si ce protoxyde n'a pas encore subi l'action de l'air, ou n'a pas passé à l'état de sesquioxyde. Toutefois, si l'on abandonne à l'air la liqueur chargée d'ammoniaque, celle-ci se dégageant, tout le manganèse finit par se précipiter à l'état d'hydrate de sesquioxyde noir.

Avec les carbonates de soude, de potasse et d'ammoniaque, les dissolutions de protosels de manganèse donnent un précipité d'un blanc sale; elles précipitent en jaune clair par le sulfhydrate d'ammoniaque, et en rose par le cyanoferrure de potassium. L'acide sulfhydrique n'y fait point naître de précipité. Les deutosels ou sels de sesquioxyde donnent avec ce dernier acide un précipité laiteux de soufre, le sesquioxyde fournissant de l'oxygène à l'hydrogène pour former de l'eau, et passant lui-même à l'état de protoxyde soluble dans l'acide sulfhydrique.

On dose le manganèse en le précipitant de ses dissolutions salines à l'état de carbonate, et calcinant le sel pour le transformer en oxyde rouge de manganèse ayant la composition Mn^3O^4. Or, dans 100 parties de cet oxyde, on a trouvé 72,11 de manganèse pour 27,89 d'oxygène. Pour déduire de cette analyse l'équivalent du manganèe, on posera donc l'équation :

$$27,89 : 400 :: \frac{72,11}{3} : x,$$

d'où $x = \frac{24,03 \times 400}{27,89}$, c'est-à-dire 344,64.

LIX

FER Fe. 27,13 — 339,23

Le fer, le plus commun des métaux, est employé dans l'industrie sous trois dénominations différentes, le fer proprement dit ou fer doux, la fonte et l'acier. Mais ni le fer doux, ni la fonte, ni l'acier ne sont du fer chimiquement pur. L'acier contient du carbone et de l'azote; la fonte contient du carbone et du silicium; le fer doux est bien souvent souillé de phosphore, de soufre et d'arsenic qui en altèrent les qualités. Le fer à texture dite fibreuse, ou qui peut être étiré en fils, est celui qui passe pour le moins impur. Dans le laboratoire, ce sont les échantillons de cette sorte que l'on choisit pour préparer le fer pur. On prend de préférence les fils dits d'archal les plus fins, ou les fils de clavecin. On les roule sur eux-mêmes et on les fait passer au feu pour les oxyder. On les introduit ensuite dans un creuset brasqué en les recouvrant d'une couche de verre pilé; on enferme ce creuset dans un autre plus grand, et l'on chauffe à la forge ou dans un fourneau à vent à la plus haute température possible. L'oxygène de l'oxyde brûle les matières étrangères (silicium, phosphore, arsenic), qui elles-mêmes, transformées en oxydes, se combinent avec le verre pour former des scories. Le fer se rassemble en culot au fond du vase. Ainsi purifié, le métal est blanc et malléable, mais alors il a moins de ténacité que le fer ordinaire étiré à la filière ou rendu fibreux sous l'action du marteau.

On sera plus sûr d'obtenir le fer chimiquement pur en réduisant soit le protoxyde, soit le protochlorure par l'hydrogène. On monte l'appareil tel que le représente la *fig.* 90. A est un

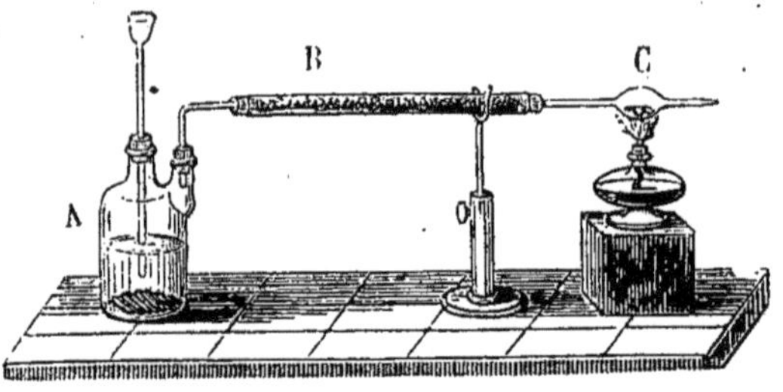

Fig. 90.

flacon d'où se dégage l'hydrogène, B un tube rempli de pierre ponce pour dessécher le gaz, C une ampoule dans laquelle on a introduit le peroxyde ou le chlorure à réduire. On fait d'abord passer de l'hydrogène dans l'appareil pour en chasser l'air atmosphérique, on chauffe ensuite l'ampoule au moyen d'une lampe à alcool, et l'on régularise autant que possible le dégagement du gaz. A la température rouge, le peroxyde cède son oxygène, ou le protochlorure son chlore à l'hydrogène, et il reste dans l'ampoule C une matière gris de fer, pulvérulente et poreuse, qui a l'aspect et certaines propriétés mêmes de la mousse de platine. Elle absorbe les gaz et prend feu dans l'air. On l'a nommée fer pyrophorique de Magnus, du nom du chimiste qui l'a préparée le premier. Pour la conserver, il faut donc, avant d'avoir laissé pénétrer l'air dans l'appareil, fermer l'ampoule à la lampe ou au moyen du chalumeau.

Pour avoir, par ce procédé, du fer pur et inaltérable à l'air, on devra réduire les composés ferreux à une plus forte chaleur dans des tubes ou dans des cornues réfractaires. Le métal alors sera malléable, ductile, et inoxydable dans l'oxygène ou dans l'air sec à la température ordinaire. On ne s'y trompera point avec le vulgaire, ce n'est pas dans l'air sec que le fer s'altère ou se rouille, mais seulement dans l'air humide, et le phénomène de la rouille ou d'une oxydation lente doit être bien expliqué.

Les métaux de la 3e section, parmi lesquels se range le fer, ne s'oxydent, avons-nous dit, qu'à la température rouge et ils ne décomposent l'eau qu'au-dessus de 100°. La proposition est rigoureusement exacte, mais il est une force lente, celle du temps, dont il faut tenir grand compte en chimie. Dans l'air humide, le fer est en présence de deux éléments, l'oxygène et l'azote, et de deux corps composés, l'acide carbonique et l'eau.

Nous pourrions dire d'abord qu'en intervenant parmi ces éléments et ces corps composés, le fer peut et doit exercer une action de présence. Mais l'acide carbonique ne peut être sans action sur un corps oxydable; n'avons-nous pas vu, en présence du zinc, l'acide sulfurique décider la décomposition de l'eau? Un phénomène analogue a lieu ici, l'acide carbonique décide l'oxydation du fer aux dépens des éléments de l'eau qu'il sépare, l'oxygène se portant sur le fer, l'hydrogène, devenu libre, se portant à son tour vers l'azote pour former de l'ammoniaque AzH^3. Oxyde de fer, carbonate de fer, ammoniaque, voilà trois composés nouveaux dans les conditions voulues pour se former, et, en effet, on les trouve tous les trois dans la rouille. Mais le phénomène, se continuant, se complique encore. Au contact du fer, la rouille, ou l'oxyde et le carbonate ferreux, voire même l'ammoniaque, forment les éléments d'une ou de plusieurs piles, qui accélèrent à leur tour la décomposition de l'eau, la fixation de l'un de ses éléments, de l'oxygène, sur le fer, et la combinaison de l'autre, de l'hydrogène, avec l'azote. De là, la formation ou le dépôt de plus en plus rapide de la rouille qui, comme on l'a dit, ronge le fer. Assistez, pour les suivre, à ces compositions et décompositions chimiques peu apparentes; il y a là des forces diverses mises en action, et produisant, par conséquent, des effets simultanés et divers.

Le fer doux, la fonte et l'acier ont certaines propriétés communes et d'autres qui les distinguent. Le fer est compacte et dur, malléable et résistant à l'action du marteau ; sa densité varie de 7,7 à 7,9. A la forge, on lui donne une texture fibreuse qu'il peut perdre par le choc, par des vibrations prolongées, comme on le voit pour les barres des tabliers de ponts suspendus, pour les essieux de locomotives ou des voitures ordinaires. Qui ne sait que les fers les mieux forgés rompent avec le temps et par un effet du service? On paraît avoir renoncé aujourd'hui à construire des ponts suspendus, même en faisant usage de ces fils reliés en faisceaux qui semblaient présenter toutes les meilleures conditions de durée, ayant été tirés à la filière.

La fonte est molle relativement à l'acier, auquel, suivant l'usage qu'on en doit faire, on donne des trempes plus ou moins dures. Le silicium rend la fonte cassante; le carbone, au contraire, donne de la dureté à l'acier.

Le fer doux, la fonte et l'acier sont, de leur nature, magnétiques, c'est-à-dire qu'ils peuvent contracter les propriétés de l'aimant et en exercer l'action. Le fer pur peut acquérir les mêmes propriétés, mais il les perd dès qu'il cesse d'être en présence d'un aimant.

L'acier, qui s'aimante plus difficilement peut-être, conserve les siennes longtemps et quelquefois même indéfiniment. Une haute température fait perdre au fer son aimantation, mais le refroidissement la lui rend tout entière.

Le fer, qui est facilement attaqué par les acides forts, les acides azotique, sulfurique et chlorhydrique, présente, avec l'acide azotique fumant et qui contient de l'acide azoteux, un phénomène tout à fait anormal et digne d'intérêt. Il résiste à son action, en d'autres cas si puissamment oxydante. M. Schœnbein a cherché l'explication de ce fait. Il a dit que le fer prenait deux états différents, l'un *actif*, l'autre *passif*, et M. Poggendorf est parvenu, d'après ces données, à faire des éléments de pile avec le fer *passif* fonctionnant comme corps électro-négatif, et avec le fer *actif* fonctionnant comme corps électro-positif. L'attention des physiciens et des chimistes ne peut manquer de se porter sur ce fait, déjà indiqué à propos de l'oxygène ozoné (p. 39) et qui ouvre un nouveau champ à leurs recherches.

Le fer pur préparé par réduction au moyen de l'hydrogène est aujourd'hui très-employé en médecine, et particulièrement contre les affections dites anémiques et la chlorose.

COMBINAISONS DU FER AVEC LES MÉTALLOÏDES.

COMPOSÉS BINAIRES

Le fer donne avec l'oxygène des composés qui ont les plus grandes analogies avec les composés d'oxygène et de manganèse, à savoir :

1 protoxyde.	FeO,
1 sesquioxyde ou peroxyde. . . .	Fe^2O^3,
1 oxyde magnétique	Fe^3O^4 ou $FeO+Fe^2O^3$,
Et l'acide ferrique.	FeO^3.

PROTOXYDE DE FER FeO.

Le protoxyde de fer est une base énergique capable de saturer les acides les plus forts. On ne peut l'obtenir à l'état anhydre. Alors qu'on le sépare par précipitation, au moyen d'un alcali, d'avec les acides auxquels il est uni, on n'obtient qu'un hydrate FeOHO, d'un blanc verdâtre, qui absorbe rapidement l'oxygène de l'air, verdit (oxyde magnétique hydraté), et se transforme finalement en hydrate de sesquioxyde jaune. Alors qu'on opère sur des dissolutions bouillantes et qu'après la précipitation on maintient l'ébullition, l'hydrate blanc noircit en perdant son eau d'hydratation, mais on ne peut le conserver sous ces états; il jaunit promptement en absorbant de l'oxygène et devenant sesquioxyde.

Alors qu'on fait dissoudre du fer pur dans l'acide sulfurique ou chlorhydrique, on constate que pour 339 parties de fer dissous, il y a dégagement de 12,50 parties d'hydrogène. Le protoxyde de fer est donc formé d'un équivalent de fer 339, et d'un équivalent d'oxygène 100, total 439.

Le protoxyde de fer colore en vert les fondants. C'est à la présence de ce corps que le verre de bouteille doit sa couleur.

SESQUIOXYDE DE FER Fe^2O^3.

Le sesquioxyde ou peroxyde de fer se trouve dans la nature à l'état anhydre ou à l'état d'hydrate. Il a reçu différents noms de la part des minéralogistes, qui n'ont pris en considération que des caractères extérieurs ou physiques, la couleur ou les formes cristallines. Ainsi le sesquioxyde de fer en lames minces hexagonales, qu'on rencontre le plus souvent dans les fissures des roches volcaniques, est appelé *fer spéculaire;* celui qui affecte la forme de cristaux rhomboédriques s'appelle *fer oligiste;* celui que distingue sa couleur d'un rouge intense est l'*hématite rouge* que, dans les arts, on nomme aussi *sanguine.* Mettez en poudre, broyez finement le fer spéculaire, le fer oligiste, l'hématite ou sanguine, vous aurez toujours du sesquioxyde de fer, Fe^2O^3.

Artificiellement on prépare ce sesquioxyde en calcinant le sulfate de fer seul, ou en présence du chlorure de sodium (1 partie de sulfate, 3 parties de chlorure). Dans le premier cas, il se dégage de l'acide sulfureux et de l'acide sulfurique, et le sesquioxyde de fer reste pour résidu ; dans le second cas, il faut reprendre le produit de la calcination par l'eau pour séparer le sulfate de soude soluble d'avec le sesquioxyde de fer insoluble.

Le peroxyde de fer hydraté que l'on trouve en dépôt dans certaines eaux minérales s'obtient artificiellement par la précipitation d'un sel de sesquioxyde de fer au moyen d'un alcali. Cet hydrate est de couleur brun foncé. Par la calcination, il perd son eau et devient rouge. Dans cette calcination, il se produit un phénomène remarquable : au moment où l'eau de l'hydrate a complétement disparu, le peroxyde devient subitement incandescent. Il éprouve, à cet instant, une modification moléculaire, par suite de laquelle il devient très-réfractaire à l'action des acides, même concentrés. La calcination portée jusqu'à la chaleur blanche fait perdre au sesquioxyde un équivalent d'oxygène et le transforme en oxyde magnétique Fe^3O^4 ou

$$FeO + Fe^2O^3.$$

Le peroxyde de fer est un produit industriel et pharmaceutique, nous l'avons fait pressentir en rappelant les noms divers sous lesquels on le désigne. Ainsi, la sanguine est employée dans la peinture à l'huile; le colcothar sert à colorer le verre et l'encaustique avec lequel on rougit les carreaux des appartements. En poudre brune obtenue par lévigation, le colcothar sert aussi à polir les glaces et les métaux. Les safrans de Mars, apéritifs ou astringents, sont pour la médecine des toniques et même, dans certains cas, des spécifiques qui restituent au sang les principes ferrugineux qui lui manquent.

OXYDE MAGNÉTIQUE Fe^3O^4 OU $FeOFe^2O^3$.

L'oxyde de fer magnétique se trouve à l'état anhydre dans la nature; il constitue la pierre dite d'*aimant*. On le rencontre particulièrement en Suède. C'est le minerai dont on retire le fer de meilleure qualité. On le produit artificiellement en brûlant le fer dans l'oxygène, ou en faisant passer de la vapeur d'eau sur du fer chauffé au rouge blanc. On peut l'obtenir à l'état d'hydrate : 1° en dissolvant l'oxyde magnétique naturel dans l'acide chlorhydrique et faisant tomber la dissolution dans un excès d'ammoniaque; 2° en versant dans l'ammoniaque des quantités proportionnellement égales de sulfate de protoxyde et de peroxyde. Pour cette dernière préparation, on prend une quantité x de protoxyde que l'on divise en deux. On traite l'une de ces moitiés par l'acide azotique et l'acide sulfurique pour la transformer en sulfate de peroxyde et on la réunit ensuite à la première. On verse la dissolution mélangée dans l'ammoniaque. L'oxyde magnétique hydraté a les mêmes propriétés que l'oxyde magnétique anhydre. Dans les réactions chimiques, cet oxyde n'agit point comme un oxyde fixe, mais plutôt comme un mélange de protoxyde et de sesquioxyde, et de là la double formule que nous lui avons donnée : $Fe^3O^4 = FeO + Fe^2O^3$. Alors, en effet, qu'on dissout l'oxyde magnétique dans un acide, la dissolution paraît formée d'un mélange de sel de protoxyde et de sel de peroxyde. Si l'on verse avec précaution un alcali dans cette dissolution, on voit se précipiter d'abord le peroxyde et ensuite le protoxyde.

A propos des oxydes de manganèse, nous avons déjà rencontré le même fait : $Mn^3O^4 = MnO + Mn^2O^3$; nous le verrons se reproduire dans l'histoire d'autres oxydes métalliques.

ACIDE FERRIQUE FeO^3.

Non plus que le protoxyde de fer, l'acide ferrique n'a pas été obtenu isolé, mais on en démontre l'existence par la décomposition des sels qu'il sert à former. Il y a plusieurs manières de le préparer. Dans la première, on fait chauffer de la limaille de fer avec de l'azotate de potasse. L'acide azotique suroxyde le fer, qui, à l'état d'acide ferrique FeO^3, se combine à la potasse. En reprenant par l'eau, on a une dissolution colorée de ferrate de potasse qui rappelle le manganate de cette base. Dans la seconde, on fait passer un courant de chlore dans une dissolution de potasse caustique contenant de l'hydrate de peroxyde de fer en suspension,

$$3Cl + 5KO + Fe^2O^3 = 3KCl + 2(KO,FeO^3).$$

Le ferrate de potasse, n'étant pas soluble dans la potasse, se dépose en une poudre noire que l'on peut recueillir et sécher. Cet acide est moins stable encore que l'acide manganique. C'est en décomposant le ferrate de potasse par un acide qui le transforme en oxygène et en sesquioxyde de fer, et déterminant les quantités relatives d'oxygène et de sesquioxyde que donne une quantité déterminée de ferrate, qu'on est parvenu à fixer la composition de l'acide ferrique. Ce corps est formé de 1 équivalent de fer pour 3 équivalents d'oxygène.

CHLORURES DE FER

Il y a deux chlorures de fer qui correspondent au protoxyde et au deutoxyde.

Le protochlorure anhydre $FeCl$ se prépare en faisant passer un courant de gaz acide chlorhydrique sur du fer chauffé au rouge. Ce corps cristallise en petites paillettes blanches cubiques.

Le protochlorure hydraté $FeCl,4HO$ s'obtient en dissolvant le fer dans l'acide chlorhydrique. Ses cristaux qui dérivent du prisme rhomboïdal oblique sont verdâtres. Il est très-soluble dans l'eau et dans l'alcool.

Nous avons indiqué que le protochlorure de fer pouvait être employé pour préparer du fer pur.

SESQUICHLORURE DE FER Fe^2Cl^3.

Le sesquichlorure de fer s'obtient en faisant passer du chlore en excès sur du fer chauffé au rouge, ou bien en dissolvant le sesquioxyde de fer dans l'acide chlorhydrique, ou bien encore en traitant à chaud le protochlorure par l'acide azotique. Ce corps est très-soluble. La dissolution laisse déposer, avec le temps, un oxychlorure qui a pour formule $Fe^2Cl^3,(Fe^2O^3)^6,9HO$.

BROMURES DE FER

En remplaçant le chlore par le brôme, on obtient, par les procédés que nous venons d'indiquer, deux bromures qui correspondent aussi aux protoxyde et sesquioxyde, et dont la composition est représentée par les formules FeBr et Fe^2Br^3.

IODURES DE FER

Il existe de même deux iodures de fer. Le protoiodure FeI, qui est un produit pharmaceutique, se prépare en chauffant un mélange de limaille de fer, d'eau et d'iode; le sesquiiodure, en dissolvant de l'hydrate de sesquioxyde de fer dans l'acide iodhydrique, ou en chauffant le fer divisé avec un excès d'iode. Ces deux iodures sont solubles.

FLUORURES DE FER

En dissolvant le fer ou le sesquioxyde de fer dans l'acide fluorhydrique, on obtient aussi deux fluorures, le protofluorure FeFl et le sesquifluorure Fe^2Fl^3.

CYANURES DE FER

Le cyanogène forme avec le fer trois cyanures correspondant aux trois oxydes de fer.

Le protocyanure.	FeCy,
Le sesquicyanure.	Fe^2Cy^3,
Le cyanure magnétique.	Fe^3Cy^4 ou FeCy, Fe^2Cy^3.

SULFURES DE FER

On trouve dans la nature des composés de fer et de soufre, désignés sous le nom de *pyrites*, qui n'ont point leurs analogues dans les composés de fer et d'oxygène. Les pyrites dites *martiales* sont des bisulfures FeS^2, et les pyrites dites *magnétiques* ont reçu pour formules Fe^7S^8 ou $FeS^2,6FeS,Fe^2S^3,5FeS$, ce qui implique, ou qu'elles sont un composé spécial Fe^7S^8, ou une combinaison soit de bisulfure et de protosulfure, soit de sesquisulfure et de protosulfure.

Artificiellement, en combinant directement au feu le soufre et le fer, on prépare un protosulfure FeS correspondant au protoxyde FeO, et un sesquisulfure qui correspond au sesquioxyde Fe^2S^3.

PROTOSULFURE DE FER FeS.

Le protosulfure de fer FeS se rencontre dans la nature uni au sulfure de cuivre. C'est le *cuivre panaché* des minéralogistes. On l'a signalé quelquefois dans les houillères, où il peut donner lieu à des accidents graves, à des incendies terribles. En présence de l'air ou de matières organiques en décomposition, ce corps, en effet, peut absorber de l'oxygène et passer à l'état de sulfate. Dans ce passage, il développe assez de chaleur pour que des gaz hydrogènes sulfurés ou carbonés (feux grisous) et même les charbons prennent feu et s'embrasent rapidement.

On prépare le protosulfure de fer : 1° en chauffant en vases clos de la limaille de fer et de la fleur de soufre; 2° en précipitant un sulfure de fer par un sulfure alcalin,

$$FeOSO^3 + KS = KOSO^3 + FeS;$$

3° en mettant en présence 3 parties de limaille de fer et 2 parties de soufre dans la quantité d'eau nécessaire pour en faire une pâte consistante. Par la réaction, même à la température ordinaire, du soufre sur le fer, il y a décomposition de l'eau, dégagement d'acide sulfureux et formation de protosulfure de fer.

A une certaine époque, on a vu, dans le phénomène ainsi produit, une image des actions volcaniques, et l'on a donné au sulfure résultant de cette réaction le nom de *volcan de Lémery*, du nom du chimiste auteur de l'expérience.

Le protosulfure de fer est de couleur noire avec un certain éclat métallique. Il est insoluble dans l'eau, mais soluble dans les alcalis et les sulfures alcalins, auxquels il donne une couleur verte. Il sert, dans les laboratoires, à préparer l'hydrogène sulfuré (p. 145).

SESQUISULFURE DE FER Fe^2S^3.

Le sesquisulfure de fer se prépare par voie sèche ou par voie humide : en faisant passer un courant d'acide sulfhydrique sur du peroxyde de fer chauffé; en précipitant un sel de sesquioxyde de fer par un sulfure alcalin. Ce corps, d'une couleur grisâtre tirant sur le jaune, est insoluble dans l'eau ; la chaleur le décompose en soufre et pyrite magnétique,

$$7Fe^2S^3 = 2Fe^7S + 5S.$$

PERSULFURE DE FER FeS^3.

On obtient un persulfure de fer FeS^3, correspondant à l'acide ferrique FeO^3, en faisant passer un courant d'acide sulfhydrique dans la dissolution alcaline d'un ferrate de potasse. Il se forme ainsi un sulfure soluble de couleur verte, qui se décompose facilement et donne du sesquisulfure de fer et du soufre.

COMPOSÉS QUATERNAIRES; SELS DE FER

Les sels de fer sont dits au *minimum* ou au *maximum* : au minimum, quand ils ont pour base le protoxyde; au maximum, quand la base est le sesquioxyde. L'oxyde magnétique n'est pas une base; c'est plutôt, ainsi que nous l'avons dit, un composé de protoxyde et de deutoxyde.

CARBONATE DE FER $FeOCO^2$.

Nous avons eu occasion de le dire, le carbonate de fer se trouve cristallisé dans la nature sous le nom de *fer spathique*.

Tenu en dissolution dans certaines eaux minérales à la faveur d'un excès d'acide carbonique, il se dépose quand l'excès d'acide carbonique vient à se dégager en arrivant à l'air libre. Il existe en amas ou rognons dans les terrains houillers, et c'est un minerai d'une exploitation avantageuse.

On le prépare par double décomposition en précipitant un sel de protoxyde de fer par un carbonate alcalin. C'est un sel insoluble, d'un blanc tirant sur le jaune, qui se transforme à l'air en hydrate de sesquioxyde de fer et, par la chaleur, en oxyde magnétique, oxyde de carbone et acide carbonique.

CARBONATE DE PEROXYDE DE FER $Fe^2O^3(2CO^2)$.

Existe-t-il un carbonate de peroxyde? C'est une question pour les chimistes. Alors qu'on verse un carbonate alcalin dans un sel de peroxyde de fer, on obtient bien un précipité, mais ce précipité est un hydrate de peroxyde. Cependant les bicarbonates alcalins dissolvent le sesquioxyde de fer et forment avec lui des dissolutions colorées que la chaleur ne décompose pas. Il est vraisemblable que ces dissolutions contiennent des sels doubles, composés d'un carbonate alcalin et de carbonate de sesquioxyde de fer.

AZOTATE DE PROTOXYDE DE FER $FeOAzO^5$.

On peut obtenir ce sel en décomposant le sulfure de fer par l'acide azotique, mais il est mieux de le préparer en précipitant le sulfate de protoxyde de fer par l'azotate de plomb ou de baryte. Par double décomposition, il se forme du sulfate de plomb ou de baryte insoluble, et de l'azotate de protoxyde de fer soluble. On fait ensuite cristalliser le sel, qui est d'une couleur verdâtre.

AZOTATE DE PEROXYDE DE FER $Fe^2O^33AzO^5$.

L'azotate de peroxyde se prépare en dissolvant le fer ou l'hydrate de sesquioxyde de fer dans l'acide azotique. Ce sel est d'un blanc tirant sur le jaune. Les azotates de protoxyde et de sesquioxyde de fer peuvent former des sels doubles.

SULFATE DE PROTOXYDE DE FER $FeOSO^37HO$.

Le sulfate de protoxyde de fer est désigné dans le commerce sous le nom de *couperose verte* ou de *vitriol vert*. On le prépare en grand par le grillage des pyrites ou sulfures de fer naturels. A l'air, le sulfure absorbe l'oxygène et passe ainsi à l'état de sulfate. On dissout le sel dans l'eau et on l'obtient par cristallisation. Mais, en raison des gangues qui enveloppent quelquefois les pyrites, le vitriol vert du commerce est assez souvent très-impur; il peut contenir des sels de chaux, d'alumine, de manganèse, de zinc et de cuivre. On doit en être prévenu pour le purifier au besoin. On obtient du sulfate de fer pur en traitant le fer par l'acide sulfurique étendu. Dans la réaction, il se dégage de l'hydrogène.

$$Fe + SO^3HO = FeOSO^3 + H.$$

Le sulfate de protoxyde de fer cristallise en prismes rhomboïdaux avec 7 équivalents d'eau, $FeO,SO^3,7HO$. Il est de couleur vert d'eau, il a une saveur astringente et styptique. La couperose verte du commerce est souvent souillée d'une matière ocreuse ou rougeâtre qui est un sous-sulfate de peroxyde. On la purifie en faisant dissoudre le sel dans l'eau et ajoutant à la dissolution de la limaille de fer. Par l'ébullition, le sous-sulfate de peroxyde est ramené à l'état de sulfate de protoxyde. On remarque que le sulfate de protoxyde de fer du commerce n'a pas toujours la même nuance. On le trouve dans les fabriques tantôt d'un bleu verdâtre, tantôt d'un vert pâle, ou même d'un vert d'émeraude. Cela tient aux conditions diverses dans lesquelles on l'a fait cristalliser et au nombre d'équivalents d'eau qu'il retient. A 100°, en effet, il perd 6 équivalents d'eau et devient d'un bleu grisâtre.

Le sulfate de fer est une matière industrielle de premier ordre. Il sert à la fabrication de l'acide sulfurique de Nordhausen, du bleu de Prusse, du colcothar, de l'encre, des vernis et des fonds noirs en teinture, etc. Dans le laboratoire, c'est le réactif propre à précipiter l'or de ses dissolutions

SULFATE DE SESQUIOXYDE DE FER $Fe^2O^3(SO^3)^3 9HO$.

Le sulfate de sesquioxyde de fer se prépare en traitant le sesquioxyde de fer par l'acide sulfurique, ou en suroxydant le sulfate de protoxyde au moyen de l'acide azotique. On chauffe ensuite avec l'acide sulfurique jusqu'à ce qu'il ne se dégage plus de vapeurs. Ce sel est soluble dans l'eau et se décompose par l'ébullition en un sous-sel hydraté. On l'a trouvé au Chili.

Caractères distinctifs des sels de fer au maximum et au minimum; dosage et équivalent du fer. — Les sels de fer se distinguent déjà par leur couleur. Les sels de protoxyde sont généralement verts quand ils sont hydratés, à peu près incolores quand ils sont anhydres ; les sels de peroxyde sont jaunes.

Avec la potasse, la soude et l'ammoniaque, les sels de protoxyde donnent des précipités blanc verdâtre, se transformant à l'air en hydrates verts d'oxyde magnétique, puis en hydrates jaunes de sesquioxyde. Les sels de peroxyde donnent immédiatement des précipités bruns.

Avec l'acide sulfhydrique, il n'y a pas de précipité pour les sels au minimum ; il y a un précipité de soufre pour les sels au maximum. En présence des acétates, les sels au minimum précipitent en noir.

Avec le cyanoferrure jaune de potassium, les sels au minimum ne donnent qu'un précipité blanc, mais qui finit par bleuir à l'air par suite d'une suroxydation du protoxyde ; les sels au maximum donnent immédiatement un précipité azur (bleu de Prusse).

Le cyanoferrure rouge donne avec les sels au minimum un précipité bleu, et avec les sels au maximum tout au plus une légère coloration verdâtre. L'ensemble de ces caractères suffit à distinguer les deux genres de sels de fer. Ajoutons toutefois que les sels de fer au minimum donnent, avec le chlorure d'or, un précipité noir d'or métallique.

Le fer se dose le plus souvent à l'état de sesquioxyde. On le précipite de ses dissolutions par l'ammoniaque, ou mieux par le succinate d'ammoniaque. Quelquefois on dose le fer à l'état de protoxyde au moyen d'une liqueur titrée de permanganate de potasse. En présence du protoxyde de fer, le permanganate de potasse se décolore parce qu'il se décompose en protoxyde de manganèse et en potasse qui se combine avec l'acide du sel ferreux, tandis que l'oxygène rendu libre fait passer le protoxyde à l'état de sesquioxyde. Tant qu'il reste du protoxyde de fer dans la liqueur, la décoloration du permanganate de potasse continue ; elle s'arrête subitement quand tout le protoxyde a passé à l'état de sesquioxyde. La liqueur de permanganate étant titrée, il est facile de déterminer la quantité de fer à l'état de protoxyde que contient une dissolution saline quelconque.

Dans le sesquioxyde de fer Fe^2O^3, il existe pour 100 parties 69,34 de fer et 30,66 d'oxygène. Pour obtenir l'équivalent du fer, on dira donc :

$$30{,}66 : 300 :: \frac{69{,}34}{2} : x ;$$

d'où $x = \frac{34{,}67 \times 300}{30{,}66}$, c'est-à-dire 339,23.

LX

CHROME Cr. 26,76 — 334,50

Les minerais de chrome sont assez rares. Ce métal a été extrait, pour la première fois, en 1797, par Vauquelin, d'une terre appelée *plomb rouge de Sibérie*, et depuis, chromate de plomb. Aujourd'hui c'est plutôt du fer chromé, dont on a trouvé diverses espèces dans l'Oural, en Sibérie, en Styrie, à Baltimore, à l'île des Vaches et dans le département du Var, qu'on tire le chrome, ainsi nommé des belles couleurs que ses divers composés fournissent à l'industrie (χρῶμα, couleur). Le spinelle rouge ou rubis, la serpentine, l'émeraude empruntent leurs nuances délicates et diverses à l'acide chromique ou à l'oxyde de chrome.

On prépare le chrome en chauffant au feu de forge, ou dans l'appareil de M. H. Sainte-Claire-Deville (V. p. 373), le sesquioxyde de chrome en présence du charbon, ou bien en décomposant le sesquichlorure de chrome par le potassium. Quand on opère sur le sesquioxyde de chrome au moyen du charbon, il faut reprendre à deux fois la calcination ; dans la première, en effet, le métal s'est imprégné de charbon, on n'a obtenu qu'un acier de chrome, si l'on peut se servir de cette expression. Pour faire disparaître ce charbon, il faut, dans une nouvelle fusion, le faire brûler en contact d'une certaine proportion d'oxyde vert de chrome. L'oxygène de cet oxyde sert de comburant au carbone du chrome et l'on peut ainsi obtenir le métal à peu près pur. Quand il a été bien préparé, le chrome est d'un gris de fer qui prend de l'éclat au brunissoir. Il est très-dur et raye facilement le verre. Sa densité est de 6 environ. Il ne s'oxyde pas à l'air, et n'est qu'assez difficilement attaqué par les acides. Mais les alcalis le dissolvent surtout en présence des chlorates et des azotates; ils le transforment en chromates alcalins. Le chrome dévie l'aiguille aimantée.

COMBINAISONS DU CHROME AVEC LES MÉTALLOÏDES

Le chrome forme avec l'oxygène des composés qui correspondent aux composés oxygénés du manganèse et du fer :

1 protoxyde.	CrO,
1 sesquioxyde.	Cr^2O^3,
1 deutoxyde.	Cr^3O^4,

qui peut être une combinaison de protoxyde et de deutoxyde : $CrO + Cr^2O^3 = Cr^3O^4$,

1 acide chromique.	CrO^3,
1 acide perchromique. . .	Cr^2O^7.

PROTOXYDE DE CHROME CrO.

De même que les protoxydes de fer et de manganèse, le protoxyde de chrome n'existe qu'à l'état de combinaison avec les acides. Quand on le précipite d'une dissolution à l'aide d'un alcali, il est à l'état d'hydrate $CrO4HO$, qui se décompose rapidement à l'air pour passer à l'état de deutoxyde Cr^3O^4. On a déduit la composition du protoxyde de chrome de celle du protochlorure; on l'a ainsi trouvé formé de :

1 équivalent de chrome.	334,50
Et de 1 équivalent d'oxygène. . . .	100,00
	434,50

En centièmes. $\left\{\begin{array}{l} 434,50 : 334,50 :: 100 : Cr;\ Cr = 76,98 \\ 434,50 : 100 :: 100 : O;\ O = 23,02 \end{array}\right\} 100.$

DEUTOXYDE DE CHROME Cr^3O^4.

Le deutoxyde de chrome s'obtient, comme nous venons de le dire, en précipitant un protosel de chrome par un alcali. Le protoxyde se précipite d'abord, mais il ne tarde pas à décomposer l'eau et, en dégageant de l'hydrogène, à se transformer en deutoxyde hydraté Cr^3O^4HO. Cet hydrate chauffé devient deutoxyde Cr^3O^4 ou CrO,Cr^2O^3. Ce composé correspond à l'oxyde magnétique ferreux; il est, comme lui, de couleur brune.

SESQUIOXYDE DE CHROME Cr^2O^3.

Le sesquioxyde, ou oxyde vert de chrome, est l'un des composés les plus importants de ce métal. On le trouve dans la nature à l'état anhydre et à l'état hydraté (wolkonskoïte), uni au fer pour former le fer chromé. Il colore le spinelle, l'émeraude et la serpentine. On le prépare par un grand nombre de procédés :

1° En calcinant l'hydrate de sesquioxyde de chrome;

2° En chauffant le chromate de protoxyde de mercure :

$$2(Hg^2O, CrO^3) = Cr^2O^3 + O^3 + 2Hg;$$

3° En chauffant le bichromate de potasse avec son poids de soufre :

$$KO,2CrO^3 + S = Cr^2O^3 + KOSO^3;$$

on sépare par l'eau le chromate de potasse;

4° En chauffant ensemble :

Bichromate de potasse.	2 parties,
Chlorhydrate d'ammoniaque. .	3 parties,
Carbonate de potasse.	2 parties :

$$KO2CrO^3 + KOCO^2 + 2AzH^3HCl = 2KCl + Cr^2O^3 + 5HO$$
$$+ Az + AzH^3CO^2;$$

Par l'eau encore on sépare le chlorure de potassium d'avec le sesquioxyde de chrome ;

5° et 6° En calcinant le chromate de potasse seul, ou en le chauffant dans un courant de chlore. Dans le premier cas, il se forme du carbonate de potasse et du sesquioxyde de chrome qu'on sépare par l'eau,

$$2KOCrO^3 + 2CO = 2KOCO^2 + Cr^2O^3.$$

dans le second, il se forme de même de l'oxyde vert de chrome et du chlorure de potassium,

$$2KOCrO^3 + 2Cl = 2KCl + Cr^2O^3 + 3O;$$

7° En décomposant le chromate d'ammoniaque par la chaleur;

8° En faisant passer dans un tube de porcelaine chauffé au rouge des vapeurs d'acide chlorochromique CrO^2Cl :

$$2CrO^2Cl = Cr^2O^3 + 2Cl + O.$$

Dans ce dernier cas particulièrement, M. Wœhler a obtenu le sesquioxyde de chrome en cristaux brillants aussi durs que le corindon et capables de rayer le verre comme le fait le diamant.

On obtiendra le sesquioxyde de chrome à l'état d'hydrate $Cr^2O^3 10HO$ en précipitant un sel de chrome par la potasse ou l'ammoniaque. En enlevant, soit par la chaleur, soit par les alcalis, un ou plusieurs équivalents d'eau à cet hydrate, on a obtenu divers sesquioxydes hydratés de nuances différentes et plus ou moins solubles. A 200°, les sesquioxydes hydratés perdent jusqu'à leur dernier équivalent d'eau.

Le sesquioxyde de chrome est d'un beau vert, insoluble dans l'eau et dans les alcalis, insoluble même dans les acides alors qu'il a été calciné. Au rouge naissant, il éprouve un phénomène d'incandescence remarquable, perd de sa cohésion et devient attaquable par les acides comme par les alcalis. Chauffé dans les fondants, tels que le verre et le borax, il leur imprime une belle coloration verte fort recherchée, particulièrement pour les peintures sur porcelaine.

ACIDE CHROMIQUE CrO^3.

L'acide chromique se prépare en versant peu à peu dans une dissolution saturée de chromate de potasse, à 50 ou 60°, une fois et demie son volume d'acide sulfurique concentré du commerce. Il se forme du bisulfate de potasse soluble et de l'acide chromique qui, par le refroidissement de la liqueur, dépose en belles aiguilles rouges. On décante, puis l'on sèche les cristaux, pour les reprendre ensuite par l'eau, et précipiter l'acide sulfurique qu'ils peuvent retenir au moyen du bichromate de baryte. Il se forme du sulfate de baryte insoluble, et la liqueur, d'un beau rouge, donne, par évaporation, des cristaux de même couleur.

L'acide chromique tache la peau en jaune; il est déliquescent à l'air. La chaleur le décompose; il en est de même de l'alcool quand l'acide est anhydre: il se dégage de l'oxygène et il se forme du sesquioxyde de chrome. Dans ce passage, la chaleur peut être assez grande pour enflammer l'alcool. L'acide sulfurique agit de même et plus énergiquement; dans le laboratoire, on prépare quelquefois l'oxygène par cette réaction de l'acide sulfurique sur l'acide chromique. L'acide chlorhydrique transforme l'acide chromique en sesquichlorure de chlore. Quelques chimistes pensent que l'acide chromique peut se combiner soit avec les acides, soit avec les bases. Avec l'acide sulfurique, il formerait un acide double anhydre ou hydraté,

$$CrO^3 (SO^3)^3 ; CrO^3SO^3HO.$$

Avec le sesquioxyde de chlore lui-même, il formerait un chromate représenté par la formule Cr^2O^3, CrO^3.

ACIDE PERCHROMIQUE Cr^2O^7.

M. Bareswill a préparé un acide perchromique d'un beau bleu en traitant l'acide chromique par l'eau oxygénée, et en dissolvant du bioxyde de baryum dans un mélange d'acide chromique et d'acide chlorhydrique; mais cet acide est fort instable et l'on n'a pu même jusqu'ici le combiner à aucune base minérale. M. Bareswill l'a obtenu toutefois en combinaison avec quelques alcalis organiques, notamment avec la quinine.

On a préparé un azoture de chrome de couleur brune en faisant passer un courant de chlorhydrate d'ammoniaque sur du sesquichlorure de chrome chauffé ; deux sulfures de chrome d'apparence métallique, en précipitant un sel de sesquioxyde de cette base par un sulfure soluble, ou en faisant passer des vapeurs de sulfure de carbone sur du sesquioxyde de chrome chauffé au rouge; un phosphure de chrome de couleur noire en faisant agir directement le chrome sur le phosphore, ou en exposant le sesquichlorure de chlore anhydre chauffé à un courant d'hydrogène phosphoré ; mais ces composés n'offrent aucun intérêt. Arrêtons-nous seulement aux composés de chlore et de chrome.

Ces composés sont au nombre de deux : le protochlorure et le sesquichlorure. Le protochlorure CrCl est blanc, soluble dans l'eau; sa dissolution est bleue. Il absorbe promptement l'oxygène de l'air et passe à l'état d'oxychlorure insoluble Cr^2Cl^2O.

Le sesquichlorure Cr^2O^3, qui correspond au sesquioxyde comme le protochlorure correspond au protoxyde, peut se présenter sous deux modifications différentes : l'une de couleur verte, l'autre de couleur violette.

On prépare le sesquichlorure de chrome en faisant passer un courant de chlore sec sur un mélange de sesquioxyde de chrome et de charbon. On obtient ainsi un sesquichlorure anhydre que l'eau froide ne dissout pas; mais l'eau bouillante l'attaque et donne une dissolution de couleur verte. A l'eau froide, qu'on ajoute une seule goutte de protochlorure de chrome, la dissolution est instantanée par suite de la chaleur dégagée et de la combinaison qui se produit.

Quand on dissout l'hydrate de sesquioxyde de chrome dans l'acide chlorhydrique, on obtient aussi une belle dissolution verte qui donne des cristaux après évaporation du liquide. Ces cristaux ont pour formule $Cr^2Cl^3 + 9HO$. Chauffés, ils perdent de l'eau et de l'acide chlorhydrique, et passent à l'état d'oxychlorure. Quelques chimistes pensent que ce sesquichlorure est un chlorhydrate $Cr^2O^3\ 3HCl + 6HO$.

Lorsqu'on chauffe jusqu'à 200° ce sesquichlorure ou chorhydrate, il perd, à l'état d'eau, tout l'hydrogène qu'il contient et se transforme en sesquichlorure anhydre violet Cr^2Cl^3. Ces deux modifications du sesquichlorure vert et violet se distinguent par diverses réactions chimiques. Ainsi le sesquichlorure vert ne précipite que les $\frac{2}{3}$ de son chlore par l'azotate d'argent; la modification violette, au contraire, en abandonne la totalité; mais le sesquichlorure violet se transforme à l'air en sesquichlorure vert.

On prépare le protochlorure de chrome en faisant passer un courant d'hydrogène sur du sesquichlorure chauffé au rouge dans un tube de porcelaine.

SELS DE CHROME

SELS FORMÉS PAR LE PROTOXYDE ET LE SESQUIOXYDE DE CHROME

Les sels de protoxyde de chrome se reconnaissent aux caractères suivants.

Ils donnent :

Avec la potasse caustique.	Un précipité brun formé d'hydrate de protoxyde, de chrome, qui se transforme à l'air en hydrate brun clair de deutoxyde, en dégageant de l'hydrogène;
Avec le carbonate de potasse.	Un précipité brun de carbonate de protoxyde de chrome;
Avec le sulfhydrate d'ammoniaque. . .	Un précipité noir;
Avec le cyanoferrure de potassium. .	Un précipité jaune verdâtre.

Les corps oxydants, le chlore, l'acide azotique, les transforment facilement en sels de sesquioxyde.

Les sels de sesquioxyde donnent :

Avec la potasse caustique.	Un précipité verdâtre, soluble avec une belle couleur verte dans un excès de réactif; par évaporation de la liqueur, l'oxyde vert se précipite de nouveau;

Avec l'ammoniaque.	Un précipité d'un gris verdâtre, non soluble dans un excès d'alcali si le sel de chrome est vert, mais soluble, avec coloration rouge, si le sel est violet;
Avec le carbonate de potasse.	Un précipité vert, soluble dans un excès de réactif;
Avec le sulfhydrate d'ammoniaque.	Un précipité brun verdâtre;
Avec le phosphate de soude.	Un précipité vert, soluble dans un excès de réactif.

En outre, les sels et, en général, tous les composés de chrome donnent au feu dans les fondants une belle coloration verte.

Les sels de protoxyde de chrome sont peu stables, ils absorbent l'oxygène de l'air et se transforment en sels de sesquioxyde. Ceux-ci sont généralement d'une belle couleur verte, améthiste ou rouge. On attribue ces différences de coloration aux degrés divers d'hydratation du sesquioxyde de chrome.

CARBONATE DE SESQUIOXYDE DE CHROME

Le carbonate de sesquioxyde de chrome s'obtient en versant un carbonate alcalin dans la dissolution d'un sel neutre de sesquioxyde. Il se forme un précipité d'un gris verdâtre qui a pour formule $(Cr^2O^3)^4CO^2HO$. Le sel se dissout à chaud dans un excès d'alcali. La dissolution offre une belle coloration verte.

AZOTATE DE SESQUIOXYDE DE CHROME

On obtient l'azotate de sesquioxyde de chrome en dissolvant le sesquioxyde hydraté dans l'acide azotique et faisant évaporer la liqueur. Ce sel est déliquescent, d'une belle couleur verte. Il se décompose par la chaleur, et donne une matière de couleur brune que l'on regarde comme un chromate de sesquioxyde $Cr^2O^3CrO^3$.

SULFATE DE SESQUIOXYDE DE CHROME

On connaît le sulfate de sesquioxyde de chrome sous trois nuances ou modifications distinctes, le violet, le vert et le rouge. On obtient le sulfate de sesquioxyde de chrome violet en abandonnant à l'air, dans un flacon non fermé, un mélange à proportions approximativement égales d'acide sulfurique et de sesquioxyde de chrome desséché à 100°. La dissolution verdit d'abord, puis bleuit, puis se convertit en un magma verdâtre qu'il faut dissoudre dans l'eau. En ajoutant de l'alcool, il se précipite une poudre violette, qu'on rassemble et qu'on traite à nouveau par l'alcool; elle s'y dissout et dépose ensuite, par évaporation, des cristaux octaédriques dont la formule est $Cr^2O^3(SO^3)^3,5HO$.

Si l'on fait chauffer ce sulfate violet, ou si l'on dissout à chaud le sesquioxyde de chrome dans l'acide sulfurique concentré, on obtient le sulfate de sesquioxyde de chrome vert.

Entre le sulfate violet et le sulfate vert, il y a cette différence déjà remarquée entre le sesquichlorure de chrome vert et le sesquichlorure de chrome de nuance violette : le sulfate de chrome à nuance verte n'est pas précipité en entier par les sels de baryte; le sulfate à nuance violette est entièrement décomposé, au contraire, par ces sels.

Quant au sulfate de sesquioxyde de chrome rouge, il se distingue des deux précédents par son insolubilité. On l'obtient en dissolvant le sulfate violet ou le sulfate vert dans l'acide sulfurique chauffé jusqu'à 200°.

SELS FORMÉS PAR L'ACIDE CHROMIQUE

L'acide chromique forme avec les bases une série de sels intéressants. Avec les bases alcalines, il donne lieu à des sels solubles et colorés qu'on peut obtenir en beaux cristaux. On les distingue en chromates et en bichromates. Ils sont, en général, doués d'une puissance tinctoriale très-puissante et on les emploie particulièrement pour la teinture des toiles.

Les chromates de potasse se préparent avec le minerai de

chrome le plus répandu, le fer chromé. Ce minerai contient, en proportions qui varient, de l'oxyde de chrome, du protoxyde de fer, de l'alumine et de la silice. En traitant dans un fourneau à réverbère le fer chromé, préalablement purifié et réduit en poudre, par du carbonate et de l'azotate de potasse, on suroxyde les bases, on fait passer le chrome à l'état d'acide chromique et l'on obtient du chromate et du bichromate de potasse mêlés de silicate et d'aluminate de la même base. L'eau dissout tous ces produits, mais au moyen d'un acide, de l'acide acétique par exemple, on précipite la silice et l'alumine, et l'on obtient du chromate et du bichromate de potasse. On sépare ces sels inégalement solubles par la cristallisation, et l'on obtient séparément du chromate neutre et du bichromate.

Le chromate de potasse est de couleur jaune et le bichromate de belle couleur rouge. Le chromate neutre,

$$KOCrO^3 + 10HO$$

est isomorphe avec le sulfate de potasse $KOSO^3 + 10HO$, et le bichromate $KO2CrO^3$ isomorphe avec le bisulfate $KO2SO^3$.

Le chromate de potasse se combine avec les sulfates de potasse, de soude et d'ammoniaque pour former des sels doubles isomorphes avec les aluns et que, par extension, on a appelés aluns de chrome. En voici les formules :

$$Cr^2O^3\,3SO^3 + KOSO^3 + 24HO,$$
$$id. \quad + NaOSO^3 + 24HO,$$
$$id. \quad + (AzH^3HO)SO^3 + 24HO.$$

Le bichromate de potasse se combine également avec les sulfates de potasse, de soude et d'ammoniaque pour former des sels dont la composition est :

$$KO(CrO^3)^2,\ KOSO^3,$$
$$NaO(CrO^3),\ NaOSO^3,$$
$$AzH^3CrO^3,\ AzH^3SO^3.$$

DOSAGE ET ÉQUIVALENT DU CHROME. — On dose le chrome à

l'état d'oxyde vert ou sesquioxyde de la formule Cr^2O^3. Dans ce but, on fait passer le métal à l'état de chlorure ou de sulfate par l'action des acides chlorhydrique ou sulfurique et on précipite la dissolution bouillante par l'ammoniaque. On recueille le précipité, on le lave, puis on le calcine. En 100 parties de sesquioxyde de chrome, on a trouvé 30,96 d'oxygène et 69,04 de chrome. D'où l'équation :

$$30{,}96 : 300 :: \frac{69{,}04}{2} : x.$$

En conséquence, x ou l'équivalent du chrome $= \frac{34.52 \times 300}{30{,}96}$, c'est-à-dire 334,50.

LXI

COBALT Co. 29,52 — 369

C'est à Brandt, l'auteur de la découverte du phosphore, qu'on fait généralement honneur d'avoir obtenu le premier le cobalt à l'état métallique. On a pensé pourtant que Paracelse avait pu connaître ce métal, dont il aurait dit qu'il avait la couleur du fer, qu'il était sans éclat, et qu'il ne se laissait pas travailler. Mais Paracelse, en s'entourant de mystère, se faisait aussi bien un mérite de ce qu'il ignorait que de ce qu'il croyait savoir. Il est certain qu'avant Paracelse même et dès le xve siècle, on faisait usage de la mine de cobalt pour colorer le verre. Si c'était aux étymologistes qu'on dût demander l'origine des noms et la connaissance des choses, ils ne pourraient manquer de nous assurer que *kobalt* vient de *kobolth*, et que kobolths fut le nom donné aux esprits gardiens des métaux dans les mines. Et de là, par descendance, ils en viendraient sans doute à nous dire que le moyen âge, qui a cru aux kobolths, a nécessairement connu et nommé le kobalt. Sans nous arrêter à ces débats, voici le procédé propre à extraire le métal de ses *mines* ou minerais (ordinairement un arsénio-sulfure de fer et de cobalt).

On grille le minerai dans un fourneau à moufle en y ajoutant de temps en temps du charbon en poudre pour réduire et volatiliser l'arsenic. Le fer et le cobalt étant amenés par la calcination à l'état d'oxydes, on les reprend par l'acide sulfurique aiguisé d'une petite quantité d'acide chlorhydrique. Après une forte ébullition, on étend d'eau, on précipite l'oxyde de fer par la craie, les métaux étrangers par l'acide sulfhydrique; on décante ou l'on filtre, et, dans la liqueur concentrée, on n'a plus que du sulfate de cobalt qui cristallise par refroidissement.

De ce sulfate on obtient facilement, par voie sèche ou par voie humide, de l'oxyde anhydre ou hydraté, qu'on peut réduire par le charbon ou par l'hybrogène.

Toutefois, c'est plutôt au moyen de l'oxalate de cobalt que l'on prépare le métal pour l'obtenir en certaine quantité et parfaitement pur. On tasse le sel dans un tube de porcelaine fermé par un bout, de manière à en faire entrer la plus grande quantité possible; on ferme ce tube par un couvercle et on le place dans un creuset de terre réfractaire en l'enveloppant d'argile. On chauffe dans un violent feu de forge. L'oxalate se décompose, il se dégage de l'acide carbonique et le métal se trouve réduit :

$$CoOC^2O^3 = Co + 2CO^2 (*).$$

Le cobalt ainsi obtenu est compacte, dur et d'un gris d'acier; on peut lui donner un beau poli. Celui qu'on prépare par la réduction de l'oxyde au moyen de l'hydrogène est toujours poreux et pyrophorique, comme le fer préparé par le même procédé de réduction.

Le cobalt est magnétique comme le fer; il est moins altérable à l'air que ce métal; mais, dans une atmosphère humide, il se couvre d'une sorte de rouille de couleur brune (sesquioxyde).

(*) L'acide oxalique a pour formule C^2O^3HO. Il est composé de 2 équivalents de carbone et de 3 équivalents d'oxygène.

Les acides azotique, sulfurique et chlorhydrique étendus d'eau le dissolvent avec dégagement d'hydrogène.

COMBINAISONS DU COBALT AVEC LES MÉTALLOÏDES

OXYDES DE COBALT

Le cobalt forme avec l'oxygène deux oxydes bien définis, le protoxyde CoO, le sesquioxyde Co^2O^3, et deux oxydes dits intermédiaires Co^3O^4 et Co^6O^7.

On obtient le protoxyde à l'état d'hydrate en précipitant un sel de cobalt par la potasse caustique, et le protoxyde anhydre en calcinant cet hydrate ou le carbonate de cobalt. Le protoxyde de cobalt est d'un gris cendré. Chauffé à l'air, il absorbe de l'oxygène et passe à l'état d'oxyde intermédiaire Co^3O^4 ou $CoO + Co^2O^3$, oxyde correspondant à l'oxyde de fer magnétique. Chauffé dans un fondant avec le borax ou avec la matière du verre, il donne lieu à des émaux d'un très-beau bleu, caractère qui le distingue de tous les autres oxydes métalliques.

Avec les alcalis, il donne des composés colorés solubles; avec les terres, des composés colorés insolubles. Ces derniers sont remarquables et précieux pour les arts. Ainsi, avec la magnésie la combinaison est rose; avec l'alumine, d'un bleu d'azur ou de lapis lazuli magnifique; avec l'oxyde de zinc, d'un beau vert.

Avec les acides, le protoxyde de cobalt forme aussi des sels colorés très-stables que nous retrouverons plus loin.

On obtient le sesquioxyde hydraté en faisant passer un courant de chlore dans de l'eau qui tient en suspension du protoxyde hydraté. La réaction est donnée par l'équation :

$$3CoO + Cl = Co^2O^3 + CoCl.$$

Le chlore fait passer le protoxyde à l'état de chlorure, qui se dissout et abandonne de l'oxygène à une portion de protoxyde qui se change en sesquioxyde.

On obtient de même le sesquioxyde hydraté en faisant passer le chlore dans le carbonate de cobalt en suspension dans l'eau.

Le sesquioxyde anhydre se prépare soit en calcinant légèrement l'azotate de cobalt, soit en chauffant à l'air le cobalt réduit par l'hydrogène.

Le sesquioxyde de cobalt est une base faible. Les sels qu'il concourt à former se décomposent par la chaleur, dégagent de l'oxygène et se transforment en sels de protoxyde.

Alors qu'on calcine le carbonate de cobalt, on obtient l'oxyde intermédiaire Co^6O^7. On pense que les oxydes de cobalt peuvent se combiner entre eux en diverses proportions.

SULFURES DE COBALT

Il y a trois sulfures de cobalt : le protosulfure CoS, qu'on obtient en faisant passer un courant d'acide sulfhydrique dans la dissolution d'un sel de cobalt neutre, ou d'un sel acide en présence de l'acétate de soude ; le sesquisulfure Co^2S^3, qui se trouve dans la nature et que l'on prépare en faisant passer un courant d'acide sulfhydrique sec sur du sesquioxyde de cobalt ; et le bisulfure CoS^2, qui se forme lorsqu'on chauffe, à une température qui ne dépasse pas celle de la volatilisation du soufre, un mélange de 1 partie de carbonate de potasse et de 1 partie et demie de soufre.

CHLORURES DE COBALT

Quand on attaque par l'acide chlorhydrique le protoxyde, le sesquioxyde ou le carbonate de cobalt, on obtient une dissolution qui, selon le degré d'acidité ou de concentration, est rose ou bleue. Par évaporation, il se dépose des cristaux hydratés à peine colorés que la chaleur décompose facilement en chlorure anhydre volatil et en oxyde de cobalt rose ou bleu. Si l'on trace sur le papier des caractères avec le chlorure hydraté

$CoCl,HO$, les caractères, en séchant, se confondent avec la couleur blanche du papier. Approche-t-on le papier du feu, les caractères ressortent avec une belle couleur rose ou bleue, que le refroidissement dissimule et que la chaleur peut faire reparaître ainsi à diverses reprises. C'est là ce qu'on appelle une *encre de sympathie*. La chimie en fournit un grand nombre d'autres.

Le sesquichlorure de cobalt Co^2Cl^3 se prépare en laissant dissoudre à froid et lentement le sesquioxyde de cobalt dans l'acide chlorhydrique. Le sesquichlorure est plus facilement décomposable encore par la chaleur que le protochlorure.

ARSÉNIURES DE COBALT

On trouve dans la nature deux arséniures de cobalt $CoAs$ et Co^2As^3, qui correspondent au protoxyde et au sesquioxyde, et un arsénio-sulfure $CoAs^2CoS^2$. Ce dernier composé se trouve en cristaux cubo-octaédriques abondants et assez purs à Tunaberg, en Suède. C'est le minerai qu'on emploie de préférence dans le laboratoire pour préparer les composés de cobalt.

SELS DE COBALT

CARBONATES DE COBALT

Quand on précipite les sels de cobalt de leurs dissolutions au moyen d'un carbonate alcalin, on n'obtient pas un carbonate neutre $CoCO^2$; mais une combinaison de carbonate neutre avec de l'oxyde de cobalt hydraté.

Au précipité rouge qui se forme lorsqu'on traite à chaud la dissolution d'un sel de cobalt par un carbonate alcalin, on a donné la formule (CoO^3) $(Co^2)^2,4HO$;

Au précipité plus clair obtenu quand la réaction se fait à froid, la formule $(CoO)^3$ $(Co^2)^2 7HO$;

Et, enfin, à la poudre bleue indigo qui se sépare quand on porte à l'ébullition du carbonate de cobalt avec du carbonate de soude, la formule $(CoO)^4 CO^2$, 4HO.

AZOTATE DE COBALT $CoOAzO^5$.

Le protoxyde de cobalt chauffé avec l'acide azotique donne des cristaux rouges d'azotate de cobalt. Ce sel est déliquescent, et se décompose facilement par la chaleur. Il reste du peroxyde de cobalt.

SULFATE DE COBALT

Nous avons indiqué plus haut (p. 412) comment l'on obtient le sulfate de cobalt. Selon que l'on fait cristalliser le sel dans des dissolutions chauffées au-dessus ou au-dessous de 15°, on obtient des sulfates à 6 ou 7 équivalents d'eau. Le sulfate de cobalt à 7 équivalents d'eau est de couleur rouge et il cristallise comme le sulfate de fer; il a pour formule $CoO,SO^3 7HO$. Le sulfate à 6 équivalents d'eau forme des sels doubles parfaitement cristallisables avec le sulfate de potasse et le sulfate d'ammoniaque

$$(CoOSO^3)(KO,SO^3), 6HO — CoOSO^3)(AzH^3HOSO^3), 6HO.$$

PHOSPHATE DE COBALT

Le phosphate s'obtient en précipitant un sel soluble de cobalt par le phosphate de soude. Il est d'une belle couleur violette et donne, quand on le calcine au rouge cerise avec 8 parties d'alumine en gelée, un composé désigné sous le nom de bleu de Thénard, et dont on fait usage dans les arts.

SILICATE DE COBALT

On désigne sous le nom de *safre* un composé de silice et d'oxyde de cobalt qui sert à préparer l'azur. Le *safre*, que l'on vend dans le commerce, est la matière qui résulte du grillage d'un minerai de cobalt avec du sable quartzeux.

SMALT OU AZUR

Le smalt ou azur est un composé de silicate de cobalt et de potasse uni à divers oxydes (fer, plomb, alumine). Voici le procédé industriel par lequel on le prépare :

On grille le minerai et on le réduit en poudre. De cette poudre on fait avec l'acide sulfurique un magma assez épais qu'on calcine. On reprend le produit de la calcination et on le traite par l'eau bouillante. On filtre la liqueur, on l'aiguise d'acide sulfurique pour la saturer ensuite de carbonate de soude. Il se forme un précipité brun de sous-arséniate de fer, et il ne reste dans la liqueur que du sulfate de cobalt. D'un autre côté, on a préparé du silicate de potasse en calcinant 10 parties de potasse, 10 parties de sable quartzeux et 1 partie de poussière de charbon, qu'on reprend, après la calcination, par l'eau bouillante. Au moyen de ce silicate de potasse, on précipite le sulfate de cobalt. Dans la réaction, il se forme du sulfate de potasse soluble et il se précipite de la silice gélatineuse et de l'oxyde de cobalt. C'est ce précipité siliceux ou *smalt* qui est employé pour colorer le verre et la porcelaine. L'Allemagne, qui exploite en grand ce produit, n'en fournit pas moins de 15,000 quintaux métriques par an au commerce.

Analyse des composés de cobalt, dosage et équivalent du métal. — Les composés dans lesquels il se rencontre, sous une forme quelconque, des oxydes ou des sels de cobalt, sont faciles à reconnaître à un caractère général. Ils donnent, au chalumeau, dans les fondants (acide borique, alumine), un émail coloré en bleu ou azur magnifique ; en second lieu, les dissolutions salines se reconnaissent aux caractères suivants.

Elles donnent :

Avec les alcalis, potasse, soude et ammoniaque..	Un précipité bleu (protoxyde) qui devient vert en se suroxydant (deutoxyde);
Avec les carbonates alcalins	Un précipité rouge (carbonate basique);
Avec l'acide sulfhydrique..	Pas de précipité, à moins qu'on n'ajoute de l'acétate de soude en excès; dans ce cas, il y a un précipité noir (sulfure de cobalt);
Avec le sulfhydrate d'ammoniaque. .	Un précipité noir (sulfure de cobalt);
Avec les sulfures solubles..	Un précipité noir (sulfure de cobalt);
Avec le cyanoferrure de potassium.. .	Un précipité vert;
Avec le cyanoferride de potassium.. .	Un précipité rouge.

On dose le cobalt à l'état d'oxyde, ou mieux à l'état de métal. Dans le premier cas, on précipite le cobalt de ses dissolutions salines au moyen de la potasse; on doit opérer à chaud. On obtient un précipité bleu qui passe au vert en se suroxydant; on le lave, on le sèche et on le pèse.

Dans le second cas, on réduit l'oxyde par l'hydrogène et l'on pèse le métal.

C'est en déterminant les quantités relatives d'oxygène et de cobalt, qui forment un poids donné x ou 100 de protoxyde de cobalt, qu'on a pris l'équivalent du métal.

Dans 100 parties de protoxyde on a trouvé :

Oxygène.	21,50	100.
Cobalt.	78,50	

D'où l'on a dit : $21,50 : 100 :: 78,50 : x$;

x ou l'équivalent du cobalt est donc 369.

LXII

NICKEL Ni. 29,52 — 369,12.

C'est au minéralogiste suédois Frédéric Cronstedt qu'on doit la découverte du nickel. Il l'annonça en l'année 1751. « Ce régule, dit-il, est de couleur d'argent dans l'endroit de la cassure et composé de petites lames assez semblables à celles du bismuth; il est dur, cassant et faiblement attiré par l'aimant. » Tels sont bien les caractères physiques du nickel; mais les chimistes contemporains de Cronsted, Sage, Monnet, ne se rendirent pas d'abord; ils objectèrent que le métal prétendu simple était un composé de plusieurs métaux difficilement séparables. En 1775, Bergman continua les recherches de Cronstedt et, dès lors, il resta définitivement acquis que la science s'était enrichie d'un nouveau métal, se rapprochant du cuivre et de l'argent, car il participait des propriétés de l'un et de l'autre.

C'est du minerai nommé kupfernickel ou faux cuivre, minerai composé de plusieurs métaux réunis (arsenic, antimoine, fer, cobalt, etc.), que Cronstedt et après lui Bergman retirèrent le nickel; c'est du même minerai ou du speiss (résidu de la fabrication du smalt) qu'on l'extrait encore aujourd'hui. En général, on grille la mine, on la traite par le carbonate de soude et le soufre, et l'on reprend les sulfures formés par les acides, ou on les transforme en oxydes au moyen d'un nouveau grillage en présence du charbon. Dans le laboratoire, pour obtenir le nickel pur, ou l'on réduit l'oxyde par l'hydrogène, ou l'on décompose l'oxalate par la chaleur, en vases clos, comme il a été dit à propos de la préparation du cobalt (p. 412).

Le nickel réduit par l'hydrogène est spongieux et pyrophorique. Celui qu'on obtient en culot par cémentation, ou calcination en présence du charbon, est d'un blanc argentin, facile à laminer et pouvant être étiré en fils assez fins. Sa densité se rapproche de celle de l'argent, elle est de 8,8 (celle de l'argent = 10,5). Il est attiré par l'aimant comme le fer, mais perd cette propriété quand il a été fortement chauffé. A l'air, il ne s'oxyde pas comme le fer, et n'est qu'assez difficilement attaqué et dissous par les trois acides azotique, sulfurique et chlorhydrique. Il est surtout propre à former des alliages. Le métal d'Alger, le packfong, le maillechort, l'argentan, l'argent allemand, sont des alliages de cuivre, de zinc et de nickel. Le tiers-argent, nouvel alliage préparé par mon ami de Ruolz, est composé de cuivre, de nickel et d'argent.

COMBINAISONS DU NICKEL AVEC LES MÉTALLOÏDES

Le nickel donne avec l'oxygène deux composés à proportions déterminées :

Le protoxyde. . . . . NiO,
Le sesquioxyde. . . . . Ni^2O^3.

Le protoxyde est anhydre ou hydraté. Le protoxyde anhydre s'obtient en calcinant l'azotate ou l'hydrocarbonate de nickel; le protoxyde hydraté, en précipitant par la potasse ou la soude un sel de nickel en dissolution. L'oxyde anhydre est de couleur gris cendré. Il n'est pas attiré par l'aimant; il se dissout dans l'ammoniaque et donne avec elle une liqueur d'un beau bleu.

A l'état d'hydrate, le protoxyde de nickel est de couleur vert pomme. La calcination lui rend la couleur de l'oxyde anhydre. Cet oxyde se combine soit avec les acides, soit avec les bases. Avec les acides, il remplit le rôle de base et, avec les bases faibles, le rôle d'acide. Dans la nature, on le rencontre uni à l'alumine et au protoxyde de fer, tout aussi bien qu'à l'arsenic et à la silice. On le réduit à une forte chaleur, soit par le charbon, soit par l'hydrogène.

Le sesquioxyde de nickel se prépare en faisant agir le chlore ou un hypochlorite alcalin sur le protoxyde. Il est de couleur noire et se dissout dans les acides azotique et sulfurique en dégageant de l'oxygène et donnant des sels de protoxyde,

$$Ni^2O^3 + 2AzO^5HO = 2NiOAzO^5HO + O,$$
$$Ni^2O^3 + 2SO^3HO = 2NiOSO^3HO + O;$$

avec l'acide chlorhydrique, il forme un chlorure et dégage du chlore,

$$Ni^2O^3 + 3HCl = 3HO + 2(NiCl) + Cl.$$

SULFURES DE NICKEL

Il y a deux sulfures de nickel à proportions déterminées, le protosulfure NiS de couleur noire, et le deutosulfure NiS^2 de couleur gris d'acier. On obtient le protosulfure par voie sèche et par voie humide : par voie sèche, 1° en chauffant un mélange en poudre de soufre et de nickel; 2° en faisant réagir, à la température rouge, un mélange de soufre et de potasse sur l'un des oxydes du nickel; dans ce dernier cas, le sulfure est identique au sulfure naturel ou natif. On l'obtient par voie humide en précipitant un sel de nickel soluble par l'acide sulfhydrique; on rendra la précipitation complète en ajoutant à la dissolution de l'acétate de soude.

Le bisulfure NiS^2 se prépare en calcinant, au rouge sombre, du soufre, du carbonate de potasse et du carbonate de nickel.

CHLORURES DE NICKEL

Il existe deux chlorures de nickel correspondant aux deux oxydes.

Le protochlorure NiCl est anhydre ou hydraté. On l'obtient à l'état d'hydrate en traitant l'oxyde ou le carbonate de nickel par l'acide chlorhydrique; et, à l'état anhydre, en calcinant cet hydrate ou en faisant passer un courant de chlore sec sur le nickel métallique chauffé au rouge.

Le protochlorure hydraté peut être obtenu, par évaporation, en cristaux d'un vert émeraude qui sont déliquescents.

Le protochlorure anhydre est en paillettes d'un beau jaune; dissous, il reprend la couleur verte; décomposé au rouge sombre par l'hydrogène, il donne du nickel métallique.

Le deutochlorure Ni^2Cl^3 est peu stable; on l'obtiendra en faisant passer un excès de chlore sur le deutoxyde.

PHOSPHURE DE NICKEL

En traitant à chaud le chlorure anhydre de nickel par l'hydrogène phosphoré ou directement le nickel par le phosphore, on obtient un phosphure Ni^2Ph qui conserve l'apparence métallique, mais qui est très-cassant et facile à réduire en poudre.

ARSÉNIURES DE NICKEL

Il existe dans la nature des arséniures et des sulfo-arséniures de nickel NiAs et $NiAs^2$; $NiS^2 + NiAs$. On les utilise, nous l'avons dit, pour l'extraction du nickel.

SELS DE NICKEL

—

CARBONATE DE NICKEL

Le précipité qu'on obtient en versant un carbonate alcalin dans la dissolution d'un sel de nickel est un sous-carbonate soluble dans un excès d'alcali, c'est-à-dire un sel basique hydraté qui paraît se combiner en diverses proportions avec le protoxyde de nickel hydraté. Chauffé en vases clos, ce sous-carbonate laisse pour résidu du protoxyde de nickel et, si on le calcine, il donne du sesquioxyde.

AZOTATE DE NICKEL

L'azotate de nickel $NiOAzO^5$ s'obtient en dissolvant le nickel dans l'acide azotique. Il est de couleur verte et très-soluble. La chaleur le décompose. L'ammoniaque forme avec lui un sel double $NiOAzO^5(AzH^3)^2HO$.

SULFATE DE NICKEL

Le sulfate se prépare en dissolvant le nickel, ses oxydes ou son carbonate dans l'acide sulfurique. Selon la température à laquelle on fait cristalliser le sel, on l'obtient sous diverses modifications : cristallisé en prismes rectangulaires à quatre pans, avec 7 équivalents d'eau; cristallisé en octaèdres à base carrée, avec 6 équivalents d'eau. Ce sel est très-soluble dans l'eau, mais insoluble dans l'alcool et dans l'éther. Alors qu'exposé à l'air ou chauffé, il perd plus ou moins d'eau, il change de couleur et passe du vert au blanc et au jaune. Toutefois, on peut obtenir un sous-sulfate insoluble de couleur verte en précipitant le sulfate neutre par un excès de potasse, ou en le calcinant sans le décomposer.

Le sulfate à 7 équivalents d'eau présente un phénomène remarquable. Exposés à la lumière solaire, ses cristaux perdent leur transparence et changent de forme. Sans dissolution préalable et sous l'influence de la lumière ou de la chaleur seulement, les atomes peuvent donc affecter des groupements d'ordre différent. C'est un fait dont il est utile de prendre note.

OXALATE DE NICKEL

L'oxalate de nickel se prépare en versant de l'acide oxalique dans la dissolution du sulfate neutre. Le précipité ne se fait que lentement. L'oxalate sert, ainsi qu'il a été dit, à préparer le nickel métallique.

Analyse des composés de nickel, dosage et équivalent du métal. — Chauffés au chalumeau dans un bain boracique, le nickel et ses composés donnent une belle couleur vert pomme due au protoxyde formé.

Les dissolutions salines de nickel donnent :

Avec la potasse, la soude et l'ammoniaque.	Un précipité vert pomme. Ce précipité est soluble dans l'ammoniaque et la liqueur qui en résulte prend une teinte bleue;
Avec le carbonate de potasse.	Un précipité rouge de carbonate basique;
Avec le carbonate d'ammoniaque. . .	Un précipité de même couleur, soluble dans le chlorhydrate d'ammoniaque;
Avec le phosphate de soude. . . .	Un précipité bleu violet (phosphate de cobalt);
Avec l'arséniate de soude	Un précipité rose (arséniate de cobalt);
Avec l'acide sulfhydrique en présence de l'acétate de soude.	Un précipité noir (sulfure de cobalt);
Avec le sulfhydrate d'ammoniaque et les sulfures solubles.	Un précipité noir (sulfure de cobalt).

On dose le nickel à l'état de protoxyde, ou mieux encore à

l'état de métal, en réduisant le protoxyde en poudre, chauffé au rouge dans une ampoule, au moyen de l'hydrogène (*Voir* p. 386, *fig*. 90).

On a déduit l'équivalent du métal de celui de l'oxyde, qu'on a obtenu en transformant une quantité déterminée, 188 parties, en chlorure et précipitant celui-ci par l'azotate d'argent. 188 parties d'oxyde ayant donné 718,2 de chlorure d'argent, on a dit :

$$718,2 : \text{ClAg ou } 443,20 + 1350 :: 188 : x;$$

d'où x (oxyde de nickel) $= \frac{1793,20 \times 188}{718,2}$, ou 469,12, et l'équivalent du nickel, par conséquent, ledit nombre 469,12 — 100 ou 369,12.

LXIII

ZINC Zn. 32,52 — 406,60.

Comme métal usuel, le zinc est une conquête nouvelle de l'industrie. Les anciens, s'ils l'ont connu, l'ont confondu avec l'étain sous le nom de κασσίτερος. C'est dans les ouvrages de Paracelse qu'il en est fait mention pour la première fois sous une dénomination propre, *das zinchen*. Paracelse le rapproche du mercure et du bismuth, mais il en méconnait, ou il en ignore les propriétés les plus caractéristiques. Les anciens ont connu la *cadmie*, le *spodium* ou *pompholix*, c'est-à-dire l'oxyde de zinc, dont ils ont fait un médicament précieux (Dioscoride, Pline, Galien). Dioscoride va jusqu'à indiquer la préparation du zinc métallique : « Il faut, dit-il, recouvrir ladite cadmie de charbon et la chauffer jusqu'à ce qu'elle devienne brillante (ἕως διαφανὴς γένεται); » mais par cette expression brillante, *diaphane*, faut-il entendre l'éclat du métal? Ne s'agirait-il pas tout aussi bien de l'éclat et de la transparence du pompholix ou oxyde de zinc? Dioscoride n'a pas dit qu'il fallût opérer à l'abri du contact de l'air, et c'est la condition pour obtenir le zinc métallique. Ce corps, en effet, ne se réduit qu'en vases clos, en brûlant la cadmie ou la calamine (oxyde ou carbonate de zinc) en présence du charbon. Nous n'avons pas à décrire le procédé métallurgique; voici, dans le laboratoire, comment on obtient le zinc pur. On se munit (*fig.* 91) d'un creuset percé au fond d'un trou auquel s'adapte, à frottement et très-hermétiquement, un tube en porcelaine. On place ce creuset dans un fourneau mobile, percé lui-même, ainsi que le support ou *fromage* sur lequel il est posé, d'un trou pour le passage du tube. Au-dessous de ce tube est placée une terrine contenant de l'eau. Le creuset, bien fermé par un lut, est enveloppé de charbon qu'on allume. A 350° environ, le zinc fond, puis se volatilise, passe par l'ouverture supérieure du tube et vient tomber dans la terrine, où il se prend, par refroidissement, en lamelles qui affectent la forme de gouttelettes liquides surprises et solidifiées dans leur chute. A ce caractère physique on reconnaît le zinc *distillé* et qui est considéré comme pur. Quant au mode de distillation par lequel on l'obtient, il prend le nom de *distillatio per descensum*, par opposition à la distitillation ordinaire, *distillatio per ascensum*.

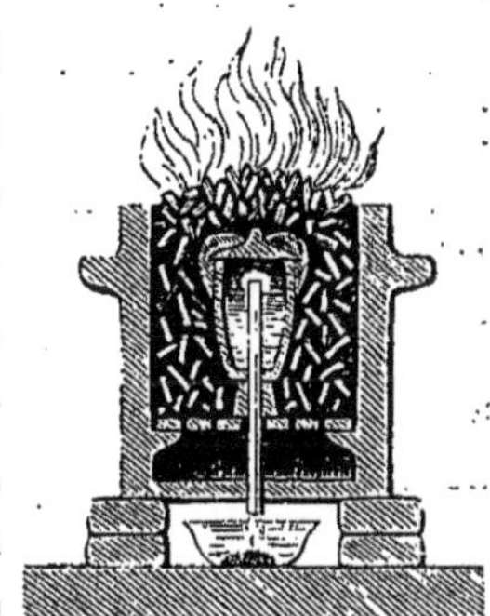
Fig. 91.

Le zinc distillé est plus blanc que le zinc du commerce, mais il est encore d'un gris bleuâtre tout à fait caractéristique. A la température ordinaire, ce métal est cassant, mais il devient malléable au-dessus de 100°. On a profité de cette propriété pour le préparer en larges lames, dont l'industrie tire un grand parti. A l'air, le zinc s'oxyde, mais assez superficiellement; son oxyde ne forme pas avec le radical, comme l'oxyd ferreux avec le fer, les éléments d'une pile qui hâte la décomposition de l'eau et, par conséquent, un dépôt subséquent d'oxyde. Tout au contraire, le premier sous-oxyde formé préserve le métal comme le ferait un vernis. Aussi *galvanise-t-on* les métaux les plus oxydables, c'est-à-dire, au moyen du galvanisme, les recouvre-t-on de zinc. La densité du zinc varie selon qu'il a été fondu ou laminé. Elle est de 6,86 à 7,20.

Chauffé à une température qui excède son point de fusion ou 500°, il brûle avec une flamme blanche dont l'œil ne peut soutenir l'éclat. Cet aspect si brillant tient à ce qu'en brûlant, le métal donne lieu à de l'oxyde de zinc, dont les particules infusibles et fixes projettent un vif rayonnement de lumière.

Le zinc se dissout dans les acides chlorhydrique et sulfurique étendus avec dégagement d'hydrogène. Nous avons vu que c'était un des moyens employés pour préparer ce gaz (p. 26). Il se dissout également dans les alcalis, avec lesquels il forme des zincates. L'oxyde de zinc remplit alors le rôle d'acide.

COMBINAISONS DU ZINC AVEC LES MÉTALLOÏDES

OXYDES DE ZINC

Le zinc forme avec l'oxygène un sous-oxyde Zn^2O, que nous avons dit se déposer sur le métal sous l'influence de l'air humide; un protoxyde ZnO, déjà désigné plus haut sous le nom de pompholix ; un bioxyde ZnO^2 que Thenard a obtenu en faisant réagir l'eau oxygénée sur le protoxyde.

SOUSOXYDE DE ZINC Zn^2O.

Le sous-oxyde de zinc s'obtient en soumettant le protoxyde à une calcination ménagée $2ZnO - O = Zn^2O$. Il se produit, avec le temps, à la surface du zinc métallique : c'est la couche d'un gris noir qui ternit le métal exposé à l'air. Les acides le décomposent et le convertissent en protoxyde, qui se dissout, et en zinc métallique.

PROTOXYDE DE ZINC

Le protoxyde de zinc a été désigné sous les noms de *fleurs de zinc*, *pompholix*, *nihil album*, *lana philosophica*. C'est une matière d'une ténuité extrême et d'un blanc très-pur, qui jaunit quand on la chauffe et redevient blanche en refroidissant. C'est là un de ses caractères essentiels et qui la fait aisément distinguer.

Le protoxyde de zinc est anhydre ou hydraté: anhydre, quand il a été obtenu en chauffant le zinc au contact de l'air et recueillant le produit de la sublimation; hydraté, quand il a été précipité de la dissolution d'un sel de zinc au moyen d'une solution alcaline. Le protoxyde anhydre peut aussi être préparé en calcinant le carbonate de zinc obtenu par double décomposition, ou par la précipitation d'un sel de zinc au moyen d'un carbonate alcalin.

L'oxyde de zinc se dissout dans les acides et dans les alcalis. Dans ce dernier cas, il forme des zincates.

Depuis quelques années, on emploie cet oxyde dans la peinture comme succédanée de la céruse (carbonate de plomb). Il a, relativement au *blanc de plomb*, des avantages et des inconvénients. Il n'est pas, pour les ouvriers qui le préparent ou le mettent en œuvre, une cause d'accidents graves, comme le composé de plomb; il ne noircit pas à l'air sous l'influence des vapeurs méphitiques ou de l'acide sulfhydrique; mais, les ouvriers le disent, il *couvre* moins et il jaunit même en certaines circonstances sous l'influence de la température ou de certains gaz. Entre la céruse et l'oxyde de zinc il y a donc encore, pour l'industrie, une sorte de lutte qui profite au consommateur en maintenant la concurrence.

Le bioxyde de zinc ZnO^2 obtenu par l'action de l'eau oxygénée est très-peu stable ; il se décompose promptement en protoxyde et en oxygène.

CHLORURE ET OXYCHLORURE DE ZINC

Le chlorure de zinc est anhydre ou hydraté : anhydre, quand il a été préparé par dissolution du zinc très-divisé dans le chlore sec ; hydraté, quand on a fait dissoudre le métal dans l'acide chlorhydrique. Ce composé, à cause de sa consistance, est désigné sous le nom de *beurre de zinc*. Il est déliquescent, soluble dans l'eau et dans l'alcool. Sous l'influence de la chaleur, il peut enlever à ce dernier corps un équivalent d'eau et le faire passer à l'état d'éther. Fusible à 100°, il jouit de la propriété de ne se volatiliser qu'au rouge. On s'en sert à cause de cela pour former des bains dans lesquels on peut chauffer les corps à une température très-élevée et parfaitement déterminée. Le beurre de zinc est employé en médecine comme agent caustique. Les dentistes, en particulier, en font usage pour composer un mastic très-dur, propre à l'opération dite du plombage des dents.

Lorsqu'on décompose le chlorure de zinc par un alcali, il se précipite une poudre blanche qui prend le nom d'oxychlorure et qui a pour formule $ZnCl(ZnO)^3 4HO$ ou $ZnCl(ZnO)^6 10HO$.

SULFURE DE ZINC

Le sulfure de zinc naturel porte le nom de *blende*. On l'obtient artificiellement en chauffant un mélange de fleurs de soufre et d'oxyde de zinc. Quand on précipite la dissolution d'un sel de zinc par l'acide sulfurique, on obtient un sulfure hydraté de couleur blanche, attaquable à chaud par l'acide chlorhydrique concentré.

OXYSULFURE DE ZINC

Alors qu'on fait passer un courant d'hydrogène sur du sulfate de zinc chauffé au rouge, on obtient un oxysulfure ZnOZnS qu'on trouve dans la nature ZnO, 4ZnS.

CYANURE DE ZINC

Le cyanure de zinc s'obtient en précipitant l'acétate ou le sulfate de zinc par l'acide cyanhydrique ou le cyanhydrate d'ammoniaque. C'est un sel blanc, insoluble qui forme des sels doubles avec les cyanures alcalins et terreux.

SELS DE ZINC

—

CARBONATE DE ZINC

Le carbonate de zinc existe dans la nature, désigné sous les noms de *calamine*, *zinconite*, *smithsonite*. Quand il est pur, il a pour formule $ZnOCO^2$; mais, de même que la blende (sulfure de zinc), il est le plus souvent mêlé de matières étrangères, de silice, de fer, de nickel, de cadmium, de cuivre, de plomb, etc. Nous avons dit que c'était de la calamine et de la blende qu'on extrayait le zinc.

Le précipité qu'on obtient, alors qu'on verse un carbonate alcalin dans la dissolution d'un sel de zinc, n'est pas le carbonate neutre $ZnOCO^2$, mais un hydrocarbonate ayant pour formule $2ZnOCO^2 + 3ZnO,HO$ ou $(ZnO)^5,(CO^2)^2\,3HO$. Ce sel est insoluble dans l'eau, mais soluble avec un excès d'acide carbonique. On peut le considérer comme une combinaison de 2 équivalents de carbonate neutre avec 3 équivalents d'hydrate d'oxyde $(ZnO)^5(CO^2)^2 + 3HO = (ZnOCO^2)^2, (ZnO,HO)^3$. Avec les carbonates alcalins, le carbonate de zinc donne des sels doubles $(ZnO,Co^2)\,(KOCO^2) - (ZnOCO^2), (NaOCO^2)$.

AZOTATE DE ZINC

L'azotate de zinc s'obtient en dissolvant le zinc dans l'acide azotique. C'est un sel déliquescent, soluble même dans l'alcool, que la chaleur décompose facilement.

SULFATE DE ZINC

On prépare en grand le sulfate de zinc par le grillage de la blende. Dans le laboratoire, on l'obtient facilement en dissolvant le zinc dans l'acide sulfurique étendu. Il cristallise, à la température ordinaire, avec 7 équivalents d'eau $ZnOSO^3,7HO$; mais, par la chaleur, on peut lui enlever successivement 1, 3, 4, 5 équivalents de ce liquide. C'est un sel blanc très-soluble, employé comme mordant dans la teinture et aussi comme désinfectant dans plusieurs industries. On lui donne le nom de *vitriol blanc*.

PHOSPHATE DE ZINC

On obtient le phosphate de zinc en versant un phosphate alcalin dans la dissolution d'un sel de zinc. C'est un sel blanc, léger, insoluble dans l'eau, mais soluble avec un excès d'acide phosphorique.

Avec les sels de cobalt le phosphate de zinc donne des sels doubles d'une belle couleur rose ou bleue.

Analyse des composés de zinc, dosage et équivalent du métal. — *Analyse par voie sèche.* — Chauffés avec du carbonate de soude sur le charbon, les composés de zinc donnent, par sublimation, une matière blanche légère qui est de l'oxyde de zinc (*lana philosophica*)

Chauffés de même sur le charbon avec le nitrate de cobalt, ils donnent une matière verte ou verdâtre.

Analyse par voie humide. — Les dissolutions salines de zinc donnent :

Avec la potasse, la soude et l'ammoniaque.	Un précipité blanc, gélatineux, soluble dans un excès de réactif;
Avec les carbonates de potasse et de soude.	Un précipité blanc d'hydro-carbonate de zinc. Ce précipité ne se redissout pas dans un excès de réactif, mais il se dissout dans les alcalis purs. L'ammoniaque met obstacle à ce précipité, il faut chasser cet alcali par l'ébullition pour obtenir la réaction;
Avec le carbonate d'ammoniaque. . .	Un précipité blanc soluble dans un excès de réactif;
Avec le phosphate de soude.	Un précipité blanc (phosphate de zinc) soluble dans les acides et dans les alcalis;
Avec l'acide sulfhydrique.	Un précipité blanc alors seulement que l'acide du sel est faible;
Avec le sulfhydrate d'ammoniaque. . .	Un précipité blanc (sulfure hydraté);
Avec le cyanoferrure de potassium. .	Un précipité blanc insoluble dans les acides;
Avec le cyanoferride de potassium. . .	Un précipité jaune sale, soluble dans l'acide chlorhydrique.

Alors que les dissolutions salines de zinc donnent un précipité bleu avec le cyanoferrure de potassium, c'est qu'elles contiennent du fer. On sépare le fer d'avec le zinc en traitant ce métal impur par l'acide azotique affaibli ; le zinc seul entre en dissolution, le fer se suroxyde et reste en suspension dans le liquide à l'état de sesquioxyde.

On dose le zinc à l'état d'oxyde. On le précipite de ses dissolutions salines au moyen du carbonate de potasse, on lave le précipité et on le calcine.

L'oxyde de zinc est composé pour 100 parties :

De zinc.	80,26
D'oxygène.	19,74.

Pour obtenir l'équivalent du zinc, on pose l'équation :

$$19,74 : 100 :: 80,26 : x,$$

$x = \frac{80,26 \times 100}{19,74}$, c'est-à-dire 406,6.

LXIV

CADMIUM Cd. 55,74 — 696,80

Le cadmium est un métal assez rare. Il a été signalé pour la première fois, en 1817, dans les cadmies, ou résidus de traitement des minerais de zinc, par Stromeyer; puis, bientôt après, reconnu et décrit comme un métal nouveau par Hermann. Voici le procédé mis en usage pour l'extraire de ses mines, de la calamine dans laquelle il existe vraisemblablement à l'état d'oxyde, et de la blende qui le contient sans doute à l'état de sulfure.

On dissout les minerais dans l'acide sulfurique faible, on reprend par l'eau et l'on fait passer dans le liquide un courant de gaz acide sulfhydrique. Il se forme du sulfure de cadmium, qui peut être mêlé de sulfure de zinc et de sulfure de cuivre. On reprend le précipité bien desséché par l'acide chlorhydrique, qui n'attaque que les sulfures de cadmium et de zinc pour les transformer l'un et l'autre en chlorures. On traite ces chlorures desséchés par un excès de carbonate d'ammoniaque qui dissout le zinc à l'état de carbonate, et transforme le chlorure de cadmium en carbonate insoluble. On sépare les deux carbonates par filtration, on lave sur le filtre le carbonate de cadmium et, après l'avoir fait sécher, on le calcine au rouge, en présence du charbon, dans une cornue. Le cadmium, qui est plus volatil encore que le zinc, se sublime dans le col de la cornue. On le reprend pour le fondre en culot dans un creuset.

Dans le traitement des minerais de zinc, le cadmium se volatilisant le premier à l'état d'oxyde dans les tuyaux de dégagement des appareils, on peut le reprendre sous cet état et le calciner pour obtenir le cadmium métallique.

Dans le laboratoire, on peut plus simplement encore traiter

par sublimation dans une cornue un mélange d'oxyde ou de carbonate de cadmium et de charbon, On obtient ainsi le métal en petits cristaux réguliers, affectant la forme des feuilles de fougère. Le cadmium est blanc ou gris d'étain. Il fait entendre, comme l'étain, un bruit ou cri particulier quand on le courbe. Il est malléable, ductible et moins oxydable que le zinc. Si la nature l'avait produit en gisements considérables, il n'est pas douteux que l'industrie ne pût en tirer parti ; on le fait entrer en petites proportions dans certains alliages. Sa densité est 8,604, et quand il a été écroui, 8,69.

COMBINAISONS DU CADMIUM AVEC LES MÉTALLOÏDES

OXYDES DE CADMIUM

On admet que la petite couche grisâtre dont le cadmium se recouvre dans l'air humide est un sous-oxyde Cd^2O, comme le sous-oxyde de zinc Zn^2O. Mais il n'y a qu'un oxyde du métal, CdO, qui donne des sels de cadmium avec les acides. On obtient cet oxyde anhydre en chauffant le cadmium dans l'air ou dans l'oxygène; il est de couleur jaune ou brune, infusible et fixe. Sa densité est 8,15. On obtient l'oxyde hydraté en précipitant un sel de cadmium par la potasse ou la soude. Cet hydrate est blanc gélatineux, mais il perd son eau quand on le chauffe et devient jaune ou brun comme l'oxyde anhydre.

SULFURE DE CADMIUM

On trouve dans la nature un sulfure de cadmium natif qui cristallise en prismes hexagones terminés par des pyramides. On peut reproduire ce sulfure en fondant ensemble un mélange de soufre et d'oxyde de cadmium. On prépare un sulfure hydraté en précipitant les sels de cadmium par l'acide sulfhydrique. Ce sulfure est d'un jaune citrin, pulvérulent, léger, assez caractéristique. Il est insoluble et fusible, et cristallise par refroidissement en lames micacées d'un beau jaune. On l'emploie aujourd'hui dans la peinture à l'huile.

CHLORURE DE CADMIUM

Le chlorure de cadmium CdCl se prépare en dissolvant le cadmium dans le chlore sec ou dans l'acide chlorhydrique. Il est déliquescent, fond au-dessous de la température rouge et se sublime ensuite, à une température élevée, en paillettes blanches et brillantes.

SELS DE CADMIUM

—

CARBONATE DE CADMIUM

Avec le temps, l'oxyde de cadmium peut absorber l'acide carbonique de l'air et se convertir en carbonate; on prépare directement le carbonate hydraté par double décomposition, en précipitant un sel de cadmium par un carbonate alcalin.

AZOTATE DE CADMIUM

L'azotate de cadmium se prépare en attaquant le cadmium par l'acide azotique. C'est un sel déliquescent qui contient 4 équivalents d'eau, $CdOAzO^5 4HO$.

SULFATE DE CADMIUM

On obtient de même le sulfate de cadmium en dissolvant le métal, son oxyde ou son carbonate par l'acide sulfurique. Ce sel est incolore et soluble; il contient 4 équivalents d'eau $CdOSO^3 4HO$. Quand on le chauffe, il perd son eau de cristallisation, ainsi qu'une partie de son acide, et se transforme en sous-sulfate, qui peut être décomposé lui-même à une température très-élevée.

Analyse des composés de cadmium, dosage et équivalent du métal. — *Analyse par voie sèche.* — Chauffés sur le charbon avec du carbonate de soude, au moyen du chalumeau, les composés de cadmium sont assez facilement réduits; le métal se vaporise pour s'oxyder de nouveau à l'air, et dépose sur le charbon une auréole rougeâtre.

Analyse par voie humide. — Une lame de zinc plongée dans la dissolution d'un sel de cadmium en précipite le métal. (Voyez *Introduction*, p. 9.)

Les dissolutions salines de cadmium donnent :

Avec la potasse et la soude.	Un précipité blanc d'oxyde hydraté, insoluble dans un excès de réactif;
Avec l'ammoniaque.	Un précipité semblable, mais soluble dans un excès d'ammoniaque ;
Avec les carbonates alcalins.	Un précipité blanc de carbonate insoluble même dans une liqueur très-ammoniacale ;
Avec le phosphate de soude.	Un précipité blanc de phosphate de cadmium ;
Avec le cyanoferrure de potassium. .	Un précipité blanc-jaune de cyanoferrure de cadmium soluble dans l'acide chlorhydrique;
Avec le cyanoferride de potassium. . .	Un précipité jaune ;
Avec l'acide sulfhydrique.	Un précipité jaune de sulfure très-caractéristique;
Avec le sulfhydrate d'ammoniaque. . .	Idem.

Le cadmium se dose comme le zinc à l'état d'oxyde CdO. Cet oxyde est composé pour 100 parties :

D'oxygène.	12,55
De cadmium.	87,45

Pour établir l'équivalent du cadmium, on aura l'équation :

$$12,55 : 100 :: 87,45 : x.$$

D'où $x = \frac{87,45 \times 100}{12,55}$, c'est-à-dire 696,8.

LXV

URANIUM U. 60 — 750

Dans une mine de Saxe, à Johann-Georgen Stadt, on trouve un minerai désigné sous le nom de *pech blende*, du mot allemand *pech*, qui veut dire poix, le minerai ayant la couleur de cette résine. D'après M. Rammelsberg, la pech blende contient :

Oxyde d'uranium intermédiaire. .	79,1	100.
Silice.	5,3	
Oxyde de plomb.	6,2	
Oxyde de fer.	3,0	
Chaux.	2,8	
Magnésie.	0,4	
Arsenic.	1,1	
Bismuth et cuivre.	0,6	
Eau	0,3	
Perte.	1,2	

Dès 1789, Klaproth avait signalé la présence d'un nouveau métal dans ce minerai, et Bucholz, Arfredson, Berzélius avaient confirmé les résultats obtenus par Klaproth. On avait appelé le nouveau métal *urane*, du nom de la planète Uranus, découverte dans le même temps; mais il restait quelques raisons de douter que l'urane fût un métal pur. Ebelmen et M. Péligot reprirent la question et, en 1840, M. Péligot parvint à montrer que l'urane n'était qu'un oxyde ayant pour radical l'*uranium*. Voici comment M. Péligot traita la pech blende pour en séparer divers composés d'uranium, et enfin l'uranium lui-même.

Il calcina le minerai divisé par fragments et le projeta, rouge encore, dans l'eau froide pour *étonner* ou désagréger les atomes. La matière réduite en poudre, il l'attaqua par l'acide azotique et reprit le résidu sec par l'eau. Dans la dissolution, il se sépara, à l'état solide, du sulfate de plomb, des sous-sulfates et sous-arséniates de fer, et la liqueur retint de l'azotate d'uranium. M. Péligot évapora le liquide, obtint des cristaux impurs encore, mais qu'il reprit par l'éther. L'évaporation de l'éther lui donna de l'azotate d'uranium pur. Il transforma l'azotate en chlorure et opéra la réduction du chlorure par le potassium (V. *Préparation du magnésium*). Il se forma ainsi du chlorure de potassium soluble et une poudre noire insoluble, l'uranium. Ce métal ne s'oxyde pas dans l'air, ne décompose pas l'eau à la température ordinaire; mais, pour peu qu'on le chauffe, il brûle très-vivement en passant à l'état d'oxyde, et dans l'eau aiguisée par un acide, il se dissout en dégageant de l'hydrogène. Il appartient donc bien ainsi à la section des métaux qui sont irréductibles par la chaleur, qui s'oxydent au rouge et qui décomposent l'eau en présence des acides.

COMBINAISONS DE L'URANIUM AVEC LES MÉTALLOÏDES

OXYDES D'URANIUM

L'oxygène forme avec l'uranium plusieurs oxydes :

1° Le sous-oxyde U^4O^3, obtenu en versant de l'ammoniaque dans le sous-chlorure d'uranium U^4Cl^3;

2° Le protoxyde UO, que l'on prépare en réduisant par l'hydrogène l'oxalate jaune d'urane : c'est cet oxyde qui a été pris pendant longtemps pour un métal ou le radical des composés d'uranium;

3° L'oxyde noir U^4O^5, obtenu par M. Péligot en laissant se suroxyder à l'air le protoxyde UO : c'est sous cet état d'oxyde noir que se trouve l'uranium dans la pech blende;

4° L'oxyde vert U^3O^4, qui prend naissance quand on chauffe, dans l'oxygène ou à l'air, l'uranium ou les oxydes précédents;

5° Le peroxyde U^2O^3, qui a été préparé en calcinant, au bain d'huile, à 250°, l'azotate d'uranium.

CHLORURES D'URANIUM

On connaît deux combinaisons de chlore et d'uranium : le protochlorure UCl, obtenu en décomposant par le chlore l'oxyde d'uranium chauffé au rouge en présence du charbon ; l'oxychlorure d'uranium ou chlorure d'uranyle U^2O^2Cl, composé cristallin jaune qui prend naissance par l'action directe du chlore sur le protoxyde d'uranium chauffé sans intervention du charbon.

SELS D'URANIUM

Les sels de protoxyde d'uranium sont verts et les sels de peroxyde sont jaunes. Les sels verts absorbent facilement l'oxygène et se transforment en sels de peroxyde.

La dissolution des sels de protoxyde ou verts donne :

Avec les alcalis.	Un précipité brun noirâtre d'oxyde hydraté ;
Avec le sulfhydrate d'ammoniaque. . .	Un précipité noir ;
Avec l'acide oxalique.	Un précipité blanc verdâtre d'oxalate d'uranium, $UO,C^2O^3 3HO$.

La dissolution des sels de peroxyde ou jaunes donne :

Avec les alcalis.	Un précipité jaune ;
Avec le sulfhydrate d'ammoniaque . .	Un précipité jaune brun ;
Avec l'acide tannique.	Un précipité brun foncé.

On dose l'uranium à l'état de protoxyde UO ou d'oxyde noir U^4O^5. Dans le premier cas, on réduit l'oxyde à la chaleur rouge par l'hydrogène ; dans le second, il suffit de griller l'oxyde et de le calciner à la température rouge. Le protoxyde UO contient pour 100 parties :

Oxygène.	11,75
Uranium.	88,25

D'où $11,75 : 88,25 :: 100 : x$.

D'où $x = \frac{88,25 \times 100}{11,75}$, c'est-à-dire 751.

LXVI

VANADIUM V. 68,40 — 855,10

Le vanadium est un métal fort rare. Il a été signalé pour la première fois dans certains minerais de fer de Suède par un chimiste suédois, M. Sefstrom. On l'a trouvé depuis dans une mine de plomb du Mexique et aussi dans quelques minerais noirs d'urane. C'est à l'état de vanadate de plomb qu'on l'a rencontré le plus souvent, et c'est de ce minerai que l'on fait usage pour l'extraire. On attaque le vanadate de plomb par l'acide azotique ; il se forme de l'azotate de plomb et l'acide vanadique devient libre. On dissout cet acide dans l'ammoniaque et, par évaporation, on obtient des cristaux purs de vanadate d'ammoniaque. Par calcination, on chasse l'ammoniaque pour obtenir l'acide vanadique pur et l'on décompose l'acide vanadique par le potassium. On peut aussi préparer le métal en faisant passer un courant de gaz ammoniac sec sur du chlorure de vanadium chauffé au rouge.

Le vanadium bien préparé est d'un blanc d'argent, plutôt cassant que malléable et fort peu ductile. Il est facilement attaqué par l'acide azotique et se dissout difficilement, au contraire, dans les acides sulfurique et chlorhydrique.

COMBINAISONS DU VANADIUM AVEC LES MÉTALLOÏDES

OXYDES DE VANADIUM

L'oxygène forme avec le vanadium trois combinaisons : le protoxyde VO, le deutoxyde VO^2 et l'acide vanadique VO^3.

Le protoxyde s'obtient en réduisant à la chaleur rouge l'acide vanadique par l'hydrogène, ou en calcinant et fondant cet acide dans un creuset brasqué. Le protoxyde de vanadium est réputé indifférent, il ne se combine ni avec les acides ni avec les bases.

Le deutoxyde forme des sels avec les acides. On l'obtient à l'état d'hydrate en précipitant par la potasse la dissolution d'un sel de vanadium. Le deutoxyde hydraté est incolore, mais il brunit et prend une teinte verdâtre quand on le dessèche et qu'on l'abandonne ensuite à l'air.

L'acide vanadique se prépare, ainsi que nous l'avons dit, en calcinant le vanadate d'ammoniaque dans un creuset de platine. Cet acide est de couleur orangée ou brune; il est à peine soluble dans l'eau et rougit la teinture de tournesol.

SELS DE VANADIUM

Le bioxyde de vanadium forme avec les acides des sels dont les dissolutions sont bleu d'azur. Par la dessiccation, ces sels deviennent bruns ou verdâtres.

L'acide vanadique se combine tout à la fois avec les bases et avec les acides. Avec les bases alcalines, il donne des vanadates solubles et cristallisables. Avec les acides, il forme des combinaisons (acides doubles ou sels) qui présentent des colorations remarquables; mais au feu, leurs dissolutions se décolorent. L'acide sulfhydrique, l'alcool, le sucre, le tannin, les bleuissent. L'acide vanadique, dans ce cas, se désoxyde, il devient bioxyde de vanadium, qui joue alors le rôle de base avec l'acide de la combinaison.

Analyse, dosage et équivalent du vanadium. — Fondus au chalumeau dans un bain de borax, les composés de vanadium donnent un émail coloré en vert.

Les dissolutions salines donnent :

Avec les carbonates alcalins.	Un précipité blanc grisâtre;
Avec les sulfures solubles.	Un précipité noir, soluble dans un excès de réactif; la liqueur prend une couleur pourpre;
Avec le cyanoferrure de potassium. . .	Un précipité jaune citron qui verdit à l'air;
Avec l'acide tannique.	Un précipité bleu qui ressemble au tannate de sesquioxyde de fer.

On dose le vanadium à l'état de protoxyde. 100 parties de protoxyde de vanadium VO contiennent :

Oxygène	10,47
Vanadium	89,53

Pour obtenir l'équivalent du vanadium on dira donc :

$$10{,}47 : 89{,}53 :: 100 : x.$$

D'où x ou l'équivalent du vanadium $= \frac{89{,}53 \times 100}{10{,}47}$, c'est-à-dire 855,10.

LXVII

QUATRIÈME SECTION

Métaux qui s'oxydent au rouge, qui sont irréductibles par la chaleur seule, et qui décomposent l'eau à la température rouge, mais ne la décomposent pas en présence des acides.

Cette dernière propriété tient à ce que ces métaux ne forment avec l'oxygène que des bases faibles. Tout au contraire, ils forment avec l'oxygène des acides puissants par rapport aux bases énergiques. Aussi décomposent-ils l'eau en présence de la potasse et de la soude.

Le dernier des métaux de la troisième section, le vanadium, donnait avec l'oxygène un acide, l'acide vanadique, qui forme des sels avec les bases fortes, avec les bases alcalines. Tel sera le caractère le plus saillant des métaux de la nouvelle section ; ils composent avec l'oxygène des acides énergiques, capables de se combiner avec leurs propres oxydes, et, en général, avec toutes les bases.

TUNGSTÈNE OU **WOLFRAM**. Tu. W. 94,64 — 1183,19

Schéele découvrit l'acide tungstique en 1780, dans un minerai appelé *pierre pesante*, *schéelin calcaire*, et qui est un tungstate de chaux. Bergmann confirma les recherches de

Schéele et annonça de plus que le nouvel acide devait avoir pour base un métal. Les frères d'Elhuyart ont mis hors de doute cette opinion en isolant le tungstène. Ce métal n'a encore été rencontré que dans les terrains primitifs, uni particulièrement au fer, à la chaux, à la magnésie. Le minerai désigné sous le nom de *wolfram*, et que l'on trouve dans les environs de Limoges, est une combinaison de fer, de magnésie et d'acide tungstique. C'est de ce minerai qu'on extrait ordinairement le tungstène, auquel on a donné quelquefois le signe symbolique W, initiale du mot Wolfram, mais le tungstène est aussi représenté par Tu.

Pour préparer le tungstène, on traite d'abord le minerai désigné sous le nom de wolfram par l'eau régale; on reprend l'acide tungstique ainsi formé par l'ammoniaque, et l'on fait cristalliser le sel. On décompose celui-ci par la chaleur et l'on réduit finalement l'acide tungstique pur, soit par l'hydrogène, soit en chauffant au feu de forge dans un creuset brasqué en présence du charbon. Réduit par l'hydrogène, le tungstène est en poudre noire poreuse, qui prend feu facilement; réduit par le charbon, il a plus de consistance et prend sous la lime l'éclat métallique. Sa densité s'élève jusqu'à 17,6.

Le tungstène se conserve à l'air, et l'oxygène ne l'attaque qu'à une température élevée. Il brûle alors et se transforme en acide tungstique.

COMBINAISONS DU TUNGSTÈNE AVEC L'OXYGÈNE

Il y a deux composés à proportions définies d'oxygène et de tungstène : l'oxyde de tungstène TuO^2 et l'acide tungstique TuO^3.

On obtient l'oxyde de tungstène : 1° en calcinant au feu avec le charbon, ou en réduisant par l'hydrogène l'acide tungstique; 2° en fondant le wolfram avec le carbonate de potasse, reprenant par l'eau, ajoutant à la liqueur du chlorhydrate d'ammoniaque, faisant évaporer et calciner. Le résidu est un mélange d'oxyde de tungstène, d'acide tungstique et de chlorure de potassium. On enlève le chlorure alcalin par l'eau, puis on laisse quelque temps en digestion l'oxyde de tungstène et l'acide tungstique dans une eau alcaline. L'acide tungstique se sépare à l'état de tungstate alcalin soluble.

L'oxyde de tungstène est brun ou rouge foncé, selon la manière dont il a été préparé. Quand on le brûle à l'air, il se convertit en acide tungstique. Il ne forme point de sel avec les acides; mais, si on le fait bouillir avec une dissolution alcaline, il décompose l'eau et se transforme en acide tungstique qui se combine avec la base.

En faisant passer un courant d'hydrogène sec sur du tungstate de soude très-acide et chauffé au rouge, M. Wœhler a obtenu un tungstite de soude cristallisé de couleur jaune d'or, qui a pour formule NaO^2TuO^2.

ADICE TUNGSTIQUE

En faisant l'histoire du tungstène, nous avons indiqué un des modes de préparation de l'acide tungstique.

On peut l'obtenir de diverses manière encore :

1° En chauffant à l'air l'oxyde de tungstène ;

2° En calcinant le tungstate d'ammoniaque ;

3° En décomposant un tungstate par un acide ;

4° En faisant griller le sulfure de tungstène obtenu en précipitant un tungstate par le sulfhydrate d'ammoniaque.

L'acide tungstique est solide, d'une belle couleur jaune dorée. Il est insoluble dans l'eau, sans action sur le tournesol. Sa densité est de 6,12. La lumière, la chaleur, les matières organiques le ramènent à l'état d'oxyde bleu intermédiaire, ayant pour formule TuO^2TuO^3.

OXYDE INTERMÉDIAIRE DE TUNGSTÈNE

L'acide tungstique TuO^3 paraît se combiner en diverses proportions avec l'oxyde de tungstène TuO^2. La modification dite oxyde bleu ou oxyde intermédiaire se produit particulièrement :

1° Quand on fait arriver un courant d'hydrogène sur l'acide tungstique chauffé au rouge;

2° Quand on calcine le tungstate d'ammoniaque;

3° Quand on décompose l'acide tungstique uni à l'acide clorhydrique ou à un tungstate alcalin, au moyen d'une lame de zinc.

TUNGSTATES

L'acide tungstique se combine avec toutes les bases, mais il ne forme des sels qu'avec les bases alcalines. Ceux-ci donnent avec les acides un précipité de tungstate acide que, par une ébullition prolongée avec l'acide précipitant, on peut transformer en acide tungstique pur d'une belle couleur jaune.

Pour expliquer les réactions diverses des tungstates en présence des acides, on a pensé que l'acide tungstique pouvait exister sous plusieurs modifications correspondantes à des capacités de saturation différente. On a ainsi admis l'existence d'acide tungstique ayant les formules suivantes :

$$TuO^3 - TuO^2O^6 - TuO^3O^3 - Tu^4O^{12} - TuO^5O^{15} - TuO^6O^{18}.$$

Les tungstates ordinaires $MOTuO^3$ contiendraient un acide insoluble, et les tungstates $MoTuO^2O^6$, $MoTuO^5O^{15}$ seraient formés par un acide soluble.

En outre, d'après un savant chimiste, trop tôt enlevé à ses travaux, Laurent, de Bordeaux, il existerait plusieurs hydrates d'acide tungstique capables de former, avec l'ammoniaque, des sels correspondant à chacun d'eux. La calcination de ces sels donnerait invariablement pour résidu un acide tungstique correspondant à celui de l'hydrate dont il dérive, et qui ne pourrait régénérer que l'espèce de tungstate d'ammoniaque qui a servi à l'obtenir. Laurent a ainsi créé divers types de tungstates proprement dits, d'isotungstates, de métatungstates, de paratungstates, d'homotungstates et d'hymotungstates. Mais la chimie, conduite si loin, risque à la fin de ne plus rencontrer que des espaces imaginaires.

Analyse, dosage et équivalent du tungstène. — L'acide tungstique, auquel on peut facilement ramener tous les composés de tungstène, donne au chalumeau, dans un bain de borax, un verre de couleur jaune ou rougeâtre.

En présence d'un acide, l'acide tungstique ou les tungstates alcalins sont décomposés par une lame de zinc. Il se produit une matière bleue qui est l'oxyde intermédiaire auquel nous avons donné la formule TuO^2TuO^3.

Le tungstène se dose à l'état d'acide tungstique. Or, 100 parties de cet acide contiennent 25,555 d'oxygène et 74,445 de tungstène.

Pour obtenir l'équivalent du tungstène on dira donc, d'après la composition de l'acide tungstique TuO^3,

$$25{,}555 : 300 :: 100 : x.$$

D'où $x = \frac{300 \times 100}{25{,}555}$ c'est-à-dire 1183,19.

Dans le tableau des équivalents (p. 24), nous avons donné un autre nombre pour l'équivalent du tungstène. Il a été emprunté à de récents travaux de M. Persoz, qui est parvenu à préparer un acide tungstique et des tungstates plus purs que ceux obtenus avant lui.

LXVIII

MOLYBDÈNE Mo. 46,23 — 583,98

Le molybdène a de grands traits de ressemblance avec le tungstène. Il est moins rare que ce métal. On le trouve uni au soufre, ou à l'état de molybdate de plomb, dans les terrains primitifs. Il fut signalé pour la première fois dans les mines par Schéele, en 1778, mais ne fut isolé que quatre années plus tard, en 1782, par Hielm. On l'obtient comme le tungstène en réduisant l'acide molybdique par l'hydrogène ou par le charbon. Le métal réduit par l'hydrogène est pulvérulent et noir; celui qu'on obtient au feu de forge dans un creuset brasqué est plus agrégé et sous forme de culot. Au moyen du brunissoir, on peut lui donner l'éclat de l'argent. Sa densité est de 8,615.

Exposé à l'air, le molybdène s'oxyde, mais assez lentement et superficiellement. Il est très-difficilement fusible et passe successivement, quand on le chauffe, à l'état d'oxyde et d'acide. Vivement attaqué par l'acide azotique et aussi par l'acide sulfurique, il résiste à l'action des acides chlorhydrique, phosphorique et fluorhydrique même. Il n'est employé que pour composer des alliages.

COMBINAISONS DU MOLYBDÈNE AVEC LES MÉTALLOÏDES

Le molybdène donne avec l'oxygène trois composés à proportions définies : le protoxyde MoO, le deutoxyde MoO^2 et l'acide molybdique MoO^3.

Le protoxyde MoO se prépare à l'état anhydre, en décomposant incomplétement l'acide molybdique par le charbon; à l'état hydraté, en dissolvant un molybdate alcalin dans l'acide chlorhydrique et introduisant dans la liqueur une lame de zinc. La liqueur devient d'abord bleue, puis rouge, brune et enfin noire; elle renferme alors du chlorure de zinc et du protochlorure de molybdène. En y versant avec précaution de l'ammoniaque, on en précipite du protoxyde de molybdène noir que l'on recueille au moment où la liqueur achève de se décolorer. Il faut tenir ce précipité à l'abri de l'air pour le conserver, car il absorbe rapidement l'oxygène et passe à l'état de deutoxyde.

Le deutoxyde de molybdène anhydre se prépare en chauffant fortement du molybdate d'ammoniaque, ou en calcinant un mélange de molybdate de soude et de chlorhydrate d'ammoniaque. On obtient le même corps à l'état d'hydrate en traitant une dissolution d'acide molybdique dans l'acide chlorhydrique par le cuivre. Il se forme du chlorure de cuivre et du bichlorure de molybdène, d'où l'ammoniaque précipite le deutoxyde de molybdène, en retenant en dissolution l'oxyde de cuivre.

Le deutoxyde de molybdène hydraté est rougeâtre, assez semblable à l'hydrate de sesquioxyde de fer, mais il se suroxyde à l'air, et devient vert en passant à l'état de molybdate de molybdène.

L'acide molybdique est le composé important du molybdène. On le prépare avec le bisulfure naturel MoS^2. On traite ce sulfure par l'eau régale, qui transforme le soufre en acide sulfurique et le molybdène en acide molybdique. On évapore à sec et l'on reprend le résidu de l'évaporation par l'ammoniaque. Il se forme ainsi du molybdate d'ammoniaque que l'on calcine au feu, ou dont on précipite l'acide molybdique au moyen de l'acide chlorhydrique.

L'acide molybdique est une poudre blanche sublimable, peu soluble dans l'eau, mais soluble dans les acides et dans les alcalis, avec lesquels elle forme des sels. Quand il a été fortement calciné, l'acide molybdique est soluble dans l'eau.

SULFURES DE MOLYBDÈNE.

Le bisulfure naturel MoS^2, que l'on trouve particulièrement dans les terrains granitiques, est d'un gris d'acier assez semblable au graphite. Il tache le papier en noir. Sa densité est de 4,138. Il n'est ni fusible, ni volatil à une température même assez élevée; mais il est facilement attaqué par les acides oxydants, l'acide azotique, l'acide sulfurique et l'acide chloroazotique. On a vu que c'était en le dissolvant dans l'eau régale que l'on préparait l'acide molybdique, dont on tire tous les autres composés du molybdène.

Les sulfures MoS^3, MoS^4, ont été préparés artificiellement en chauffant le molybdène avec le soufre, ou en précipitant les dissolutions salines de molybdène par l'acide sulfhydrique.

CHLORURES DE MOLYBDÈNE

Le chlore se combine en plusieurs proportions avec le molybdène. On obtient le protochlorure MoCl en dissolvant l'hydrate de protoxyde de molybdène dans l'acide chlorhydrique, et le deutochlorure $MoCl^2$ en faisant passer du chlore sur du bioxyde de molybdène chauffé au-dessous du rouge sombre. L'un et l'autre chlorure sont très-solubles dans l'eau.

SELS DE MOLYBDÈNE

Le protoxyde et le deutoxyde de molybdène forment avec les acides des sels dont les dissolutions présentent une coloration qui suffit pour les faire distinguer. Les dissolutions des protosels sont brunes, presque noires; les dissolutions des deutosels sont rouges. Elles donnent, avec les réactifs ordinaires, les colorations suivantes:

Avec les alcalis	Des précipités bruns;
Avec l'acide sulfhydrique et le sulfhydrate d'ammoniaque.	Des précipités noirs;
Avec les cyanoferrure et cyanoferride de potassium.	Des précipités bruns.

Le précipité obtenu par le sulfhydrate d'ammoniaque est soluble dans un excès de réactif, et pour les deutosels la liqueur du précipité redissous jaunit par l'addition de l'acide chlorhydrique.

L'acide molybdique forme, avec les bases des sels neutres $ROMoO^3$ et des sels acides $RO2MoO^3$. Dans les sels neutres le rapport de l'oxygène de l'acide à l'oxygène de la base est de 3 à 1.

Les molybdates alcalins sont incolores et solubles. On les obtient, à l'état neutre, en dissolvant l'acide molybdique dans un excès d'alcali; à l'état acide, en faisant bouillir, au contraire, une dissolution de carbonate alcalin dans un excès d'acide molybdique.

Les molybdates à bases métalliques sont généralement colorés et insolubles; on les prépare par double décomposition.

Traités par un acide, les molybdates solubles donnent un précipité d'acide molybdique, soluble lui-même dans un excès de réactif, excepté dans l'acide azotique.

Les dissolutions étendues de molybdates dans les acides prennent successivement, au contact du zinc, des colorations bleues, vertes et noires, et ils laissent déposer, en dernier lieu, un précipité couleur de rouille qui devient verdâtre à l'air. Ces caractères leur sont propres et les feront distinguer suffisamment.

Dosage et équivalent du molybdène. — On dose le molybdène à l'état d'acide molybdique MoO^3, ou mieux à l'état de molybdate de plomb MoO^3PbO. Berzélius a trouvé que 110,68 parties de molybdate de plomb contenaient 67,31 d'oxyde de plomb, et 43,37 d'acide molybdique.

D'où 67,31 : PbO, c'est-à-dire 1395 :: 43,37 : x ou MoO^3;

x ou $MoO^3 = \frac{1395 \times 43,37}{67,31}$ ou 883,98.

Or, 883,98 — O^3 ou 300 = 583,98.

LXIX

TITANE Ti. 24,19 — 302,41

La découverte du titane date de la fin du siècle dernier. Elle a été faite par un religieux de Menakan, en Cornouailles, du nom de Gregor. Ce religieux cherchait à déterminer par l'analyse quelle était la composition d'un fossile trouvé dans sa paroisse. Il constata dans la matière la présence de l'oxyde de fer et celle d'un nouvel oxyde, auquel Kowan donna le nom de *Menakine*. On paraissait avoir oublié le menakine, quand, en 1797, Klaproth trouva dans le *schorl* ou plomb rouge de Hongrie, puis, plus tard, dans le rutile (acide titanique), le radical qu'il nomma titane.

Depuis lors, on a rencontré le nouveau métal dans un assez grand nombre de minerais, tels que le *fer titané*, l'*anatase*, le *sphène*, la *polymignite*, la *chrictonite*, minerais qui sont généralement des composés de fer et de titane unis à des terres diverses, la silice, la chaux, la zircone et l'yttria.

On prépare le titane en réduisant dans un creuset brasqué l'acide titanique en présence du charbon, ou mieux encore en chauffant dans un creuset de platine du fluotitanate de potasse et du potassium. En reprenant le résidu par l'eau, on en sépare, sous forme d'une poudre très-lourde, le titane métallique. On peut encore obtenir le métal en décomposant à une chaleur modérée le perchlorure de titane au moyen du gaz ammoniac sec. On introduit le perchlorure de titane, qui est un liquide volatil, dans une fiole en verre vert très-réfractaire; on place celle-ci sur un fourneau et l'on fait arriver le gaz ammoniac dans l'intérieur. Il se forme du chlorhydrate d'ammoniaque qui se sublime sous le dôme et dans le col de la fiole; au fond du vase il reste de petites paillettes rouges très-brillantes, le titane.

Ce métal est dur et cassant; il peut rayer le quartz. Sa densité est de 5,9. Il est infusible, et n'est attaquable par aucun acide, même par l'eau régale. Pour le séparer de ses minerais il faut recourir à un mélange de nitre et de potasse. Il se convertit alors en titanate de potasse, dont on peut précipiter l'acide titanique par un acide.

Dans les hauts fourneaux, on rencontre quelquefois du titane réduit mêlé à du sulfure de fer et à de la fonte demi-affinée. Il est alors en petits cristaux cubiques d'un rouge de cuivre trèsbrillants. A raison de leur poids spécifique (5,9), on peut séparer ces cristaux du laitier par lévigation.

COMBINAISONS DU TITANE AVEC LES MÉTALLOÏDES

Le titane forme avec l'oxygène trois composés à proportions définies :

Le protoxyde de titane. . .	TiO,
Le sesquioxyde.	Ti^2O^3,
Et l'acide titanique.	TiO^2.

Le protoxyde de titane s'obtient en réduisant l'acide titanique par une petite quantité de charbon ou par le potassium. C'est une matière noire, infusible, fort peu attaquable par les acides, mais qui se dissout, à l'aide de la chaleur, dans les alcalis. Son hydrate est bleu.

Le sesquioxyde se prépare par voie humide en précipitant le sesquichlorure de titane par un alcali. On l'obtient de même en plongeant une lame de zinc dans le sesquichlorure. La liqueur se colore d'abord en bleu, puis en pourpre, et elle laisse enfin déposer une poudre violette qui est le sesquioxyde de titane.

L'acide titanique est le *rutile* des minéralogistes, abstraction faite de la petite quantité d'oxyde de fer que le minerai peut contenir. Pour obtenir l'acide titanique pur, on réduit en poudre le rutile avec 2 à 3 fois son poids de chlorure de baryum, et on chauffe le mélange à un violent feu de forge. Il se forme du titanate de baryte qui se trouve mêlé à une petite proportion du chlorure de baryum et d'oxyde de fer. On sépare le chlorure de baryum par l'eau, et l'on reprend le résidu sec par l'acide sulfurique. On évapore jusqu'à volatilisation de l'excès d'acide sulfurique. Il se forme des sulfates de baryte, de titane et de fer. On reprend par l'eau et l'on filtre pour séparer le sulfate de baryte insoluble, il ne reste dans la liqueur que des sulfates de titane et de fer. On y verse un excès d'ammoniaque qui précipite l'oxyde de fer et l'acide titanique. Au moyen d'un courant d'hydrogène sulfuré, on transforme l'oxyde de fer en sulfure, on décante la liqueur, on la remplace par une dissolution d'acide sulfureux qui fait passer le sulfure de fer à l'état d'hyposulfite soluble. De la sorte, on obtient l'acide titanique à l'état gélatineux; on le lave à l'eau bouillante pour le décolorer et on le fait sécher pour le conserver parfaitement pur.

L'acide titanique est blanc, infusible et fixe. La chaleur ne le décompose pas, elle le fait virer au jaune, mais sans que cette coloration persiste après le refroidissement. Nous avons constaté le même effet de la chaleur sur le zinc.

A l'état gélatineux ou en poudre, l'acide titanique est attaquable par les acides; mais, si on le fait chauffer, il arrive un moment où il éprouve une vive incandescence, et alors il cesse d'être attaquable par les acides. Il n'est plus soluble qu'au moyen des alcalis, avec lesquels il forme des sels cristallisables.

CHLORURES DE TITANE

Avec le chlore, le titane donne deux composés définis, le sesquichlorure Ti^2Cl^3, qui correspond au sesquioxyde, et le bichlorure $TiCl^2$, qui correspond à l'acide titanique.

Le bichlorure, qui est un composé important, se prépare de la manière suivante : On fait avec le rutile et le charbon réduits en poudre de petites boulettes que l'on agglutine avec de l'huile. On les calcine dans un creuset et on les introduit ensuite dans la cornue C (*fig.* 92). Cette cornue est en communication d'une part avec un appareil A, d'où se dégage du chlore; de l'autre, avec un récipient R. On chauffe la cornue au rouge et l'on règle le courant de chlore qui doit la traverser. Sous l'influence de la chaleur, l'oxygène se sépare de l'acide titanique, brûle le charbon, et le chlore se substitue à lui pour faire passer le titane à l'état de bichlorure et l'entraîner jusque dans le récipient R, où il se condense. Mais, en raison de l'impureté du rutile, le bichlorure de titane ainsi obtenu n'est pas pur, il est mêlé d'une petite portion de sesquichlorure de fer et aussi de

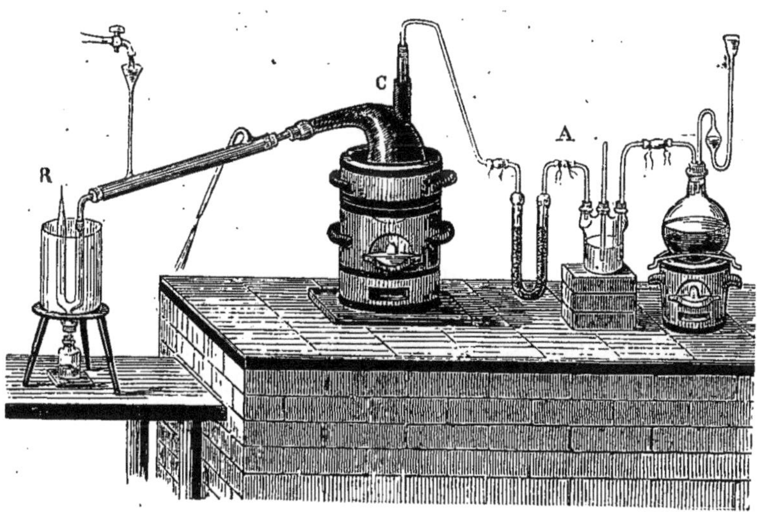

Fig. 92.

chlore. On fait disparaître le chlore au moyen du mercure et l'on distille ensuite dans un appareil approprié; le bichlorure de titane volatil se sépare ainsi du sesquichlorure de fer qui ne l'est pas, ou qui l'est à un bien moindre degré.

Le bichlorure de titane est liquide, incolore, transparent et dense. Il ressemble au bichlorure d'étain, que nous étudierons bientôt. Il répand des vapeurs à l'air et bout à 135°. La densité de sa vapeur est de 6,886. Il réagit sur l'eau comme le bichlorure d'étain : dans une petite quantité de ce liquide, il se dissout et donne lieu à une combinaison cristalline; dans une quantité plus grande il se décompose, se partageant en acide titanique soluble et en chlorure de titane dissous dans l'acide chlorhydrique. L'acide titanique ainsi formé est lui-même soluble dans un excès d'acide chlorhydrique; mais si, en étendant la dissolution, on la fait bouillir quelque temps, l'acide titanique éprouve une modification isomérique qui le rend pour ainsi dire inattaquable par les acides.

Le sesquichlorure de titane se prépare en faisant arriver dans un tube de porcelaine rouge de l'hydrogène saturé de vapeurs de bichlorure de titane. L'hydrogène enlève un équivalent de chlore au bichlorure et le transforme en sesquichlorure peu volatil, qui se condense, sous forme de paillettes violettes, dans les parties les plus froides du tube. Ce composé est extrêmement déliquescent, il se dissout dans l'eau et donne une dissolution d'un rouge violet. Très-avide de chlore et d'oxygène, le sesquichlorure de titane est un des corps les plus réductifs que l'on connaisse. Il précipite l'or, l'argent et le mercure de leurs dissolutions salines, et ramène au minimum les sels de bioxyde de cuivre et de sesquioxyde de fer. Il décompose même l'acide sulfureux, dont il précipite le soufre.

SULFURE DE TITANE

On n'a pas rencontré dans la nature de sulfure de titane. En faisant passer des vapeurs de sulfure de carbone sur l'acide titanique chauffé au rouge blanc, H. Rose a préparé un bisulfure TiS^2 correspondant à l'acide titanique. En faisant passer simultanément, dans un tube de verre chauffé au rouge, du gaz acide sulfhydrique sec et des vapeurs de perchlorure de titane, Ebelmen a obtenu le même corps sous forme d'écailles brillantes assez semblables à l'or mussif. On ne connaît pas de sulfure de titane correspondant au protoxyde et au sesquioxyde.

SELS DE TITANE

Des deux oxydes du titane, le protoxyde seul donne des sels avec les acides; ces sels ont généralement une réaction acide, le protoxyde étant lui-même une base faible. Ils sont de couleur changeante par suite de l'absorption de l'oxygène par le protoxyde. Les sels solubles sont précipités de leurs dissolutions par les carbonates alcalins. Le précipité est bleu; mais, au contact de l'air, il prend successivement une coloration rousse et verdâtre. Les sous-sels insolubles sont noirs ou bleus. Le sulfate acide est rouge; le sulfate basique est bleu : l'air les décolore l'un et l'autre, et fait passer le protoxyde de titane à l'état d'acide titanique.

L'acide titanique forme avec les bases alcalines des sels incolores solubles et cristallisables.

Avec l'oxyde de fer, il donne un sel insoluble couleur de jais. Le fer titané, qu'on trouve dans la nature, et les autres minerais de titane, sont des combinaisons de cet acide avec différentes bases.

Analyse, dosage et équivalent du titane. — Au chalumeau, dans un bain de borax, les composés qui contiennent du titane donnent dans la flamme oxydante un verre blanc (acide titanique) qui devient bleu foncé dans la flamme réduisante. Avec le sel de phosphore, ils donnent dans la flamme de réduction un verre d'une teinte pourpre, tirant sur le bleu, qui se fonce en refroidissant et qui peut devenir noir si le composé titanique est relativement en excès.

Par voie humide, les sels solubles de titane précipitent en blanc (acide titanique) par les acides sulfurique, phosphorique, arsénique; en rouge brun (protoxyde), par les cyanoferrures de potassium et l'infusion de noix de galle. Caractère essentiel et tranché, l'acide titanique mêlé au charbon et soumis à l'action du chlore (V. p. 452) donne un bichlorure volatil qui absorbe l'ammoniaque et, par suite, est facilement décomposé par la chaleur et donne du titane métallique.

C'est à l'état d'acide titanique TiO^2 qu'on dose le titane, et c'est de la composition du bichlorure $TiCl^2$ qu'on a déduit l'équivalent du métal. 100 parties de chlorure contiennent 74,46 de chlore et 25,54 de titane. D'où l'équation :

$$74,46 : Cl^2 \text{ ou } 443,20 \times 2 :: 25,54 : x,$$

$$x = \frac{443,20 \times 2 \times 25,54}{74,46} = 302,41.$$

LXX

ÉTAIN Sn. 58,90 — 736,28

L'étain est un des premiers métaux qu'aient connus les anciens. Il est désigné par les Grecs sous le nom de κασσίτερος, du nom des îles Cassitériques, aujourd'hui îles Britanniques, où l'on en trouve des gisements considérables. Les Latins l'ont appelé *stannum*, *plumbum album*, *plumbum argentorium*, à cause de sa couleur. Les minerais dont on l'extrait sont des sulfures ou des oxydes. Les sulfures sont rares et on les exploite peu. On donne, à juste titre, la préférence au bioxyde, qui est d'une réduction facile. On trouve le bioxyde d'étain à l'état de sable dans les terrains d'alluvions, ou en filons dans les roches ignées, les granites, les quartz, les gneiss, les porphyres. Les sables stannifères sont plus recherchés que les filons, et ils donnent un métal plus pur. Les principaux gisements d'étain sont les mines de Cornouailles, de Malacca et de Banca. Le procédé d'extraction est des plus simples. On bocarde les minerais, on les fait passer en lévigation pour en séparer les gangues, on les grille au contact de l'air et on réduit finalement l'oxyde d'étain par le charbon. Toutefois, l'étain des mines ou du commerce n'est pas absolument pur et, pour l'obtenir tel, il faut le reprendre par l'acide azotique, laver avec l'acide chlorhydrique, étendre d'eau l'acide stannique ainsi obtenu et, après l'avoir séché, réduire au feu par le charbon.

Nouvellement préparé, l'étain est d'un blanc mat qui rappelle l'argent. Alors qu'on l'a manié quelque temps, il laisse à la main une odeur assez caractéristique. Il fait entendre, quand on le plie sans le rompre, un bruit particulier qu'on appelle *cri* de l'étain. On attribue ce craquement moléculaire intérieur au frottement des cristaux les uns sur les autres. L'étain, en effet, offre une texture cristalline des plus manifestes, et si l'on vient à répéter la courbure à diverses reprises, il se produit un dégagement de chaleur qui devient sensible à la main nue.

L'étain est très-malléable. On sait qu'on le réduit en feuilles très-minces pour envelopper diverses substances qu'on veut préserver de l'action de l'air. Il est aussi fort ductible et peut être étiré en longs fils, mais ces fils sont sans ténacité. Un fil de 2 millimètres de diamètre rompt sous la charge de 24 kilogrammes. La densité de l'étain est de 7,29; elle n'augmente pas par le martelage.

A l'air, l'étain se ternit promptement; mais la couche de protoxyde ainsi formée reste superficielle et mince, parce que l'oxyde ne forme pas avec le métal, comme la rouille avec le fer, un couple voltaïque qui continue l'action oxydante ou la décomposition de la vapeur d'eau.

L'étain est l'un de nos métaux les plus fusibles; son point de fusion est 228°. On peut, alors qu'il est en lames minces, le fondre dans une feuille de papier. A la chaleur blanche, l'étain donne des vapeurs très-sensibles, et si, à ce moment, on cesse de faire agir la chaleur, le métal en fusion se recouvre d'une matière terreuse blanche qui est un mélange de protoxyde d'étain et d'acide stannique. C'est là l'un des caractères auxquels on reconnaît l'étain quand on fait une analyse par voie sèche. Si, au contraire, on soutient la chaleur, si on l'active surtout, l'étain brûle avec une flamme blanche et il se dissipe tout entier en fumées acides.

L'étain, avons-nous dit, offre une texture cristalline manifeste. On le prouve par deux expériences : la première, en faisant agir sur l'étain, mais avec mesure et précaution, divers mélanges acides; ainsi, par exemple : 1° 2 parties d'acide azotique, 8 parties d'eau, 4 parties de sel marin; 2° 2 parties d'acide azotique, 30 d'acide chlorhydrique, 8 parties d'eau; 3° 1 partie d'acide sulfurique, 2 parties d'acide chlorhydrique, 8 parties d'eau. En attaquant le métal seulement à la surface, la liqueur met en relief, sous divers aspects, les cristaux sous-jacents, et il en résulte des reflets brisés qui sont quelquefois d'un agréable effet. C'est le *moiré* qui fut durant un temps fort à la mode dans certains arts métallurgiques, et qui n'est resté, sous une autre forme, que dans l'industrie des fabricants d'étoffes. La seconde, en mettant dans un vase à pied une dissolution concentrée de protochlorure d'étain et versant par-dessus avec précaution une couche d'eau. Une lame d'étain qu'on plonge dans le vase et qui traverse les deux couches de liquide d'inégale densité superposées, se recouvre, avec le temps, de cristaux métalliques d'un bel aspect et très-apparents même à l'œil nu.

L'étain est attaqué par les acides forts, l'acide azotique, l'acide sulfurique, l'acide chlorhydrique. A ce propos, un fait de réaction chimique assez remarquable doit être relaté. Alors qu'on attaque l'étain par l'acide azotique faible, il peut n'y avoir aucun dégagement de gaz deutoxyde d'azote; l'oxydation ayant lieu tout à la fois par la décomposition de l'acide et celle de l'eau, l'azotate mis en liberté, en rencontrant de l'hydrogène libre, forme avec cet élément de l'ammoniaque AzH^3, que l'on rencontre dans la dissolution à l'état d'azotate de cette base, AzH^3AzO^5HO. L'acide azotique monohydraté ou qui ne contient que son eau de composition, est sans action, au contraire, sur l'étain. Mais si, alors que les deux corps sont en présence, on vient à ajouter quelques gouttes d'eau, l'action chimique commence et elle devient très-vive.

Les alcalis fixes, la soude, la potasse en dissolution décomposent l'étain à chaud. Il y a dégagement d'hydrogène et formation d'un stannate alcalin.

$$2KOHO + Sn = KOSnO^2 + HO.$$

L'étain est d'un usage vulgaire. Il entre dans la composition d'alliages importants : le bronze, le pacfong, le métal des cloches, etc.

COMBINAISONS DE L'ÉTAIN AVEC LES MÉTALLOÏDES

L'étain forme avec l'oxygène deux composés principaux :

Le protoxyde d'étain. . . .	SnO,
L'acide stannique.	SnO^2.

Le protoxyde d'étain est anhydre ou hydraté. On obtient le protoxyde hydraté en précipitant le protochlorure d'étain $SnCl$ par un carbonate alcalin, et le protoxyde anhydre en faisant bouillir le précipité dans la liqueur alcaline. L'hydrate est une matière blanche, terreuse, insoluble ; le composé anhydre est une poudre noire, également insoluble.

Ainsi préparé, le protoxyde d'étain est instable ; il absorbe l'oxygène de l'air et se convertit, avec le temps, en acide stannique.

Au lieu de carbonate de potasse, si l'on a employé la potasse pure pour précipiter le protochlorure d'étain, on obtient, au contraire, en premier lieu, un hydrate et, par suite de l'ébullition, une combinaison de protoxyde d'étain et de potasse dans lequel le composé oxygéné d'étain joue le rôle d'acide et qui, par conséquent, est un véritable sel. On l'a appelé métastannate de potasse. Ce métastannate se décompose facilement par l'ébullition, et il donne comme résidu un précipité noir de protoxyde d'étain plus agrégé que le premier, et qui se conserve sans s'altérer. Toutefois, à 250°, cette matière éprouve un changement brusque. Elle décrépite, se boursoufle et se convertit en lamelles de couleur olive, douces au toucher. On attribue ce mouvement moléculaire à un changement de système cristallin. Le corps, en effet, est resté chimiquement le même et il n'a rien perdu de son poids.

On obtient immédiatement le protoxyde d'étain sous cet état en précipitant le protochlorure par l'ammoniaque, et faisant bouillir la liqueur dans le vide. Si l'on fait la même opération à l'air libre, on peut obtenir le protoxyde d'étain sous forme d'une poudre rouge, qui passe au brun quand on l'écrase par l'action d'un corps dur. Ne sont-ce pas là de simples modifications dans l'arrangement des molécules?

Sous l'une ou l'autre de ces modifications, le protoxyde d'étain chauffé au contact de l'air prend feu très-vivement et passe à l'état d'acide stannique.

ACIDE STANNIQUE SnO^2.

De même que le protoxyde d'étain, l'acide stannique se présente sous divers états isomériques. On a donné le nom d'acide métastannique au composé qui se forme quand on traite l'étain par l'acide azotique, et le nom d'acide stannique au précipité provenant de la décomposition du protochlorure d'étain par l'eau, ou d'un stannate soluble par un acide.

ACIDE MÉTASTANNIQUE $Sn^5O^{10},10HO$

L'acide métastannique existe cristallisé dans la nature. C'est le composé dont il a été parlé plus haut sous le nom de bioxyde et dont on extrait l'étain. On l'obtient, dans le laboratoire, en dissolvant l'étain dans l'acide azotique. L'acide métastannique est alors hydraté et il a la composition que nous lui avons donnée; mais, par l'ébullition, à 100°, il peut perdre 5 équivalents d'eau et même se déshydrater complétement à une température plus élevée. A l'état d'hydrate, il forme avec les alcalis et avec le protoxyde d'étain des sels qui ont pour formules :

Le métastannate de potasse.	$KOSn^5O^{10},4HO$,
Le métastannate de soude.	$NaOSn^5O^{10},4HO$,
Le métastannate de protoxyde d'étain.	$SnOSn^5O^{10}\,4HO$.

L'acide métastannique est blanc, insoluble dans l'eau, indécomposable par la chaleur seule. En présence du charbon, il se réduit facilement, ainsi qu'il a été dit, en étain métallique. L'acide chlorhydrique le transforme en perchlorure $SnCl^2$; l'acide sulfurique concentré le dissout; mais, si l'on ajoute de l'eau à cette dissolution et qu'on la chauffe à 100°, l'acide métastannique se sépare à l'état d'hydrate.

L'acide stannique SnO^2, obtenu par décomposition du perchlorure d'étain, ou d'un stannate soluble, est blanc, gélatineux, insoluble dans l'eau, mais facilement soluble dans les acides azotique et sulfurique, même étendus d'eau. Ce caractère distingue l'acide stannique d'avec l'acide métastannique qui reste insoluble dans ces acides étendus. Autres caractères distinctifs de ces deux composés, les métastannates sont généralement incristallisables, tandis que les stannates cristallisent facilement; les métastannates se décomposent en perdant leur eau d'hydratation; les stannates peuvent exister à l'état anhydre.

L'acide stannique donne avec les alcalis et le protoxyde d'étain des sels qui ont pour formules :

Le stannate de potasse.	$KOSnO^2,4HO$,
Le stannate de soude.	$NaOSnO^2,4HO$,
Le stannate de protoxyde d'étain.. . .	Sn^2O^3, c. à d. $SnOSnO^2$.

On obtient les stannates de potasse et de soude en dissolvant l'acide stannique dans les alcalis, ou en calcinant l'acide métastannique ou le métastannate de potasse avec un excès d'alcali dans un creuset d'argent. Ces sels sont incolores et cristallisent. Ils conservent une forte réaction alcaline. Quant au stannate de protoxyde d'étain, on le prépare en mêlant de l'hydrate de sesquioxyde de fer avec du protochlorure d'étain,

$$Fe^2O^3 + 2SnCl = Sn^2O^3 2FeCl.$$

L'acide stannique entre dans la composition du *pinck-color*, que les Anglais emploient pour donner à leur faïence une belle couleur rouge. Le *pinck-color* est un composé d'acide stannique, de sesquioxyde de chrome, de chaux et de potasse. On peut l'obtenir en calcinant un mélange composé de :

Acide stannique.	100 parties,
Craie.	34
Chromate de potasse.	3 à 4
Silice.	5
Alumine.	1

La matière calcinée est d'un rouge sale ; mais elle devient d'un beau rose quand on l'a lavée avec une dissolution étendue d'acide chlorhydrique. En calcinant à 150° du pyromètre de Wegwood, un mélange intime de 100 parties d'acide stannique et de 2 parties de sesquioxyde de chrome, M. Malaguti a préparé une laque minérale couleur lilas, qui résiste mieux que les laques végétales aux actions combinées de la lumière, de l'air, de l'eau et des émanations sulfureuses. Cette laque est employée avec avantage dans la peinture.

SULFURES D'ÉTAIN

L'étain forme avec le soufre deux combinaisons : le protosulfure SnS, correspondant au protoxyde, et le bisulfure SnS^2, correspondant à l'acide stannique.

Le protosulfure s'obtient en faisant chauffer au rouge un mélange d'étain en limaille et de soufre, ou bien en précipitant le protochlorure d'étain par l'acide sulfhydrique. Dans ce dernier cas, le sulfure est à l'état d'hydrate, d'un brun foncé.

Le bisulfure d'étain se prépare en précipitant le bichlorure par l'acide sulfhydrique. Il est d'un jaune doré, insoluble dans l'eau et dans un excès d'acide. Dans les arts, on prépare le bisulfure par voie sèche, et il est désigné sous le nom d'*or mussif;* on s'en sert pour bronzer le bois. Voici le mode de préparation suivi dans l'industrie : On fait un amalgame avec 12 parties d'étain et 6 parties de mercure, on y ajoute 7 parties de soufre et 6 parties de sel ammoniac, et l'on chauffe le mélange dans un matras à long col, disposé sur un bain de sable et chauffé graduellement jusqu'au rouge sombre. La réaction produite, il se sublime, sous le dôme et dans le col du matras, du soufre, du sel ammoniac, du sulfure de mercure et du protochlorure d'étain. Au fond du vase il reste une matière solide, d'un beau jaune, qui est l'*or mussif*. En présence du soufre, sous l'influence de la chaleur, l'étain est converti en bisulfure ; mais ce bisulfure, s'il se volatilisait dans les conditions ordinaires, serait amorphe. Le sel ammoniac, en se volatilisant en même temps que lui, absorbe une certaine quantité de chaleur, et régularise ainsi la température à laquelle se fait la sublimation, en même temps qu'il empêche le bisulfure de perdre un des équivalents qui le constituent et de se transformer brusquement en monosulfure par le fait de l'abaissement de la température. On obtiendrait de même le bisulfure d'étain sous forme de lamelles brillantes et cristallines en faisant passer un double courant de gaz acide sulfhydrique et de vapeur de bichlorure d'étain à travers un tube de porcelaine chauffé au rouge, mais le procédé empirique industriel est d'une pratique plus facile et plus simple.

CHLORURES D'ÉTAIN

L'étain forme aussi avec le chlore deux combinaisons : le protochlorure SnCl correspondant au protoxyde, et le bichlorure $SnCl^2$ correspondant à l'acide stannique.

Le protochlorure d'étain se prépare en dissolvant l'étain dans l'acide chlorhydrique concentré et bouillant. Ce sel est d'un grand usage dans la teinture. Il se dissout sans altération dans une petite quantité d'eau, mais un excès de liquide le décompose et en précipite une portion à l'état d'oxichlorure insoluble. La chaleur le décompose en lui enlevant son eau de cristallisation, mais le protochlorure anhydre se volatilise et distille à la température rouge.

Le protochlorure d'étain, étant très-avide d'oxygène, est un corps essentiellement réducteur. Il prcipite de leurs dissolutions le mercure, l'argent et l'or; dans le dernier cas, le précipité formé porte le nom de *pourpre de Cassius*. Il réduit les oxydes d'antimoine, de zinc, de mercure, d'argent, les acides arsénieux et arsénique, et ramène au minimum d'oxydation les suroxydes de fer, de cuivre, de manganèse, les acides tungstique et molybdique, etc.

BICHLORURE D'ÉTAIN $SnCl^2$.

Le bichlorure d'étain est la *liqueur fumante de Libavius*. On l'obtient anhydre, 1° en dissolvant l'étain dans un excès de chlore sec; 2° en chauffant un mélange de quatre parties de bichlorure de mercure et d'une partie d'étain. On l'obtient hydraté, 1° en faisant passer du chlore en excès à travers une dissolution de protochlorure d'étain; 2° en dissolvant l'étain dans l'eau régale composée avec excès d'acide chlorhydrique.

Le bichlorure d'étain anhydre est un liquide incolore ayant pour densité 2,28. Il bout à 120°, et la densité de sa vapeur est de 9,2. Il fume à l'air, et, en absorbant l'humidité, se précipite à l'état d'hydrate $SnCl^2 5HO$. Quelques gouttes de bichlorure anhydre versées dans l'eau y font entendre un bruissement semblable à celui du fer rouge qu'on éteint dans ce liquide. Cela tient à l'hydratation instantanée qui se produit avec un vif dégagement de chaleur.

Le bichlorure d'étain hydraté se dissout sans précipité dans une petite quantité d'eau, et dans une quantité plus grande, si elle est suffisamment aiguisée d'acide chlorydrique. Dans l'eau pure versée surabondamment il y a formation d'un précipité d'acide stannique hydraté.

La chaleur décompose le bichlorure d'étain avec formation d'acide métastannique et dégagement d'acide chlorhydrique. Les acides sulfurique et phosphorique concentrés lui enlèvent l'eau d'hydratation et le ramènent à l'état anhydre.

Le bichlorure d'étain se combine avec la plupart des chlorures métalliques et forme ainsi des chlorures doubles. Il s'unit de même à l'hydrogène sulfuré et à l'hydrogène phosphoré pour former des composés $HSSnCl^2$ et PhH^3SnCl^2.

Ce corps fait partie de la *composition d'étain* et il est employé en teinture sous le nom d'oxymuriate d'étain.

L'étain se combine avec le phosphore, avec l'iode, avec l'arsenic; mais ces composés sont sans intérêt et ne doivent pas nous arrêter.

SELS D'ÉTAIN

Les sels d'étain, comme les sels de fer, sont dits au minimum et au maximum. Les sels au minimum sont formés par le protoxyde, les sels au maximum par l'acide stannique. Voici les caractères qui les distinguent.

SELS D'ÉTAIN AU MINIMUM	SELS D'ÉTAIN AU MAXIMUM
Ils rougissent le tournesol.	Idem;
Précipitent en blanc par l'eau (sous-sel).	Précipitent en blanc par l'eau (acide stannique);
Précipitent en blanc par les alcalis (protoxyde d'étain anhydre qui devient noire par l'ébullition).	Précipitent en blanc par les alcalis (acide stannique qui ne noircit pas par l'ébullition);
Précipitent le chlorure d'or (pourpre de Cassius).	Ne précipitent pas le chlorure d'or;
Précipitent les sels de mercure. . . .	Ne précipitent pas les sels de mercure;
Sont précipités en bruns par l'acide sulfhydrique	Sont précipités en jaune par l'acide sulfhydrique.

Analyse, dosage et équivalent de l'étain. — On dose l'étain à l'état d'acide stannique. On le sépare facilement des autres dissolutions métalliques par l'acide sulfhydrique. On transforme ensuite le sulfure en acide stannique par le grillage, en ayant soin d'ajouter de l'acide azotique. Après le refroidissement du creuset, on ajoute du carbonate d'ammoniaque, dont on chasse l'excès, ainsi que l'acide sulfurique formé, au moyen de la chaleur.

On a trouvé que la densité du perchlorure d'étain était 9,199; et dans 9,199 de perchlorure d'étain, il y a 5,025 de chlore pour 4,174 d'étain. Donnant au perchlorure stannique la formule $SnCl^2$ pour avoir l'équivalent de l'étain, on établira l'équation :

$$5,025 : Cl^2 \text{ ou } 443,20 \times 2 :: 4,174 : x.$$

D'où $x = \frac{886,40 \times 4,174}{5,025} = 736,28.$

LXXI

ANTIMOINE Sb. 120,6 — 1508,66

Les anciens n'ont connu de l'antimoine que son sulfure. Les Grecs l'ont appelé στίμμι, les Latins *stibium*. Il faut arriver jusqu'à Basile Valentin pour trouver la description développée du procédé propre à extraire le métal de ses mines. « Prends, dit cet auteur, 2 parties d'antimoine de Hongrie (sulfure d'antimoine) et 1 partie de fer ou d'acier (chalybis) ; ajoutes-y 4 parties de tartre brûlé (tartre de potasse carbonisé ou flux noir), et fais fondre le tout dans le creuset en fer dont se servent les orfèvres pour purifier leur or; après le refroidissement, reprends le régule (*regulum*) et sépare-le de toute impureté et scorie. Pulvérise-le avec soin et prends note de son poids. Ajoutes-y le triple de tartre brûlé, fonds et refonds le tout jusqu'à trois fois, jusqu'à ce que le régule se nettoie et devienne pur et brillant. *Il est connu* que, lorsque tu auras opéré parfaitement la fusion, et que tu auras employé l'encherèse qui convient, et qui mérite ici la palme (*ususque fueris enchesi quâ de-*

cet, quod in hoc palmarium est), tu obtiendras une belle étoile d'un blanc brillant, comme l'argent coupellé, non moins artistement distincte que si un peintre l'eût habilement divisée au moyen d'un compas (*). ».

Le nom de *régule*, donné à l'antimoine par les alchimistes du quinzième siècle, nom qui, dans la tradition vulgaire, s'est conservé jusqu'à nous, indique l'opinion qu'on avait alors de ce métal. On l'appelait *petit roi*, parce qu'on le supposait être un des éléments de l'argent, avec lequel il avait d'ailleurs, par la couleur et l'éclat, une certaine ressemblance. Le nom d'antimoine, sur l'origine duquel on a trop disputé, a presque la même signification; il veut dire fleur de Jupiter, ἄνθος Ἄμμωνος. Réduit de toutes ses scories ou gangues, au fond du creuset, le métal offre assez la forme d'une fleur ou d'une étoile, fleur de Jupiter par excellence, *astrum album* ou *alabastrum*, noms encore donnés à l'antimoine par les chercheurs de la pierre philosophale au moyen âge.

Dans le laboratoire, on prépare l'antimoine pur soit en purifiant le métal du commerce par l'azotate de potasse, soit en calcinant dans un creuset de Hesse un mélange de 5 parties de poudre d'Algaroth (oxychlorure d'antimoine), 4 parties de carbonate de soude et 1 partie de charbon. On recouvre d'une couche de charbon et l'on chauffe jusqu'au rouge. L'antimoine se sépare en un culot métallique.

Bien préparé et pur, l'antimoine est d'un blanc d'argent, avec une teinte légèrement bleue. Il est aigre et cassant, et facile à réduire en poudre. Sa densité est de 6,70. Peu altérable à l'air, il y perd cependant son éclat en se couvrant d'une couche de sous-oxyde. Fusible vers 450°, à la température du rouge blanc, il

(*) THEODORI KERCKRINGII *Commentarius in Currum triumphalem antimonii* BASILII VALENTINI, etc. *Amstelodami*, 1671, pag. 294. Basile Valentin était moine à l'abbaye de Saint-Pierre d'Erford. Il vivait au commencement du quinzième siècle.

s'oxyde ou brûle alors en dégageant d'épaisses fumées blanches. Ces fumées sont du protoxyde d'antimoine et de l'acide antimonique, ou même une combinaison des deux corps. Hors du contact de l'air, l'antimoine chauffé au rouge blanc distille, mais avec lenteur, la tension de sa vapeur étant très-faible.

A froid comme à chaud, le métal est attaqué par l'acide azotique et transformé en un composé insoluble, antimoniate de protoxyde d'antimoine. Ce caractère est essentiel et peut servir à distinguer l'antimoine de la plupart des métaux. Il n'y a que l'étain, en effet, qui, avec l'acide azotique, donne de l'acide stannique insoluble. Les autres métaux forment des azotates solubles.

L'antimoine entre dans la composition de divers alliages. Les caractères d'imprimerie sont un alliage d'antimoine et de plomb; les planches employées pour la gravure de la musique et le métal d'Alger sont un alliage d'antimoine et d'étain. Il y a quelquefois de l'antimoine dans le métal des cloches.

En médecine, l'antimoine a été employé, même à l'état métallique, sous le nom de pilules perpétuelles, tant la confiance dans cette sorte de panacée avait pris d'empire sur les esprits au dix-septième siècle.

> On compterait plutôt combien, dans un printemps,
> Guenaud et l'antimoine ont fait mourir de gens,

disait le poëte satirique de cette époque.

COMBINAISONS DE L'ANTIMOINE AVEC LES MÉTALLOÏDES

L'antimoine donne avec l'oxygène :

1 sous-oxyde.	Sb^3O^2,
1 protoxyde.	Sb^2O^3,
L'acide antimonique.	Sb^2O^5,
Et l'antimoniate de protoxyde.	Sb^2O^3, Sb^2O^5.

SOUS-OXYDE D'ANTIMOINE Sb^3O^2.

Le sous-oxyde d'antimoine est la poudre grisâtre dont le métal se recouvre quand il est exposé à l'air humide. Berzélius l'a obtenu en se servant d'antimoine comme conducteur positif pour décharger la pile électrique à travers l'eau. M. Marchand indique de le préparer en décomposant une dissolution concentrée d'émétique par une pile de Grove ou de Bunsen. Il se dépose au pôle positif une poudre noire qui est le sous-oxyde d'antimoine.

PROTOXYDE D'ANTIMOINE Sb^2O^3.

Le protoxyde d'antimoine est l'*exytèle* des minéralogistes. On le trouve ordinairement en cristaux lamelleux autour des masses d'antimoine natif ou d'antimoine sulfuré. On l'a observé sous deux formes cristallines incompatibles. Dans le laboratoire, on le prépare par la voie sèche ou par la voie humide.

On l'obtient par la voie sèche en brûlant de l'antimoine au contact de l'air et recueillant les vapeurs : c'est une simple sublimation.

On l'obtient par la voie humide : 1° en oxydant le métal par l'acide azotique, et lavant le produit solide qui résulte de cette action, jusqu'à ce que l'eau ne rougisse plus le papier de tournesol; 2° en décomposant le chlorure d'antimoine par l'eau, et traitant l'oxychlorure (poudre d'Algaroth) ainsi formé par un excès de carbonate de potasse. L'acide carbonique, qui ne forme pas de combinaison avec le protoxyde d'antimoine, se dégage, le chlore s'unit à l'alcali pour former du chlorure de potassium soluble, et le protoxyde d'antimoine reste à l'état solide pulvérulent dans la dissolution.

A l'état anhydre, le protoxyde d'antimoine est d'un blanc de perle, irréductible par la chaleur, mais fusible à la température rouge et volatil ensuite. Ces caractères servent à le distinguer de l'acide antimonique et de l'antimoniate de protoxyde d'antimoine. L'acide antimonique, sous l'influence de la chaleur, se décompose en antimoniate de protoxyde d'antimoine et en oxygène. L'antimoniate de protoxyde est indécomposable par la chaleur, infusible et fixe.

Le protoxyde d'antimoine est insoluble dans l'eau, mais soluble, en partie, dans les alcalis, qui forment avec lui tout à la fois un sur-sel soluble et un sous-sel insoluble. Il est transformé en antimoniate de protoxyde par un simple grillage, en antimoniate de protoxyde et en acide antimonique par l'acide azotique, en sel très-soluble par l'acide tartrique et par le tartrate de potasse.

ACIDE ANTIMONIQUE Sb^2O^5.

On obtient l'acide antimonique en dissolvant l'antimoine dans l'acide chloro-azotique, évaporant la dissolution, ajoutant au résidu de l'acide azotique et chauffant jusqu'à ce que tout l'acide soit chassé. Il est anhydre alors et sous forme d'une poudre d'un jaune pâle.

On obtient l'acide antimonique hydraté en précipitant le bichlorure d'antimoine Sb^2Cl^5 par l'eau, ou en décomposant l'antimoniate de potasse par l'acide azotique. On a de l'azotate de potasse qu'on enlève par des lavages, et l'acide antimonique reste à l'état pulvérulent dans le liquide.

L'acide antimonique hydraté est blanc et il rougit la teinture de tournesol. La chaleur lui enlève son eau et le fait passer à l'état anhydre, ou plutôt à l'état d'antimoniate de protoxyde d'antimoine, et alors il a perdu le pouvoir de rougir la teinture bleue de tournesol.

A l'état anhydre ou hydraté, l'acide antimonique est insoluble dans l'eau, peu soluble dans l'acide azotique et dans l'acide chlorhydrique; soluble, au contraire, surtout à chaud, dans l'acide tartrique, la potasse et le tartrate de potasse.

De même que l'acide stannique, l'acide antimonique, selon qu'il est anhydre ou hydraté, donne lieu à deux classes de sels qui diffèrent par leur composition et leurs propriétés. De là, pour l'acide anhydre, le nom d'acide antimonique proprement dit, et pour le même composé hydraté, le nom d'acide méta-antimonique. Pour distinguer les deux séries de sels, il suffira de se rappeler que l'acide antimonique est monobasique, tandis que l'acide méta-antimonique est bibasique. On peut donc transformer un antimoniate en méta-antimoniate en le calcinant avec un excès d'alcali, et réciproquement, on pourra changer un méta-antimoniate en antimoniate en lui enlevant 1 équivalent de base. En d'autres termes, les méta-antimoniates acides sont isomériques avec les antimoniates neutres, ce qui indique avec quelle facilité un méta-antimoniate acide peut se transformer en antimoniate neutre. Comme différences dans leurs propriétés, il faut noter que les méta-antimoniates alcalins sont cristallins, tandis que les antimoniates correspondants sont gélatineux et incristallisables, et que les méta-antimoniates solubles forment, dans les sels de soude, un précipité de méta-antimoniate de soude à peine soluble, tandis que les antimoniates ne précipitent pas les sels de soude.

ANTIMONIATE DE PROTOXYDE D'ANTIMOINE, autrefois ACIDE ANTIMONIEUX Sb^2O^3,Sb^2O^5.

Ce composé est la *stibiconise* des minéralogistes. On le prépare : 1° en traitant à chaud l'antimoine par l'acide azotique ; 2° en soumettant l'acide antimonique à l'action de la chaleur jusqu'à ce qu'il ne se dégage plus d'oxygène; 3° en soumettant à un grillage prolongé le protoxyde ou le sulfure d'antimoine.

Ce corps est solide, d'un blanc de neige, mais qui prend une teinte jaune quand on le chauffe. Ainsi qu'il a été dit, il est indécomposable par la chaleur seule, infusible et fixe. Chauffé au chalumeau sur du charbon, il se volatilise sans donner de globules métalliques. Pour réduire le métal de cette combinaison, il est donc essentiel d'y ajouter un corps réductible, par exemple de la potasse.

L'antimoniate de protoxyde d'antimoine est insoluble dans l'eau, peu attaquable par les acides, si ce n'est par l'acide chlorhydrique concentré. Une dissolution d'acide tartrique ou de bitrartrate de potasse lui enlève l'oxyde d'antimoine et précipite de l'acide antimonique, tandis que la potasse entraîne ou dissout l'acide antimonique en donnant un dépôt d'oxyde d'antimoine. Ce sont ces deux réactions qui établissent la composition de ce corps telle que l'indique la formule Sb^2O^3,Sb^2O^5.

Les composés oxygénés d'antimoine ont joui naguère d'un certain crédit en médecine. Le protoxyde était employé sous le nom de *fleurs argentines* ou de *neige d'antimoine;* l'acide antimonique, sous le nom de *bézoard minéral;* et l'antimoniate de protoxyde d'antimoine ou acide antimonieux, sous le nom de *céruse d'antimoine.* On a de nouveau essayé, de nos jours, de remettre en vogue ces diverses préparations en leur attribuant des propriétés contro-stimulantes.

COMPOSÉS D'ANTIMOINE ET D'HYDROGÈNE

Il existe deux composés d'antimoine et d'hydrogène : l'hydrure d'antimoine et l'hydrogène antimonié.

L'hydrure d'antimoine est un composé solide, brun, qui paraît prendre naissance : 1° quand on emploie, pour la décomposition de l'eau par le courant électrique, de l'antimoine comme conducteur métallique ; 2° quand l'hydrogène et l'antimoine se trouvent en contact à une température un peu moins élevée que le rouge obscur.

L'hydrogène antimonié SbH^3 a les plus grandes analogies avec l'hydrogène arsénié. Il a été découvert par M. Pfaff. C'est un gaz incolore, à peu près inodore comme l'hydrogène ; il est peu soluble dans l'eau ; au contact de l'hydrogène sulfuré, il donne du sulfure d'antimoine jaune orangé.

Sous l'influence de la chaleur, il se comporte comme l'hydrogène arsénié, c'est-à-dire :

Que si on le fait passer dans un tube chauffé au rouge, il se décompose en hydrogène et en antimoine ;

Que si on le brûle totalement au contact de l'air, en recueillant les produits de la combustion, il se convertit en eau et en protoxyde d'antimoine ;

Que si l'on interpose dans la flamme de réduction un corps froid (appareil de Marsh), le métal se dépose sur le corps froid sous forme de taches brillantes et d'un aspect métallique. La flamme de combustion de l'hydrogène antimonié est d'un blanc légèrement jaunâtre. En faisant passer l'hydrogène antimonié dans une dissolution de chlorure, on le décompose et l'on obtient du chlorure d'antimoine ou de la poudre d'Algaroth (oxychlorure). En lui faisant traverser une dissolution métallique dont la base a peu d'affinité pour l'oxygène, une dissolution d'azotate d'argent par exemple, on obtient, par suite de la réduction de l'argent, du protoxyde d'antimoine à l'état de poudre blanche insoluble.

Malgré l'assertion contraire d'un illustre chimiste (M. Liebig), le gaz hydrogène antimonié est dangereux à respirer. Fourcroy fait mention d'accidents graves provoqués par la respiration de vapeurs antimoniales, et nous-mêmes, dans nos études sur les poisons, avons fait périr des animaux en les faisant respirer dans une atmosphère chargée d'hydrogène antimonié. Il n'a pas été difficile de retrouver le poison dans les matières de sécrétion pendant la vie, et dans divers viscères après la mort.

SULFURES D'ANTIMOINE

Il existe deux combinaisons principales de soufre et d'antimoine qui correspondent, l'une au protoxyde, l'autre à l'acide antimonique.

PROTOSULFURE D'ANTIMOINE Sb^2S^3.

Le protosulfure d'antimoine est le minerai de ce métal le plus abondamment répandu dans la nature, celui que l'on exploite et dont on tire l'antimoine, et les diverses préparations de ce corps usitées dans les arts et en médecine. Il a ordinairement pour gangue le quartz, le sulfate de baryte, les pyrites de fer. A côté de ce sulfure, doit être placé le kermès minéral natif, qui est un minerai d'antimoine d'une belle couleur mordorée. Il diffère du kermès artificiel, en ce qu'il ne contient pas d'alcali. D'après les analyses de Klaproth et de H. Rose, c'est un oxysulfure anhydre composé de 2 atomes de sulfure pour 1 atome d'oxyde d'antimoine, c'est-à-dire de 69,9 de sulfure pour 30,1 de protoxyde.

Le sulfure d'antimoine natif est d'un gris foncé avec éclat métallique. Le plus ordinairement il offre une cristallisation rayonnée. Il se pulvérise facilement et donne une poudre d'un rouge brun, quelquefois tout à fait noire. Il est très-fusible et entre en ébullition à une haute température; il peut alors être distillé dans un courant de gaz azote.

Pour le séparer et l'extraire de sa gangue, on introduit le minerai dans des cruches de grès percées d'un trou à leur fond et superposées à d'autres cruches qui sont enfoncées dans la terre. On met ensuite le feu autour des cruches supérieures, et le sulfure fondu s'écoule dans les cruches inférieures, tandis que la roche non fondue reste dans les supérieures. Le produit obtenu est versé dans le commerce sous le nom d'*antimoine cru*.

Les anciens chimistes, en opérant cette fusion en vase clos, recueillaient, sous le nom de *vinaigre d'antimoine*, une petite quantité d'eau qui se dégageait de la masse en fusion. Cette eau, en effet, était imprégnée d'acide sulfurique ou sulfureux formé au contact de l'air des appareils.

Le sulfure d'antimoine se grille facilement au contact de l'air. Il ne se forme pas de sulfate alors, mais du protoxyde d'antimoine qui se combine avec le sulfure pour former divers oxysulfures connus sous les noms de *verre d'antimoine*, *foie d'antimoine*, *rubines*, *crocus* ou *safran des métaux*. Ce sont les proportions diverses de l'une et de l'autre matière qui établissent les différences entre ces composés d'aspect variable. Le verre d'antimoine contient 8 parties de protoxyde pour 1 de sulfure. Pour la même quantité d'oxyde, le crocus en contient 2 de sulfure. Le foie d'antimoine, pour 8 d'oxyde, renferme environ 4 parties de sulfure.

Le protosulfure d'antimoine est réduit complétement par l'hydrogène à la température rouge. Il est également réduit par le charbon, mais alors il est plus difficile de désulfurer complétement l'antimoine.

L'acide azotique transforme le protosulfure d'antimoine en antimoniate d'oxyde d'antimoine insoluble et en acide sulfurique. Si l'acide azotique est en excès, il se forme à la fois du sulfate antimonique et de l'acide antimonique, mélange désigné sous le nom de *magistère d'antimoine*.

L'acide sulfurique transforme le protosulfure d'antimoine en sulfate de protoxyde avec dégagement d'acide sulfureux; l'acide chloro-azotique en chlorure soluble avec dégagement d'hydrogène sulfuré. On a recours à cette dernière réaction pour préparer l'hydrogène sulfuré dans les laboratoires.

Les alcalis et les carbonates alcalins décomposent le sulfure d'antimoine soit par voie sèche, soit par voie humide; il en résulte du sulfure d'antimoine et une combinaison de protoxyde d'antimoine avec la base alcaline, ou bien une combinaison de sulfure d'antimoine avec un monosulfure alcalin, le sulfure d'antimoine remplissant le rôle d'acide. Une partie de l'antimoine est réduite à l'état métallique.

Le protosulfure d'antimoine peut être préparé artificiellement par voie sèche et par voie humide. On l'obtient en chauffant ensemble soit de l'antimoine et du soufre, soit du soufre et du protoxyde d'antimoine, ou de l'antimoniate de protoxyde d'antimoine.

Par voie humide, on l'obtient en précipitant une dissolution d'émétique (bitartrate de potasse et d'antimoine) par l'acide sulfhydrique ou les sulfhydrates. Mais alors le sulfure est hydraté, et il se présente sous forme d'une masse floconneuse, couleur rouge de feu. Ce sulfure se déshydrate sous l'influence de la chaleur et devient d'un gris noir métallique. Il s'altère à l'air.

PERSULFURE D'ANTIMOINE Sb^2S^3

Le persulfure d'antimoine s'obtient en dissolvant l'antimoniate de potasse dans l'acide chlorhydrique, étendant la dissolution d'eau et y faisant passer un courant de gaz hydrogène sulfuré. Le précipité qui se forme est d'un rouge orange très-éclatant. A l'aspect on ne saurait rigoureusement distinguer ce deutosulfure d'avec le protosulfure ; mais, séché et chauffé, il abandonne du soufre et se transforme en protosulfure.

Le protosulfure ou sulfure naturel d'antimoine est la base d'un cosmétique dont se servent les femmes d'Orient, et aussi les nôtres, pour se noircir le tour des yeux et les sourcils. Il a été et est encore employé en médecine, ainsi que le persulfure, sous les différents noms de *crocus metallorum*, *kermès minéral*, *soufre doré d'antimoine*, *poudre des chartreux*, car ici les noms varient non moins que les mélanges que l'on peut produire par diverses opérations tout empiriques.

CHLORURES D'ANTIMOINE

Il existe deux chlorures d'antimoine, le protochlorure et le perchlorure, qui correspondent aux deux sulfures qui viennent d'être étudiés.

Le protochlorure d'antimoine Sb^2Cl^3 est assez souvent désigné sous le nom de *beurre d'antimoine*, nom qu'il doit à sa consistance butyreuse.

Il est blanc, cristallisable en prismes tétraèdres, très-caustique, et par conséquent dangereux à manier.

Exposé à l'air, il devient déliquescent. Chauffé, il coule comme de l'huile et se volatilise. En contact avec l'eau, il se décompose et donne lieu à un oxychlorure d'antimoine qui porte le nom de *mercure de vie* ou de *poudre d'Algaroth*.

L'acide tartrique ajouté à l'eau s'opposerait à cette précipitation ou dissoudrait l'oxychlorure.

Le protochlorure d'antimoine est soluble dans un excès d'acide chlorhydrique, qui s'oppose également alors à la précipitation de l'oxychlorure ou de la poudre d'Algaroth. Un excès d'eau peut toujours faire équilibre à l'action dissolvante de l'acide, et entraîner le précipité d'oxychlorure. La dissolution de protochlorure d'antimoine dans l'acide chlorhydrique constitue *le beurre d'antimoine liquide*. L'acide azotique transforme le chlorure d'antimoine en acide antimonique, ou en antimoniate d'antimoine.

On obtient le protochlorure d'antimoine, soit par l'action directe du chlore ou de l'acide chloroazotique sur l'antimoine, soit par la distillation d'un mélange d'antimoine ou de sulfure d'antimoine et de deutochlorure de mercure.

L'oxychlorure d'antimoine, ou poudre d'Algaroth, se prépare en traitant 1 partie de protochlorure par 8 parties d'eau. Au moment de la précipitation, cette poudre est blanche, onctueuse, grumeleuse, assez semblable à du lait caillé. Par le repos, elle change d'aspect, devient grisâtre et pulvérulente. Elle est insoluble dans l'eau, qui pourtant à 100° et en excès, en altère la composition. Elle est fusible et peut cristalliser par le refroidissement.

PERCHLORURE D'ANTIMOINE Sb^2Cl^5.

D'après H. Rose, qui l'a préparé le premier, on obtient le perchlorure d'antimoine en chauffant de la poudre d'antimoine métallique dans du gaz chlore. Le métal brûle et il distille un liquide qui a de l'analogie avec le perchlorure d'étain ou liqueur fumante de Libavius.

L'eau décompose ce liquide en acide antimonique et en acide chlorhydrique, ce qui en établit la composition.

Le protochlorure d'antimoine a divers usages. Il est employé en médecine comme caustique. Il est employé dans les arts pour nettoyer le cuivre jaune, pour bronzer les armes. « Ce dernier effet, dit M. Dumas, dépend sans doute de la décomposition que le fer fait éprouver au chlorure d'antimoine et de la précipitation de l'antimoine en couche mince à la surface du fer. »

L'oxychlorure a été employé comme vomitif, mais il est à peu près inusité aujourd'hui.

Le perchlorure est sans usages.

Il existe des phosphure, iodure, bromure, fluorure et séléniure d'antimoine ; mais ces composés sont sans usages.

SELS D'ANTIMOINE

Les sels d'antimoine sont peu nombreux. Le protoxyde ne forme des composés stables qu'avec les acides organiques. L'acide antimonique ne se combine qu'avec les bases alcalines et avec le protoxyde d'antimoine.

Parmi les sels anorganiques qui ont le protoxyde pour base, il n'est, pour ainsi dire, qu'à nommer les azotate, sulfate, phosphate et arséniate.

En général, ces sels sont peu solubles, et l'eau les décompose en en précipitant un hydrate de protoxyde blanc. Les alcalis, les carbonates alcalins, le cyanure de potassium en précipitent également le même hydrate de protoxyde. L'hydrogène sulfuré et les hydrosulfates en précipitent du sulfure d'antimoine de couleur orangée. Le fer, le zinc et l'étain en séparent l'antimoine à l'état de poudre fine, qui ternit la dissolution ou le métal même sur lequel elle s'applique.

Ainsi qu'il a été dit, l'acide tartrique met obstacle à ces réactions, cet acide étant l'agent essentiel de dissolution des composés antimonieux.

Les antimoniates et méta-antimoniates alcalins ont entre eux la plus grande analogie. Ils offrent en partie les réactions déjà indiquées, sont décomposés par les acides anorganiques même les plus faibles, ainsi que par l'eau de chaux, de baryte et de strontiane. Le précipité est de l'acide antimonique ou un antimoniate blanc de chaux, de baryte ou de strontiane. On peut former directement les antimoniates alcalins, mais on les prépare habituellement en chauffant un mélange d'antimoine et un nitrate alcalin. Les antimoniates insolubles s'obtiennent par voie de double décomposition.

Le sel d'antimoine qui mérite le plus d'attention est le *bitartrate de potasse et d'antimoine*, aussi nommé *tartre stibié* ou *émétique*, $KO, Sb^2O^3, C^8H^4O^{10}, HO$. Ce sel paraît avoir été obtenu pour la première fois par un médecin allemand, Adrian de Mynsicht. Voici le mode de préparation indiqué par l'auteur même de la découverte, à la date de l'année 1631 :

« ℞ Olei vitrioli veneris et martis rubicundissimi. } aa ℥ j
Reguli antimonii . . . . }
Mercurii loti et purgati . . . . ℥ s.

« Minutissime contere et in cucurbitam mitte, super ignem impone et lento igne digere. Adde spiritum vini tartarisatum,

Est maxime accommodatum corpori humano arcanum.... hæc est nobilissima medicina cum spiritu propriata (*). »

Le Codex prescrit de préparer l'émétique en prenant :

Crème de tartre (bitartrate de potasse)	300
Verre d'antimoine	200
Eau	2000

On doit réduire le verre d'antimoine en poudre très-fine, et la crème de tartre en poudre grossière, faire bouillir le mélange dans l'eau pendant une demi-heure, en renouvelant l'eau d'évaporation; laisser refroidir sans filtrer, enlever les cristaux et les laver avec les eaux-mères. On doit ensuite filtrer ces eaux-mères, les faire évaporer, épuiser le résidu par l'eau bouillante, filtrer et laisser cristalliser par refroidissement. Les cristaux réunis doivent être dissous de nouveau dans l'eau bouillante, la solution clarifiée au blanc d'œuf, filtrée, et la liqueur concentrée à 25°. Par le refroidissement, il se dépose définitivement des cristaux octaédriques de bitartrate de potasse et d'antimoine.

Ce procédé est mauvais, dit Soubeiran, en ce que l'on a beaucoup de peine à débarrasser l'émétique du tartrate de fer qui se produit en même temps que lui. Il faut préférer le suivant :

Préparez d'abord l'oxyde d'antimoine en décomposant à chaud le chlorure d'antimoine par le bicarbonate de soude; lavez l'oxyde, faites-en sécher une partie pour avoir le poids de la masse, et traitez-le par la crème de tartre en prenant :

Oxyde d'antimoine	10 parties,
Crème de tartre pulvérisée	12
Eau bouillante	100

On fait, avec suffisante quantité d'eau bouillante et les deux substances, une pâte liquide que l'on abandonne à elle-même

(*) *Thesaurus medico chymicus* Hadriani à Mynsicht, aliàs Tribudenii Ottensleinensis Saxonis (Comitis palatini Cæsaris philosophiæ et medicinæ doctoris), *Hamburg*, 1631, pag. 13.

pendant vingt-quatre heures; on ajoute le reste de l'eau, et l'on fait bouillir pendant une heure dans une bassine d'argent; on filtre, on concentre les liqueurs jusqu'à 25° et on fait cristalliser. On obtient de nouveaux cristaux par l'évaporation des eaux-mères.

Quel que soit le procédé employé (on en a proposé d'autres encore), le principe de l'opération est le même. Il faut mettre en présence de la crème de tartre (bitartrate de potasse) avec de l'oxyde d'antimoine, ou bien avec un composé qui puisse en produire. L'acide tartrique de la crème de tartre se divise en deux parties pour former le sel double de potasse et de protoxyde d'antimoine, dont voici la composition :

Potasse.	1 pp.	(13,50)	100.
Acide tartrique	2 pp.	(37,80)	
Protoxyde d'antimoine. . .	1 pp.	(43,60)	
Eau.	2 pp.	(5,10)	

L'émétique est ordinairement en poudre blanche amorphe, mais il est facile de l'obtenir cristallisé; les cristaux sont des octaèdres demi-transparents qui deviennent opaques en s'efflеurissant à l'air. Ce sel a une saveur âcre et nauséabonde; il rougit le papier de tournesol. Il est soluble dans 14 parties d'eau distillée froide, et dans 1,88 parties d'eau distillée bouillante. Chauffé sur un charbon incandescent ou dans un creuset fermé, il se décompose en produisant des vapeurs et une odeur propre aux tartrates, et laisse sur le charbon de petits globules d'antimoine. Si l'essai est fait assez en grand, on obtient dans le creuset un mélange pyrophorique de charbon de potassium et d'antimoine.

Le bitartrate de potasse et d'antimoine ou l'émétique est le composé d'antimoine le plus employé en médecine. Le nom qu'il a conservé en indique les propriétés :

> Ἐμέω vomir marquera,

dit le poëte classique des *Racines grecques*.

Caractères généraux des composés d'antimoine, dosage et équivalent. — Au chalumeau, les composés d'antimoine sont réduits par le carbonate de soude et, du métal en fusion, se dégagent des vapeurs blanches, inodores. Le bouton métallique, en refroidissant, s'enveloppe de houppes soyeuses qui sont du protoxyde d'antimoine.

Par voie humide, les dissolutions salines d'antimoine donnent :

Avec la soude et la potasse.	Un précipité blanc (protoxyde d'antimoine hydraté), soluble dans un excès de réactif;
Avec l'ammoniaque.	Le même précipité, mais insoluble dans un excès de réactif;
Avec les carbonates alcalins.	Un précipité blanc, avec dégagement d'acide carbonique;
Avec l'acide sulfhydrique.	Un précipité, couleur orange, caractéristique (sulfure d'antimoine);
Avec le sulfhydrate d'ammoniaque. . .	Le même précipité, mais soluble dans un excès de réactif.

Une lame de zinc ou de fer précipite, sous forme de poudre noire, l'antimoine de ses dissolutions salines.

On dose l'antimoine à l'état de sulfure. On peut faire emploi de deux méthodes différentes. Dans la première, on traite le sulfure par l'acide azotique et l'on obtient ainsi de l'acide sulfurique et de l'antimoniate d'antimoine. On précipite l'acide sulfurique par la baryte, et en traitant l'antimoniate d'antimoine par l'acide chlorhydrique et l'acide tartrique, on obtient un sel soluble dont le soufre, non transformé en acide sulfurique, se sépare par décantation. On pèse ce soufre desséché, on l'ajoute à celui qui se trouve dans le sulfate de baryte, et l'on dose ainsi l'antimoine par différence.

Dans la seconde méthode, on réduit un poids connu de sulfure par l'hydrogène et l'on pèse le métal obtenu. Mais l'hydrogène pouvant entraîner une certaine portion de métal à l'état d'hydrogène antimonié, il importe d'opérer dans un appareil qui permet de décomposer le gaz par la chaleur et de recueillir le métal obtenu dans les deux phases distinctes de l'opération.

On a trouvé ainsi pour l'équivalent de l'antimoine le nombre 1508,66.

LXXII

TANTALE ou COLOMBIUM, NIOBIUM; ILMÉNIUM, PÉLOPIUM

Nous n'avons, pour ainsi dire, qu'à nommer ces quatre métaux. Ils sont si rares qu'une étude complète en est encore à faire. Le colombium a été extrait pour la première fois, en 1801, par M. Hatchett, d'un minerai venant de la Colombie. Un an après, M. Ekelberg, retirant un métal nouveau de la tantalite, lui donna le nom de Tantale. Mais, on devait le reconnaître, le colombium et le tantale étaient un seul et même corps. De là la confusion des deux noms.

La tantalite et l'yttro-tantalite sont des minerais extrêmement rares, composés d'acide tantalique, d'oxydes de fer, de manganèse, d'uranium, de tungstène et d'yttria. On décompose ces minerais par l'eau régale, et c'est du chlorure de tantale qu'on extrait, au moyen du potassium ou d'un courant de gaz ammoniac, le radical auquel, à cause de son origine, nous conserverons le nom de tantale.

Ce métal a la couleur du charbon, mais il prend l'éclat métallique sous le brunissoir. Il est infusible au feu de forge. Chauffé au contact de l'air, il brûle assez vivement et se transforme en acide tantalique Ta^2O^3.

L'acide tantalique réduit, en présence du charbon, dans un creuset brasqué, devient un protoxyde TaO. Cet oxyde est d'un gris foncé, très-dur et inattaquable par les acides.

L'acide tantalique est blanc, tout à fait insoluble dans l'eau, infusible et indécomposable par la chaleur. Il se dissout dans les acides chlorhydrique et fluorhydrique, et aussi dans les alcalis, avec lesquels il forme des tantalates et métatantalates analogues aux stannates et métastannates.

On a obtenu un sulfure de tantale en chauffant l'acide tantalique dans la vapeur de sulfure de carbone, et un perchlorure de tantale cristallisé en faisant passer un courant de chlore sur l'acide tantalique mêlé à du charbon. L'eau décompose ce perchlorure en acides chlorhydrique et tantalique.

Les autres combinaisons du tantale n'ont point été étudiées.

Au chalumeau, l'acide tantalique donne dans le borax ou le sel de phosphore un verre blanc qui devient mat et laiteux par le refroidissement.

On sait moins encore sur le niobium, le pélopium et l'ilménium que sur le tantale. Le niobium et le pélopium ont été découverts, dans les tantalites provenant d'Amérique, par M. H. Rose; et l'ilménium, par M. Hermann, dans l'yttro-tantalite de Sibérie. C'est sur des différences de réactions entre les composés obtenus en traitant les minerais, plutôt que sur des réductions métalliques définitives et absolues, que l'on a conclu à l'existence de ces trois radicaux, dont les chimistes ne sont pas encore en pleine possession.

LXXIII

CINQUIÈME SECTION

Métaux qui s'oxydent à la température rouge, dont les oxydes ne sont pas réductibles par la chaleur, et qui ne décomposent l'eau qu'à une température très-élevée et même encore assez faiblement. La présence des acides, non plus que celle des alcalis, n'entraîne pas la décomposition de l'eau par ces métaux.

BISMUTH Bi. 106,50 — 1330,37

Les anciens ont sans doute connu le bismuth, mais ils l'ont confondu, soit avec le plomb, soit avec l'étain. Durant un temps, en effet, on a nommé ce métal *étain de glace*. Il en est question pour la première fois sous son vrai nom dans le traité d'Agricola, qui parut dans les premières années du XVIe siècle. En 1753, Geoffroi le Jeune en donna une étude assez complète pour le temps. Depuis, on n'a guère fait que modifier la nomenclature de ses composés pour la mettre en rapport avec les connaissances nouvellement acquises.

Le bismuth se trouve à l'état natif dans les roches anciennes et de filons. C'est même ce minerai qui fournit la presque totalité du métal exploité. On le trouve néanmoins aussi à l'état d'oxyde, de sulfure, et mêlé à divers autres métaux, tels que l'arsenic, le plomb, le tellure. Le procédé d'extraction industriel est très-simple. Il consiste à chauffer le minerai dans des tubes en fonte légèrement inclinés au-dessus de la sole des fournaux, comme le montre la *fig.* 93. L'extrémité des tubes traverse la maçonnerie et déverse dans des creusets en terre eux-mêmes chauffés, pour recevoir le métal en fusion. On le recueille avec des cuillers en fer et on le coule dans des moules.

Fig. 93.

Mais le métal ainsi obtenu n'est pas pur, il contient soit des sulfures, soit des arséniures, ou même des métaux fusibles, tels que le plomb. On le purifie en le calcinant avec le nitre. On peut de même obtenir le bismuth pur en calcinant le sous-azotate de bismuth avec du charbon ou avec du flux noir.

Le métal bien préparé est d'un blanc gris avec une teinte rougeâtre qui le fait facilement reconnaître, alors surtout qu'on le place à côté du zinc et de l'antimoine, métaux dont la couleur se rapproche le plus de la sienne. Sa densité est de 9,9. Il est très-cassant. Il s'altère peu à l'air, et ne se couvre qu'à la longue d'une couche mince d'oxyde. Il fond à la température de 247° et cristallise très-facilement. Ses cristaux, en se recouvrant d'une pellicule mince d'oxyde, donnent lieu aux couleurs irisées des lames minces. Chauffé dans l'air, le métal brûle et donne des vapeurs jaunes qui sont du protoxyde. Il ne décompose l'eau qu'à une température très-élevée, il ne la décompose pas à froid en présence des acides, non plus que des alcalis. L'acide azotique l'attaque très-vivement, les acides sulfurique et chlorhydrique ne l'attaquent qu'à chaud, et quand ils ont un certain degré de concentration.

Le bismuth est employé pour les soudures et la préparation des alliages fusibles. L'alliage dit de Newton, qui fond à 94°,5, c'est-à-dire dans l'eau bouillante, est composé de 8 parties de bismuth, 5 de plomb et 3 d'étain. L'alliage de Darcet, qui fond à 93°, contient 2 parties de bismuth, 1 de plomb et 1 d'étain. En variant les proportions des métaux propres à composer ces alliages, on peut faire descendre, pour ainsi dire à volonté, le degré de fusion. L'alliage formé de 5 parties de bismuth pour 2 d'étain et 3 de plomb, fond à 91°. On obtient un alliage de bismuth et de potassium extrêmement fusible en calcinant le bismuth réduit en poudre fine avec le bitartrate de potasse.

COMBINAISONS DU BISMUTH AVEC LES MÉTALLOÏDES

Le bismuth forme avec l'oxygène quatre combinaisons :

Le sous-oxyde. . . . . BiO,
Le protoxyde. . . . . Bi^2O^3,

Le peroxyde ou acide bismuthique. . . Bi^2O^5,
Le bismuthate d'oxyde de bismuth. . . $Bi^2O^3\ Bi^2O^5$.

Le sous-oxyde est la matière brune qui se dépose sur le bismuth au contact de l'air humide, ou le composé de couleur noire qui souille le bismuth quand on chauffe le métal à une température qui ne dépasse pas son point de fusion.

PROTOXYDE DE BISMUTH Bi^2O^3.

Le protoxyde de bismuth est anhydre ou hydraté : anhydre, quand on l'obtient en grillant le métal à l'air; hydraté, quand il résulte de la précipitation d'un sel de bismuth par la potasse. Le protoxyde anhydre est jaune; le protoxyde hydraté est blanc. Le protoxyde hydraté perd son eau par l'ébullition et devient protoxyde anhydre.

PEROXYDE OU ACIDE BISMUTHIQUE Bi^2O^5 ET BISMUTHATE D'OXYDE DE BISMUTH $Bi^2O^3Bi^2O^5$.

L'acide bismuthique se prépare en faisant passer un courant de chlore dans une dissolution de potasse contenant en suspension du protoxyde de bismuth; ou bien, en calcinant un mélange de protoxyde de bismuth, de potasse et de chlorate de potasse. Quel que soit le mode de préparation, l'acide bismuthique retient une certaine quantité de protoxyde de bismuth; mais on peut le lui enlever au moyen de l'acide azotique, qui, sans attaquer l'acide bismuthique, transforme le protoxyde en azotate de bismuth soluble.

L'acide bismuthique forme une poudre d'un rouge clair qui, par l'action de la chaleur, d'un acide ou d'un alcali, perd facilement une partie de son oxygène et se transforme en bismuthate d'oxyde de bismuth.

SULFURES DE BISMUTH

On peut préparer directement un sulfure de bismuth anhydre BiS^3, correspondant à l'acide bismuthique, en chauffant ensemble du bismuth pulvérisé et de la fleur de soufre. Ce sulfure existe dans la nature. On prépare le même sulfure hydraté en faisant passer un courant d'acide sulfhydrique dans la dissolution d'un sel de bismuth. Ce sulfure est noir et brillant, à reflets métalliques.

CHLORURE DE BISMUTH

On peut préparer le chlorure de bismuth par l'action directe du chlore ou de l'acide chlorhydrique sur le métal, et par la réaction, sous l'influence de la chaleur, d'une partie de bismuth métallique sur 2 parties de bichlorure de mercure. Le chlorure Bi^2Cl^3 ainsi formé est blanc et volatil, il reste dissous dans un excès d'acide chlorhydrique, mais précipite à l'état d'oxychlorure $Bi^2Cl^3 2(Bi^2O^3) 3HO$, quand on y ajoute une certaine quantité d'eau. On obtient directement cet oxychlorure par double décomposition, en versant une dissolution acide d'azotate de bismuth dans une dissolution de chlorure de sodium. C'est par ce procédé même qu'on obtient le blanc de fard ou blanc de perle, dont on fait un si déplorable emploi comme cosmétique.

Qu'on nous laisse à ce sujet raconter une historiette qui pourra servir de leçon. Une femme encore assez jeune et belle faisait un usage immodéré de blanc de fard. Son médecin, le célèbre Alibert, médecin du roi Louis XVIII, lui ordonna un jour, pour la guérir d'un petit eczéma, un bain sulfureux. La dame se rendit à Tivoli, où on lui prépara le bain dit de baréges. Mais, ô surprise! à peine est-elle dans la baignoire que la femme de chambre qui l'accompagne s'écrie d'une voix entrecoupée : — Madame, madame! — Eh bien? — Madame, vous devenez mulâtre..., négresse! La dame sortit précipitamment du bain. De la tête aux pieds, son corps était noir et le lavage n'enlevait rien. On fit appeler le médecin, le malicieux Alibert. Eh quoi! quelle drogue avait-il donc fait mettre dans le bain? Le docteur souriait. — Vous mettez du blanc de fard, chère madame? — Sur la joue seulement et très-peu, très-peu. — Oh! toute belle, si vous n'aviez blanchi que la joue, il n'y aurait que la joue de noire et nous ne serions pas si embarrassés. L'aveu fut pénible et le docteur eut la barbarie de ne pas indiquer le remède propre à rendre à la peau sa blancheur et son éclat. Il aima mieux dire à sa belle cliente : — En ce moment, vous pourriez avoir les plus grands succès.... en Cafrerie.

IODURE DE BISMUTH

En versant de l'iodure de potassium dans une dissolution étendue d'azotate de bismuth, on obtient un iodure noir de bismuth Bi^2I^3, insoluble dans l'eau. L'eau bouillante en précipite un oxyiodure $Bi^2O^3 + 2Bi^2O^3 3HO$ correspondant à l'oxychlorure. On peut de même obtenir un iodure double de potassium et de bismuth $(KI)^2Bi^2I^3\,4HO$ qui cristallise facilement en tables rhomboïdales.

SELS DE BISMUTH

AZOTATE DE BISMUTH $Bi^2O^3 3AzO^5 10HO$.

L'azotate de bismuth se prépare en dissolvant le métal dans l'acide azotique. On l'obtient en beaux cristaux incolores, déliquescents, et qu'on peut redissoudre dans une petite quantité d'eau. Mais un excès de liquide décompose le sel et en précipite un sous-azotate insoluble, qui est le *blanc de fard* déjà indiqué. Ce sous-azotate a pour formule $Bi^2O^3AzO^5HO$.

CARBONATE DE BISMUTH

Si, dans la dissolution acide d'azotate de bismuth, on verse une dissolution de carbonate de soude, on obtient un sous-carbonate $Bi^2O^3CO^2$, qui se détruit facilement par la chaleur et dont les acides dégagent l'acide carbonique.

SULFATE DE BISMUTH

Dissous dans l'acide sulfurique, le bismuth donne un sulfate blanc insoluble $Bi^2O^33SO^3HO$. Ce sulfate peut se décomposer par l'eau et donner, d'une part, un sel acide qui se dissout et, de l'autre, un sel bibasique insoluble BiO^3SO^3HO.

Caractères généraux des composés de bismuth. — Équivalent. — Chauffés au chalumeau sur le charbon avec du carbonate de soude, les composés de bismuth se réduisent et donnent des grains métalliques cassants. Le charbon se recouvre d'un enduit jaune.

Les dissolutions salines de bismuth précipitent par l'eau (sous-sels) ;

Elles donnent, avec les alcalis et les carbonates alcalins, un précipité blanc insoluble dans un excès du réactif;

Avec l'hydrogène sulfuré et les hydrosulfates, un précipité noir insoluble dans un excès du réactif.

Le zinc, le fer et le cuivre précipitent le bismuth de ses dissolutions sous forme d'une poudre noire qui, essayée au chalumeau sur un charbon, donne un globule métallique cassant.

On dose le bismuth à l'état de protoxyde Bi^2O^3. On a trouvé que 100 parties de ce composé contiennent 11,275 d'oxygène. D'où l'on a dit, d'après la formule Bi^2O^3,

$$11,275 : 300 :: \frac{100}{2} : x,$$

En conséquence, $x = \frac{300 \times 50}{11,275}$, c'est-à-dire 1330,37.

LXXIV

CUIVRE Cu. 31,74 — 396,80

Le cuivre est, avec le fer, un des métaux le plus anciennement connus. Son nom vient de κύπρος, *cuprum*, nom de l'île de Chypre où furent exploitées les premières mines de cuivre. Le nom de *Vénus* donné au métal a la même origine, l'île de Chypre ayant été autrefois consacrée à la divinité païenne.

Les minerais de cuivre sont assez abondants. On les trouve en filons dans les terrains primitifs et de transition, ainsi que dans les premiers dépôts de la période secondaire. Le plus souvent, c'est à l'état de pyrites ou de sulfures qu'on les rencontre unis au fer, à l'arsenic, au plomb, à l'antimoine, à l'argent. Mais il existe aussi des filons où le cuivre se présente à l'état natif, à l'état d'oxyde, de carbonate ou de sulfate. Ce sont les plus recherchés, ceux dont l'exploitation est la plus facile. Il suffit, en effet, pour obtenir le métal, de le séparer de ses gangues et de le réduire par fusion dans des fourneaux à cuve, en présence du charbon.

Les sulfures exigent un traitement plus compliqué, qui consiste en grillages répétés en présence de la silice pour écarter le fer et amener définitivement le cuivre à l'état d'oxyde, et le fondre au contact du charbon. Alors que les minerais contiennent de l'argent, de l'antimoine et du plomb, il peut y avoir intérêt à extraire ces métaux, ce qui se pratique au moyen d'opérations connues sous le nom de *liquation* ou d'*amalgamation*. Le cuivre du commerce, sauf de rares exceptions, n'est pas pur ; il contient le plus souvent du fer et de l'arsenic. Pour obtenir le métal chimiquement pur, il faut, dans le laboratoire, réduire l'oxyde ou le chlorure par l'hydrogène. Dans ce cas, le cuivre est sous forme d'une poudre rouge qui prend de l'éclat au brunissoir et qui s'étend en disque sous le marteau.

Tels sont les premiers caractères du cuivre métallique : il est rouge et malléable; il s'étire aussi en fils et sa ténacité est considérable; un fil de 2 millimètres ne se rompt que sous la charge de 140 kilogrammes. Sa densité varie entre 8,78 et 8,96.

A la température ordinaire, le cuivre ne s'oxyde pas dans l'air sec; mais peu à peu, si l'air est humide, il se recouvre d'un mélange d'oxyde hydraté ou de carbonate vert qu'on nomme communément *vert-de-gris*. Chauffé dans l'air, le cuivre se transforme d'abord en protoxyde rougeâtre, et ensuite en deutoxyde noir. Il fond à 27° du pyromètre et brûle avec une flamme verte. Cette coloration de la flamme par le cuivre est un des caractères les plus saisissables du métal. Elle sert à en faire reconnaître les quantités les plus faibles. La réaction est surtout rendue sensible si, pour l'obtenir, on a pris le soin d'imprégner la matière d'épreuve d'une dissolution concentrée d'hydrochlorate d'ammoniaque.

Le cuivre ne décompose l'eau à froid, ni en présence des acides, ni en présence des alcalis. Il ne la décompose que si on la fait arriver à l'état de vapeur sur le métal chauffé à blanc.

Les acides azotique, sulfurique, chlorhydrique et chloroazotique attaquent le cuivre même à froid. Il en est de même de l'eau salée et des matières grasses; aussi n'est-il pas sans danger de se servir, pour les usages domestiques, d'ustensiles de cuivre non convenablement étamés. Le cuivre, d'un si grand emploi dans l'industrie, entre dans la composition d'un grand nombre d'alliages : l'airain des anciens était composé de cuivre, d'étain et de fer; l'airain de nos canons est formé de 100 parties de cuivre et de 11 parties d'étain; le métal des cloches contient 78 parties de cuivre et 22 parties d'étain; le laiton, 64,8 de cuivre, 32,8 de zinc, 2 de plomb et 0,4 d'étain; le chrysocale, 92 de cuivre, 6 de zinc et 6 d'étain.

COMBINAISONS DU CUIVRE AVEC LES MÉTALLOÏDES

COMPOSÉS BINAIRES

—

OXYDES DE CUIVRE

Le cuivre forme avec l'oxygène quatre combinaisons :

Le protoxyde. . . . . Cu^2O,
Le deutoxyde. . . . . CuO,
Le peroxyde. . . . . . CuO^2,
Et l'acide cuivrique, dont la composition est indéterminée.

Le protoxyde de cuivre Cu^2O se trouve dans la nature : 1° en masses compactes ou lithoïdes, mais peu volumineuses ; 2° en beaux cristaux octaèdres ; 3° en filaments capillaires ; 4° en poussière fine et brillante. Il recouvre fréquemment, si ce n'est presque toujours, le cuivre natif. On le prépare, dans le laboratoire, soit en décomposant à chaud le protochlorure de cuivre par la potasse, soit en faisant bouillir de l'acétate de cuivre avec du sucre. Dans le premier cas, on obtient le protoxyde à l'état d'hydrate jaune ; dans le second, sous forme de cristaux octaédriques réguliers.

Le protoxyde de cuivre est rougeâtre ; quand il passe à l'état d'hydrate, il devient jaune orangé. Il est très-fusible. Chauffé en présence de l'air, il se transforme en deutoxyde ; il ne forme avec les acides que des sels instables, qui tendent à se décomposer en sels de deutoxyde et en cuivre métallique. L'acide chlorhydrique le transforme en protochlorure. L'ammoniaque le dissout et forme une dissolution incolore, qui devient bleue à l'air, parce qu'elle absorbe une certaine quantité d'oxygène qui fait passer le protoxyde à l'état de deutoxyde. Si l'on met dans le liquide bleu une lame de cuivre, la décoloration s'opère insensiblement, le cuivre enlevant au deutoxyde la moitié de son oxygène, pour le ramener à l'état de protoxyde.

Le protoxyde de cuivre est employé dans les verreries pour colorer le verre en pourpre.

Le deutoxyde de cuivre CuO est la mélaconise des minéralogistes. On le trouve, mais toujours par petites quantités, dans les mines de cuivre. Il s'y rencontre mêlé aux composés qui l'ont formé par suite d'une oxydation à l'air libre. Il est à l'état pulvérulent non cristallisé. On l'obtient, dans le laboratoire, soit en brûlant du cuivre à l'air libre, soit en décomposant l'azotate ou le carbonate du métal par calcination. Quand on verse goutte à goutte une dissolution d'un sel de cuivre dans une dissolution froide de potasse caustique, on obtient le même corps, mais à l'état d'hydrate. Cet hydrate perd facilement son eau par la chaleur. Sous le nom de *cendres bleues*, on prépare dans l'industrie un produit qui a pour base cet hydrate. Dissous dans l'ammoniaque, il donne l'*eau céleste*, ce liquide que les pharmaciens exposent à la devanture de leurs officines et qui sert à faire des collyres. A l'état anhydre, il est employé dans la fabrication du papier de tenture et aussi dans celle du verre. Les chimistes en font usage pour l'analyse des matières organiques.

Le peroxyde de cuivre CuO^2 est d'un beau jaune. Il s'obtient en ajoutant de l'eau oxygénée à une dissolution faible d'azotate de cuivre, et y versant ensuite de la potasse en quantité suffisante pour saturer l'acide. Il est nécessaire d'opérer à une température voisine de zéro. Ce composé n'a pas de stabilité et il est sans usages.

L'acide cuivrique n'a point été isolé. Mais lorsqu'on calcine un mélange de cuivre, de potasse et de nitre, on obtient un composé qui, repris par l'eau, fournit une belle dissolution bleue. Cette dissolution est regardée comme une combinaison d'acide cuivrique avec la potasse. Par la chaleur, en effet, cette dissolution cuivrique perd de l'oxygène et il se précipite du protoxyde de cuivre noir. La potasse seule reste dans le liquide.

COMPOSÉS DE CUIVRE ET D'HYDROGÈNE

On a préparé un hydrure de cuivre en chauffant à 70° une dissolution de sulfate de cuivre mêlée à de l'acide hypophosphoreux. Ce composé est hydraté et sous forme d'une poudre d'un brun clair. Vers 60°, il se décompose brusquement en dégageant de l'hydrogène et laissant un résidu de cuivre métallique. Le chlore le brûle et l'acide chlorhydrique le décompose ; il se forme alors du protochlorure de cuivre, et l'hydrogène se dégage.

AZOTURE DE CUIVRE

On obtient un azoture de cuivre Cu^6Az en chauffant à 265°, du bioxyde de cuivre CuO dans un courant de gaz ammoniac sec. On entraîne le bioxyde en excès par un lavage avec l'ammoniaque. L'azoture de cuivre est une poudre d'un vert foncé. Il se décompose avec explosion quand on le chauffe. L'acide chlorhydrique le transforme en protochlorure de cuivre et chlorhydrate d'ammoniaque.

SULFURES DE CUIVRE.

Le cuivre forme avec le soufre deux combinaisons bien définies, le protosulfure Cu^2S, qui correspond au protoxyde et le deutosulfure CuS, correspondant au deutoxyde.

Le protosulfure de cuivre se trouve dans la nature en masses amorphes, ou en cristaux qui dérivent du prisme tétraèdre. Les minéralogistes en reconnaissent diverses variétés, qui sont, pour eux, la pyrite de cuivre proprement dite, le cuivre pyriteux panaché, le cuivre spiciforme ou les cuivres sulfurés gris ou noirs. Ces derniers sont des mélanges de sulfure de cuivre avec des sulfures d'antimoine, de plomb, d'argent, de bismuth, etc. On ne confondra pas la pyrite de cuivre avec la pyrite de fer.

La pyrite de cuivre est plus verdâtre, elle se laisse entamer par le couteau et ne fait pas feu au briquet.

On prépare le protosulfure de cuivre 1° en brûlant le cuivre dans la vapeur du soufre; 2° en chauffant un mélange de trois parties de fleurs de soufre et de huit parties de limaille ou de tournure de cuivre; 3° en faisant passer un courant d'hydrogène sur du deutosulfure hydraté chauffé au rouge.

Ce corps est noirâtre, gris de fer ou de plomb. Il est fusible à une température assez basse, facilement décomposable par le grillage en présence du charbon. Il est insoluble dans l'eau, et très-attaquable par les acides oxydants. L'hydrogène ne peut le réduire. Il remplit dans les combinaisons le rôle de sulfobase.

Le deutosulfure se prépare par voie humide, en décomposant un sel de deutoxyde de cuivre par l'acide sulfhydrique, ou par un sulfure soluble. Le composé ainsi obtenu est une poudre d'un brun noirâtre, insoluble à froid dans les acides et même dans l'ammoniaque. Il s'altère à l'air et se transforme en sulfate de cuivre. Il n'a pas d'usages.

CHLORURES DE CUIVRE

Il existe deux chlorures de cuivre correspondants aux deux sulfures. Le protochlorure Cu^2Cl s'obtient par divers procédés. 1° en mettant en contact un sel de deutoxyde de cuivre avec une dissolution de protochlorure d'étain; 2° en faisant passer un courant de chlore sur du cuivre en excès chauffé au rouge; 3° en traitant par l'acide chlorhydrique du cuivre en limaille et du deutoxyde de cuivre; 4° en chauffant du cuivre métallique avec du deutochlorure. Ce corps est blanc, grenu, très-altérable à l'air. Il fond au-dessous de la chaleur rouge, et donne en se volatilisant des vapeurs abondantes. Il est insoluble dans l'eau; soluble, sans coloration, dans l'ammoniaque, quand il est à l'abri de l'air; si la dissolution est mise en contact avec l'oxygène, elle se colore en bleu, et peut ainsi déceler des proportions même très-faibles de ce gaz.

Le deutochlorure CuCl se prépare : 1° en chauffant le cuivre dans un excès de chlore ; 2° en dissolvant le deutoxyde de cuivre dans l'acide chlorhydrique, ou le cuivre dans un excès d'eau régale; 3° en décomposant le sulfate de cuivre par le chlorure de calcium. Dans ce dernier cas, on filtre pour séparer le sulfate de chaux, on évapore jusqu'à consistance sirupeuse, et l'on reprend par l'alcool, qui n'entraîne que le chlorure sans toucher au sulfate.

Le deutochlorure de cuivre est d'un brun jaunâtre quand il est anhydre; il bleuit ou verdit à l'air en absorbant de l'eau. Il est très-soluble dans ce liquide et dans l'alcool. Par la chaleur, il se décompose, perd de l'eau, dégage du chlore, et se transforme en protochlorure. Avec l'ammoniaque, il forme un chlorure double très-soluble.

COMPOSÉS QUATERNAIRES

CARBONATES DE CUIVRE

Les minéralogistes désignent sous les noms divers de *cuivre azuré*, *azur de cuivre*, *bleu de montagne*, *malachite*, *cendres bleues natives*, *pierre d'Arménie*, *mysorine*, divers composés qui sont des carbonates de cuivre.

La mysorine, minerai assez rare, est du carbonate neutre anhydre CuO,CO^2.

La malachite est un hydrocarbonate de cuivre bibasique $(CuO^2)CO^2 2HO$.

Le cuivre azuré, l'azurite, le bleu de montagne, la pierre d'Arménie est un carbonate sesquibasique hydraté $(CuO)^3(CO^2)^2,HO$.

Quand on décompose un sel de cuivre, le sulfate, par exemple, par un carbonate alcalin, le précipité qu'on obtient n'est pas un carbonate neutre $CuOCO^2$. C'est un composé qui prend à l'air une couleur verte et qui a pour formule $2CuO,CO^2+HO$. On lui donne le nom de *vert minéral*, et il est employé dans la peinture à l'huile. Par une ébullition prolongée, ce sel perd son acide carbonique et passe à l'état d'oxyde brun CuO.

AZOTATE DE CUIVRE

L'azotate se prépare en traitant le cuivre par l'acide azotique. C'est un sel bleu, déliquescent et soluble dans l'alcool. Par la chaleur, il se décompose en sous-azotate vert insoluble et en acide azotique, puis même se réduit en acide azoteux, oxygène et deutoxyde de cuivre.

SULFATE DE CUIVRE

Le sulfate de cuivre porte dans le commerce le nom de *vitriol bleu*, *couperose bleue*, *vitriol de Chypre*. On le trouve quelquefois en cristaux dans les mines de cuivre, mais plus souvent dans les eaux qui traversent les filons de cuivre pyriteux.

On le prépare, soit en faisant griller à l'air les pyrites (sulfures) de cuivre, soit en faisant agir directement l'acide sulfurique sur le métal, soit en décomposant (affinage des métaux) le sulfate d'argent par le cuivre.

Ce sel est d'un beau bleu, il a une saveur styptique, il cristallise en parallélipipèdes obliques. Il s'effleurit à l'air, perd, à la chaleur de 100°, les $\frac{4}{5}$ de son eau de cristallisation, et passe, à 200°, à l'état de poudre blanchâtre anhydre.

Il est soluble dans l'eau, surtout à chaud.

Le sulfate de cuivre a de nombreux usages. Il est employé dans la teinture et pour la galvanoplastie. Il sert à la préparation de l'encre, des vernis, du vert de Schéele, des cendres bleues, etc. En certaines localités, il est employé pour chauler les blés. En médecine, il est usité comme escarrotique et contre le croup.

Le sulfate de cuivre ammoniacal $(CuOSO^3),(AzH^3HOSO^3),7HO$ est un sel d'une belle couleur bleue. Il a une saveur métallique désagréable ; à l'air libre, il se décompose et prend une couleur verte. La chaleur le décompose plus facilement encore en volatilisant l'eau et l'ammoniaque.

On le prépare en versant de l'ammoniaque liquide concentrée sur du sulfate de cuivre cristallisé réduit en poudre, et lavant avec de l'alcool le précipité bleu qui se forme. Il faut le conserver dans des vases bien fermés. Il est employé en médecine.

PHOSPHATES, ARSÉNITES ET ARSÉNIATES DE CUIVRE

Il existe dans la nature, et l'on prépare dans les laboratoires plusieurs phosphates, arsénites et arséniates de cuivre. Le vert de Schéele est un arsenite de cuivre $(CuO)^2(AsO^3)$. En minéralogie, les cuivres arséniatés portent le nom d'*érinite*, *liroconite*, *olivénite*, *aphanèse*, *euchroïte*.

SILICATES DE CUIVRE

Il existe deux silicates de cuivre : le silicate de protoxyde et le silicate de deutoxyde. Le silicate de protoxyde se rencontre quelquefois dans les scories des fourneaux où l'on fond les minerais de cuivre. Il est d'un beau rouge pourpré ; mais, au moment où on le prépare, il devient rapidement opaque et se change facilement en silicate de deutoxyde vert. Il est employé dans la peinture sur verre.

Le silicate de deutoxyde se trouve dans la nature. Il est connu des minéralogistes sous le nom de *dioptase*. Il est sans usages.

ACÉTATES DE CUIVRE

Il existe plusieurs acétates de cuivre ; en voici les formules :

Acétate neutre.	$CuO, C^4H^3O^3$,
Acétate sesquibasique . . .	$(CuO)^3, (C^4H^3O^3)^2$,
Acétate bibasique.	$(CuO)^2, C^4H^3O^3$,
Acétate tribasique	$(CuO)^3, C^4H^3O^3$.

ACÉTATE NEUTRE

L'acétate neutre de cuivre est d'un vert foncé. Il cristallise en rhomboèdres. Il a une saveur métallique de cuivre. Il est soluble dans l'eau, plus à chaud qu'à froid.

On le prépare en dissolvant du vert-de-gris $(CuO)^2,C^4H^3O^3,6HO$ dans l'acide acétique. Il est employé dans la teinture en noir sur laine. Il est appelé *verdet cristallisé*, *cristaux de Vénus*.

ACÉTATE BIBASIQUE

Ce sel se prépare en grand dans le Midi en mettant des lames de cuivre en contact avec du marc de raisin. Le marc de raisin fermente, son alcool se transforme en acide acétique, et cet acide se combine avec le cuivre oxydé sous l'influence de l'oxygène de l'air. Traité par l'eau, l'acétate de cuivre bibasique ou vert-de-gris se décompose en acétate sesquibasique qui se dissout, et en acétate tribasique qui est insoluble.

Les verts de Schéele, de Vienne, de Schweinfurt sont, comme il a été dit, des composés d'acide arsénieux et d'acétate bibasique de cuivre.

CARACTÈRES GÉNÉRAUX DES SELS DE CUIVRE. — DOSAGE ET ÉQUIVALENT DU MÉTAL. — Les sels de cuivre sont à base de protoxyde et de deutoxyde.

Les sels de protoxyde sont peu stables, et, quand on les dissout dans l'eau, ils se décomposent en sels de deutoxyde et en cuivre métallique. Ceux qui sont solubles donnent, par les carbonates alcalins, ou par les bases alcalines en général, un précipité jaune brun ou orangé de protoxyde de cuivre; par l'acide sulfhydrique ou le sulfhydrate d'ammoniaque, un précipité brun. Au moyen de l'acide nitrique, on les transforme, même à froid, en sels de deutoxyde.

Les sels de deutoxyde sont, en général, bleus ou verts. Ils précipitent de leurs dissolutions :

En bleu, par les alcalis; un excès d'ammoniaque redissout le précipité, en communiquant à la liqueur une belle couleur bleue;

En brun ou noir, par l'acide sulfhydrique ou les hydrosulfates;

En brun marron, par le cyanure jaune de fer et de potassium (caractère essentiel);

En rouge brun, par le chromate de potasse;

En gris, par la dissolution de noix de galle ou de tannin.

En outre, le cuivre est précipité de ses dissolutions salines à l'état de métal au moyen d'une lame de fer. On reconnaîtra la présence des plus petites quantités de cuivre sur la lame de fer, en trempant celle-ci dans une dissolution concentrée de chlorhydrate d'ammoniaque et l'exposant au-dessus de la flamme d'une lampe à alcool. Le cuivre se brûlera en faisant prendre à la flamme une couleur bleue ou verte très-caractéristique.

On dose le cuivre à l'état métallique, à l'état d'oxyde ou à l'état de sulfure. Dans ce dernier cas, on emploie une dissolution titrée de sulfure de sodium, et on colore la dissolution cuivreuse par l'ammoniaque. La décoloration de la liqueur fait connaître le moment précis où tout le cuivre a été précipité à l'état de sulfure. C'est en réduisant l'oxyde de cuivre CuO par l'hydrogène qu'on a déterminé quel est l'équivalent du métal. Pour 100 parties de cuivre, cet oxyde contient 25,25 d'oxygène. D'où se tire l'équation

$$25,25 : 100 :: 100 : x.$$

$x = \frac{100 \times 100}{25,25}$, c'est-à-dire 396,80.

LXXV.

PLOMB Pb. 103,55 — 1294,49

Le plomb est aussi anciennement connu que le cuivre et le fer. On l'extrait de la galène ou du carbonate de plomb. La galène, ou sulfure de plomb, se trouve en filons dans les terrains primitifs et dans les terrains de transition, quelquefois aussi dans les terrains secondaires. Le carbonate de plomb accompagne quelquefois la galène; on le rencontre plus particulièrement dans les terrains secondaires. Le traitement de la galène se fait par le grillage de la mine. En présence de l'oxygène de l'air, sous l'influence de la chaleur, il y a transformation du sulfure en sulfate, et, par suite, réduction du sulfure par le sulfate d'après cette équation :

$$PbOSO^3 + PbS = 2Pb + 2SO^2.$$

Quant au carbonate de plomb naturel, il est très-facilement réduit en présence du charbon.

$$PbOCO^2 + C = Pb + 2CO^2.$$

Le plomb du commerce est d'ordinaire assez pur. Toutefois on obtiendra le métal dans un degré de pureté absolue, en calcinant, dans un creuset brasqué, de l'oxyde de plomb provenant de la calcination préalable d'un azotate de plomb cristallisé.

Ainsi préparé, le plomb est blanc bleuâtre, malléable, mou, facile à couper. Il s'étire en fils très-minces, mais ces fils ont peu de ténacité. Un fil de plomb de 2 millimètres de diamètre se rompt sous un poids de 9 kilogrammes. La densité du plomb est considérable; elle s'élève à 11,445.

A l'air, le plomb s'hydrate et s'oxyde, mais superficiellement. Telle est l'affinité de l'eau pour l'oxyde, que dans l'eau distillée même une lame de plomb se recouvre d'une couche mince d'hydrate. La présence des acides même les plus faibles favorise cette action. Ainsi, sur les comptoirs de marchands de vins, par exemple, qu'on a le tort de recouvrir de plomb, il peut se former des carbonates et des acétates de plomb qui sont des composés toxiques.

Le plomb fond à 334°, et, à la chaleur rouge blanc, il bout et se volatilise. Par le refroidissement, il cristallise en pyramides à quatre faces, ou bien en octaèdres.

L'acide azotique et aussi l'acide acétique attaquent le plomb très-vivement et le transforment en azotate et en acétate. L'acide sulfurique et l'acide chlorhydrique n'ont d'action sur le métal que s'ils sont concentrés ou employés bouillants.

Le plomb entre dans la composition de plusieurs alliages. L'alliage dit *des plombiers* contient parties égales de plomb et d'étain; celui qui sert à fabriquer les robinets de fontaine, la vaisselle et autres objets analogues, contient 8 de plomb et 92 d'étain; celui que l'on emploie à la fabrication des cuillers, flambeaux, écritoires, sabliers, etc., contient 20 de plomb et 80 d'étain. Enfin l'alliage dont sont composés les caractères d'imprimerie contient 80 de plomb et 20 d'antimoine.

COMBINAISONS DU PLOMB AVEC LES MÉTALLOÏDES

COMPOSÉS BINAIRES

Le plomb se combine avec l'oxygène en trois proportions :

Le sous-oxyde Pb^2O;

Le protoxyde PbO;

Le bioxyde, oxyde puce ou acide plombique PbO^2.

De plus, le protoxyde de plomb et l'acide plombique peuvent se combiner en plusieurs proportions et former ainsi plusieurs composés qu'on appelle *miniums*.

SOUS-OYYDE DE PLOMB Pb^2O.

Le sous-oxyde de plomb est le corps noir qui se produit à la surface du plomb exposé à l'air humide. On l'obtient en calcinant l'oxalate de plomb. Chauffé au contact de l'air, il brûle rapidement et se transforme en protoxyde. Il est sans usages.

PROTOXYDE DE PLOMB PbO

On obtient le protoxyde de plomb en chauffant le plomb à l'air, ou en calcinant de l'azotate ou du carbonate de plomb.

En morceaux ou en masses, le protoxyde de plomb est jaune; s'il est réduit en poudre, il prend une teinte jaune rougeâtre. Il est inaltérable à l'air. Il fond à la chaleur rouge et donne, par le refroidissement, une masse à feuillets cristallisés. A une température très-élevée, l'oxyde se réduit en partie. Cette réduction est complète au contact du charbon.

Le protoxyde de plomb n'est pas tout à fait insoluble dans l'eau. De l'eau distillée qui a séjourné pendant longtemps dans un vase de plomb exerce sur le papier de tournesol une action alcaline, et elle précipite en noir par le gaz acide sulfhydrique.

Le protoxyde de plomb entre en combinaison et forme des sels, d'une part, avec les acides même les plus faibles; de l'autre, avec les alcalis.

Si l'on verse une dissolution concentrée d'un sel de plomb dans du lait de chaux, préalablement chauffé à l'ébullition, l'oxyde de plomb se précipite sous forme de petits cristaux très-lourds et d'une belle couleur rouge. On obtient plus facilement ces cristaux en faisant bouillir une dissolution concentrée de soude caustique avec un excès de protoxyde de plomb, et abandonnant la liqueur au refroidissement. Les cristaux rouges de protoxyde de plomb restent rouges quand, après les avoir chauffés, on les laisse refroidir lentement; ils deviennent jaunes lorsque le refroidissement est brusque. Ainsi le protoxyde de plomb peut se présenter avec des couleurs très-différentes, et toutes ces variétés se rencontrent dans la litharge du commerce. Le protoxyde de plomb a divers usages. On l'emploie dans la peinture, pour donner aux huiles des propriétés siccatives. En pharmacie, il sert à faire des onguents, des emplâtres.

Les empiriques ont utilisé la propriété qu'il possède de se dissoudre dans les alcalis, pour préparer une pâte avec laquelle on teint les cheveux en noir. C'est par le soufre contenu dans les cheveux que l'hydrate alcalin de plomb est transformé en sulfure noir.

BIOXYDE DE PLOMB OU ACIDE PLOMBIQUE PbO^2

Le bioxyde ou acide plombique, qu'on appelle aussi *oxyde puce*, à cause de sa couleur, ne se trouve dans la nature qu'en fragments disséminés à la surface de diverses gangues, dans les filons de galène, dans les amas de calamine. Il est alors mélangé avec le protoxyde, et prend le nom de *minium*.

On l'obtient par divers procédés : 1° en traitant le minium par l'acide azotique étendu, qui dissout le protoxyde et en sépare, par conséquent, l'acide plombique sous forme d'une poudre brune ; 2° en faisant agir le chlore sur le protoxyde tenu en suspension dans l'eau ; 3° en précipitant l'acétate de plomb par un hypochlorite alcalin. Il se produit, dans cette réaction, une certaine quantité de chlorure de plomb qu'il est nécessaire d'enlever par des lavages répétés à l'eau bouillante. L'acide plombique est de couleur puce. Il est peu stable, et en perdant de l'oxygène, tend toujours à se transformer en protoxyde. Cette transformation a lieu à l'air, à plus forte raison sous l'influence d'une température élevée, et avec l'intervention des corps avides d'oxygène. Il ne se combine pas avec les acides. Ceux-ci, au contraire, le décomposent avec dégagement d'oxygène et formation de sels de protoxyde.

MINIUMS, LITHARGES

Dans le commerce et dans les usages domestiques, on ne connaît les oxydes de plomb que sous les noms de *massicot*, de *minium* ou de *litharge*. Il faut préciser le sens de chacun de ces mots.

Le massicot est du protoxyde de plomb qui n'a pas subi la fusion ignée.

Le minium paraît être un composé de protoxyde et de bioxyde de plomb ou acide plombique, non pas à l'état de simple mélange, mais à l'état de combinaison. Dans le minium le plus beau et le plus pur, la combinaison existe entre deux proportions de protoxyde pour une proportion de bioxyde ($PbO)^2PbO^2$). Mais on trouve plusieurs combinaisons distinctes de ce genre qui se confondent par leur apparence.

Le minium participe donc des propriétés du protoxyde et du bioxyde. Il est décomposé par la chaleur en protoxyde et en oxygène. Il est transformé, à froid, par les acides, en sels de protoxyde et en oxyde puce. Il est ramené à l'état de protoxyde par les corps avides d'oxygène, par l'hydrogène par exemple, qui, si l'on prolonge l'expérience, réduit le protoxyde lui-même.

Le minium, qui ne se rencontre qu'en petites quantités dans les gîtes métallifères, s'obtient en chauffant le protoxyde très-divisé à 300° environ. Si l'on dépassait cette température, le minium formé se décomposerait. On purifie le produit obtenu au moyen de l'acétate neutre, qui s'empare du massicot non combiné avec le peroxyde. Le minerai qu'on appelle *mine orange* ou *minium brut*, lavé par l'acétate neutre de plomb, fournit du minium pur.

Ce composé est employé en peinture et dans l'art de la verrerie. On s'en sert pour colorer les papiers de tenture, la cire à cacheter, etc.

Les litharges du commerce sont de composition très-variée. Elles contiennent du massicot, du minium, du carbonate de plomb. On distinguait autrefois la litharge jaune et la litharge rouge, ou la litharge d'or et la litharge d'argent. La différence est due à la présence du minium qui se trouve dans la litharge d'or et qui ne se rencontre pas dans la litharge d'argent. Dans la coupellation des plombs d'œuvre (plombs employés pour la réduction des minerais précieux), la litharge qui se produit la première est noire ou grisâtre; on la nomme *abstrich*. Elle résulte de mélanges de sulfure d'antimoine ou d'autres sulfures ou oxydes métalliques avec les oxydes de plomb proprement dits, mélanges qui se produisent durant la coupellation des minerais qui contiennent d'autres composés que ceux d'argent, d'or ou d'autres métaux précieux. Signalons, en passant, que pour les essais d'argent, il est indispensable que tous les sulfures soient détruits par les plombs d'œuvre ou par les litharges qu'on emploie à leur désoxydation ou à la réduction des métaux nobles; car tant qu'il existe des sulfures dans les scories, l'argent n'en est point complétement séparé.

SULFURES DE PLOMB

Le soufre peut se combiner en diverses proportions avec le plomb. Mais, comme combinaison stable et bien déterminée, il n'est peut-être que le protosulfure, composé qui répond au protoxyde.

PROTOSULFURE DE PLOMB PbS.

Le protosulfure est la galène des minéralogistes, ce minerai assez commun, d'où l'on extrait tout le plomb qui est versé dans le commerce.

La galène se trouve dans toute la série des terrains dits primitifs, de transition et secondaires. Il en existe diverses variétés

tés : la galène *cristallisée*, *pseudomorphique*, *globuleuse*, *stalactite*, *incrustante*, *lamellaire*, *saccharoïde*, *terreuse*. Assez souvent elle est mêlée ou combinée avec d'autres sulfures, le sulfure d'argent, celui d'antimoine et celui de zinc, qui porte le nom de *blende*.

La galène a la couleur du plomb, mais avec moins d'éclat; elle cristallise dans le système cubique.

Elle est moins fusible que le plomb; elle se transforme, par le grillage, en sulfate de protoxyde, en protoxyde libre et en acide sulfureux. L'acide azotique la transforme de même en sulfate. L'acide chloroazotique la dissout. Les alcalis, certains oxydes et spécialement le charbon, en réduisent le plomb.

Dans le laboratoire, on obtient le sulfure de plomb directement en chauffant un mélange de soufre et de plomb en grenailles. Mais il faut reprendre l'opération au moins à deux fois si l'on veut être sûr d'obtenir une combinaison parfaite.

Il faut donner le nom de *protosulfure hydraté* au précipité qui se forme, lorsqu'on traite une dissolution de sel de protoxyde de plomb par l'acide sulfhydrique ou par un monosulfure alcalin. Ce précipité, de couleur brune, a toutes les propriétés de la blende proprement dite; il est réductible comme elle par l'hydrogène, par le charbon et par les alcalis.

Mais quand c'est un polysulfure alcalin que l'on fait agir sur la dissolution d'un sel de plomb, au lieu d'un précipité brun de protosulfure, c'est un sulfure de couleur puce, correspondant au deutoxyde de plomb, que l'on obtient. Ce précipité, par une séparation d'une portion de plomb, passe bientôt toutefois à l'état de protosulfure. Il en est de même d'autres composés plus sulfurés de plomb, de couleur rouge plus ou moins foncée, qui sont tous instables et reviennent à l'état de protosulfure noir.

La galène, réduite en poudre, est employée, sous le nom d'*alquifoux*, pour former la couverture des poteries. Seule, elle produit les vernis jaunes (silicates de protoxyde de plomb) ; mêlée avec le cuivre, avec le manganèse, avec le zinc (blende), elle forme les vernis verts, bruns ou mixtes (silicates divers) que recherchent les fabricants de poterie ordinaire ou grossière.

CHLORURE DE PLOMB

Le chlore ne forme avec le plomb qu'une seule combinaison, le chlorure de plomb PbCl. On obtient ce corps soit en traitant la litharge par l'acide chlorhydrique, soit en précipitant un sel de plomb par le chlorure de sodium. Le chlorure de plomb est une matière lourde, incolore, très-peu soluble dans l'eau. Il fond au-dessous de la température rouge, et prend alors l'aspect de la corne ; à une température plus élevée, il se volatilise.

Le chlorure de plomb forme avec le protoxyde divers oxychlorurés qui, à raison de leur belle couleur jaune, sont utilisés dans la peinture. On les désigne sous les noms de *jaune minéral*, *jaune de Cassel*, *jaune de Turner*, *jaune de Vérone*. On les prépare en traitant le minium, ou la litharge, par le chlorure de sodium, ou le chlorhydrate d'ammoniaque.

IODURE, BROMURE, FLUORURE ET SÉLÉNIURE DE PLOMB

On obtient des iodure, bromure et fluorure de plomb par double décomposition, en versant dans la dissolution, convenablement étendue, d'un sel de plomb, des iodure, bromure ou fluorure de potassium. L'iodure de plomb est d'un beau jaune, le bromure et le fluorure sont incolores. Le séléniure se trouve dans la nature. Il a quelque analogie avec la galène. Il nous a servi à extraire le sélénium (p. 119).

COMPOSÉS QUATERNAIRES

CARBONATE DE PLOMB $PbOCO^2$ (CÉRUSE)

Le carbonate de plomb se trouve disséminé dans les dépôts de galène. On l'y rencontre en cristaux adamantins très-brillants, ou en petites masses compactes, qui portent les noms divers de *céruse mâclée*, *aciculaire*, *bacillaire*, *fibreuse*, *mamelonnée* et *stalagmatite*.

Dans le laboratoire, on prépare le carbonate de plomb par double décomposition, en versant un carbonate alcalin dans la dissolution d'un sel de plomb.

La céruse est d'un blanc mat pulvérulent. Elle a un goût styptique très-prononcé. Elle est insoluble dans l'eau, un peu soluble dans un excès d'acide carbonique, soluble avec dégagement d'acide carbonique dans les acides forts. La chaleur la décompose en acide carbonique et en protoxyde de plomb.

La céruse ou *blanc de plomb* est d'un grand emploi dans la peinture en bâtiments. On la prépare en grand par plusieurs procédés. Les Hollandais exposent des lames de plomb à l'action de l'acide acétique en les enterrant dans du tan, ou du fumier en fermentation. Par suite de la décomposition de l'acide acétique, les lames de plomb se recouvrent de carbonate. A Clichy, on prépare la céruse en faisant passer un courant d'acide carbonique dans une dissolution d'acétate de plomb avec excès de base. On y pratique également le procédé hollandais.

AZOTATE DE PLOMB $PbOAzO^5$.

On obtient l'azotate de plomb en dissolvant soit le plomb, la litharge ou le minium, soit le carbonate de plomb (céruse) dans l'acide azotique. Le moyen pour l'obtenir pur est de choisir la céruse.

Ce sel est blanc, transparent, quelquefois cependant un peu jaune et opaque, ce qui tient à ce qu'il est mélangé d'azotate bibasique ($2PbO,AzO^5$). Il cristallise en octaèdres. Il est inodore et possède un goût styptique et sucré comme tous les sels de plomb en général. Inaltérable à l'air, il est facilement décomposé par la chaleur. Il décrépite sur le charbon (caractère général des azotates). L'eau froide en dissout 7 parties, l'eau chaude une proportion plus considérable. Il possède, d'ailleurs, les caractères des sels de plomb.

L'azotate de plomb est employé dans la verrerie pour la fabrication du cristal. Berthier l'a appliqué à l'analyse des minéraux qui renferment une base alcaline à l'état de silicate. Quand le silicate ne peut pas être décomposé par les acides, il suffit de le fondre avec de l'azotate de plomb, pour le transformer en un silicate avec excès de base, qui devient alors attaquable par l'acide azotique.

SULFATE DE PLOMB PbO,SO^3.

Le sulfate de plomb se rencontre quelquefois dans la nature, résultant sans doute d'une oxydation par l'air et les matières organiques du sulfure de plomb (galène). On l'obtient, dans le laboratoire, en précipitant les sels solubles de plomb par l'acide sulfurique ou un sulfate soluble. On en produit de grandes quantités dans les ateliers de teinture, où l'on transforme l'alun, ou sulfate d'alumine, en acétate de cette base, au moyen de l'acétate de plomb.

Le sulfate de plomb est blanc, grenu, infusible, indécomposable par la chaleur seule et insoluble dans l'eau. Il est réduit par l'hydrogène, l'oxyde de carbone et le charbon. Il se dissout notablement dans les liqueurs acides, et surtout dans un excès d'acide sulfurique. L'acide chlorhydrique concentré le décompose en produisant du chlorure; mais, si l'on ajoute de l'eau, le sulfate se régénère. Les alcalis fixes le transforment en sous-sulfate. Les carbonates alcalins le décomposent facilement. Il en est de même de l'ammoniaque et des sels ammoniacaux. Avec les sels ammoniacaux, il y a double décomposition. L'acide sulfurique du sel de plomb s'unit à l'ammoniaque, et l'acide du sel ammoniacal s'unit à l'oxyde de plomb, d'où la solubilité du sulfate de plomb dans l'azotate, le chlorhydrate, le tartrate, le citrate d'ammoniaque, etc.

Le fer et le zinc décomposent complétement le sulfate de plomb par voie humide. Si l'on place une lame de l'un ou de l'autre de ces métaux dans une dissolution de sulfate de plomb avec excès d'acide, le plomb se sépare à l'état métallique.

Le sulfate de plomb est resté jusqu'ici sans applications dans l'industrie. Berthier l'a soumis à quelques essais pour la fabrication du cristal, et, d'après M. Dumas, c'est l'application la plus convenable qu'on en puisse faire. Notre ami M. de Ruolz avait eu l'idée de le substituer à la céruse comme blanc de peinture. Il était à croire qu'en raison tout à la fois de son insolubilité et de l'énergie de son acide, il serait moins facilement décomposé au contact des matières organiques que le carbonate de plomb; mais les essais que nous avons faits à ce sujet n'ont pas confirmé ces espérances. Nous nous sommes assuré même, qu'employé en frictions sur les animaux (à l'état de pommade, mêlé à de l'axonge), il avait, à la longue, une action toxique. Nous avons ainsi fait périr un chien, et avons, après la mort, retrouvé le plomb dans le foie. Aujourd'hui, c'est le blanc de zinc (oxyde) que l'on substitue aux blancs de plomb (carbonate et sulfate) pour les usages ordinaires de la peinture.

CHROMATE DE PLOMB PbO,CrO^3. (JAUNE DE CHROME)

Le chromate de plomb se rencontre dans la nature, où il forme divers minerais, désignés par les minéralogistes sous les noms de *crocoïse* et de *vauquelinite*. La crocoïse, plomb chromaté ou plomb rouge, est une substance rouge orangé, cristallisant en prismes obliques rhomboïdaux de 93°,30 et 83°,60, dont la base est inclinée sur les faces de 99°,10. La vauquelinite, ou plomb chromé, est une substance verte ou de diverses teintes. Elle cristallise en petites aiguilles qui semblent être des prismes rhomboïdaux. Elle renferme, avec l'acide chromique, un mélange d'oxyde de cuivre et d'oxyde de plomb.

On sait que c'est en faisant l'analyse de ce minerai que Vauquelin a découvert le chrome.

On obtient le chromate de plomb en décomposant l'acétate de plomb par le chromate de potasse.

Le chromate de plomb artificiel et pur est d'un beau-jaune. La chaleur le transforme en oxyde de plomb et en oxyde de chrome. Il est insoluble dans l'eau et peu soluble dans les acides; les alcalis le transforment en chromate basique de plomb et chromate de l'alcali employé.

On emploie, sous le nom de *jaune de chrome*, beaucoup de chromate de plomb dans la peinture à l'huile et dans les manufactures de toiles peintes. Cette couleur est très-belle et très-recherchée. Elle ne s'altère ni par l'eau ni par l'action du savon sur les étoffes.

PHOSPHATE ET ARSÉNIATE DE PLOMB $(PbO)^3,HO,PhO^5$, $(PbO)^2,HO,AsO^5$].

Le phosphate et l'arséniate de plomb se rencontrent très-souvent ensemble dans la nature. Ils sont isomorphes. Le phosphate de plomb porte en minéralogie le nom de *plomb vert* ou de *polychrome;* l'arséniate, celui de *mimetèse* ou de *plomb arséniaté*, et quand il y a mélange des deux métalloïdes avec le plomb, le nom composé de *plomb phosphaté arsénifère*.

Dans le laboratoire, on obtient ces composés par double décomposition.

Le phosphate de plomb est de couleur verte, quelquefois jaunâtre, brun ou même violet. Il cristallise en prismes hexaèdres. Il est fusible, décomposable par la chaleur, insoluble dans l'eau et moins soluble dans les acides que beaucoup d'autres phosphates métalliques. Il se dissout néanmoins dans l'acide azotique et est précipité de cette dissolution par les alcalis. De même, il est soluble dans les alcalis et précipité de ces dissolutions par les acides. Il est réduit par le charbon.

L'arséniate de plomb est blanc, pulvérulent, fusible, insoluble dans l'eau, très-attaquable par les acides et par les alcalis.

ACÉTATES DE PLOMB

L'acide acétique ou acide du vinaigre, dont l'étude appartient à la chimie organique, et qui a pour formule, à son maximum de concentration, $C^4H^3O^3,HO$, forme avec l'oxyde de plomb PbO plusieurs combinaisons :

L'acétate neutre. . . . . $PbOC^4H^3O^3 3HO$,
L'acétate basique ou sous-acétate. . $3PbO2C^4H^3O^3,HO$,

et deux autres acétates avec excès de base :

L'acétate bibasique . . . . $3PbOC^4H^3O^3,HO$,
L'acétate tribasique. . . . . $6PbOC^4H^3O^3$.

ACÉTATE NEUTRE

L'acétate neutre, sel ou sucre de saturne, sucre de plomb, se prépare en traitant à chaud la litharge par l'acide acétique. Par évaporation de la liqueur restée acide, il se dépose des cristaux volumineux blancs, qui ont pour formule $PbOC^4H^3O^3 3HO$. Ces cristaux s'effleurissent à l'air et ils peuvent devenir anhydres, $PbOC^4H^3O^3$, par la dessiccation. Ils se dissolvent à froid dans une partie et demie d'eau et donnent une dissolution neutre aux papiers réactifs. Mais ce caractère se perd bientôt. Abandonnée à elle-même, la dissolution neutre absorbe l'acide carbonique de l'air.

ACÉTATES BASIQUES OU SOUS-ACÉTATES

Les acétates basiques ou sous acétates se préparent en faisant bouillir la dissolution d'acétate neutre avec des quantités mesurées et croissantes de litharges. On obtient successivement ainsi des sels plus ou moins solubles, et qui jouissent, à divers degrés, de propriétés siccatives. Leurs dissolutions agissent comme des alcalis, elles bleuissent le papier de tournesol rougi par un acide.

L'acétate neutre est employé en teinture pour transformer l'alun, ou sulfate d'alumine, en acétate de cette base. Il s'en consomme de très-grandes quantités.

Les acétates basiques ou sous-acétates sont employés en médecine sous les noms d'*extrait de saturne* ou *eau de Goulard*.

On prépare dans les pharmacies l'eau de Goulard en faisant digérer 2 parties d'acétate neutre de plomb et une partie de litharge dans 3 ½ parties d'eau. On peut considérer cette liqueur comme renfermant un mélange des deux acétates basiques ou sous-acétates $3PbO,2C^4H^3O^3 + HO$, et $3PbO,C^4H^3O^3 + HO$. Elle agit sur les tissus organisés tout à la fois comme corps astringent et résolutif.

Caractères généraux des sels de plomb. Dosage et équivalent du métal. — Les sels de plomb ont pour base le protoxyde. En général, ces sels sont incolores lorsque leur acide n'est pas coloré. Ils ont une saveur sucrée et styptique. La plupart sont insolubles dans l'eau, mais, en les traitant successivement par le carbonate de soude et par l'acide acétique ou l'acide azotique, on les transforme en sels solubles.

Les dissolutions de sels de plomb donnent :

Avec l'acide sulfurique	Un précipité blanc (sulfate de plomb). Ce précipité a quelque analogie avec le sulfate de baryte ; mais on l'en distingue parce qu'il noircit au contact de l'acide sulfhydrique ;
Avec l'acide sulfhydrique et les sulfates alcalins	Un précipité noir (sulfure de plomb). Le précipité a lieu, alors même que la liqueur contient un excès d'acide. Le sulfure obtenu est insoluble, et dans un excès d'acide sulfhydrique, et dans un excès de sulfure alcalin ;
Avec les alcalis et les carbonates alcalins	Un précipité blanc (hydrate ou carbonate de plomb) ;
Avec le cyanure jaune de potassium et de fer	Un précipité blanc (cyanure de plomb) ;
Avec le chromate de potasse	Un précipité jaune tirant sur le rouge-orange (chromate de plomb) ;
Avec un iodure soluble	Un précipité jaune d'or (iodure de plomb).

En outre, le zinc, le fer et l'étain précipitent le plomb de ses dissolutions salines. Chauffés au chalumeau avec le carbonate de soude, les composés de plomb donnent pour résidu, dans la flamme de réduction, un globule ou petit culot de plomb métallique.

On dose le plomb à l'état de protoxyde anhydre, ou à l'état de sulfate. On a trouvé que, pour 100 parties de plomb, le protoxyde PbO, contenait 7,725 d'oxygène. D'où l'on a dit pour avoir l'équivalent du plomb : 7,725 : 100 :: 100 : x

D'où $x = \frac{100 \times 100}{7,725}$, c'est-à-dire 1294,49.

LXXVI

ALUMINIUM Al. 13,67 — 170,99

Les terres alumineuses ou les argiles sont très-répandues dans la nature. Elles y forment, combinées à la silice, les terres dites à porcelaine, le kaolin, les marnes, les ocres, la terre d'ombre, la terre à foulon; combinées à la potasse ou à la soude, les pierres d'alun ou alunites; et quand elles sont colorées par des oxydes métalliques et à l'état cristallin, diverses gemmes telles que les corindons, les spinelles, les rubis, les émeraudes, les topazes et les améthystes. Nous retrouverons plus loin ces divers composés.

Le radical de l'alumine ou l'aluminium n'avait pu être extrait par le procédé qui avait donné le potassium, le sodium et les divers métaux de la première section. Les tentatives pour l'obtenir avaient cependant été faites par de savants physiciens et chimistes, Davy, Œrstedt, Berzélius. En 1827, M. Wohler réussit à le séparer du chlorure d'aluminium, mais il ne l'obtint pas pur, et le métal resta classé dans la seconde section, à côté du magnésium et des métaux qui décomposent l'eau à la température de 50° ou au-dessus. Plus tard, en 1847, l'illustre chimiste allemand, reprenant ses recherches, attira de nouveau l'attention sur ce métal qui semblait jouir de propriétés toutes particulières et du plus haut intérêt. En 1854, M. H. Sainte-Claire Deville, qui avait appris à se servir du feu comme aucun chimiste ne l'avait encore fait avant lui, et qui avait donné des procédés pour préparer industriellement le potassium et le sodium, M. H. Sainte-Claire Deville réussit enfin à isoler l'aluminium en quantités assez notables et à l'étudier comme produit métallurgique. Il lui découvrit des propriétés qui le rapprochaient des métaux nobles, et se mit, dès lors, à l'œuvre pour le faire accepter par certaines industries riches et privilégiées.

A l'exposition universelle de 1855, à Paris, on s'étonna de voir figurer, à côté de barres ou lingots d'aluminium, divers produits d'orfèvrerie fabriqués avec ce précieux métal. Les encouragements ne manquèrent pas à la nouvelle fabrication. On prétend qu'à raison de la légèreté spécifique du métal et eu égard à sa dureté, une cuirasse d'essai, mais d'un prix excessivement élevé, fut construite pour une haute puissance qui l'avait demandée. Avec le temps, des usines s'établirent à la Glacière d'abord, puis à Nanterre, qui sont arrivées à pouvoir fournir le nouveau métal au prix de révient de l'argent, c'est-à-dire à 200 fr. le kilo environ. Ce prix pourra-t-il encore être abaissé? L'aluminium ne peut guère rivaliser avec l'argent.

Industriellement et dans le laboratoire, on prépare aujourd'hui l'aluminium par divers procédés. On peut se servir, soit du chlorure d'aluminium anhydre, comme l'a fait M. Wohler, soit du chlorure double d'aluminium et de sodium, en suivant les indications données par M. H. Sainte-Claire Deville, soit enfin du fluorure double d'aluminium et de sodium, en procédant comme paraît l'avoir pratiqué avec quelques succès, à Londres, M. le docteur Percy.

En France, aujourd'hui, on recueille, dans certaines localités du Midi, une argile particulière nommée *bauxite*, qui paraît être un composé d'alumine pur et de sesquioxyde de fer. On traite, à la chaleur rouge, ce composé par le carbonate de soude, et l'on obtient ainsi un aluminate de soude soluble et du sesquioxyde de fer insoluble que l'on sépare par l'eau.

En reprenant l'aluminate sodique par l'acide chlorhydrique, on obtient un chlorure double d'aluminium et de sodium, qu'il ne s'agit plus que de dessécher et de mêler à du charbon, pour le traiter au feu, dans un four à réverbère construit à peu près d'après le modèle de celui qui sert à la préparation du sodium (*V.* p. 298, *fig.* 75). Que l'on se serve du chlorure anhydre d'aluminium mêlé au potassium (procédé Wohler), ou du fluorure double d'aluminium et de sodium, en empruntant la matière première dite *cryolithe*, que l'on trouve au Groenland (procédé Percy), la fabrication industrielle est la même; on doit, après avoir séparé le métal de ses scories, le refondre seul ou avec un fondant pour le couler dans des lingotières.

L'aluminium pur est d'un blanc gris ou terne, très-dur, très-malléable et très-ductile. Sa légèreté est extrême. Sa densité est représentée par le nombre minimum 2,56, ou maximum 2,67. Il ne s'oxyde point à l'air, non plus que dans l'eau même bouillante. Il n'est point attaqué par l'hydrogène sulfuré, qui exerce une action si fatale sur l'argent. A froid, il résiste à l'action de l'acide sulfurique et n'est que peu atteint par l'acide azotique; mais l'acide chlorhydrique le dissout facilement, et il en est de même, pour ainsi dire, des dissolutions alcalines, et même de l'ammoniaque, bien que le métal résiste à l'action de la potasse et de la soude fondues et portées au rouge.

Le mercure est sans action sur l'aluminium. Les autres métaux et particulièrement le cuivre s'y allient facilement.

COMBINAISONS DE L'ALUMINIUM AVEC LES MÉTALLOÏDES

COMPOSÉS BINAIRES

ALUMINE Al^2O^3.

L'alumine cristallisée pure est le corindon des minéralogistes. L'alumine amorphe est la base des argiles. Alors que l'alumine cristallisée est colorée par des oxydes métalliques, elle prend différents noms.

Ainsi l'alumine ou le corindon bleu est du saphir; l'alumine ou le corindon rouge est du rubis. L'émeraude verte orientale est du corindon vert; la topaze orientale, du corindon jaune; l'améthyste, du corindon violet.

On est parvenu à imiter artificiellement ces diverses espèces de corindons, mais jusqu'ici on n'a pu les reproduire qu'en petit. Le feu de nos fourneaux ou de nos chalumeaux à gaz ne se prête qu'à des essais incomplets comparativement aux œuvres si achevées de la nature qui a le temps pour elle. Toutefois le problème à poursuivre n'a ici rien d'insensé ou d'illogique, comme le rêve ou la recherche de la pierre philosophale.

Le corindon ou l'alumine cristallisée pure est, après le diamant, le corps le plus dur que l'on connaisse; sa densité est 3,97. L'émeri, qui est un corindon impur (de l'alumine mêlée d'oxyde de fer), est employé, sous différents noms (terre de Venise, terre noire, etc.), à user les métaux, polir les glaces, tailler les agates, etc.

On prépare l'alumine pure amorphe en précipitant une dissolution d'alun (sulfate d'alumine et de potasse) par le carbonate d'ammoniaque, ou en calcinant au rouge l'alun dit ammoniacal ou sulfate d'alumine et d'ammoniaque :

$$(AzH^3HO,SO^3),Al^2O^3(SO^3)^3 24HO.$$

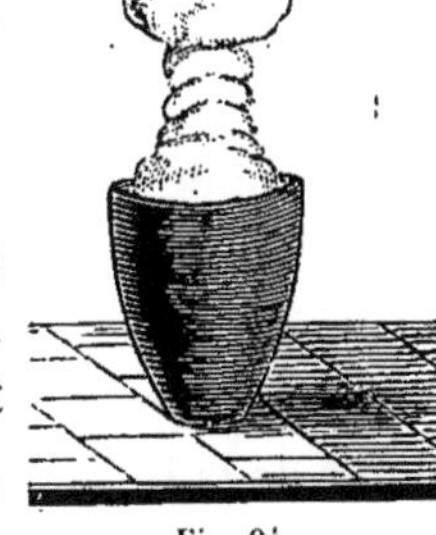

Fig. 94.

Tous les éléments de ce composé, ainsi qu'on le voit par la formule, étant volatils, à l'exception de l'alumine, on conçoit qu'ils peuvent s'éliminer par le feu. On opère dans un creuset de terre, au foyer d'un fourneau à réverbère. Par suite de l'évaporation, il se forme dans le vase et au-dessus, comme le montre la *fig.* 94, une matière en quelque sorte soufflée, d'une légèreté et d'une ténuité extrêmes. C'est de l'alumine pure, matière d'un blanc de neige, onctueuse, qui happe à la langue, et que ce caractère distingue de toutes les autres terres ou oxydes métalliques.

Sous cet état de terre calcinée, l'alumine est insoluble dans l'eau, dans les acides et dans les alcalis. Au contraire, lorsque l'alumine a été précipitée de ses dissolutions salines par la potasse, la soude ou l'ammoniaque, elle n'est pas complètement insoluble dans l'eau, et se dissout parfaitement dans les acides et dans les alcalis, remplissant, à l'égard des acides, le rôle de base et, à l'égard des alcalis, le rôle d'acide. Elle ne se dissout pas néanmoins dans l'acide carbonique : on ne connaît pas de carbonate d'alumine.

L'alumine non calcinée est un hydrate, car elle ne perd pas son eau de constitution dans le vide sec; il faut une calcination pour la lui enlever. Cette différence de constitution suffit à expliquer les anomalies apparentes d'action que nous venons de signaler.

Composition de l'alumine. — La composition de l'alumine se déduit de l'analyse de l'alun potassique ou sulfate d'alumine et de potasse, sel neutre qu'il est facile d'obtenir à l'état anhydre. On détermine, d'une part, la quantité d'alumine; de l'autre, la quantité d'acide sulfurique contenue dans une quantité donnée du sel double. On trouve ainsi que, dans 10 grammes d'alun, il y a 1gr,986 d'alumine et 4gr,641 d'acide sulfurique.

La différence pour atteindre au nombre 10 est 3,423, qui représente le sulfate de potasse. Or, étant établi que le sulfate d'alumine est un sulfate neutre, et que, dans tout sulfate neutre, la quantité d'oxygène de l'acide sulfurique est triple de l'oxygène de la base, on se dira, pour connaître la quantité d'oxygène contenue dans 4,641 d'acide sulfurique :

$$500 : 300 :: 4,641 : x;$$

d'où $x = \frac{4,641 \times 300}{500}$, ou 2,784.

Le tiers de ce poids 2,784, c'est-à-dire 0,928, se trouve donc dans les 1gr,986 d'alumine. Or, 1,986—0,928 ou 1,058 représentera la quantité d'aluminium unie à 0,928 d'oxygène pour former 1,986 d'alumine.

Pour trouver le rapport de l'oxygène à l'aluminium dans 100 parties d'alumine, on devra donc dire, d'une part :

$$1,986 : 1,058 :: 100 : x;$$

et de l'autre : $1,986 : 0,928 :: 100 : y;$

D'où x ou l'aluminium $= \frac{1,058 \times 100}{1,986}$ ou 53,27,

Et y ou l'oxygène $= \frac{0,928 \times 100}{1,986} = 46,73.$

La formule de l'alumine étant comme celle des oxydes jusqu'ici étudiés AlO, l'équivalent de l'aluminium se déduirait de l'équation :

$$46,73 : 53,27 :: 100 : x;$$

Et x ou l'équivalent de l'alumine serait $\frac{53,27 \times 100}{46,73}$ ou 113,99.

Mais, pour établir les formules, il ne faut pas se mettre en contradiction avec les données générales sur lesquelles elles se fondent. Or, premièrement, l'alumine ne cristallise pas comme les oxydes de potassium ou de sodium KO,NaO, ou d'un radical quelconque RO, et le corindon (alumine cristallisée) présente la même forme cristalline que le fer oligiste ou sesquioxyde de fer naturel Fe^2O^3. Et, secondement, on obtient des sels doubles isomorphes aux aluns en combinant le sulfate de potasse au sesquioxyde de fer Fe^2O^3, au sesquioxyde de manganèse Mn^2O^3, et à l'oxyde de chrome Cr^2O^3. Il y a donc lieu de croire qu'on se rapproche plus de la vérité en donnant à l'alumine la formule Al^2O^3 qu'en lui donnant *arbitrairement* la formule AlO. D'après cette composition de l'alumine, on obtiendra l'équivalent de l'aluminium au moyen de l'équation :

$$46,73 : 53,27 :: 300 : 2x;$$

D'où $x = 170,99.$

CHLORURE D'ALUMINIUM

En faisant agir directement l'acide chlorhydrique sur l'alumine, on n'obtient qu'un chlorure d'aluminium déliquescent $Al^2Cl^3 + 12HO$, que la chaleur décompose en acide chlorhydrique volatil et en alumine fixe, et qui, par conséquent, ne peut servir à la préparation de l'aluminium. Pour se procurer du chlorure d'aluminium anhydre, il faut faire passer un courant de chlore sec sur de l'alumine chauffée au rouge et mélangée à du charbon. On prépare d'abord ce mélange en broyant parties égales d'alumine et de noir de fumée. Au moyen d'huile, on rend ce mélange pâteux, et on le façonne en petites boules que l'on fait calciner dans un creuset. On introduit ces boules dans un tube en porcelaine (*fig.* 95), ouvert aux deux bouts. A ce

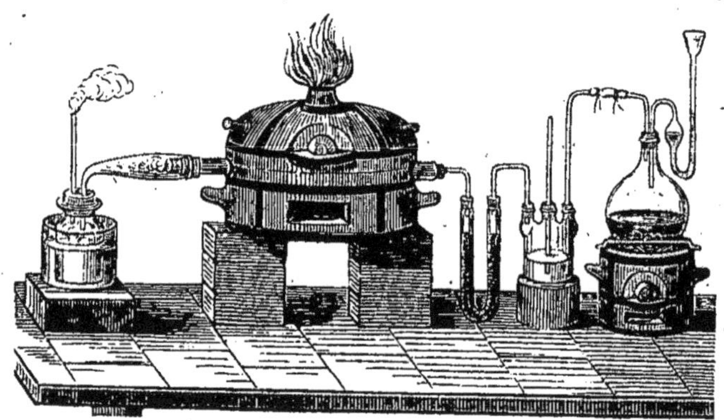

Fig. 95.

tube on adapte, d'un côté, un appareil propre à dégager du chlore sec; de l'autre, une allonge et un flacon. On chauffe le tube dans un fourneau à réverbère et l'on provoque le dégagement de chlore. Sous l'action du gaz sec, en présence du charbon, l'alumine est décomposée; il se dégage du gaz oxyde de carbone, et le chlorure d'aluminium, qui est volatil au dessus de 100°, vient se déposer dans l'allonge et dans le flacon. Le flacon bouchant à l'émeri, on y enferme le produit pour le conserver. Quand il s'agit de préparer du chlorure d'aluminium en grande quantité, on remplace le tube en porcelaine par des cornues bitubulées. Le chlorure d'aluminium est très-caustique, il fume à l'air et en attire l'humidité. Il n'a d'autre usage que de servir à la préparation de l'aluminium. Mais cette propriété en fait un composé précieux et d'un prix assez élevé.

SULFURE D'ALUMINIUM Al^2S^3.

Le sulfure d'aluminium ne peut être préparé directement en faisant bouillir du soufre avec de l'alumine; il faut, pour obtenir ce composé, chauffer, à une forte chaleur, de l'alumine dans un courant de vapeur de sulfure de carbone. L'eau décompose immédiatement ce sulfure; il se forme de l'acide sulfhydrique et il se dépose de l'alumine.

COMPOSÉS QUATERNAIRES

SULFATE D'ALUMINE — ALUNS

C'est en grand, pour les besoins du commerce, que l'on prépare le sulfate neutre d'alumine. On choisit les argiles les plus exemptes de fer, les kaolins, par exemple. On les calcine, on les réduit en poudre et on les mêle avec moitié de leur poids d'acide sulfurique. On chauffe jusqu'à l'apparence d'un dégagement d'acide sulfureux, on abandonne quelque temps la réaction à elle-même, puis on reprend la masse par l'eau. Pour se débarrasser du fer, on précipite cette base par le prussiate de potasse, on décante les liqueurs et on les fait évaporer. Dans le liquide concentré, il se dépose, par le refroidissement, des cristaux de sulfate d'alumine ayant pour formule :

$$Al^2O^3,3SO^3 + 18HO.$$

Par évaporation, on peut faire disparaître les 18 équivalents d'eau et obtenir le sel sous la formule $Al^2O^3 3SO^3$.

Alors que, dans la dissolution de ce sulfate neutre, on ajoute de l'alumine hydratée, on obtient un sulfate bibasique qui a pour formule $2Al^2O^33SO^3$. Et si, dans la même dissolution, on verse de l'ammoniaque, il se précipite un autre sulfate dit tribasique, qui a pour formule $3Al^2O^33SO^3$.

Le sulfate d'alumine a une saveur sucrée et astringente; il est très-soluble dans l'eau, mais à peine soluble dans l'alcool. On en fait aujourd'hui un grand usage dans la teinture et pour les embaumements.

Au point de vue où nous nous plaçons dans ces études, le sulfate d'alumine offre un intérêt particulier. Il forme, avec les sulfates alcalins et le sulfate d'ammoniaque, des sels doubles auxquels on a donné le nom d'*aluns*, nom aujourd'hui étendu à tous les sels de même formule ou isomorphes entre eux, et qui ne contiennent même pas d'alumine. Il faut donner quelques explications sur ce point de doctrine.

Les corps isomorphes (ἴσος, égal; μορφή, forme), a dit M. Mitscherlich, sont ceux qui cristallisent de la même manière et qui peuvent se remplacer dans un même cristal, sans en modifier la forme fondamentale, bien que les angles éprouvent de légères altérations dans leurs valeurs. Les composés isomorphes ont une composition semblable, et sont, en général, formés du même nombre d'équivalents.

Or, les trois aluns que nous venons de nommer, l'alun de potasse, l'alun de soude et l'alun d'ammoniaque, sont dans ces conditions : ils cristallisent dans le même système, pouvant se remplacer dans un même cristal, et ont la même composition; ils sont représentés par des formules identiques :

$$KOSO^3 + Al^2O^33SO^3 + 24HO = \text{alun potassique};$$
$$NaOSO^3 + Al^2O^33SO^3 + 24HO = \text{alun sodique};$$
$$AzH^3HOSO^3 + Al^2O^33SO^3 + 24HO = \text{alun ammoniacal}.$$

L'isomorphisme les réunit donc, et il est à remarquer qu'ils ont des propriétés analogues ou semblables. Ils sont employés indifféremment comme mordants dans la teinture.

Mais voici plus : les sesquioxydes de la même formule que l'alumine M^2O^3, tels que les sesquioxydes de fer Fe^2O^3, de manganèse Mn^2O^3, de chrome Cr^2O^3, donnent avec l'acide sulfurique des sulfates neutres qui, en se combinant avec les sulfates de potasse, de soude et d'ammoniaque, forment des aluns auxquels on a donné les noms de :

Alun ferri-potassique.	$KOSO^3 + Fe^2O^33SO^3 + 24HO$,
Alun ferri-sodique	$NaOSO^3 + Fe^2O^33SO^3 + 24HO$,
Alun ferri-ammonique.	$AzH^3HOSO^3 + Fe^2O^33SO^3 + 24HO$,
Alun mangani-potassique.	$KOSO^3 + Mn^2O^33SO^3 + 24HO$,
Alun mangani-sodique	$NaOSO^3 + Mn^2O^33SO^3 + 24HO$,
Alun mangani-ammonique. . . .	$AzH^3HOSO^3 + Mn^2O^33SO^3 + 24HO$,
Alun chromi-potassique	$KOSO^3 + Cr^2O^33SO^3 + 24HO$,
Alun chromi-sodique.	$NaOSO^3 + Cr^2O^33SO^3 + 24HO$,
Alun chromi-ammonique.	$AzH^3HOSO^3 + Cr^2O^33SO^3 + 24HO$.

On a pris en considération cette composition et l'isomorphisme de ces sels pour rechercher et établir les équivalents du manganèse, du fer et du chrome.

Le caractère commun à ces composés est de cristalliser en octaèdres ou en cubes. Les aluns potassique et ammonique sont peu solubles à froid et solubles dans l'eau bouillante ; il est donc facile de les obtenir à l'état de cristaux. L'alun de soude étant non moins soluble à froid qu'à chaud, c'est au moyen de l'alcool qu'on en obtient la cristallisation. On ajoute de l'alcool absolu dans la dissolution ; peu à peu l'alcool absorbe l'eau et le sel isolé cristallise.

On trouve dans la nature, sous le nom d'*alunites* ou *pierres d'alun*, des aluns cristallisés mêlés à des matières étrangères. On les épure pour les livrer à l'industrie. Celui que l'on recueille à la Solfa, près de Rome, jouit d'une certaine renommée et on le reconnaît à sa couleur rosée. Mais cette teinte est due à du peroxyde de fer, composé qui n'a aucune action nuisible dans la teinture à cause de son insolubilité. Les industriels sont parvenus à faire de l'alun de Rome avec les aluns ordinaires, ou même avec le sulfate d'alumine, presque exclusivement employé aujourd'hui dans les fabriques, en colorant artificiellement le produit industriel au moyen de la brique pilée. Ce qui brille n'est pas or, mais très-souvent passe pour tel.

SILICATE D'ALUMINE $Al^2O^3SiO^3$

Le silicate d'alumine se trouve dans la nature uni à un très-grand nombre de matières minérales. Les feldspaths, les grès, les marnes, les kaolins, les argiles, sont des composés dans lesquels le silicate d'alumine tient une place importante et le plus souvent capitale. Dufrénoy, l'un des savants à qui l'on doit la carte géologique de la France, a partagé les feldspaths en quatre classes :

1° Les feldspaths à base de potasse $(KOSiO^3),(Al^2O^33SiO^3)$ (feldspath proprement dits, ou *orthose*) ;

2° Les feldspaths à base de soude (*albite*),

$$(NaOSiO^3),(Al^2O^33SiO^3) ;$$

3° Les feldspaths à base de lithine (*petalite, triphane*)

$$(LiOSiO^3),(Al^2O^33SiO^3) ;$$

4° Les feldspaths à base de chaux (*labradorite, anorthile*)

$$(CaOSiO^3),(Al^2O^3,3SiO^3).$$

Il arrive souvent que, dans les feldspaths, une partie de la base alcaline est remplacée par de la chaux, de la magnésie ; ainsi la formule la plus générale du feldspath orthose serait :

$$\left.\begin{matrix}KO\\NaO\\CaO\\MgO\end{matrix}\right\} SiO^3, (Al^2O^3,3SiO^3).$$

Les minéraux désignés sous les noms de *disthène, audalousite, macle, sillimanite*, sont des silicates d'alumine anhydre. Les grenats sont des silicates d'alumine combinés aux silicates des bases isomorphes, chaux, magnésie, oxydes de fer ou de manganèse. Leur formule générale est $MO^3SiO^3 + AlO^3 SiO^3$.

Les kaolins (terres à porcelaine) se trouvent dans divers étages géologiques. Ils y forment des masses considérables dans lesquelles l'industrie a ouvert des carrières précieuses. D'après Brongniart, le kaolin serait une altération de roches feldspathiques. Le savant minéralogiste dit avoir pu suivre dans diverses localités la marche, le progrès en quelque sorte du métamorphisme; ici rencontrant du feldspath pur; plus loin, le kaolin en voie de formation, et plus loin encore, le kaolin tout à fait friable et pourtant encore mêlé de grains feldspathiques qu'il faut enlever par des lavages pour rendre la terre propre à des usages industriels. Le kaolin lavé aurait pour formule $Al^2O^3SiO^3 + 2HO$.

Les argiles paraissent avoir la même composition, mais elles sont toujours mêlées de matières étrangères, d'oxyde de fer, de carbonate de chaux et de magnésie. On distingue les argiles à poterie en argile *plastique* et argile *figuline*.

L'argile plastique ou argile grasse est infusible aux températures les plus élevées; elle sert à fabriquer des faïences assez fines et la poterie de grès proprement dite.

L'argile figuline prend une teinte rouge sous l'influence d'une chaleur élevée; elle est employée pour la fabrication des faïences les plus communes, celle des tuiles et des briques.

Si les argiles étaient pures, elles participeraient des propriétés de l'alumine, elles seraient infusibles; mais mêlées de chaux, de terres alcalines et d'oxydes divers, elles fondent au feu dans ces oxydes et perdent ainsi de leurs qualités propres et de leur valeur.

Les marnes, en raison de leur composition variée, sont dites argileuses, calcaires et limoneuses. Il en est qui peuvent être utilisées pour la fabrication des faïences; mais généralement elles ne servent qu'à l'agriculture pour diviser les terrains et leur donner certains éléments qui leur manquent, en particulier l'élément dit argile calcaire.

Les ocres ne sont que des argiles colorées par des hydrates de peroxyde de fer ou de manganèse. Dans cette catégorie sont les terres à foulon, les terres d'ombre, de Venise, de Sienne, etc. La composition des ocres est très-variable. Dans les ocres les plus en usage, l'analyse donne jusqu'à 25 pour 100 d'oxyde de fer.

Caractères des composés d'alumine. Dosage de l'alumine.-Équivalent de l'aluminium. — Chauffés au chalumeau, dans un bain boracique avec une petite quantité d'azotate de cobalt, l'alumine et ses composés donnent une belle couleur bleue dite bleu de Thenard.

Les dissolutions des sels d'alumine précipitent en blanc (alumine hydratée) par les alcalis et leurs carbonates. Le précipité lavé se redissout dans les acides sans effervescence. Ce caractère distingue ces dissolutions des sels formés par les bases alcalines et alcalino-terreuses.

Elles sont également précipitées par l'eau de chaux.

Avec les sulfates de potasse, de soude et d'ammoniaque, elles donnent, par suite de l'évaporation du liquide, des cristaux octaédriques d'alun tout à fait caractéristiques.

En établissant la composition de l'alumine (p. 520) nous avons implicitement fait connaître le procédé de dosage de l'alumine et l'équivalent de l'aluminium. Nous y renvoyons le lecteur.

LXXVII

SIXIÈME SECTION

Nous touchons à l'étude des métaux précieux, appelés aussi métaux *nobles*. On sait ce qui les distingue : ils ne s'oxydent qu'à de très-hautes températures, et leurs oxydes sont réduits par la chaleur seule; ils ne décomposent l'eau ni en présence des acides, ni en présence des alcalis, ni à quelque chaleur que ce soit.

MERCURE Hg. 100 — 1250.

Le mercure est le seul métal existant dans la nature à l'état liquide. Ses noms grec et latin, ὑδράργυρος, *hydrargirum*, que nous traduisons quelquefois par *hydrargire*, signifie *eau argent* ou *eau d'argent*. La dénomination plus vulgaire de *vif argent* se rapporte-t-elle à la propriété du métal d'être comme insaisissable, et de glisser en particules mobiles sur les corps sans les mouiller? Nous ne voudrions pas l'avancer, certain d'être repris par les savants, qui font venir le mot de plus loin. Ils le disent emprunté à l'art cabalistique, dans lequel on désignait le mercure par les expressions *Deus vivus*, *argentum vivum*, impliquant que le mercure était le *Dieu vivant*, *le métal des métaux*, celui qui les contenait tous ou les avait formés tous. « *Sunt et qui hydrargyrum per se in metallis inveniri tradunt*, » disait déjà de son temps Dioscoride*. On s'avouera que l'état liquide exceptionnel du mercure, son éclat argentin, son inaltérabilité à l'air, la propriété qu'il possède de dissoudre la plupart des métaux (les anciens l'appelaient *liquor æternus*), étaient bien propres à nourrir d'illusions les esprits curieux de pénétrer l'origine des choses.

Il n'existe qu'un minerai exploitable de mercure, le sulfure ou cinabre. Dans les filons de cinabre, on rencontre quelquefois le mercure à l'état natif, mais le métal n'apparaît sous cet état que rarement et en très-petites quantités, ce qui fait penser qu'il a été réduit sur place par la décomposition du sulfure. On a trouvé des gisements de cinabre dans deux ordres de terrains de date différente, dans les terrains de transition les plus anciens, et dans les terrains secondaires. Les mines les plus riches aujourd'hui en exploitation sont celles d'Almaden, en Espagne; d'Ittria, en Carniole, et des Deux-Ponts. Le traite-

(*) Dioscoride, t. I, p. 776.

ment du minerai mercuriel est un simple grillage dans des appareils distillatoires. Le soufre se brûle à l'état d'acide sulfureux, et le mercure se recueille dans des chambres dites de condensation. L'industrie des mines le livre au commerce dans de grosses bouteilles en fer qui en contiennent environ 30 kilogrammes. D'ordinaire, le mercure venant de la mine est suffisamment pur pour les usages du laboratoire. Il est réputé tel quand, en le répandant sur une table, il coule en globules parfaitement arrondis, qui ne font pas *la queue*, comme on a coutume de s'exprimer. Toutefois, on purifie, au besoin, le métal par la distillation : on se sert, pour cornue, de la bouteille en fer dans laquelle se vend le mercure. Il faut avoir soin de la chauffer latéralement et non par le fond, comme le montre la figure 96 ; on reçoit le métal dans une terrine remplie d'eau. Des traces de métaux étrangers pouvant être entraînés dans l'opération, on transvase le mercure distillé dans une chaudière en fonte, on verse par-dessus de l'acide azotique étendu, et l'on chauffe modérément à 50° ou 60° environ. Il se forme de l'azotate de protoxyde de mercure coopérant lui-même, avec l'acide azotique, à dissoudre tous les métaux oxydables qui peuvent souiller le mercure. On lave ensuite le métal à grande eau, on l'éponge avec du papier joseph, et l'on achève de le dessécher en le mettant sous une cloche en présence de la chaux vive.

Fig. 96.

Le mercure est très-lourd. A volume égal, il pèse treize fois et demie environ plus que l'eau. Sa densité à 0° est de 13,596.

A 40° au-dessous de zéro, le mercure se solidifie. En cet état, il est malléable et ductile, et jouit d'une certaine ténacité. On s'en est assuré dans diverses expéditions scientifiques, et particulièrement en 1839, dans celle que dirigea le docteur Gaymard au Spitzberg et dans la mer glaciale du Nord. Dans le laboratoire, on solidifie le mercure en l'exposant au froid produit par l'acide carbonique solide et l'éther, ou par un mélange de glace et de chlorure de calcium cristallisé. A peu de degrés au-dessous de l'état solide, la densité du mercure est de 14,4. De 0° à 100°, le mercure se dilate d'une fraction de 0,018153 de son volume, ou, par chaque degré centigrade, de $\frac{1}{5506}$. Il bout à 350° du thermomètre à air, et la densité de sa vapeur est 6,976. A zéro, la tension de la vapeur du mercure est peu sensible, mais elle augmente avec la température. Si l'on enferme une petite lame d'or dans un flacon dont le fond est couvert de mercure, on voit la lame blanchir jusqu'à une certaine hauteur, en rapport avec la température. Dans le vide des baromètres, on remarque çà et là, attachés au verre, de petits globules mercuriels. Et de même, quand on fait bouillir du mercure avec de l'eau, il s'échappe, avec la vapeur aqueuse, des particules du métal. Il serait difficile de mesurer la tension de vapeur du mercure pour chaque degré du thermomètre, mais à 100° on l'a trouvée d'un demi-millimètre environ.

D'une manière générale, nous avons dit que les métaux de la sixième section ne s'oxydaient point à l'air. Il y a une certaine exception à faire pour le mercure liquide. Sous cet état, le mercure se recouvre à sa surface, et surtout en été, d'une pellicule solide, grise, qui est un oxyde. Dans les cuves à mercure des laboratoires, il y a assez souvent nécessité d'enlever cette couche d'oxyde pour rendre au métal sa limpidité. On y réussit assez bien en enroulant cette pellicule autour de tubes en verre secs et bien nettoyés.

L'acide chlorhydrique, même concentré, est à peu près sans

action sur le mercure ; mais les acides azotique et sulfurique l'attaquent surtout à chaud, et le convertissent en azotate et en sulfate, avec dégagement de deutoxyde d'azote ou d'acide sulfureux.

Le mercure est d'un grand secours dans le laboratoire pour recueillir les gaz. Il sert à construire les baromètres et les thermomètres.

L'amalgame d'étain est employé pour l'étamage des glaces ; l'amalgame d'or, pour la dorure ; l'amalgame de bismuth, de plomb et d'étain, pour les injections délicates de certaines pièces d'anatomie.

COMBINAISONS DU MERCURE AVEC LES MÉTALLOÏDES

COMPOSÉS BINAIRES

OXYDES DE MERCURE

Il y a deux oxydes de mercure : le protoxyde Hg^2O, et le deutoxyde HgO.

Le protoxyde est très-peu stable, mais il forme des sels parfaitement définis. On le prépare en agitant du mercure avec beaucoup d'air et très-peu d'eau ; on obtient de la sorte un produit noir d'une saveur désagréable, nommé par les anciens *ethiops per se*. Il est insoluble dans l'eau et sans usages.

Le deutoxyde se prépare par la voie sèche ou par la voie humide. Par la voie sèche, on l'obtient, soit en grillant, selon une méthode ancienne, du mercure dans un matras à fond plat, appelé *enfer de Boyle*, soit en décomposant l'azotate de mercure par la chaleur. Par la voie humide, on peut l'obtenir : 1° en décomposant, par des lavages prolongés, de l'acétate de bioxyde de mercure ou de l'azotate de mercure tribasique ; 2° en traitant par les alcalis un oxychlorure de mercure ; 3° en décomposant le bichlorure de mercure par un excès de potasse, de soude ou d'eau de chaux. Le deutoxyde de mercure anhydre est rouge foncé; à l'état d'hydrate, il est jaune. Il a une saveur forte et désagréable. Il est peu soluble dans l'eau, et sa dissolution verdit le sirop de violette. De même que le protoxyde, il est facilement réductible par la chaleur. On l'emploie en médecine; il y est quelquefois désigné sous le nom de *précipité per se* ou de *précipité rouge*.

SULFURES DE MERCURE

Il y a deux sulfures de mercure correspondants aux deux oxydes; mais le protosulfure Hg^2S n'est pas plus stable que le protoxyde. Il est d'ailleurs sans usages.

Le deutosulfure HgS, appelé *vermillon*, *cinabre*, est le minerai dont on retire le mercure. Les minéralogistes ont distingué le cinabre cristallisé, mamelonné, granulaire, compacte, testacé, pulvérulent.

On prépare dans le laboratoire le deutosulfure de mercure par voie sèche et par voie humide : par voie sèche, en chauffant du soufre et du mercure à une température ménagée; par voie humide, en faisant passer un courant d'acide sulfhydrique dans la dissolution d'un sel de mercure, en présence d'une dissolution alcaline.

Le deutosulfure de mercure est brun ou rouge : brun, quand il est en masse; rouge, quand il est en poudre ténue, impalpable. Dans ce dernier cas, il prend le nom de *cinabre* ou de *vermillon*. On prépare le cinabre en grand en chauffant avec précaution

Soufre. . . .	150 parties,
Mercure. . .	950.

On obtient ainsi un corps noir qui prend le nom d'*ethiops minéral*. On distille ensuite l'ethiops pour lui faire perdre son excès de soufre, et l'on recueille ainsi une matière rouge pulvérulente appelée *cinabre*. Il suffit de broyer finement cette poudre rouge en présence de l'eau pour obtenir le *vermillon*.

On a indiqué divers procédés industriels pour obtenir le vermillon.

M. Brunner conseille de prendre 300 parties de mercure et 114 de soufre, de les triturer d'abord à froid pendant deux ou trois heures, et d'ajouter ensuite à la masse 75 parties de potasse et 400 parties d'eau. Le mélange doit être maintenu à une température de 50° environ. Au bout de quelques heures, le précipité, d'abord noir, prend une belle couleur rouge. On pense que le procédé suivi en Chine pour préparer le beau vermillon que le commerce en tire diffère peu de celui qu'a indiqué M. Brunner.

D'après M. Wehrle, on obtient un vermillon de belle qualité par la méthode suivante. On sublime le cinabre ordinaire préalablement mélangé avec la centième partie de son poids de sulfure d'antimoine; on le réduit en une poudre fine que l'on fait bouillir à plusieurs reprises avec une dissolution de foie de soufre. On lave le précipité avec de l'eau ordinaire, on le met en digestion avec de l'acide chlorhydrique, et on le lave une deuxième fois avec de l'eau.

Le vermillon est souvent fraudé avec de la brique pilée, du minium, du colcothar ou du sulfure d'arsenic. On reconnait la fraude par une distillation. Le cinabre ou sulfure de mercure seul se sublime. Le sulfure d'arsenic brûlé sur le charbon donnerait une odeur d'ail très-prononcée.

Le deutosulfure de mercure est insoluble dans l'eau, peu attaquable par les acides, si ce n'est par l'acide chloroazotique qui le dissout bien; il est volatil sans résidu sur le charbon, mais avec dégagement d'acide sulfureux. Lorsqu'on le traite à chaud dans un tube avec du carbonate de soude, il est décomposé; il se dégage de l'acide sulfureux, et il reste, comme résidu, du mercure métallique.

Sous le nom de *vermillon*, le deutosulfure de mercure est très-employé dans les arts. On doit se garder d'en faire usage pour colorer les matières alimentaires, telles que les bonbons et conserves, car c'est un poison violent.

CHLORURES DE MERCURE

Il existe deux composés de chlore et de mercure : le protochlorure et le deutochlorure.

Le protochlorure Hg^2Cl existe dans la nature, mais on ne le trouve jamais que disséminé par petites quantités dans les gisements de cinabre. Les minéralogistes le désignent sous les noms de *mercure muriaté* ou de *mercure corné*.

Dans le laboratoire, on prépare le protochlorure de mercure, appelé en médecine *calomélas* ou *calomel*, par deux procédés différents : 1° en triturant dans un mortier de bois 4 parties de sublimé corrosif avec 3 parties de mercure métallique, humectant légèrement le mélange et chauffant au bain de sable ; 2° en sublimant un mélange de sulfate de deutoxyde de mercure, de mercure métallique et de sel marin. Dans l'un comme dans l'autre cas, on doit laver avec soin le produit pour le débarrasser de tout le deutochlorure formé en même temps que le protochlorure.

Le protochlorure ou calomel est blanc, sans odeur ni saveur. Il cristallise en prismes à quatre pans terminés par un pointement octaédrique. Il fond et se volatilise à peu près à la même température. Il est insoluble dans l'eau et dans l'alcool. La lumière le décompose lentement en le transformant en bichlorure et en mercure. L'acide chlorhydrique, les chlorures alcalins et l'ammoniaque le décomposent rapidement, surtout en présence des matières organiques. Il en résulte du bichlorure de mercure soluble. Ce fait est d'une haute importance relativement à l'usage que l'on fait du calomel comme agent thérapeutique. Dans l'organisme vivant, le calomel peut ainsi facilement se transformer en sublimé corrosif, qui est un poison redoutable.

Le deutochlorure de mercure se prépare en dissolvant le mercure dans l'eau régale contenant un excès d'acide chlorhydrique, ou en chauffant un mélange de sulfate, de deutoxyde de mercure, de chlorure de sodium et de peroxyde de manganèse. Il y a échange entre les divers éléments des sels mis en présence. Il en résulte du sulfate de soude fixe et du bichlorure de mercure que l'on sépare par volatilisation.

Le deutochlorure de mercure ou *sublimé corrosif* HgCl est blanc, comme satiné et demi-transparent; il cristallise en aiguilles ou en prismes tétraèdres; il a une saveur aigre et désagréable; il rougit le tournesol.

A une température peu élevée, il fond et se volatilise; il est soluble dans l'eau, dans l'alcool, dans l'éther et dans la plupart des acides. L'acide sulfhydrique le précipite de ses dissolutions, en le transformant en deutosulfure brun et en chlorosulfure blanc. Les alcalis le transforment de même en oxychlorure ou en hydrate de deutoxyde de couleur variable, ordinairement blanche, jaune ou rougeâtre. Les protosels d'étain le décomposent et en séparent le mercure métallique. Il en est de même des lames de cuivre et d'or.

On distingue le protochlorure d'avec le deutochlorure de mercure par l'action de l'eau seule. On détermine essentiellement la composition de l'un et de l'autre de ces deux composés en en séparant, d'une part, le chlore au moyen du nitrate d'argent; de l'autre, le mercure à l'aide de la chaleur et du carbonate de soude.

Le deutochlorure est très-employé en médecine. Il forme la base de la liqueur dite de Van-Swieten.

OXYCHLORURE DE MERCURE

Lorsqu'on verse du bichlorure de mercure dans un excès d'ammoniaque, on donne lieu à la formation d'un composé désigné sous le nom de *sel d'Allembroth insoluble* ou *précipité blanc*.

On considère ce composé comme une combinaison de chlorure de mercure HgCl, et d'amidure de mercure $HgAzH^2$, et on lui donne le nom de *chloramidure de mercure*. Ce sel double insoluble est rendu soluble par un acide inorganique ou par les azotate, sulfate, acétate ou chlorhydrate d'ammoniaque. Il prend alors le nom de *chlorure ammoniaco-mercuriel* ou de *sel Allembroth soluble*. L'un et l'autre composé est employé en médecine.

IODURES DE MERCURE

Il existe trois iodures de mercure. Le protoiodure Hg^2I est jaune verdâtre; la chaleur le fait passer au rouge, mais il redevient jaune par le refroidissement. Il est insoluble dans l'eau, soluble dans l'alcool, surtout à chaud. On le prépare en triturant dans un mortier de marbre de l'iode et du mercure humectés d'alcool.

Le deutoiodure HgI est d'un rouge vif. Au feu, il devient jaune et se volatilise, en déposant des cristaux jaunes qui repassent au rouge par le refroidissement. Il est insoluble dans l'eau, mais soluble dans l'alcool, surtout à chaud. Il joue le rôle d'acide en se combinant aux chlorures alcalins. Les composés formés sont des iodohydrargyrates. On le prépare en versant une dissolution de deutochlorure de mercure dans une solution d'iodure de potassium. Il y a double décomposition et formation de deutoiodure de mercure que l'on purifie par les lavages.

Le periodure HgI^2 est noirâtre, mais il perd de l'iode avec facilité. Il est sans usages. Le protoiodure et le deutoiodure, au contraire, ainsi que les iodohydrargyrates de potassium, sont usités en médecine.

Il existe des bromure, phosphure, séléniure, arséniure et hydrofluorure de mercure; mais ces composés sont presque inconnus et sans usages.

CYANURE DE MERCURE

La cyanure de mercure correspond au deutoxyde et doit s'écrire HgCy. On le prépare, 1° en dissolvant du deutoxyde de mercure dans de l'acide cyanhydrique dilué; 2° en faisant bouillir deux parties de bleu de Prusse, une partie d'oxyde de mercure et huit parties d'eau. Après l'ébullition, on filtre et l'on reprend de nouveau le résidu non dissous par l'eau. On filtre une seconde fois, on évapore et on laisse cristalliser. Le sel ne doit être recueilli que s'il est incolore et en beaux cristaux. Voici la théorie de l'opération : le bleu de Prusse contient du proto et du deutocyanure de fer, qui sont décomposés par l'oxyde de mercure. Il se forme du cyanure de mercure, du protoxyde et du deutoxyde de fer qui sont séparés par les lavages.

MM. Liebig et Dominé ont encore indiqué le procédé suivant ; on prend :

Ferro-cyanure de potassium.	2 parties,
Sulfate mercurique.	3,
Eau bouillante.	15.

On fait bouillir pendant un quart d'heure et l'on filtre. On évapore à siccité, à une chaleur très-modérée, et l'on reprend la masse, à la température de l'ébullition, par l'alcool absolu qui dissout le cyanure de mercure, en laissant à l'état insoluble le cyanure de fer et le sulfate de potasse.

Le cyanogène a une grande affinité pour le mercure, car l'oxyde de mercure décompose même le cyanure de potassium. Le cyanure de mercure se combine avec un grand nombre d'autres cyanures métalliques pour former des cyanures doubles. Il se combine de même facilement avec les chlorures, bromures, iodures alcalins.

Il est d'un grand usage comme réactif et est employé en médecine.

COMPOSÉS QUATERNAIRES

—

AZOTATES DE MERCURE

Il existe deux azotates de mercure : le protoazotate ou azotate mercureux, le deutoazotate ou azotate mercurique.

Le protoazotate neutre $Hg^2OAzO^5 + 2HO$ cristallise en prismes rhomboïdaux incolores.

L'eau le partage en azotate acide soluble et en une poudre blanche qui est le turbith nitreux des anciens.

On le prépare en faisant dissoudre le mercure dans un excès d'acide azotique à froid. Avec le temps, on obtient des cristaux que l'on peut grossir en ajoutant à la liqueur de l'eau acidulée avec l'acide azotique.

Le deutoazotate $HgOAzO^5$ est incristallisable, très-caustique ; l'eau le convertit en sous-azotate et en une dissolution acide.

Les deux azotates sont employés en médecine. On y fait surtout usage, comme caustique, d'un azotate acide, qui est formé de 71 pour 100 d'azotate de mercure avec un excès d'acide azotique.

SULFATES DE MERCURE

Il y a trois sulfates de mercure : le sulfate de protoxyde, le sulfate neutre de deutoxyde et le sulfate basique de deutoxyde.

Le protosulfate de mercure Hg^2OSO^3 est un sel blanc très-peu soluble. On l'obtient par double décomposition, ou en chauffant du mercure avec de l'acide sulfurique.

Le deutosulfate $HgOSO^3$ est blanc, moins soluble dans l'eau encore que le précédent. On l'obtient en chauffant dans une cornue deux parties d'acide sulfurique à 66° et une partie de mercure.

Si l'on traite à plusieurs reprises ce sel par l'eau bouillante, on le décompose en sulfate avec excès d'acide, et en sous-sulfate jaune $3HgOSO^3$, qui est le *turbith minéral* des anciens, ainsi nommé parce que sa couleur le fait ressembler à la résine du *Convolvulus turpethum.*

Les protosulfate et deutosulfate sont employés pour la préparation des chlorures de mercure. Le *turbith minéral* ou deutosulfate est usité en médecine.

ACÉTATES DE MERCURE

Il existe deux acétates de mercure : le protoacétate et le deutoacétate.

Le protoacétate $Hg^2O\bar{A}$ est un sel blanc d'un aspect nacré, qui noircit à la lumière. Il est inodore et n'a que peu de saveur. Il se décompose par la chaleur et n'est que peu soluble dans l'eau, qui le partage en mercure métallique et en acétate de deutoxyde. On l'obtient en décomposant une dissolution de protoazotate de mercure par une dissolution d'acétate de potasse, de soude ou de chaux. Il est employé en médecine.

Le deutoacétate $HgO\bar{A}$ est blanc et sous forme de lames transparentes ; il est facilement décomposé par la lumière et par la chaleur. Il est très-soluble dans l'eau. On l'obtient en faisant dissoudre le deutoxyde de mercure dans l'acide acétique et laissant cristalliser. Il a été employé en médecine ; mais, en raison de l'altération qu'il éprouve si facilement, on lui préfère le protoacétate.

TARTRATES DE MERCURE

Il existe aussi deux tartrates de mercure.

Le prototartrate ou tartrate mercureux $Hg^2O,\bar{T}Aq$. est un sel blanc d'un aspect micacé, sans odeur et d'une saveur légèrement mercurielle. Il est altérable par la lumière et par la chaleur, insoluble dans l'eau, mais soluble dans un excès d'acide tartrique. On le prépare par double décomposition, en versant une dissolution de tartrate de potasse dans une dissolution d'azotate de mercure légèrement acidifiée.

Le deutotartrate ou tartrate mercurique HgO,TAq. est en poudre blanche légère ; il a une saveur métallique assez prononcée; il est inaltérable par la lumière, et presque insoluble dans l'eau. On l'obtient en versant de l'acide tartrique dans une dissolution d'acétate mercurique.

FULMINATE DE MERCURE

Le fulminate de mercure est le résultat de l'action de l'alcool sur l'azotate acide de mercure. Il a pour formule $(HgO)^2,2CyO$. On le prépare généralement en faisant dissoudre une partie de mercure dans douze parties d'acide azotique à 38° ou 40° de Beaumé, et ajoutant, peu à peu, à la dissolution onze parties d'alcool à 85° ou 88° centésimaux.

Ce composé est inodore ; il a une saveur styptique et métallique. Il est sans action sur les papiers réactifs. Il détonne violemment par le frottement ou par un choc contre un corps dur.

Il est employé à la fabrication des amorces ou capsules fulminantes. A cet effet, on le mêle avec du nitrate ou du chlorate de potasse et du charbon en poudre, matières qui ont pour objet de soutenir la combustion et d'atténuer la violence de l'explosion du fulminate.

Caractères généraux des sels de mercure ; dosage et équivalent du métal. — Les sels de mercure sont à base de protoxyde ou de deutoxyde. Ils ont des caractères communs qui sont les suivants :

1° Ils fournissent du mercure métallique quand on les chauffe avec de la chaux, du carbonate de soude ou de potasse desséché;

2° Ils blanchissent par le frottement une lame de cuivre;

3° Ils précipitent en brun par l'acide sulfhydrique ou les hydrosulfates;

4° Ils sont décomposés et abandonnent du mercure métallique quand on les fait bouillir avec du protochlorure d'étain et de l'acide chlorhydrique.

Ils ont des caractères propres au moyen desquels on les distingue très-nettement. Ainsi les protosels sont précipités en *noir* (protoxyde de mercure) par les alcalis; en *blanc* (protochlorure de mercure) par l'acide chlorhydrique; en *rouge* (chromate de protoxyde de mercure) par le chromate de potasse, quand on a le soin de maintenir la liqueur acide.

Les deutosels sont précipités en *jaune* par les alcalis fixes; en *blanc* par l'ammoniaque, ainsi que par les cyanoferrures; en *rouge* par l'iodure de potassium; en *jaune rougeâtre* par le chromate de potasse.

On dose le mercure soit à l'état métallique, soit à l'état de deutoxyde HgO ou de protochlorure (aujourd'hui sous-chlorure Hg^2Cl). Quand on le dose à l'état métallique, ou on le précipite de ses dissolutions salines à l'aide d'une lame de cuivre; ou mieux, on le réduit de son oxyde HgO, ou de son chlorure

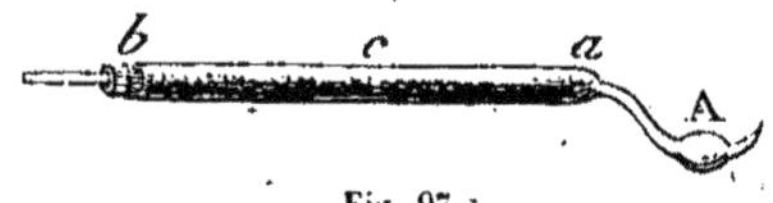

Fig. 97.

Hg^2Cl, dans un tube à analyse *ab* (*fig.* 97) en présence de la chaux ou du cuivre. On place le composé mercuriel en *c* entre deux colonnes de chaux vive ou de cuivre, et on le chauffe graduellement dans un courant d'hydrogène, pour le recueillir à l'état métallique dans l'ampoule A. La relation entre le poids de la matière d'essai et celui du mercure obtenu donne la proportion de métal contenu dans la combinaison. On a trouvé ainsi que cent parties de deutoxyde de mercure contenaient 92 de mercure et 8 d'oxygène. D'où l'on a dit, pour avoir l'équivalent du mercure,

$$8 : 100 :: 100 : x;$$

d'où $x = \frac{100 \times 100}{8}$, c'est-à-dire 1250.

LXXVIII

ARGENT Ag. 108,25 — 1353,28

Nous avons dit qu'il n'existait dans la nature qu'un minerai de mercure, le cinabre; on y rencontre, au contraire, un très-grand nombre de composés argentifères. En voici la liste :

L'argent natif,

Le sulfure d'argent,

Le sulfure d'argent combiné à d'autres sulfures métalliques,

Les chlorure, iodure, arséniure, tellurure et séléniure d'argent,

Le carbonate d'argent,

Les antimoniure, aurure et amalgame d'argent.

Les minerais d'argent les plus riches et les plus exploités sont les sulfure, sulfo-antimoniure, chlorure et antimoniure, auxquels il faut ajouter les galènes argentifères (sulfures de plomb et d'argent).

En général, c'est dans les terrains anciens qu'on trouve les espèces minérales argentifères. Toutefois on a aussi rencontré des filons exploitables dans les bancs calcaires. En France, nos mines d'argent sont celles de Sainte-Marie-aux-Mines, dans les Vosges, et celles d'Allemont, dans l'Isère. Les principales mines d'Europe sont celles de Saxe, de Hongrie, de Bohême, d'Espagne, de Sibérie et de Transylvanie. On ne compte plus, pour ainsi dire, les mines exploitées dans le nouveau monde, et particulièrement dans la Californie.

Les procédés d'exploitation des minerais d'argent se réduisent à deux : l'amalgamation et la coupellation. L'amalgamation a pour objet de dissoudre l'argent dans le mercure et de l'en séparer ensuite par la distillation. Dans la coupellation, on incorpore l'argent au plomb, on oxyde celui-ci par la chaleur en présence de l'air, et l'on sépare l'argent d'avec la litharge par la fusion.

L'argent des monnaies, de la vaisselle plate et des bijoux n'est pas pur. Il contient : l'argent des monnaies, un dixième de cuivre; celui de la vaisselle plate et des bijoux, deux et trois dixièmes. L'alliage a pour but de donner plus de dureté et de ténacité à l'argent, qui, par lui-même, est cassant, bien qu'extrêmement ductile.

L'argent pur, l'argent raffiné, à $\frac{1000}{1000}$, est le plus beau métal qu'on puisse voir. On l'obtiendra facilement dans le laboratoire en dissolvant une pièce de monnaie dans l'acide sulfurique ou dans l'acide azotique, reprenant les sulfate ou azotate obtenus par l'eau distillée, et précipitant l'argent au moyen d'une lame de cuivre. Le précipité, bien lavé (jusqu'à ce que le liquide ne précipite plus par le cyanoferrure de potassium) sera placé dans un creuset de porcelaine, et fondu pour être aggloméré en culot. On obtiendra encore l'argent pur en dissolvant une pièce de monnaie dans l'acide azotique, précipitant l'argent à l'état de chlorure par l'acide chlorhydrique, lavant le précipité, le faisant sécher, et l'introduisant ensuite dans un creuset avec une certaine proportion de craie et de charbon. On obtient le métal par fusion.

L'argent se distingue de tous les métaux par son brillant éclat. Il est également très-sonore et dur (plus dur que l'or). Sa densité est de 10,5. Lorsqu'il est parfaitement poli, il peut en quelque sorte servir de glace; il réfléchit plus de chaleur et de lumière qu'aucun autre métal. Par cette raison même, il retient d'autant mieux et plus longtemps la chaleur qui le pénètre. Le pouvoir émissif ou rayonnant est en sens inverse du pouvoir absorbant. De là l'emploi de la vaisselle plate sur les tables de luxe, et particulièrement l'usage des cafetières d'argent pour conserver la chaleur et aussi l'arome du café.

L'argent est extrêmement inaltérable et ductile. Il possède

aussi une assez grande ténacité. Un fil d'argent de 2 millimètres de diamètre ne rompt que sous un poids de 85 kilogrammes.

L'argent ne se ternit à l'air que sous l'influence des vapeurs acides ou sulfureuses. Qui n'a eu l'occasion de remarquer qu'une cuiller d'argent plongée dans certaines matières alimentaires chaudes, dans les œufs par exemple, se ternit promptement? Cela tient à une sulfuration de l'argent, l'œuf contenant des proportions de soufre très-notables.

L'argent en fusion absorbe une certaine proportion d'oxygène, qui se sépare du métal par l'effet du refroidissement. C'est le phénomène que nous retrouverons plus loin sous le nom de *rochage*. Alors que dans la coupelle, l'argent trop chauffé éprouve un refroidissement brusque (introduction d'un courant d'air par suite de l'ouverture inopportune du fourneau), le bouton dit *de retour* éclate et projette çà et là des particules de matière. L'essai, dans ce cas, est mauvais, et il faut le recommencer. On a constaté par l'expérience que l'argent pouvait ainsi absorber jusqu'à 22 fois son volume d'oxygène. Mais cette absorption n'est pas une combinaison, car elle n'a pas lieu en proportions définies pour l'oxygène et le métal. On la regarde comme une sorte de dissolution. Le même phénomène d'absorption n'a point lieu pour l'azote.

Au rouge simple, l'argent n'est pas attaqué par l'oxygène, même en présence des alcalis purs, des carbonates ou des chlorates alcalins. Voilà pourquoi, dans les opérations d'analyse, on fait usage de creusets d'argent quand il s'agit de dissoudre des matières de nature inconnue dans les alcalis. En pareil cas, les creusets de platine seraient attaqués et perforés par les alcalis. Toutefois les creusets d'argent sont eux-mêmes attaqués par les silicates alcalins ; il faut s'en souvenir quand, dans une analyse, on peut craindre de se trouver en présence de ces corps.

L'argent est attaqué, même à froid, par l'acide azotique; il ne se dissout dans les acides sulfurique et chlorhydrique qu'avec l'intervention de la chaleur. Les acides végétaux, en général, sont sans action sur l'argent. Mais on ne devra pas oublier qu'à la longue l'eau salée attaque les vases d'argent. Il se forme un chlorure double de sodium et d'argent, et le liquide devient alcalin.

Il serait superflu de rappeler à quels usages est employé l'argent et quels alliages il peut former. On le verra d'ailleurs dans le cours de cet article.

COMBINAISONS DE L'ARGENT AVEC LES MÉTALLOÏDES

COMPOSÉS BINAIRES

OXYDES D'ARGENT

L'argent forme, avec l'oxygène, trois composés :

Le sous-oxyde. . Ag^2O,
Le protoxyde. . . AgO,
Et le bioxyde . . . AgO^2.

SOUS-OXYDE D'ARGENT

En faisant passer un courant d'hydrogène sur du citrate d'argent chauffé à 100°, on transforme le citrate insoluble en sous-sel éminemment soluble, d'où la potasse précipite une matière noire qui est du sous-oxyde d'argent Ag^2O. Ce sous-oxyde est fort instable : une faible chaleur le décompose. L'acide chlorhydrique forme avec lui un sous-chlorure brun Ag^2Cl, et les autres acides le dédoublent en protoxyde, avec lequel ils se combinent, et en argent métallique. L'ammoniaque aussi le décompose en oxygène et argent métallique.

PROTOXYDE D'ARGENT

Le protoxyde est une base énergique qui neutralise tous les acides. On l'obtient en précipitant un sel d'argent, l'azotate, par la potasse. L'oxyde, alors hydraté, est d'un brun clair, mais il perd facilement son eau d'hydratation et devient couleur olive. La lumière ainsi que la chaleur le décompose. L'eau en dissout de petites quantités, et devient, par suite de cette dissolution, légèrement alcaline. Aussi l'oxyde d'argent ne forme-t-il aucune combinaison avec les alcalis.

BIOXYDE D'ARGENT

Le bioxyde s'obtient en décomposant l'azotate d'argent par la pile. Il se dépose alors sur le conducteur positif des cristaux prismatiques de couleur foncée, qui sont le bioxyde AgO^2. Ce corps est plus stable que le protoxyde même ; il ne se décompose qu'à 150°. Il est insoluble dans l'eau. Les acides le transforment en protoxyde, avec lequel ils se combinent, et il se dégage de l'oxygène. L'ammoniaque le décompose en se décomposant elle-même ; il y a dégagement d'azote, d'hydrogène et de vapeurs d'eau, et le bioxyde passe à l'état de protoxyde.

SULFURE D'ARGENT

Le sulfure d'argent AgS correspond au protoxyde AgO. Nous en avons déjà fait mention comme minerai naturel d'argent. Il forme quelquefois à lui seul des filons puissants dans les terrains primitifs et de transition, et dans les terrains secondaires. Il se trouve aussi assez souvent allié à la galène ou sulfure de plomb, et au sulfure d'antimoine. Dans le laboratoire, on l'obtient en précipitant un sel soluble d'argent par l'acide sulfhydrique, ou par un sulfure alcalin. Provenant des mines, c'est une matière brune, compacte, douée d'un certain éclat métallique. Sa densité est de 7,2. Ce corps est malléable, ductile, et peut recevoir des empreintes au balancier. On s'en est servi pour frapper des médailles.

Par le grillage, le sulfure d'argent est transformé en acide sulfureux et en argent métallique. L'hydrogène et la plupart des métaux le réduisent, même à une température assez peu élevée. L'acide azotique l'attaque, mais assez difficilement. L'acide sulfurique le transforme en sulfate, et l'acide chlorhydrique en chlorure. Les vapeurs sulfureuses ayant une grande action sur l'argent, ainsi qu'il a été déjà dit, on désulfure le métal et on lui rend son premier éclat en le chauffant en présence d'une dissolution de permanganate de potasse (caméléon minéral).

CHLORURE D'ARGENT

Le chlorure d'argent a pour formule AgCl, et correspond au protoxyde. On le trouve dans la nature sous forme de cristaux d'un gris de perle, ou d'un violet plus ou moins foncé. C'est l'argent corné des minéralogistes. On l'obtient par voie humide, dans le laboratoire, en précipitant les sels d'argent par l'acide chlorhydrique ou le chlorure de sodium. Le précipité ainsi formé est blanc, lourd, *caillebotté*, selon l'expression en usage; mais, sous l'influence de la lumière, il passe assez promptement au violet, et finit même par noircir.

Le chlorure d'argent est tout à fait insoluble dans l'eau, très-peu soluble dans les acides et très-soluble, au contraire, dans l'ammoniaque. Ces propriétés servent à le caractériser. C'est au moyen d'un sel d'argent (l'azotate) qu'on reconnaît les plus faibles traces de chlorures en dissolution dans l'eau, comme c'est à l'aide du chlorure de sodium ou de l'acide chlorhydrique qu'on constate l'existence des plus petites proportions d'un sel d'argent dans une liqueur.

Le chlorure d'argent fond à 260° environ, et le liquide de couleur jaune prend, en se solidifiant, l'aspect de la corne; il se laisse couper au couteau (argent corné).

Le charbon ne suffit pas à réduire le chlorure; il y faut ajouter de la craie. Les proportions, pour 100 parties de chlorure, sont 70 de craie et 4 de charbon.

Les chlorures alcalins et le cyanure de potassium forment, avec le chlorure d'argent, des sels doubles cristallisables et solubles qui sont fort employés dans la galvanoplastie.

IODURE, BROMURE, FLUORURE ET CYANURE D'ARGENT

L'iodure et le bromure d'argent ont été rencontrés dans les mines. On les prépare par double décomposition en versant un bromure ou un iodure alcalin dans la dissolution d'un sel d'argent. L'iodure est d'un blanc jaunâtre, insoluble dans l'eau. La lumière le noircit, la chaleur lui fait prendre une coloration rouge qu'il perd par le refroidissement.

Le bromure est blanc, mais il jaunit promptement sous l'influence de la lumière. L'un et l'autre composé forment des sels doubles avec les iodures et bromures alcalins et terreux.

Le cyanure se prépare en versant de l'acide cyanhydrique dans la dissolution d'un sel d'argent. Ce composé est blanc, insoluble dans l'eau, soluble dans l'ammoniaque. Dissous dans les cyanures des métaux alcalins, il forme des sels doubles en usage, nous venons de le dire, dans la galvanoplastie.

AMMONIURE D'ARGENT

Lorsqu'on met en présence de l'oxyde d'argent AgO et de l'ammoniaque AzH^3, il se forme un composé $AgOAzH^3$ ou $AgAzH^2 + HO$, qui est éminemment explosible. On lui donne le nom d'argent fulminant ou de fulminate d'argent. Ce corps, quand il est sec, est une poudre noire, qui détonne alors qu'on la touche seulement avec les barbes d'une plume. Sous l'eau, il fait de même explosion à la température de 100°. Quelques chimistes le regardent comme un simple azoture d'argent, qui se forme par la réaction de trois atomes d'oxyde d'argent et d'un atome d'ammoniaque, d'après l'équation :

$$3AgO + AzH^3 = Ag^3Az + 3HO.$$

On obtient aussi l'argent fulminant en versant de la potasse caustique dans un sel d'argent dissous au moyen d'un excès d'ammoniaque.

COMPOSÉS QUATERNAIRES

CARBONATE D'ARGENT

On prépare le carbonate d'argent par précipitation, en versant une dissolution de carbonate de potasse dans la dissolution d'un sel d'argent, de l'azotate, par exemple. Le carbonate d'argent est blanc, insoluble. La lumière le noircit, la chaleur le décompose.

AZOTATE D'ARGENT

La préparation de l'azotate d'argent est fort simple quand on a à sa disposition de l'argent pur. Il suffit de dissoudre le métal dans l'acide azotique, d'évaporer jusqu'à la disparition de toute vapeur acide, et de reprendre le résidu par l'eau distillée, pour faire définitivement cristalliser le sel. Mais, à défaut d'argent pur, on prend ordinairement une pièce de monnaie, ou un alliage quelconque d'argent et de cuivre. Dans ce cas, on traite encore l'alliage par l'acide azotique; mais, après l'évaporation de l'acide, il faut calciner modérément les deux sels obtenus pour faire passer l'azotate de cuivre à l'état d'oxyde insoluble, et reprendre par l'eau l'azotate d'argent ainsi isolé. On s'assure que le sel d'argent est pur en l'essayant par l'ammoniaque. La moindre trace d'un composé de cuivre dans la liqueur lui ferait prendre une couleur bleu céleste. Divers autres moyens peuvent être employés pour séparer le cuivre d'avec l'argent. On peut, de la dissolution qui contient les deux azotates, précipiter le cuivre par un alcali, la potasse, la soude, ou même par la chaux. Le cuivre est toujours précipité le premier, et la décoloration de la liqueur indique le moment où l'on peut la décanter et faire cristalliser le sel d'argent par évaporation. L'oxyde d'argent lui-même, obtenu par précipitation de la potasse, peut servir à purifier la dissolution argentifère, car cet oxyde précipite complétement l'oxyde de cuivre.

L'azotate d'argent cristallise en lames carrées incolores et transparentes. Il se dissout à froid dans son propre poids d'eau, et est plus soluble encore dans l'eau bouillante. L'alcool à chaud en dissout le quart de son poids, et à froid les dix centièmes. Alors qu'il est parfaitement neutre, l'azotate d'argent est sans action sur les papiers réactifs. Il tache la peau en noir, ce qui est un de ses caractères essentiels. La tache disparaît alors qu'on la lave avec un cyanure alcalin ou de l'iodure de potassium.

L'azotate d'argent fond, sans se décomposer, à une température assez peu élevée, et c'est ainsi que l'on prépare la *pierre infernale*, l'un des caustiques le plus fréquemment employé en médecine. L'azotate d'argent ou pierre infernale des pharmaciens est noire, mais cette teinte provient du peu de précautions prises pour la préparer. On n'a pas toujours le soin de bien purifier l'azotate d'argent, qui retient du bioxyde de cuivre; et d'ailleurs, c'est dans de petites lingotières en fer, huilées à l'intérieur, que l'on coule le nitrate d'argent, et, en présence des matières organiques, l'azotate d'argent est facilement réduit; il est noirci même par la lumière.

L'azotate d'argent est un des réactifs le plus en usage en chimie. Il sert à reconnaître les chlorures. On s'en sert pour marquer le linge. Dans ce but, on prépare une sorte d'encre avec l'azotate d'argent mêlé à une dissolution de gomme. On encolle le linge avec une dissolution d'amidon contenant un peu de carbonate de potasse, et l'on écrit avec ladite encre au moyen d'une plume ordinaire. Le carbonate de soude précipite sur le linge de l'oxyde d'argent, qui, sous l'influence de la lumière, prend une couleur noire intense et pour ainsi dire indélébile.

Contre certaines maladies cutanées, et aussi contre l'épilepsie, les ophthalmies, la médecine fait un assez fréquent usage d'azotate d'argent administré soit à l'intérieur, soit à l'extérieur. Le sel alors est absorbé, porté dans la circulation, et il tend à s'échapper par toutes les voies éliminatoires, et, par conséquent, par la transpiration cutanée. On a remarqué, en pareil cas, que l'argent communiquait à la peau une teinte bistre extrêmement tenace et comme indélébile. Les réactions chimiques sont ici complexes : d'une part, avec les matières de la transpiration, qui contiennent du soufre, il doit se former du sulfure d'argent; de l'autre, en présence des matières organiques et sous l'influence de la lumière, il doit se faire des réductions partielles d'argent. La teinte bistre ou noire de la peau résulte de ces actions ou réactions chimiques.

Dans l'industrie, on a tenté de produire des dessins en argent sur des tissus en les teignant d'abord avec l'azotate d'argent, et réduisant ensuite le métal par l'hydrogène; mais jusqu'ici ces essais ont peu réussi. Bien étudiées, les difficultés pourront sans doute être levées. La persévérance est l'école du succès.

SULFATE D'ARGENT

On prépare le sulfate d'argent soit en attaquant directement l'argent par l'acide sulfurique concentré et bouillant, soit en versant de l'acide sulfurique ou du sulfate de soude dans une dissolution bouillante d'azotate d'argent. Dans l'un comme dans l'autre cas, il se dépose, par le refroidissement, des cristaux incolores, qui ont pour base le prisme rhomboïdal et qui sont isomorphes avec le sulfate de soude anhydre. L'eau ne dissout que $\frac{1}{100}$ de son poids de ce sel, et la chaleur ne le décompose que très-difficilement, même en présence du charbon, en sulfure et en argent métallique. Soluble dans l'acide sulfurique concentré, il en est précipité par l'eau. Soluble dans l'ammoniaque, il forme avec cette base un sel double qui a pour formule $AgOSO^3,2AzH^3$.

SULFITE D'ARGENT

Le sulfite d'argent s'obtient soit en faisant passer un courant de gaz acide sulfureux dans la dissolution d'un sel d'argent, soit en précipitant cette même dissolution au moyen d'un sulfite alcalin. Le sel ainsi préparé est incolore, insoluble dans l'eau, et il forme des sels doubles en s'unissant aux sulfites alcalins.

HYPOSULFITE D'ARGENT

L'hyposulfite d'argent se prépare en versant une dissolution étendue d'hyposulfite neutre de potasse ou de soude dans une dissolution aussi très-étendue d'azotate d'argent.

Ce sel est peu soluble dans l'eau et par lui-même sans usages. Mais il forme, avec les hyposulfites alcalins, des sels doubles aujourd'hui non moins employés que les cyanures doubles d'argent et de potasse pour l'argenture galvanoplastique. On prépare ces sels doubles et très-solubles en dissolvant à froid le chlorure d'argent dans les hyposulfites de potasse, de soude, d'ammoniaque, de chaux et de strontiane. On les obtient à l'état solide en les précipitant de leur dissolution au moyen de l'alcool.

Les acides de composition organique, l'acide acétique, l'acide citrique, l'acide tartrique, forment aussi avec l'argent des sels incolores, pour la plupart insolubles. On les obtient généralement en faisant agir l'acide organique sur le carbonate d'argent. Ils sont sans usages.

Caractères généraux des sels d'argent. Dosage et équivalent du métal. — Les sels d'argent sont pour la plupart incolores ; ils ont une saveur acide, astringente et métallique. La lumière les noircit par suite d'une réduction partielle. La chaleur les décompose facilement. Au chalumeau, avec le carbonate de soude, ils sont réduits en argent métallique. A l'état de dissolution ils donnent :

Avec les carbonates de potasse, de soude et d'ammoniaque.	Un précipité blanc de carbonate d'argent soluble dans l'ammoniaque;
Avec l'acide sulfhydrique et le sulfhydrate d'ammoniaque	Un précipité noir (sulfure d'argent), insoluble dans un excès de réactif;
Avec le sulfate de fer	Un précipité blanc d'argent métallique;
Avec le chlore, l'acide chlorhydrique et les chlorures (le sel marin en particulier).	Un précipité blanc, caillebotté, insoluble dans l'eau et dans les acides, mais soluble dans l'ammoniaque, les hyposulfites et les sulfites (caractère essentiel). La lumière a une grande action sur ce précipité, elle le fait passer au violet, puis au brun foncé (réduction lente et partielle).

L'argent est précipité de ses dissolutions salines par le fer, le zinc, le cuivre, l'arsenic, etc.

On dose l'argent à l'état métallique, ou à l'état de chlorure AgCl. Or, 100 parties d'argent s'unissent à 32,75 de chlore. Pour avoir l'équivalent de l'argent, on dira donc :

$$32{,}75 : \mathrm{Cl} \text{ ou } 443{,}20 :: 100 : x.$$

D'où $x = \frac{443{,}20 \times 100}{32{,}75}$, c'est-à-dire 1353,28.

LXXIX

OR Au. 196,40 — 2455

On trouve l'or dans trois sortes de gisements : dans les filons qui traversent les terrains primitifs, particulièrement dans les quartz; dans de petites veines disséminées entre les roches de séparation ou de passage des terrains primitifs aux terrains stratifiés; dans les sables de fleuves ou de rivières, sables qui proviennent de la désagrégation par l'eau de roches primitives aurifères. Assez souvent, c'est à l'état natif qu'on rencontre l'or. Quand il est en masses assez volumineuses, on lui donne le nom de *pepite*. Dans les Cordillères et l'Oural, on a trouvé des pépites d'or qui pesaient jusqu'à 40 kilogrammes. Les minerais d'exploitation les plus riches, ou qui se suivent le mieux, sont les filons de sulfure d'argent aurifère du haut Pérou, du Mexique, de Hongrie, de Transylvanie et de l'Oural. On trouve aussi l'or uni à la galène, à la blende, aux sulfures de cuivre et de fer, au mispikel et à d'autres minerais encore.

Dans les sables, l'or est en paillettes ou sous forme de grains arrondis. Il est alors d'une exploitation facile. On donne le nom d'*orpailleurs* à ceux qui font profession de le rechercher dans le cours des rivières. On cite comme sables aurifères en France, ceux du Gardon, de l'Ariége, de la Garonne et du Rhin. Mais ces sables ne sont pas assez riches pour donner lieu à des exploitations régulières. On estime que, pour être exploitables, les sables doivent contenir un cent millième d'or, et les sables du Rhin n'en contiennent guère qu'un huitième de cette proportion.

Non plus que l'argent, l'or de nos monnaies n'est pas pur, il contient un dixième de cuivre, avec une tolérance légale de 3 millièmes en plus. Pour obtenir l'or pur, il faut dissoudre une pièce d'or dans l'eau régale (1 partie d'acide azotique à 20° de l'aéromètre et 4 parties d'acide chlorhydrique ordinaire), reprendre par l'eau, filtrer, pour séparer de la liqueur la petite portion de chlorure d'argent qu'elle peut contenir, et précipiter par le protochlorure d'antimoine dissous dans l'eau et l'acide chlorhydrique. A l'aide de la chaleur, l'or se rassemble au fond du liquide; on le décante, on le lave successivement avec de l'acide chlorhydrique et de l'eau distillée, on le fait sécher, puis, enfin, pour l'avoir à l'état de culot, on le fait fondre dans un creuset avec une petite quantité de nitre et de borax. Au lieu de protochlorure d'antimoine, on peut se servir de sulfate de protoxyde de fer, qui précipite aussi l'or de ses dissolutions :

$$Au^2Cl^3 + 6(FeOSO^3) = 2Au + 2(Fe^2O^33SO^3) + Fe^2Cl^3.$$

L'or se distingue par sa couleur jaune ou jaune verdâtre. Sa densité est considérable, elle est de 19,5. Quand il est pur, il est presque aussi mou que le plomb et moins dur même que l'argent. C'est le plus ductile et le plus malléable de tous les métaux. On peut l'étirer en fils d'une ténuité extrême, et le réduire en lames qui n'ont pas plus d'un dixième de millimètre d'épaisseur.

L'or fond à 32° du pyromètre, ce qui correspond à une forte chaleur blanche, et à 1100° du thermomètre à air. A l'état liquide, ce métal paraît vert. A une température surélevée, il se vaporise. On le prouve en faisant traverser un fil d'or par la décharge d'une forte pile. Il n'en reste rien, et si on a pris le soin de placer à distance, au-dessus, une feuille de papier ou une feuille d'argent, le papier se colore en brun pourpre, et la lame d'argent en vermeil.

L'or est inaltérable dans l'air, inattaquable par les acides et par les alcalis. Il n'est dissous que par l'eau régale, c'est-à-dire par le mélange, en certaines proportions, d'acide azotique et d'acide chlorhydrique. Cependant tout mélange qui peut donner lieu à un dégagement de chlore a de l'action sur l'or; ainsi le mélange d'acide chlorhydrique et de peroxyde de manganèse, d'acide chlorhydrique et d'acide chromique, etc. Le chlore et le brôme purs attaquent aussi le métal, et même à froid. Il en est de même des polysulfures alcalins, avec lesquels le sulfure d'or Au^2S^3 forme des sulfures doubles dans lesquels il prend le rôle d'acide.

COMBINAISONS DE L'OR AVEC LES MÉTALLOÏDES

OXYDES D'OR

Il existe deux composés d'oxygène et d'or : le protoxyde Au^2O, qui est très-peu stable et ne forme point de sels avec les oxacides, et le sesquioxyde Au^2O^3, qui joue le rôle d'acide avec les alcalis et a reçu pour cette raison le nom d'acide aurique.

On prépare le protoxyde d'or Au^2O en décomposant le chlorure d'or Au^2Cl par la potasse. Le précipité obtenu est d'un jaune violet ; il se réduit, à une température peu élevée, en or et en oxygène. L'acide chlorhydrique le transforme en sesquichlorure d'or $AuCl^3$.

On prépare le sesquioxyde d'or ou acide aurique, soit en saturant une dissolution de sesquichlorure d'or $AuCl^3$ par du carbonate de soude, et reprenant ensuite par l'acide acétique, soit en traitant le même sesquichlorure par la magnésie, et reprenant l'aurate formé par l'acide azotique.

L'acide aurique hydraté est sous forme d'une poudre jaune ou brune. On peut lui enlever son eau par la chaleur, mais il se décompose vers 200°. La lumière et les corps désoxydants le réduisent en oxygène et en or ; l'acide chlorhydrique le transforme en sesquichlorure d'or.

SULFURES D'OR

Le soufre ne se combine pas directement avec l'or ; mais, si l'on fait passer un courant d'acide sulfhydrique dans une dissolution de sesquichlorure d'or, on obtient, selon qu'on agit à chaud ou à froid, deux sulfures d'or Au^2S ou Au^2S^3, qui correspondent au protoxyde et au sesquioxyde.

CHLORURES D'OR

Quand on attaque l'or par l'eau régale, on obtient un sesquichlorure Au^2Cl^3, de couleur jaune, qui, évaporé lentement, cristallise dans un excès d'acide chlorhydrique. Si l'on chasse l'excès d'acide, la matière prend une couleur brune, et elle se dissout encore dans l'eau, dans l'alcool, mais surtout dans l'éther. C'est la dissolution de sesquichlorure d'or dans l'éther qui constituait l'*or potable*, l'une des panacées de l'ancienne médecine.

On obtient le chlorure d'or Au^2Cl en chauffant le sesquichlorure jusqu'à 200° environ : il se dégage du chlore, et il reste une poudre d'un jaune verdâtre insoluble, qui a pour formule

$$Au^2Cl.$$

Le sesquichlorure d'or forme, avec les chlorures alcalins, des chlorures doubles très-cristallisables. Avec l'ammoniaque il donne un composé fulminant (or fulminant), qui contient de l'oxyde d'or, de l'ammoniaque et du chlore, ou bien, qui est une combinaison de sesquioxyde d'or et d'ammoniaque,

$$Au^2O^3 + 2AzH^3 + HO.$$

CYANURES D'OR

Il existe deux cyanures d'or correspondants aux oxydes et aux chlorures. Ces composés ont la plus grande tendance à se combiner avec les cyanures alcalins pour former des sels doubles. Quand on verse du cyanure de potassium dans une dissolution concentrée et chaude de sesquichlorure d'or, on obtient, par le refroidissement, des cristaux de cyanure d'or et de potassium, qui ont pour formule $KCy + Au^2Cy$. Si, par la chaleur, on détermine le dégagement d'une certaine quantité de cyanogène ou d'acide cyanhydrique, en reprenant par l'eau bouillante, et laissant évaporer, on obtient soit le cyanure double $KCyAu^2Cy$, soit le protocyanure d'or Au^2Cy.

HYPOSULFITE D'OR ET DE SOUDE

En mêlant des dissolutions peu étendues de chlorure d'or et d'hyposulfite de soude, et en précipitant ensuite par l'alcool, on obtient un sel double qui a pour formule :

$$(Au^2OS^2O^2)(NaOS^2O^2)^3 4HO.$$

Ce sel, préparé pour la première fois par MM. Fordos et Gelis, est employé pour fixer les images daguerriennes.

POURPRE DE CASSIUS

Sous le nom de pourpre de Cassius, on prépare, pour les arts, une matière de couleur pourpre fort riche, dont la composition n'est peut-être pas rigoureusement déterminée. Cependant, d'après des expériences récentes, dues à M. Figuier, on est porté à lui donner pour formule $Au^2OSnO^2(SnOSnO^2)4HO$. Ce qui implique que ce serait une combinaison de stannate d'or avec du stannate d'étain. Quoi qu'il en soit, on prépare le pourpre de Cassius par divers procédés :

1° En fondant ensemble dans un creuset 1 p. d'or, $\frac{1}{2}$ partie d'étain et 4 ou 5 p. d'argent; reprenant l'alliage par l'acide azotique qui dissout l'argent, et laisse l'or et l'étain à l'état de combinaison sous l'une des deux formules

$$Au^2OSnO^2(SnOSnO^2)4HO = 2Au3SnO^2 + 4HO;$$

2° En chauffant du protoxyde d'or Au^2O avec une dissolution de stannate de potasse;

3° En dissolvant 20 grammes d'or dans 100 grammes d'eau régale, évaporant au bain-marie pour chasser l'excès d'acide, reprenant par l'eau, et ajoutant dans la liqueur des fragments d'étain.

Le pourpre de Cassius est employé dans la peinture sur porcelaine et sur verre pour obtenir les plus belles nuances, depuis le rose pâle jusqu'au rouge pourpre le plus foncé.

Caractères généraux des composés aurifères. Dosage et équivalent de l'or. — En général, ces composés tachent la peau en rose. Ils sont facilement réduits dans la flamme du chalumeau, surtout en présence du carbonate de soude.

Les dissolutions salines d'or donnent :

Avec le carbonate d'ammoniaque. . . .	Un précipité d'or fulminant;
Avec l'acide sulfhydrique et le sulfhydrate d'ammoniaque	Un précipité noir (sulfure d'or);
Avec le sulfate de protoxyde de fer. . .	Un précipité d'or métallique;
Avec le protochlorure d'antimoine. . . .	Idem.

Les acides hypophosphoreux, phosphoreux et sulfureux réduisent les sels d'or ; il en est de même des matières organiques, surtout en présence de la potasse. Le zinc précipite l'or de ses dissolutions.

L'or se dose toujours à l'état métallique. On le précipite de ses dissolutions au moyen du sulfate de protoxyde de fer. On lui a trouvé pour équivalent le nombre 2455.

ESSAIS DES MATIÈRES D'OR ET D'ARGENT. — AFFINAGE

Les monnaies, et, en général, les alliages de cuivre et d'argent, de cuivre et d'or, ne sont livrés à la circulation qu'après avoir été soumis à des épreuves (essais) qui en déterminent le titre, c'est-à-dire la richesse. Ces *essais* se font par voie sèche ou par voie humide. Le procédé par voie sèche est ancien et porte le nom de *coupellation*. Le procédé par voie humide ne date que de nos jours ; il est dû à Gay-Lussac, et a conservé le nom de l'illustre chimiste.

Coupellation. — La coupellation repose sur le principe même qui nous a servi à classer les métaux ; à savoir, le plus ou moins d'affinité de ces corps pour l'oxygène. Les métaux de la 6e section ne s'oxydent pas à l'air, à la température du moins où s'oxydent les métaux des précédentes sections, et, en particulier, le cuivre et le plomb. Étant donné un alliage de cuivre et d'argent (une pièce de monnaie), si on le fond en présence du plomb pour faciliter la fusion, et dans une coupelle poreuse absorbante (*fig.* 98), composée de cendres d'os ; à la température de fusion de l'alliage, c'est-à-dire au rouge blanc, le plomb et le cuivre s'oxydent en présence de l'air, tandis que l'argent n'éprouve aucune altération. L'oxydule de cuivre fond dans la litharge, et l'un et l'autre passent dans la coupelle comme à travers un filtre, tandis que

Fig. 98.

l'argent purifié, en sa qualité de corps plus dense, est retenu intact à l'état de globule arrondi, dit *bouton de retour*.

Le fourneau dans lequel on opère la coupellation a une forme particulière; on l'appelle *fourneau à coupelles* (*fig*. 99). Il est composé d'une partie inférieure ou foyer B, d'une partie

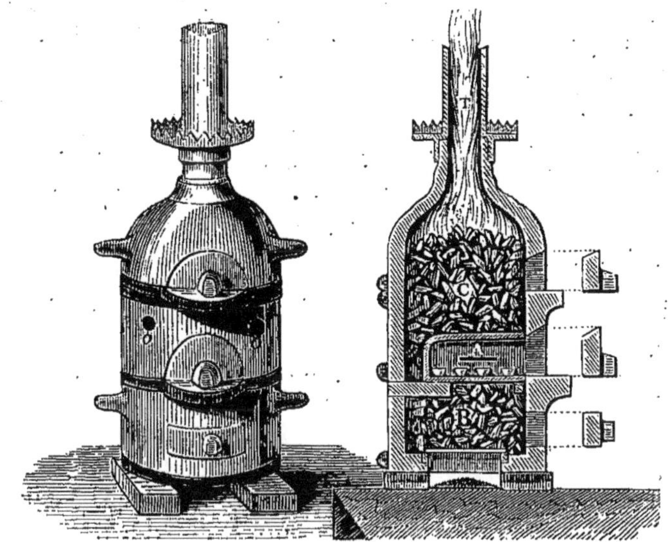

Fig. 99.

moyenne ou moufle A, et d'une partie supérieure ou chapiteau C. Pour activer le tirage, on surmonte ordinairement la cheminée du chapiteau d'un tuyau en tôle T. De chaque côté de la moufle, qui représente une voûte qu'on peut envelopper de charbons, sont de petits ouvreaux *oo*, destinés au passage de l'air propre à activer la combustion. Les coupelles sont déposées sur la plate-forme de la moufle.

D'ordinaire on fait plusieurs essais à la fois, et voici comment l'on procède. Le feu allumé et les coupelles introduites dans la moufle, on place dans chacune d'elles, à l'aide d'une pince, la portion du plomb nécessaire pour l'essai. Aussitôt que le plomb entre en fusion, on y ajoute ce que l'on nomme la *prise d'essai*, ordinairement un gramme de l'alliage, enveloppé dans la portion de plomb qui complète la quantité qui doit être employée. Cette quantité est en rapport avec le titre de l'alliage, comme nous le dirons tout à l'heure, titre que l'on connaît toujours approximativement; car, au besoin, on aura dû faire un premier essai pour l'établir. L'opération bien conduite, l'alliage en pleine fusion, il s'en dégage des vapeurs ou fumées, qui produisent autour du bouton un mouvement giratoire indiquant une oxydation rapide. Avec le temps et tout d'un coup ce mouvement cesse, et, si on observe attentivement la combustion, on saisit au passage un phénomène rapide qui porte le nom d'*éclair;* c'est l'indice que l'opération est terminée: tout le plomb et le cuivre sont oxydés ou brûlés, et il ne reste dans la coupelle qu'un bouton brillant d'argent pur.

Quel est ce phénomène de l'*éclair* qui marque la fin et comme le succès de l'opération? Pour les uns, c'est tout simplement la disparition rapide, instantanée et complète des vapeurs d'oxydes qui voilaient le métal, et le laissent soudain apparaître dans son éclat; pour les autres, c'est un dégagement de la chaleur latente, au moment du passage du globule de l'état liquide à l'état solide; pour M. Levol enfin, qui a étudié de plus près les conditions diverses de la coupellation, ce serait un déplacement de l'oxygène retenu par le métal en fusion, le signal du passage de ce gaz de l'état libre à l'état de combinaison avec le protoxyde de cuivre, passage marqué d'ailleurs par un dégagement de chaleur et de lumière. Le phénomène du *rochage*, dont nous avons eu occasion de parler, serait dû à la sortie trop brusque de l'oxygène, soit que la chaleur ait été mal graduée durant l'opération, soit qu'il se soit trouvé dans le globule quelque particule impure et comme de nature explosible.

Nous avons indiqué que, selon le titre de l'alliage, il fallait employer pour l'essai des proportions de plomb différentes; cela se conçoit, il faut fournir au cuivre la quantité de litharge nécessaire pour l'entraîner dans la coupelle. D'après M. Levol, c'est à l'état de protoxyde soluble dans l'oxyde de plomb que le cuivre passe dans la coupelle, et non à l'état de deutoxyde, qui est comme infusible ou, au moins, très-réfractaire. On a indiqué les quantités de plomb nécessaires pour affiner l'argent d'après le titre de l'alliage. On les trouvera dans le tableau suivant :

TITRE DE L'ALLIAGE.	PLOMB NÉCESSAIRE A L'AFFINAGE D'UN GRAMME D'ARGENT.
Argent à 1000	0gr,5
950	3
900	7
800	10
700	12
600	14
500	16 à 17.
400	16 à 17.
300	16 à 17.
200	16 à 17.
100	16 à 17.

La coupellation a réussi quand le *bouton de retour* est peu adhérent à la coupelle, qu'il est arrondi, brillant dans son pourtour, et d'un blanc mat au point où il tient à la coupelle. Alors qu'il est terne, ridé et comme exfolié, ou il y a eu rochage, ou l'affinage même est incomplet. Dans l'un comme dans l'autre de ces cas, l'opération n'est pas sûre, et il faut la recommencer.

Pour assurer le résultat d'une coupellation, on opère ordinairement *en présence de témoins*, c'est-à-dire, qu'aux coupelles de l'essai proprement dit, on en ajoute une ou plusieurs autres dans lesquelles on traite simultanément des matières pures, ou sur lesquelles des essais antérieurs ont donné des résultats d'une certitude absolue. Et comme l'opération est toujours conduite à travers divers écueils, qu'on est exposé, ou à chauffer trop, et, par conséquent, à perdre par évaporation des millièmes d'argent; ou à ne pas chauffer assez, et, par conséquent, à ne pas affiner d'une manière absolue, chaque essayeur doit avoir ses tables de correction, qui lui font connaître la variation de déchets qu'il peut éprouver dans une suite quelconque d'opérations. Voici la liste qui a été dressée par Darcet pour l'hôtel des Monnaies.

TITRES RÉELS.	TITRES TROUVÉS PAR LA COUPELLATION.	DÉCHETS OU QUANTITÉS QU'IL FAUT AJOUTER AU TITRE TROUVÉ POUR AVOIR LE TITRE EXACT.
1000	998,97	1,03
950	947,50	2,50
900	896,00	4,00
850	845,85	4,15
800	795,70	4,30
750	745,48	4,52
700	695,25	4,75
650	645,29	4,71
600	595,32	4,68
550	545,32	4,68
500	495,32	4,68
400	396,05	3,95
300	247,40	2,60
200	197,47	2,53
100	99,11	5,88

On peut facilement, dans une coupellation bien dirigée, atteindre à la précision de 2 à 3 millièmes.

Supposons qu'on veuille reconnaître le titre d'une pièce de monnaie, qui doit contenir $\frac{900}{1000}$, ou, au moins, $\frac{897}{1000}$ d'argent. On en prendra 1 gramme, que l'on mêlera à 7 grammes de plomb pur, ou de *plomb d'essai*. Le bouton de retour devra peser 897 au moins; si le titre est inférieur, la pièce n'a pas le titre légal.

Essai par voie humide. — La coupellation ne donnant le titre de l'argent qu'avec des pertes assez sensibles, les directeurs-fermiers de la Monnaie éprouvaient un véritable préjudice du contrôle *sévère*, exercé par l'État, au moyen de cette opération. Ils étaient obligés, dit-on, de renforcer le titre des monnaies pour sauvegarder leur responsabilité. En 1830, Gay-Lussac employa, le premier, au bureau de garantie de Paris, l'essai dit *par voie humide*, et qui consiste à précipiter un sel très-soluble d'argent, l'azotate, par une liqueur titrée, une dissolution de sel marin. La commission des monnaies ne tarda pas à adopter un tel perfectionnement. Le procédé, auquel on donna le nom de son auteur, repose sur ce principe, que l'acide chlorhydrique ou les chlorures solubles précipitent nettement et complétement l'argent de ses dissolutions salines, voire même en présence d'autres métaux, à l'exception du mercure.

Le précipité formé, lourd, *caillebotté*, se rassemble très-vite au fond du liquide, et ce liquide s'éclaircit en peu d'instants, conditions propres à faire valoir le procédé et à le rendre d'une application simple et pratique.

On prépare donc une dissolution dite *normale* de sel marin, composée de telle sorte qu'un décilitre précipite exactement un gramme d'argent pur ou à $\frac{1000}{1000}$. On appelle cette liqueur liqueur *décime salée*. Parallèlement, tout essayeur doit en posséder une autre, qu'on appelle liqueur *décime d'argent*, et qui est composée de telle sorte qu'un décilitre de liquide contient également en dissolution un gramme d'argent. En mêlant, à volumes égaux, les deux liqueurs, elles doivent se neutraliser réciproquement, c'est-à-dire donner du chlorure d'argent, sans qu'il reste dans le liquide un excès de chlorure de sodium, ou un excès d'azotate d'argent, d'après l'équation :

$$AgOAzO^5 + NaCl = NaOAzO^5 + AgCl.$$

Ces principes entendus, il est facile de suivre ou de faire soi-même une opération d'essai. Supposons qu'il s'agisse de déterminer le titre d'une monnaie d'argent. On en prendra $1^{gr},115$ (*)

(*) C'est la quantité de l'alliage représentant environ un gramme d'argent pur.

que l'on dissoudra au bain marie dans un flacon de 2 décilitres de capacité environ, au moyen de l'acide azotique (5 à 6 centimètres cubes). Les vapeurs nitreuses étant chassées au moyen d'un soufflet, on versera dans le flacon 100 centimètres cubes de la liqueur saline normale mesurés exactement au moyen d'une pipette graduée; on agitera le flacon jusqu'à ce que la liqueur éclaircisse, et que le précipité se rassemble au fond du vase. A l'aide d'une petite pipette, graduée de telle sorte qu'il ne faut tenir compte que du liquide qui tombe d'un jet continu, et qui se trouve marquée de deux traits correspondants à 1 et 2 centimètres cubes, on fera tomber dans la liqueur claire 1 centimètre de la liqueur salée décime, et l'on observera si elle se trouble et devient louche; on agitera de nouveau pour éclaircir le liquide et l'on répétera la même manœuvre une, deux et trois fois au besoin. Supposons qu'à la quatrième fois, ou après l'introduction du quatrième centimètre cube de la liqueur décime, il n'y ait aucun louche dans la liqueur, il est évident que 103 centimètres cubes ont suffi pour précipiter tout l'argent, 102 centimètres, au moins, n'ayant pas été une quantité suffisante. En admettant qu'il ait fallu 102^{cc},5, on sera sûr d'avoir le titre cherché, à un demi-millième près, et c'est là une précision plus que nécessaire, puisque, d'ailleurs, la loi autorise, dans le titre de l'argent, un abaissement de trois millièmes. Dans l'exemple que nous avons pris, la pièce de monnaie était donc au titre de 997,5.

Pour opérer rapidement et faire un grand nombre d'essais à la fois, on dispose, dans les hôtels de monnaies, d'appareils dressés dans des laboratoires spéciaux et dont nous donnons ci-contre le dessin (*fig.* 100).

V est un vase cylindrique, en verre ou en cuivre étamé à l'intérieur, servant de réservoir pour la liqueur dite normale. Il est fermé hermétiquement pour le soustraire à toute évaporation, un tube de Mariotte *uv* y ménageant seul la rentrée de l'air; le tube T contient un thermomètre qui indique, pour chaque opération, à quel degré de chaleur est fait l'essai. On dispose de tables, dressées par Gay-Lussac, pour faire, au besoin, les corrections nécessitées par les variations de température. *P* est une pipette qui jauge exactement 1 décilitre de liqueur normale; elle ouvre ou ferme, en raison de la capillarité du bec, par les robinets *r* et *r'*, et communique avec le réservoir et le thermomètre par les robinets *r''* et *r'''*. Comme on ne doit rien négliger pour arriver à une grande précision, le flacon dans lequel se trouve la dissolution d'argent est placé sur un support et dans une coulisse qui le maintient, au moyen d'un appendice, parfaitement en rapport avec l'extrémité ouverte de la pipette. La capillarité pouvant entraîner une goutte excédante de liquide, on prend la précaution de l'essuyer au moyen d'une éponge *e* qui est figurée ici sur l'appareil. Après l'introduction dans le flacon du décilitre de la liqueur normale, on y verse successivement et à chaque fois, au moyen d'une pipette graduée *ad hoc*, un centimètre cube de la liqueur décime et l'on apprécie, en faisant au besoin usage des tables de Gay-Lussac pour la température, la quantité de liqueur saline qu'il a fallu pour précipiter tout l'argent. A l'aide de la liqueur décime d'argent, on peut s'assurer de la quantité excédante de liqueur saline qu'on a employée et en tenir compte. On arrive ainsi à des résultats qui approchent d'une précision mathématique.

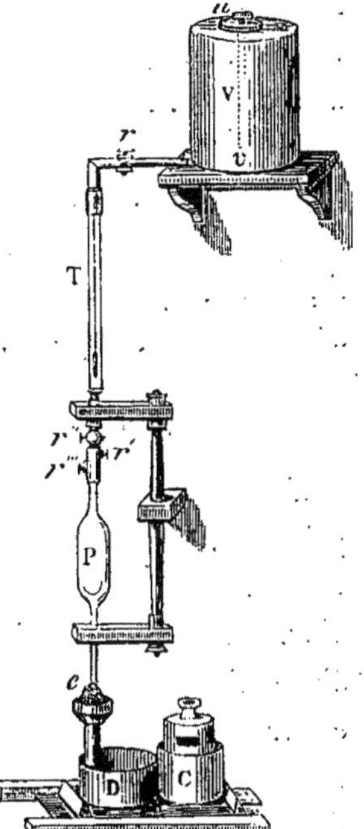

Fig. 101.

La présence du mercure dans un minerai ou dans un alliage d'argent serait, avons-nous dit, un obstacle à l'essai de l'argent par voie humide. Cela tient à ce que le composé mercuriel distrait une partie du chlorure de sodium pour précipiter lui-même, mais lentement et difficilement, à l'état de protochlorure de mercure. En pareil cas, toutefois, il est possible de prévenir la précipitation du sel mercuriel ; il suffit d'ajouter dans la liqueur d'essai de l'acétate de soude. En présence de ce sel, les composés mercuriels ne précipitent plus par les chlorures alcalins, tandis que les composés d'argent précipitent quand même avec netteté et rapidité.

AFFINAGE DES MATIÈRES D'OR ET D'ARGENT.

L'or peut être séparé du cuivre et aussi de l'argent par la coupellation. Dans le premier cas, on obtient, comme bouton de retour, de l'or pur ; dans le second, un alliage d'argent et d'or. On sépare ultérieurement par l'acide azotique l'argent d'avec l'or. Mais si, relativement à l'or, la proportion d'argent est trop faible, on conçoit qu'on ne puisse séparer les deux métaux par l'action de l'acide, l'or enveloppant en quelque sorte l'argent et le préservant contre toute attaque de l'acide. En pareille occurrence, il faut recourir à l'opération dite d'*inquartation*, et qui consiste à ajouter à l'alliage une quantité telle d'argent, que les proportions d'or et d'argent n'excèdent pas le rapport de 1 à 3.

Quant au plomb nécessaire pour l'essai, il doit augmenter avec la proportion du cuivre, et dans les rapports indiqués par le tableau suivant :

TITRE DE L'OR ALLIÉ AU CUIVRE.	QUANTITÉ DE PLOMB NÉCESSAIRE POUR FAIRE PASSER LE CUIVRE DANS LA COUPELLE.
1000 millièmes	1 partie,
900	10
800	16

TITRE DE L'OR ALLIÉ AU CUIVRE.	QUANTITÉ DE PLOMB NÉCESSAIRE POUR FAIRE PASSER LE CUIVRE DANS LA COUPELLE.
700	22
600	24
500	26
400	34.
300	
200	
100	

Mais, habituellement, ce n'est pas par la voie sèche qu'on fait le *départ* ou la séparation de l'or et de l'argent d'avec le cuivre; on préfère encore ici la voie humide, et voici le procédé dit *d'affinage* le plus usité industriellement, comme aussi dans le laboratoire, pour séparer les trois métaux cuivre, argent et or.

On traite l'alliage (après *inquartation* préalable d'une certaine quantité d'argent, si ce métal n'est pas dans les proportions indiquées plus haut relativement à l'or) par l'acide sulfurique à la température de l'ébullition de l'acide (320°). On dissout de la sorte et l'on fait passer à l'état de sulfate, et le cuivre et l'argent, sans attaquer l'or qui reste dans la liqueur sous forme d'une poudre noire très-lourde. On décante la liqueur encore chaude, et de la sorte on a déjà séparé l'or. Pour le recueillir, il suffira de laver à l'acide sulfurique, puis à l'eau distillée, jusqu'à ce que la liqueur ne précipite ni par le chlorure de sodium (chlorure d'argent), ni par le cyanoferrure de potassium (cyanure de cuivre). Dans la liqueur, après décantation, il n'y a donc plus que l'argent et le cuivre, tous les deux à l'état de sulfate. Mais on dispose de divers réactifs pour séparer l'argent d'avec le cuivre, à savoir : l'acide chlorhydrique, les chlorures alcalins, le cuivre métallique, le fer, le zinc, l'arsenic, etc. Dans l'industrie, on précipite l'argent au moyen du cuivre métallique, et l'on fabrique ainsi du vitriol bleu (sulfate de cuivre) dont il est fait un grand emploi dans les arts. On pourrait tout aussi bien préparer du vitriol vert (sulfate de fer), ou du vitriol blanc (sulfate de zinc), et du vert de Scheele (arséniate de cuivre). L'intérêt industriel décide du métal auquel on donne la préférence.

Jusqu'à l'année 1824, époque de la mise en pratique, par M. Dizé, du procédé d'affinage au moyen de l'acide sulfurique, les pièces de monnaie d'argent ont retenu une certaine proportion d'or que les procédés plus anciens d'analyse ne savaient pas enlever. Aussi de grandes usines s'étaient-elles établies dans lesquelles on affinait non-seulement les lingots provenant des mines, mais toutes les pièces de monnaie dans lesquelles on retrouvait assez d'or pour couvrir, et au delà, les frais de la refonte. On a évalué à un milliard six cent huit millions la valeur des pièces d'argent aurifères frappées, seulement en France, antérieurement à 1824. Qu'on juge sur quelle échelle ont été réalisés les bénéfices de l'industrie de l'affinage. Cette heureuse et déjà ancienne spéculation a enrichi plusieurs grandes maisons commerciales. Il y a quelques années, un décret l'a interdite et l'on parle en ce moment de la refonte générale des monnaies. L'état songerait-il à faire des bénéfices de la nature de ceux qu'il a interdits aux particuliers? Ce serait le cas de dire : *tardè venientibus... aurum.*

ARGENTURE, DORURE, GALVANOPLASTIE.

On a divers procédés pour appliquer les métaux nobles sur les métaux vils, ou, en général, les métaux les uns sur les autres. Le plus ancien est l'*amalgamation*. On prépare d'abord l'amalgame ; on fait chauffer au rouge sombre, dans un creuset, de l'argent ou de l'or réduit en lames minces ; on le triture dans 8 parties de mercure environ, et, après la dissolution, on verse l'amalgame dans l'eau froide, afin d'éviter que, par un refroidissement lent, il n'y ait cristallisation. On comprime la masse pour faire écouler le mercure en excès, et il reste une matière pâteuse propre à l'usage.

On décape l'objet à argenter ou à dorer; on le frotte, à l'aide du *gratte-brosse*, avec une dissolution d'azotate de mercure; après quoi, on emploie de la même manière l'amalgame. On chauffe ultérieurement sur une grille, au-dessus du charbon, les objets ainsi préparés, pour faire évaporer le mercure; on prend le soin de se mettre à l'abri des vapeurs en conduisant l'opération sous une cheminée d'un bon tirage. Après le grillage, il n'y a plus qu'à nettoyer la pièce argentée ou dorée avec une brosse plongée dans le vinaigre, et à frotter avec de la *sanguine* les parties auxquelles on veut donner plus d'éclat.

Bien que l'on ne dore plus guère *au trempé* que les petits objets de bijouterie, nous devons faire connaître ce procédé. On prépare, d'un côté, un bain d'or en dissolvant 100 grammes d'or laminé dans une eau régale composée de 250 grammes d'acide azotique à 36°, 250 grammes d'acide chlorhydrique et 250 grammes d'eau; on fait bouillir, de l'autre, dans une marmite en fonte qui a déjà servi à la dorure, et qui, par conséquent, se trouve dorée elle-même à l'intérieur, 20 litres d'eau avec 3 kilogrammes de bicarbonate de potasse. On mêle les deux liqueurs, on les fait bouillir dans la marmite en renouvelant l'eau perdue par l'évaporation, et, après un décapage et aussi un blanchiment préalable dans l'azotate de mercure des pièces à dorer, on les trempe, une ou plusieurs fois dans le liquide. L'ouvrier les *ravive* ensuite et les met en couleur. La *mise en couleur* se fait en passant les objets dans une liqueur composée avec 6 parties d'azotate de potasse, 2 parties de sulfate de fer et 1 partie de sulfate de zinc dissous dans l'eau bouillante, faisant sécher à un feu clair, et lavant définitivement à l'eau pure.

Le procédé le plus en honneur dans l'industrie est le procédé dit *galvanique* ou de *MM. Ruolz et Elkington*. Les bains ici sont des dissolutions de cyanure de potassium dans lesquels on a ajouté un cyanure du métal que l'on veut faire déposer (cyanure d'argent, d'or, de platine). Au moyen de tringles auxquelles on attachera ou suspendra les objets à argenter, à dorer ou à platiner, on fera passer un courant galvanique dans le liquide. On s'assurera de la régularité du courant en le mettant en rapport avec une aiguille aimantée. A l'électrode négatif sera attachée une plaque du métal à déposer, et l'électrode positif sera mis en communication avec les objets sur lesquels le dépôt doit s'opérer. A tout instant, par la pesée de la lame en dissolution, on pourra s'assurer de la quantité de métal déposé, car c'est cette lame qui fournit au bain la quantité de sel qui le sature. La dépense est donc ainsi parfaitement réglée. Le dépôt obtenu à l'épaisseur voulue, on termine l'opération par le brunissage. Bien entendu qu'avant de placer les objets dans le bain on avait procédé au nettoyage et au décapage.

Par la galvanoplastie, on peut obtenir des moules d'objets soit en creux, soit en relief. Rien de plus simple ensuite que de reproduire ces objets en autant d'exemplaires que l'industrie l'exige. Aujourd'hui, sous les auspices de l'État, on reproduit tous les bas-reliefs de la colonne Trajane, ce chef-d'œuvre de l'antiquité, que restaura Grégoire le Grand, et dans lequel on ne compte pas moins de 2,500 figures, sans parler d'un nombre infini d'objets, d'armes, de machines de guerre, de trophées et d'enseignes, dessins merveilleux que l'art moderne a imités, mais qu'il n'a pas surpassés. Comme applications, il n'est pour ainsi dire plus de limites aux arts qui prennent pour aides ou pour ouvriers les agents naturels, l'électricité, la lumière, dont la main-d'œuvre est infaillible.

LXXX

PLATINE Pt. 100,14 — 1251,86

Dans la mine, le platine se trouve généralement uni à divers métaux; et particulièrement à ceux qu'il nous reste à étudier, au palladium, à l'iridium, à l'osmium, au rhodium et au ruthénium. Ce mélange rend l'extraction et surtout la purification du platine assez difficiles. Voici le procédé que l'on suit. Quand le minerai à exploiter contient de l'or et de l'argent, on enlève d'abord ces métaux par amalgamation. On attaque particulièrement ensuite le platine par l'eau régale, composée avec un excès d'acide chlorhydrique et étendue d'eau pour ne pas entraîner l'iridium. La dissolution faite au bain de sable pour éviter les projections, on décante la liqueur et on précipite par l'ammoniaque. On obtient ainsi un chlorure double de platine et d'ammoniaque insoluble, qui, par calcination, donne du platine à l'état spongieux, et que l'on nomme à cause de cela *éponge de platine*. Cette matière, reprise par l'eau et tamisée, est introduite dans un cylindre conique, où, à l'aide d'un piston en bois, puis d'un disque métallique, on la comprime pour lui faire prendre, par pression, une certaine cohésion. Ultérieurement on chauffe le métal à blanc, et par le martelage on parvient à lui donner une densité qui varie entre 21,47 et 21,53.

Dans le laboratoire, c'est avec des objets de platine hors de service, des débris de creusets, que l'on se procure le métal pur. On traite ces débris par l'eau régale, et l'on précipite la liqueur par le chlorure de potassium. On obtient ainsi un chlorure double de potassium et de platine mêlé le plus souvent d'un chlorure double d'iridium et de potassium. Pour séparer ce dernier chlorure, on calcine avec du carbonate de potasse, qui décompose le chlorure double de potassium et d'iridium, mais transforme ce dernier métal en oxyde. On sépare les sels alcalins par l'eau, et l'on reprend la masse calcinée par de l'eau régale affaiblie qui n'attaque que le platine. On précipite, à nouveau, par l'ammoniaque, on lave bien le précipité, et on le calcine pour obtenir l'éponge de platine. Pour amener cette éponge à l'état de platine malléable, on la comprime, ainsi qu'il a été dit, dans un cylindre, au moyen d'un piston qui en remplit hermétiquement la cavité.

Pour les besoins de l'industrie, on fond aujourd'hui le platine dans un appareil, ou four spécial, construit d'après les indications de MM. H. Sainte-Claire-Deville et Debray (*fig.* 101). Cet appareil ou four se compose de deux parties : d'une sole creusée dans un morceau de chaux cylindrique, et d'une voûte de même matière. Un chalumeau à gaz s'adapte à la partie supérieure par une ouverture C; latéralement se trouve un conduit formé par la rencontre de deux rainures creusées sur la sole et la voûte du four, et qui sert tout à la fois à l'introduction des matières à fondre, à la sortie des gaz, et, après la fusion, à la coulée du métal.

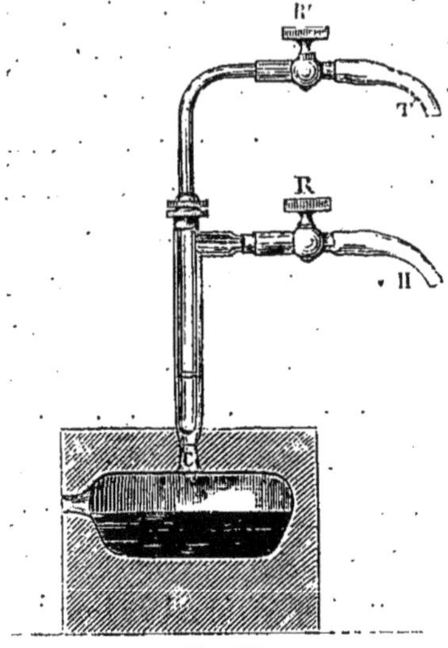

Fig. 100.

Le chalumeau se manœuvre à l'aide des robinets R et R'; l'hydrogène ou le gaz d'éclairage est introduit par le tube H, et l'oxygène par le tube T. L'oxygène doit arriver sous une assez forte pression (4 à 5 centimètres de mercure environ), afin d'imprimer aux matières liquides un certain mouvement propre à régulariser la température dans toute la masse.

La matière du four, la chaux, exerce ici une action chimique; elle sert à vitrifier et, par conséquent, à entraîner les oxydes de silicium, de fer, de cuivre, etc., qui se forment autour du métal en fusion. Aussi le platine ainsi préparé est-il comme affiné et pur. Il est d'une malléabilité et d'une ductilité parfaites. La dépense, pour fondre 1 kilogramme de platine, est de 50 à 60 litres d'oxygène, et d'une quantité approximativement double de gaz d'éclairage.

Le même appareil peut servir à fondre les autres métaux qui accompagnent le platine, l'iridium et le ruthénium; mais, dans ce cas, il faut, comme agent combustible, employer l'hydrogène pur.

Le platine est moins blanc que l'argent, mais il est plus dur et non moins malléable. Il s'étire aussi en fils d'une ténuité extrême et néanmoins d'une grande résistance. Il ne s'oxyde pas à l'air, et n'est attaqué que par l'eau régale. A une température élevée cependant, il est attaqué par la potasse, la soude, la lithine, et surtout par un mélange de silice et de charbon. Il est de précepte, dans le laboratoire, de ne jamais chauffer de matières alcalines dans les creusets de platine, comme aussi, alors qu'on se sert de ces creusets pour opérer des calcinations, de ne pas les placer dans le foyer même du charbon, mais de les enfermer dans des creusets de terre réfractaire.

Le platine jouit de propriétés spéciales sur lesquelles nous avons à nous arrêter. Il absorbe les gaz, et, par action de présence ou catalyse, détermine des combustions et combinaisons remarquables. Ainsi il enflamme un mélange d'oxygène et d'hydrogène, détermine la combinaison de l'acide sulfureux gazeux et de l'oxygène, de l'azote et de l'hydrogène, des éléments de l'ammoniaque et de l'oxygène, etc. Humecté d'alcool, il l'enflamme, et s'il a été obtenu par précipitation au moyen du zinc, il transforme le composé $C^4H^6O^2$ en acide acétique $C^4H^3O^3,HO$.

COMBINAISONS DU PLATINE AVEC LES MÉTALLOÏDES

OXYDES DE PLATINE

Il existe deux composés de platine et d'oxygène, le protoxyde PtO et le bioxyde PtO^2.

On obtient le protoxyde en décomposant le protochlorure de platine PtCl par la potasse. Il se précipite une matière noire pulvérulente qui est un hydrate de protoxyde. Par la chaleur, l'hydrate perd son eau, puis son oxygène. Ce corps ne forme avec les acides aucune combinaison stable et qui soit digne d'intérêt.

On obtient le bioxyde de platine en décomposant de même le perchlorure de platine $PtCl^2$ par un excès de potasse. Il se forme d'abord un chlorure double de platine et de potassium, mais qui se redissout si l'on fait chauffer la liqueur. En sursaturant celle-ci avec de l'acide acétique, on donne lieu à un précipité qui est du bioxyde de platine hydraté. Cet hydrate perd son eau, puis son oxygène par la chaleur. Avec les acides, il donne des sels incristallisables et, avec la potasse et la soude, des *platinates* qu'on ne peut non plus faire cristalliser par évaporation.

SULFURES DE PLATINE

Il existe deux sulfures de platine PtS et PtS^2 qui correspondent aux deux oxydes.

On obtient le protosulfure par voie sèche ou par voie humide : par voie sèche, en chauffant 2 parties de soufre et 1 partie de platine divisé; par voie humide, en précipitant le protochlorure de platine par l'acide sulfhydrique ou par un sulfate alcalin.

Le bisulfure s'obtient par voie humide en décomposant le perchlorure de platine ou le chlorure double de sodium et de platine par l'acide sulfhydrique ou par les sulfures alcalins.

Les deux sulfures de platine sont noirs. Ils sont décomposés par la chaleur et l'acide azotique. Avec les alcalis et les carbonates alcalins, ils forment des sulfosels que les acides décomposent.

CHLORURES DE PLATINE

Il existe aussi deux chlorures de platine, le protochlorure PtCl et le deutochlorure ou perchlorure $PtCl^2$.

On obtient le protochlorure en dissolvant le platine dans l'eau régale, évaporant à sec et faisant chauffer le bichlorure ainsi formé jusqu'à ce que la matière devienne insoluble dans l'eau. Le protochlorure est verdâtre, peu altérable à l'air; avec le temps toutefois la lumière le noircit au moins à la surface.

Le bichlorure s'obtient, comme il vient d'être dit, en dissolvant le platine dans l'eau régale et évaporant la liqueur, mais non tout à fait à sec. Ce corps est rouge brun à l'état solide ; la dissolution est d'un jaune foncé. La chaleur le change d'abord en protochlorure, puis le réduit en platine métallique. Il se dissout non moins facilement dans l'alcool que dans l'eau, et forme des sels doubles avec la plupart des chlorures métalliques. Les chlorures doubles de platine et de potassium, de platine et d'ammoniaque, sont insolubles; le chlorure double de platine et de sodium, au contraire, est très-soluble. On a vu que c'était là un des caractères qui servent à faire distinguer les sels de soude d'avec les sels de potasse : les sels de potasse sont précipités par le chlorure de platine, qui ne précipite pas les sels de soude.

PLATINE FULMINANT

On prépare un fulminate de platine en décomposant le chlorure de platine ammoniacal par la potasse, ou en précipitant le sulfate de platine par l'ammoniaque. Le composé ainsi formé paraît être une combinaison de bioxyde de platine et d'ammoniaque. Ce fulminate ne détone pas par le choc, mais seulement à une chaleur de 210° environ.

Dosage et équivalent du platine. — On dose le platine à l'état métallique ou à l'état de chlorure double de platine et d'ammoniaque. On a ainsi trouvé pour l'équivalent du platine le nombre 1251,86.

LXXXI

PALLADIUM. Pd. 53,2 — 665,89

Le palladium se trouve dans les minerais de platine. Il en a été séparé pour la première fois par Wollaston, en 1803. Après le traitement des minerais par l'eau régale, et la précipitation par l'ammoniaque pour séparer le platine, on plonge dans la dissolution de petites lames de zinc. Par substitution, ce métal se dissout, et il se précipite, à l'état de poudre noirâtre, un mélange de palladium, de rhodium, d'iridium, de plomb et de cuivre. On reprend le dépôt d'abord par l'acide azotique faible, qui dissout le cuivre et le plomb, et ensuite par l'eau régale qui entraîne le palladium. On rend la liqueur neutre au moyen du carbonate de soude, puis on la précipite avec le cyanure de mercure. Il se forme du cyanure de palladium insoluble qui, par calcination, donne du palladium pur.

Ce métal est d'un blanc assez brillant, sa densité est de 11,8. Il ne se ternit point à l'air, et ne décompose l'eau dans aucune circonstance. Il est attaqué par les acides concentrés et particulièrement par l'eau régale. Il s'allie facilement aux autres métaux. La résistance qu'offre le palladium à l'action de l'eau, de l'oxygène et des vapeurs sulfureuses, le rend propre à certains usages tout spéciaux. Ainsi il est employé pour construire les échelles graduées des instruments de précision et pour frapper des médailles. Le limbe divisé de l'un des grands cercles de l'Observatoire de Paris est en palladium. Uni à l'argent, il forme un alliage très-employé aujourd'hui par les dentistes.

COMBINAISONS DU PALLADIUM AVEC LES MÉTALLOÏDES

OXYDES DE PALLADIUM

Il y a deux oxydes de palladium, le protoxyde PdO et le bioxyde PdO^2.

Le protoxyde est anhydre ou hydraté. On l'obtient à l'état anhydre en calcinant l'azotate de palladium et, sous forme d'hydrate, en décomposant le même sel par un carbonate alcalin. Le protoxyde de palladium est d'un gris foncé et ressemble au peroxyde de manganèse. Il est facilement réduit par la chaleur.

Le bioxyde n'a pas été obtenu isolé. Mais lorsqu'on décompose le bichlorure de palladium par la potasse, on obtient un précipité qui retient toujours une certaine quantité de l'alcali. Si l'on chauffe ce produit de coloration brune, on le décompose, il se dégage de l'oxygène et il reste du protoxyde de palladium réductible lui-même par une chaleur plus élevée.

Le palladium se combine directement avec le carbone, le soufre, le phosphore, l'arsenic, le chlore et particulièrement avec le cyanogène.

CHLORURES DE PALLADIUM.

Il existe deux chlorures de palladium.

Le protochlorure PdCl s'obtient en traitant le palladium par l'eau régale. La dissolution est rouge et le sel cristallise facilement. Avec les chlorures alcalins il forme des chlorures doubles assez remarquables. Le chlorure de palladium et de potassium cristallise en prismes de couleur jaune d'or.

Le bichlorure de palladium se prépare en chauffant, à une douce chaleur, le protochlorure avec un excès d'eau régale. Mais ce corps est peu stable, il se décompose dans l'eau. Avec le chlorure de potassium, il forme un chlorure double de couleur sang à peine soluble dans l'eau.

CYANURE DE PALLADIUM

Le cyanure de palladium se prépare par double décomposition, en précipitant une dissolution d'un sel neutre de palladium par le cyanure de mercure. Le cyanure de palladium est incolore et insoluble dans l'eau. Il se décompose facilement par la chaleur et donne, avec le cyanure de potassium, un cyanure double soluble et cristallisable.

SELS DE PALLADIUM

Les sels de protoxyde de palladium sont de couleur rouge foncé. Ils donnent :

Avec la potasse.	Un précipité brun, soluble dans un excès de réactif;
Avec l'acide sulfhydrique et les sulfures alcalins.	Un précipité noir fixe;
Avec le cyanure de mercure	Un précipité blanc insoluble.

Le fer et le zinc précipitent le métal de ses dissolutions salines.

On dose le palladium comme le platine, à l'état de métal ou de chlorure double. On a ainsi trouvé, pour son équivalent, le nombre 665,89.

LXXXII

OSMIUM, IRIDIUM, RHODIUM, RUTHÉNIUM

Les quatre derniers métaux dont il nous reste à parler, à savoir : l'osmium, l'iridium, le rhodium et le ruthénium, sont de pures curiosités chimiques. L'industrie ou les arts n'en font aucun emploi. On ne les trouve, d'ailleurs, qu'en très-petites quantités dans la nature. Ils ont été découverts au commencement de ce siècle : l'osmium et l'iridium, par Tennant en 1803; le rhodium, par Wollaston, en 1804, et le ruthénium, en 1843, par M. Claus. C'est des résidus de minerais de platine qu'on les extrait.

Après la séparation du platine et du palladium par les méthodes que nous avons indiquées, on reprend les résidus indissous par le nitre (3 parties de nitre pour 1 partie de minerai), et on les calcine. On coule la matière en fusion sur une plaque métallique froide; on la concasse, et on l'introduit, avec un excès d'acide azotique, dans une cornue munie d'une allonge. On chauffe avec ménagement, et l'on voit se condenser dans le récipient une matière blanche cristalline qui est de l'acide osmique. On dissout cet acide dans la potasse (osmiate de potasse), et, au moyen de l'alcool, on le précipite à l'état d'osmite de potasse. Dans cette réaction, il se dégage une forte odeur d'aldéhyde due à l'oxydation de l'alcool. L'osmite de potasse est facilement réduit en osmium par le charbon.

Les matières restant dans la cornue sont, d'une part, des alliages métalliques non attaqués ; de l'autre, des oxydes d'osmium et d'iridium. En traitant ces oxydes par l'eau régale, on les transforme en chlorures que l'ammoniaque précipite à l'état de chlorures doubles. Soumis à un courant d'acide sulfureux, l'un de ces chlorures doubles, celui d'iridium et d'ammoniaque $IrCl^2AzH^3HCl$, est transformé en protochlorure soluble $IrCl + AzH^3HCl$, tandis que l'autre n'est pas décomposé et reste insoluble. Or, par calcination, les chlorures doubles d'osmium et d'ammoniaque, d'iridium et d'ammoniaque, donnent, le premier, de l'osmium ; le second, de l'iridium.

Quant au rhodium et au ruthénium, voici comment on parvient à les extraire. Après la précipitation par le cyanure de mercure des eaux mères provenant du traitement des minerais de platine par l'eau régale, précipitation qui a pour but de séparer le palladium à l'état de cyanure, on reprend les matières évaporées par le chlorure de sodium et l'acide chlorhydrique. Le cyanure de mercure se trouve ainsi transformé en chlorure, et il se forme des chlorures doubles de platine et de sodium, d'iridium et de sodium, de rhodium et de sodium. Mais les deux premiers sont solubles dans l'alcool, et le dernier, au contraire, est insoluble. On les sépare au moyen de ce liquide. Le chlorure double de rhodium et de sodium étant ainsi isolé, on le redissout dans l'eau et on le purifie par cristallisation. Les cristaux étant introduits dans un tube de verre, on réduit le rhodium par l'intervention d'un courant d'hydrogène, qui décompose le chlorure de rhodium sans porter atteinte au chlorure de sodium.

S'il s'agit de la séparation du ruthénium, on devra opérer comme il suit : après avoir réduit en poudre les résidus sur lesquels on doit opérer, on les mêlera avec moitié de leur poids de chlorure de sodium, et on les fera chauffer au rouge dans un tube de porcelaine, au milieu d'un courant de chlore. En reprenant par l'eau, on obtiendra des chlorures dans lesquels l'ammoniaque formera un précipité rouge brun de sesquioxyde de ruthénium mêlé d'oxyde d'osmium. En chauffant ce produit dans une cornue, en présence de l'acide azotique, on transformera l'oxyde d'osmium en acide osmique volatil, et le sesquioxyde de ruthénium restera dans la cornue. Reprenant ce corps par la potasse et le nitre, le calcinant, puis le faisant à nouveau dissoudre, on obtiendra une liqueur d'un jaune orange, d'où l'acide azotique précipitera du sesquioxyde de ruthénium pur, que l'on réduira par l'hydrogène.

COMBINAISONS DE L'OSMIUM AVEC LES MÉTALLOÏDES

OXYDES ET ACIDES D'OSMIUM

L'osmium donne, avec l'oxygène, les composés suivants :

Le protoxyde	OsO,
Le sesquioxyde.	Os^2O^3,
Le bioxyde.	OsO^2,
L'acide osmieux . . .	OsO^3,
L'acide osmique. . . .	OsO^4.

Le protoxyde d'osmium se prépare en décomposant, par la potasse, le protochlorure double d'osmium et de potassium. Le précipité ainsi obtenu est vert, et il se dissout dans les acides. Il est facilement réduit par les corps avides d'oxygène.

On obtient le sesquioxyde Os^2O^3 en faisant agir à la température de 50° environ l'ammoniaque sur l'acide osmique. Il se produit un précipité jaune qui est un composé d'ammoniaque et de sesquioxyde. Ce composé se dissout dans les acides.

Le bioxyde d'osmium s'obtient en formant d'abord un chlorure double d'osmium et de potassium par l'action du chlore sur un mélange d'osmium et de chlorure de potassium, et décomposant ensuite ce chlorure par le carbonate de potasse. Le chlorure double a pour formule $OsCl^2 + KCl$. Or $OsCl^2,KCl + KOCO^2 = 2KCl + OsO^2 + O$.

ACIDE OSMIQUE

Nous avons vu comment on obtient l'acide osmique par l'action de l'acide azotique sur l'osmium. Cet acide est le composé le plus important de l'osmium. C'est une matière blanche, cristalline, d'une odeur pénétrante extrêmement toxique. Cette odeur est même caractéristique. Les plus faibles quantités d'osmium brûlées sur une lame de platine, dans la flamme d'une lampe à alcool, répandent des vapeurs abondantes non moins faciles à reconnaître que celles de l'arsenic. Dans le traitement des minerais de platine, il faut se défier de ces vapeurs et opérer sous des cheminées d'un bon tirage. L'acide osmique tache aussi la peau et la brûle. La lumière solaire et les corps avides d'oxygène le décomposent, à plus forte raison la chaleur. Il se liquéfie au-dessous de 100° et bout avant le rouge sombre. L'eau, l'alcool et l'éther le dissolvent. Il n'a pas d'action sur le tournesol et ne décompose pas les carbonates. C'est donc un acide assez faible, mais qui, toutefois, forme des sels solubles et cristallisables avec les alcalis.

ACIDE OSMIEUX

L'acide osmieux n'a pas été isolé; mais, lorsqu'on verse goutte à goutte de l'alcool dans l'osmiate de potasse, on donne lieu à un précipité rose qui est de l'osmite de potasse. On obtient ce sel en beaux cristaux en faisant réagir l'azotite de potasse sur l'osmiate de même base. L'acide azoteux enlève plus facilement encore un équivalent d'oxygène à l'acide osmique que l'alcool. Il existe aussi un osmite de soude, mais déliquescent. L'ammoniaque réduit les osmites de soude et de potasse, et ne forme point lui-même de combinaison avec l'acide osmique.

CHLORURES D'OSMIUM

Il existe deux chlorures d'osmium, le protochlorure OsCl, qui est vert, et le bichlorure $OsCl^2$, qui est jaune. On les obtient l'un et l'autre en chauffant de l'osmium dans un courant de chlore. Le bichlorure est plus volatil que le protochlorure; l'un et l'autre sont très-solubles.

Les oxydes d'osmium ne donnent point ou ne donnent que des sels très-insolubles et non cristallisables avec les acides.

COMPOSÉS D'IRIDIUM

Il existe quatre oxydes d'iridium.

Le protoxyde.	IrO,
Le sesquioxyde	Ir^2O^3,
Le bioxyde.	IrO^2,
Le tritoxyde	IrO^3.

On obtient le protoxyde en précipitant le protochlorure double d'iridium et de potassium par un carbonate alcalin. Ce corps est d'un gris verdâtre, et il donne avec les acides des dissolutions vertes. Irréductible par la chaleur, il est réduit par l'hydrogène à la température rouge.

Le sesquioxyde s'obtient en attaquant l'iridium par les alcalis ou les azotates alcalins. Il se forme un corps noir qui ne se dissout pas dans les acides, mais qui, avec les alcalis, donne des dissolutions brunes. La chaleur le ramène à l'état de protoxyde.

Le bioxyde s'obtient en précipitant le sesquichlorure d'iridium par la potasse, ou en faisant dissoudre le sesquichlorure dans un alcali, et saturant ensuite par un acide. Le précipité prend à l'air une couleur bleu indigo assez caractéristique.

Le tritoxyde d'iridium se forme quand on précipite le trichlorure d'iridium par les alcalis. Ce corps est d'un jaune verdâtre, mais il retient toujours une certaine quantité d'alcali.

De même qu'avec l'oxygène, l'iridium forme avec le chlore quatre combinaisons :

Le protochlorure.	$IrCl$,
Le sesquichlorure. . . .	Ir^2Cl^3,
Le bichlorure.	$IrCl^2$,
Et le perchlorure	$IrCl^3$.

On obtient le protochlorure en faisant passer un courant de chlore sur l'iridium très-divisé et chauffé au rouge sombre; le sesquichlorure, en dissolvant le sesquioxyde dans l'acide chlorhydrique; le bichlorure, en dissolvant l'iridium ou l'un de ses oxydes dans l'eau régale; le perchlorure enfin, en attaquant, à la température de 40° environ, un oxyde d'iridium par l'eau régale très-concentrée. Le protochlorure est vert et insoluble; le sesquichlorure est noir et déliquescent; le bichlorure est d'un jaune rouge et soluble; le perchlorure est presque noir et aussi très-soluble et déliquescent. C'est à raison de la couleur variée de ses composés qu'on a donné au métal le nom d'iridium. Le pouvoir colorant du bichlorure est tel qu'il suffit de 1 partie de ce corps pour donner une teinte rose à 40,000 parties d'eau. Tous les chlorures d'iridium forment des chlorures doubles avec les chlorures alcalins, et, bien souvent, c'est le chlorure d'iridium qui donne au chlorure double de platine et d'ammoniaque la teinte vive et rutilante qu'on voit prendre à ce composé, lorsqu'on fait usage du chlorure de platine (impur) comme réactif.

L'iridium se combine directement avec le soufre, et l'on met quelquefois à profit cette propriété pour rendre les alliages d'iridium plus attaquables. Ainsi l'on fond l'osmiure d'iridium avec le carbonate de soude et le soufre, pour attaquer ensuite les sulfures formés par le chlore, et les transformer en chlorures.

CARACTÈRES DES SELS D'IRIDIUM

Les dissolutions salines d'iridium donnent :

Avec les alcalis	Un précipité brun qui bleuit à l'air;
Avec l'acide sulfhydrique et le sulfhydrate d'ammoniaque.	Des précipités bruns, le second soluble dans un excès de réactif;
Avec les sels ammoniacaux.	Un précipité brun foncé, soluble dans l'acide sulfureux;
Avec le protochlorure d'étain	Un précipité brun clair.

Le zinc précipite de ses dissolutions l'iridium sous forme d'une poudre noire.

COMPOSÉS DE RHODIUM

Il existe deux oxydes de rhodium, le protoxyde RhO et le sesquioxyde Rh^2O^3. On admet, en outre, l'existence d'oxydes dits intermédiaires, et qui sont formés par la combinaison des deux précédents, d'après les formules :

$$(RhO)Rh^2O^3,$$
$$(RhO)^2Rh^2O^3,$$
$$(RhO)^3Rh^2O^3.$$

On obtient le protoxyde en grillant à l'air le rhodium divisé, mais à une très-haute température. Si la température n'est pas suffisante, il se forme un ou plusieurs des oxydes intermédiaires dont nous avons donné les formules.

On prépare le sesquioxyde en attaquant le rhodium en poudre par le nitre et la potasse ; on sépare les matières solubles au moyen de l'eau, et l'on reprend le résidu solide par un acide faible. Il reste une matière noire non dissoute : c'est le sesquioxyde de rhodium. Ce corps se combine avec les acides et donne des dissolutions colorées en rouge, qui précipitent par les alcalis, l'acide sulfhydrique et le sulfhydrate d'ammoniaque (oxydes et sulfures); le fer, le zinc et le cuivre en précipitent le rhodium.

Avec le chlore, le rhodium forme deux chlorures correspondants avec deux oxydes. On les obtient soit en traitant les oxydes par l'acide chlorhydrique, soit en chauffant au rouge un mélange de rhodium très-divisé et d'un chlorure alcalin dans un courant de chlore. Le protochlorure RhCl est de couleur rougeâtre et insoluble; le sesquichlorure est soluble et forme des sels doubles avec les chlorures alcalins.

Avec le soufre, le rhodium forme un sulfate ayant pour formule Rh^2S^3. On l'obtient soit en chauffant directement le rhodium avec du soufre, soit en précipitant le chlorure double de sodium et de rhodium par le sulfhydrate d'ammoniaque.

CARACTÈRES DES SELS DE RHODIUM

Les sels de rhodium sont d'ordinaire colorés en rose. Ils donnent :

Avec les alcalis.	Des précipités jaunes ou jaunes brunâtres;
Avec l'acide sulfhydrique et le sulfhydrate d'ammoniaque.	Des précipités bruns, insolubles dans un excès de réactif;
Avec le protochlorure d'étain et l'iodure de potassium.	Une coloration rouge;
Avec le zinc.	Un précipité noir de rhodium métallique.

COMPOSÉS DU RUTHÉNIUM

L'oxygène forme avec le ruthénium trois oxydes et un acide :

Le protoxyde	RuO,
Le sesquioxyde.	Ru^2O^3,
Le bioxyde	RuO^2,
L'acide ruthénique. . .	RuO^3.

On obtient le protoxyde en chauffant hors du contact de l'air, dans un courant d'acide carbonique, le protochlorure de ruthénium avec le carbonate de soude. Cet oxyde est d'un gris foncé métallique, insoluble dans les acides, réductible par l'hydrogène à la température rouge.

Le sesquioxyde s'obtient comme le protoxyde, mais en substituant le sesquichlorure au protochlorure. Ce corps est brun, soluble dans l'eau, dans les alcalis et dans les acides. Il colore ceux-ci en jaune.

Le bioxyde se prépare en chauffant avec l'acide azotique le sulfure de ruthénium provenant de la précipitation du sesquichlorure par l'acide sulfhydrique. Le composé formé est un sulfate de bioxyde de ruthénium. On précipite le bioxyde par un alcali, on le lave et on le calcine. Il est d'un bleu verdâtre.

L'acide ruthénique s'obtient en calcinant un des oxydes précédents avec l'azotate de potasse. Il se forme un ruthéniate de potasse que l'on décompose par un acide. Mais l'acide ruthénique précipité se change promptement en hydrate de protoxyde de ruthénium en dégageant de l'oxygène.

On connaît deux chlorures de ruthénium : le protochlorure RuCl, qu'on obtient en chauffant au rouge le ruthénium dans un courant de chlore ; le sesquichlorure, qui se prépare en dissolvant l'hydrate de sesquioxyde dans l'acide chlorhydrique. Le sesquichlorure forme avec les chlorures alcalins des chlorures doubles.

CARACTÈRES DES COMPOSÉS DE RUTHÉNIUM

Les composés solubles de ruthénium sont précipités en brun par les alcalis et par l'acide sulfhydrique ; dans le dernier cas, la liqueur prend une coloration bleue. L'oxalate de soude décolore ces dissolutions.

LXXXIII

RÉSUMÉ GÉNÉRAL. — ANALYSE.

Nous avons fait l'histoire chimique des soixante-sept corps simples aujourd'hui connus. Nous les avons divisés en métalloïdes et en métaux, et nous avons passé en revue successivement les combinaisons des métalloïdes entre eux, et les combinaisons des métaux avec les métalloïdes et leurs composés. Nous avons ainsi rencontré, à côté des métalloïdes, des acides et des corps haloïdes; et, à côté des métaux, des oxydes et des sels. La chimie minérale est là tout entière dans l'histoire particulière de chaque corps simple ou composé.

Mais après la synthèse, l'analyse. Les deux opérations se commandent et veulent être faites simultanément. Divisés par groupes, les corps ont des propriétés communes et des caractères propres; ainsi, les ACIDES, les CORPS HALOÏDES, les OXYDES et les SELS, auxquels nous ajouterons une dernière catégorie, les GAZ. Reprenons dans un coup d'œil rapide et d'ensemble l'histoire abrégée de ces corps divers; nous en verrons sortir des méthodes naturelles d'analyse sur lesquelles nous n'aurons pas besoin d'insister longtemps pour que le lecteur comprenne tous les services qu'il peut en attendre.

ACIDES.

Les acides ont des caractères communs qui les distinguent de tous les autres corps des groupes ci-dessus nommés.

1° Ils ont une saveur *sui generis*, dite *acide*, que tout le monde connaît;

2° Ils rougissent le papier bleu de tournesol, réaction due, d'après M. Chevreul, à ce que, en s'emparant de la base d'un sel végétal, ils en séparent un acide dont la couleur est rouge;

3° Ils font généralement effervescence sur la pierre calcaire ou les carreaux, parce qu'ils en séparent, en le remplaçant, un acide faible, l'acide carbonique.

A ces caractères essentiels ajoutez que les acides, en général, sont plus lourds que l'eau, qu'ils ont une odeur piquante, qu'ils répandent quelquefois, selon leur plus ou moins de concentration, des vapeurs dans l'air : ces données suffisent déjà pour en faire reconnaître un grand nombre. On les distinguera, en outre, par quelques propriétés spéciales et caractéristiques que nous allons rappeler succinctement.

Acide azotique	Chauffé dans l'air, en présence du cuivre, dégage des vapeurs orangées rutilantes d'acide hypoazotique.
Acide sulfurique	Très-lourd, donne avec les composés barytiques un précipité insoluble dans un excès d'ammoniaque.
Acide chlorhydrique.	Avec une dissolution d'azotate d'argent, donne un précipité blanc, caillebotté, de chlorure d'argent, insoluble dans l'acide azotique, mais soluble dans l'ammoniaque.
Acide chloroazotique (eau régale). .	Offre tout à la fois les caractères de l'acide azotique et de l'acide chlorhydrique.
Acide sulfhydrique	Est suffisamment caractérisé par son odeur d'œufs gâtés.
Acide sulfureux.	Odeur du soufre qui brûle.
Acide phosphorique.	Précipite en blanc par l'eau de chaux, en jaune par l'azotate d'argent; ne donne pas d'odeur lorsqu'on le brûle sur le charbon.
Acide arsénieux.	Précipite en blanc par l'eau de chaux, en jaune par l'azotate d'argent; donne une odeur d'ail très-forte quand on le brûle sur le charbon.
Acide arsénique.	Précipite en blanc par l'eau de chaux, en rouge brique par l'azotate d'argent; donne l'odeur d'ail sur le charbon.
Acide iodique.	Décomposé par la chaleur, se résout en belles vapeurs violettes d'iode; au contact de l'amidon, prend une belle couleur bleue (iodure d'amidon).
Acide bromique.	Décomposé par la chaleur ou les acides forts, donne d'épaisses vapeurs rouges.
Acide chlorique.	Donne avec la soude un précipité blanc, qui brûle sur les charbons avec une déflagration très-vive; donne du chlore quand on le décompose par divers acides.
Acide fluorhydrique.	Précipite en blanc les dissolutions calciques et attaque le verre.
Acide acétique	Déjà caractérisé par son odeur et sa volatilité, il donne avec l'eau de baryte un précipité blanc, soluble dans l'acide azotique.
Acide tartrique.	Précipite en blanc par l'eau de chaux; le précipité est insoluble dans l'ammoniaque; laisse en brûlant du charbon pour résidu.

Acide oxalique	Précipite en blanc par l'eau de chaux, ne laisse pas de résidu en brûlant sur les charbons.

CORPS HALOÏDES.

C'est Berzélius qui a donné le nom de corps haloïdes (ἅλς, sel, εἶδος, semblable) aux composés solides qui résultent de la combinaison des métalloïdes entre eux. Voici les caractères propres des corps les plus importants parmi ces composés :

Chlorures. — Corps en général solubles et quelquefois volatils, non décomposés en présence du charbon, mais donnant, avec l'acide sulfurique, de l'acide chlorhydrique, et avec l'acide sulfurique et le peroxyde de manganèse, du chlore, gaz éminemment volatil. L'azotate d'argent donne, dans les chlorures en dissolution, un précipité blanc, caillebotté, de chlorure d'argent, à peine soluble dans les acides, très-soluble dans l'ammoniaque, et tournant au violet, puis au noir, quand il reste exposé à la lumière.

Bromures. — Les bromures ont certains rapports avec les chlorures. Ils sont solubles dans l'eau, décomposables par le chlore, par le bisulfate de potasse et par l'acide sulfurique en présence du peroxyde de manganèse. Dans ces cas divers, il se dégage du brôme reconnaissable à sa couleur et à son odeur caractéristiques. Avec l'azotate d'argent, les bromures donnent un précipité de bromure d'argent soluble dans l'ammoniaque.

Iodures. — Les iodures sont aussi décomposés par le chlore, le bisulfate de potasse et l'acide sulfurique, en présence du peroxyde de manganèse. L'iode mis en liberté est caractérisé par sa couleur violette et par la belle couleur bleue qu'il forme au contact de l'amidon. Avec l'azotate d'argent, les iodures donnent un précipité blanc insoluble dans l'ammoniaque, ce qui les distingue des chlorures et des bromures. Les iodures sont, en outre, précipités de leurs dissolutions : en *jaune* par les sels de plomb ; en *jaune verdâtre* par les sels de mercure au minimum; et en *rouge*, par les sels de mercure au maximum.

Fluorures. — Les fluorures attaquent le verre; décomposés par l'acide sulfurique, ils donnent des vapeurs corrosives qui jouissent des mêmes propriétés. Ils ne précipitent pas par l'azotate d'argent.

Séléniures. — Chauffés au chalumeau avec du carbonate de soude, les séléniures donnent du séléniure de sodium soluble dans l'eau, qu'il colore en rouge, et dont le sélénium se précipite. Ils peuvent de même, quand ils sont chauffés seuls, donner un sublimé rouge de sélénium d'une odeur caractéristique.

Tellurures. — Ils ne sont pas sans analogie avec les séléniures. Ils donnent comme eux, sous l'influence de la chaleur, des sels alcalins et du charbon, du tellure métallique.

Cyanures. — Les cyanures se distinguent par leur odeur, qui rappelle celle des amandes amères. Les acides les plus faibles en dégagent de l'acide cyanhydrique, également caractérisé par l'odeur. Avec les sels de fer au maximum, ils donnent un précipité bleu, et avec les sels de fer au minimum, un précipité blanc qui ne tarde pas à bleuir au contact de l'air. Les cyanures alcalins forment avec les cyanures métalliques des sels doubles tous solubles.

Sulfures. — Il faut distinguer les monosulfures et les polysulfures. Les monosulfures répandent à l'air une odeur d'hydrogène sulfuré. Ils sont décomposés par les acides sans former de dépôt de soufre :

$$MS + HO + A = MOA + HS.$$

Les polysulfures, traités par un acide, dégagent de l'hydrogène sulfuré, et laissent un dépôt de soufre dont la quantité est en rapport avec le nombre d'équivalents du métalloïde que contient le polysulfure. Exemple :

$$KS^5 + HO + SO^3 = KOSO^3 + HS + 4S.$$

Phosphures, arséniures. — Les phosphures et arséniures donnent du phosphore et de l'arsenic quand on les chauffe en présence du charbon.

OXYDES

Les oxydes sont très-nombreux ; on les a divisés en plusieurs catégories :

Les oxydes basiques,

Les oxydes acides (acides métalliques),

Les oxydes indifférents,

Les oxydes salins.

OXYDES BASIQUES. — Les oxydes basiques sont ceux qui, combinés aux acides, forment des sels. Ceux de la première section prennent le nom d'alcalis; ils sont, en général, solubles, et jouissent de la propriété de ramener au bleu la teinture de tournesol rougie par un acide; de verdir le sirop de violette et de faire passer au rouge brun la couleur jaune du curcuma. La plupart des autres oxydes sont insolubles, et ils sont réduits tous par le charbon ou par l'hydrogène, à une température plus ou moins élevée. Ceux de la dernière section, ou ceux de mercure, d'argent, d'or, etc., sont réduits par la chaleur seule. Tous sont réduits par la pile, et c'est ainsi qu'ont été obtenus, pour la première fois, par Davy, les métaux alcalins. Le chlore et les acides forts les transforment, à l'aide de la chaleur, en chlorures et en sels solubles, ce qui offre un moyen rapide et simple d'en reconnaître la nature.

OXYDES ACIDES. — Les oxydes acides sont des oxydes suroxygénés. Ils remplissent le rôle d'acides vis-à-vis des bases, et jouissent, en général, des propriétés communes que nous avons reconnues aux acides. Exemple :

Protoxyde manganeux.	MnO,
Sesquioxyde de manganèse. . .	Mn^2O^3,
Acide manganique.	MnO^3,
Acide permanganique.	Mn^2O^7.

OXYDES INDIFFÉRENTS. — On donne ce nom aux oxydes qui,

d'ordinaire, ne se combinent ni avec les acides, ni avec les bases. Tels sont les sous-oxyde et peroxyde de potassium, les sous-oxyde et peroxyde de sodium, les bioxydes de baryum et de calcium, etc.

Oxydes salins. — Les oxydes salins sont les composés formés par la combinaison de deux oxydes d'un même radical, l'un des deux remplissant le rôle d'acide, et l'autre le rôle de base. Exemple : le minium Pb^2O^3 est formé par la combinaison du protoxyde de plomb PbO avec l'acide plombique PbO^2. En général, les composés oxygénés de l'ordre des métaux peuvent remplir le rôle de bases vis-à-vis des acides, et le rôle d'acides vis-à-vis de bases plus faibles.

SELS

D'après les classifications généralement suivies, nous avons réservé le nom de sels aux combinaisons des oxacides avec les bases. Il est à remarquer pourtant que les chlorures, les sulfures, phosphures, etc., et, en général, les composés que nous avons appelés sels haloïdes, peuvent se combiner à d'autres chlorures, sulfures, phosphures, etc., pour donner naissance à des *chlorosels*, *sulfosels*, *phosphosels*, etc., qui sont de véritables sels doubles.

Nous avons eu occasion de distinguer les sels proprement dits ou oxysels, en sels neutres, sels acides et sels basiques. Il faut bien entendre ces expressions, et se rappeler que les sels neutres sont ceux dans lesquels l'oxygène de l'acide est en proportion déterminée relativement à l'oxygène de la base, ainsi :

Pour les carbonates, dans le rapport de. . . . . . . 2 à 1
Pour les sulfates, dans le rapport de. . . . . 3 à 1
Pour les azotates, dans le rapport de. . . . . 5 à 1
Pour les chlorates, iodates, bromates, dans le rapport de. . . . . 7 à 1

Les sels acides ou les sels basiques contiennent, relativement à la composition des sels neutres : les premiers, un plus grand nombre d'équivalents d'acide; les seconds, un plus grand nombre d'équivalents de base.

Les sels sont presque tous solides; ils sont solubles ou insolubles. Les sels solubles s'analysent directement par voie humide; les sels insolubles doivent être traités préalablement par voie sèche, ou par double décomposition au moyen de la chaleur.

Les lois suivantes ont été établies par Berthollet :

Première loi. — *Lorsque deux sels de genres différents et de bases différentes sont chauffés ensemble, mais à une chaleur insuffisante pour décomposer leur acide et leur base, il y aura décomposition si l'acide de l'un peut former avec la base de l'autre un sel plus volatil ou plus fusible que ceux mis en expérience.*

Exemple : Le chlorhydrate d'ammoniaque, chauffé avec le carbonate de chaux, donne du carbonate d'ammoniaque et du chlorure de calcium :

$$AzH^3,HCl + CaO,CO^2 = AzH^3,HO,CO^2 + CaCl.$$

Seconde loi. — *Lorsqu'on mêle deux sels qui, par l'échange de leurs bases et de leurs acides, peuvent donner un sel insoluble ou peu soluble, ces sels se décomposent, et le composé le moins soluble se précipite.*

Exemple : Le sulfate de soude et l'azotate de baryte se décomposent réciproquement ; il se forme du sulfate de baryte et de l'azotate de soude :

$$NaOSO^3 + BaOAzO^5 = BaOSO^3 + NaOAzO^5.$$

Une troisième loi, établie par Dulong, n'est pas moins importante à rappeler : — *Les carbonates solubles décomposent par la voie humide, comme par la voie sèche, tous les sels insolubles dont l'oxyde peut former, avec l'acide carbonique, un sel insoluble.*

Exemple : Le carbonate de soude décompose, à l'aide de la chaleur, le sulfate de baryte :

$$NaO,CO^2 + BaO,SO^3 = NaO,SO^3 + BaOCO^2.$$

Au moyen de la double décomposition, tous les sels insolubles pouvant être amenés à l'état soluble, le problème de l'analyse des sels se simplifie extrêmement ; il se réduit à l'essai de divers réactifs pour manifester, d'une part, la présence de l'acide ; de l'autre, la présence de l'oxyde ou de la base entrant dans la composition du sel. Voici les caractères essentiels des différents genres de sels formés par les oxacides :

Carbonates. — Les carbonates alcalins seuls sont solubles ; tous les autres sont insolubles. Ils font effervescence avec les acides, et l'acide carbonique dégagé forme, avec l'eau de chaux, un carbonate insoluble.

Sulfates. — Les sulfates sont solubles, à l'exception de ceux de chaux et de strontiane, qui le sont fort peu, et de ceux de baryte et de plomb, qui le sont moins encore. Les sulfates seront donc caractérisés par la propriété de former, dans les dissolutions étendues des sels solubles de baryte, un précipité blanc de sulfate de baryte, insoluble dans l'eau, et même dans les acides forts, dans l'acide azotique et dans l'acide chlorhydrique.

Sulfites et hyposulfites. — Les sulfites sont décomposés par les acides sulfurique et chlorhydrique, qui en dégagent de l'acide sulfureux reconnaissable à son odeur, et sans produire de dépôt de soufre. Les hyposulfites sont décomposés par les mêmes acides, mais avec un résidu de soufre dans la liqueur.

Phosphates. — Les phosphates alcalins sont solubles ; mais les phosphates insolubles peuvent être transformés en phosphates alcalins, solubles par une ébullition prolongée avec du carbonate de potasse ou de soude. Ainsi transformés, les phosphates sont précipités par les dissolutions salines de baryte ou de plomb ; mais le précipité (ce qui le distingue des sulfates) est dissous dans les acides azotique et chlorhydrique. Chauffés avec le charbon, les phosphates donnent du phosphore. Chauffés en présence du potassium et du charbon, ils donnent un phosphure de potassium, que l'eau décompose en hydrogène phosphoré odorant et inflammable.

Phosphites et hypophosphites. — Les phosphites, excepté ceux de potasse et de soude, sont insolubles ou peu solubles. Projetés sur les charbons ardents, ils sont décomposés et donnent une flamme jaunâtre phosphorescente.

Les hypophosphites sont plus solubles que les phosphites; ils réduisent les sels d'or, d'argent et de mercure, et dégagent de l'hydrogène phosphoré par la chaleur.

Azotates. — Tous les azotates sont solubles. Ils fusent sur les charbons ardents, sont décomposés par l'acide sulfurique, et donnent, avec l'acide chlorhydrique, de l'eau régale, ainsi nommée parce qu'elle dissout l'or. Chauffés en présence du cuivre, ils sont décomposés avec production de vapeurs rutilantes ou d'acide hyponitreux.

Azotites. — L'acide sulfurique en dégage, sans l'intervention d'un corps intermédiaire, des vapeurs rutilantes. Le mélange d'un azotite et de l'acide chlorhydrique est sans action sur l'or.

Chlorates. — Ils sont tous solubles et décomposables par la chaleur. L'acide sulfurique en dégage des vapeurs jaunes rougeâtres (acide hypochlorique) qui sont caractéristiques. Ils ne précipitent point les sels d'argent, parce que le chlorate de cette base est soluble.

Hypochlorites. — Ils sont reconnaissables à leur odeur et à la propriété qu'ils possèdent de blanchir les matières colorantes végétales.

Nous n'insistons point sur les autres genres de sels, les iodates, les bromates, les arséniates, les borates, les silicates, etc.; on en retrouvera, au besoin, les caractères en retournant à l'histoire des radicaux eux-mêmes.

GAZ

Plusieurs gaz se reconnaissent à leurs caractères physiques. Le chlore, l'acide hypochlorique, l'acide chloreux et l'acide hypochloreux sont jaunes ou jaunes verdâtres, et ils exhalent une odeur de chlore.

Les gaz acide chlorhydrique, acide sulfureux, acide sulfhydrique, hydrogène phosphoré, hydrogène arsénié, et le gaz ammoniac, ont également une odeur propre et tout à fait caractéristique.

Les acides chlorhydrique, bromhydrique, iodhydrique, fluorure de bore, chlorure de bore, fluorure de silicium, répandent à l'air des vapeurs blanches, par suite de l'absorption et de la condensation de l'eau atmosphérique.

A part ces caractères propres, les gaz sont tous absorbables ou non absorbables par la potasse, inflammables ou non inflammables.

A l'aide de ces deux caractères chimiques, pris alternativement dans un sens positif et négatif, il est on ne peut plus facile de distinguer tous les gaz.

Les gaz absorbables par une dissolution de potasse et non inflammables sont les suivants :

L'acide chlorhydrique,	L'acide hypochlorique,
— bromhydrique,	Le chlore,
— iodhydrique,	L'ammoniaque,
— carbonique,	Le chlorure de cyanogène,
— sulfureux,	Le fluorure de silicium,
— chloroxicarbonique,	Le fluorure de bore,
— hypochloreux,	Le chlorure de bore.
— chloreux,	

Les gaz absorbables et inflammables sont :

L'acide sulfhydrique,	Le sulfhydrate d'ammoniaque,
— sélénhydrique,	Le cyanogène,
— tellurhydrique,	Le monohydrate de méthylène.

Les gaz non absorbables par une dissolution de potasse et non inflammables sont :

L'oxygène,	Le protoxyde d'azote,
L'azote,	Le deutoxyde d'azote.

Les gaz non absorbables et inflammables sont :

L'hydrogène,	L'hydrogène bicarboné,
L'hydrogène phosphoré,	Le bicarbure d'hydrogène,
L'hydrogène antimonié,	Le méthylène,
L'hydrogène arsénié,	Le fluorhydrate de méthylène,
L'oxyde de carbone,	Le chlorhydrate de méthylène.
L'hydrogène protocarboné,	

Pour faire une analyse de gaz, on déterminera donc d'abord à quel groupe il appartient ; et, selon qu'il sera absorbable ou non absorbable par la potasse, qu'il s'enflammera ou ne s'enflammera pas à l'air, au contact d'une allumette en ignition, on n'aura plus qu'à le distinguer parmi les gaz de la même catégorie.

Exemple : Supposons qu'on ait à reconnaître le gaz acide carbonique. Ce gaz est sans couleur et sans odeur, et il ne fume pas à l'air (caractères négatifs). On en prend une petite quantité dans une éprouvette, et on essaye de l'enflammer : il ne brûle pas (premier caractère, dont on prend note). On y fait passer quelques gouttes d'une dissolution de potasse ; il est absorbé immédiatement (second caractère qui place le gaz dans le premier groupe ou celui des gaz absorbables par la potasse et non inflammables).

Or, dans ce groupe figurent :

Les acides chlorhydrique.	Qui fument à l'air;
— bromhydrique.	
— iodhydrique.	

L'acide analysé n'est pas un de ces acides.

L'acide carbonique.	Réservons cet acide dont toutes les propriétés se rapportent à celles du gaz analysé.
L'acide sulfureux	Il a une odeur caractéristique;
L'acide chloroxycarbonique.	On a rarement l'occasion de rencontrer ce gaz;

Les acides hypochloreux.	
— chloreux.	
— hypochlorique.	
Le chlore.	
L'ammoniaque.	Ils ont tous une odeur propre qui les signale à l'avance.
Le chlorure de cyanogène.	
Le fluorure de silicium.	
Le chlorure de bore.	
Le fluorure de bore.	

Dans le groupe donc se rencontrent deux gaz dont les propriétés se rapportent à celle du gaz essayé : l'acide carbonique, le gaz chloroxycarbonique. Mais le gaz chloroxycarbonique a une odeur piquante ; et, décomposé par l'eau, il donne de l'acide chlorhydrique qui précipite l'azotate d'argent. Le gaz acide carbonique ne possède pas ces propriétés, et il forme, avec l'eau de chaux, un précipité blanc insoluble dans l'eau, et soluble seulement dans un excès d'acide carbonique. Cette dernière réaction étant obtenue, on sera certain que le gaz examiné est de l'acide carbonique.

En retournant à l'histoire particulière des gaz, on retrouvera, d'ailleurs, les propriétés qui les distinguent spécialement.

PHILOSOPHIE CHIMIQUE

I

Forces qui mettent en mouvement les atomes : Affinités, — Chaleur, — Électricité, — Magnétisme, — Électro-Magnétisme, — Lumière.

AFFINITÉS.

De l'étude des corps il faut passer à l'étude des forces qui prennent possession de la matière et l'arrachent à l'inertie. L'attraction, avons-nous dit, met en mouvement les masses ; les affinités font mouvoir les atomes. Il faut bien entendre ce mot *affinités*, et ne pas le prendre dans un sens trop abstrait. Qu'on veuille le remarquer, nous ne disons pas *l'affinité*, mais *les affinités*, ce qui pour nous, et nous allons l'expliquer, est fort différent. Les anciens chimistes, en effet, quand ils nommaient l'affinité, invoquaient une cause finale. Le corps A se combine avec le corps B parce qu'il a pour lui de l'affinité ; le corps A ne se combine pas avec le corps C parce qu'il n'a pas pour lui d'affinité. C'était trop tôt dit ; il faut donner plus de rigueur à son langage. Aujourd'hui l'on sait peut-être combiner le corps A avec le corps C, comme avec le corps B, et, tout au moins, l'on ne dit plus que les corps ont de l'affinité ou sont sans affinité les uns pour les autres. Ce serait presque remonter à la physique d'Aristote.

Les affinités sont donc de diverses sortes, et nous nous en sommes assurés déjà par l'étude même des faits ; mais des faits il faut remonter aux principes, seules bases à donner à une saine philosophie.

L'oxygène a de l'affinité pour tous les corps, il se combine avec tous, nous allions dire il les brûle tous. Il en est de même du soufre, du chlore, et sans doute aussi d'un autre corps non encore isolé, parce qu'il enflamme ou corrode tout ce qu'il touche, du phtore ou fluor. Mais qu'est-ce que cette affinité? Un phénomène propre, une combustion, non pas une destruction ; le mot est hors d'usage en chimie, où tout se transforme, mais où rien ne se détruit. Or, une combustion, n'est-ce pas un fait simple, expliqué, il n'y a pas très-longtemps, il est vrai; mais n'est-ce pas purement et simplement l'action d'un corps comburant sur un corps combustible, et, par suite, la réunion, la combinaison des deux corps en présence? L'eau était un élément pour Aristote et pour les chimistes jusqu'à Cavendish et Lavoisier; mais pour tous, aujourd'hui, l'eau est un corps composé de deux gaz, l'un combustible, l'hydrogène, l'autre comburant, l'oxygène; et quand, après avoir décomposé l'eau par la pile, on remet en présence les deux gaz isolés, on peut les brûler l'un par l'autre, à nouveau, et reconstituer l'eau sans perte, telle qu'elle était avant la décomposition.

Voilà donc une première affinité expliquée; c'est une combustion, et ce phénomène est d'une généralité effrayante sur le globe. La respiration des animaux est une combustion, une combustion qui alimente la vie et qui aussi la consume. Mais la vie alimentée ou la vie consumée, qu'on veuille bien se le dire, ce sont, comme en chimie, les gaz de l'eau en pleine ignition ou qui viennent d'être brûlés. Aucune des matières composantes n'a été pour cela anéantie.

Nous avons formé l'eau, nous l'avons formée de deux corps simples ou jusqu'ici réputés tels; quel rôle va jouer ce liquide? A son tour, un rôle immense.

Et d'abord, nous avons rencontré les *affinités de dissolution.* On n'a point oublié des expériences fort dignes d'attention et que nous ne pouvons trop rappeler. Quand on met en présence du gaz ammoniac et de l'eau, du fluorure de bore et de l'eau, il y a absorption, dissolution rapide des gaz dans le liquide. Nous l'avons dit, l'absorption, où mieux la dissolution, est si soudaine, que le vase dans lequel on fait l'expérience peut être brisé par le choc résultant de la rencontre des corps en présence. Or, qu'est-ce que cette action chimique, sinon l'effet d'une *affinité de dissolution* portée ici au maximum? De même les acides azotique, sulfurique, chlorhydrique et phosphorique ne peuvent exister ou nous apparaître sans un équivalent d'eau, et ces acides monohydratés eux-mêmes absorbent un second et un troisième équivalent d'eau pour devenir des acides bihydratés, trihydratés. D'où procède ce pouvoir d'absorption, sinon d'une affinité propre, l'*affinité de dissolution?* Et, depuis l'extrême solubilité du gaz ammoniac, du fluorure de bore et des acides azotique, sulfurique, chlorhydrique et phosphorique, jusqu'à la presque insolubilité de certains sels, du sulfate de baryte, par exemple, que de degrés intermédiaires! La nature variée des corps, leurs affinités fortes ou faibles, peuvent seules rendre compte du phénomène chimique.

En second lieu, il convient d'admettre des *affinités de cristallisation* ou d'*agrégation*. Selon les formes qu'il affecte, le cristal emprunte ou prend à l'eau un nombre variable d'équivalents. N'avons-nous pas eu à distinguer dans les cristaux leur eau de composition et leur eau de cristallisation? Ce ne sont pas les mêmes affinités qui entraînent l'une ou l'autre. L'eau de composition est due aux affinités atomiques propres; l'eau de cristallisation est introduite par les mouvements variés qui s'opèrent dans l'agrégation des molécules cristallines. La température, la pression, d'autres circonstances encore, ont une part de causalité dans les effets produits.

En outre de son pouvoir dissolvant, pouvoir qu'elle doit tout à la fois à son état liquide et à ses affinités, l'eau, comme oxyde d'hydrogène, agit d'une manière spéciale sur certains corps, particulièrement sur les acides et sur les alcalis.

Ainsi, par exemple, l'acide phosphorique forme, avec l'eau, trois acides hydratés bien définis, l'acide métaphosphorique PhO^5,HO, l'acide pyrophosphorique $PhO^5,2HO$ et l'acide phosphorique $PhO^5 3HO$. Chacun de ces acides se sature par des quantités de bases en rapport avec le nombre de ses équivalents d'eau; mais les acides qui contiennent deux et trois équivalents d'eau peuvent remplacer facilement ces équivalents d'eau par des équivalents de bases, absolument comme si l'eau jouait dans le sel nouveau formé le rôle de base vis-à-vis de l'acide. De même, les acides antimonique et stannique, quand ils sont mis en présence de certaines bases, leur prennent un équivalent d'eau, et forment avec elles, non plus des antimoniates ou des stannates, mais des méta-antimoniates et des méta-stannates de propriétés essentiellement différentes. Les antimoniates et les stannates peuvent être obtenus anhydres ; les méta-antimoniates et les méta-stannates sont toujours hydratés. Les antimoniates et les stannates cristallisent; les méta-antimoniates et les méta-stannates sont incristallisables. Et la solubilité de ces sels n'est pas non plus la même. Comment expliquer ces dissemblances, sinon par des affinités spéciales, *affinités propres aux acides*, *affinités propres aux bases;* en termes plus simples, *affinités acides*, *affinités basiques*.

D'un ordre plus absolu sont les *affinités* dites d'*antagonisme*, des acides, par exemple, pour les bases, et réciproquement des bases pour les acides.

Un instant, nous l'avons dit, on se crut comme autorisé à rapporter à l'antagonisme ou aux affinités de ce nom tous les phénomènes de composition et de décomposition des corps. On trouvait dans l'électricité ou dans le dualisme des deux électricités positive et négative, le principe et la fin de toutes les combinaisons. La pile sépare en leurs éléments les corps binaires (oxydes); elle dédouble les corps quaternaires (sels). Que n'est-elle pas en puissance d'accomplir! Oui, sans doute, l'électricité est pour le chimiste une force d'une incomparable énergie; mais fût-il un seul corps composé qu'elle ne décomposât pas ou qu'elle ne pût reconstituer alors qu'on en rapproche les éléments, et il en est un grand nombre dans cette catégorie, qu'on ne pourrait partout et toujours invoquer cette force unique comme celle à laquelle se subordonnent en dernier lieu les actions chimiques des deux règnes. Ne rouvrons donc pas le cercle de Popilius pour y enfermer la nature. L'immensité est le champ de nos découvertes; et si l'électricité nous avait tout expliqué, qu'aurions nous eu besoin d'invoquer, comme nous l'avons fait, et la *force catalytique* de Berzélius, et l'*endosmose* et l'*exosmose* de Dutrochet? Réformons donc un axiome ancien et mauvais : *In unitate natura*. Disons plutôt : *Nec in unitate, nec in dualitate, sed in universalitate natura.*

CHALEUR.

En aide aux affinités, concuremment ou en opposition avec elles, nous avons rencontré les forces produites par les agents dits physiques : la chaleur, l'électricité, le magnétisme, l'électro-magnétisme et la lumière. Que sont, que peuvent être ces forces, et quel est leur rôle propre en chimie? Il convient de le dire, sans s'imposer la tâche de refaire l'histoire des impondérables, qui est écrite dans les livres de physique.

En commençant par celle de ces forces qui intervient le plus souvent dans les actions chimiques, qu'est-ce que la chaleur, d'où vient-elle, quels effets produit-elle sur les corps ou les atomes?

Nature de la chaleur. — La chaleur n'est pas une matière. Elle ne pèse pas, elle n'est pas attirée par le centre de la terre, comme tous les corps; au contraire, elle s'en éloigne pour s'irradier dans l'espace. Les physiciens ont dit : C'est un fluide élastique, impondérable, et ils lui ont donné le nom de *calorique*. Il importe de bien se comprendre sur ce point. L'expression de fluide n'implique pas que le calorique ou la chaleur soit quelque chose de visible, de coercible, comme nos liquides ou nos fluides aériformes; ce serait plutôt un éther (*) ou substance éthérée propre, ou plutôt encore, l'agitation, la vibration de l'éther ou de ce fluide universel que les physiciens supposent répandu dans l'espace, partout où il n'y a pas de matière *impénétrable*, de matière prenant la place que l'éther n'occupe pas. Sans nous arrêter à cette question qui reste ouverte aux spéculations de notre esprit, la chaleur, pour le chimiste, sera une force, une force qui met en mouvement la matière ou les atomes, et c'est ainsi abstractivement que nous avons à la considérer.

Sources de la chaleur. — La chaleur émane du soleil en même temps que la lumière et avec elle; elle émane du centre de la terre, que l'on croit en ignition; elle se manifeste autour de nous et en nous par des actions physiques, chimiques, électro-dynamiques et vitales. Passons en revue ces diverses sources de la chaleur.

Chaleur solaire. — En concentrant au foyer d'un miroir ou d'une lentille les rayons solaires, on détermine, alors qu'on agit dans l'air, l'oxydation ou la combustion des corps les plus réfractaires. C'est ainsi que les académiciens *del Cimento*, de Florence, brûlèrent, en 1694, du diamant sous les yeux étonnés de Cosme III de Médicis. L'expérience n'eût point surpris Newton, qui, à l'avance, d'après la réfrangibilité du diamant, avait annoncé que ce corps devait être composé d'une matière combustible (**).

(*) Le mot *éther* paraît dérivé de ἀεὶ θέειν, qui se meut toujours.

(**) Arago a contesté que Newton eût annoncé la combustibilité du diamant avant la célèbre expérience de 1694 des académiciens de Florence. « La première édition de l'*Optique*, dit-il (de l'*Optique* de Newton où se trouve le passage qui assimile, à cause de sa réfringence, le diamant, *substance onctueuse coagulée*, à l'huile, à l'esprit de térébenthine, à l'ambre), est de 1704, dix ans après l'expé-

Chaleur terrestre. — A mesure qu'on descend dans les profondeurs du sol, on constate, avec le thermomètre, que la chaleur s'élève, et d'un degré environ par 30 mètres, ce qui semble établir qu'à la profondeur de 45,000 mètres, moins de 12 lieues, le fer, qui fond à 1500°, et la plupart des métaux qui ont leur point de fusion au-dessous de ce chiffre, seraient, dans le sein de la terre, à l'état liquide. D'autres considérations sont invoquées et viennent à l'appui de cette idée : d'une part, les feux volcaniques ou souterrains et les tremblements de terre; de l'autre, la figure même de la terre, qui est celle d'un sphéroïde aplati aux pôles et renflé à l'équateur. La géométrie démontre que telle serait la figure que prendrait un globe liquide s'il était entraîné dans l'espace par un double mouvements de circulation autour d'un centre et de révolution sur lui-même. Et, personne ne l'ignore, tel est le double mouvement qui entraîne la terre autour du soleil considéré comme centre d'attraction dans notre système planétaire.

Chaleur produite par des actions physiques et chimiques. — Quand on frotte deux corps l'un contre l'autre, il se produit de la chaleur. D'où vient-elle? D'un mouvement imprimé mécaniquement au calorique, à l'éther, ou bien d'actions soit électriques, soit chimiques? Peut-être de ces trois ordres de causes à la fois. Mais, selon les cas, il est facile de discerner la cause ou chacune des causes déterminantes. Les actions purement mécaniques produisent des effets de combustion simple; les actions électriques et les actions chimiques entraînent, avec la production de la chaleur, celles-là des manifestations propres sur certains instruments, l'électroscope, la boussole;

rience du grand-duc de Toscane. » Arago, *Œuvres complètes*, publiées par M. Barral, 1855, t. III, p. 355. Cette date de la publication du livre de Newton est incontestable ; mais, dans l'avertissement même de l'édition, il est dit qu'une partie de l'ouvrage avait été écrite en 1675, envoyée aux secrétaires de la Société royale, et lue dans ses séances, que le reste avait été ajouté douze ans plus tard, en 1687. Arago, dont l'autorité est si grande dans les sciences physiques, avait-il pesé un texte qu'il a dû bien connaître?

celles-ci, des changements d'état dans les corps. N'insistons point, ces notions sont élémentaires, elles sont données par la physique; montrons seulement, la question nous importe spécialement, montrons que, dans toute action chimique produite ou se produisant, il y a de la chaleur dégagée ou en mouvement.

Voilà de l'eau et un acide, de l'acide sulfurique, par exemple. On a mesuré à part leur température propre au moyen du thermomètre; elle est la même pour les deux corps, elle est celle de l'air ambiant. On mêle les deux liquides. Qu'observe-t-on? Une élévation rapide du thermomètre. Que s'est-il donc produit? Très-certainement une action chimique. En vertu de la force que nous avons appelée plus haut *affinité des acides* pour les bases, il s'est opéré une combinaison entre l'eau et l'acide; une combinaison, non une dissolution, car s'il n'y avait eu que dissolution, il n'y aurait point eu, ou, du moins, il n'y aurait point eu sensiblement, de chaleur dégagée. Ne laissons sur ces principes aucun doute dans les esprits, et reprenons un autre exemple.

Voilà de l'eau et du sucre; dissolvons le sucre dans l'eau et plongeons un thermomètre dans le liquide. Pendant la dissolution, non plus qu'après, nul changement de température n'est annoncé par l'instrument. Et cela doit être, il n'y a eu là qu'une dissolution; qu'on évapore le liquide, le sucre se retrouvera inaltéré au fond du vase. Mais à la dissolution sucrée qu'on ajoute un ferment, de l'orge germée, de la levûre de bière, etc., et qu'on excite la réaction par une certaine élévation de température (15° à 30°), soudain, sous l'influence de la *force catalytique* (*), un certain mouvement se manifeste, un

(*) Nous n'ignorons pas les théories nouvelles de M. Pasteur. L'illustre savant veut que le ferment soit une graine vivante, un agglomérat d'animalcules qui séparent les éléments de l'eau et du sucre pour les besoins de leur respiration et de leur nutrition. Que nous importe ici? La chaleur alors sera développée par des actions vitales, et non par la force physique appelée *catalyse*, force qu'il nous faut bien réserver pour d'autres phénomènes.

gaz se dégage, et la température s'élève bien au delà de 15° à 30°. Au bout d'un certain temps, il ne reste plus de sucre dans le liquide, mais, à la place, on trouve et de l'acide carbonique et de l'alcool. Du commencement à la fin de l'acte de fermentation, la chaleur s'est maintenue à un degré supérieur à la température du premier et simple mélange.

Le dégagement de chaleur est si bien lié à l'action chimique, que d'ordinaire on conclut de l'un à l'autre, et que, deux corps étant en présence, s'il se manifeste de la chaleur, le chimiste est en droit d'affirmer qu'il y a eu action réciproque des deux corps l'un sur l'autre, décomposition, combinaison.

L'électricité mise en mouvement entraîne une manifestation de chaleur. Un bâton de cire frotté, non-seulement attire les corps légers, mais il s'échauffe assez vivement. Il y a là deux phénomènes distincts. La foudre, qui sort des nuages pour se précipiter dans le sol, s'accompagne d'éclairs et brûle tout ce qui met obstacle à son passage. On distinguera, en pareil cas, les effets de commotion d'avec les effets de combustion. Ce serait aveuglement que de les confondre.

Il en est du magnétisme et de l'électro-magnétisme comme de l'électricité, et de même aussi de la lumière. Celle qui émane du soleil a des rayons dits calorifiques. Nous aurons à le rappeler quand, plus loin, nous étudierons la lumière comme force capable de produire des réactions chimiques.

Chaleur produite par les actions vitales. — Les êtres organisés, végétaux et animaux, ont leur chaleur propre, à peu près fixe pour chacun d'eux. Mais cette chaleur, d'où vient-elle, comment se produit-elle? Sans doute elle s'entretient par des actions physiques et chimiques; mais les actions physiques, chimiques, électriques et magnétiques, font-elles ou donnent-elles la vie? On ne le dira pas. La vie est une *force* propre, et par elle-même capable de produire de la chaleur. Cela résulte tout à la fois et de faits physiologiques et de faits pathologiques qu'il n'est pas de notre sujet d'évoquer ici.

Effets de la chaleur. — En pénétrant les corps, la chaleur produit deux effets distincts : elle les dilate et leur fait changer de volume; elle les dilate, les fond, les vaporise, et leur fait ainsi changer d'état.

Dilatation ou changement de volume. — Tous les corps, sans exception, se dilatent sous l'influence de la chaleur, et, sous certaines conditions, il y a des corps qui se dilatent avec une régularité si constante, que c'est par la dilatation que l'on mesure les températures. Les degrés de l'une sont les degrés de l'autre, et c'est sur ce principe que sont construits les pyromètres et les thermomètres. Les pyromètres sont des matières solides (argile et alumine calcinées, lame d'argent) subissant plus ou moins de retrait ou de dilatation par la chaleur, et servant ainsi tout empiriquement à indiquer des températures supérieures à celles qu'on peut mesurer par la dilatation des liquides ou des gaz; les thermomètres sont des récipients en verre contenant soit des gaz, soit des liquides ayant une circulation libre dans un espace déterminé et gradué. Plus de chaleur fait occuper aux liquides ou aux gaz un plus grand espace; moins de chaleur les condense dans un espace moindre. On verra bientôt sur quelles données précieuses et fixes se prennent les points extrêmes, et par suite les degrés intermédiaires des échelles thermométriques; il nous faut dire d'abord ce qu'exprime par elle-même et d'une manière absolue la dilatation de la matière par la chaleur.

Elle exprime le rapport de la masse au volume ou ce que d'un seul mot on appelle la *densité*. La densité des corps varie comme la dilatation; mais, dans des conditions fixes de température, sous une pression atmosphérique invariable, la densité des corps sera-t-elle la même, sera-t-elle aussi variable que la nature même de la matière? La question a été résolue par l'expérience. La densité des corps varie non moins que leur nature; elle se chiffre comme nous avons chiffré les équivalents. Mais, comme on l'a fait pour les équivalents, il a fallu prendre arbitrairement une certaine unité de mesure pour y rapporter les densités des différents corps, et l'on a choisi, d'une part, pour les gaz, la densité de l'air représentée par 1; de l'autre, pour les liquides et les solides, la densité de l'eau prise au maximum de condensation (4°,10), rapportée également à l'unité.

Dirons-nous comment se déterminent les densités? Ce serait refaire un long chapitre de physique. Bornons-nous à rappeler les principes sur lesquels sont fondés les procédés assez divers de la pratique. Ces principes sont, d'une part, l'axiome connu en physique sous le nom d'*égalité de pression;* de l'autre, le *principe* dit d'*Archimède*, et qui s'énonce ainsi : *Un corps plongé dans un fluide* (gaz ou liquide) *y perd une partie de son poids égale au poids du fluide qu'il déplace.* Le principe dit d'*égalité de pression* rentre dans celui que nous venons de définir. Un exemple va le montrer.

Considérons un fluide, de l'eau, remplissant un vase. Dans la masse du liquide chaque molécule pèse d'un poids égal sur celles qui la touchent ou qui l'entourent, en haut, en bas et latéralement. Cette molécule, en effet, est immobile, en équilibre dans le milieu qui est le sien. La force qui l'entraîne en bas, la *pesanteur*, est contre-balancée par la force qui la retient et que l'on nomme l'*élasticité* ou la *poussée* du fluide; latéralement, il est évident que la force qui l'appelle à droite est contre-balancée par celle qui l'appelle à gauche et réciproquement. Or, c'est là ce qu'on nomme le principe d'*égalité de pression*. Dans tous les fluides dits élastiques, ce principe est d'une évidence et d'une application absolue.

A la place d'une, à la place de plusieurs molécules, concevons dans la masse fluide un cube solide, et concevons-le en suspension, en équilibre ou flottant; il est évident, d'après le principe d'*égalité de pression*, que ce corps, s'il est imperméable, impénétrable, a déplacé une quantité de fluide égale à son propre volume, et qu'il en occupe la place. Or, par la force des choses, voilà que nous avons presque énoncé le principe d'Archimède. Le principe dit qu'un corps plongé dans un fluide y perd une partie de son poids égale au poids du fluide déplacé. Vérifions le fait. Pesons le liquide déplacé par le corps que nous avons enfoncé dans sa masse et qui s'y tient en équilibre. On conçoit que, par un artifice quelconque, l'écoulement du trop plein, certain affleurement mesuré ou prévu d'avance, l'opération manuelle est des plus simples. Eh bien, voici ce que l'observation fait constater : le même corps, pesé dans l'air, n'a pas le même poids que s'il est pesé dans l'eau, dans l'alcool, dans le mercure, etc., et la différence de poids est donnée de la manière la plus absolue, pour les différents corps, par les quantités relatives de fluides qu'ils déplacent sous un même volume et à une même température. Voilà donc, pour la pratique, les moyens de trouver, de saisir le rapport de la masse au volume des corps ou leur *densité*. Il n'y a plus, par des artifices quelconques, qu'à peser, sous des volumes équivalents, et les solides, et les liquides, et les gaz. Les difficultés pratiques ont été levées, et les physiciens ont dressé des tables qui permettent, quand on a opéré à des températures variables, de ramener les résultats à des points de comparaison fixes et invariables.

Voici un tableau où l'on retrouvera comparativement la densité des corps simples. Nous aurons à y renvoyer le lecteur, qui d'avance, et par un premier coup d'œil, peut s'assurer que les densités si diverses des corps simples ne sont pas des multiples les unes des autres. A cette place nous n'avons pas à faire d'autre remarque.

TABLEAU DE LA DENSITÉ COMPARÉE DES CORPS SIMPLES.

MÉTALLOÏDES.

Hydrogène	0,0692	Iode	4,75
Oxygène	1,1056	Brome	2,966
Azote	0,9713	Fluor	»
Carbone	3,50	Sélénium	4,30
Soufre	2,087	Tellure	6,20
Phosphore	1,84	Bore	2,68
Arsenic	5,80	Silicium	2,49
Chlore	2,44		

MÉTAUX.

Potassium	0,865	Zinc (laminé) 6,682 à	7,20
Sodium	0,97	Cadmium, 8,604 à	8,609
Lithium	0,59	Uranium	»
Cæsium	»	Vanadium	»
Rubidium	1,516	Tungstène	17,6
Thallium	11,9	Molybdène	8,615
Indium	»	Titane	5,9
Baryum	»	Étain	7,29
Strontium	2,54	Antimoine	6,70
Calcium	1,58	Tantale	»
Magnésium	1,75	Niobium	»
Glucinium	2,1	Ilménium	»
Zirconium	»	Pelopium	»
Thorium	»	Bismuth	9,8
Yttrium	»	Cuivre, 8,78 à	8,96
Norium	»	Plomb	11,445
Cérium	»	Aluminium, 2,56 à	2,67
Erbium	»	Mercure à 0°	13,596
Terbium	»	Argent	10,5
Lanthane	»	Or	19,5
Didyme	»	Platine	21,50
Manganèse	7,05	Palladium	11,8
Fer, 7,7 à	7,9	Osmium	23,0
Chrôme	6,0	Iridium	21,15
Cobalt	8,80	Rhodium	11,0
Nickel	8,8	Ruthénium	11,3

Changement d'état des corps. — La chaleur est la force antagoniste de l'attraction. Partout, dans le monde inorganique, on peut voir ces deux forces en présence. Dans les corps solides, l'attraction maîtrise l'action du calorique; dans les corps liquides, les deux forces sont ou paraissent être en quelque sorte en équilibre; dans les gaz et les vapeurs, c'est la chaleur en excès qui sépare et tend à séparer indéfiniment les atomes. On a vu que les gaz sont expansibles sans limite apparente, et que pour conserver une densité propre, ils doivent être soumis à une pression constante. Sous l'influence de la chaleur, les corps passent donc, et facilement, d'un état à un autre, de l'état solide à l'état liquide, et de l'état liquide à l'état gazeux; et, par la soustraction de la chaleur, ils reviennent de même, et non moins facilement, de l'état gazeux à l'état liquide, et de l'état liquide à l'état solide. Mais dans le passage ou le retour des corps d'un état à un autre, comment intervient la chaleur? Comment se dissimule-t-elle, comment devient-elle sensible?

Quand un corps passe de l'état solide à l'état liquide, qu'il éprouve ce qu'on nomme *la fusion*, on constate deux choses : la première, que la fusion ne commence qu'à une température donnée, fixe pour chaque corps; la seconde, que cette température demeure constante tant que dure la fusion, c'est-à-dire tant qu'il reste un dernier atome du corps conservant l'état solide.

Prenez de la glace : la température de l'air étant à zéro ou au-dessous, en vain vous la briserez et la broierez en minces débris, elle ne changera pas d'état. Il faut, pour qu'elle fonde ou se liquéfie, l'intervention de la chaleur et d'une quantité déterminée de chaleur. Pendant la fusion, quelle que soit la chaleur, tant qu'il restera une particule solide dans le liquide, celui-ci n'accusera par une chaleur supérieure à zéro; que devient donc la chaleur dépensée? Elle est employée à fondre la glace, toute la glace jusqu'au dernier atome, à la faire passer de l'état solide à l'état liquide; elle se dissimule dans le liquide, elle y reste *à l'état latent*, chaleur de constitution et, par conséquent, ne pouvant se séparer du corps, devenir à son tour chaleur *libre* ou *rayonnante* que par l'intervention d'une force capable de la dégager de ses liens.

Poursuivez l'expérience, et toujours avec l'aide de chaleur (aucune force n'y suppléerait) convertissez l'eau en vapeur. Pour obtenir ce résultat, les proportions de liquide ne changeant pas, il faudra bien plus de chaleur pour transformer l'eau en vapeur qu'il n'en a fallu pour transformer la glace en eau ; et, dissimulée dans la vapeur, la chaleur dépensée y restera *latente* comme la chaleur employée pour fondre la glace est restée à l'état latent dans l'eau.

Qu'on tienne le fait pour absolu, quel que soit le corps qui, par l'intervention de la chaleur, passe de l'état solide à l'état liquide et de l'état liquide à l'état gazeux, les points de fusion et de vaporisation, sous une pression déterminée dite *normale*, sont l'un et l'autre des points de température fixe, et la chaleur dissimulée ou latente est, pour chaque corps, une chaleur relative, spécifiquement invariable.

Pour fondre un kilogramme de glace et faire passer le liquide de 0° à 1°, il faut un kilogramme d'eau chauffée à 79°,25, et un kilogramme de vapeur d'eau, en se condensant en liquide, est capable d'élever de 1° un poids d'eau de 435 kilogrammes. En d'autres termes, s'il faut 79°,25 de chaleur pour faire passer un kilogramme d'eau de 0° à 1°, il ne faut pas moins de 435°, c'est-à-dire 5 fois et demie autant de chaleur, pour faire passer un kilogramme d'eau de l'état liquide à l'état de vapeur.

Le point de fusion et le point d'ébullition ou d'évaporation des corps servant bien souvent à les caractériser, voici, dans un tableau, les points de fusion et d'évaporation d'un certain nombre de corps. Nous aurons ultérieurement à invoquer ces chiffres pour montrer qu'ils ne peuvent se déduire que de l'expérience, et qu'ils ne se lient point entre eux par un même terme, ou par un rapport mathématique quelconque.

TABLEAU DES POINTS DE FUSION, D'ÉBULLITION ET D'ÉVAPORATION DES CORPS SIMPLES.

NOMS DES CORPS.	POINT DE FUSION.	POINT D'ÉVAPORATION.
Oxygène	Gaz permanent	»
Hydrogène	*Id.*	»
Azote	*Id.*	»
Carbone	Corps infusible	»
Soufre	111°	400°.
Phosphore	44°, 2	290°.

NOMS DES CORPS.	POINT DE FUSION.	POINT D'ÉVAPORATION.
Arsenic	Au rouge sombre, moins que 500°.	290°.
Chlore	0°	37°.
Iode	105°	180°.
Brome	Liquide à 0°, solide à — 7,03.	63°.
Fluor	»	»
Sélénium	217°	700°.
Tellure	400°	Au rouge.
Bore	Infusible	»
Silicium	Infusible	»
Potassium	62°,5	Au-dessous du rouge ou de 500°.
Sodium	95°,6	Vers 500°.
Lithium	180°	»
Cæsium	»	»
Rubidium	38°,5	500°.
Thallium	200°	500°.
Indium	»	»
Calcium	Vers 500°	»
Strontium	*Id.*	»
Baryum	*Id.*	»
Magnésium	*Id.*	»
Zinc	500°	1040 (chaleur blanche).
Fer	1600°	»
Cadmium	360°	860°.
Étain	228°	Non volatil.
Tungstène	Chaleur très-élevée	»
Molybdène	*Id.*	»
Titane	Infusible	»
Bismuth	264°	Peut être distillée à une haute température.
Cuivre	Forte chaleur rouge	»
Plomb	335°	»
Aluminium	A une chaleur un peu plus élevée que le zinc.	Non volatil.
Mercure	Liquide à 0°	Volatil à toute température.
Argent	Rouge blanc	Volatilisé par la pile.
Or	1250°	Par la chaleur du chalumeau aérhydrique (2000°).
Platine	2000°	Par la pile.
Palladium	Plus fusible que le platine.	Volatil après fusion.
Osmium	Plus infusible que le platine.	»
Iridium	Plus infusible que le platine et que le rhodium.	»
Rhodium	Plus infusible que le platine.	»
Ruthénium	Plus infusible que le platine.	»

En sens inverse de la chaleur, le froid, qui est de la chaleur soustraite, ramène les corps de l'état gazeux à l'état liquide et de l'état liquide à l'état solide. Le principe n'a besoin que d'être posé. Mais par quel artifice faire naître le froid, comment le produire, au moins jusqu'à des limites propres à le faire intervenir utilement dans nos expériences de laboratoire? On se sert à cet effet de *mélanges réfrigérants*. En quoi consistent ces mélanges? Il en est de diverses sortes, mais ils agissent tous en vertu du même principe. En faisant appel aux *affinités* (forces antagonistes de la chaleur comme de l'attraction) on amène certains corps mis en présence à changer d'état, à passer de l'état solide à l'état liquide, ou de l'état liquide à l'état gazeux, aux dépens même de leur calorique latent, et, selon les cas, par la soustraction d'une plus ou moins grande quantité de calorique, on détermine des froids proportionnels, c'est-à-dire plus ou moins intenses. Voici quelques exemples : on met en présence parties égales en poids de neige et de sel ordinaire (chlorure de sodium). L'affinité du sel pour l'eau détermine, d'une part, la fusion de la neige, de l'autre, la dissolution du sel ; mais ce passage des deux corps de l'état solide à l'état liquide ne peut avoir lieu sans absorption de calorique, et cette absorption entraîne un abaissement de température de 17°,77. Le froid est ainsi limité, parce qu'au-dessous de 17°,77, l'affinité de dissolution cesse ou s'annule.

Au sel marin substituez l'acide sulfurique, employez une partie de neige pour une partie d'acide, le thermomètre descendra, ou pourra descendre à — 51°.

Enveloppez de coton la boule d'un thermomètre à mercure, et mouillez le coton d'éther, puis d'acide sulfureux liquéfié. En peu d'instants le mercure du thermomètre sera congelé ; le passage de l'éther et de l'acide sulfureux liquide à l'état gazeux aura soustrait au mercure une quantité de calorique suffisante pour le solidifier. Et le mercure ne passe à l'état solide qu'à — 45°.

Voici un tableau des mélanges réfrigérants les plus employés, avec l'indication des degrés de froid qu'ils peuvent produire :

MATIÈRES EN PRÉSENCE.		ABAISSEMENT DU THERMOMÈTRE.
Neige	1 partie	De 0 à 17°,77 ;
Sel marin	1 —	
Neige	3 parties	De 0 à — 28°,33 ;
Potasse	4 —	
Neige	2 parties	De 0 à 45° ;
Chlorure de calcium hydraté	3 —	

Mélange	Proportions	Abaissement
Chlorhydrate d'ammoniaque	5 parties	De + 10° à — 12°,2;
Azotate de potasse	5 —	
Eau	16 —	
Sulfate de soude	8 parties	De + 10 à — 16°,1;
Acide chlorhydrique	5 —	
Neige	1 partie	De — 0°,66 à — 51°;
Acide sulfurique étendu	1 —	
Neige et acide azotique étendu		De — 17°,77 à — 43°,33;
Neige ou glace pilée	8 parties	De — 55°,55 à — 68°,33.
Acide sulfurique étendu	10 —	

Nous avons eu à indiquer, dans le cours de ce livre, sous quelle pression et à quel degré de froid on était parvenu à liquéfier et à solidifier même un certain nombre de gaz; nous en donnerons ici le tableau qui offrira des rapprochements dignes d'intérêt.

Notons qu'il est des gaz, entre autres l'oxygène, l'hydrogène et l'azote, qui n'ont pu être liquéfiés, et à plus forte raison solidifiés, mais le charbon ou le diamant, corps solide, n'a pu être non plus ni liquéfié ni gazéifié. Ce sont là des lacunes regrettables à plus d'un titre en chimie. Mais nous ne disposons de la chaleur comme du froid que dans certaines limites, et nos moyens d'action surtout sont bornés quand il s'agit d'accumuler les pressions atmosphériques.

Ce qu'il faut remarquer, c'est que les quatre matières réputées simples que nous venons de nommer et que nous ne saurions faire changer d'état, à savoir, l'hydrogène, l'oxygène, l'azote et le carbone, sont précisément celles qui constituent, et presque à elles seules, les êtres organisés. Y aurait-il là un rapprochement à établir? les matières sur lesquelles nous avons trop peu de puissance sont-elles donc celles que *la vie*, considérée comme *force*, est seule capable de modifier comme à son gré et selon les besoins d'une création qui, à mesure qu'elle s'élève, semble nous soustraire davantage ses mystères? On s'égarerait vite à tenter de tels problèmes; il faut les laisser dans l'ombre que nos faibles conceptions sont incapables de dissiper et qu'elles pourraient peut-être épaissir.

TABLEAU DES TEMPÉRATURES DE LIQUÉFACTION ET DE SOLIDIFICATION DES PRINCIPAUX GAZ.

NOMS DES GAZ.	POINT DE LIQUÉFACTION.	POINT DE SOLIDIFICATION.
Chlore	— 40° sous la pression 0,76. + 15°. sous 4 atmosphères.	N'a pas été solidifié.
Gaz acide hypochloreux	— 10° sous la pression 0,76.	
Acide chlorhydrique	— 50° sous la pression 0,76. + 15° sous la pression de 40 atmosphères.	
Acide carbonique	Sous une pression de 40 à 50 atmosphères.	— 70° sous l'influence du passage de l'acide de l'état liquide à l'état gazeux.
Bicarbure d'hydrogène	— 18°.	
Hydrogène sulfuré	— 0°, sous la pression de 16 atmosphères.	— 80° dans un mélange d'acide carbonique solide et d'éther.
Protoxyde d'azote	— 0°, sous la pression de 30 atmosphères.	Le liquide se solidifie dans le vide.
Acide sulfureux	— 10°.	— 75°.
Ammoniaque	— 40° sous la pression de 6 atmosphères.	— 80°.
Cyanogène	— 20° sous la pression de 3 à 4 atmosphères; sous la pression ordinaire, à l'aide du froid par l'évaporation de l'acide sulfureux liquide.	— 70°.
Acide cyanhydrique	— 15°.	

Les gaz permanents ou qui n'ont pu être liquéfiés sont l'hydrogène, l'oxygène, l'azote, le deutoxyde d'azote et l'oxyde de carbone.

CHALEUR SPÉCIFIQUE. — La chaleur spécifique des corps est la chaleur naturelle ou propre qui les constitue sous un état donné et qui ne change pas. L'unité de mesure dont on part pour l'établir dans les différents corps est *la quantité de chaleur nécessaire pour élever un gramme d'eau de* 0 *à* 100°; on appelle cette unité une *calorie*. Étant donné un corps dont on veut connaître la chaleur spécifique, il faut donc en prendre un gramme (ou toute autre quantité fractionnelle qu'on élève à cette unité par le calcul), et déterminer la quantité de calorique qu'elle acquiert ou qu'elle perd pour s'élever de 0° à 100°, ou s'abaisser de 100° à 0. On conçoit que l'une de ces quantités est équivalente à l'autre.

Deux méthodes sont employées, en physique, pour atteindre à ce résultat : l'une dite *méthode du refroidissement ou du puits de glace*, l'autre dite *méthode des mélanges*. Dans la première, on fait refroidir, dans une enceinte de glace, un corps porté à une température initiale donnée, et l'on apprécie, par la quantité d'eau qu'il a fait passer à l'état liquide, le poids de glace qui a été fondue. Étant établi qu'un kilogramme de glace exige pour se fondre 79°,25, l'opération se résume en une règle de proportion : Un poids donné d'un corps A à la température *t* ayant donné un nombre *n* de calories, combien de calories donnera un kilogramme du même corps en passant de 100° à 0°, par exemple? Le quatrième terme de cette équation sera la chaleur spécifique du corps.

Dans la seconde méthode, dite *Méthode des mélanges*, qui a été, quant aux moyens d'exécution, grandement perfectionnée de nos jours par M. Regnault, on introduit un poids donné du corps à essayer, porté à une certaine température, dans un calorimètre à l'abri de tout rayonnement et contenant un certain poids d'eau qui garde une température stationnaire, celle de l'air ambiant.

Le corps le plus chaud se met, avec le temps, en équilibre de température avec le corps le plus froid ; le thermomètre indique cet instant précis, et il en résulte une température finale que l'on prend soin de noter et qui donne ainsi tous les éléments du calcul à exécuter.

Le raisonnement qui conduit à la solution du problème posé est le suivant :

Un kilogramme d'un corps quelconque, en s'abaissant de 1°, perd un certain nombre de calories *x* qui représentent la chaleur spécifique du corps. Or, on connaît la température initiale du corps soumis à l'expérience; on connaît par l'épreuve ce qu'il a perdu ou, ce qui revient au même, ce que le liquide préalablement pesé du calorimètre a gagné; et, d'autre part, on est renseigné sur la quantité de calories nécessaires pour faire passer l'eau d'un degré inférieur à un degré supérieur; il n'est donc encore qu'une règle de proportion à exécuter pour fixer la valeur de x. Exemple :

Soit $0^k,1$ de fer élevé à la température de 200°, soit $0^k,2$ le liquide du calorimètre dans lequel est introduit ce corps, et soit 15° la température initiale du liquide, et 16°,26 la température finale obtenue quand l'équilibre de température est établi entre le corps et le liquide. Si l'on sait le nombre de *calories* gagnées par le liquide, on saura, par contre, le nombre x de calories perdues par le fer. Or, le nombre de calories dont le liquide s'est accru est représenté par $2 \times 16,26 - 15$, ou 2,52. Le nombre de calories perdues par le fer est 200 — 16,26, c'est-à-dire 183,74. Divisant 2,52 par 183,74, on aura pour le nombre cherché représentant la chaleur spécifique du fer 0,0137.

Une remarque est à faire ici, c'est que, pour chaque corps, il est des limites de température entre lesquelles la chaleur spécifique doit être fixée. Au delà de 60°, par exemple, le quotient de dilatation de l'eau n'est plus une valeur constante. Il en est de même pour la plupart des corps qui, dans le voisinage de leur point de fusion ou d'ébullition, absorbent des quantités de chaleur qui restent latentes et semblent employées pour préparer le corps à changer d'état.

L'expérience a fait connaître que, sous la même unité de poids, les corps ont des chaleurs spécifiques différentes; mais aux poids physiques si l'on substitue les poids atomiques ou chimiques des corps, Dulong et Petit l'ont montré les premiers, la valeur des chaleurs spécifiques devient une constante; en d'autres termes, le produit de la chaleur spécifique d'un corps par son poids atomique est une valeur très-approximativement égale.

Ainsi, par exemple :

POIDS ATOMIQUE.		CHALEUR SPÉCIFIQUE.		PRODUIT.
200 soufre. . . .	×	0,2025	=	40,50
1250 mercure. . .	×	0,03332	=	41,65
1294 plomb. . . .	×	0,0314	=	40,63
736 étain. . . .	×	0,562	=	40,36
369 cobalt. . . .	×	0,1069	=	39,44
				201,58

En moyenne pour ces nombres $\frac{201,58}{5} = 40,31$.

La loi trouvée par Dulong et Petit peut être formulée en ces termes :

Le produit de la chaleur spécifique d'un corps simple par son poids atomique est un nombre constant.

La chaleur spécifique des atomes des corps simples est constante pour tous.

A cette loi, les recherches récentes de M. Regnault en ont fait ajouter deux autres dont voici les formules :

1° *La chaleur spécifique des alliages à une distance un peu grande de leur point de fusion est exactement la moyenne des chaleurs spécifiques des métaux qui les composent;*

2° *Dans tous les corps composés, de même composition atomique et de constitution chimique semblable, les chaleurs spécifiques sont en raison inverse des poids atomiques.*

De ces lois il ressort une conséquence chimique importante. Étant donnée la chaleur spécifique d'un corps, et la formule d'un composé qu'il forme avec l'oxygène ou tout autre corps dont on connaît le poids atomique (équivalent), on peut par le calcul déterminer le poids atomique ou l'équivalent inconnu du premier corps, puisque en réalité ce poids atomique est le quatrième terme d'une équation dont on connaît trois termes.

Exemple : Étant connues la chaleur spécifique du mercure 0,03332, et la formule de l'oxyde de mercure HgO, on établira l'équation :

$$0,03332 : 100 :: 41,65 : x;$$

D'où l'on aura pour la valeur de x ou de l'équivalent du mercure : $x = \frac{41,65 \times 100}{0,03332} = 1250.$

Mais cette méthode n'est employée en quelque sorte que comme méthode de contrôle, le nombre représentant les chaleurs spécifiques n'étant, en général et le plus souvent, en raison de la faillibilité des méthodes employées pour les obtenir, qu'un nombre plus ou moins approximatif. On voit, en effet, par l'exemple même que nous venons de choisir, que si, au lieu de prendre pour troisième terme de notre équation le nombre 41,65, nous eussions, avant de le connaître, pris la moyenne des produits indiqués plus haut (p. 622), à savoir, le nombre 40,31, nous eussions obtenu pour l'équivalent ou poids atomique du mercure seulement, 1209. Mais, dans les applications pratiques, il faut se contenter de l'à-peu-près. L'esprit seul pressent et atteint la vérité mathématique (*).

Conductibilité des corps pour la chaleur; athermansie et diathermansie. — Les corps ne sont pas conducteurs indifférents de la chaleur, comme nous verrons qu'ils ne sont pas conducteurs indifférents de l'électricité et de la lumière. Il y a ce qu'on nomme les corps bons ou mauvais conducteurs, et ceux qui ne conduisent pas du tout le fluide calorifique. En général, les solides sont meilleurs conducteurs que les liquides, et les

(*) Dans la détermination des chaleurs spécifiques, on a trouvé pour certains corps, pour l'hydrogène, l'azote, le chlore, le brôme, l'iode, le phosphore, l'arsenic, le potassium, le sodium et l'argent, des nombres qui ne sont plus en rapport avec le poids relatif spécifique, ou l'équivalent jusqu'ici adopté pour ces corps. Mais on a fait la remarque que l'accord subsistait, si l'on doublait simplement le nombre trouvé pour la chaleur spécifique propre de chacun de ces corps, ou mieux, si l'on diminuait de moitié l'équivalent des corps qui se trouvent dans l'exception. En sorte que pour généraliser la loi, ou lui donner un caractère absolu, il suffit, ou de changer le chiffre des équivalents des corps cités, ou mieux, de modifier les formules des composés dans lesquels ces corps entrent comme éléments. Ainsi, les composés KO (potasse), NaO (soude), KCl (chlorure de potassium), NaCl (chlorure de sodium), AgO (oxyde d'argent), AgCl (chlorure d'argent), etc., deviendraient K^2O, Na^2O, K^2Cl^2, Na^2Cl^2, Ag^2O, Ag^2Cl^2, etc ; et les composés d'hydrogène et d'oxygène, d'hydrogène et de chlore, d'hydrogène et de brôme, d'hydrogène et d'iode, devraient prendre pour formules : l'eau H^2O, l'eau oxygénée H^2O^2, l'acide chlorhydrique H^2Cl^2, l'acide bromhydrique H^2Br^2, l'acide iodhydrique H^2I^2, etc. Ces changements, on le conçoit, ne touchent point au fond des choses, ils ne portent que sur des signes ou formules d'écriture. M. Regnault a proposé d'appeler *nombres proportionnels thermiques* ceux qui seraient ainsi déduits de considérations chimiques diverses et de la loi dite des *chaleurs spécifiques*.

liquides meilleurs conducteurs que les gaz. La chaleur solaire n'échauffe l'air atmosphérique que par un effet de la réflexion terrestre. Les métaux sont bons conducteurs en comparaison des terres, et le charbon est la matière connue la plus réfractaire aux rayons caloriques. Personne n'ignore que l'on peut tenir à la main un charbon très-court en soufflant sur la partie allumée pour animer encore la combustion.

Sous le rapport de leur perméabilité par la chaleur, les corps ont été divisés par le physicien Melloni en *diathermanes* et *athermanes*. Les substances diathermanes sont celles qui laissent un libre passage à la chaleur; les substances athermanes sont celles qui l'absorbent et la réfléchissent par leurs surfaces, sans se laisser traverser par elle.

Étant donnée une certaine quantité de chaleur prise pour unité, 1000, et émanant d'une source parfaitement constante (une lampe de Locatelli, une spirale de platine rougie, une lame de cuivre chauffée à 400°); si, par un artifice facile à imaginer, on transmet horizontalement cette chaleur fixe à travers une plaque mince de sel gemme à surfaces parallèles et polies, on constate, au moyen d'appareils appropriés (la pile thermo-électrique et le thermo-multiplicateur de Melloni), que la quantité émergente de calorique est toujours 0,923, quelle que soit d'ailleurs la nature de la source calorifique, et quelle que soit même (jusqu'à plusieurs centimètres) l'épaisseur de la plaque de sel gemme. Il suit de là que, si l'on fait abstraction de la perte résultant de la réflexion calorifique aux deux surfaces de la plaque, et que si l'on ramène par la pensée la plaque à une épaisseur hypothétiquement nulle, les 0,077 millièmes manquant à la fraction 0,923 expriment la perte dont, pour parfaire l'unité 1000, il faut tenir compte dans une expérience de ce genre, et que le sel gemme peut être considéré comme une substance diathermane type ou très-approximativement absolue.

A la plaque de sel de gemme que l'on substitue des plaques de verre, de cristal de roche limpide ou enfumé, des épaisseurs comparables de certaines matières liquides, telles que l'huile de colza, l'eau distillée, l'eau salée, on trouvera, pour les indices d'émergence, des chiffres qui traduisent une absorption encore assez peu notable de la chaleur, mais qui variera avec l'épaisseur des plaques, avec l'intensité de chaleur émanant de sources diverses. D'où la conséquence que le flux de chaleur de chaque source est composé d'éléments très-diversement absorbables, les uns n'exigeant que de très-faibles épaisseurs pour être complétement absorbés, les autres pouvant résister à l'absorption d'une manière à peu près absolue.

Dans un ordre inverse, que l'on soumette à l'action du calorique rayonnant des substances telles que le noir de fumée, le carbonate de plomb, l'alun, le papier, l'encre de Chine, la gomme laque, les métaux, on trouvera que, loin de transmettre les flux caloriques, les corps les absorberont, ou les renverront par réflexion, tels qu'ils les ont reçus, dans des proportions complémentaires les unes des autres. Ainsi le noir de fumée, le corps le moins transméable à la chaleur, absorbant l'unité de calorique ou 1000, le carbonate de plomb et l'alun absorberont environ 1000, le papier 0,980, l'encre de Chine 0,850, la gomme laque 0,750, les surfaces métalliques polies 0,120. Dans ce dernier cas, le pouvoir réfléchissant complémentaire du pouvoir absorbant sera très-considérable.

Or, en principe, et comme le simple bon sens l'indique, le pouvoir émissif des corps relativement à la chaleur étant proportionnel à leur pouvoir absorbant, et celui-ci, comme celui-là, ayant pour nombre complémentaire le pouvoir réfléchissant, il est évident que si l'un des deux termes, c'est-à-dire le pouvoir émissif ou le pouvoir absorbant est connu, mesuré expérimentalement, on en déduira mathématiquement les deux autres, et par conséquent les lois mêmes de la propagation de la chaleur émise, absorbée ou réfléchie dans les corps ou les milieux homogènes.

A la suite de ces résultats fondés sur l'expérience, si l'on arrive à étudier la chaleur non plus abstractivement et en elle-même, mais relativement aux corps ou aux milieux qu'elle traverse, on saisira une remarquable analogie, et aussi une certaine dissemblance entre le fluide calorifique et le fluide lumineux. Sous certains rapports, les corps diathermanes seront comparables aux corps transparents, comme les corps athermanes se rapprocheront des corps opaques. En effet, ce qui caractérise les corps ou milieux colorés, c'est d'absorber telle lumière plutôt que telle autre. Les corps diathermanes n'agissent pas autrement. Le sel gemme laisse passer toute la chaleur et n'en absorbe aucune portion; le verre, le cristal de roche limpide ou enfumé, l'huile de colza, l'eau distillée ou salée, laissent passer telle chaleur et absorbent telle autre. Mais le verre, le cristal de roche limpide ou enfumé, l'huile de colza, l'eau distillée, l'eau salée, etc., ne *thermanisent* ou n'absorbent pas indifféremment les mêmes flux calorifiques. Ils agissent réellement sur les divers rayons de chaleur comme les verres colorés sur les divers rayons de lumière.

D'après ces données, tirées de l'expérience, qu'on allie certaines substances diathermanes et athermanes, transparentes et opaques, le verre vert et l'alun, par exemple, on arrivera à absorber la chaleur sans presque atténuer l'éclat de la lumière. Qu'on ajuste des verres noirs avec du cristal enfumé, on absorbera toute la lumière en laissant un libre passage à la chaleur. Il y a donc des rayons calorifiques qui ne sont pas lumineux et des rayons lumineux qui ne sont pas calorifiques. Ce fait est hors de doute, et il nous apparaîtra mieux encore quand, plus loin, nous décomposerons la lumière solaire par le prisme. Nous trouverons, pour le dire à l'avance, dans un faisceau de lumière solaire, des rayons exclusivement calorifiques, appréciables par le thermomètre, et des rayons qui, non sensibles au thermomètre, produiront encore des réactions chimiques. Telle matière nous paraît simple qui bien souvent encore est une matière composée.

ÉLECTRICITÉ

De même que la chaleur, l'électricité est une force attribuée à la matière pour l'arracher à l'inertie. Les physiciens en rapportent les effets à l'action de deux fluides dont paraissent pénétrés tous les corps, et qui, se neutralisant l'un par l'autre, constituent ce qu'ils nomment l'*électricité naturelle*. Par le frottement ou toute autre cause, les fluides étant désunis, ils exercent isolément ou simultanément leur action, jusqu'à leur rencontre ou leur reconstitution dans les corps dont ils sortent, ou dans le réservoir commun, la terre. De ces deux fluides, l'un prend le nom de *fluide vitré*, parce qu'il est plus spécialement mis en action par le frottement du verre; l'autre, celui de *fluide résineux*, parce qu'il est plus spécialement produit par le frottement de la résine. On se dira toutefois, et la composition de l'électricité naturelle explique ce fait, que, selon les circonstances, le verre et la résine peuvent donner tour à tour de l'électricité vitrée et de l'électricité résineuse. L'alternative dépend des causes électrisantes. Le verre frotté avec de la laine ou de la soie donne de l'électricité vitrée; le même verre, frotté avec des fourrures, telles qu'une peau de loutre ou de chat, donne de l'électricité résineuse. Qu'on la frotte avec de la laine, de la soie ou des fourrures, la résine donne toujours de l'électricité résineuse. Chaque corps s'imprègne d'une des deux électricités en mouvement; mais tous les corps sont réciproquement résineux ou vitrés relativement à deux corps pris pour types, et occupant les deux extrémités de la chaine. D'une part, la résine et le verre; de l'autre, ainsi que nous l'avons indiqué déjà, l'oxygène et le potassium. (*V.* Introduction, p. 5.)

Sous le rapport des quantités ou des charges d'électricité que peuvent prendre les corps, on les a divisés en corps *idio-électriques* et corps *anélectriques*. Les corps idioélectriques reçoivent ou prennent directement de l'électricité par frottement; les corps anélectriques la reçoivent sans nul doute, mais ils la perdent au fur et à mesure qu'ils la reçoivent, étant ce qu'on appelle des *conducteurs*. Parmi les corps idioélectriques, autrement dits *isolants*, à des degrés divers toutefois, on a le verre, la résine, le soufre, la soie, les pierres précieuses, l'émeraude, la topaze, le diamant, etc.; parmi les corps anélectriques ou *conducteurs* se rangent l'eau, les terres, et particulièrement les métaux. En physique, on tire un heureux parti de ces propriétés diverses des corps, soit pour isoler et recueillir, à l'état de force active, l'un des deux fluides, et le faire agir instantanément, soit pour donner un libre cours à chaque fluide, et leur faire produire des actions continues et d'une certaine durée.

ÉLECTROPHORE (*fig.* 102). — Soit un plateau de résine à la surface duquel on développe l'électricité résineuse en le frottant vivement avec une peau de chat; si l'on applique sur ce plateau ainsi électrisé un disque en bois revêtu d'une feuille d'étain, et tenu à la main par un manche isolant par suite de l'action attractive de l'électricité résineuse accumulée sur la résine, l'électricité naturelle du disque en bois est décomposée, et l'électricité vitrée accumulée à la surface du disque contiguë à la résine, et en quantité d'autant plus grande que la résine est elle-même plus fortement chargée. La couche d'air qui sépare le gâteau de résine et le disque suffit, comme corps isolant, pour mettre obstacle à la réunion des deux fluides tant que leur tension n'est pas assez forte pour briser l'obstacle.

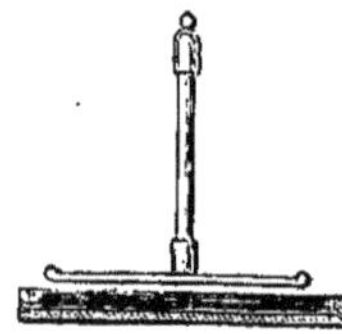

Fig. 102.

En cet état, si l'on touche avec le doigt la surface supérieure du disque, on en retire, avec bruit et production d'étincelle, l'électricité résineuse, et si on retire en même temps le disque et qu'on le porte au contact d'un corps conducteur, on en dégage l'électricité vitrée, capable d'enflammer un mélange de corps combustibles, ou de produire tel autre effet propre au fluide électrique en mouvement. L'électrophore est une machine électrique maniable et portative.

Bouteille de Leyde. — La bouteille de Leyde est un électrophore plus puissant et se maniant plus facilement que l'électrophore proprement dit. Comme le nom l'indique, c'est un appareil en verre ayant la forme d'une bouteille. A travers l'orifice (*fig.* 103) passe un conducteur métallique terminé par une boule. L'intérieur du vase est rempli de feuilles d'or, d'étain ou de clinquant : le conducteur métallique et le clinquant représentent l'armature intérieure de la bouteille. L'armature extérieure est représentée par une enveloppe métallique (feuille d'or ou d'étain) qui recouvre tout le corps de la bouteille. Le col, jusqu'à l'armature sortant de l'intérieur, est enduit d'un vernis de résine qui doit être partout d'une égalité parfaite. Pour charger la bouteille, on la met en communication par la boule avec les conducteurs d'une machine électrique. On peut tenir la boule au contact du conducteur ou l'en éloigner de quelques centimètres. Dans ce dernier cas, on juge, par le petillement et l'éclat des étincelles, du degré de charge que l'on donne à la bouteille, car c'est l'électricité vitrée du conducteur de la machine qui s'accumule sur l'armature intérieure de la bouteille représentée par la tige de cuivre et la surface des feuilles de clinquant. Cette électricité vitreuse, accumulée, décompose l'électricité naturelle du vase et de l'armature extérieure, attire et retient à la surface extérieure du vase l'électricité résineuse, et refoule ou repousse, au contraire,

Fig. 103.

à travers l'armature extérieure et la main qui sert de conducteur, l'électricité vitrée. La bouteille reste ainsi chargée jusqu'à ce que, mettant en communication, par un conducteur, l'armature intérieure avec l'armature extérieure, on provoque l'étincelle de décharge, et par conséquent la reconstitution des deux électricités. Mais, l'électricité vitrée étant accumulée sur l'armature intérieure, on conçoit que c'est cette électricité que l'on peut transporter et faire écouler, à son gré, à travers des conducteurs donnés. La bouteille de Leyde a cet avantage qu'on peut la charger à des degrés divers, selon la quantité d'électricité dont on a à faire usage pour déterminer des combinaisons ou, au contraire, des décompositions chimiques.

Pile électrique. — L'électrophore et la bouteille de Leyde *dissimulent* l'électricité; ils la retiennent à l'état de déflagration instante, mais d'équilibre relatif. La pile, au contraire, est l'instrument propre à produire un écoulement constant et régulier des deux fluides, au fur et à mesure de leur séparation ou de la décomposition de l'électricité naturelle. Soient deux corps hétérogènes, une lame de cuivre et une lame de zinc; au seul contact des deux corps, leur électricité naturelle, décomposée, donnera, sur le cuivre, de l'électricité négative ou résineuse; et, sur le zinc, de l'électricité positive ou vitrée. Mettons le cuivre en communication avec le sol au moyen d'un conducteur non métallique, et demandons-nous de quelle quantité d'électricité restera chargée la lame de zinc superposée. Elle sera chargée de la quantité de fluide résineux séparé par l'action même du contact, proportionnelle, par conséquent, aux surfaces en rapport et à certaines conditions normales, la nature même des corps, leur température, etc. Au-dessus de la lame de zinc plaçons un corps conducteur, une rondelle de carton humide, celle ci se pénétrera à son tour de l'électricité libre en la lame de zinc, mais sans y rien ajouter, n'agissant que comme corps conducteur. Par-dessus la rondelle plaçons un nouveau couple cuivre et zinc, nous donnerons lieu à une nouvelle séparation d'électricité qui s'ajoutera à la première, le fluide vitré pour se rendre dans le sol, le fluide résineux pour opérer sur la lame de zinc une tension électrique double de la première, et ainsi de suite, alors que l'on superposera dix, cent éléments pour constituers la pile. Si, réunissant bout à bout et en sens inverse deux piles ainsi construites (*fig.* 104), on met leur pôle cuivre et leur pôle zinc en communication par des fils métalliques conducteurs, on obtient un courant libre d'électricité auquel on peut faire produire des actions chimiques pour ainsi dire inattendues. La force qui décompose l'électricité naturelle au contact prend le nom de *force électromotrice*, et les corps capables de produire ainsi de l'électricité sont dits *corps électromoteurs*.

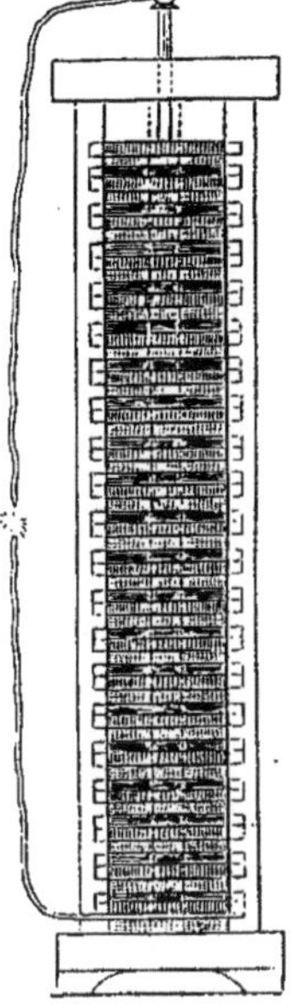

Fig. 104.

Nous avons reconstruit la pile la plus simple, celle qu'on a connue la première, mais ce n'est pas de la pile sèche et à colonne que l'on fait usage dans les laboratoires ou dans les ateliers de l'industrie; on se sert des piles à auges, dites de Zamboni, de Wollaston, de Bunsen, etc., piles dans lesquelles on fait intervenir les actions chimiques pour produire des courants de plus forte intensité. Le principe de construction est le même; seulement, aux effets de simple contact se substituent des actions plus instantanées et plus actives, les actions chimiques, sources comme inépuisables de chaleur et d'électricité.

Effets de la pile. — La pile était restée dans les cabinets de physique comme un simple objet de curiosité pour ainsi dire, quand, au commencement de ce siècle, sir Humphry Davy eut la pensée de la faire servir pour décomposer les corps qu'on appelait alors des alcalis ou des terres, et qui sont aujourd'hui pour nous des oxydes. Après la découverte de l'oxygène, après l'analyse et la synthèse de l'eau, c'était encore une révolution nouvelle en chimie. On apprit ainsi à isoler, à connaître les radicaux de la potasse, de la soude, de la lithine, de la chaux, de la baryte, de la magnésie, c'est-à-dire le potassium, le sodium, le lithium, le calcium, le baryum et le magnésium. Les corps binaires se classèrent à leur rang, et les corps quaternaires eux-mêmes, ou plus particulièrement les sels ou corps composés d'un acide et d'une base, s'analysèrent avec une précision de plus en plus rigoureuse.

Aujourd'hui, à quelles applications n'est pas adaptée la pile galvanique, depuis l'emploi que l'on en fait en physique pour produire des courants dans les électro-aimants (télégraphes électriques), jusqu'à ces décompositions et recompositions qui constituent toute une industrie nouvelle, la galvanoplastie! Et, malgré des difficultés contre lesquelles on lutte encore, comment ne pas espérer faire de l'électricité une force adjuvante, industriellement parlant, de la chaleur ; comment ne pas espérer même qu'elle ne nous donne, par la décomposition de l'eau, et la chaleur et la lumière dont nous avons une si grande dépense à faire pour nos industries diverses et les besoins de la vie commune elle-même? Ici on ne peut qu'attendre en toute confiance le progrès ; les ouvriers sont à l'œuvre, et par ce qui a été fait dans un demi-siècle, on peut pressentir ce qu'avec le temps le génie des sciences peut découvrir encore.

MAGNÉTISME

Le mot *magnétisme* vient de μαγνής, aimant. L'aimant est un oxyde de fer naturel (*V.* p. 391) qui jouit de la propriété d'attirer certains corps, le fer, le manganèse, le nickel, le cobalt, le chrome, absolument comme l'attraction attire ou précipite vers le centre de la terre toute matière pondérable. Il y a toutefois dans les deux phénomènes cette différence, que ce n'est pas par son centre qu'agit l'aimant, mais par ses extrémités qu'on appelle ses *pôles*. Et ce nom est emprunté à l'assimilation qu'on a faite des aimants à la terre, qui, par elle-même, possède et transmet l'action magnétique. La ligne de séparation des pôles prend le nom de *ligne moyenne*, et correspond à ce que l'on nomme l'équateur magnétique du globe.

Dans tout aimant les pôles de nom contraire s'attirent, et les pôles de même nom se repoussent. Le pôle *austral* d'un aimant se tourne vers le pôle boréal de la terre et, en sens inverse, le pôle *boréal* de l'aimant se porte vers le pôle austral de la terre. Telle est l'action de la boussole, qui, comme on le sait, n'est autre chose qu'une aiguille aimantée.

Il faut s'expliquer ces attractions et répulsions en sens contraires. On les a rencontrées déjà dans l'électricité, mais là, dans l'électricité, les actions se séparaient, il fallait éteindre l'une en quelque sorte pour donner naissance à l'autre. Ici, dans le magnétisme, les deux actions sont en puissance dans le même corps, elles ne s'en séparent pas, elles y sont comme inhérentes, et ne sont pas transmissibles par déplacement, ou passage d'un corps à un autre. En un mot, les corps magnétiques ne sont pas conducteurs.

Démontrons le fait par une expérience, car il a de l'importance pour fixer la théorie du magnétisme. Si l'on présente un barreau de fer à un aimant (*fig.* 105), il s'y attache et donne immédiatement, à son tour, des signes de magnétisme. De la limaille qu'on lui présente l'enveloppe soudain, mais, comme on le voit par la figure, en se hérissant à chacune des extrémités, et laissant à nu une ligne intermédiaire, absolument comme si, à côté de l'aimant, le fer était lui-même devenu un aimant. Et il est devenu tel, en effet, mais par influence. Détachez-le, séparez-le, l'aimant n'a rien perdu,

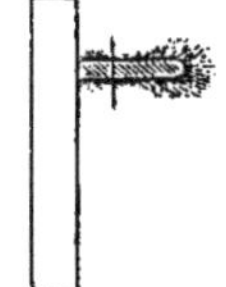

Fig. 105.

mais le fer n'a rien acquis et il vient de perdre toute action.

Comment expliquer ce phénomène de deux forces en équilibre et agissant par une sorte de tension en sens opposé? On se dit ou l'on conçoit que dans les corps naturellement ou artificiellement magnétiques, chaque atome pondérable, enveloppé ou pénétré d'un fluide naturel composé lui-même de deux fluides, a vu, par une force préalable, le magnétisme terrestre, ses deux fluides simples se séparer, et que ces deux fluides, qui se repoussent réciproquement, sont tenus à distance et séparés par la force décomposante elle-même, et qu'à leur tour ils jouissent, sur d'autres corps ou atomes, de la propriété de repousser le fluide de même nom et d'attirer le fluide de nom contraire. De telle sorte qu'étant donnée une chaîne d'atomes magnétiques, l'influence se transmet de proche en proche, et que la chaîne venant à se rompre ou à se diviser en deux, en trois, en mille parties, chacune de ces parties conserve deux pôles et une ligne moyenne. En d'autres termes, chaque atome d'aimant est un aimant propre, comme tout oxyde de fer magnétique est un aimant détaché de la terre, dont il a retenu et partage encore la puissance.

De longue date, les physiciens sont en possession d'un instrument précieux, qui leur permet de mesurer le magnétisme terrestre, d'en fixer les pôles comme aussi la ligne qui les relie, appelée *méridien magnétique*, et la ligne qui les sépare nommée *l'équateur magnétique*. Cet instrument, nous l'avons déjà nommé, c'est la boussole (*fig.* 106) *.

Muni de ces instrument, que l'on parte de Paris, par exemple, pour monter vers les régions du nord; à mesure qu'on avancera, on verra la boussole s'abaisser, *s'incliner*, faire un angle en un mot avec l'horizon, jusqu'à ce que, dans un cer-

(*) La boussole a été connue des Chinois longtemps avant notre ère. Il en est question dans plusieurs documents authentiques reproduits par Duhalde dans son Histoire de la Chine.

tain point, non très-éloigné du pôle boréal de la terre, elle devienne tout à fait verticale, formant avec l'horizon un angle de 90 degrés. Ce point correspondra au pôle magnétique boréal de la terre. En ce moment, ce point touche au cap Nord à l'extrémité occidentale de la Russie. Il fait un angle de 75° avec le pôle boréal de la terre.

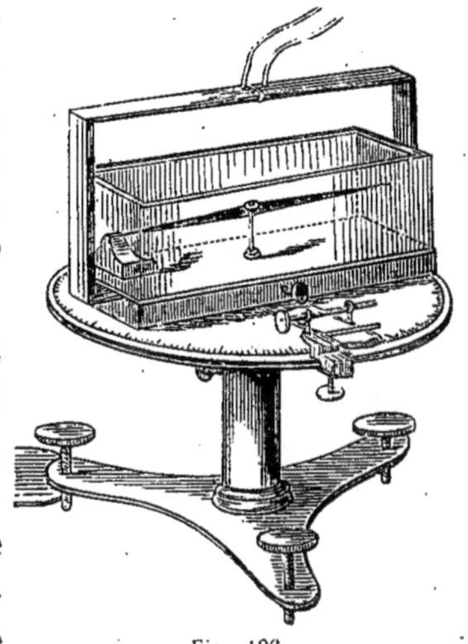

Fig. 106.

Si, marchant dans un sens opposé, de Paris l'on redescend vers le sud, il arrivera un point, ou mieux une ligne où la boussole d'inclinaison prendra une direction absolument horizontale ou parallèle à l'horizon : ce sera l'équateur magnétique. Cette ligne se trouve représentée sur les cartes par un cercle équatorial qui fait un angle de 12 à 13° avec l'équateur terrestre et qui le coupe, d'une part, à l'ouest de la côte occidentale d'Amérique, vers l'île Galego; et, d'autre part, vers la côte occidentale d'Afrique, en s'inclinant au sud, dans la partie de l'océan Atlantique qui sépare ces deux points. Quant au pôle austral, bien que non rigoureusement déterminé, il paraît devoir être placé entre le 60° et 61° degré de latitude sud. Là, en effet, l'aiguille aimantée reprend à nouveau la direction verticale, mais en sens opposé du renversement éprouvé dans la région septentrionale.

L'axe des pôles magnétiques ne correspond pas à l'axe de rotation de la terre. D'après des observations suivies déjà depuis de longues années, il s'en est détourné, soit à droite, soit à gauche, à l'orient ou à l'occident, et c'est ce qu'on nomme la déclinaison de l'aiguille aimantée. En France, l'aiguille qui déclinait d'abord vers l'est d'environ 12°, s'est rapprochée ensuite du pôle. En 1664, la déclinaison était nulle. Depuis, l'aiguille a marché vers l'ouest jusqu'à 22°. En ce moment, elle se rapproche à nouveau du pôle.

Les variations de la boussole sont chaque jour, et dans les diverses contrées du monde civilisé, l'objet d'une observation particulière, et l'on en tient registre comme des variations du thermomètre et du baromètre. Chose remarquable, l'aiguille aimantée a ses variations horaires comme le baromètre, et il est à croire, par conséquent, que l'élévation ou l'abaissement du soleil à l'horizon n'est pas sans action sur le magnétisme terrestre.

La terre exerce une action continue, bien que peu sensible et lente, sur tous les corps magnétiques. Cette observation fut faite, pour la première fois, vers la fin du seizième siècle, par un nommé Jules César, chirurgien de Rimini. Une barre de fer, qui avait servi à soutenir une construction en briques sur le soumet d'une tour de l'église de Rimini, lui donna tous les signes d'un aimant avec sa ligne moyenne et ses pôles. Gassendi, vers 1630, fit une remarque semblable sur la croix du clocher de Saint-Jean d'Aix, et aujourd'hui le fait est réputé hors de toute incertitude. Une simple aiguille à coudre donne parfois des signes d'aimantation. Pour aimanter des fils de fer, il suffit de les tenir dans une position verticale et de les tordre sur eux-même un à un jusqu'à les rendre roides et cassants. Ils contractent chacun à part des propriétés magnétiques, et, si on les réunit en faisceaux, on peut en former de véritables barreaux aimantés, qui servent à leur tour à en aimanter d'autres par influence ou par frottement.

Les corps qui reçoivent le mieux l'aimantation sont les barreaux d'acier. Le degré de trempe n'est pas indifférent, il ajoute au pouvoir magnétique de l'acier. On admet que le fluide naturel est retenu par les atomes, ou dans leurs interstices, par une force spéciale à laquelle on donne le nom de *force coercitive.*

Le fluide naturel décomposé, chacun des fluides qui le compose est lui-même retenu en équilibre dans les pôles de l'aimant artificiel par une autre *force coercitive*, de même ordre que la première sans doute, mais sans que l'on puisse dire qu'elle soit absolument la même. Alors que l'acier n'a pas partout la même constitution moléculaire, l'aimantation peut y développer ce que l'on nomme des points *conséquents*, c'est-à-dire des interruptions ou des ressauts dans la distribution du magnétisme. Un barreau régulièrement aimanté n'a que deux pôles, l'un qui exerce une action attractive, l'autre une action répulsive. Si, par des points alternants, il exerce ici l'attraction, plus loin la répulsion, puis encore une attraction, c'est que l'aimant a un point conséquent, et il peut en avoir plusieurs et exercer un nombre d'autant plus grand d'attractions et de répulsions alternatives. Mais, par des soins et des modes d'aimantation bien entendus, on peut, soit éviter ces points conséquents, soit même les faire disparaître alors qu'ils se sont formés accidentellement.

Tous les corps sont-ils, à des degrés divers, soumis aux actions magnétiques, ou ne faut-il ranger dans cette classe que ceux qui, comme le fer, le manganèse, le nickel, le cobalt et le chrome, prennent sous nos yeux des signes manifestes d'aimantation? La question est d'un grand intérêt, mais d'une solution difficile. Coulomb, à qui l'on doit des recherches si précieuses sur le magnétisme, pensait que tous les corps sont affectés par les aimants, mais que le fait ne peut être constaté qu'au moyen des instruments les plus délicats. Hansteen, dit Berzélius, a prouvé, par des expériences fort ingénieuses, que tous les objets situés à la surface du globe jouissaient de la polarité magnétique. Il a reconnu, en effet, que près de terre, l'aiguille aimantée exécute, dans un temps donné, des oscillations plus nombreuses au côté septentrional qu'au côté méridional d'un objet quelconque, par exemple, d'un arbre ou d'un poteau; tandis qu'au côté méridional de l'extrémité supérieure de l'arbre ou du poteau, elle oscille plus rapidement qu'au côté boréal, ce qui indique une faible polarité magnétique dans ces objets. Tous ont le pôle boréal en bas et le pôle austral en haut. Nul doute, par conséquent, que toutes les parties de la terre ne participent à la répartition générale du magnétisme. Il a été fait, ajoute l'illustre chimiste, plusieurs expériences pour montrer que la polarité magnétique produit des effets chimiques. Hansteen et Maschmann ont réduit des dissolutions d'argent par le mercure dans des tubes en syphon, et reconnu que quand les branches du tube étaient parallèles au méridien magnétique, l'argent donnait toujours des cristaux plus nombreux et mieux formés dans la branche septentrionale que dans la branche méridionale, où il était mêlé avec du sel mercuriel. Lorsqu'on tournait la branche du tube vers l'est ou l'ouest, la réduction s'opérait avec beaucoup plus de lenteur, et le métal réduit se trouvait à la même hauteur dans les deux branches. On a produit des effets semblables au moyen des aimants artificiels; le résultat a toujours été que l'argent se séparait en bien plus grande quantité sur le pôle austral. Murray a fait des expériences analogues en plongeant des fils de fer dans de faibles dissolutions d'argent : tant que le fil métallique n'avait point acquis la polarité, il ne se réduisait point d'argent; mais dès qu'on plaçait un aimant dans le voisinage, la réduction s'opérait sur-le-champ.

Malgré ces recherches et l'intérêt qui s'y rattache, c'est encore presque exclusivement dans le domaine de la physique que l'étude du magnétisme offre aux esprits investigateurs un légitime espoir d'heureuses découvertes.

ÉLECTRO-MAGNÉTISME (ÉLECTRO-DYNAMISME).

Les forces que l'on a rapportées à des agents physiques réagissent les unes sur les autres. La chaleur, en de certaines limites, produit de l'électricité, et elle peut détruire le magnétisme. L'électricité, à son tour, développe du magnétisme, et les courants électriques exercent sur les aimants, et les aimants exercent sur les courants des actions remarquables, dont l'étude a donné naissance à une branche aujourd'hui très-développée de la physique, l'*électro-dynamisme* ou *électro-magnétisme*.

Phénomènes thermo-électriques. — On a vu que le simple contact de corps hétérogènes donne lieu à un développement d'électricité. Une différence dans la température de ces corps ajoute à la puissance électro-motrice. On a construit des piles dites *thermo-électriques*, dans lesquelles les courants sont produits par la chaleur seule, ou par les actions moléculaires déterminées elles-mêmes par une distribution inégale de chaleur entre les éléments constitutifs de la pile. Les éléments, bismuth et cuivre, bismuth et antimoine, platine et fer, sont ceux qui se prêtent le mieux à la construction des piles thermo-électriques. Les éléments réunis par une soudure sont alternativement chauffés ou refroidis dans des vases de terre qui contiennent, les uns de la glace pilée, les autres de l'eau chauffée à 60° ou 80°. On détermine ou l'on mesure la force du courant par l'action qu'il produit sur une aiguille aimantée. Son intensité est en rapport avec le nombre d'oscillations de l'aiguille. D'après cette action des courants thermo-électriques sur l'aiguille aimantée, on a construit un instrument qui permet d'apprécier les plus faibles différences de température dans les corps conducteurs de la chaleur; on l'appelle *thermo-multiplicateur*. Melloni en a fait, comme nous l'avons vu, le plus heureux usage dans les déterminations qu'il a données des pouvoirs émissifs ou absorbants de la chaleur par les corps athermanes et diathermanes. D'après les mêmes principes, ont été construits la *pince thermo-électrique* de Peltier, qui sert à prendre la température des corps solides, et le *pyromètre thermo-électrique* de M. Pouillet, qui est propre à mesurer les plus hautes températures.

La chaleur détruit le magnétisme, mais à quelles limites? L'expérience a montré, pour les aimants naturels et aussi pour les aimants artificiels, en général, qu'ils perdent tout magnétisme au rouge blanc, et que si, par une aimantation nouvelle, ils peuvent redevenir magnétiques, ce n'est jamais au degré prmitif. Leur force coercitive est changée; les aimants artificiels ou les barres d'acier peuvent seuls la recouvrer, mais par une trempe nouvelle et qui les reconstitue dans leur état premier. Effet assez remarquable et que l'on pouvait peut-être prévoir, ce n'est pas instantanément que se fait, à la chaleur du rouge blanc, la perte du magnétisme; cette perte est graduelle ou en rapport avec l'accroissement de la température. Ainsi, si l'on porte successivement un aimant ou un barreau aimanté à des degrés de plus en plus élevés de chaleur, et qu'à chaque reprise, après refroidissement, on en essaye l'action sur l'aiguille aimantée, on lui voit produire un nombre décroissant d'oscillations, ce qui prouve que le magnétisme y décroît dans la même proportion. Le physicien Kupffer a montré qu'une aiguille aimantée plongée à diverses reprises dans l'eau bouillante, où elle restait à chaque fois dix secondes, perdait graduellement une partie de son magnétisme, mais que cette perte même avait ses limites dans celles de la température, puisque, après la sixième immersion, l'aiguille conservait définitivement une force magnétique constante.

La limite de température à laquelle les corps cessent d'être magnétiques n'est pas la même pour tous. Ainsi, d'après les expériences de M. Pouillet :

Le cobalt ne cesse jamais d'être magnétique, ou plutôt sa limite magnétique est à une température plus haute que le rouge blanc le plus éclatant;

Le chrome a sa limite magnétique un peu au-dessous de la température rouge sombre;

Le nickel a sa limite magnétique vers 350°, à peu près à la température de la fusion du zinc;

Le manganèse, enfin, a sa limite magnétique à la température de 20° à 25° au-dessous de 0°.

Ces différences semblent indiquer, dit le savant physicien à qui nous empruntons ces chiffres :

1° Que la chaleur n'agit sur le magnétisme que par la distance plus ou moins grande qu'elle détermine entre les atomes des corps;

2° Que toutes les substances deviendraient magnétiques si l'on pouvait, par une action quelconque, rapprocher leurs atomes à une distance convenable;

En d'autres termes, ajouterons-nous, que l'arrangement moléculaire ou que l'agrégation atomique est une condition essentielle de la production ou de la manifestation de la force appelée *magnétisme*.

Phénomènes electro-magnétiques. — L'action réciproque de l'électricité sur le magnétisme ou du magnétisme sur l'électricité, en d'autres termes, l'action des courants électriques sur les aimants, et réciproquement des aimants sur les courants, est une des parties les plus intéressantes de la physique. C'est dans les livres spéciaux, et particulièrement dans l'ouvrage d'Ampère intitulé : *Théorie des phénomènes électro-dynamiques*, qu'il faut en prendre connaissance. Sur ces sujets si vastes nous ne pouvons donner que des indications rapides.

On avait toujours été tenté de rapprocher les phénomènes du magnétisme de ceux de l'électricité. De part et d'autre, deux fluides de nom contraire qui s'attirent, deux fluides de même nom qui se repoussent; il devait y avoir sinon des similitudes, au moins des rapports entre des causes et des effets de même ordre.

Œrsted, physicien suédois, fit, en 1820, la découverte capitale qui ouvrit un nouveau champ de recherches aux savants. Il constata l'action de l'électricité sur la boussole, mais dans une condition déterminée, unique, alors que les fluides sont mis en circulation ou en mouvement. Et l'action qui se manifeste alors n'est ni une attraction ni une répulsion, c'est une direction donnée à l'aiguille. La force agissante est une force directrice : on l'appelle la force *électro-magnétique*.

Répétons ou rappelons quelques expériences. Alors que l'on fait agir un courant fermé, celui d'une pile quelconque sur une aiguille aimantée librement suspendue à un fil sans torsion, on voit l'aiguille s'agiter, osciller quelques instants, puis prendre une direction fixe, qu'elle ne perd plus tant qu'elle reste sous l'influence du même courant. Mais le courant lui-même agissant, c'est-à-dire les fils conducteurs étant placés au-dessus ou au-dessous de l'aiguille, et le sens du courant relativement à son pôle positif étant dirigé du sud au nord ou du nord au sud, l'aiguille prend, selon les cas, des positions différentes. Elle *se tourne* (c'est le mot à employer) absolument comme si elle recevait une direction imprimée par une main invisible.

Pour interpréter et suivre ces mouvements assez compliqués, Ampère a eu l'ingénieuse idée de représenter le courant par un homme qui marche, ou plutôt qui vole dans une direction horizontale. Ainsi animé, le courant a une *tête*, des *pieds*, une *droite* et une *gauche*. Alors que le courant fuit du sud au nord, la tête ou le pôle positif dans le méridien de l'aiguille aimantée, l'aiguille se met en croix avec lui, son pôle boréal à gauche; si le courant retourné court en sens inverse, l'aiguille fait une pirouette sur elle-même et tourne son pôle boréal à droite. Au-dessus et au-dessous de l'aiguille, le courant agit de même en forçant les pôles de l'aiguille à se conformer à sa marche. Imaginez, et l'expérience a été simple à établir, imaginez un aimant en suspension dans un liquide (le mercure) capable de transmettre le courant dans une ligne incessamment brisée, selon qu'on le fera pénétrer dans le liquide par un sens ou par l'autre, c'est-à-dire à reculons ou de front, par la tête ou par les pieds, on le fera tourner et très-vivement sur lui-même, de droite à gauche, ou de gauche à droite.

Les faits que nous rappelons sont précis, démontrés par l'expérience, et les aimants à leur tour agissent sur les courants comme les courants agissent sur les aimants, et la terre, en particulier, exerce, comme aimant, son action sur l'électricité en mouvement, à tel point qu'il faut en neutraliser l'action permanente quand on veut établir des systèmes réguliers d'expériences. Comment s'expliquera-t-on ces actions réciproques, comment se rendra-t-on les phénomènes saisissables, car il faut des théories pour rattacher les effets à leurs causes?

Un ingénieux physicien, M. Schweiger, avait imaginé un instrument qu'on appelle *galvanomètre* ou *multiplicateur*, et qui permet de centupler ou mieux de multiplier comme indéfiniment la force *électro-magnétique*. Cet instrument est une hélice contournée sur un manchon quelconque en bois, en verre, qui n'est pas par lui-même magnétique. Autant de tours fait l'hélice autour du manchon, autant de fois le courant qui la traverse agit sur l'aiguille aimantée, car, nous l'avons dit, la force électro-magnétique est une force directrice, et son intensité est en raison du nombre d'atomes matériels agissant chacun selon leur place, chacun selon la distance où ils se trouvent du corps d'épreuve. Par l'expérience comme par le calcul, les physiciens (Laplace, Biot, Savart) ont établi que la force électro-magnétique, composée d'un système d'atomes, agit en raison inverse de la simple distance, et que la même force élémentaire, ou celle qui est exercée par une seule section du courant, est en raison inverse du carré de la distance, comme toutes les autres forces connues.

Le multiplicateur étant donné, on possède un moyen d'une sensibilité merveilleuse pour augmenter l'intensité des courants; pour déceler, par conséquent, les moindres traces de l'électricité en mouvement, et aussi pour produire l'aimantation dans les corps susceptibles de la recevoir, car l'électricité en mouvement développe le magnétisme.

Enroulez un fil de métal enduit de soie isolante sur un tube de verre, introduisez dans le tube une aiguille, et faites passer d'une extrémité à l'autre du fil de l'hélice un courant électrique; au moment du passage de l'électricité, l'aiguille sera aimantée, et elle conservera à jamais son aimantation.

La rapidité avec laquelle le phénomène se produit rappelle l'action de l'éclair, qui intervertit les pôles de la boussole et la met hors de service. La force électro-magnétique est ici bien supérieure à la résistance opposée à l'aimantation par la *force coercitive.*

Mais selon que l'hélice s'enroule à droite (hélice *dextrorsum*) ou à gauche (hélice *sinistrorsum*), le pôle austral de l'aiguille, celui qui, l'aiguille libre, regarde le pôle boréal de la terre, occupera une extrémité différente.

L'hélice *dextrorsum* donnera le pôle austral de l'aiguille du côté de l'extrémité positive (tête du courant), et l'hélice *sinistrorsum* donnera le même pôle du côté de l'extrémité négative (pieds du courant). La même hélice, tournée en sens contraire, donnera autant de points conséquents qu'on aura renversé de fois les tours de l'hélice, et si l'on pouvait réaliser deux hélices se contrariant en chaque point, elles se neutraliseraient complétement et ne prendraient pas d'aimantation.

Ces faits n'ont point étonné la science d'Ampère; ils n'ont fait que donner l'éveil à son génie pour en chercher l'explication. S'inspirant de considérations hypothétiques sans doute, mais de la nature de celles qui guident les géomètres quand ils veulent appliquer le calcul aux phénomènes visibles, Ampère a imaginé, disons plutôt a conçu, que dans les aimants les atomes étaient enveloppés par un courant circulaire dont l'axe pouvait être considéré comme l'axe même de l'aimant.

La figure ci-jointe *a b*, qui est un solénoïde, donne une idée de ce mouvement de circulation, qui serait indéfini, si l'aimant était lui-même indéfini.

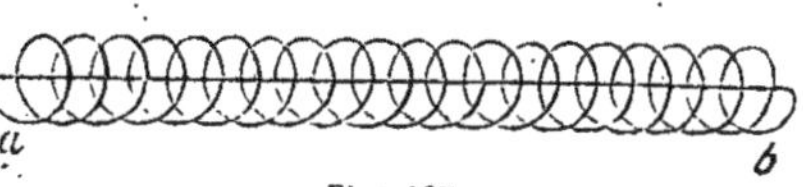
Fig. 107.

Il y a peut-être là, pour le dire en passant, comme un élément d'un tourbillon de Démocrite ou de Descartes, avec une différence toutefois, c'est que, simple expression des faits, la théorie d'Ampère n'ira jamais au delà de ce que peut réaliser l'expérience.

Examinons un solénoïde et voyons comment se propage un mouvement imprimé, ou, si l'on veut, oscillant dans un sens ou dans l'autre. Remarquons-le d'abord, il est deux sortes de solénoïdes ou d'hélices, l'hélice *dextrorsum*, dont la vis s'enroule de droite à gauche, comme le tire-bouchon ou la vis ordinaire, et l'hélice *sinistrorsum*, dont les tours sont en sens opposé, ou de gauche à droite. Faisons circuler un courant dans un solénoïde enroulé autour d'un cylindre creux, et aimantons de la sorte une aiguille-boussole placée dans son intérieur. Il est évident, d'après ce que nous avons dit, que selon le sens d'entrée et de sortie du courant, selon l'action produite de droite à gauche ou de gauche à droite, l'aiguille recevra son aimantation en sens contraire, qu'elle prendra son pôle boréal à l'une ou l'autre de ses extrémités. Nous rappelons que si le courant va du sud au nord, au-dessus de l'aiguille aimantée, celle-ci se met en croix avec lui, le pôle boréal à gauche; que si l'aiguille agit au-dessous, le pôle boréal tourne à droite; que si le courant agit à droite ou à gauche dans la direction de l'aiguille, il attire inversement les deux pôles. Or, d'une part, le courant entrant dans un solénoïde peut être dirigé du sud au nord, ou du nord au sud, selon qu'il est introduit par une extrémité ou par l'autre, le solénoïde étant placé dans le méridien magnétique; de l'autre, selon que le circuit du courant passe dans une hélice *dextrorsum* ou dans une hélice *sinistrorsum*, il réalise la condition indiquée ci-dessus d'un courant qui agit de droite à gauche ou de gauche à droite.

La terre, avons-nous dit, peut être considérée comme un aimant. A ce titre, elle reçoit et transmet, selon certaines directions, des actions électro-dynamiques. Eh bien, sur la ligne de l'équateur magnétique, le courant que l'on appelle courant moyen de la terre est dans un plan vertical, mais dans tous les autres lieux, il est plus ou moins incliné. On le démontre en physique par des expériences très-nettes et qui font voir que le courant moyen de la terre est dirigé de l'est à l'ouest, et que pour chaque lieu, le courant terrestre est dans un plan perpendiculaire à l'aiguille d'inclinaison.

Or, la théorie est ainsi vérifiée par les applications. Qu'est-ce que le courant moyen de la terre, sinon la résultante de tous les courants parallèles à l'équateur magnétique; et que peuvent être les courants ascendants ou descendants, s'ils ne sont aussi les résultantes des courants de même ordre, perpendiculaires à l'aiguille d'inclinaison? Le solénoïde seul peut représenter l'assemblage de tels courants, et, la marche ou la direction du courant électro-dynamique terrestre établie, toutes les autres actions magnétiques s'en déduisent virtuellement; elles en sont les résultats immédiats, les conséquences nécessaires.

Il reste à se demander si les forces magnétique ou électro-magnétique interviennent dans les actions chimiques, et si les actions chimiques développent elles-mêmes des effets de magnétisme ou d'électro-magnétisme. Cela n'est pour ainsi dire pas douteux; mais ces actions toutes réciproques sont si fugitives, si peu saisissables, qu'on a pu, jusqu'ici du moins, en tenir peu de compte. Nous ne voulons, nous ne pouvons omettre toutefois de rappeler que dans les phénomènes physiques, et aussi sans doute dans les phénomènes physiologiques, toutes les *forces* agissent en quelque sorte simultanément, bien que, selon les cas, ce soit particulièrement à l'une d'elles que l'on attribue plus spécialement les effets que l'on a en vue de manifester. Ainsi, il n'y a pas longtemps qu'un savant physicien anglais, M. Grove, entreprit de donner une démonstration manifeste de ce fait établi en principe et qu'il y réussit pleinement. Voici l'expérience telle qu'il l'institua.

« Une plaque daguerrienne sensible est placée dans une caisse en bois remplie d'eau, fermée d'un côté par une plaque en verre recouverte d'un écran. Entre le verre et la plaque est un treillis en fil d'argent; la plaque est en communication avec une des extrémités d'un galvanomètre, et le treillis en fil avec le bout d'une hélice de Bréguet, — élégant instrument formé par un ruban composé de deux métaux, dont l'inégale impressionnabilité indique les moindres changements de température; — les autres extrémités du galvanomètre et de l'hélice sont unies par un fil, et les aiguilles amenées à zéro. Aussitôt qu'en soulevant l'écran on laisse arriver sur la plaque la lumière du jour ou une lumière artificielle, les aiguilles sont défléchies. La *lumière* étant une force initiale, on obtient — une action chimique sur la plaque, — de l'*électricité* qui circule dans les fils, — du *magnétisme* dans le galvanomètre, — de la *chaleur* dans l'hélice, — du *mouvement* dans les aiguilles. »

Il faut descendre dans les infiniment petits, si l'on veut se faire une juste idée, et des mouvements atomiques de la matière, et des forces diverses coexistantes et corrélatives peut-être qui les produisent.

INDUCTION. — M. Faraday découvrit, en 1832, les phénomènes d'*induction*. Si l'électricité en mouvement agit sur les aimants, et si, dans un aimant, la force motrice peut être représentée par un fluide circulant, comme en un solénoïde, il était naturel de penser, et l'on ne tarda pas à embrasser cette idée, que le fluide électrique lui-même était l'agent moteur circulant dans les corps doués de magnétisme. La difficulté était de réaliser les expériences propres à confirmer l'hypothèse. M. Faraday y parvint en faisant agir un courant voltaïque circulant dans un fil d'une grande longueur (deux à trois cents mètres), à une très-petite distance d'un circuit formé lui-même par un fil métallique d'un développement considérable en communication avec un galvanomètre. Au moment où, par l'action de la pile, le courant parcourt le premier fil, un courant en sens *inverse* se produit dans le second : le galvanomètre l'accuse par une déviation de l'aiguille. Si, l'aiguille du galvanomètre étant au repos, on interrompt le courant donné par la pile, à l'instant une nouvelle déviation de l'aiguille indique que le courant du second fil a changé de direction ; que d'*inverse* qu'il était au premier courant, il est revenu *direct* ou dirigé dans le même sens que lui.

Les propositions suivantes résument les résultats obtenus :

1° Un courant qui commence fait naître dans un circuit voisin un courant de sens contraire au sien ;

2° Un courant qui finit fait naître dans un circuit voisin un courant de même sens que le sien ;

3° Un courant qui s'approche d'un courant agit comme un courant qui commence ;

4° Un courant qui s'éloigne d'un courant agit comme un courant qui finit.

On nomme *courant inducteur* le courant voltaïque ordinaire, qui agit par influence, et *courant induit* celui qui apparaît comme un effet de l'influence exercée.

Mais, si le courant qui circule dans un aimant est un courant galvanique *direct* ou *induit*, il doit lui-même, et selon les circonstances, agir en sens divers sur un courant voisin ou mis avec lui dans les conditions possibles d'une action réciproque, c'est ce que l'expérience a vérifié.

1° Un aimant qui s'approche fait naître dans un circuit voisin un courant contraire à celui du solénoïde de révolution auquel l'aimant peut être assimilé;

2° Un aimant qui s'éloigne fait naître un courant inverse du précédent, c'est-à-dire direct par rapport au courant de l'aimant;

3° Un aimant qui entre en action ou qui se forme fait naître des courants comme un courant qui commence;

4° Un aimant dont l'action s'éteint et qui se détruit fait naître des courants comme un courant qui finit.

Une loi dite *loi de Lenz*, du nom du physicien qui l'a découverte, relie entre eux tous ces phénomènes; en voici la formule :

Le courant développé dans un circuit qui se déplace par rapport à un courant voisin, est toujours en sens inverse de celui qui eût dû cheminer dans le circuit en question, pour que le déplacement effectué eût pu être produit par l'action mutuelle des deux courants.

M. Faraday en a fait la remarque, un fil métallique est composé d'une infinité d'autres fils plus petits juxtaposés, et qui ont chacun leur courant propre. Or, ces courants, au lieu d'une action commune, peuvent avoir leur action propre. Ils peuvent s'*induire*, s'affaiblir, s'annihiler en quelque sorte.

Mais la proposition inverse est non moins vraie, et en se superposant les uns aux autres, les courants peuvent s'accroître d'une action commune et augmenter ainsi d'intensité.

L'expérience a fait constater que, par instantanéité d'action, les effets d'induction peuvent être portés à une énergie extrême, et telle qu'avec des hélices en fils très-fins enserrées sur une bobine isolante, on puisse obtenir les effets des piles

les plus fortes ou des machines électriques de la plus grande dimension. C'est d'après ces principes qu'ont été construites successivement les machines de Masson, de Ruhmkorff, de Pixii, de Clarke, avec lesquelles on obtient des effets d'une puissance bien supérieure à celle des piles ordinaires à courant constant, et qui ont pour principe d'action les décompositions chimiques. Ces machines ont aujourd'hui pris place non pas seulement comme objets de curiosité dans les cabinets de physique, mais dans les ateliers industriels et dans les bureaux de télégraphie. La machine de Clarke, en particulier, est aujourd'hui appliquée, dans les cabinets de consultation médicale, au traitement de toutes les maladies musculaires ou nerveuses. Le temps dira si, comme tant d'autres panacées accueillies à la première heure, elle mérite de si hautes et si exceptionnelles faveurs. . . . .

LUMIÈRE

Les physiciens ont donné deux théories sur le mode de propagation de la lumière. Dans la première, appelée *système de l'émission*, et qui remonte à Newton, la lumière est considérée comme une matière ténue émanant du soleil, émise par lui, et qui se meut ou s'irradie dans l'espace avec une vitesse qui n'est pas moindre de 74,000 lieues ou 296 millions de mètres par seconde. Dans la deuxième, dite *système des ondulations*, et qui a pour promoteur Descartes, la lumière est assimilée au son, et attribuée aux vibrations de l'éther ou de la substance éthérée que l'on suppose être le milieu même dans lequel la matière *impénétrable* est plongée. Chacune de ces théories a sa valeur pour expliquer les faits, mais le système des ondulations est peut-être celui qui en rend le mieux compte. Il est généralement adopté aujourd'hui.

Composition de la lumière. — Lorsqu'on fait passer un rayon de lumière solaire à travers un prisme, et que l'on recueille, à certaine distance, sur un écran, le faisceau qui en sort plus ou moins réfracté, on obtient une image épanouie (spectre) composée de sept couleurs distinctes, entrecoupées elles-mêmes de nuances ou de raies diverses. Ces sept couleurs, en allant du rayon visible le plus réfracté à celui qui l'est le moins, sont les suivantes : violet, indigo, bleu, vert, jaune, orangé, rouge.

En dehors du spectre, en deçà du rayon violet comme au delà du rayon rouge, il existe d'autres rayons non visibles, qui donnent des signes non équivoques de chaleur (rayons calorifiques), ou qui sont capables de produire certaines réactions (rayons chimiques). Nous aurons à revenir à ces deux sortes de rayons; arrêtons-nous d'abord aux rayons lumineux ou diversement colorés.

Chacune des nuances isolées ou tranchées du spectre est une couleur simple dite *primitive*. On le démontre en physique par l'inégale réfrangibilité des nuances, et par la reconstitution même de la lumière blanche lorsqu'on fait concourir en un même point toutes les nuances ou couleurs du spectre. On accomplit ainsi sur la lumière ce que l'on accomplit en chimie sur les matières pondérables. On en fait l'analyse et la synthèse.

Mais il faut prendre une juste idée de ce qu'on appelle les couleurs du spectre. Il n'y a rien d'absolu dans chacune d'elles; elles sont de simples résultantes d'anneaux diversement réfrangibles ou colorés, superposés les uns aux autres. Pour chaque nuance, selon qu'on agit sur les rayons moyens ou les rayons extrêmes, on obtient des réfrangibilités différentes. Et pour reconstituer la lumière blanche, il faut réunir les faisceaux colorés dans des *proportions naturelles*, c'est-à-dire relativement conformes aux colorations données par la décomposition de la lumière blanche à travers le prisme. En supposant les sept couleurs étalées sur un cercle C (*fig.* 108), elles y occupent les espaces marqués par les lettres *ro*, *oj*, *jv*, *vb*, *bi*, *iu*, *ur*. Or,

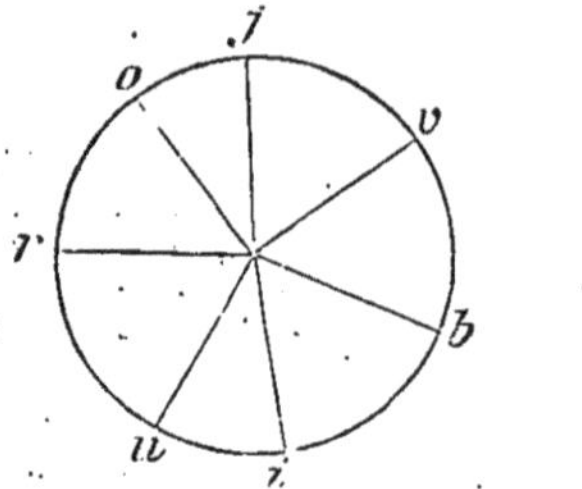

Fig. 108.

ro = 60°, 45′,34″
oj = 34, 10,38
jv = 54, 41, 1
vb = 60, 45,34
bi = 54, 41, 1
iu = 34, 10,38
ur = 60, 45,34.

Newton a donné le premier les règles à suivre pour recomposer avec les sept couleurs primitives toutes les nuances qui peuvent résulter du mélange de plusieurs d'entre elles. Il est évident, en effet, que si le blanc résulte des sept couleurs simples réunies, la soustraction de l'une de ces couleurs produira une nuance nouvelle quelconque. Enlevez le rouge du spectre et réunissez en un seul faisceau les six autres couleurs ou rayons, vous obtiendrez une teinte bleuâtre; à cette teinte il ne manquera que du rouge pour reconstituer le blanc.

Toutes les fois que mêlées ensemble les couleurs produisent du blanc, elles sont dites *complémentaires* l'une de l'autre. Il n'y a pas de couleur qui n'ait ainsi sa couleur complémentaire, car si elle n'est pas blanche, c'est qu'il lui manque seulement quelques-uns des éléments de la lumière blanche, et ces éléments forment sa couleur complémentaire. Dans le cercle que nous avons tracé et qui représente le spectre solaire, deux couleurs simples consécutives donnent, par leur mélange, une nuance intermédiaire; deux couleurs distantes d'un rang donnent la couleur qui les sépare, et deux couleurs distantes de deux rangs donnent également l'une des nuances qui les séparent, mais cette nuance est comme si elle était adoucie par une certaine quantité de blanc.

Exemples :

1° Le rouge et l'orangé donnent (selon la prédominance de

l'une des couleurs) un rouge plus voisin de l'orangé ou un orangé plus voisin du rouge;

2° Le rouge et le jaune donnent de l'orangé; l'orangé et le vert donnent du jaune; le jaune et le bleu donnent du vert; le vert et l'indigo donnent du bleu; le bleu et le violet donnent de l'indigo;

3° Le rouge et le vert donnent du jaune ou de l'orangé pâle; l'orangé et le bleu donnent du jaune ou du vert pâle, etc.

M. Chevreul, le savant directeur de la manufacture des Gobelins, a construit, d'après ces principes, ce qu'il a appelé des gammes chromatiques, qui servent de guide aujourd'hui non-seulement aux teinturiers et aux imprimeurs sur étoffes, mais aux coloristes et aux peintres.

Au delà des couleurs visibles du prisme, la lumière, avons-nous dit, donne lieu, en se décomposant, à des rayons *calorifiques* et *chimiques*. C'est au premier Herschell qu'on doit cette découverte déjà pressentie par Rochon, à qui il ne manqua pour la faire que des instruments assez délicats. Herschell interposa dans les divers rayons du spectre et en dehors des rayons extrêmes des thermomètres à air d'une sensibilité excessive, et il constata que la chaleur allait croissant du rayon violet au rayon rouge, et qu'elle s'élevait encore au delà. Après Herschell, d'autres physiciens, parmi lesquels il faut nommer Bérard, trouvèrent ou placèrent le *maximum* de chaleur, ceux-ci dans le rayon rouge lui-même, ceux-là à sa limite, d'autres plus loin, à des distances diverses. Mais enfin Melloni parvint à lever toute incertitude et à rendre raison même des divergences de résultats obtenus par ses devanciers. Ceux-ci, sans exception, s'étaient servis, pour réfracter la lumière, de prismes en cristal de roche, c'est-à-dire composés d'une substance non complétement diathermane. En plus d'un cas, ils n'avaient pas tenu compte du point précis sur lequel tombait la lumière solaire incidente, et, par conséquent, de l'épaisseur des lames réfringentes qu'elle traversait. Or, disait Melloni, la lumière solaire n'est pas plus homogène que celle provenant de toute autre source terrestre. Elle se compose de rayons diversement absorbables. Le moyen, le moyen unique de saisir la véritable distribution des flux calorifiques dans le spectre, c'est de les réfracter par un prisme de sel gemme qui sépare les rayons calorifiques les uns des autres, en vertu de leur inégale réfrangibilité, sans absorber aucune portion sensible d'aucun d'entre eux. Et Melloni, se servant dans ses expériences d'un prisme en sel gemme, reconnaissait très-nettement, non-seulement que l'intensité calorifique va en croissant vers les parties du spectre les moins réfrangibles, comme on l'avait dit, mais qu'elle va encore en croissant beaucoup au delà des derniers rayons visibles, de manière que le *maximum* est séparé de ces derniers rayons, qui sont les rouges extrêmes, *par un intervalle considérable*, décelant ainsi, en quelque sorte, l'existence d'un flux calorifique propre, indépendant du flux lumineux.

Melloni a reconnu de même que la partie de beaucoup la moins transmissible du flux calorifique est située vers l'extrémité rouge du spectre, et qu'au contraire les rayons les plus transmissibles, ceux qui peuvent pénétrer plus profondément l'intérieur des substances diaphanes, sans s'éteindre dans les premières couches voisines de leur surface, sont les rayons calorifiques situés vers l'extrémité violette; de sorte que ces rayons sont aussi en même temps les plus réfrangibles.

De nos jours, l'art brillant de la photographie devait sanctionner ces résultats par des preuves nouvelles, et nous montrer même, au delà des rayons purement calorifiques, des rayons actifs capables d'impressionner des substances sensibles. Et ces rayons agissent même fort diversement sur les diverses substances dites *photogéniques*. Les uns peuvent commencer une action qu'ils sont inhabiles à continuer; les autres sont aptes à continuer ce qu'ils n'ont pu eux-mêmes commencer. On a nommé les premiers, rayons *excitateurs;* les autres, rayons *continuateurs*. L'iodure d'argent n'est point impressionné par les rayons rouge, orangé, jaune, vert; le bromure d'argent donne un commencement d'image dans le vert, et cette image peut être continuée dans les rayons rouge, orangé et jaune.

Ces mobilités, ces incertitudes d'action, si l'on pouvait se servir d'une pareille expression en physique, expliquent les difficultés à vaincre pour parvenir à faire reproduire par la lumière, sur les plaques sensibles, toutes les variétés de nuances empreintes dans les œuvres de la nature, particulièrement dans un bouquet de fleurs, suprême écueil où se sont brisés jusqu'ici tous les efforts des continuateurs ou des disciples de Niepce et de Daguerre. Quel savoir ou quel art dirigera et maîtrisera ces croisements sans nombre, ces fuites et ces retours, ces ondulations en un mot d'un fluide dont il semble que chaque atome ait une action propre, et selon la source dont il émane, et selon la substance qu'il touche ou qu'il traverse, et plus encore peut-être selon l'intensité de mouvement qui lui a été imprimé par le choc, ou la rencontre de la matière impénétrable! La Fable raconte qu'un monstre appelé la Chimère fut dompté par un héros; la lumière, cette autre chimère qui vomit feu et flamme, sera-t-elle enchaînée par le génie de l'art? Arago se plaisait à dire que le mot *impossible* devait être rayé du vocabulaire des sciences physiques. Plaise au ciel qu'Arago soit un prophète!

Polarisation. — La lumière est dite *polarisée* quand, au lieu d'arriver directement à notre œil, comme la lumière ordinaire ou naturelle, elle ne lui arrive que par un rayon infléchi, après avoir subi, en passant dans certains milieux, un angle de réflexion de 35° 25'. C'est à Malus, physicien français, que l'on doit cette importante découverte. Il la fit en 1810, en regardant de sa fenêtre (il demeurait alors rue d'Enfer), à travers un prisme biréfringent et au moment du coucher du soleil, la lumière qui se reflétait avec un vif éclat dans les vitres du palais du Luxembourg. En retournant, peut-être sans y penser d'abord, son prisme entre ses doigts, il s'aperçut que, sous certaine inclinaison, l'un des deux rayons transmis éprouvai des variations d'intensité remarquables, contrairement à ce qui arrive quand on regarde une lumière directe, celle d'une bougie ou d'un foyer quelconque. Il répéta l'épreuve plusieurs fois à la même place et à différentes heures du jour, et finit par reconnaître que le phénomène ne se reproduisait que sous une certaine inclinaison du rayon lumineux par rapport aux surfaces de réflexion qui le renvoyaient à son œil. Il mesura cette inclinaison, et parvint bientôt, ayant pénétré la véritable cause du phénomène, à pouvoir le reproduire à volonté avec toute sorte de lumière renvoyée ou réfléchie par des substances diaphanes quelconques.

A l'époque de la découverte de Malus, les physiciens inclinaient plus au système de l'émission qu'à celui des ondulations. Malus conçut que les molécules lumineuses, mobiles en tous sens les unes sur les autres, étaient, par un effet de réflexion sous un angle déterminé, *tournées* simultanément de la même manière, et que, par conséquent, elles avaient comme des axes de rotation et des *pôles* autour desquels, selon les impulsions diverses, elles accomplissaient leur mouvement. Imaginez une série d'aiguilles aimantées placées à distance sur le trajet du méridien magnétique : elles sont tenues en place par l'action du magnétisme terrestre. Mais vienne une force agissant en sens contraire, toutes y obéissent, et simultanément même, si la même force agit en même temps sur chacune d'elles. Telles sont relativement entre elles toutes les molécules d'un même rayon de lumière.

Mais le nom donné au phénomène n'était que le moyen de le signaler à l'attention commune. A quels signes ou par quels caractères reconnaître un rayon polarisé? Voici les principaux :

1° En passant au travers du prisme biréfringent, le rayon polarisé ne donne qu'une seule image, quand la section principale du prisme est parallèle ou perpendiculaire au plan de réflexion, tandis que dans toutes les autres positions il donne deux images plus ou moins intenses;

2° Il n'éprouve aucune réflexion en tombant sur une seconde lame de verre, sous le même angle de 35° 25′, quand le plan d'incidence sur cette seconde lame est perpendiculaire au plan d'incidence sur la première, tandis qu'il se réfléchit partiellement dans d'autres plans et sous d'autres incidences;

3° Il s'éteint en tombant perpendiculairement sur une plaque de tourmaline dont l'axe est parallèle au plan de réflexion, tandis qu'il se transmet avec une intensité croissante à mesure que l'axe de la tourmaline approche d'être perpendiculaire au plan de réflexion.

Dans l'étude des phénomènes si complexes de la polarisation de la lumière, étude qui a excité à un si haut point l'attention des physiciens de ce siècle, un fait s'est rencontré que l'esprit si perspicace de Biot a fait servir à d'heureuses applications dans l'intérêt de la chimie. Nous entendons parler du phénomène de la polarisation circulaire que présentent les liquides et les gaz. Parmi les substances solides, le cristal de roche seul présente la polarisation circulaire; mais cette propriété s'est rencontrée dans les liquides et les gaz, et M. Biot l'a mise à profit pour distinguer entre eux des composés qui, chimiquement, ont des propriétés semblables ou sont ce que l'on appelle *isomères* (ἴσος, semblable; μέρος, part ou portion).

Fig. 109.

Le polarimètre, ou instrument propre à mesurer la polarisation (*fig.* 109), est ainsi devenu un instrument de laboratoire, et l'on devra, par la pratique, s'en rendre l'usage familier.

De nos jours, presque au moment où nous écrivons, voici comme un secours inattendu promis à la chimie par l'application de l'analyse spectrale aux flammes diversement colorées qui résultent de la combustion des corps. On ne nous promet rien moins, par cette heureuse et brillante découverte, que de nous faire reconnaître des billioniémes de gramme d'une matière quelconque, c'est-à-dire ce que nulle analyse jusqu'ici n'avait pu nous faire apercevoir. La lumière est si subtile!

Dans le spectre solaire, qui nous paraît composé de nuances si pures en même temps que si fugitives, existe, personne ne l'ignore, un nombre considérable de raies obscures qu'on appelle les raies du spectre ou raies de Frauenhofer, du nom du physicien qui le premier les a signalées. Que sont en elles-mêmes ou que représentent ces raies noires au nombre de 600 d'après Frauenhofer, au nombre de plus de 1000 d'après Brewster? Dans le système des ondulations, ce sont des effets du choc ou de la rencontre simultanée des ondes lumineuses, en d'autres termes, des *interférences*. Dans le système de l'émission, ce sont des scissions opérées dans la marche des rayons, des ombres résultant de la diaphanéité imparfaite du corps que la lumière traverse en se décomposant. Mais quelle que soit l'explication à se donner de la manière dont les raies se produisent, par quelle cause sont-elles produites? Est-ce dans son mouvement de propagation que la lumière est entravée, ou bien, selon son origine, la lumière est-elle de nature non homogène?

Priestley avait remarqué qu'en rapprochant les électrodes d'une pile pour en tirer des étincelles, la matière composante des conducteurs, cuivre, zinc, argent, platine, était volatilisée et transportée d'un pôle à l'autre. En examinant les spectres formés par les métaux en ignition dans l'arc de la lumière électrique, M. Wheatsone avait saisi une relation entre les raies formées et la nature des métaux. Les alliages mêmes, cuivre et zinc, par exemple, donnaient lieu aux raies diverses formées isolément par chaque métal. Toute espèce de lumière devint ainsi bientôt l'objet d'un examen particulier. MM. Kirchoff et Bunsen, professeurs à Heidelberg, ne tardèrent pas à systématiser les épreuves au moyen d'un appareil qu'ils ont appelé *spectroscope*. Le sodium ou la soude, le potassium ou la potasse, le strontium ou la strontiane, etc., donnent en brûlant des flammes de couleur essentiellement différente. Recueillie et décomposée par le spectre, la lumière de ces flammes se distingue de même par des raies caractéristiques. Le sodium, par exemple, à quelque corps qu'il soit combiné, donne une bande jaune à la place qui, dans le spectre de la lumière solaire, correspond à la raie obscure D de Frauenhofer, et cette bande est constituée par deux traits brillants séparés par un intervalle obscur, absolument comme la raie D de Frauenhofer est composée de deux lignes sombres séparées par un trait brillant. Le potassium donne deux bandes rouges qui, dans le spectre solaire, correspondent l'une à la raie A du rayon rouge, l'autre à la raie H du rayon violet. Le strontium produit quatre raies rouges, une jaune et une bleue. Les métaux ne se caractérisent pas aussi bien dans la lumière spectrale que les corps alcalins. Le fer, par exemple, n'offre pas moins de 70 raies brillantes, et la plupart des autres métaux, un nombre moindre, mais toujours considérable.

Qu'induire de ces résultats si dignes de méditation? MM. Kirchoff et Bunsen n'ont pas mis d'hésitation à énoncer leurs conjectures. Ils ont pensé que toute lumière était le produit de la combustion ou de l'ignition d'une matière quelconque. Nous pourrions peut-être objecter immédiatement que la lumière électrique n'est pas, ou ne paraît pas être une matière en ignition; mais développons d'abord le système auquel se sont arrêtés les deux savants professeurs d'Heidelberg.

Le spectre solaire n'est pas une lumière ou le reflet d'une lumière continue, égale, toujours identique à elle-même ; ce spectre, tel que nous le voyons, se compose de raies lumineuses et de raies obscures. Alors que dans une flamme d'origine terrestre réfractée par un prisme, on interpose des corps autres que ceux qui donnent la première flamme, on produit, ou l'on peut produire dans le spectre des raies brillantes là où l'on n'avait d'abord que des raies sombres, et réciproquement des raies sombres là où l'on avait des bandes brillantes. Tel corps donne donc une lumière qu'un autre ne donne pas ; tel ou tel rayon lumineux est donc le résultat d'une ignition ou d'une combustion, ou, pour parler plus sûrement, d'un phénomène propre.

Ce principe admis, que peut être la lumière du soleil qui, pour nous, dans la décomposition qu'en fait le prisme, se traduit par des ombres et par de la lumière? Très-certainement cette lumière ne peut être que le résultat de la combustion ou de l'ignition de corps divers. Quels sont ces corps? Il n'est pas impossible de le découvrir. Et par suite des épreuves, MM. Kirchoff et Bunsen affirment que le soleil contient du fer, du nickel, du magnésium, très-vraisemblablement du zinc, du cuivre, du cobalt... mais ils n'y trouvent ni alumine, ni silice, ni plomb, ni étain, ni cadmium, ni mercure, ni argent, ni or.

La déduction est hardie. Pour y arriver, les auteurs ont été obligés de partir d'une hypothèse, non pas de l'hypothèse actuelle des astronomes sur la constitution du soleil (*), mais d'une hypothèse nouvelle qui consiste à supposer que le soleil est formé d'un noyau en ignition et d'une atmosphère composée de toute espèce de vapeurs diverses métalliques ou autres.

(*) Pour se rendre compte des taches mobiles du soleil, les astronomes ont supposé l'astre composé d'un noyau opaque et de deux atmosphères, l'une stable et lumineuse appelée photosphère, l'autre instable, mobile, opaque ou semi-diaphane, comparable à celle qui enveloppe notre planète.

Alors, assimilant la lumière solaire à une lumière électrique ou à celle de Drummond (combustion de la chaux par l'oxygène) ou à toute autre de nature terrestre et connue, ils ont dit en principe :

« Toute flamme dont le spectre contient une bande brillante éteint cette même bande quand on la fait traverser par une lumière venue d'une autre source, et elle n'éteint pas les rayons qu'elle est incapable d'émettre elle-même.

« Toute atmosphère lumineuse qui contient des vapeurs de différentes matières, et qui donne un spectre sillonné par les bandes brillantes qui caractérisent ces matières, produira un second spectre avec des raies obscures correspondantes, ou un spectre interverti, quand elle sera traversée par une lumière venant d'une source plus intense. »

En d'autres termes, la lumière, en passant d'un milieu dans un autre, éteint par *absorption* une partie de sa lumière (raie obscure), et elle en *émet* une autre (raie brillante).

Qu'on le remarque, la conséquence dérive d'une hypothèse, et l'hypothèse est tirée elle-même d'une assimilation *à priori* faite entre la chaleur et la lumière. N'y a-t-il pas là comme une pétition de principe? On suppose la cause et l'on dit que le phénomène observé s'en déduit ; ou, l'effet étant donné, on le rapporte, par analogie il est vrai, à la cause imaginée. Ce n'est pas là une démonstration.

Mais ne descendons pas trop nous-mêmes au fond de ces mystères. En dehors des hardies spéculations qui ont fait quitter aux savants d'Heidelberg le domaine de la science, l'analyse spectrale n'en est pas moins une heureuse et magnifique conquête pour la chimie. Et déjà n'a-t-elle pas fait ses preuves envers elle? Ne lui a-t-elle pas donné trois, si ce n'est quatre corps nouveaux, le cæsium, le rubidium, le thallium et l'indium? Pour MM. Kirchoff et Bunsen, c'est un titre de gloire qui peut les dispenser de se prévaloir d'un autre.

II

DOCTRINES

En chimie, comme dans la plupart des sciences, les théories, pour se produire, n'ont pas attendu l'étude ou l'observation des faits. C'est une tendance de l'esprit humain de tout ramener à la portée de sa vue ou de son jugement. Une certaine simplicité frappe dans les œuvres de la création, cette simplicité devient la loi des lois, le *summun jus* de la souveraine puissance. *Summum jus*, dit pourtant un axiome traditionnel, *summa injuria*. Mais on a passé outre contre l'axiome. La ligne droite est le plus court chemin pour arriver vite; on l'a suivie aveuglément. Rappelons des principes accrédités : *Natura una est... Natura nihil fecit per saltus... Una causa, varii effectus*. La nature est dans l'unité... La nature ne fait rien par sauts... Une seule cause suffit à l'infinie variété des effets... Une seule cause, oui, si cette cause est l'intelligence infinie qui a réglé l'ordre des mondes en l'enchaînant à des lois; une seule cause, non, si, comme on l'entend trop souvent, cette cause est la nature elle-même, la nature, c'est-à-dire la matière inerte, cause et effet tout ensemble.

En philosophie, on distingue le sujet et l'objet, le moi et le non-moi. Transportons la logique dans la contemplation des œuvres divines, sinon nous serons exposés à tout confondre, à prendre un reflet affaibli de lumière pour l'ardent foyer dont toute lumière émane.

Les cosmogonies ont attiré l'esprit de système :

Felix qui potuit rerum cognoscere causas!

Remontons jusqu'aux plus anciennes; il ne sera peut-être pas sans intérêt de fouiller de vieux monuments pour en retirer ce que la rouille ou la poussière des siècles peut avoir épargné. Le passé a toujours quelques épaves qui sont, au moins, les curiosités du présent. Nous ne rétrograderons pas jusqu'aux mystères d'Isis ou aux transformations de Brahma, bien que peut-être l'alchimie du moyen âge relevât de telles croyances; mais, sans déroger, nous pouvons remonter jusqu'aux écoles grecques, qui ont été comme une première aurore levée sur d'épaisses ténèbres.

Thalès, le chef de l'école ionienne, qui vécut de 639 à 549 ans avant Jésus-Christ, disait avec dogmatisme, en donnant à sa pensée une haute expression de synthèse : « L'eau est le principe de tout : c'est l'eau qui a produit toutes les choses. Les plantes et les animaux ne sont que de l'eau condensée. Sous diverses formes, c'est en eau qu'ils se réduiront. »

« Non, disait Anaximènes (557 av. J. C.), l'air est plus subtil que l'eau : c'est de l'air que tout est formé; c'est en air que tout se résout. Les animaux et les plantes en tirent leur origine. La condensation et la raréfaction, le froid et la chaleur président à toutes les modifications de la matière; l'air infini est la divinité elle-même. »

Entre Thalès et Anaximènes (611 ans av. J. C.), Anaximandre avait formulé autrement son système. Il rapportait tout à une substance éthérée, principe plus subtil que l'eau, intermédiaire entre l'air et le feu. La raréfaction et la condensation, le froid et le chaud, étaient aussi pour lui la cause ou les causes des divers états de la matière.

Mais Anaximandre n'avait point subtilisé suffisamment encore. Pythagore (500 ans av. J. C.), alla plus loin, il rapporta tout à des harmonies ou à des combinaisons de nombres. « Si nous ne percevons pas ces harmonies, dit le philosophe de Samos, c'est que nous y sommes habitués, et qu'il faudrait qu'elles cessassent d'être pour que nous pussions assister à leur commencement. » La subtilité arrive ici jusqu'à l'incompréhensible, et c'est pour nous un terme à ne pas franchir. On sait, d'ailleurs, le reste du système, la métempsycose, la migration des corps, la présence des esprits dans l'air. De nos jours, Pythagore eût inventé le magnétisme animal et le spiritisme.

La Grèce est riche ; elle va nous fournir d'autres formules encore. L'école éléatique, qui a pour chef ou fondateur Xénophanes, nous a légué ce théorème si souvent repris et rajeuni, et qui a reçu comme un droit de cité dans le monde : « Rien n'est créé ; tout ce qui est existe et dure éternellement. Tout est un, Dieu et l'univers réciproquement. »

Héraclite ne s'arrêtera ni à l'eau de Thalès, ni à l'air d'Anaximènes, ni à la substance éthérée d'Anaximandre ; il divinisera le feu comme les Indous. C'est du feu que tout se tire, c'est le feu qui crée et qui détruit ; nul changement ne se produit sans lui. La terre se réduit en eau, l'eau en air, l'air en feu. Quant au feu, il reste lui-même, tirant son aliment des parties les plus subtiles de la matière. Et la nature est un cercle, un cycle, pour me servir de l'expression grecque. La vie, ajoute Héraclite, consiste dans un mouvement perpétuel de la matière, dans un mouvement perpétuel d'émission et d'absorption... dites d'absorption et d'exhalation, et vous aurez presque traduit la philosophie ancienne en langage moderne. Mais la vie n'est-elle que cela ? Qui l'affirmerait ?

Empédocle (460 ans av. J. C.) suit ses maîtres, mais il étend, il élargit le cercle dans lequel ils s'enferment. Les maîtres ne reconnaissaient qu'un élément, le disciple en admet quatre : la terre, l'eau, l'air et le feu ; le feu, toutefois, primant les trois autres. Mais ces éléments eux-mêmes ne sont pas les dernières particules indécomposables, inséparables ou indivisibles. Au delà sont les atomes, véritables éléments des corps matériels. Les atomes sont ou ne sont pas homogènes ; ceux de la terre, de l'eau, de l'air et du feu sont les seuls de même ordre.

Mais, d'une part, l'air et l'eau; de l'autre, la terre et le feu, peuvent s'unir pour donner naissance à des corps nouveaux et très-divers. On voit la marche en avant de cette doctrine sur celles qui l'ont précédée.

Leucippe et Démocrite vont aller plus loin. Leucippe crée réellement les atomes. L'eau, l'air, la terre et le feu ne sont pour lui, relativement du moins, que des corps composés. Mais les dernières particules matérielles ne supportent point de division, elles sont immuables. Les atomes sont de forme et de figure diverses. Ils se meuvent, et leurs mouvements entraînent les combinaisons. Les atomes ronds sont ceux qui se meuvent le plus aisément et avec le plus de rapidité. Tels sont les atomes du feu et les atomes de l'âme, dont le mouvement fait naître la pensée. Démocrite commente et porte plus loin encore le système atomistique. Rien ne se fait de rien, dit-il, et il en résulte une réalité quelconque. Les atomes sont, et ils sont indivisibles et insécables. Ils n'ont pas seulement une forme, ils ont un poids. Ils sont impénétrables, c'est-à-dire qu'ils ne peuvent occuper à la fois la même place. Chaque atome résistant à celui qui tend à le déplacer, il en résulte une oscillation, un mouvement, un tourbillon (le mot grec exprime ce sens), qui est l'origine, la cause de tous les mouvements du monde. On le voit, jusque dans les mots, que de découvertes considérées comme modernes, qui appartiennent à la haute antiquité!

Mais arrivons au maître en qui se résume toute la philosophie naturaliste du passé, à Aristote (384 à 322 av. J. C.). Aristote est le fondateur de l'expérience chez les anciens. Il a écrit, le premier, un livre sur la *physique*, livre qui, certes, ne décèle pas un état avancé de cette science, mais dans lequel se retrouve, au moins, l'emploi de la vraie méthode scientifique, celle qui fonde le raisonnement sur l'observation. Aristote a formulé en principe la doctrine des quatre éléments de ses prédécesseurs : la terre et le feu opposés l'un à l'autre; l'air et l'eau, qui leur sont intermédiaires. Mais, en outre, il existe pour lui une matière éthérée plus subtile, plus mobile, toujours en mouvement, dont le ciel est formé, et qui entretient la chaleur vitale dans les animaux.

Les idées d'Aristote en physique ont fait loi dans l'enseignement durant dix-huit siècles. Il n'était pas permis d'y contredire. La scolastique jurait sur les paroles du maître, *in verba magistri.* Aux quatre éléments correspondaient quatre états particuliers de la matière ou des corps : le chaud, le froid, le sec et l'humide; et, de par Galien (Hippocrate avait vu plus haut, il s'était inspiré de Platon), toutes les théories physiologiques et médicales reposèrent sur ces données. La vie, la santé, la chaleur naturelle, résidaient dans un équilibre parfait entre les qualités des corps, entre le chaud et le froid, entre le sec et l'humide. Par excès de froid, les corps éteignaient le feu intérieur, partage des esprits animaux; par excès de chaleur, les corps consumaient l'animal en exaltant sa chaleur naturelle et la portant au delà de son type normal; par excès de sécheresse, les corps détruisaient l'humide, non moins essentiel à la vie que la chaleur intérieure ou innée; par excès d'humidité enfin, ils produisaient la dissolution des parties, par conséquent, la putréfaction et la mort.

Et ces doctrines, tant elles s'étaient accréditées et comme infiltrées dans les esprits, ont vécu jusqu'au dix-septième siècle de notre ère. Et, à cette époque, elles ne furent remplacées que par une erreur nouvelle, le phlogistique de Stahl, le phlogistique, c'est-à-dire la matière de la chaleur ou du feu qui s'échappe des corps quand on les brûle. Dans la doctrine de Stahl, on répudiait les quatre éléments d'Aristote, pour y substituer, comme éléments véritables, les corps incombustibles ou les terres. Tout corps qui brûle contient du phlogistique, disait Stahl, et n'est pas, par conséquent, un corps simple. Plus un corps est combustible, plus, en brûlant, il dégage de chaleur, plus il contient de phlogistique. Le charbon est au premier rang sous ce rapport. Que se passe-t-il quand on brûle une terre en contact du charbon? Elle devient métal. Et quand on brûle de même un métal? Il devient terre. Quel est, d'après Stahl, l'explication du double phénomène? Dans le premier cas, disait l'interprète de la science, le charbon donne son phlogistique à la terre pour en faire un métal, c'est-à-dire un corps composé; dans le second cas, le métal perd son phlogistique d'emprunt pour redevenir de la terre, c'est-à-dire un corps simple. Le contraire eût été la vérité. Mais alors on ne faisait point, ou l'on ne faisait que par accident usage de la balance.

Dans cette longue suite de siècles qui a séparé Aristote de Stahl, ou l'école dogmatique ancienne de l'école dogmatique moderne, ne s'est-il, en fait de doctrines, rien produit qui mérite d'attirer notre attention? Antérieurement aux écoles grecques, il y avait eu, chez les divers peuples dont l'histoire est arrivée par lambeaux jusqu'à nous, des traditions en partie sacrées ou mystiques, en partie profanes et vulgaires, qui avaient laissé trop de vestiges pour n'être pas reprises ou suivies traditionnellement avec une sorte de culte ou de passion religieuse. On devine que nous entendons parler de l'alchimie, qui, pour nous, est un héritage de ce qui fut, particulièrement en Égypte, l'*art sacré*. Dans l'antiquité, chez tous les peuples, à leur origine, il n'y a eu, en quelque sorte, qu'une classe d'hommes, lettrés et savants, qui étudiaient à la fois les faits de l'ordre moral et les faits de l'ordre physique, pour en déduire les théogonies auxquelles la foule devait se soumettre. Ces lettrés et ces savants (si l'on veut déjà leur donner ces noms) ne livraient pas toutes leurs lettres et toute leur science. Ils préféraient s'en faire un moyen d'action, ou un prestige, et les enfermer dans le temple. De là l'*art sacré*, qui ne fut pas le même absolument dans toutes les religions, mais qui passa souvent de l'une à l'autre, sans marquer toutes les traces de son passage. Et, d'ailleurs, divers faits de l'ordre naturel ne peuvent-ils pas se révéler ou être aperçus en deux ou plusieurs lieux à la fois? En Égypte, dans l'Inde et en Chine, une première croyance s'est produite à l'origine sinon des temps, du moins de l'histoire. On y a cru à la transmutation de la matière. Il est dit dans un livre chinois qui a pour titre : *Tsai-y-chi*, qu'un ancien savant avait changé des racines et des terres en or, en les faisant calciner dans un vase ayant la forme d'une tête d'oiseau. Dans les annales de Song, on lit : « Yang-hiai, sur la croyance que l'on pouvait changer les tuiles et les pierres en or, quitta ses emplois pour travailler au grand œuvre (*). » Dans l'Inde, Brahma revêt cinq formes, celles des cinq éléments connus dans les écoles grecques : l'éther, le feu, l'air, l'eau et la terre. Dans le drame de Sacountala, un brahmine s'avançant vers la scène, prononce cette invocation : « Puisse le maître de l'univers présent sous ces formes : l'eau, la première des choses créées, le feu sacré, l'éther sans bornes, la terre, nourrice de tous les germes, l'air qui anime tous les êtres qui respirent... puisse ce Dieu favorable vous protéger à jamais (**) ! » En Égypte, Isis a des mystères sans nombre qu'elle révèle aux initiés, mais sous les peines les plus sévères en cas de parjure (***). Elle convertit les éléments les uns dans les autres, l'eau en terre, en air, en feu ; elle revivifie les métaux vils, le plomb, le cuivre... elle les convertit en argent, en or. En un mot, Isis a tous les secrets qui composeront le savoir d'Hermès. Et quand le monde aura changé de face, quand il aura été sou-

(*) Mémoires concernant l'histoire, les sciences, les arts, etc., des Chinois, par les missionnaires de Pékin, t. II, p. 495. — Hœfer, *Histoire de la Chimie*, t. Ier, p. 18.

(**) La reconnaissance de *Sacountala*, drame sanscrit et pracrit de Calidasa, traduit par A. L. Chézy, 1830, Paris. — Hœfer, *Hist. de la Chimie*, t. Ier, p. 21.

(***) M. Duteil a lu sur un papyrus venu d'Égypte et conservé au Louvre : « Ne prononcez pas le nom de JAO, sous la peine du pêcher. » Le pêcher contient de l'acide prussique.

mis à une vaste conquête, quand l'Égypte, en particulier, sera devenue province romaine, pense-t-on que toutes les traditions seront oubliées, perdues, anéanties? Loin de là, elles rajeuniront plutôt. L'inconnu conserve toujours son culte. A Rome, ainsi qu'en Grèce et partout, renaîtront les savants mystères auxquels sacrifieront et les initiés, et ceux qui ont l'ambition de le devenir, et la foule toujours avide de croyances. Du troisième au quatrième siècle de l'ère chrétienne, Zozime le Panopolitain, le philosophe divin, comme on l'appellera (*), nous révélera les secrets d'Isis, les secrets d'Hermès Trismégiste, et bien d'autres encore, car le présent sait toujours ce que le passé ignorait ou cherchait encore. Écoutons le nouvel interprète de l'*art sacré* ou de la *science divine*.

« On chauffe de l'eau ordinaire dans un vase ouvert; l'eau bout, elle se réduit en un corps aériforme (vapeur), et laisse au fond du vase une terre pulvérulente blanche. Conclusion : L'eau se change en air et en terre.

« On porte un fer rougi par le feu sous une cloche maintenue sur une cuvette pleine d'eau : le volume d'eau diminue; une bougie portée sous la cloche allume aussitôt l'air qui s'y trouve. Conclusion : L'eau se change en feu.

« On brûle (calcine) du plomb ou tout autre métal (excepté l'or et l'argent) au contact de l'air; il perd aussitôt ses propriétés primitives, et se transforme en une substance pulvérulente, en une espèce de cendre ou de chaux. En reprenant les cendres qui sont le résultat de la *mort du métal*, et en les chauffant dans un creuset avec des grains de froment (symboles de la *vie*), on voit bientôt le métal renaître de ses cendres, et reprendre sa forme et ses propriétés premières. Conclusion : Le métal que le feu détruit est révivifié par les grains de froment et par l'action de la chaleur.

(*) Ce Zozime doit être distingué de Zozime l'historien qui vivait sous Théodose le Jeune.

« On calcine du plomb argentifère dans des coupelles faites avec des cendres ou des os pulvérisés : le plomb se réduit en cendre ; il disparaît dans la substance de la coupelle, et, à la fin de l'opération, il reste au fond de la coupelle un bouton d'argent pur. Conclusion : Le plomb se transforme en argent.

« Dernière épreuve, enfin : on verse un acide fort sur du cuivre ; le métal est attaqué, et finit, au bout de quelque temps, par disparaître, en donnant naissance à une liqueur verte aussi transparente que l'eau pure. En plongeant dans cette liqueur une lamelle de fer, on observe que le cuivre reparaît avec son aspect ordinaire, en même temps que le fer se dissout à son tour. Conclusion : Le fer se transforme en cuivre. »

Avouons que voilà des erreurs qui, pour le vulgaire, ont certains airs de vérités.

Mais en s'inspirant aveuglément des traditions anciennes, on devait s'égarer plus fatalement encore. Il y a deux principes, avait-on dit : le principe mâle et le principe femelle. Ces principes se retrouvent partout dans la nature. En les associant avec savoir, on doit donner naissance à l'œuvre parfaite, au *grand œuvre*. Et, en effet, selon les alchimistes (il faut désormais leur donner ce nom), l'arsenic (ἄρσην, mâle) uni au cuivre (κυπρός, Cypris ou Vénus), donne de l'argent, c'est-à-dire un laiton, qui a quelque ressemblance avec l'argent, et qui, au moyen âge, a été pris pour ce métal et souvent vendu comme tel par des alchimistes passés à l'état de banquiers.

D'après la théogonie indienne, trois êtres ou principes supérieurs président à tout dans la nature. Brahma ou le principe créateur, Vischnou ou le principe conservateur, Siva ou le principe destructeur. Par analogie, tous les corps se composent de trois éléments : le soufre, l'arsenic, le mercure. Le soufre est le corps inflammable par excellence, ou l'esprit du feu, *quo apparet ignium vim magnam ei inesse*, dit Pline ; l'arsenic est le principe mâle ou d'une puissance souveraine ; le mercure est l'eau *vivante* ou eau *sèche*, *argentum vivum*. La combinaison de pareils principes doit donner et donne réellement, a-t-on affirmé, de l'or pur. Et l'or pur, l'or quintescencié, la teinture d'or ou d'argent, ou la teinture mercurielle simple, voilà la panacée universelle, ce qu'il fallait chercher, ce qu'il fallait trouver, car la richesse n'est rien, ou elle n'est pas assez par elle-même. Elle n'est quelque chose que si elle s'ajoute au pouvoir de conserver la vie indéfiniment, ou, du moins, de la prolonger au delà du terme ordinaire marqué par le principe destructeur, le terrible Siva. Et pendant des siècles, la science alchimique tourne dans ce cercle menteur, elle invente la cabale, continue la magie, et, en s'affirmant avec audace, elle finit par persuader à la foule tremblante et crédule qu'elle a toujours existé et qu'elle a ainsi sa raison d'être.

Cependant, à l'époque où vivait Stahl, chimiste plus épris de dogmatisme que d'expériences, Glauber faisait la remarque tout empirique que l'acide sulfurique (huile de vitriol) dont il ne connaissait pas la constitution, se substitue aux esprits (acides) du salpêtre et du sel. Il constatait de même, sans connaître davantage la composition des alcalis, que l'alcali fixe (potasse) se substituait facilement à l'alcali volatil (ammoniaque). Sans s'en rendre compte, Glauber saisissait donc déjà le phénomène de la double décomposition, et peut-être même le phénomène de la neutralisation des sels, dont Wenzel, Richter, Bergmann, Dalton et les chimistes modernes devaient faire sortir la loi des nombres proportionnels et la théorie des équivalents chimiques.

Nous avons indiqué à l'avance (Introduction, p. 8), et nous savons maintenant par la pratique ce que l'on doit entendre par équivalents. Ce sont les quantités relatives et proportionnelles des corps qui se substituent les unes aux autres dans les combinaisons. Reproduisons dans ses termes absolus la loi de Wenzel :

Si A, A', A'', A''', représentent les poids d'une série de bases pouvant neutraliser un poids B d'un certain acide ; si B', B'', B''', représentent les poids d'une série d'acides neutralisant un poids de base A ; ces quantités d'acides B', B'', B''', neutraliseront également les proportions de base A', A'', A'''.

D'après cette loi, comme d'après l'épreuve de la balance, 589 de potasse sont l'équivalent de 387 de soude, de 350 de chaux, de 958 de baryte, de 258 de magnésie, etc.;

Ainsi que 275 d'acide carbonique sont l'équivalent de 500 d'acide sulfurique, de 675 d'acide azotique, de 455,70 d'acide chlorhydrique, de 1143 d'acide perchlorique, etc....

Et ces quantités relatives de bases et d'acides se saturent réciproquement, de manière à fournir par leurs combinaisons des sels neutres, c'est-à-dire des composés qui ne donnent, en général, ni la réaction alcaline, ni la réaction acide.

De même, toutes les fois que, dans une combinaison, l'on aura à remplacer un corps par un autre, on verra, par exemple, 443,20 de chlore se substituer à 12,50 d'hydrogène ; 200 de soufre se substituer à 100 d'oxygène ; 396,80 de cuivre se substituer à 1353,28 d'argent, etc., etc.

Il faut tirer de ce fait les conséquences qui en découlent naturellement et de la manière la plus absolue ; les voici :

1° Les atomes de la matière n'ont pas le même poids ;

2° Les atomes de la matière n'ont pas la même nature.

Et n'avons-nous pas vu déjà qu'il y a des corps acides, des corps alcalins et des corps qui n'ont ni les propriétés acides ni les propriétés alcalines ? n'avons-nous pas constaté que les corps n'ont ni la même densité, ni la même capacité pour la chaleur ; qu'ils n'ont ni des points de fusion, ni des points d'ébullition ou d'évaporation communs ; qu'ils ne sont pas tous, au même degré, diathermanes ou athermanes, opaques ou transparents, idio-électriques ou anélectriques, magnétiques ou non magnétiques, etc., etc. Que faut-il de plus pour établir que la matière est diverse, qu'elle n'est pas partout identique à elle-même et, par conséquent, qu'elle n'a pas été produite fatalement, mais créée par une cause et pour une fin qu'elle est inapte à connaître?

Cependant, voici tout un grand système et comme une nouvelle doctrine, qui va nous contredire et se fonder sur ce principe absolu, que la matière est une, que les poids atomiques de tous les corps sont des multiples par un nombre entier; en un mot, que la condensation par deux, par trois, par dix, par cent, d'un atome premier, suffit à expliquer tous les mystères des créations minérales et organiques.

Le docteur Prout, chimiste anglais, fut le promoteur de cette idée. Il la promulgua dans les premières années de ce siècle, bien avant que, par des méthodes exactes, on eût pu et chercher, et déterminer les nombres proportionnels ou les équivalents de tous les corps connus. L'hypothèse fut reçue avec froideur et défiance. Mais que l'on nous dise l'idée, fût-elle la plus excentrique, qui, jetée aux vents de la publicité, n'ait pas eu la chance de tomber sur les ailes de la renommée? Prout a donc eu la même fortune qu'Empédocle, l'inventeur des quatre éléments; que Stahl, l'inventeur du phlogistique, et que Gall, qui n'a pas inventé, mais qui a su rajeunir le système frivole de la cranioscopie. Le monde appartient à ceux qui l'étonnent.

De nos jours, un éminent chimiste, M. Dumas, vient de reprendre l'idée anglaise, et, plus autorisé que son auteur, d'y ajouter des développements qui l'ont fait sortir de son premier cadre. Quel n'est pas le prestige du talent! Mais les chimistes ont dans les mains une balance. Libre à eux de répéter mille fois leurs expériences avec un instrument qui semble avoir acquis aujourd'hui les dernières perfections (*).

(*) Voici le système de balances installées dans le laboratoire d'un chimiste dont nous aurons à invoquer plus loin les travaux. Les expériences empruntent leur valeur aux instruments qui ont servi à les contrôler.

« Quatre balances et deux séries de poids ont servi à toutes mes pesées. L'une

Sous la plume brillante de M. Dumas, l'hypothèse de Prout est devenue une doctrine cosmogénique. Suivons-la jusque dans ses conséquences cachées, ce sera le terme de ce livre.

Nous avons devant les yeux une table des équivalents chimiques (p. 23), et nous y voyons que l'hydrogène, relativement le plus léger des corps connus, pesant atomiquement. . . . . 1 ou 12,50
L'oxygène pèse. . . . . 8 ou 100,00
L'azote. 14 ou 175,00
Le carbone. . . . . 6 ou 75,00
Le soufre. . . . . 16 ou 200,00

Quel rapport! s'est écrié Prout. Le poids de l'hydrogène est un sous-multiple exact des poids proportionnels de l'oxygène, de l'azote, du carbone, du soufre :

$$100 : 12,50 = 8;\ 175 : 12,50 = 14;\ 75 : 12,50 = 6;$$
$$200 : 12,50 = 16.$$

Le poids spécifique de l'hydrogène est très-vraisemblablement un sous-multiple absolu du poids atomique de tous les corps simples.

Berzélius, la balance en main, déclare vainement que l'expérience ne confirme pas l'hypothèse, qu'il n'y a nul rapport

des balances, construite par le célèbre mécanicien français Gambey, porte un kilogramme dans chaque plateau et accuse sous cette charge *cinq dixièmes de milligramme*. Les trois autres ont été confectionnées par M. Sacré, mécanicien du musée de l'industrie à Bruxelles. La plus grande de ces trois balances, qui a été construite expressément pour mes recherches, supporte une charge de *cinq à six* kilogrammes dans chaque plateau et accuse avec certitude, sous cette charge énorme, une différence de poids de *un* milligramme. Chargée de *deux à trois kilogrammes* dans chaque plateau, elle dévie d'une manière très-notable avec une différence de poids de *trois à quatre dixièmes de milligramme*. La deuxième balance supporte *cinq cents grammes* dans chaque plateau et permet de constater une différence de *deux dixièmes de milligramme*. Enfin la troisième, qui est une *balance d'essai*, accuse d'une manière constante, sous une charge de *vingt-cinq* grammes dans chaque plateau, *un trente-troisième de milligramme*. Je ne pense pas qu'il existe nulle part une série de balances qui, pour la sensibilité et la constance des pesées, soient comparables à celles que je viens d'indiquer. Tous les chimistes qui ont eu l'occasion de les examiner ont partagé cette manière de voir. » RECHERCHES SUR LES RAPPORTS RÉCIPROQUES DES POIDS ATOMIQUES, *par J. S. Stas*, membre de l'Académie de Bruxelles. *Bulletin* de cette Académie, t. X, p. 215.

commun, par exemple, entre les poids de l'hydrogène et du chlore, de l'hydrogène et du brôme, de l'hydrogène et du cuivre, de l'hydrogène et de l'argent, etc., l'idée anglaise survit et trouve des défenseurs. Le système est simple, s'écrie-t-on; il doit être vrai, et de partout l'on se met à l'œuvre pour trouver l'équivalent *concordant* du chlore, du brôme, du cuivre, de l'argent, etc.; car, par une cause quelconque, les premiers chiffres indiqués par le maître, par Berzélius, peuvent être entachés d'erreur.

M. Dumas, l'un des premiers, et le premier parmi les plus ardents, a embrassé comme à lui seul la tâche qui incombe à tous. Il reprend, par des méthodes variées et nouvelles, toutes les analyses antérieurement faites par Berzélius, et il parvient à en corriger plusieurs. Mais, de son aveu, et le chlore et le brôme et le cuivre continuent à donner pour équivalents des nombres qui se refusent à prendre pour commun diviseur l'équivalent type de l'hydrogène. Va-t-on avouer que le système est en défaut? On a déjà pris trop de peine pour le faire prévaloir; on cherche des tempéraments, des explications, et l'on en trouve. Écoutons ici et citons textuellement M. Dumas :

« La loi de Prout n'étant pas confirmée dans son expression absolue, les équivalents des corps simples n'étant pas tous des multiples de celui de l'hydrogène par un nombre entier, faut-il en conclure que Prout n'avait inscrit dans l'histoire de la science qu'une illusion et non une vérité?

« Telle n'est pas mon opinion. Prout avait reconnu : 1° que les équivalents des corps simples comparés à une certaine unité se représentent par des nombres entiers ; 2° que cette unité paraissait être l'hydrogène, le corps, en effet, dont l'équivalent est le plus léger jusqu'ici.

« La première partie de la loi de Prout demeure toujours vraie. Les éléments des corps simples sont tous des multiples par un nombre entier d'une certaine unité ; seulement cette unité pour le chlore, et peut-être pour le cuivre, serait représentée par un corps inconnu dont l'équivalent aurait un poids égal à la moitié de celui de l'hydrogène.

« Lorsque l'on sait que les éléments les mieux étudiés sous ce rapport, sauf le chlore et le cuivre, ont tous des équivalents représentés par des nombres entiers, il doit sembler naturel de placer l'unité plus bas pour faire rentrer les corps exceptionnels dans la règle, et non de nier l'existence de celle-ci lorsque tant d'exemples la confirment.

« Nous dirons donc *que les équivalents des corps simples sont presque tous des multiples par des nombres entiers de l'équivalent de l'hydrogène pris pour unité; que néanmoins lorsqu'il s'agit du chlore, au moins, l'unité à laquelle il convient de le comparer est égale à 0,5, ou à la moitié seulement de l'équivalent de l'hydrogène* (*). »

Et viennent des corps dont les nombres proportionnels ne se prêteront pas à une division par la quantité exprimant la moitié de l'équivalent de l'hydrogène, on ne craindra pas de prendre un sous-multiple moitié moindre, 0,25, et peut-être même ira-t-on encore au delà, jusqu'à 0,125; de telle sorte que si l'on a pris pour base des expériences ou des calculs, une décimale descendant aux centièmes, ce qui est l'ordinaire, de concession en concession, de chute en chute, on arrivera aux millièmes, et les millièmes sont des fractions que l'on néglige dans les opérations pratiques d'une analyse. D'où il ressort que le chiffre d'où l'on est parti devient illusoire et se réduit à zéro, puisqu'on arrive, dans le calcul, à négliger la quantité qu'il exprime.

Mais laissons M. Dumas agrandir et transformer, pour ainsi dire, le système anglais. Le savant chimiste se pose ces questions :

« A. *Existe-t-il des corps simples dont les équivalents soient entre eux en poids comme* 1 : 1, *ou comme* 1 : 2?

(*) *Comptes rendus de l'Académie des siences*, t. XLV, p. 714.

« B. *Étant donnés trois corps simples appartenant à la même famille naturelle, l'équivalent du corps intermédiaire est-il toujours égal à la demi-somme des équivalents extrêmes?* »

A la première question, M. Dumas répond en s'appuyant sur quelques faits :

« Des corps analogues par leurs propriétés peuvent avoir des équivalents exactement liés entre eux par des rapports très-simples, tels que 1 : 1, 1 : 2; mais il peut arriver aussi que de tels rapports n'existent pas, même pour les corps les plus analogues, quoique les nombres qui représentent les vrais équivalents semblent, aussi près que possible, de les réaliser. »

A la seconde question, M. Dumas répond :

« Pour trois corps de la même famille, le poids de l'équivalent du corps intermédiaire peut être égal à la demi-somme des poids des équivalents des deux corps extrêmes; mais le contraire peut aussi se réaliser à l'égard des corps les mieux unis par des affinités naturelles (*). »

En est-il fini du système? Non, M. Dumas tente une voie nouvelle d'épreuves, et il se pose cette dernière question :

« C. *Les nombres qui représentent les équivalents des corps simples proprement dits appartenant à la même famille naturelle offrent-ils, dans leur génération, quelques lois analogues à celles qu'on découvre dans la génération des nombres représentant les équivalents des radicaux organiques de la même série naturelle?* »

Et, cette fois, le défenseur du système se répond à lui-même par l'affirmative. Il prend pour type, ou pour exemple, la série des éthers, et montre que cette série se compose d'un nombre considérable de corps dont le premier étant représenté par le chiffre 15, le second est représenté par 15 + 14; le troisième par 15 + 14 + 14; le quatrième par 15 + 14 + 14 + 14..., et ainsi de suite, de telle sorte que la formule générale des

(*) *Comptes rendus*, loc. cit., p. 718-720.

éthers est $a + nd$, a étant l'équivalent du premier d'entre eux et d la différence qui existe entre le poids de cet équivalent et celui du second (*).

Fort bien; mais ce nombre arbitraire 15 dont on parle n'est pas le nombre 14 qui, en s'ajoutant 10 et 100 fois à lui-même, forme une série naturelle de 10 ou de 100 composés dérivés d'une même souche. Qu'est-ce donc que cette unité ajoutée au vrai chiffre 14 pour former le nombre 15, point de départ de la série? ne serait-ce point, en définitive, le radical lui-même ou l'inconnue qu'on lui substitue, et, au fond, le petit millième que nous avons vu négligé quand il s'agissait, dans la pratique, de déterminer les équivalents relatifs des corps simples? Notre premier raisonnement s'appliquerait tout entier à la seconde formule de M. Dumas; il nous confirmerait que l'habile calculateur a fondé son système de numération sur le premier chiffre 0 ; ou, si l'on aime mieux, que l'incomparable architecte a élevé son édifice en le commençant par le faîte.

Le génie a des ailes. Des radicaux de la chimie organique revenant aux radicaux de la chimie minérale, M. Dumas réunit sous le nom de *familles naturelles* (nom bien impropre, suivant nous, pour classer des pierres) certaines séries de corps simples :

Le fluor, le chlore, le brôme, l'iode...
L'azote, le phosphore, l'arsenic, l'antimoine;

Le magnésium, le calcium, le strontium, le baryum, lè plomb. .
L'oxygène, le soufre, le sélénium, le tellure, l'osmium;

L'ammonium, le méthylammonium, l'éthylamm, le propylamm...
Le méthylium, l'éthylium, le propylium, le buthylium;

Et il dit :

« Si l'on représente par 1 l'équivalent de l'hydrogène, on trouve pour les équivalents des groupes ou familles ci-dessus :

(*) Loc cit., p. 721.

Fluor. .	19	Chlore. . . .	35,5	Brôme. .	80	Iode. . . .	127
Azote. .	14	Phosphore. .	31	Arsenic. .	75	Antimoine.	122
Différence.	5		4,5		5		5

Magnésium	12,25	Calcium.	20	Strontium.	43,75	Baryum.	68,5	Plomb. .	103,5
Oxygène. .	8	Soufre. .	16	Sélénium. .	39,75	Tellure.	64,5	Osmium.	99,5
Différence.	4		4		4.		4		4

Ammonium.	18	Méthylammonium.	32	Ethylamm.	46	Propylamm.	60, etc.
Méthylium. .	15	Ethylium.	29	Propylium.	43	Buthylium. .	57, etc.
Différence. .	3		3		3		3

« D'où l'on voit, pour le premier groupe :

« Que si l'on ajoute 108 à l'azote, on obtient l'équivalent de l'antimoine, et que si l'on ajoute 108 au fluor, on obtient l'équivalent de l'iode; que si l'on ajoute 61 à l'équivalent de l'azote, on obtient l'équivalent de l'arsenic, et que si l'on ajoute 61 à l'équivalent du fluor, on obtient l'équivalent du brôme.

« Et pour les trois groupes :

« Que les radicaux de la chimie minérale, de même que les radicaux de la chimie organique, étant rangés, quant aux poids de leurs équivalents, sur une même droite pour une même famille, se rangent sur des droites parallèles pour deux familles comparables (*). »

Ces rapprochements, nous ne pouvons le dissimuler, nous rappelleraient volontiers, à nous, les nombres mystérieux de Pythagore, les lettres ou figures symboliques de la cabale, et particulièrement le fameux triangle équilatéral.

ABRACADABRA
BRACADABR
RACADAB
ACADA
CAD
A (**).

(*) *Comptes rendus de l'Académie des sciences*, t. XLVII, p. 1027.

(**) Nous discutons sérieusement et ne voudrions pas paraître irrespectueux. Dans la langue des alchimistes, le triangle équilatéral est un symbole trinitaire, et les mots *abraxas* et *abracadabra* représentent des nombres mystiques tirés du système de Pythagore.

Mais laissons au savant lui-même énoncer les conséquences que « *dès à présent, il se croit en droit de tirer de travaux inachevés, mais qu'il prend l'engagement de poursuivre.* » Voici ses paroles textuelles :

« Si les radicaux composés de la chimie organique forment des séries naturelles continues et parallèles, où l'on passe d'un terme à l'autre par l'addition ou la soustraction des mêmes éléments, les radicaux de la chimie minérale leur ressemblent en ce point, et forment des séries naturelles également parallèles, où l'on passe d'un terme à l'autre par la soustraction ou l'addition des mêmes quantités.

« Puisque les radicaux de la chimie minérale offrent entre eux les mêmes relations générales que les radicaux de la chimie organique, il y a certainement lieu de rapprocher les deux chimies plus étroitement encore qu'on ne le fait aujoud'hui (*). »

En d'autres termes, car il faut bien se comprendre, si, par la multiplication *à priori* d'un radical organique (supposé), on peut parvenir à créer une infinité de corps de même ordre ; ainsi, et par comparaison, en doublant ou dédoublant plusieurs fois les radicaux ou corps simples de la chimie minérale, on peut former des séries ou familles de corps qui ont entre eux la plus grande ressemblance :

..... facies non omnibus una,
Nec diversa tamen, qualem decet esse sororum.

En d'autres termes, enfin, car il nous faut arriver à la pensée finale de l'auteur de la nouvelle *Statique chimique*, si les équivalents des 67 corps simples de la chimie minérale sont ou doivent être des multiples exacts d'uue matière primordiale; au-dessous ou au delà de l'hydrogène, corps encore trop pesant pour être ce prototype, il existe indubitablement un corps moins

(*) *Comptes rendus*, loc. cit., p. 1029.

pesant ou plus subtil, dont l'hydrogène lui-même n'est que la condensation à un degré indéterminé (*).

A l'aide des chiffres qui, comme on l'a dit, se prêtent à tout, on conçoit qu'en descendant ainsi jusqu'à une fraction comprise dans les limites de celles qu'on est obligé de négliger dans les expériences, on doit arriver sûrement à une unité quelconque primordiale, dont tous les nombres sont virtuellement des multiples.

Ce corps encore innommé, M. Dumas n'hésite pas à dire qu'il doit exister; mais il ajoute aussitôt que ce ne sont pas les forces aujourd'hui connues de la physique ou de la chimie, forces mises en œuvre par le génie de l'homme depuis des siècles, qui le feront découvrir. La chimie, non plus que l'industrie, n'est pas à refaire. La condition préalable de la venue au jour de l'élément introuvé jusqu'ici, est la découverte d'une force encore inconnue et cachée, qui ouvrira à la philosophie naturelle de nouveaux et profonds horizons (M. Dumas).

« Décomposer les radicaux de la chimie minérale, reprend le maître illustre, ce sera mettre en évidence non-seulement des êtres nouveaux et inconnus, comme on en découvre de temps en temps, mais des êtres d'une nature nouvelle et inconnue, dont notre esprit ne peut, par aucune analogie, se représenter les apparences ou les propriétés. Ce sera porter l'analyse de la matière à un point que n'ont jamais atteint, à la connaissance de l'homme, ni les forces naturelles les plus énergiques, ni les combinaisons et les procédés de la science la plus puissante. Ce sera mettre à profit des forces que nous ignorons et des réactions que nul n'a imaginées.

» Il s'agit donc d'un de ces problèmes que la pensée humaine

(*) Ce corps, dans la pensée de M. Dumas, qui pourtant n'a rien hasardé à ce sujet, ce corps ne serait-il pas, ne pourrait-il pas être l'éther des physiciens?... Mais l'éther ne peut entrer dans la balance du chimiste.

Un savant physicien, collègue de M. Dumas à l'Académie des sciences, vient d'écrire que la science future reconnaîtra dans l'*éther* le Roi de l'univers. Le Roi, nous le présumons, est ici écrit pour le Dieu. Alors tout est dit.

a besoin de méditer pendant des siècles, où plusieurs générations peuvent user leurs forces, et où l'analyse d'un Newton ne devient possible que lorsqu'elle a été préparée par les systèmes de plus d'un Copernic et par l'empirisme de plus d'un Képler (*). »

Magna ne jactes sed præstes! Voilà de trop hautes paroles; sans manquer de respect à leur auteur, elles sont au moins souverainement injustes envers la mémoire de Képler, à qui l'on doit les formules mathématiques, *et non empiriques*, des grandes lois de l'univers, de Képler qui, trop méconnu déjà de son temps, s'écriait dans la satisfaction de son cœur et non de son orgueil : « De quoi me plaindre? Dieu n'a-t-il pas attendu six mille ans un contemplateur de ses œuvres (**) ? »

La science a d'autres voies à suivre que celles ouvertes au roman. Elle ne se jette ni dans l'inconnu ni dans le vide. Elle marche, et quelquefois à tâtons, à travers les plus rudes sentiers; mais, de sommets en sommets, elle parvient à des hauteurs d'où elle contemple un soleil radieux et des horizons qui reculent toujours. Au delà du cercle infranchissable, s'accumulent les nuages. Quel regard en percerait les profondeurs? Au

(*) *Comptes rendus*, t. XLVII, p. 20, 33.

(**) Cauchy, de vénérable mémoire, et dont nous invoquons ici le témoignage à cause de sa compétence, et parce que les travaux de ce profond mathématicien sont encore inédits, Cauchy disait, en parlant de Képler : « Ce grand homme, combinant les observations faites par les astronomes sur les mouvements des planètes, reconnaît ces lois célèbres auxquelles il a légué son nom. Il retrouve « dans l'orbite décrite par chaque planète, une de ces sections coniques dont les « anciens géomètres avaient cherché avec tant de soin les diverses propriétés. « Cette orbite est une ellipse dans laquelle le soleil occupe un des foyers, tandis « que la planète, sans cesse transportée d'un point de l'ellipse à l'autre, est située à l'extrémité d'un rayon vecteur qui décrit des aires proportionnels au « temps. » CAUCHY, *Manuscrits inédits*. Leçons faites à Turin pendant l'exil, après la révolution de 1830.

Arago parle ainsi de Képler : « Les immortelles lois de Képler, fruit d'un des « génies scientifiques les plus féconds des temps modernes et d'une indomptable « persévérance, ne sont pas les seuls services que cet homme prodigieux ait rendus « à l'astronomie. » Arago, *Œuvres complètes*, t. III, p. 99.

Qui ne connaît Képler, voici l'épitaphe qu'il se composa lui-même :

« J'ai mesuré les cieux, à présent je mesure les ombres. L'intelligence est céleste, ici ne repose que l'ombre des corps. »

génie la liberté, mais la liberté, non la licence. Celle-ci conduit les foules à l'abîme, et le génie à l'erreur. Au désert et sur les hautes cimes, le soleil éblouit et fascine le voyageur par des mirages.

Berzélius, qui fera longtemps autorité en chimie, et qui a déterminé, avec une rigueur à laquelle M. Dumas lui-même a rendu hommage, la plupart des équivalents des corps simples, Berzélius a repoussé et combattu jusqu'à la fin de sa vie le système de Prout. « Thompson, dit-il, a fait un grand ouvrage pour le soutenir, mais il est prouvé que les expériences de Thompson sont inexactes (*). »

M. Stas, qui a fait ses premières preuves d'analyste habile dans le laboratoire de M. Dumas, et qui, loin de celui qu'il appelle son maître, a repris, avec une patience et des soins infinis, la détermination des équivalents du chlore, de l'iode, du fluor, du soufre, de l'azote, du potassium, du sodium, du lithium, du baryum, du plomb et de l'argent, M. Stas déclare qu'après bien des perplexités, il a enfin « acquis la conviction « complète, la certitude entière, si tant est que l'homme puisse « atteindre la certitude sur un pareil sujet, que la loi de Prout, « avec tous les tempéraments apportés par M. Dumas, n'est « qu'une illusion, une pure hypothèse formellement démentie « par l'expérience. »

Et l'honorable savant ajoute : « Les chimistes, après avoir « examiné le travail dont j'ai l'honneur de présenter en ce mo- « ment l'analyse détaillée à l'Académie (l'Académie de Bruxelles), « s'ils peuvent se dépouiller de leurs préjugés et de leurs préoccu- « pations d'esprit, et s'en tenir à l'expérience, partageront bien- « tôt ma conviction : *C'est qu'il n'existe pas de commun diviseur « entre les poids des corps simples qui s'unissent pour former toutes « les combinaisons définies* (**). »

(*) Berzélius, *Traité de Chimie*, 1831, t. IV, p. 608.
(**) *Bulletin de l'Acad. de Bruxelles*, t. X, p. 208; 1860.

Après des paroles si accentuées, faut-il demander que les membres de la section de chimie à l'Institut, que les collègues de M. Dumas, MM. Chevreul, Pelouze, Regnault, Balard et Fremy, se lèvent à leur tour pour protester contre la doctrine d'origine anglaise? Il serait trop tard; la doctrine a vécu.

Où tendait-elle, où voulait-elle conduire? Fort loin, et c'est pourquoi sans doute, dans un premier étonnement, on l'a comme abandonnée à son propre assoupissement. Mais ne se réveillera-t-elle pas? Il faut le craindre, le danger reste toujours présent. Disons donc et redisons, s'il le faut, ce qu'elle est, d'où elle vient et où elle va. Elle est la doctrine panthéiste des écoles grecques; elle procède en ligne directe d'Anaximènes et de Pythagore; elle est la doctrine du grand Tout et celle des nombres. Anaximènes a dit : « *Tout s'engendre de lui (de l'air) et, de nouveau, tout se résout en lui :* Εκ τούτου τά πάντα γενέσθαι, καὶ εἰς αὐτον πάλιν ἀναλύεσθαι. » M. Dumas a écrit :

« Les plantes et les animaux dérivent de l'air, ne sont que de l'air condensé... Ils viennent de l'air et ils y retournent. Ce sont de véritables dépendances de l'atmosphère (*). »

Pythagore a dit : « Le tétractys est le nombre parfait; il résulte de la somme des quatre premiers nombres :

$$(1 + 2 + 3 + 4 = 10)$$

il est la clef de tous les mystères. » M. Dumas a cherché et recommandé à tous de chercher ce tétractys ou tétragramme mystérieux. N'est-il pas certain qu'on le trouvera, ne fût-ce, selon les paroles du maître, que dans un ou plusieurs siècles?

Et de cette découverte quelles conséquences! Le premier nombre étant l'origine de tous les nombres, et le premier corps étant l'origine de tous les corps, il n'y a en réalité qu'un corps, comme il n'y a qu'un nombre, car nombre ou corps, multiplié

(*) Dumas, *Essai de statique chimique des êtres organisés*, leçon professée le 20 août 1841, pour la clôture de son cours à l'École de médecine. Paris, Fortin, Masson et Cᵉ, libraires, 1842, p. 5 et 6.

par 1, 2, 3, 4, etc., donne telle série de nombres ou de corps que l'on voudra.

D'après ce principe, faire de l'or, ou trouver la pierre philosophale, consiste à condenser l'hydrogène ou tout autre corps premier x, en autant d'atomes que le poids le plus faible est contenu dans le poids le plus fort, et c'est une opération de simple balance ou de pure arithmétique.

En second lieu, selon la parole de Thalès dans l'antiquité, et celle de M. Dumas parmi nous, les animaux n'étant que de l'eau ou de l'air condensé, et la santé n'étant que le résultat d'un équilibre parfait entre les solides, les liquides et les gaz d'un organisme, la panacée universelle, ou le moyen de conserver indéfiniment la vie, doit être cherché comme la pierre philosophale. Et voilà, dans ses deux moitiés, le grand œuvre d'Hermès, la science sublime à laquelle l'humanité doit vouer ses efforts.

« Il s'agit, dit M. Dumas, d'un de ces problèmes que la pensée humaine a besoin de méditer pendant des siècles... Il est question d'envisager l'avenir et de voir s'il est possible de faire un pas de plus (que Lavoisier), mais un pas difficile, le plus difficile, à mon avis, que la science humaine ait jamais tenté, et qui exige autre chose dès lors que l'emploi de la chaleur ou l'application des forces électriques ordinaires (*). »

Encelade, escaladez le ciel ! Et déjà, en effet, les astronomes ont pénétré la constitution des mondes; ils ont vu que tout naissait d'une nébuleuse qui se condense sous les efforts de l'attraction...

Et, de nos jours, nous avons vu, nous voyons les physiciens pénétrer jusque dans le soleil, et reconnaître que l'astre est un foyer où s'allument, comme en un fourneau, des matières telles que le potassium, le sodium, le magnésium, le zinc, le

(*) *Comptes rendus*, loc. cit., p. 1033.

nickel, le cobalt... mais non pas l'or, ni l'argent. C'est dommage, on serait peut-être allé les chercher. Avare soleil, dont les rayons d'or ne sont qu'un plomb vil... c'est-à-dire que chaleur et lumière.

Couronnement de cet édifice, voici qu'un physiologiste membre de plusieurs académies, M. Flourens, puisqu'il faut le nommer, annonce qu'il a trouvé le siége de l'âme. Écoutons le savant : « Ce siége, nous dit-il, sans s'étonner de ses paroles, ce siége existe dans le cerveau, dans le cerveau proprement dit tout entier, dans le cerveau proprement dit tout seul ; ni le cervelet, ni la moelle allongée, ni les tubercules quadrijumeaux, ni les couches optiques ne sont le siége de l'âme (*). »

Montaigne eût dit : « Que sais-je? »

Cuvier a écrit : « C'est pour avoir confondu la simplicité métaphysique de l'âme avec la simplicité physique attribuée aux atomes, qu'on a voulu placer le siége de l'âme dans un atome ; mais la liaison de l'âme et du corps étant, par sa nature, insaisissable pour notre esprit, les bornes plus ou moins étroites que l'on voudrait donner au sensorium n'aideraient en rien à la concevoir. »

Qu'importe? les temps étaient venus, et le scalpel d'un anthropo-biologiste a découvert le siége de l'âme !

Résumons la philosophie *naturelle*, la philosophie *positive* de vingt-quatre siècles.

Au commencement, la Grèce annonce que l'air, sinon l'eau, est tout, que les plantes et les animaux en sont sortis, et qu'ils se résolvent en leur propre principe, âme ou vie de l'univers.

De nos jours, astronomes, physiciens, chimistes et physiolo-

(*) *Comptes rendus hebdomadaires de l'Académie des sciences*, t. LV, p. 747 ; séance du 17 novembre 1862.

gistes (une certaine école, au moins,) acclament la même philosophie : Tout est dans tout; l'univers est dans un atome, et l'âme humaine est une molécule cérébrale.

Qu'on nous dise s'il y a quelque chose de plus dans ces systèmes. Pour nous, nous n'y voyons rien, rien, si ce n'est une science qui se glorifie dans ses œuvres, et qui croit aux petites choses, parce qu'elle ne peut atteindre aux grandes. Cependant la philosophie aussi a dit : C'est connaître une chose que connaître son ignorance, *Ego unum scio me nihil scire.*

Empruntons à la chimie ses principes élémentaires, ses découvertes dernières les plus sûres et les plus incontestées, et demandons-nous jusqu'où, dans ce moment, elle peut porter ses spéculations les plus hardies?

Nous l'avons dit et on l'a reconnu, la matière est pénétrée, mue, animée par des forces, l'attraction, les affinités, la chaleur, l'électricité, la lumière.

Dans leur agrégation, les atomes affectent des formes multiples; ils sont attirés par tels ou tels de leurs pôles, telles ou telles de leurs faces, selon des angles ou des inclinaisons qu'il nous a été permis de mesurer. De là, pour la même matière des configurations géométriques différentes, ce que nous avons appelé le *dimorphisme* ou le *polymorphisme*. Que d'exemples de corps dimorphes ou polymorphes n'avons-nous pas rencontrés! Rappelons-nous le soufre, le phosphore, l'arsenic, le bore, le silicium, le charbon, la chaux, le fer, le titane, etc. Ce premier point est donc pleinement acquis : la même matière, une ou simple, en raison des formes qu'elle affecte, contracte des propriétés essentiellement différentes et quelquefois tout opposées. Le phosphore ordinaire brûle dans l'air et c'est un poison violent; le phosphore rouge ou amorphe ne brûle pas dans l'air, et c'est un corps physiologiquement inoffensif.

Second point non moins incontesté que le premier : selon les formes qu'elles prennent ou subissent, certaines matières, de nature essentiellement différente, contractent des propriétés analogues ou semblables, et c'est ce que nous avons appelé l'*isomorphisme*.

Des corps ou des atomes de nature variée se remplacent les uns les autres dans le même cristal, sans que les propriétés physiques ou chimiques du cristal en soient atteintes ou altérées. Les aluns de chrome, de potasse, de fer et de manganèse se substituent, sans changement, les uns aux autres; l'hydrogène se substitue au chlore, le chlore se substitue à l'hydrogène, etc., etc., sans qu'il en résulte aucune atteinte aux propriétés ou aux fonctions des composés ainsi formés.

Dernier résultat, bien que récent, de l'observation des chimistes : la même matière peut affecter des états différents, *allotropiques*, avons-nous dit, d'où résultent des propriétés antagonistes. Exemples : l'oxygène ordinaire et l'oxygène ozoné, les ozonides et les antozonides, le chlore ordinaire et le chlore insolé, le fer actif et le fer passif, et d'autres faits de même ordre.

Quelle induction tirer de ce fait bien acquis, à savoir, que la matière, par elle-même inerte, contracte (sous l'influence des forces) des propriétés spéciales qui, sans en modifier la nature apparente, en modifient très-profondément les propriétés essentielles soit physiques, soit chimiques?

Une conséquence, selon nous, invincible et absolue, c'est que touchée ou influencée par une force agissante quelconque, toute matière perd l'inertie et devient, vis-à-vis d'elle-même ou d'une autre, apte à produire des mouvements ou des actes auxquels originairement elle était rebelle. En d'autres termes, selon que, dans sa polarisation (la matière a des pôles comme la terre, comme l'électricité, comme la lumière), l'atome a été infléchi, tourné dans un sens ou dans un autre, il entre ou devient capable d'entrer dans une sphère particulière d'action ou de mouvement, participant ici aux phénomènes célestes, là aux phénomènes de la vie dans les êtres organisés, si profusément, mais non pas confusément jetés sur le globe.

Cette aptitude à l'action est simple; elle dérive d'une impulsion donnée, d'une impulsion qui a pour agent médiat l'attraction, les affinités, l'action de présence, l'endosmose et l'exosmose, la chaleur, l'électricité, le magnétisme, la lumière.

Et pour satisfaire à nos faibles conceptions, qui nous empêchera, relativement du moins aux interventions de la matière dans les actes de la vie, de dire qu'elle y prend part en raison de modifications imprimées à l'un ou à l'autre de ses systèmes de polarisation, ou de dépendance mystérieuse des forces qui la maîtrisent? Une remarque semblerait pouvoir fortifier cette assertion, c'est qu'il n'entre dans l'organisation des êtres vivants que quatre matières essentielles, l'hydrogène, l'oxygène, l'azote et le carbone, et que ces quatre substances sont aujourd'hui presque exceptionnellement les seules auxquelles, à l'aide des forces dont la physique dispose, on ne peut faire changer d'état, c'est-à-dire faire prendre successivement les trois formes solides, liquides ou gazeuses qu'affectent, plus ou moins facilement, toutes les matières connues. La vie, sous ce rapport, n'est-elle pas comme une force spéciale à placer au-dessus de celles que nous avons nommées, et seule capable d'imprimer à la matière, à certaines matières, des actes ou des fonctions incompréhensibles ou impossibles sans elle?

Ces vues, si elles viennent de nous et ne sont pas déjà dans la pensée commune, trouvent dans les faits que nous avons exposés une explication simple et nous allions dire *naturelle*. Qu'on ne se trompe point pourtant ici sur la valeur de ce mot, et qu'on n'en force point le sens. On dit trop souvent la *philosophie naturelle* pour distinguer une certaine philosophie donnée par l'étude de la nature. Dans notre pensée, à nous, la nature n'est pas bornée à ce qui tombe sous nos sens. *Mente tueri quod oculo non vides*, dit un heureux axiome. Au delà de ce que nous voyons, au delà de ce que nous pesons, il y a ce que nous ne voyons pas et ce que nous ne saurions faire entrer dans notre balance. A ce terme commence l'étude d'une philosophie avec laquelle la philosophie dite naturelle ne peut être en contradiction. C'est ce que nous avions pour but d'établir, et cette affirmation sera pour nous la conclusion de ce livre.

FIN

TABLE DES MATIÈRES

FIN DE LA TABLE

ERRATA

Page 22, lignes 18 et 25, soixante-six; *lisez :* soixante-sept.

Page 23, au tableau des équivalents ajoutez le Cérium, qui a pour symbole c, et pour équivalent 47,3 ou 590,8.

Page 24, lignes 26 et 27, Ilménium ou beryllium Be.7—87,5; *lisez* : Ilménium, Il. » ». Le béryllium est le même corps que le glucinium.

Page 74, à la figure 20 *substituez* la figure ci-dessous.

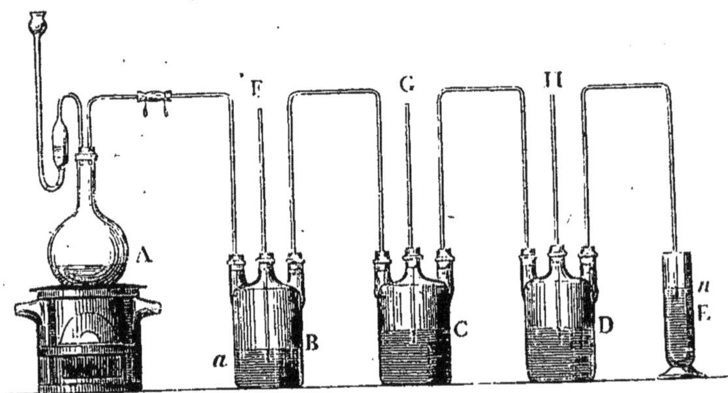

Page 75, ligne 25, 7,000 mètres; *lisez :* 8,000 mètres.
Page 117, ligne 14, connaître; *lisez :* reconnaître.
Page 127, ligne 20, ces corps; *lisez :* ce corps.
Page 2[illegible]6, dernière ligne, cyanique; *lisez* : cyanurique.
Page 257, dernière ligne, bore; *lisez :* chlore.
Page 358, ligne première O′; *lisez* : O.
Page 428, ligne 27, sulfurique; *lisez* : sulfhydrique.
Page 452, ligne 11, sur le zinc; *lisez :* sur l'oxyde de zinc.
Page 515, ligne 22, sulfates; *lisez :* sulfures.
Page 576, ligne 22, sulfate; *lisez :* sulfure.

PARIS. — IMP. SIMON RAÇON ET COMP., RUE D'ERFURTH, 1.

www.ingramcontent.com/pod-product-compliance
Ingram Content Group UK Ltd.
Pitfield, Milton Keynes, MK11 3LW, UK
UKHW020611230726
13926UKWH00005B/2331